Meßverfahren der experimentellen Mechanik

Joachim Heymann · Adolf Lingener

Meßverfahren der experimentellen Mechanik

Mit 375 Abbildungen und 23 Tabellen

Springer-Verlag

Berlin Heidelberg New York

London Paris Tokyo 1986

Verantwortliche Autoren:

Prof. Dr.-Ing. habil. Joachim Heymann, Technische Hochschule Karl-Marx-Stadt
Prof. Dr. sc. techn. Adolf Lingener, Technische Hochschule Otto von Guericke, Magdeburg

Mit Beiträgen von:

Prof. Dr.-Ing. habil. Joachim Heymann, Technische Hochschule Karl-Marx-Stadt
    Abschnitte 1., 2. und 5.
Dr.-Ing. Jochen Naumann, Technische Hochschule Karl-Marx-Stadt
    Abschnitt 3.
Dr. rer. nat. Joachim Träger, Institut für Mechanik der Akademie der Wissenschaften der DDR
    Abschnitt 4.
Dipl.-Ing. Karlheinz Schulze, VEB Schwermaschinenbaukombinat TAKRAF,
    Stammbetrieb Leipzig, Abschnitt 6.
Prof. Dr. sc. techn. Adolf Lingener, Technische Hochschule Otto von Guericke, Magdeburg
    Abschnitte 7. und 9.
Dr.-Ing. Henner Duckstein, Technische Hochschule Otto von Guericke, Magdeburg
    Abschnitt 8.
Dr.-Ing. Friedrich Wahl, Technische Hochschule Otto von Guericke, Magdeburg
    Abschnitt 10.

Lizenzausgabe für den
Springer-Verlag Berlin, Heidelberg, New York, London, Paris, Tokyo

Vertriebsrechte für die nichtsozialistischen Länder:
Springer-Verlag Berlin, Heidelberg, New York, London, Paris, Tokyo

Vertriebsrechte für die sozialistischen Länder:
VEB Fachbuchverlag Leipzig

ISBN-13:978-3-642-82577-4   e-ISBN-13:978-3-642-82576-7
DOI: 10.1007/978-3-642-82576-7

CIP-Kurztitelaufnahme der Deutschen Bibliothek
Heymann, Joachim:
Meßverfahren der experimentellen Mechanik / J. Heymann; A. Lingener. —
Berlin; Heidelberg; New York; London; Paris; Tokyo: Springer 1986.

2068/3020-543210

Vorwort

Die Technische Mechanik nimmt in der praktischen Ingenieurarbeit einen breiten Raum ein. In ihr steht das Experiment gleichberechtigt neben der Berechnung. Experimente bilden die Grundlage zum Bestimmen von Lastannahmen, Belastungsverteilungen, Materialverhalten, Berechnungsmodellen sowie Modellparametern und ermöglichen die Diagnose des Systemzustandes. Ohne die Nutzung der weit entwickelten Meßtechnik in der Mechanik ist ein Fortschritt im Leichtbau nicht denkbar, und die Beurteilung des Verhaltens komplizierter Bauteile oder Systeme ist oft nur mit ihrer Hilfe möglich.

Seit Beginn der 60er Jahre ist das Lehrgebiet Experimentelle Mechanik für Studenten der Fachrichtung Angewandte Mechanik und einiger konstruktiver Fachrichtungen Bestandteil der Ausbildung. Es baut auf den Grundlagen der Technischen Mechanik und solchen Fächern wie Physik, Elektrotechnik und Meßtechnik auf und faßt experimentelle Grundkenntnisse vom Standpunkt der Mechanik aus zusammen. Die zunehmende Anwendung experimenteller Verfahren aus der Sicht mechanischer Aufgabenstellungen im Maschinenbau war Veranlassung, das vorliegende Buch zu schreiben.

In der bisher bekannten Literatur auf diesem Gebiet gibt es ein breites Spektrum von Büchern zu speziellen Fragen der experimentellen Mechanik, wie Spannungs- und Dehnungsmessungen, optische Feldmeßverfahren, Ähnlichkeitsmechanik und Analogien, maschinendynamische Meßverfahren, Spektralanalyse stochastischer Schwingungen und vieles mehr. In den Monografien und Lehrbüchern auf den genannten Spezialgebieten sind sowohl die Grundlagen als auch sehr spezielle Anwendungen ausführlich dargestellt. Das vorliegende Buch stellt ausgewählte Verfahren einschließlich der Verfahren zur Messung und Auswertung dynamischer Meßgrößen unter dem integrierenden Aspekt der mechanischen Aufgabenstellung dar. Das erfordert, wenn der Umfang nicht ins Unermeßliche wachsen soll, eine Beschränkung auf die zum Verständnis der zahlreichen experimentellen Verfahren unbedingt notwendigen Zusammenhänge. Das bringt den Vorteil mit sich, daß der Leser die für das außerordentlich breite Feld der experimentellen Arbeit auf dem Gebiet der Festkörpermechanik wichtigsten Verfahren in einem Buch dargestellt findet. Dies wird mit dem Nachteil erkauft, daß auf Detaildarstellungen in vielen Fällen verzichtet werden muß. Hier wird auf die umfangreiche Spezialliteratur verwiesen. Wegen seiner querschnittsorientierten Anlage eignet sich das Buch besonders für Studenten und den breiten Kreis von Ingenieuren, die experimentelle Verfahren bei der Lösung von Aufgaben der Mechanik in den unterschiedlichsten technischen Disziplinen vom Maschinenbau bis zum Bauwesen anwenden müssen.

Da das behandelte Gebiet Erkenntnisse aus sehr vielen wissenschaftlichen Teildisziplinen aufgreift, z. B. der Physik, Elektrotechnik/Elektronik, Optik und Rechentechnik und natürlich der Technischen Mechanik, werden Vorkenntnisse einer ingenieurtechnischen Disziplin vorausgesetzt.

Das Buch besteht aus zwei wesentlichen Komplexen.

In den Abschn. 1. bis 6. werden Feldmeßverfahren behandelt, wobei in Abschn. 1.

solche Grundlagenkenntnisse zusammengestellt sind, auf die nachfolgend mehrfach Bezug genommen wird. Einige Bilder dieser Abschnitte sind aus Gründen der Wiedergabequalität auf S. 421ff. in einem gesonderten Anhang zusammengefaßt.

Die Abschn. 7. bis 10. befassen sich mit Punktmeßverfahren, wobei vor allem auf die Messung zeitabhängiger Größen Wert gelegt wird. Einige Grundlagen zu diesem Komplex enthält 7.1.

Die Beschreibung der in den Abschn. 2. bis 6. dargestellten Feldmeßverfahren beginnt mit dem Erläutern des dem jeweiligen Verfahren zugrunde liegenden physikalischen Prinzips. Großer Wert wird hier den fachlichen und methodischen Voraussetzungen beigemessen, da deren Beherrschung mit ausschlaggebend für den zweckmäßigsten Einsatz der Verfahren selbst und für das Studium der Fach- und Spezialliteratur ist. Schließlich wird gezeigt, wie aus der physikalischen Aussage des Verfahrens die kontinuumsmechanischen Größen ermittelt werden, wobei ausgewählte praktische Anwendungsbeispiele das Verständnis erleichtern.

Für die in den Abschn. 7. bis 10. behandelten Punktmeßverfahren gibt es ein umfangreiches Angebot kommerzieller Geräte. Diese Geräte bieten zunehmend mehr Komfort, ihre Bedienungsanleitungen werden umfangreicher, die Funktionen im einzelnen immer weniger durchschaubar. Eine Zusammenfassung der Grundprinzipien der Messung und der Auswerteverfahren soll die erforderliche Entscheidung zwischen verschiedenen Lösungsmöglichkeiten auch unter volkswirtschaftlichen Gesichtspunkten erleichtern.

Die Feldmeßverfahren wurden unter der Regie von Prof. Dr.-Ing. habil. *J. Heymann*, Karl-Marx-Stadt, bearbeitet (Abschn. 1. bis 6.) und die Verfahren auf der Basis elektrischer Messungen und alle dynamischen Verfahren unter der Regie von Prof. Dr. sc. techn. *A. Lingener*, Magdeburg (Abschn. 7. bis 10.). Insgesamt waren 7 Autoren beteiligt. Natürlich sind wie bei fast allen Büchern dieser Art die Schwerpunkte der Darstellung durch die speziellen Arbeitsgebiete der Autoren beeinflußt. Dies ist aber durch die Einbeziehung vieler Teilautoren sicher kein Nachteil.

In der Frage der Gliederung des Stoffes mußten wir einen Kompromiß eingehen. In den Abschn. 2. bis 6. und 8. steht das Verfahren im Vordergrund. Die Abschn. 7., 9. und 10. beschreiben die Ermittlung mechanischer Größen bzw. das mechanische System, wobei in den Abschn. 9. und 10. die digitalen Verfahren stärker Beachtung finden. Dies entspricht auch etwa dem gegenwärtigen Stand der Arbeit auf den verschiedenen Teilgebieten.

Angesprochen werden sollen durch dieses Buch Studenten höherer Studienjahre und Absolventen des Maschineningenieurwesens, ebenso aber auch Ingenieure, die schon länger in der Praxis tätig sind.

Mit der Hoffnung, daß unser Buch seinen Leserkreis finden möge, verbinden wir den Dank an alle, die zum pünktlichen Erscheinen beigetragen haben: Den Autoren Dr.-Ing. *Duckstein*, Dr.-Ing. *Naumann*, Dipl.-Ing. *Schulze*, Dr. rer. nat. *Träger* und Dr.-Ing. *Wahl*; Herrn Dr.-Ing. *Meyer* für die umsichtigen Arbeiten zur Herstellung der Isochromatenbilder und weiteren nicht genannten Kollegen, die Zuarbeit geleistet haben; den Gutachtern Prof. Dr.-Ing. habil. *Göldner*, Prof. Dr.-Ing. habil. *Holzweißig* und Prof. Dr. sc. techn. *Reißmann* sowie den Mitarbeitern des Fachbuchverlages, die durch ihre konstruktiven Hinweise und rasche Drucklegung ihren spezifischen Anteil an diesem Buch haben.

J. Heymann   *A. Lingener*

Inhaltsverzeichnis

0. Einführung

Mit der raschen Entwicklung der Computertechnik und der numerischen Verfahren, wie Finite-Elemente-Methode und Differenzenmethoden zur Spannungsermittlung und leistungsfähiger Verfahren zum Beherrschen großer und komplizierter dynamischer Systeme, sind vielfältige neue Methoden zur theoretischen Behandlung einer Vielzahl von Aufgabenstellungen der Festkörpermechanik entstanden. Trotz dieses Prozesses ist die Relevanz der experimentellen Arbeit in der Mechanik keineswegs zurückgegangen, sondern ihr Anwendungsgebiet ist noch größer geworden. Dies resultiert sowohl aus den höheren Ansprüchen an Genauigkeit und Sicherheit einer Berechnung als auch aus der nach wie vor bestehenden Forderung, an den Grenzen der Forschung mit experimentellen Verfahren zu arbeiten, um neue theoretische Verfahren auf ein gesichertes Fundament zu stellen.

Jedes Berechnungsverfahren kann nur so gut sein, wie das zugrunde liegende Berechnungsmodell die Realität beschreibt, und die Genauigkeit eines Berechnungsergebnisses hängt entscheidend ab von den Parametern, die als Eingangsgrößen für die Berechnung benutzt werden.

Daraus resultieren 2 Hauptfelder experimenteller Untersuchungen:

1. Spannungs- und Verformungsmessungen sowie dynamische Analysen an Bauteilen und Konstruktionen zum Überprüfen der Gültigkeit theoretischer Modelle und zum Erkenntnisgewinn überhaupt;

2. Aufstellen von Berechnungsmodellen einschließlich Bestimmen ihrer Parameter auf der Basis von Messungen.

Viele Teilgebiete der experimentellen Festkörpermechanik haben sich in Verbindung mit theoretischen Verfahren zu eigenständigen Disziplinen entwickelt, wobei der zugrunde liegende physikalische Effekt oft von wesentlicher Bedeutung war.

Genannt werden sollen als Anwendungsgebiete experimenteller Methoden: Spannungen an komplizierten Bauteilen, Eigenspannungen, Bestimmen der Grenztragfähigkeit, Analyse von Umformvorgängen, Werkstoffkennwerte, Stabilitätsprobleme, Rißausbreitung, Schwingungsanalyse, Systemanalyse, Identifikations- und Steuerungsprobleme, Erfassung stochastischer Einflüsse, Betriebsfestigkeit, Stoßprobleme (einschließlich Wärmeschock).

Dabei haben die experimentellen Verfahren zum Untersuchen statischer und dynamischer Vorgänge sowohl durch das Ausnutzen neuer physikalischer Effekte, vor allem aber durch die Einführung der digitalen Verfahren in die Signalverarbeitung eine stürmische Entwicklung erfahren. Mit Hilfe der digitalen Meßdatenverarbeitung lassen sich sehr große Informationsmengen, die sowohl von vielen Meßstellen gleichzeitig (Vielstellenmeßtechnik) als auch von wenigen Meßstellen über einen längeren Zeitraum (stochastischer Signalverlauf) anfallen können, in kurzer Zeit zu aussagefähigen Resultaten verarbeiten.

Natürlich konnten nicht alle Verfahren der experimentellen Festkörpermechanik in das Buch aufgenommen werden. Bei der Auswahl hielten wir uns an folgende Kriterien:

Breite Einsatzgebiete verbunden mit der Förderung des konstruktiven und analytischen Denkens (2. Spannungsoptik, 3. Moiréverfahren, 5. Dehngitterverfahren), neu entwickelte und breit einsetzbare Verfahren auf der Basis des Lasers (4. Holografische Interferometrie), einfache Versuchstechnik mit praktischer Anschaulichkeit (6. Reißlackverfahren), Einsatz „klassischer" Verfahren als Grundlage für umfassende Anwendung auf vielen Gebieten (7. Elektrisches Messen mechanischer Größen, 8. Messen mit Dehnungsmeßstreifen), Darstellen digitaler und analoger Verfahren der Meßdatenverarbeitung und Modellfindung (9. Auswertung dynamischer Messungen, 10. Messung und Analyse mechanischer Frequenzgänge).
So wurde beispielsweise bewußt auf das Röntgenrückstrahlverfahren verzichtet, da das ebenfalls zerstörungsfreie Verfahren der holografischen Interferometrie weitaus universeller anwendbar ist. Auch wurden Fragen der Betriebsfestigkeit auf die Wiedergabe der Klassierverfahren beschränkt, um den Umfang des Buches in Grenzen zu halten.

Tabelle 0.1: Wichtigste Anwendungsgebiete der Verfahren und Methoden

Verfahren/Methode	Wichtigste Anwendungsgebiete
Spannungsoptik	Modellverfahren auf der Basis elastischen Werkstoffverhaltens. Spannungsermittlung bei kompliziertester Geometrie sowohl an der Oberfläche als auch im Inneren räumlicher Bauteile
Moiréverfahren	Deformationsanalyse an ebenen und einfach gekrümmten Oberflächen von Modellen und Originalbauteilen bei beliebigem Werkstoffverhalten
Holografische Interferometrie	Verformungs- und Schwingungsanalyse technischer Bauteile
Dehngitterverfahren	Ermittlung großer Verformungen an gummielastischen Bauteilen sowie bei Umform- und Trennprozessen
Reißlackverfahren	Sichtbarmachung von Hauptspannungstrajektorien an Originalbauteilen
Elektrische Meßverfahren	Messung statischer und dynamischer Größen an ausgewählten Stellen eines Bauteiles (Punktmeßverfahren) unter Ausnutzung solcher physikalischer Wandlereffekte, die bei Beaufschlagung mit einer mechanischen Größe eine gut verarbeitbare elektrische Größe liefern. Durch große Vielseitigkeit und Leistungsfähigkeit breite Anwendung bei der Messung von Schwingwegen, -geschwindigkeiten und Beschleunigungen. Realisierung meist durch kommerzielle Geräte
Meßdatenauswertung	Verarbeitung von Meßergebnissen, überwiegend von Schwingungsmessungen, mit dem Ziel, die in den Meßdaten enthaltenen Informationen über das untersuchte mechanische System durch Auswertegeräte oder Rechner soweit aufzubereiten, daß daraus Schlußfolgerungen hinsichtlich der Systemeigenschaften, des Systemverhaltens und der Sicherheit gezogen werden können. Einsatz auch bei stochastischen Vorgängen. Es überwiegen digitale Verfahren.
Systemanalyse	Aufstellung von Berechnungsmodellen und Bestimmung der Parameter mechanischer Systeme, die dynamischen Einwirkungen ausgesetzt sind

In Tabelle 0.1 sind die Hauptanwendungsgebiete der ausgewählten Verfahren und Methoden in übersichtlicher Form zusammengestellt.

Jedes experimentelle Verfahren beruht auf dem Ausnutzen eines bestimmten physikalischen Effektes, der mit entsprechenden Größen oder Beziehungen der Festkörpermechanik in Verbindung gebracht wird. Hieraus erkennen wir folgenden Sachverhalt:

Jedes Meßverfahren wird eine eigene, verfahrensspezifische physikalische Grundlage besitzen, aber bei der Anwendung des Effektes zur Lösung von Problemen der Festkörpermechanik müssen wir diese physikalische Aussage mit entsprechenden Beziehungen der Festkörpermechanik kombinieren. Ähnliches gilt beim Auswerten von Meßergebnissen, wenn diese in Form elektrischer Meßsignale vorliegen. Hier ist zwar von der physikalischen Grundlage bereits abstrahiert, der Bezug zur mechanischen Größe wird aber mit dem Auswerteergebnis wieder hergestellt.

Aus diesem Grund sind eine Reihe von Grundlagen, die unabhängig vom verwendeten Verfahren sind, zusammengefaßt, und zwar bezüglich der Kontinuumsmechanik und zur Übertragung von Versuchsergebnissen an Modellen auf die Hauptausführung in Abschn. 1. und bezüglich der Messung dynamischer Größen und Systemanalysen in 7.1. Soweit es sich dabei um Kenntnisse aus dem Grundlagenlehrgebiet Technische Mechanik handelt, wird bewußt auf eine theoretische Ableitung verzichtet und auf das Studium von [1.1] verwiesen.

1. Gemeinsamkeiten beim Anwenden von Feldmeßverfahren

1.1. Kontinuumsmechanische Grundlagen

1.1.1. Spannungstensor und Spannungszustände

Im Inneren eines belasteten räumlichen Konstruktionsteiles, aus dem wir uns ein kleines Parallelepiped herausgeschnitten denken wollen, wird i. allg. ein *dreiachsiger Spannungszustand* herrschen. Die an diesem kleinen Körperelement (dx, dy, dz) angreifenden Normal- und Schubspannungen (Bild 1.1), die sich wegen der Gleichheit zugeordneter Schubspannungen

$$\tau_{kl} = \tau_{lk} \quad \text{mit} \quad k, l = x, y, z \tag{1.1}$$

auf 6 Spannungsgrößen, und zwar 3 Normalspannungen und 3 Schubspannungen, reduzieren, charakterisieren den allgemeinen dreiachsigen Spannungszustand und bilden gleichzeitig die Komponenten eines Tensors 2. Stufe, der als *Spannungstensor T*

$$T = \begin{pmatrix} \sigma_x & \tau_{yx} & \tau_{zx} \\ \tau_{xy} & \sigma_y & \tau_{zy} \\ \tau_{xz} & \tau_{yz} & \sigma_z \end{pmatrix} \tag{1.2}$$

bezeichnet wird. Wegen der Gleichheit zugeordneter Schubspannungen, Gl. (1.1), ist der Spannungstensor stets ein symmetrischer Tensor. Da ein Tensor gegenüber einer Drehung des Koordinatensystems invariant ist, entspricht Gl. (1.2) auch die Dar-

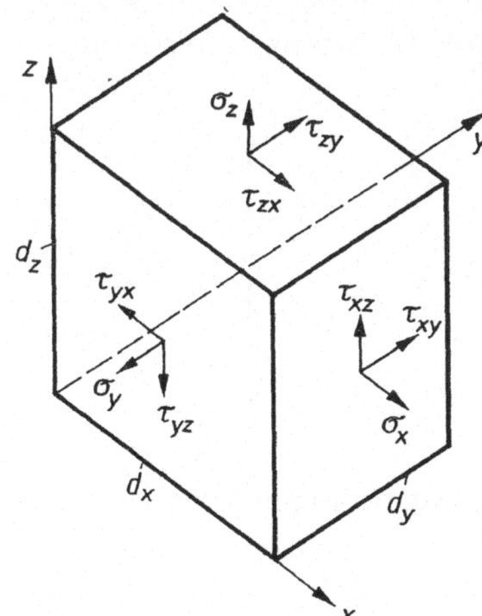

Bild 1.1. Komponenten des allgemeinen dreiachsigen Spannungszustands am kleinen Körperelement

stellung mit den in Hauptachsenrichtung wirkenden Spannungskomponenten

$$T = \begin{pmatrix} \sigma_1 & 0 & 0 \\ 0 & \sigma_2 & 0 \\ 0 & 0 & \sigma_3 \end{pmatrix} \tag{1.2a}$$

Der dreiachsige Spannungszustand wird durch die kubische Gleichung

$$\sigma^3 - I_1\sigma^2 + I_2\sigma - I_3 = 0 \tag{1.3}$$

beschrieben, wobei I_1, I_2 und I_3 seine 3 *Invarianten* darstellen. Wir erhalten Gl. (1.3) über eine Gleichgewichtsbetrachtung am Tetraeder (Bild 1.2), das wir durch einen entsprechenden Schnitt aus dem Parallelepiped nach Bild 1.1 gewinnen. Die schraf-

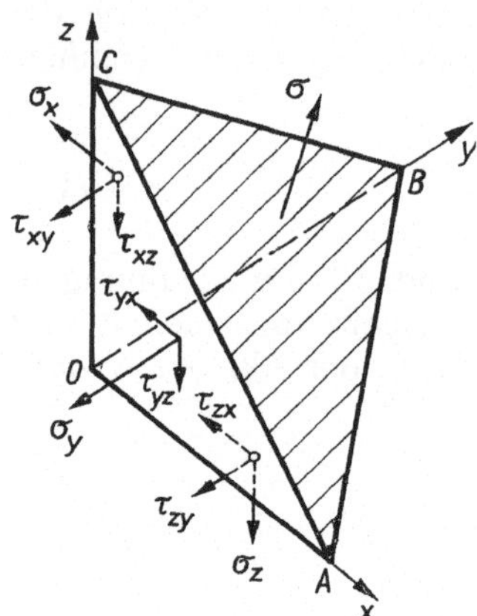

Bild 1.2. Gleichgewicht am Tetraeder

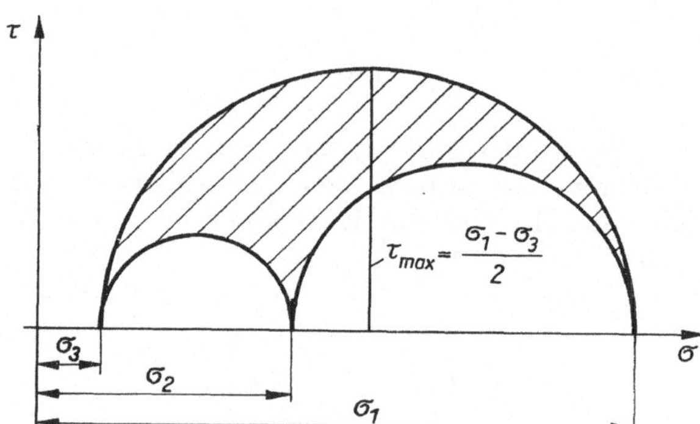

Bild 1.3. *Mohr*scher Spannungskreis für den dreiachsigen Spannungszustand

fierte Schnittfläche soll dabei identisch mit einer Hauptspannungsebene sein. Infolge der Symmetrie des Spannungstensors besitzt die kubische Gleichung stets drei reelle Wurzeln, die identisch mit den drei gesuchten Hauptspannungen σ_1, σ_2 und σ_3 sind. In Verbindung damit ergeben sich für die drei Invarianten folgende Beziehungen

$$\left. \begin{aligned} I_1 &= \sigma_x + \sigma_y + \sigma_z = \sigma_1 + \sigma_2 + \sigma_3 \\ I_2 &= \sigma_x\sigma_y + \sigma_y\sigma_z + \sigma_z\sigma_x - \tau_{xy}^2 - \tau_{yz}^2 - \tau_{zx}^2 \\ &= \sigma_1\sigma_2 + \sigma_2\sigma_3 + \sigma_3\sigma_1 \\ I_3 &= \begin{vmatrix} \sigma_x & \tau_{yx} & \tau_{zx} \\ \tau_{xy} & \sigma_y & \tau_{zy} \\ \tau_{xz} & \tau_{yz} & \sigma_z \end{vmatrix} = \sigma_1\sigma_2\sigma_3 \end{aligned} \right\} \tag{1.4}$$

Mit Hilfe der aus Gl. (1.3) berechneten Hauptspannungen konstruieren wir unter der Bedingung

$$\sigma_1 > \sigma_2 > \sigma_3 \tag{1.5}$$

den *Mohrschen Spannungskreis* (Bild 1.3), wobei wir uns aus Symmetriegründen auf das Zeichnen von Halbkreisen beschränken. Die größte Schubspannung τ_{max} tritt hier stets in der σ_1,σ_3-Ebene auf und beträgt

$$\tau_{max} = (\sigma_1 - \sigma_3)/2 \tag{1.6}$$

In den anderen beiden Hauptspannungsebenen erreichen die maximalen Schubspannungen die Werte

$$\tau_{12\,max} = (\sigma_1 - \sigma_2)/2 \quad \text{bzw.} \quad \tau_{23\,max} = (\sigma_2 - \sigma_3)/2 \tag{1.7}$$

In jedem Fall aber halbieren Hauptschubspannungsrichtung bzw. maximale Schubspannungsrichtung den rechten Winkel zwischen den beiden entsprechenden Hauptspannungsrichtungen.

Ein *zweiachsiger* oder *ebener* Spannungszustand herrscht in dünnen Scheiben beliebiger Berandung, die in Parallelen zu ihrer Mittelfläche belastet werden, aber auch in der lastfreien Oberfläche belasteter räumlicher Bauteile. Gegenüber dem dreiachsigen Spannungszustand ist er dadurch gekennzeichnet, daß die Spannungen in

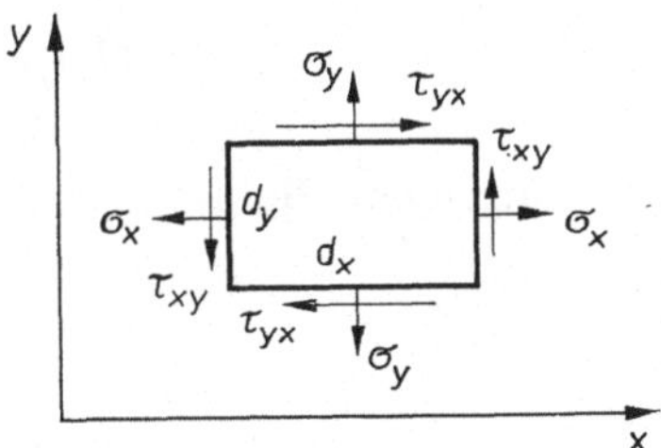

Bild 1.4. Komponenten des allgemeinen zweiachsigen Spannungszustands im ebenen Spannungsfeld

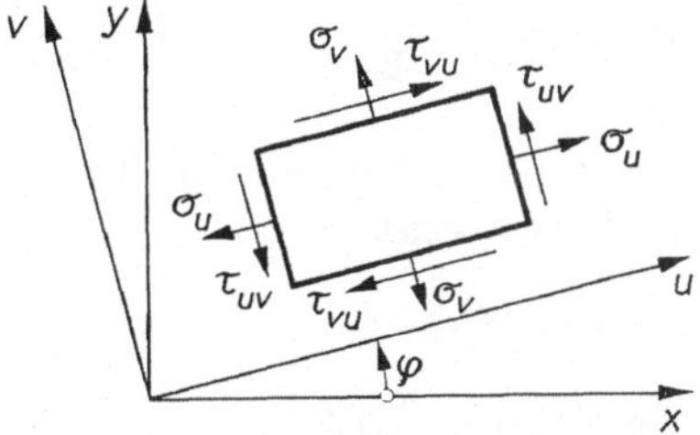

Bild 1.5. Komponenten des allgemeinen zweiachsigen Spannungszustands an geneigten Schnittflächen

einer Richtung, z. B. in der z-Richtung mit $\sigma_z = \tau_{xz} = \tau_{yz} = 0$, verschwinden. Bild 1.4 zeigt die Darstellung an einem herausgeschnittenen Teilchen konstanter Dicke mit den Abmessungen dx und dy.

Mit Hilfe der Gleichungen der *Drehtransformation*

$$\left. \begin{aligned} \sigma_u &= \frac{\sigma_x + \sigma_y}{2} + \frac{\sigma_x - \sigma_y}{2} \cos 2\varphi + \tau_{xy} \sin 2\varphi \\[2mm] \sigma_v &= \frac{\sigma_x + \sigma_y}{2} - \frac{\sigma_x - \sigma_y}{2} \cos 2\varphi - \tau_{xy} \sin 2\varphi \\[2mm] \tau_{uv} &= \qquad - \frac{\sigma_x - \sigma_y}{2} \sin 2\varphi + \tau_{xy} \cos 2\varphi \end{aligned} \right\} \tag{1.8}$$

können wir die Spannungen an geneigten Schnittflächen (Bild 1.5) berechnen, also in Ebenen, die gegenüber dem ursprünglichen Zustand (Bild 1.4) um den Winkel φ gedreht sind.

Hieraus folgt mit

$$\sigma_u + \sigma_v = \sigma_x + \sigma_y$$

sofort die Invarianz der Normalspannungssumme und wegen der Gleichheit zugeordneter Schubspannungen mit

$$\tau_{xy} = \tau_{yx} \quad \text{auch} \quad \tau_{uv} = \tau_{vu}$$

Mit der ersten und dritten Gleichung aus (1.8) wird der *Mohr*sche Spannungskreis (Bild 1.6) konstruiert.
Daraus können wir folgende Beziehungen ablesen:

Hauptspannungswinkel φ_0

$$\tan 2\varphi_0 = \frac{2\tau_{xy}}{\sigma_x - \sigma_y} \tag{1.9}$$

Hauptspannungen σ_1 *und* σ_2

$$\sigma_1, \sigma_2 = \frac{\sigma_x + \sigma_y}{2} \pm \sqrt{\left(\frac{\sigma_x - \sigma_y}{2}\right)^2 + \tau_{xy}^2} \tag{1.10}$$

Mit $\sigma_1 + \sigma_2 = \sigma_x + \sigma_y$ finden wir die Invariante des zweiachsigen Spannungszustandes Gl. (1.4) bestätigt

Hauptschubspannung τ_H

$$\tau_H = (\sigma_1 - \sigma_2)/2 \tag{1.11}$$

Die größte in der σ_1,σ_2-Ebene auftretende Schubspannung, die dem Radius des *Mohr*schen Spannungskreises entspricht, wird auch als Hauptschubspannung bezeichnet. Sie besitzt vor allem in der Spannungsoptik, s. 2.5.1.1., große Bedeutung, da sie der Isochromatenordnung proportional ist.

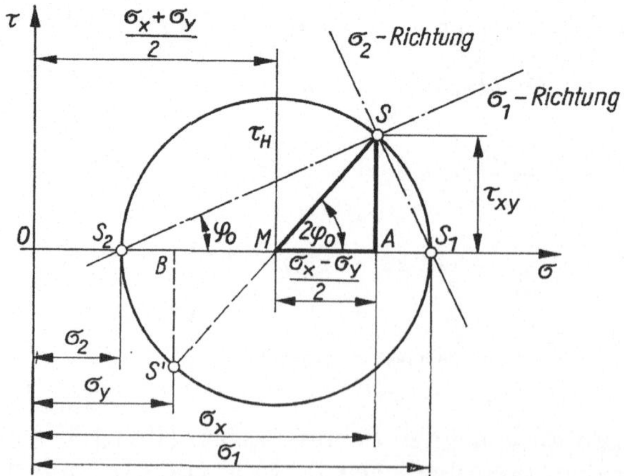

Bild 1.6. *Mohr*scher Spannungskreis für den zweiachsigen Spannungszustand

Im *Mohr*schen Spannungskreis finden wir weiterhin die beiden aufeinander senkrecht stehenden *Hauptspannungsrichtungen*, die auch mit Gl. (1.10) ermittelt werden können. Die *Hauptschubspannungslinien* erhalten wir aus der Bedingung, daß sie stets den rechten Winkel zwischen den beiden Hauptspannungsrichtungen halbieren müssen.

Wir wollen nun noch einige wichtige Sonderfälle des zweiachsigen Spannungszustandes betrachten.

1. Allseitig gleicher Zug bzw. Druck

Sind in einem Punkt die Normalspannungen nach allen Richtungen gleich groß, entartet der Kreis zu einem Punkt, der entweder mit

$$\sigma_1 = \sigma_2 = \sigma > 0 \tag{1.12}$$

im Zugbereich (Bild 1.7a) oder mit

$$\sigma_1 = \sigma_2 = \sigma < 0 \tag{1.12a}$$

im Druckbereich (Bild 1.7b) liegt. In beiden Fällen verschwinden die Schubspannungen. Damit nimmt Gl. (1.9) die Form

$$\tan 2\varphi_0 = 0/0$$

an und wird unbestimmt, d. h., jede mögliche Richtung kann Hauptspannungsrichtung sein. In der Spannungsoptik, s. 2.5., werden diese Punkte als *isotrope* Punkte bezeichnet.

2. Gleicher Zug/Druck

Sind in einem Punkt die beiden Hauptspannungen betragmäßig gleich groß, besitzen aber unterschiedliche Vorzeichen, d. h. $\sigma_1 = -\sigma_2$, so fällt der Mittelpunkt des *Mohr*schen Spannungskreises mit dem Koordinatenursprung zusammen (Bild 1.8). Dabei sind die unter 45° verlaufenden Hauptschubspannungsebenen normalspannungsfrei. Stellen wir uns das in Bild 1.8 gestrichelt gezeichnete Körperelement

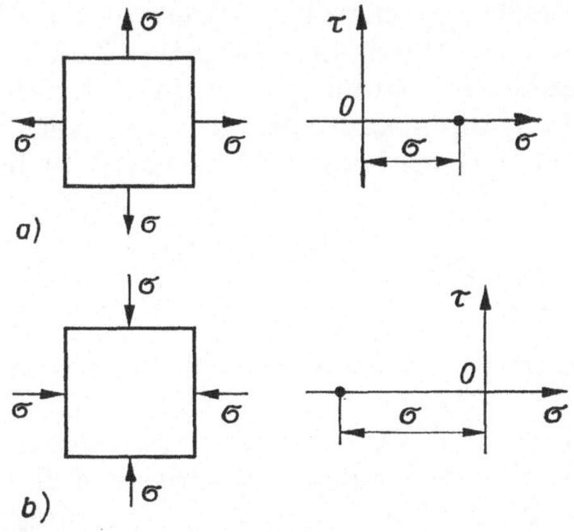

Bild 1.7. *Mohr*scher Spannungskreis für a) allseitig gleichen Zug
b) allseitig gleichen Druck

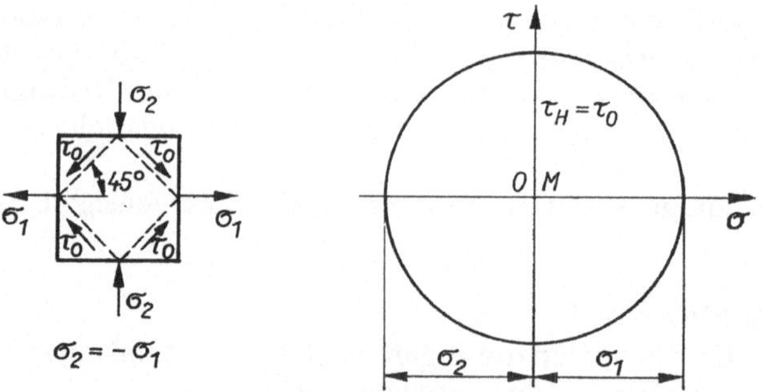

Bild 1.8. *Mohr*scher Spannungskreis für gleichen Zug/Druck

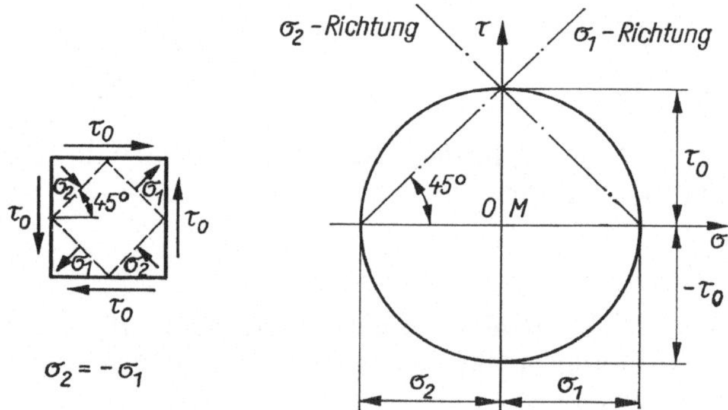

Bild 1.9. *Mohr*scher Spannungskreis für reinen Schub

herausgeschnitten vor, so wirken an den Begrenzungsflächen nur Schubspannungen. Wie aus Bild 1.9 hervorgeht, können wir das Problem auch umkehren und so diese beiden Sonderfälle ineinander überführen.

3. *Reiner Schub*

Wirken in einem Punkt nur die beiden gleichgroßen zugeordneten Hauptschubspannungen $\tau_0 = \tau_{xy} = \tau_{yx}$ und $\sigma_x = \sigma_y = 0$, wie dies bei reiner Torsion immer der Fall ist, fällt wiederum der Mittelpunkt des Spannungskreises mit dem Koordinatenursprung zusammen (Bild 1.9). Die Hauptspannungsrichtungen verlaufen wieder unter 45° zu den Schubspannungen. Dies wird auch durch Gl. (1.9) bestätigt, die in $\tan 2\varphi_0 = \pm\infty$ übergeht, woraus sich

$$2\varphi_0 = \pm\pi/2 \quad \text{bzw.} \quad \varphi_0 = \pm 45° \tag{1.13}$$

ergibt.

Ein *einachsiger Spannungszustand* liegt vor, wenn auch noch die Spannungskomponenten in einer 2. Richtung, z. B. der y-Richtung mit $\sigma_y = \tau_{xy} = 0$, verschwinden. Er ist beispielsweise in einem durch Normalkraft beanspruchten Stab in genügender Entfernung von der Kraftangriffsstelle vorhanden. In diesem Fall tangiert der *Mohr*sche Spannungskreis die Ordinate, und die Hauptschubspannung besitzt den halben Wert der einzig vorhandenen Hauptspannung $\sigma_1 \equiv \sigma_x$. Bild 1.10 zeigt den Kreis für a) reinen Zug und b) reinen Druck. Die Gleichungen der Drehtransformation (Bild 1.11) lauten hier

$$\sigma_u = \frac{\sigma_x}{2}\,(1 + \cos 2\varphi)$$

$$\tau_{uv} = -\frac{\sigma_x}{2}\,\sin 2\varphi$$

(1.14)

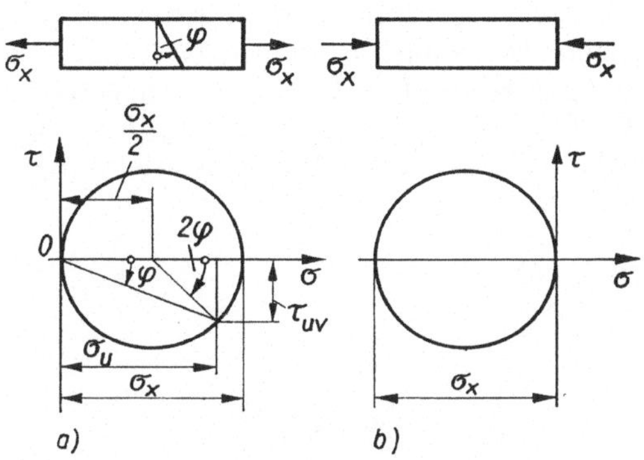

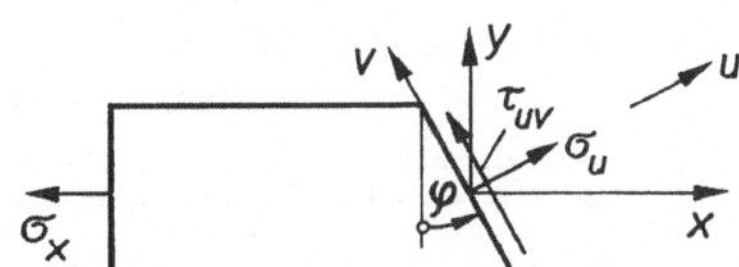

Bild 1.10. *Mohr*scher Spannungskreis
für den einachsigen Spannungszustand
a) reiner Zug b) reiner Druck

Bild 1.11. Spannungen an geneigter
Schnittfläche beim einachsigen
Spannungszustand

1.1.2.   Verschiebungs-Verzerrungs-Beziehungen — Thermische Dehnung

Durch die Belastung erfährt der elastische Körper *Lage-* und *Gestaltänderungen*. Die
Lageänderungen reine Translation (Starrkörperverschiebung) und Rotation (Starr-
körperdrehung um eine feste Achse) wollen wir hier nicht betrachten, da sie nicht mit
Verformungen des Körpers verbunden sind. Durch die Gestaltänderung dagegen
verändern die Materialpunkte ihre Abstände zueinander. Diese Erscheinung bezeichnen wir als *Verzerrung* oder *Verformung* eines elastischen Körpers, die wir in
Dehnung und *Gleitung* untergliedern.
Die Dehnung ε ist durch eine Veränderung der Körperlänge (Bild 1.12) gekennzeichnet. Sie wird durch die Beziehung

$$\varepsilon = \frac{\Delta l}{l_0} = \frac{l_1 - l_0}{l_0}$$

(1.15)

ausgedrückt, die in dieser Form, auf die Ausgangslänge l_0 bezogen, sowohl der
*Lagrange*schen als auch der *Hooke*schen Definition entspricht. Dabei bedeutet l_0 die
Stablänge im unverformten Zustand.

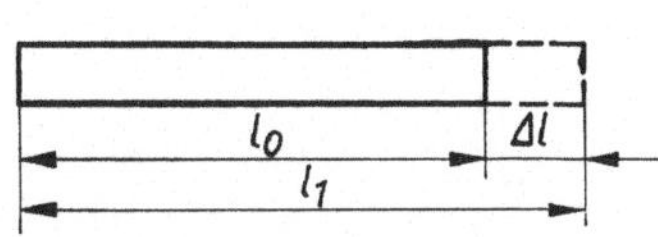

Bild 1.12. Verlängerung beim Stab

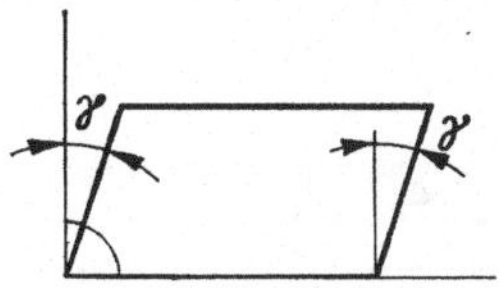

Bild 1.13. Gleitung infolge Schubverzerrung

Bei der Gleitung γ, oft auch als Schiebung oder Winkeländerung bezeichnet, wird der ursprünglich rechte Winkel durch eine Schubverzerrung (Bild 1.13) um den Winkel γ kleiner.

Verformungen erfährt ein Körper auch durch Temperaturänderung. Man spricht dann von einer *thermischen* Dehnung

$$\varepsilon_{\text{th}} = \alpha(T_2 - T_1) = \alpha\,\Delta T \tag{1.16}$$

die durch eine Wärmeausdehnung der Körper hervorgerufen wird und die sich bei einer Verformungsbehinderung der elastischen Dehnung so überlagert, daß die Gesamtdehnung einer Zwangsbedingung genügt. Hierbei bedeuten ε_{th} thermische Dehnung, α Wärmeausdehnungskoeffizient, T_1 Anfangstemperatur, T_2 Endtemperatur und ΔT Temperaturdifferenz. In Tabelle 1.1 sind die Wärmeausdehnungskoeffizienten einiger Stoffe zusammengestellt.

Tabelle 1.1: Wärmeausdehnungskoeffizienten,
gültig bis etwa 300°C

Werkstoff	α in K^{-1}
Stahl	$11 \cdot 10^{-6}$
Grauguß	$9 \cdot 10^{-6}$
Aluminium	$23 \cdot 10^{-6}$
Kupfer	$16 \cdot 10^{-6}$

Die zwischen den Komponenten des *Verschiebungsvektors* v und den Verzerrungen bestehenden Beziehungen wollen wir auf der Grundlage eines räumlichen kartesischen Koordinatensystems bezogen auf den unverformten Zustand für kleine Verzerrungen zusammenstellen.

Aus Bild 1.14 lesen wir die Dehnungen ε_x und ε_y und die Gleitung γ_{xy} für kleine Verzerrungen in der x,y-Ebene ab. Sinngemäß können so auch die übrigen Verzerrungen, und zwar die Dehnung ε_z und die beiden Gleitungen γ_{yz} und γ_{zx}, in den anderen beiden Ebenen ermittelt werden. Wegen der Gleichheit zugeordneter Gleitungen ist dabei stets

$$\gamma_{kl} = \gamma_{lk} \quad \text{mit} \quad k, l = x, y, z \tag{1.17}$$

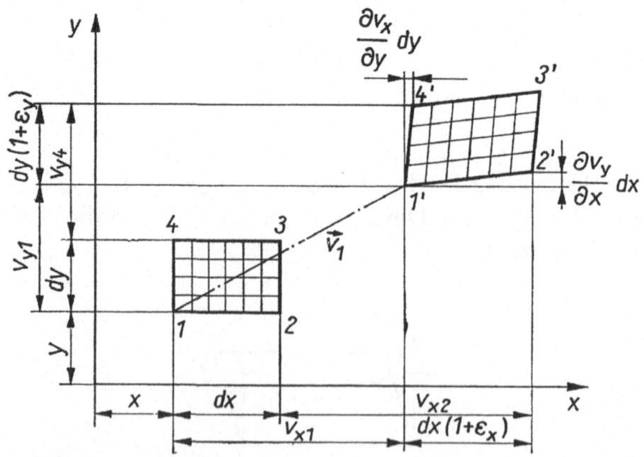

Bild 1.14. Scheibenteilchen im unverzerrten und verzerrten Zustand

Bezeichnen wir die Komponenten des Verschiebungsvektors v mit v_x, v_y und v_z, bestehen zwischen *Verschiebungen* und *Verzerrungen* folgende Beziehungen

$$\left.\begin{aligned}
\varepsilon_x &= v_{x,x}, & \gamma_{xy} &= v_{x,y} + v_{y,x} \\
\varepsilon_y &= v_{y,y}, & \gamma_{yz} &= v_{y,z} + v_{z,y} \\
\varepsilon_z &= v_{z,z}, & \gamma_{zx} &= v_{z,x} + v_{x,z}
\end{aligned}\right\} \tag{1.18}$$

Außer einer Gestaltänderung erfährt ein belastetes Bauteil i. allg. auch eine Volumenänderung. Die dazugehörende *Volumendehnung* auf der Grundlage der Definition

$$e = \frac{\Delta(\mathrm{d}V)}{\mathrm{d}V} = \frac{\mathrm{d}V_1 - \mathrm{d}V}{\mathrm{d}V}$$

erhalten wir unter der Voraussetzung kleiner Verformungen über das Volumen $\mathrm{d}V = \mathrm{d}x\,\mathrm{d}y\,\mathrm{d}z$ eines Parallelepipeds im unverformten und $\mathrm{d}V_1 = (1 + \varepsilon_x)\,\mathrm{d}x(1 + \varepsilon_y) \times \mathrm{d}y(1 + \varepsilon_z)\,\mathrm{d}z$ im verformten Zustand zu

$$e \approx \varepsilon_x + \varepsilon_y + \varepsilon_z = v_{x,x} + v_{y,y} + v_{z,z} = \operatorname{div} v \tag{1.19}$$

wobei die Dehnungsprodukte als Glieder höherer Ordnung vernachlässigt wurden.
Häufig werden Versuchsauswertungen auf der Basis von *Zylinderkoordinaten* r, φ, z durchgeführt, weil sich damit vor allem Bauteile von zylindrischer Form besser als mit einem kartesischen Koordinatensystem erfassen lassen. Der Zusammenhang zwischen Zylinderkoordinaten und kartesischen Koordinaten geht aus Bild 1.15 hervor. Die Verschiebungs-Verzerrungs-Beziehungen ergeben sich hier unter der Voraussetzung kleiner Verformungen zu

$$\begin{aligned}
\varepsilon_r &= v_{r,r} \\
\varepsilon_\varphi &= v_r/r + v_{\varphi,\varphi}/r \\
\varepsilon_z &= v_{z,z} \\
\gamma_{r\varphi} &= v_{r,\varphi}/r + v_{\varphi,r} - v_\varphi/r \\
\gamma_{rz} &= v_{r,z} + v_{z,r} \\
\gamma_{z\varphi} &= v_{\varphi,z} + v_{z,\varphi}/r
\end{aligned} \tag{1.20}$$

wobei v_r, v_φ, v_z die Komponenten des Verschiebungsvektors v darstellen. Auch bei diesem Koordinatensystem stehen in jedem Punkt die Achsen r, φ und z aufeinander senkrecht.

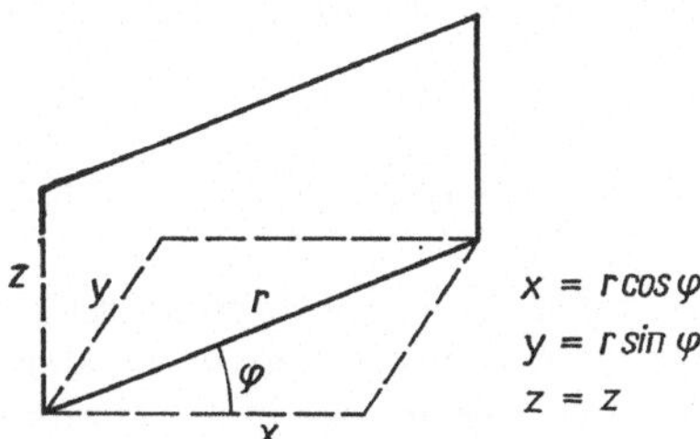

Bild 1.15. Zusammenhang zwischen kartesischen und Zylinderkoordinaten

1.1.3.   Verzerrungstensor und Verzerrungszustände

Die in den Gln. (1.18) und (1.20) definierten 3 Dehnungen und 3 Gleitungen bilden die Komponenten des *Verzerrungstensors D*. Er ist wegen Gl. (1.17), ebenso wie der Spannungstensor *T*, symmetrisch und stellt einen Tensor 2. Stufe dar. Wegen der Invarianz eines Tensors gegenüber einer Drehung des Koordinatensystems kann er auch durch die Verzerrungskomponenten der Hauptachsen beschrieben werden. In den Hauptachsen erreichen die Dehnungen ihre Extremwerte, und zwar die Hauptdehnungen ε_1, ε_2 und ε_3, während dort die Gleitungen verschwinden. Infolgedessen sind folgende zwei Ausdrücke gleichwertig, die wir bezüglich Gl. (1.18) aufschreiben

$$D = \begin{pmatrix} \varepsilon_x & \gamma_{yx}/2 & \gamma_{zx}/2 \\ \gamma_{xy}/2 & \varepsilon_y & \gamma_{zy}/2 \\ \gamma_{xz}/2 & \gamma_{yz}/2 & \varepsilon_z \end{pmatrix} \tag{1.21}$$

bzw. auf Hauptachsen transformiert

$$D = \begin{pmatrix} \varepsilon_1 & 0 & 0 \\ 0 & \varepsilon_2 & 0 \\ 0 & 0 & \varepsilon_3 \end{pmatrix}$$

Der *dreiachsige Verzerrungszustand* ist durch die kubische Gleichung

$$\varepsilon^3 - I_1{}^D \varepsilon^2 + I_2{}^D \varepsilon - I_3{}^D = 0 \tag{1.22}$$

gekennzeichnet, wobei $I_1{}^D$, $I_2{}^D$ und $I_3{}^D$ seine 3 *Invarianten* sind. Sie betragen in Verbindung mit den Hauptdehnungen ε_1, ε_2 und ε_3 als Lösungen der Gl. (1.22)

$$\left.\begin{aligned} I_1{}^D &= \varepsilon_x + \varepsilon_y + \varepsilon_z = \varepsilon_1 + \varepsilon_2 + \varepsilon_3 \\ I_2{}^D &= \varepsilon_x\varepsilon_y + \varepsilon_y\varepsilon_z + \varepsilon_z\varepsilon_x - (\gamma_{xy}/2)^2 - (\gamma_{yz}/2)^2 - (\gamma_{zx}/2)^2 \\ &= \varepsilon_1\varepsilon_2 + \varepsilon_2\varepsilon_3 + \varepsilon_3\varepsilon_1 \\ I_3{}^D &= \begin{vmatrix} \varepsilon_x & \gamma_{yx}/2 & \gamma_{zx}/2 \\ \gamma_{xy}/2 & \varepsilon_y & \gamma_{zy}/2 \\ \gamma_{xz}/2 & \gamma_{yz}/2 & \varepsilon_z \end{vmatrix} = \varepsilon_1\varepsilon_2\varepsilon_3 \end{aligned}\right\} \tag{1.23}$$

Mit den 3 Hauptdehnungen kann unter der Bedingung

$$\varepsilon_1 > \varepsilon_2 > \varepsilon_3 \tag{1.24}$$

der *Mohrsche Dehnungskreis* (Bild 1.16) konstruiert werden. Die größte Gleitung

$$\gamma_{\max} = \gamma_{13} = \varepsilon_1 - \varepsilon_3 \tag{1.25}$$

tritt in der $\varepsilon_1,\varepsilon_3$-Ebene auf, wo sie auf der Winkelhalbierenden zwischen den beiden Hauptdehnungen verläuft.

Der *zweiachsige* oder *ebene* Verzerrungszustand besitzt eine besondere Bedeutung bei der Auswertung von Rosettenmessungen (vgl. Abschn. 8.) sowie in Verbindung mit dem dreiachsigen Spannungszustand. Die Komponenten des Verzerrungstensors

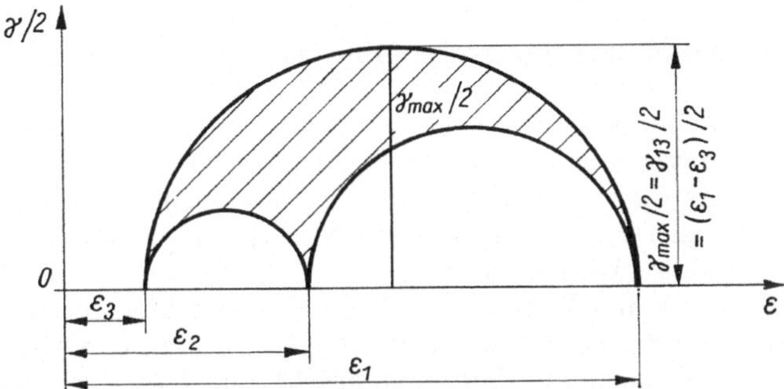

Bild 1.16. *Mohr*scher Dehnungskreis für den dreiachsigen Verzerrungszustand

reduzieren sich hier auf 2 Dehnungen und die dazugehörende Gleitung, beispielsweise ε_x, ε_y und $\gamma_{xy}/2$. Die *Drehtransformation* liefert mit den auf das x,y-System bezogenen Verzerrungen ε_x, ε_y und γ_{xy} (Bild 1.17) für Dehnung und Gleitung bezüglich einer unter dem Winkel φ zur x-Achse durch das Körperelement verlaufenden u-Achse die Beziehungen

$$\left.\begin{aligned}\varepsilon_u &= \frac{\varepsilon_x + \varepsilon_y}{2} + \frac{\varepsilon_x - \varepsilon_y}{2}\cos 2\varphi + \frac{\gamma_{xy}}{2}\sin 2\varphi \\[2mm] \frac{\gamma_{uv}}{2} &= \qquad -\frac{\varepsilon_x - \varepsilon_y}{2}\sin 2\varphi + \frac{\gamma_{xy}}{2}\cos 2\varphi\end{aligned}\right\} \tag{1.26}$$

Hieraus ergibt sich der *Mohr*sche Dehnungskreis (Bild 1.18). Daraus lesen wir die Beziehungen

$$\varepsilon_1,\ \varepsilon_2 = \pm\frac{\varepsilon_x + \varepsilon_y}{2} \pm \sqrt{\left(\frac{\varepsilon_x - \varepsilon_y}{2}\right)^2 + \left(\frac{\gamma_{xy}}{2}\right)^2} \qquad \text{und} \tag{1.27}$$

$$\tan 2\varphi_0 = \frac{\gamma_{xy}}{\varepsilon_x - \varepsilon_y} \tag{1.28}$$

ab. Aus letzterer können wir die *Hauptdehnungsrichtungen* berechnen.

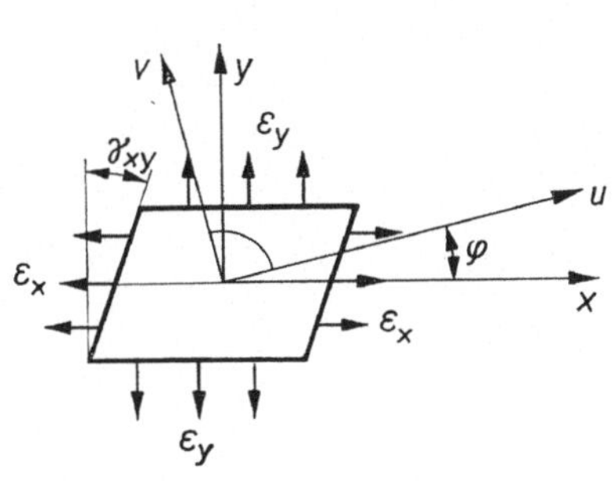

Bild 1.17. Drehtransformation beim zweiachsigen oder ebenen Verzerrungszustand

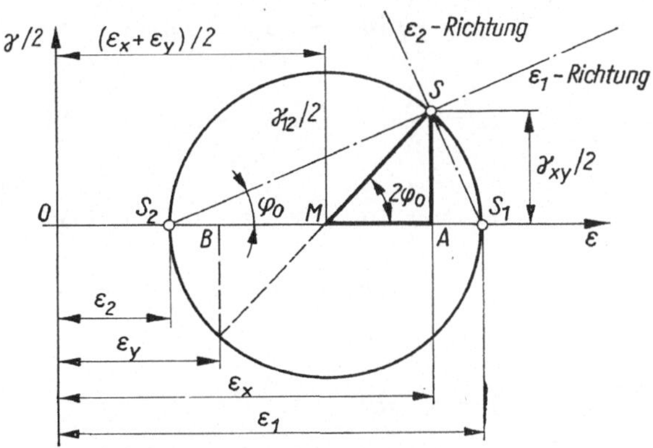

Bild 1.18. *Mohr*scher Dehnungskreis für den zweiachsigen Verzerrungszustand

1.1.4.   Elastische Spannungs-Verzerrungs-Beziehungen

Stoffgesetze stellen den mathematischen Zusammenhang zwischen den physikalischen Größen Spannung und Verzerrung (Dehnung, Gleitung) bzw. Verzerrungsgeschwindigkeit her, indem sie das Materialverhalten bei mechanischer Beanspruchung beschreiben. Da mit den meisten experimentellen Verfahren primär Verschiebungen oder Verzerrungen ermittelt werden, aber gewöhnlich Spannungen gesucht sind, müssen in solchen Fällen aus den Versuchsergebnissen in Verbindung mit dem Stoffgesetz die gesuchten Spannungen bzw. weitere interessierende Größen ermittelt werden. Dabei wird das Experiment heute verstärkt zur Untersuchung elastisch-plastischen und viskosen Werkstoffverhaltens eingesetzt. Es würde aber unseren gesteckten Rahmen sprengen, wollten wir auf alle diese Stoffgesetze eingehen. Deshalb wollen wir uns auf *elastische Spannungs-Verzerrungs-Beziehungen* beschränken und verweisen bezüglich weiterer Stoffgesetze auf die Literatur [1.1] bis [1.6].
Elastisch verhält sich ein Werkstoff dann, wenn ein aus ihm gefertigter Körper im Zuge einer Be- und Entlastung wieder die ursprüngliche Gestalt annimmt und die Spannungs-Verzerrungs-Diagramme für Be- und Entlastung übereinstimmen.
Setzen wir weiter *homogenen* und *isotropen* Werkstoff voraus und lassen nur *kleine* Verformungen zu, so daß die Spannungs-Verzerrungs-Beziehung *linear* bleibt, so wird ein solches Verhalten durch das *Hookesche Gesetz* beschrieben (Bild 1.19). Es ist beim einachsigen Spannungszustand mit

$$\sigma = E\varepsilon \tag{1.29}$$

einer linearen Funktion ohne Absolutglied identisch, wobei der Tangens des Winkels β dem Elastizitätsmodul E entspricht. Das *Hooke*sche Gesetz ist die einfachste Spannungs-Dehnungs-Beziehung, die überhaupt möglich ist. Sie stellt auch heute noch die Grundlage für den Festigkeitsnachweis dar. Für den *allgemeinen dreiachsigen* Spannungszustand (vgl. 1.2.1.) lautet das *erweiterte Hooke*sche Gesetz auf der Basis eines kartesischen Koordinatensystems

$$\left.\begin{aligned}
\varepsilon_x &= \frac{1}{E}\left[\sigma_x - \nu(\sigma_y + \sigma_z)\right] + \alpha\,\Delta T \\[2mm]
\varepsilon_y &= \frac{1}{E}\left[\sigma_y - \nu(\sigma_z + \sigma_x)\right] + \alpha\,\Delta T \\[2mm]
\varepsilon_z &= \frac{1}{E}\left[\sigma_z - \nu(\sigma_x + \sigma_y)\right] + \alpha\,\Delta T \\[2mm]
\gamma_{xy} &= \tau_{xy}/G \\[1mm]
\gamma_{yz} &= \tau_{yz}/G \\[1mm]
\gamma_{xz} &= \tau_{xz}/G
\end{aligned}\right\} \tag{1.30}$$

Darin bedeuten E Elastizitätsmodul, G Gleitmodul, ν Querdehnzahl, α Wärmeausdehnungskoeffizient und ΔT Temperaturdifferenz.
Die Querdehnzahl ν, die nur Werte zwischen 0 und 0,5 annehmen kann, wird durch

das Verhältnis von Querdehnung ε_q zu Längsdehnung ε

$$\nu = |\varepsilon_q/\varepsilon| \tag{1.31}$$

charakterisiert.

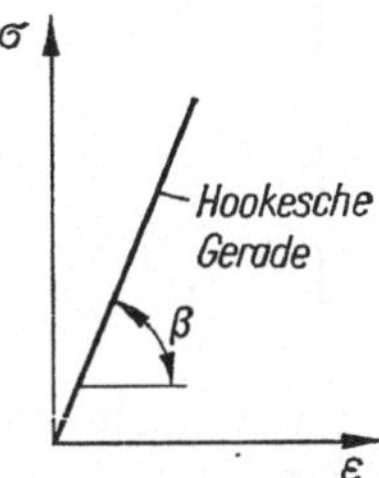

Bild 1.19. Linearelastisches Werkstoffverhalten

Zwischen den *elastischen Konstanten E, G* und ν besteht dabei die Beziehung

$$G = \frac{E}{2(1 + \nu)} \tag{1.32}$$

Häufig wird auch der Kompressionsmodul K

$$K = \frac{E}{3(1 - 2\nu)} \tag{1.33}$$

benutzt, und oft werden auch die *Lamé*schen Konstanten λ und μ verwendet, die wie folgt definiert sind:

$$\lambda = \frac{\nu E}{(1 + \nu)(1 - 2\nu)} \quad \text{und} \quad \mu = G \tag{1.34}$$

In Tabelle 1.2 sind die Werte für Elastizitätsmodul und Querdehnzahl einiger Werkstoffe zusammengestellt.

Tabelle 1.2: Elastizitätsmoduln und Querdehnzahlen bei Raumtemperatur

Werkstoff	E in N mm^{-2}	ν
Stahl	$2{,}0 \cdots 2{,}2 \cdot 10^5$	0,3
Grauguß	$1 \cdot 10^5$	0,25
Aluminium	$6{,}7 \cdots 7{,}6 \cdot 10^4$	0,34
Kupfer	$1{,}1 \cdots 1{,}25 \cdot 10^5$	0,35
Messing	$0{,}9 \cdot 10^5$	0,35
Epoxidharz	$3{,}5 \cdot 10^3$	0,36
Gummi	$2 \cdots 3$	0,5

Die Volumendehnung e, Gl. (1.19), geht mit Gl. (1.30) über in

$$e = \frac{1 - 2\nu}{E}(\sigma_x + \sigma_y + \sigma_z) + 3\alpha\,\Delta T \tag{1.35}$$

Lösen wir Gl. (1.30) nach den Spannungen auf, ergeben sich die Beziehungen

$$
\left.
\begin{aligned}
\sigma_x &= \frac{E}{1+\nu}\left(\varepsilon_x + \frac{\nu}{1-2\nu}\,e\right) - \frac{E}{1-2\nu}\,\alpha\,\Delta T \\[2mm]
\sigma_y &= \frac{E}{1+\nu}\left(\varepsilon_y + \frac{\nu}{1-2\nu}\,e\right) - \frac{E}{1-2\nu}\,\alpha\,\Delta T \\[2mm]
\sigma_z &= \frac{E}{1+\nu}\left(\varepsilon_z + \frac{\nu}{1-2\nu}\,e\right) - \frac{E}{1-2\nu}\,\alpha\,\Delta T \\[2mm]
\tau_{xy} &= G\gamma_{xy}; \qquad \tau_{yz} = G\gamma_{yz}; \qquad \tau_{xz} = G\gamma_{xz}
\end{aligned}
\right\}
\tag{1.36}
$$

Unter Benutzung der Verzerrungen aus Gl. (1.20) wollen wir noch die Spannungsgleichungen für *Zylinderkoordinaten* aufschreiben. In Verbindung mit Gl. (1.32) lauten sie

$$
\left.
\begin{aligned}
\sigma_r &= 2G\left[\varepsilon_r + \frac{\nu}{1-2\nu}\,e - \frac{1+\nu}{1-2\nu}\,\alpha\,\Delta T\right] \\[2mm]
\sigma_\varphi &= 2G\left[\varepsilon_\varphi + \frac{\nu}{1-2\nu}\,e - \frac{1+\nu}{1-2\nu}\,\alpha\,\Delta T\right] \\[2mm]
\sigma_z &= 2G\left[\varepsilon_z + \frac{\nu}{1-2\nu}\,e - \frac{1+\nu}{1-2\nu}\,\alpha\,\Delta T\right] \\[2mm]
\tau_{r\varphi} &= G\gamma_{r\varphi}, \qquad \tau_{rz} = G\gamma_{rz}, \qquad \tau_{z\varphi} = G\gamma_{z\varphi}
\end{aligned}
\right\}
\tag{1.37}
$$

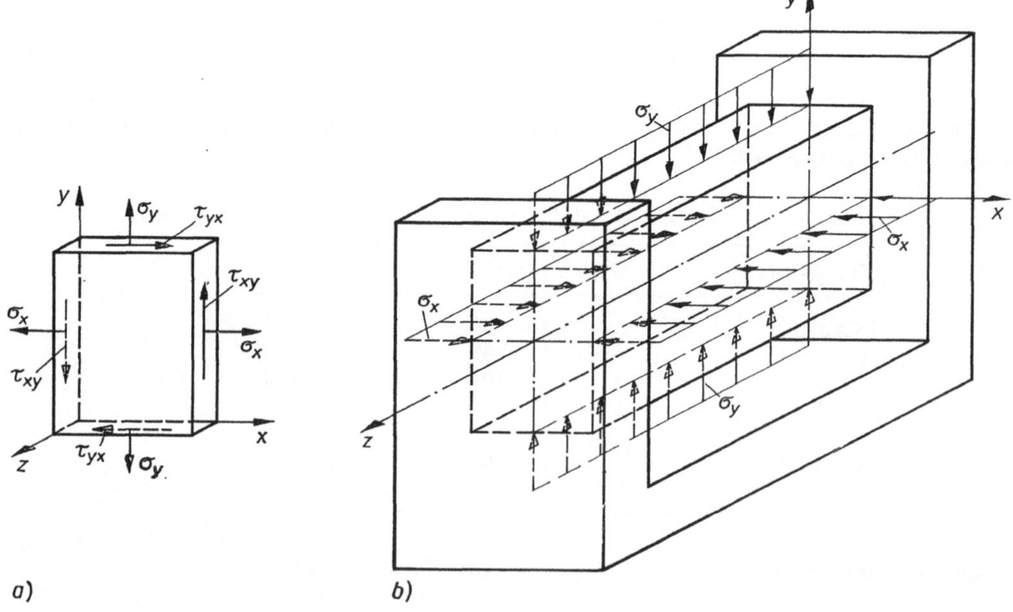

Bild 1.20. Körperelement unter der Wirkung eines a) zweiachsigen Spannungszustandes b) ebenen Verzerrungszustandes

Aus dem *Hooke*schen Gesetz für den dreiachsigen Spannungszustand, Gln. (1.30) und (1.36), lassen sich zwei für das Experiment wichtige Zustände ableiten, und zwar der *zweiachsige Spannungszustand* (Bild 1.20a) (vgl. 1.1.1.) und der *zweiachsige* oder *ebene Verzerrungszustand* (Bild 1.20b), wobei wir die Betrachtungen wieder in kartesischen Koordinaten durchführen wollen.

Die Beziehungen des zweiachsigen Spannungszustandes erhalten wir aus Gl. (1.30), wenn dort z. B. alle Spannungskomponenten in z-Richtung mit

$$\sigma_z = \tau_{xz} = \tau_{yz} = 0 \tag{1.38}$$

verschwinden, zu

$$\left.\begin{aligned}
\varepsilon_x &= \frac{1}{E}\,(\sigma_x - v\sigma_y) + \alpha\,\Delta T \\[1em]
\varepsilon_y &= \frac{1}{E}\,(\sigma_y - v\sigma_x) + \alpha\,\Delta T \\[1em]
\varepsilon_z &= -\frac{v}{E}\,(\sigma_x + \sigma_y) + \alpha\,\Delta T \\[1em]
\gamma_{xy} &= \tau_{xy}/G
\end{aligned}\right\} \tag{1.39}$$

oder aufgelöst nach den Spannungen zu

$$\left.\begin{aligned}
\sigma_x &= \frac{E}{1-v^2}\,(\varepsilon_x + v\varepsilon_y) - \frac{E\alpha\,\Delta T}{1-v} \\[1em]
\sigma_y &= \frac{E}{1-v^2}\,(\varepsilon_y + v\varepsilon_x) - \frac{E\alpha\,\Delta T}{1-v} \\[1em]
\tau_{xy} &= G\gamma_{xy}
\end{aligned}\right\} \tag{1.40}$$

Ein ebener Verzerrungszustand stellt sich beispielsweise während der Belastung eines brettförmigen Balkens oder bei breiten Zähnen von Zahnrädern ein. Er entsteht durch eine Verformungsbehinderung, die eine zusätzliche Normalspannung hervorruft. Zur Erläuterung betrachten wir den in Bild 1.20b dargestellten prismatischen Körper. Dieser wird so zwischen zwei starre, unverschiebbare Platten gebracht, daß er im unbelasteten Zustand spannungsfrei anliegt. Bei Druckbelastung in x- und y-Richtung entsteht nun wegen der in z-Richtung vorhandenen Verformungsbehinderung eine zusätzliche Druckspannung σ_z. Damit wird der Spannungszustand dreiachsig, so daß Gl. (1.30) weiterhin gilt; allerdings unter Berücksichtigung der Verformungsbehinderung in z-Richtung. Dies bedeutet, daß alle Verzerrungskomponenten in z-Richtung mit

$$\varepsilon_z = \gamma_{xz} = \gamma_{yz} = 0 \tag{1.41}$$

verschwinden. Somit ist der Verzerrungszustand nur zweiachsig oder eben. Wir setzen Gl. (1.41) in Gl. (1.30) ein und erhalten

$$\sigma_z = v(\sigma_x + \sigma_y) - E\alpha\,\Delta T \tag{1.42}$$

und damit

$$\varepsilon_x = \frac{1+\nu}{E}\left[(1-\nu)\,\sigma_x - \nu\sigma_y\right] + (1-\nu)\,\alpha\,\Delta T$$

$$\varepsilon_y = \frac{1+\nu}{E}\left[(1-\nu)\,\sigma_y - \nu\sigma_x\right] + (1-\nu)\,\alpha\,\Delta T \qquad (1.43)$$

$$\gamma_{xy} = \tau_{xy}/G$$

Wird der Versuch bei konstanter Temperatur, d. h. $\Delta T = 0$, durchgeführt, geht Gl. (1.43) in

$$\varepsilon_x = \frac{1}{E^*}\,(\sigma_x - \nu^*\sigma_y)$$

$$\varepsilon_y = \frac{1}{E^*}\,(\sigma_y - \nu^*\sigma_x) \qquad (1.44)$$

$$\gamma_{xy} = \tau_{xy}/G$$

über, wobei hier die Substitutionen

$$E^* = \frac{E}{1-\nu^2} \quad \text{und} \quad \nu^* = \frac{\nu}{1-\nu} \qquad (1.45)$$

verwendet wurden. Ein Vergleich mit Gl. (1.39) läßt die mathematische Übereinstimmung beider Gleichungen erkennen. Lediglich aus physikalischer Sicht sind beim ebenen Verzerrungszustand ein veränderter E-Modul E^* und eine veränderte Querdehnzahl ν^* einzusetzen. Das bedeutet aber gleichzeitig, daß alle Lösungen des zweiachsigen Spannungszustandes auch Lösungen des ebenen Verzerrungszustandes darstellen, solange sich Form und Belastung des Bauteiles nicht ändern. Für das Experiment folgt daraus, daß bei einfach zusammenhängenden scheibenförmigen Bauteilen Probleme des ebenen Verzerrungszustandes durch Ermitteln des entsprechenden zweiachsigen Spannungszustandes gelöst werden können. Eine Aussage, wie sich die Verhältnisse bei mehrfach zusammenhängenden Scheiben gestalten, gestattet die *Michell*sche Bedingung, auf die in 1.2. eingegangen wird. Erwähnt sei noch, daß die veränderten Werkstoffkonstanten E^* und ν^* auch die Gl. (1.32) erfüllen, so daß durch die Substitution (1.45) der Gleitmodul nicht beeinflußt wird.

1.1.5.   St.-Venantsches Prinzip

Schließlich soll noch das für die gesamte Elastizitätstheorie grundlegende Prinzip von *St. Venant* betrachtet werden, das die Lösung sehr vieler Probleme beim Kraftangriff oder der Lagerung vereinfacht. So herrschen an den Angriffspunkten von Einzelkräften sehr komplizierte und der Rechnung nur schwer zugängliche Verhältnisse, die, wie bei der Einzelkraft senkrecht auf Halbebene, s. 2.5.3., Gl. (2.60), dort auch noch zu Singularitäten und damit zu physikalisch nicht sinnvollen Aussagen führen. Andererseits würde durch das Ansetzen einer den wirklichen Verhältnissen besser entsprechenden Flächenlast der mathematische Aufwand noch weiter erhöht.

Nach dem von *St. Venant* aufgestellten Prinzip hängt nun in hinreichender Entfernung vom Kraftangriffsbereich der Spannungs- und Verzerrungszustand nur von der Resultierenden des angreifenden Kräftesystems ab, nicht aber von der Verteilung der einzelnen Kräfte. Damit bleiben alle in der Elastizitätstheorie aufgestellten Beziehungen zur Spannungs- und Verformungsberechnung — mit Ausnahme des unmittelbaren Bereichs an Krafteinleitungsstellen — weiterhin gültig. Als hinreichende Entfernung kann z. B. beim Balken ein Betrag in der Größe der Querschnittabmessung angesehen werden. Durch die Spannungsoptik hat dieses Prinzip eine sichere und darüber hinaus visuelle Bestätigung gefunden, womit auch gleichzeitig eine Möglichkeit zur experimentellen Bestimmung der «hinreichenden Entfernung» bei beliebig gestalteten Bauteilen aufgezeigt wird. Dies ist in 2.5.3. aus Bild 2.32 ersichtlich.

1.2.   Zur Übertragung von Versuchsergebnissen an Modellen auf die Hauptausführung

In der experimentellen Festkörpermechanik findet der *Modellversuch* eine breite Anwendung. Er wird dann durchgeführt, wenn innerhalb des konstruktiven Entwicklungsprozesses zur Ermittlung der günstigsten Variante einer Konstruktion auch experimentelle Untersuchungen durchgeführt werden sollen. Dabei läßt sich die Modellform verhältnismäßig leicht abwandeln, und Variantenuntersuchungen an *Modellen* (M) erfordern einen viel geringeren Aufwand als solche an der *Hauptausführung* (H), die darüber hinaus zu diesem Zeitpunkt gewöhnlich noch nicht existiert. Der Modellversuch muß auch durchgeführt werden, wenn die Hauptausführung nicht für systematische Versuche verfügbar ist bzw. wenn Versuche an ihr zu gefährlich, zu umständlich, zu kostspielig oder nicht reproduzierbar sind. Analoges gilt für Modellversuche bei technologischen Verfahren, wo z. B. bei Umformprozessen die den Werkstofffluß bestimmenden Parameter zu ermitteln sind. Ein weiterer Vorteil des Modellversuches ist seine Abstraktionsmöglichkeit, d. h. das Konzentrieren auf bestimmende physikalische Abläufe und Weglassen alles Unwesentlichen. So ist die geometrische Ähnlichkeit bei Anordnungsproblemen (Maschinenanlagen, Architektur, Rohrsysteme, Transport usw.) eine wichtige Grundlage der Modellierung, während die physikalische Ähnlichkeit für das Studium des Verhaltens und der Funktion von Systemen erforderlich ist. Natürlich muß das Experiment auf einer gesicherten theoretisch-physikalischen Basis beruhen, also Versuch und Theorie eine Einheit bilden. Die theoretische Begründung der experimentellen Verfahren bezüglich ihrer fachspezifischen Seite wird im jeweiligen Hauptabschnitt gegeben. Hier wollen wir untersuchen, unter welchen Bedingungen und Voraussetzungen sich die im Modellversuch ermittelten Zahlenwerte auf die Hauptausführung übertragen lassen. Zuständig hierfür ist die auf dem *Ähnlichkeitsprinzip* der Physik beruhende *Ähnlichkeitsmechanik*, die entsprechende *Übertragungsgesetze* bereitstellt.
Nach dem Ähnlichkeitsprinzip der Physik verlaufen zwei verschiedene physikalische Vorgänge dann ähnlich, wenn sie durch dieselben allgemeinen Grundgleichungen (Differentialgleichungen mit Randbedingungen) bzw. deren Lösungen darstellbar sind. Für die beiden an der Hauptausführung H und im Modell M ablaufenden Vorgänge trifft dies zu, und deshalb können die Beziehungen zwischen H und M in mathematischer Form durch *dimensionslose Gleichungen* dargestellt werden. Aus-

3*

gehend von den den Versuch bestimmenden physikalischen Größen erfordert das die Festlegung entsprechender *Übertragungsmaßstäbe*, die durch *Modell-* oder. *Ähnlichkeitsgesetze* miteinander verbunden sind.

1.2.1.   Strenge physikalische Ähnlichkeit und Ähnlichkeitsmaßstäbe

Die physikalischen Größen [1.7] werden in *Basisgrößenarten* und *abgeleitete Größenarten* eingeteilt, wobei wir zu den letzteren auch die *Stoffwerte* rechnen. Alle abgeleiteten Größenarten lassen sich durch Naturgesetze oder Definitionsgleichungen auf Potenzprodukte der Basisgrößenarten zurückführen; gleiches gilt für ihre Einheiten.

Der Übertragungsmaßstab stellt nun das Verhältnis der am Modellversuch beteiligten physikalischen Größe zur entsprechenden an der Hauptausführung beteiligten dar. Beispiele hierfür sind:

$$\text{Längenmaßstab} \qquad l_v = l_M/l_H \qquad\qquad (1.46)$$

$$\text{Geschwindigkeitsmaßstab} \qquad v_v = v_M/v_H \qquad\qquad (1.47)$$

$$E\text{-Modulmaßstab} \qquad E_v = E_M/E_H \qquad\qquad (1.48)$$

Der Index M soll hierbei das Modell, der Index H die Hauptausführung und der Index v den entsprechenden Maßstab bezeichnen, der stets auf die Hauptausführung bezogen wird.

Analog zu den physikalischen Größen werden die Übertragungsmaßstäbe in *Bezugsmaßstäbe*, *abgeleitete Maßstäbe* und *Stoffwertmaßstäbe* eingeteilt. Außer dem Längenmaßstab, Gl. (1.46), werden für unsere Untersuchungen noch folgende Bezugsmaßstäbe benötigt:

$$\text{Kräftemaßstab} \qquad F_v = F_M/F_H \qquad\qquad (1.49)$$

$$\text{Zeitmaßstab} \qquad t_v = t_M/t_H \qquad\qquad (1.50)$$

$$\text{Temperaturmaßstab} \qquad T_v = T_M/T_H \qquad\qquad (1.51)$$

Bezugsmaßstäbe müssen nicht unbedingt durch die entsprechende Basisgrößenart des Internationalen Einheitensystems (SI) gebildet werden. Innerhalb dieses kohärenten Systems kann z. B. die Kraft als Bezugsgröße mit der Einheit Newton an Stelle der Masse verwendet werden [1.8]. Allgemein heißt das: Bezugsmaßstäbe werden mit Bezugsgrößen gebildet, wobei die Anzahl der Bezugsgrößen mit der Anzahl der am Vorgang in H und M beteiligten Basisgrößenarten übereinstimmt.

An dieser Stelle wollen wir den Begriff *strenge physikalische Ähnlichkeit* einführen. Sie liegt vor, wenn alle Bezugsmaßstäbe während der Vorgänge in H und M konstant bleiben. Dabei können sich aber trotzdem Zähler und Nenner gleichsinnig ändern, jedoch nur so, daß der Quotient konstant bleibt. Spezialfälle hiervon liegen vor, wenn nur ein oder mehrere Bezugsmaßstäbe für den Vorgang bestimmend sind. So unterscheiden wir

$$l_v = \text{konst} \qquad \text{strenge geometrische Ähnlichkeit}$$

$$F_v = \text{konst} \qquad \text{strenge Ähnlichkeit der Kräfte}$$

$$t_v = \text{konst} \qquad \text{strenge Zeitähnlichkeit}$$

$$\left.\begin{array}{l} l_v = \text{konst} \\ \text{und} \quad t_v = \text{konst} \end{array}\right\} \quad \text{strenge kinematische Ähnlichkeit} \qquad (1.52)$$

$$\left.\begin{array}{l} l_v = \text{konst} \\ \text{und} \quad F_v = \text{konst} \end{array}\right\} \quad \text{strenge statische Ähnlichkeit} \qquad (1.53)$$

$$\left.\begin{array}{l} l_v = \text{konst} \\ F_v = \text{konst} \\ \text{und} \quad t_v = \text{konst} \end{array}\right\} \quad \text{strenge dynamische Ähnlichkeit} \qquad (1.54)$$

Abgeleitete Maßstäbe werden mit der *Übertragungsregel* gebildet. Danach ergibt sich unter der Voraussetzung strenger physikalischer Ähnlichkeit der abgeleitete Maßstab aus den Bezugsmaßstäben wie die Einheit der abgeleiteten Größenart aus den Einheiten der Bezugsgrößen. Beispiele hierfür sind Geschwindigkeitsmaßstab, Gl. (1.47),

$$v_v = v_M/v_H = \frac{l_M/t_M}{l_H/t_H} = l_v/t_v \qquad (1.55)$$

oder Spannungsmaßstab

$$\sigma_v = \sigma_M/\sigma_H = \frac{F_M/A_M}{F_H/A_H} = F_v/A_v = F_v/l_v^2 \qquad (1.56)$$

wobei

$$A_v = l_v^2 \qquad (1.57)$$

einen weiteren abgeleiteten Maßstab darstellt.

Bei strenger physikalischer Ähnlichkeit bleibt der jeweilige Maßstab bei Summen- oder Differenzbildung und im integrierten oder differenzierten Zustand konstant; auch die Übertragungsregel bleibt weiter gültig. Zum Beispiel erhalten wir für den Formänderungsmaßstab Δl_v

$$\text{mit} \quad l_v = l_{1M}/l_{1H} = l_M/l_H$$

$$\Delta l_v = \Delta l_M/\Delta l_H = \frac{l_{1M} - l_M}{l_{1H} - l_H} = \frac{l_v(l_{1H} - l_H)}{l_{1H} - l_H} = l_v \qquad (1.58)$$

und damit

$$\varepsilon_v = \frac{\Delta l_v}{l_v} = 1 \quad \text{oder} \quad \varepsilon_M = \varepsilon_H \qquad (1.59)$$

d. h. Gleichheit der Dehnungen in H und M.

Für Stoffwertmaßstäbe gibt Gl. (1.48) ein Beispiel.

Die Übertragungsmaßstäbe existieren nicht unabhängig nebeneinander, sondern sind je nach dem konkreten Problem über bestimmte *dimensionslose Potenzprodukte*, die als *Kenngrößen* bzw. *Ähnlichkeitskennzahlen* bezeichnet werden, miteinander verknüpft. Vorausschicken wollen wir noch, daß Modellgesetze die höchste Form dieser Kenngrößen darstellen.

1.2.2.   Methoden zur Gewinnung von Modellgesetzen und Ähnlichkeitskennzahlen

1.2.2.1.   Ermittlung aus dem Verhältnis der wirkenden Kräftearten

Wir betrachten dazu das mechanische Problem in der Form des Spezialfalles strenge dynamische Ähnlichkeit mit den 3 Bezugsmaßstäben l_v, t_v und F_v. Hier handelt es sich stets um Bewegungsvorgänge auf der Basis des dynamischen Grundgesetzes, wobei aber die daran beteiligten Kräfte unterschiedlichen *Kräfteklassen*, wie elastische Kräfte, Schwerkräfte usw., entstammen können.

Grundlage der Berechnung ist die Tatsache, daß die verwendeten allgemeinen Grundgleichungen für H und M gültig sind.

Bezogen auf das dynamische Grundgesetz heißt das:

$$F_{\mathrm{M}} = m_{\mathrm{M}} a_{\mathrm{M}}$$
$$\text{bzw.} \quad F_v = m_v a_v \tag{1.60}$$
$$F_{\mathrm{H}} = m_{\mathrm{H}} a_{\mathrm{H}}$$

Indem wir mit der Übertragungsregel Massen- und Beschleunigungsmaßstab

$$m_v = \varrho_v V_v = \varrho_v l_v{}^3$$
$$a_v = l_v t_v{}^{-2} \tag{1.61}$$

durch Bezugsmaßstäbe ausdrücken und in (1.60) einsetzen, erhalten wir das *Newtonsche Ähnlichkeitsgesetz*

$$F_{v_{\mathrm{N}}} = \varrho_v l_v{}^4 t_v{}^{-2} \tag{1.62}$$

wobei der Index N auf *Newton* hinweist. Wir erkennen, daß bei zwei vorgegebenen Bezugsmaßstäben der dritte nun nicht mehr frei wählbar ist. Wählen wir z. B. l_v und t_v frei, so fordert das *Newton*sche Ähnlichkeitsgesetz, daß für sämtliche eingeprägten Kräfte, die i. allg. durch unterschiedliche physikalische Ursachen entstehen, derselbe konstante Kräftemaßstab gilt. Allgemein ist es deshalb nicht erfüllbar, aber in Kombination mit einer spezifischen Kräfteklasse ergeben sich daraus bestimmte Modellgesetze.

Als Beispiel untersuchen wir einen Bewegungsvorgang unter dem Einfluß von Schwerkräften. Für die in H und M wirkende Schwerkraft erhalten wir in Verbindung mit der Übertragungsregel

$$dG_{\mathrm{M}} = dm_{\mathrm{M}} g_{\mathrm{M}} \qquad dG_v = G_v = F_{v_{\mathrm{s}}}$$
$$\text{und} \tag{1.63}$$
$$dG_{\mathrm{H}} = dm_{\mathrm{H}} g_{\mathrm{H}} \qquad dm_v = m_v$$

sowie Gl. (1.61) den Kräftemaßstab für Schwerkräfte $F_{v_{\mathrm{s}}}$

$$F_{v_{\mathrm{s}}} = \varrho_v l_v{}^3 g_v \tag{1.64}$$

wobei der Index S auf die Schwerkraft hinweist. Dieser spezielle Kräftemaßstab muß dem *Newton*schen Ähnlichkeitsgesetz genügen, d. h., es muß sein

$$F_{v_{\mathrm{N}}} = F_{v_{\mathrm{s}}} \quad \text{bzw.}$$
$$\varrho_v l_v{}^4 t_v{}^{-2} = \varrho_v l_v{}^3 g_v \tag{1.65}$$

Nach Umformung erhalten wir mit

$$\frac{\mathring{l}_v}{g_v t_v{}^2} = 1 \quad \text{oder}$$

$$\frac{l_\mathrm{M}}{g_\mathrm{M} t_\mathrm{M}{}^2} = \frac{l_\mathrm{H}}{g_\mathrm{H} t_\mathrm{H}{}^2} = \frac{l}{g t^2} \tag{1.66}$$

das *Froude*sche Modellgesetz. Während Gl. (1.66) seine *Maßstabsgleichung* darstellt, wird der in H und M übereinstimmende Zahlenwert des dimensionslosen Potenzproduktes als

Froudesche Zahl Fr

$$Fr = \frac{l}{g t^2} \tag{1.67}$$

bezeichnet.

Damit können wir festhalten: Zwei Bewegungsvorgänge unter dem überwiegenden Einfluß von Schwerkräften sind dann mechanisch ähnlich, wenn ihre *Froude*schen Zahlen übereinstimmen. Wie aus Gl. (1.66) zu erkennen ist, darf jetzt nur noch ein Bezugsmaßstab frei gewählt werden.

Dazu noch ein Zahlenbeispiel. Freie ungedämpfte Pendelschwingungen verlaufen unter dem Einfluß von Schwerkräften und können deshalb durch das *Froude*sche Modellgesetz beschrieben werden. Bei einem mathematischen Pendel messen wir im Modellversuch bei kleinen Ausschlägen eine Schwingungszeit von $t = 1$ s. Welche Schwingungszeit besitzt die neunfach vergrößerte ähnliche H? Mit $g_v = 1$ und $l_v = 1/9$ erhalten wir aus Gl. (1.66)

$$t_v = \sqrt{l_v} = t_\mathrm{M}/t_\mathrm{H}$$

$$t_\mathrm{H} = t_\mathrm{M}/\sqrt{l_v} = 1 \cdot 3 = 3 \text{ s}$$

1.2.2.2.   Dimensionsanalyse

Einen weiteren Weg zur Kenngrößenermittlung wollen wir in der für den experimentell tätigen Ingenieur wichtigen *Dimensionsanalyse* kennenlernen, die auch dann anwendbar ist, wenn das Problem nicht oder nicht vollständig mathematisch formuliert ist. Grundsätzlich kann damit jeder physikalische Vorgang untersucht werden, wobei maximal 7 Bezugsgrößen (entsprechend der Zahl der Basisgrößenarten) auftreten können. Bei Versuchen auf dem Gebiet der Mechanik kommen entsprechend 1.2.1. jedoch nur 2 bis 4 Bezugsgrößen vor. Wir wollen die Anwendung der Dimensionsanalyse auf der Grundlage strenger physikalischer Ähnlichkeit, und zwar anhand des Spezialfalles strenge statische Ähnlichkeit Gl. (1.53) demonstrieren. Dabei wird *homogener* und *isotroper* Werkstoff mit *linearelastischem* Verhalten vorausgesetzt. Der in Bild 1.21 skizzierte statisch unbestimmte Biegeträger, bei dem Spannung und Formänderung unter Vernachlässigung seines Eigengewichts interessieren, dient als Beispiel.

Zunächst ist eine *Maßgrößenbeziehung* für das zu untersuchende Problem aufzustellen. Sie enthält alle physikalischen Größen, die das Problem beschreiben, wobei diese *voneinander unabhängig* sein müssen. Bei statischer Ähnlichkeit reduzieren sich die Bezugsgrößen auf zwei, nämlich Länge l und Kraft F. Außerdem treten zwei Stoffwerte — Elastizitätsmodul E und Querdehnzahl v — hinzu. Diese 4 physikalischen Größen bilden die Maßgrößenbeziehung Φ

$$\Phi(l, F, E, v) = 0 \tag{1.68}$$

da alle abgeleiteten Größen bei strenger statischer Ähnlichkeit mit der Übertragungsregel gebildet werden können. Auch für die verschiedenen Längen und Kräfte in Bild 1.21 stehen stellvertretend die beiden Bezugsgrößen, da aus dem gleichen Grund für alle Längen und Kräfte konstante Bezugsmaßstäbe l_v und F_v gelten. Ob die Maßgrößenbeziehung bekannt ist oder nicht, spielt keine Rolle.
Nun wird diese Maßgrößenbeziehung in eine *Kenngrößenbeziehung* umgewandelt. Dies geschieht wie folgt: Nach einem Gesetz der Ähnlichkeitsmechanik werden die

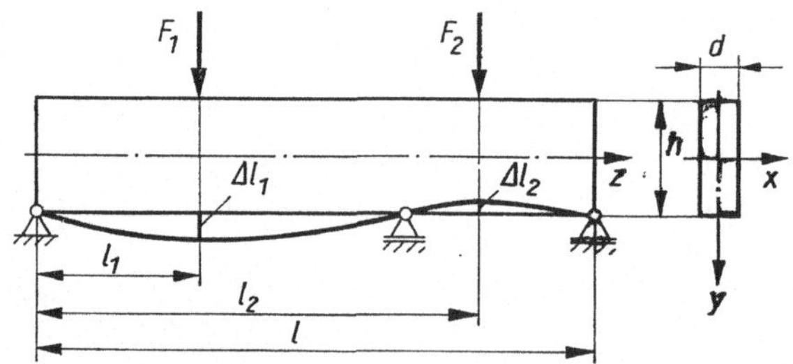

Bild 1.21. Statisch unbestimmt gelagerter Träger unter der Wirkung von Einzellasten

physikalischen Größen durch Multiplizieren mit oder Dividieren durch Potenzen passender Variabler — in der Anzahl der den Vorgang bestimmenden Bezugsgrößen — dimensionsfrei gemacht und zu *dimensionslosen Potenzprodukten*, den *Kenngrößen*, zusammengefaßt. Die Zahl der Kenngrößen ist dann stets um die Zahl der beteiligten Bezugsgrößen kleiner als die Zahl der Maßgrößen. Die zur *Dimensionsbefreiung* benutzten Variablen brauchen dabei keine Bezugsgrößen zu sein; dazu können geeignete physikalische Größen aus der Maßgrößenbeziehung ausgewählt werden.
Aus den 4 Maßgrößen können demnach 2 Kenngrößen gebildet werden. Damit ergibt sich folgende Kenngrößenbeziehung ψ

$$\psi(K_1, K_2) = 0 \tag{1.69}$$

Die *Dimensionsbefreiung* wollen wir mit den beiden Maßgrößen l und E durchführen. Wir beginnen mit der Variablen F, die Bestandteil der Kenngröße K_1 sein soll. In dem hier benutzten allgemeinen Ansatz

$$K_1 = Fl^x E^y \tag{1.70}$$

sind die Exponenten x und y zu ermitteln. F erhält als Leitgröße den Exponent 1. Wir drücken nun alle Faktoren — hier den E-Modul — nur durch Bezugsgrößen aus und beachten, daß alle Kenngrößen dimensionslos sind. Damit geht (1.70) über in

$$K_1 F^0 l^0 = F l^x F^y l^{-2y} \tag{1.71}$$

Nun führen wir einen Exponentenvergleich durch, der hier 2 Gleichungen liefert

$$F: \quad 0 = 1 + y \;\rightarrow\; y = -1$$
$$l: \quad 0 = x - 2y \rightarrow x = 2y = -2 \tag{1.72}$$

Damit erhalten wir

$$K_1 = Fl^{-2}E^{-1} = \frac{F}{El^2} \tag{1.73}$$

Die Querdehnzahl v ist bereits dimensionslos; sie bildet deshalb eine eigene Kenngröße

$$K_2 = v \tag{1.74}$$

somit geht die Kenngrößenbeziehung über in

$$\psi\left(\frac{F}{El^2},\, v\right) = 0 \tag{1.75}$$

Beim Einhalten strenger statischer Ähnlichkeit führen alle Probleme aus der Elastostatik ohne das Berücksichtigen von Volumenkräften auf diese Beziehung. Sie besitzt deshalb grundlegende Bedeutung.
Physikalische Ähnlichkeit der in H und M ablaufenden Vorgänge erfordert, daß die jeweiligen Kenngrößen in H und M den gleichen Zahlenwert besitzen.
Für die Kenngröße K_1 bedeutet dies

$$\frac{F_\mathrm{M}}{E_\mathrm{M} l_\mathrm{M}^2} = \frac{F_\mathrm{H}}{E_\mathrm{H} l_\mathrm{H}^2} = \frac{F}{El^2} = Ho \tag{1.76}$$

Dieses dimensionslose Potenzprodukt wird als *Hooke*sches Ähnlichkeitsgesetz bezeichnet. In der Elastostatik ist es die einzige dimensionsfreie Verbindung der beiden Bezugsgrößen mit einem Stoffwert. Ihr Zahlenwert heißt *Hooke*sche Zahl *Ho*.
Die Kenngröße K_2 begründet mit

$$v_\mathrm{M} = v_\mathrm{H} \tag{1.77}$$

das *Poisson*sche Modellgesetz, das Gleichheit der Querdehnzahlen in H und M fordert.
Aus Gl. (1.75) können nun die *Maßstabsgleichungen*

$$F_v = E_v l_v^2 \quad \text{und} \tag{1.78}$$

$$v_v = 1 \tag{1.79}$$

abgeleitet werden, die auf der Grundlage der vorausgesetzten strengen statischen Ähnlichkeit, charakterisiert durch Gl. (1.53)

$$l_v = \text{konst}; \quad F_v = \text{konst}$$

strenge statische Ähnlichkeitsgesetze darstellen. Dazu gehören auch die mit der Übertragungsregel ermittelten Beziehungen

$$\sigma_v = F_v l_v^{-2} \qquad \text{und damit}$$

$$\sigma_v = E_v \qquad \text{sowie}$$

$$\varepsilon_v = 1$$

$$\Delta l_v = l_v$$

$$(1.80)$$

Mit der aus (1.80) entwickelten Beziehung

$$\sigma_\mathrm{H} = \sigma_\mathrm{M}/E_v \qquad (1.81)$$

ist eine direkte Voraussage für die an der H herrschende Spannung aus der im analogen Modellpunkt ermittelten Spannung in Verbindung mit dem E-Modulmaßstab möglich. Bezüglich der Formänderung in analogen Punkten von H und M ergibt sich

$$\Delta l_\mathrm{H} = \Delta l_\mathrm{M}/l_v \qquad (1.82)$$

Von den bei strenger statischer Ähnlichkeit vorkommenden 3 Maßstäben können, wie ein Blick auf Gl. (1.78) zeigt, zwei frei gewählt werden. Gewöhnlich sind dies der durch die Verkleinerung (oder Vergrößerung) des Modells festliegende Längenmaßstab und der durch die Werkstoffauswahl bedingte E-Modulmaßstab. Von diesen hängt dann der Kräftemaßstab ab.

1.2.2.3.   Funktionsanalyse

Auch bei der experimentellen Lösung von Aufgaben der Mechanik ist es beim Vorhandensein mehrerer Parametereinflüsse angebracht, die das Problem beschreibende Differentialgleichung (Dgl.) mit ihren Randbedingungen aufzustellen. Daraus ermitteln wir dann die den Vorgang bestimmenden *Ähnlichkeitskennzahlen*, ohne daß die Dgl. selbst gelöst werden muß. Dadurch kann die Aussagekraft der experimentellen Lösung u. U. wesentlich, auch über das spezielle Problem hinaus, verallgemeinert werden.

Als Beispiel wählen wir die elastischen Grundgleichungen ohne Berücksichtigung des Temperatureinflusses und der Volumenkräfte [1.2, S. 30], wobei wir uns auf die Betrachtung der ersten Grundgleichung

$$\Delta v_x + \frac{1}{1 - 2v}\,\frac{\partial e}{\partial x} = 0 \qquad (1.83)$$

beschränken können. Δ ist hierbei der *Laplace*operator

$$\Delta = \frac{\partial^2}{\partial x^2} + \frac{\partial^2}{\partial y^2} + \frac{\partial^2}{\partial z^2} \qquad (1.84)$$

Angewandt auf H und M erhalten wir aus (1.83) in Verbindung mit den Gln. (1.84) und (1.19)

$$\text{H}: \frac{\partial^2 v_{x\text{H}}}{\partial x_\text{H}^2} + \frac{\partial^2 v_{x\text{H}}}{\partial y_\text{H}^2} + \frac{\partial^2 v_{x\text{H}}}{\partial z_\text{H}^2} + \frac{1}{1-2\nu_\text{H}} \frac{\partial}{\partial x_\text{H}} \left(\frac{\partial v_{x\text{H}}}{\partial x_\text{H}} + \frac{\partial v_{y\text{H}}}{\partial y_\text{H}} + \frac{\partial v_{z\text{H}}}{\partial z_\text{H}} \right) = 0$$

$$\text{M}: \frac{\partial^2 v_{x\text{M}}}{\partial x_\text{M}^2} + \frac{\partial^2 y_{x\text{M}}}{\partial y_\text{M}^2} + \frac{\partial^2 v_{x\text{M}}}{\partial z_\text{M}^2} + \frac{1}{1-2\nu_\text{M}} \frac{\partial}{\partial x_\text{M}} \left(\frac{\partial v_{x\text{M}}}{\partial x_\text{M}} + \frac{\partial v_{y\text{M}}}{\partial y_\text{M}} + \frac{\partial v_{z\text{M}}}{\partial z_\text{M}} \right) = 0$$

(1.85)

Nun ist bei strenger geometrischer Ähnlichkeit stets

$$v_{x\text{M}} = l_v v_{x\text{H}}; \qquad v_{y\text{M}} = l_v v_{y\text{H}}; \qquad v_{z\text{M}} = l_v v_{z\text{H}}$$

$$x_\text{M} = l_v x_\text{H}; \qquad y_\text{M} = l_v y_\text{H}; \qquad z_\text{M} = l_v z_\text{H}$$

so daß für M auch geschrieben werden kann

$$\text{M}: \frac{1}{l_v} \left(\frac{\partial^2 v_{x\text{H}}}{\partial x_\text{H}^2} + \frac{\partial^2 v_{x\text{H}}}{\partial y_\text{H}^2} + \frac{\partial^2 v_{x\text{H}}}{\partial z_\text{H}^2} \right)$$

$$+ \frac{1}{1-2\nu_\text{M}} \cdot \frac{1}{l_v} \frac{\partial}{\partial x_\text{H}} \left(\frac{\partial v_{x\text{H}}}{\partial x_\text{H}} + \frac{\partial v_{y\text{H}}}{\partial y_\text{H}} + \frac{\partial v_{z\text{H}}}{\partial z_\text{H}} \right) = 0 \qquad (1.86)$$

Nach Division durch l_v herrscht zwischen H und M nur dann Identität, wenn Gleichheit der Querdehnzahlen Gl. (1.77)

$$\nu_\text{M} = \nu_\text{H}$$

besteht, womit wir gleichzeitig das *Poisson*sche Modellgesetz (1.79) bestätigt finden. Wir wollen nun noch die Bedeutung der *Analogieverfahren* anklingen lassen. Darunter verstehen wir folgendes: Wenn zwei physikalisch völlig verschiedene Probleme durch die gleichen mathematischen Beziehungen beschrieben werden können, so kann ein Vorgang als Analogieverfahren für den anderen verwendet werden.
Als Beispiel für nichtidentische physikalische Systeme soll das *Membrangleichnis* betrachtet werden. An tordierten prismatischen Stäben beliebigen Querschnitts gilt die Dgl. [1.2, S. 142]

$$\frac{\partial^2 \Phi}{\partial x^2} + \frac{\partial^2 \Phi}{\partial y^2} = -2G\vartheta \qquad (1.87)$$

Hierin bedeuten Φ Spannungsfunktion, $\partial\Phi/\partial y = \tau_{zx}$ und $\partial\Phi/\partial x = -\tau_{zy}$ Spannungskomponenten, G Gleitmodul, ϑ Drilling.
Da die mathematische Durchführung von Gl. (1.87) oft nicht einfach ist, werden die gesuchten Größen über das Ausmessen der Durchwölbung einer gespannten Membran ermittelt. Dazu schneidet man in die Oberfläche eines Behälters, in dem ein Innendruck p erzeugt werden kann, eine Öffnung, die dem Querschnitt des tordierten Stabes kongruent ist. Diese Öffnung wird mit der Membran, z. B. Seifenhaut, überspannt. Für diesen Vorgang gilt die Dgl.

$$\frac{\partial^2 w}{\partial x^2} + \frac{\partial^2 w}{\partial y^2} = \frac{p}{S} \qquad (1.88)$$

mit $w = w(x, y)$ Durchwölbung der Membran, S Spannkraft/Längeneinheit in der Membran, c Proportionalitätsfaktor.

Der Vergleich von Gl. (1.87) mit Gl. (1.88) liefert

$$\tau_{zx} = c\,\frac{\partial w}{\partial y}\,; \quad \tau_{zy} = -c\,\frac{\partial w}{\partial x}\,; \quad c = \frac{\Phi}{w} = -2G\vartheta S/p \tag{1.89}$$

Den Raum zwischen Membran und ursprünglicher Ebene nennt man Spannungs-
hügel. Der Winkel α ist der Schubspannungskomponente senkrecht dazu proportional
(Bild 1.22) und der Inhalt V des Spannungshügels dem Torsionsmoment mit

$$M_\mathrm{t} = 2cV \tag{1.90}$$

Die praktische Durchführung des Verfahrens erfordert noch die experimentelle Bestimmung der bezogenen Spannkraft S an einer zweiten, kreisförmigen Öffnung im
gleichen Behälter [1.6].
Abschließend zu diesem Abschnitt sei noch festgestellt, daß die Modellgesetze von
Cauchy, Froude, Reynolds und *Poisson* ein vollständiges System von Kenngrößen für
einen rein mechanischen Vorgang bilden, wozu bei Wärmeleitungsproblemen noch
das Modellgesetz von *Fourier* tritt [1.8], [1.9].

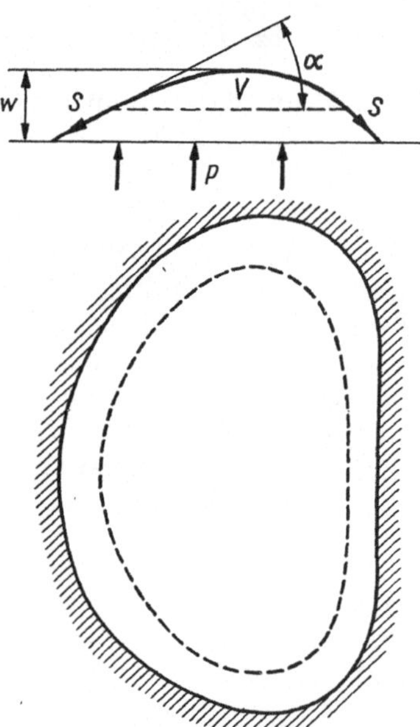

Bild 1.22. Membrangleichnis

1.2.3.   Angenäherte Ähnlichkeit

Praktisch ist es unmöglich, alle den Vorgang an der H beeinflussenden physikalischen
Größen im Modellversuch zu berücksichtigen. Vielmehr erfolgt eine *Idealisierung* mit
der Beschränkung auf die den Vorgang maßgeblich beeinflussenden Größen und
Modellgesetze. Aber auch bei Idealisierung kommt es vor, daß verbleibende Modellgesetze und Kenngrößen nicht eingehalten werden können. Dies trifft z. B. auf das
spannungsoptische Erstarrungsverfahren zu, wo das *Poisson*sche Modellgesetz (1.77)
wegen Ungleichheit der Querdehnzahlen in H und M, d. h. $\nu_\mathrm{M} \neq \nu_\mathrm{H}$, verletzt werden

muß. Weiterhin ist es meist nicht möglich, M in allen Details so nachzubilden wie H. Das betrifft nicht nur Konstanz der Stoffwerte, Inhomogenitäten des Werkstoffs und Fügearten, wie Schweißverbindungen, sondern schließt auch unvermeidliche Ungenauigkeiten in der Modellherstellung mit ein. Alle diese Einflüsse werden unter dem Begriff *angenäherte* Ähnlichkeit zusammengefaßt.

1.2.4.   Erweiterte Ähnlichkeit

Die Einhaltung strenger physikalischer Ähnlichkeit ist auch aus weiteren Gründen nicht möglich und oft auch nicht erforderlich. Wird z. B. M so belastet, daß nach Gl. (1.59) seine Dehnung gleich der von H ist, sind die Modellverformungen so klein, daß die meisten unserer Verfahren noch keine genauen Meßwerte liefern. Um größere Dehnungen zu erhalten, muß das Modell höher belastet werden, so daß die Forderung $\varepsilon_v = 1$, Gl. (1.59), aufgegeben werden muß. Weiterhin interessieren oft nur die den Vorgang maßgeblich beeinflussenden physikalischen Größen. In solchen Fällen können Größen, die überhaupt nicht interessieren oder die den Vorgang wenig oder gar nicht beeinflussen, nicht streng ähnlich oder sogar unähnlich modelliert werden. So wird z. B. in nicht interessierenden Achsenrichtungen die strenge geometrische Ähnlichkeit zugunsten einer einfacheren Gestaltung des Modells aufgegeben.
Man spricht hier von Modellversuchen auf der Grundlage *erweiterter Ähnlichkeit*, für die spezielle von der strengen physikalischen Ähnlichkeit abweichende Übertragungsgesetze gelten. Durch geschicktes Ausnutzen ihrer Vorteile ergeben sich nicht nur bedeutende Vereinfachungen beim Modellversuch, ohne daß dadurch die Genauigkeit der gesuchten Werte wesentlich beeinträchtigt wird, sondern wir erhalten gleichzeitig eine Erweiterung des Geltungsbereiches der gewonnenen Ergebnisse auf nicht vollkommen ähnliche Vorgänge. Natürlich ist auch die erweiterte Ähnlichkeit von den unter 1.2.3. erläuterten Einflüssen abhängig, so daß sie auch gleichzeitig immer eine angenäherte sein wird.
Wir wollen die erweiterte Ähnlichkeit wieder für den Spezialfall statische Ähnlichkeit, ausgehend von Gl. (1.53), demonstrieren. Bei Modellversuchen ist hier die sog. *Dehnungsübertreibung* zu berücksichtigen. Darunter versteht man folgendes: Zur Gewährleistung der Meßgenauigkeit müssen die Meßwerte, wie Isochromatenordnungen, Moiréstreifenordnungen usw., eine bestimmte Höhe erreichen. Die Belastung, bei der sich dann die gewünschten Meßwerte einstellen, führt aber i. allg. zu solchen Modellverformungen, bei denen $\varepsilon_M > \varepsilon_H$, d. h.

$$\varepsilon_v > 1 \tag{1.91}$$

ist. Somit kann die strenge physikalische Ähnlichkeit nicht mehr aufrechterhalten werden. Das bedeutet aber nach Gl. (1.59) auch, daß der Formänderungsmaßstab Δl_v größer als der Längenmaßstab l_v und von diesem unabhängig wird.
Bei der Ableitung, die wir mit der Dimensionsanalyse durchführen, nutzen wir die aus der Festigkeitslehre bekannten linearen Zusammenhänge zwischen Kraft und Spannung sowie Kraft und Formänderung aus, die auf dem vorausgesetzten linear-elastischen Werkstoffverhalten beruhen. Danach besitzen die Quotienten σ/F und $\Delta l/F$ an jeder Stelle des Bauteils einen bestimmten konstanten Wert, der durch die Beziehung

$$\sigma/F = \text{konst} \quad (1.92) \quad \text{und} \quad \Delta l/F = \text{konst} \tag{1.93}$$

charakterisiert wird, wobei diese beiden Quotienten jeweils eine eigene, *erweiterte* Maßgröße darstellen.

Zuerst betrachten wir den allgemeinen dreiachsigen Spannungszustand. Wenn Spannungen gesucht sind, erhalten wir jetzt mit der zusätzlichen Kenntnis Gl. (1.92) die Maßgrößenbeziehung

$$\Phi_1(\sigma/F, l, E, \nu) = 0 \tag{1.94}$$

Sie wird analog Gln. (1.68) bis (1.75) in die *erweiterte* Kenngrößenbeziehung

$$\psi_1(\sigma l^2/F, \nu) = 0 \tag{1.95}$$

umgewandelt, in der $\sigma l^2/F$ eine *erweiterte* Kenngröße darstellt, die in H und M den gleichen Zahlenwert besitzen muß. Sind dagegen Formänderungen gesucht, wird die Maßgrößenbeziehung mit (1.93)

$$\Phi_2(\Delta l/F, l, E, \nu) = 0 \tag{1.96}$$

gebildet, die auf die Kenngrößenbeziehung

$$\psi_2(\Delta l E l/F, \nu) = 0 \tag{1.97}$$

führt, in der $\Delta l E l/F$ die erweiterte Kenngröße ist, die in H und M den gleichen Zahlenwert besitzen muß. Damit können wir aus den beiden Kenngrößenbeziehungen folgende *erweiterte* Ähnlichkeitsgesetze ableiten, wobei Gl. (1.98) als *erweitertes Hookes*ches Ähnlichkeitsgesetz bezeichnet wird:

$$\begin{aligned}
\sigma_v &= F_v/l_v{}^2 \\
\Delta l_v &= F_v/E_v l_v \\
\nu_v &= 1
\end{aligned} \tag{1.98}$$

Gl. (1.56) sagt aus, daß bei erweiterter Ähnlichkeit der Spannungsmaßstab unabhängig vom E-Modulmaßstab ist und daß von den 3 Maßstäben zwei beliebig gewählt werden können. Nach Gln. (1.98) unterscheidet sich der Formänderungsmaßstab vom Längenmaßstab, und von den 4 Maßstäben können 3 beliebig gewählt werden. Gl. (1.79) fordert die Einhaltung des *Poisson*schen Modellgesetzes wie bei strenger statischer Ähnlichkeit.

Es ist nun noch die Frage zu klären, wie weit die Dehnung am M gegenüber derjenigen an der H übertrieben werden darf, d. h., wie lange die Gln. (1.56) und (1.98) gültig bleiben. Grundsätzlich darf sich bei Dehnungsübertreibung die Proportionalität zwischen Belastung und Verformung sowie die Modellgeometrie nicht ändern, und es darf auch keine Umlagerung des Spannungszustandes eintreten. Das ist z. B. bei Biegezuständen beliebiger Stärke der Fall, solange das Geradliniengesetz erfüllt bleibt.

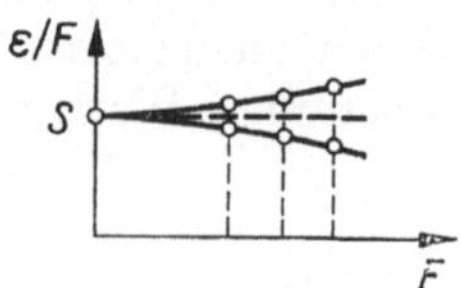

Bild 1.23. Beseitigung von Nichtlinearitäten durch Extrapolation der Belastung gegen Null

Entstehen jedoch durch zu große örtliche Dehnungen *Nichtlinearitäten*, so können diese durch *Extrapolation der Belastung gegen Null* beseitigt werden (Bild 1.23). Dabei wird die Messung mehrmals wiederholt, wobei jedes Mal die Last F kleiner gewählt wird. Bei vollkommener Linearität wäre die Meßkurve eine Horizontale. Ihre Verlängerung bis zur Ordinate liefert im Punkt S den linearen ε/F-Wert, wobei aus theoretischen Überlegungen heraus die Tangente horizontal einlaufen muß.

Abschließend wenden wir uns dem allgemeinen zweiachsigen Spannungszustand, wie er in belasteten dünnen Scheiben herrscht, zu. In der Spannungsoptik z. B. besitzen die scheibenförmigen Modelle eine bestimmte konstante Dicke d_{M}. Sie wird über einen speziellen Dickenmaßstab $d_v = d_{\mathrm{M}}/d_{\mathrm{H}}$ realisiert, der abweichend vom Längenmaßstab gewählt werden kann. Die folgende Betrachtung wollen wir gleichzeitig als ein Beispiel für die Modellgestaltung in nicht interessierenden Achsenrichtungen ansehen. Da die Spannung in Dickenrichtung konstant ist, können wir die Beziehung

$$F/d = \text{konst} \tag{1.99}$$

einführen, die, mit Gl. (1.92) kombiniert, auf die neue erweiterte Maßgröße $\sigma d/F$ führt. Damit lautet die Maßgrößenbeziehung

$$\Phi_3(\sigma d/F, l, E, v) = 0 \tag{1.100}$$

woraus die erweiterte Kenngrößenbeziehung

$$\psi_3(\sigma dl/F, v) = 0 \tag{1.101}$$

entsteht. Die erweiterte Kenngröße $\sigma dl/F$, die wieder in H und M den gleichen Zahlenwert annehmen muß, führt auf die erweiterte Ähnlichkeitsbeziehung

$$\sigma_v = F_v/(l_v d_v) \tag{1.102}$$

Der Vorteil der erweiterten Ähnlichkeit für die Versuchsdurchführung ist hier besonders sichtbar, denn diese eine Beziehung verbindet 4 Maßstäbe miteinander, von denen 3 beliebig gewählt werden können. Außerdem ist der Spannungsmaßstab wieder vom E-Modulmaßstab unabhängig. Sind dagegen die Formänderungen gesucht, so ist eine erweiterte Maßgröße zu bilden, die die Formänderung enthält. Sie entsteht durch Kombination von Gl. (1.99) mit Gl. (1.93) zu $\Delta ld/F$, wobei nun die Maßgrößenbeziehung

$$\Phi_4(\Delta ld/F, l, E, v) = 0 \tag{1.103}$$

lautet, aus der die Kenngrößenbeziehung

$$\psi_4(\Delta ldE/F, v) = 0 \tag{1.104}$$

entsteht. Analog zu (1.98) erhalten wir den Formänderungsmaßstab zu

$$\Delta l_v = F_v/(d_v E_v) \tag{1.105}$$

Diese Beziehung wird auch als *erweitertes Hooke*sches Ähnlichkeitsgesetz für den zweiachsigen Spannungszustand bezeichnet.

Prinzipiell fordern die Kenngrößenbeziehungen Gln. (1.101) und (1.104) auch noch die Einhaltung des *Poisson*schen Modellgesetzes Gl. (1.77). Es gibt aber hinsichtlich der Spannungsverteilung bestimmte Aufgaben des zweiachsigen Spannungszustandes, die unabhängig von der Querdehnzahl sind und bei denen das *Poisson*sche Modellgesetz nicht eingehalten zu werden braucht. Darauf wird anschließend bei der Betrachtung der Maßstabsfehler mit eingegangen.

Weitere Beispiele von Spezialproblemen sind in [1.8] bis [1.11] beschrieben.

1.2.5.   Maßstabsfehler

Infolge der Durchführung der Modellversuche unter den Bedingungen der angenäherten und erweiterten Ähnlichkeit entstehen bei der Übertragung der Ergebnisse auf die H *Maßstabsfehler*. Sie sind darauf zurückzuführen, daß Modellgesetze und Ähnlichkeitsbeziehungen, die den Vorgang mitbestimmen, nicht eingehalten werden können. Bei strenger physikalischer Ähnlichkeit würden diese Fehler also nicht auftreten. Als Beispiel für die Fehlerbetrachtung wollen wir wieder den Spezialfall statische Ähnlichkeit, ausgehend von Gl. (1.53), wählen. Die beiden Hauptfehlerquellen sind hier in der Verletzung des *Poisson*schen Modellgesetzes und in dem aus der Dehnungsübertreibung bei erweiterter Ähnlichkeit resultierenden speziellen Formänderungsmaßstab zu suchen. Beide durch den Modellwerkstoff bedingten Ursachen sind nicht vermeidbar, wirken sich aber je nach Verfahren und Aufgabe unterschiedlich aus.

Werden Untersuchungen mit Modellen aus *Kunstharzen* — z. B. in der Spannungsoptik — bei Raumtemperatur durchgeführt, kann das *Poisson*sche Modellgesetz als erfüllt betrachtet werden, da die Querdehnzahlen von Kunstharz und Stahl bzw. Metall weitgehend übereinstimmen. Wegen der noch als klein anzusehenden Verformungen ist darüber hinaus der durch den speziellen Formänderungsmaßstab bedingte Fehler vernachlässigbar gering. Dies trifft auf die ebene Spannungsoptik sowie auf das Oberflächenschichtverfahren und das Streulichtverfahren der räumlichen Spannungsoptik bei Raumtemperatur zu.

Bestehen dagegen die Modelle aus Vollgummi, wie dies bei der Dehngittermethode möglich ist, kann das *Poisson*sche Modellgesetz nicht erfüllt werden. Hier weichen die Querdehnzahlen von Vollgummi $v = 0{,}5$ und Stahl $v = 0{,}3$ beträchtlich voneinander ab; es ist also $v_M \neq v_H$, wenn die H aus Stahl oder Metall gefertigt werden soll. Bei ebenen Modellen, die einfach zusammenhängen, oder solchen, die der *Michell*schen *Bedingung* genügen, spielt dies aber keine Rolle, da hier die Spannungsverteilung

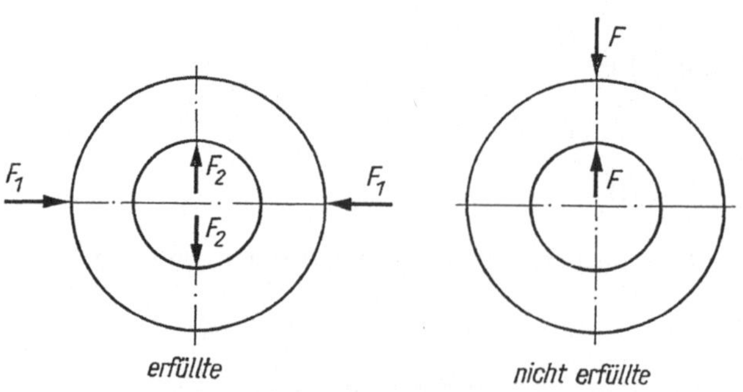

Bild 1.24. Berandung unter der Wirkung von Einzellasten bei der *Michell*schen Bedingung

unabhängig von der Querdehnzahl ist. Bild 1.24 erklärt die *Michell*sche Bedingung. Sie ist dann erfüllt, wenn sich bei einem mehrfach zusammenhängenden Körper an jeder geschlossenen Berandung die angreifenden äußeren Kräfte im Gleichgewicht befinden. Die *Michell*sche Bedingung trifft aber nicht zu, wenn die Spannungen durch Volumenkräfte, z. B. durch Rotation oder durch Eigengewicht, entstehen. In diesen Fällen beeinflußt die Querdehnzahl die Spannungsverteilung. Andererseits bewirken die bei Versuchen mit Gummimodellen auftretenden großen Verformungen eine starke Dehnungsübertreibung. Der hier entstehende Fehler kann durch die bereits angeführte Extrapolation der Belastung gegen Null abgeschätzt werden.

Der im belasteten räumlichen Modell herrschende dreiachsige Spannungszustand fordert stets die Einhaltung des *Poisson*schen Modellgesetzes. Aber gerade bei dem wichtigen und häufig angewandten Erstarrungsverfahren der räumlichen Spannungsoptik können beide Fehlerquellen nicht ausgeschaltet werden.

Zum einen beträgt die Querdehnzahl des Modellwerkstoffs bei der Erstarrungstemperatur fast $\nu = 0{,}5$ und zum anderen muß die Dehnungsübertreibung zur Erreichung auswertbarer Isochromatenordnungen noch höher als bei der ebenen Spannungsoptik getrieben werden. Ein allgemein gangbarer Weg zum Abschätzen der Maßstabsfehler kann nicht angegeben werden. Bewährt hat sich die Aufstellung eines theoretisch beschreibbaren ähnlichen Vergleichsproblems zur näherungsweisen Berechnung der Maßstabsfehler. Hierüber findet man in der Literatur einige Beispiele. In [1.11, S. 129] werden die beim Untersuchen von Platten mit dem spannungsoptischen Erstarrungsverfahren entstehenden Maßstabsfehler berechnet. Als Vergleichsproblem diente eine an den Rändern drehbar gelagerte quadratische Platte unter konstanter Flächenlast, deren theoretische Lösung bekannt ist. Der gesamte Maßstabsfehler setzt sich hier aus dem Maßstabsfehler infolge Verletzung des *Poisson*schen Modellgesetzes und dem Maßstabsfehler infolge Dehnungsübertreibung zusammen. Unter der Voraussetzung $l_v = 1$ ergab sich mit $\nu_{\mathrm{H}} = 0{,}3$ und $\nu_{\mathrm{M}} = 0{,}5$ der durch Verletzen des *Poisson*schen Modellgesetzes entstandene Fehler zu $+15{,}4\%$, während der gesamte Maßstabsfehler $-5{,}3\%$ betrug. Daraus erkennt man, daß bei diesem Problem beide Maßstabsfehler gegensinnig wirken und sich teilweise aufheben. Als sicher gilt weiterhin, daß Maßstabsfehler dem Längenmaßstab proportional sind; sie nehmen mit der Verkleinerung des M im Vergleich zur H zu. Bezüglich weiterführender Betrachtungen wird außerdem auf [1.10] verwiesen.

1.2.6.   Beispiel

Bild 1.25 zeigt einen Ausschnitt aus der spannungsoptischen Untersuchung (vgl. 2.5.) eines Zahnkranzes, der in Zahnnähe Bohrungen besitzt. Aus den Ergebnissen des Modellversuchs soll die an der H den Zahn belastende Einzelkraft F_{H} so bestimmt werden, daß an keiner Stelle des Zahngrundes die zulässige Spannung $\sigma_{\mathrm{H}} = \pm 120\ \mathrm{N/mm^2}$ überschritten wird. In Bild 1.25 ist der Ort der maximalen Spannung durch die dort auftretende größte Isochromatenordnung $n = 17$ auf der Druckseite des Zahnes eindeutig zu erkennen. Die Modellbelastung beträgt hierbei $F_{\mathrm{M}} = 800\ \mathrm{N}$, die Modelldicke $d_{\mathrm{M}} = 8\ \mathrm{mm}$ und die spannungsoptische Konstante $S = 13{,}3\ \mathrm{N/mm} \cdot \mathrm{Ordn.}$ Mit Gl. (2.54)

$$\sigma_{\mathrm{M}} = nS/d_{\mathrm{M}}$$

berechnet sich die Modellspannung in diesem Punkt zu

$$\sigma_{\mathrm{M}} = 17 \cdot 13{,}3/8 = 28{,}26\ \mathrm{N/mm^2}$$

Das M ist doppelt so groß wie die H ausgeführt worden, so daß $l_v = 2$ ist. Außerdem findet der Modellversuch unter den Bedingungen der erweiterten Ähnlichkeit statt, wobei außer einer zulässigen Dehnungsübertreibung noch ein spezieller Dickenmaßstab zu berücksichtigen ist. Damit muß zur Übertragung Gl. (1.102)

$$\sigma_v = F_v / l_v d_v$$

benutzt werden. Mit $d_{\mathrm{H}} = 12$ mm erhalten wir daraus schließlich

$$F_{\mathrm{H}} = \frac{\sigma_{\mathrm{H}}}{\sigma_{\mathrm{M}}} \frac{d_{\mathrm{H}}}{d_{\mathrm{M}}} \frac{1}{l_v} F_{\mathrm{M}} = \frac{120}{28{,}26} \cdot \frac{12}{8} \cdot \frac{1}{2} \cdot 800 = 2548 \ \mathrm{N}$$

1.3.   Weiterführende Literatur

[1.1] Leitfaden der Technischen Mechanik / *Göldner, H.; Holzweißig, F.* — Leipzig, 1986 — 666 S.
[1.2] Lehrbuch Höhere Festigkeitslehre Bd. 1 / *Göldner, H.* [*u. a.*] — Leipzig, 1984 — 236 S.
[1.3] Lehrbuch Höhere Festigkeitslehre Bd. 2 / *Göldner, H.* [*u. a.*] — Leipzig, 1985 — 356 S.
[1.4] Arbeitsbuch Höhere Festigkeitslehre / *Göldner, H.* [*u. a.*] — Leipzig, 1981 — 367 S.
[1.5] Experimentelle Dehnungsanalyse / *Vocke, W.; Ullmann, K.* — Leipzig, 1974 — 196 S.
[1.6] Höhere Technische Mechanik / *Szabo, J.* — Berlin; Heidelberg; New York, 1972 — 546 S.
[1.7] Physikalisch-technische Einheiten / *Fischer, R.; Padelt, E.; Schindler, H.* — Berlin, 1981 — 32 S.
[1.8] Grundlagen der Ähnlichkeitsmechanik / *Clemens, G.* — In: Experimentelle Spannungsanalyse / Hrsg.: *Speer, S.* — Leipzig, 1971 — S. 11—71
[1.9] Einführung in die Modelltechnik / *Feucht, W.* — In: Handbuch der Spannungs- und Dehnungsmessung / Hrsg.: *Fink, K., Rohrbach, C.* — Düsseldorf, 1958 — S. 381—486
[1.10] Spannungsoptik. Bd. 1 / *Wolf, H.* — Berlin; Heidelberg; New York, 1976 — 607 S.
[1.11] Praktische Spannungsoptik / *Föppl, L.; Mönch, E.* — Berlin; Heidelberg; New York, 1972 — 300 S.

2. Spannungsoptik

2.1. Einführung

Innerhalb der experimentellen Festkörpermechanik gilt die *Spannungsoptik* heute als ein sicher und zuverlässig arbeitendes *optisches Feldmeßverfahren*, das vornehmlich zum Ermitteln der Spannungen in statisch belasteten, komplizierten Konstruktionsteilen, aber auch zum Lösen bruchmechanischer Aufgaben und zum Untersuchen bestimmter dynamischer Probleme eingesetzt wird.

Sie beruht auf dem Ausnutzen des optischen Effektes der *Doppelbrechung*, den manche durchsichtigen Werkstoffe unter Belastung in unterschiedlichem Maße aufweisen, wie bestimmte Kunstharze, Zelluloid und Glas. Dabei entstehen im belasteten Teil zwischen den Auswirkungen der Doppelbrechung und den herrschenden Hauptspannungen gesetzmäßige Beziehungen, die eine Spannungsermittlung ermöglichen. Um dies aber verwirklichen zu können, muß der *Werkstoff* des zu untersuchenden Teiles u. a. zwei Eigenschaften besitzen: er muß einmal unter Belastung *doppelbrechend* werden und zum anderen *transparent* sein. Solche Eigenschaften besitzen beispielsweise Epoxid- und Polyesterharze, nicht aber Metalle, Beton oder andere undurchsichtige Konstruktionswerkstoffe.

Ist z. B. die Beanspruchung in einem Konstruktionsteil aus Stahl gesucht und soll dies mit den Mitteln der Spannungsoptik geschehen, so kann die Untersuchung nicht am Originalbauteil erfolgen, sondern es muß ein *Modell* dieses Teiles gebaut werden, dessen Werkstoff — eben der Modellwerkstoff — die genannten Eigenschaften besitzt. Im Modellversuch werden dann die gesuchten physikalischen Größen ermittelt. Sie müssen nun noch auf die *Hauptausführung* übertragen werden. Für Modellversuche existieren unabhängig vom angewendeten Verfahren einheitliche Grundlagen, Gesetze und Beziehungen. Diese sind bereits in 1.2. zusammengestellt worden.

Die Spannungsoptik wollen wir deshalb in erster Linie als ein Modellverfahren ansehen. (Auf eine spezielle Methode, die auch ohne Modell ein Ermitteln der Beanspruchung in lastfreien Oberflächen räumlicher Bauteile gestattet, wird in 2.10.2. eingegangen.) Das belastete Modell wird in die *spannungsoptische Apparatur* (s. Bild 2.11) gebracht und dort untersucht. Im Modell entstehen innerhalb des Sichtfeldes der Apparatur *Interferenzstreifen*, die nach dem Auswerten Auskunft über den Spannungszustand in dieser Ebene geben. Bild 2.1 zeigt eine solche Aufnahme zweier im Eingriff stehender Zähne eines Zahnradpaares. Daraus kann in größeren — eben den sichtbaren — Bereichen die von Ort zu Ort unterschiedliche Beanspruchung ermittelt werden. Eine solche Abhängigkeit der Spannungen und anderer Größen im Raum wird als *Feld* bezeichnet, und aus diesem Grund gehört die Spannungsoptik zur Gruppe der optischen Feldmeßverfahren.

Da sich die Form ebener Modelle verhältnismäßig leicht abwandeln läßt und Variantenkonstruktionen räumlicher Modelle nur einen Bruchteil der Kosten im Vergleich zu solchen an der Hauptausführung erfordern, wird die Spannungsoptik vor allem dann angewandt, wenn die optimale Bauteilform der noch nicht vorhandenen Hauptausführung durch Modellversuche ermittelt werden soll und eine analytische oder numerische Berechnung wegen der komplizierten Bauteilgeometrie noch nicht möglich ist. Aber auch in aufgetretenen Schadensfällen an der Hauptausführung liefert der spannungsoptische Modellversuch zuverlässige Angaben über Ort und Größe der im Bauteil aufgetretenen maximalen Beanspruchung einschließlich Maßnahmen zu ihrer möglichen Verringerung. Der spannungsoptische Modellversuch wird darüber hinaus zur Überprüfung der Gültigkeit theoretischer Modellvorstellungen eingesetzt.

Eine wesentliche Bedeutung besitzt die Spannungsoptik in der Lehre. Durch die Anschaulichkeit, durch das visuelle Erkennen der Bereiche maximaler Beanspruchung, aber auch der Art der Beanspruchung gewährleistet sie unmittelbar einen optischen Überblick über das zu untersuchende Problem und fördert so anschaulich und wirkungsvoll das konstruktive Denken.

Bevor wir uns in den folgenden Abschnitten den Grundlagen und ausgewählten Anwendungen der Spannungsoptik zuwenden, wollen wir uns einen kurzen geschichtlichen Überblick über ihre Entwicklung verschaffen.

1816 entdeckte *Brewster*, daß eine auf Zug oder Druck beanspruchte Glasscheibe beim Lichtdurchgang die gleiche Doppelbrechung zeigt, wie sie für einachsige Kristalle, die senkrecht zu ihrer optischen Achse durchstrahlt werden, charakteristisch ist. 1841 stellte *Neumann* und 1853 unabhängig davon *Maxwell* dazu eine Theorie auf. Beide Theorien decken sich unter der Voraussetzung eines isotropen Werkstoffs mit linearelastischem Verhalten vollkommen und bilden auch heute noch die Grundlage der Spannungsoptik.

Aber erst 1912, also rund 100 Jahre nach *Brewsters* Entdeckung, führte *Mesnager* den ersten technischen Versuch am Glasmodell einer Brücke durch. Die mit der Herstellung von Glasmodellen zusammenhängenden Schwierigkeiten erwiesen sich aber als ein ernstes Hemmnis bei der Entwicklung der Spannungsoptik. 1911 stellte *Coker* fest, daß der Werkstoff *Xylonit* eine dreimal höhere spannungsoptische Empfindlichkeit als Glas besitzt. Außerdem konnte dieser Werkstoff in großen Platten bezogen werden, aus denen sich verhältnismäßig leicht zweidimensionale Modelle herstellen ließen. Dies führte zum Ausbau und der praktischen Anwendung der ebenen Spannungsoptik.

1936 entdeckte *Oppel* die Fähigkeit *vernetzter* Kunstharze, den spannungsoptischen Effekt gewissermaßen *erstarren* zu lassen, und nutzte diesen beim Erarbeiten des *Erstarrungs-* oder *Einfrierverfahrens* aus, mit dem nun auch räumliche Modelle spannungsoptisch untersucht werden können.

Mit den in den letzten Jahrzehnten entwickelten Kunstharzen wurden weitere Fortschritte — vor allem bei der Modellherstellung und der Verbesserung der Technologie der spannungsoptischen Verfahren — erzielt. Die gegenwärtig vorwiegend verwendeten *Epoxidharze*, auf deren spannungsoptische Eignung als erste 1951 *Ballet* und *Mallet* hinwiesen, besitzen eine spannungsoptische Empfindlichkeit, die um ein Mehrfaches größer als die von Xylonit ist.

So gibt es heute verschiedene Möglichkeiten, die die völlige Bestimmung des Spannungszustandes in einem beliebigen Modell unter vorgeschriebener Belastung gestatten, wobei die Spannungsoptik, innerhalb des konstruktiven Entwicklungsprozesses sinnvoll angewandt, mit der experimentellen Optimierung der Konstruktionsteile wesentliche Beiträge zum Verbessern der Materialökonomie und zum Erhöhen der Gebrauchswerteigenschaften leisten kann.

2.2. Grundlagen der ebenen Spannungsoptik

Weil die beiden bei der *Doppelbrechung* auf dem belasteten Modell entstehenden Lichtwellen mit den im Modell vorhandenen *Hauptspannungen* in Verbindung gebracht werden, besitzt die Spannungsoptik fester Körper zwei Quellen, nämlich *Festkörpermechanik* und *Optik.* Aus beiden Gebieten werden deshalb bestimmte Grundlagen benötigt, wobei die festkörpermechanischen bereits in 1.1. zusammengestellt sind.
Die optischen Grundlagen sind verfahrensspezifisch; sie werden anschließend abgehandelt. Für das Verständnis der polarisationsoptischen Vorgänge in der spannungsoptischen Apparatur, wo polarisierte Lichtwellen erzeugt und zur Interferenz gebracht werden, müssen wir uns vor allem Kenntnisse über Doppelbrechung und Polarisation sowie über verschiedene Lichtarten aneignen.

2.2.1. Doppelbrechung und Polarisation

Für die Deutung der polarisationsoptischen Vorgänge ist die *Wellentheorie* zuständig. Lichtwellen sind danach transversale Wellen, deren Schwingung senkrecht zur Fortpflanzungsrichtung durch periodische Veränderung des Lichtvektors erfolgt. Wenn wir weiter berücksichtigen, daß Licht einen Sonderfall des elektromagnetischen Wellenvorganges — nämlich mit sehr kleiner Wellenlänge — darstellt, ist der Lichtvektor mit der elektrischen Feldstärke identisch.

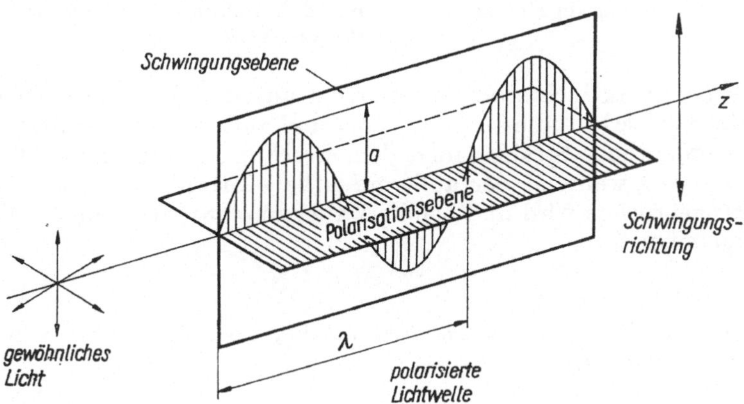

Bild 2.2. Gewöhnliches und polarisiertes Licht

Licht, das keine Schwingungsebene bevorzugt, heißt *gewöhnliches* oder *natürliches Licht.* Erfolgt dagegen die Schwingung in einer Vorzugsebene (Bild 2.2), so heißt es *polarisiertes Licht,* wobei a Amplitude, λ Wellenlänge der polarisierten Lichtschwingung und z Fortpflanzungsrichtung der Welle bedeuten. Der beidseitige Pfeil gibt dabei die Schwingungsrichtung der Welle an. Schwingungs- und Fortpflanzungsrichtung bilden die *Schwingungsebene,* senkrecht auf ihr steht die *Polarisationsebene.* Weil der Endpunkt des Lichtvektors über eine Schwingungsperiode — in Fortpflanzungsrichtung gesehen — eine Gerade beschreibt, wird es als *linear polarisiertes* Licht bezeichnet.

Das wichtigste Verfahren, aus gewöhnlichem Licht polarisiertes zu erzeugen, beruht auf der Doppelbrechung. Wir wollen am Beispiel des Kalkspatkristalls, der zum hexagonalen Kristallsystem gehört, diese Erscheinung erklären.

Mit den Ergebnissen, die wir am Kalkspatkristall gewinnen, können wir darüber hinaus auch die Doppelbrechung im belasteten ebenen Modell deuten und erklären, so daß die folgenden Betrachtungen auch einen Teil der *kristalloptischen* Grundlagen der ebenen Spannungsoptik, auf den wir uns beschränken müssen, bilden.

Da im folgenden die Lichtausbreitung untersucht wird, können wir hier die Lichtwellen als *Strahlen* bezeichnen. Der Strahl ist somit die geometrische Linie, die den Weg des Lichtes kennzeichnet.

Kalkspat spaltet in Rhomboedern (Bild 2.3). Die Verbindungslinie K_1K_2 der stumpfen Rhomboederecken heißt optische Achse oder Kristallachse. Die Ebene K_1DK_2 wird als Hauptschnitt bezeichnet. Sie enthält Kristallachse und Strahl.

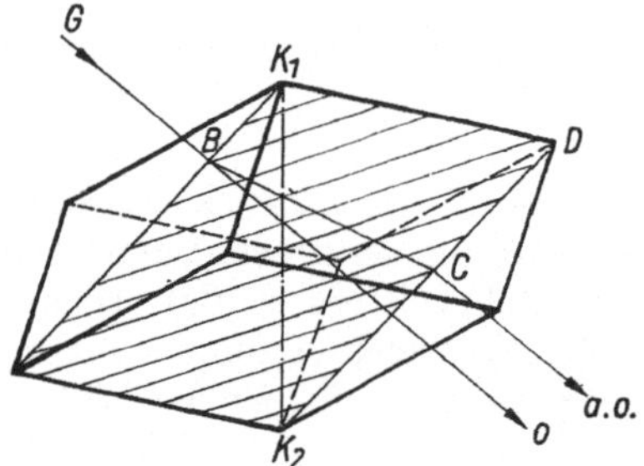

Bild 2.3. Doppelbrechung im Kalkspat

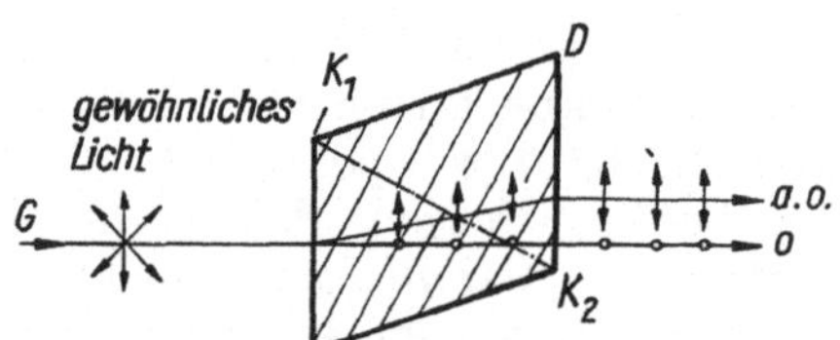

Bild 2.4. Polarisationsrichtungen im Hauptschnitt

Fällt ein gewöhnlicher Lichtstrahl G senkrecht auf eine Rhomboederfläche, so wird er in zwei Strahlen zerlegt, die als *ordentlicher* und *außerordentlicher* Strahl bezeichnet werden. Der ordentliche Strahl o folgt dem Brechungsgesetz und geht unabgelenkt durch den Kristall, während der außerordentliche Strahl $a.o.$ beim Eintritt in die Richtung BC gebrochen wird und bei C parallel zu o austritt. Dabei stellen wir zwei wichtige Ergebnisse fest:

1. Doppelbrechung

Beide Strahlen besitzen die *gleiche* Lichtstärke, aber ihre Geschwindigkeiten im Kristall sind *verschieden.*

2. Polarisation

Beide aus dem Kristall austretenden Strahlen sind *linear polarisiert,* und zwar *senkrecht zueinander,* wobei der außerordentliche Strahl in der Ebene des Hauptschnitts schwingt (Bild 2.4).

Fresnel hat ein nach ihm benanntes Ellipsoid entwickelt, aus dem für jede beliebige Durchstrahlungsrichtung die Geschwindigkeiten der beiden Strahlen abgelesen werden können. Es ist beim Kalkspat ein Rotationsellipsoid mit den Hauptlichtgeschwindigkeiten e und o als Polar- und Äquatorialradius, wobei die Rotationsachse mit der Kristallachse K_1K_2 identisch ist. Bild 2.5a zeigt die Verhältnisse beim Lichtdurchgang senkrecht zur Kristallachse, Bild 2.5b für beliebigen Lichtdurchgang. Danach erhalten wir die beiden *Strahlengeschwindigkeiten* wie folgt: Senkrecht zur Lichtrichtung Diametralebene durch das Ellipsoid legen; die Halbachsen der Schnittellipse sind dann gleich den gesuchten Strahlengeschwindigkeiten. Wir erkennen daraus, daß die Geschwindigkeit des ordentlichen Strahles für alle beliebigen Durchstrahlungsrichtungen konstant o bleibt, während die des außerordentlichen Strahles Werte zwischen o und e erreicht.

Wir wollen noch die Durchstrahlung in Richtung der Kristallachse betrachten. Als Schnittfläche senkrecht zur Durchstrahlungsrichtung erhalten wir einen Kreis und stellen folgendes fest: Es gibt keinen Unterschied zwischen beiden Strahlen und demzufolge auch keine Doppelbrechung; das Licht geht hindurch wie durch einen isotropen Körper. Deshalb wird die Kristallachse auch Achse der *Isotropie* genannt. Da das Rotationsellipsoid nur eine solche Achse besitzt, gehören der Kalkspat und alle weiteren Kristalle des hexagonalen Systems zu den *einachsigen* Kristallen, wobei noch eine Unterscheidung nach negativ und positiv einachsig getroffen wird. Bei negativ einachsigen Kristallen (Kalkspat) ist dabei stets $e > o$.

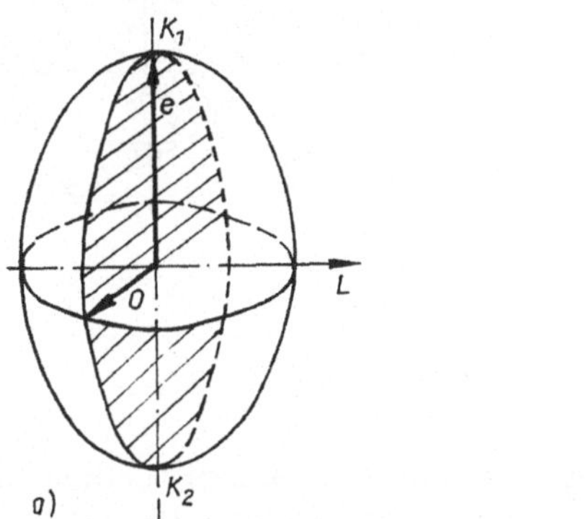
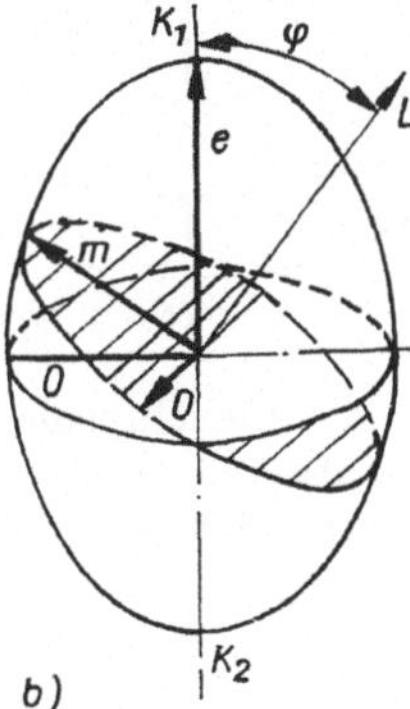

Bild 2.5. *Fresnel*sches Ellipsoid (negativ Einachsiger)
a) Lichtdurchgang senkrecht zur Kristallachse
b) beliebiger Lichtdurchgang

Da die in der spannungsoptischen Apparatur sichtbar gemachten Interferenzstreifen von der Differenz der Brechzahlen abhängen, müssen wir noch den Übergang zum *Indexellipsoid* vollziehen. Beim isotropen Körper ist die Brechzahl oder der Brechungsindex $\bar{n}$ wie folgt definiert:

$$\bar{n} = \frac{\text{Lichtgeschwindigkeit im Vakuum}}{\text{Lichtgeschwindigkeit im Medium}} \tag{2.1}$$

wobei die Normalgeschwindigkeiten der entsprechenden Strahlen einzusetzen sind. Während es beim ordentlichen Strahl keinen Unterschied zwischen seiner Strahlen- und Normalengeschwindigkeit gibt, sind diese beim außerordentlichen Strahl verschieden. Nur in einem Fall, und zwar bezüglich der Hauptlichtgeschwindigkeiten, stimmen sie hier überein. Deshalb wird das Indexellipsoid auf der Basis der *Hauptlichtgeschwindigkeiten* gebildet. Mit c als Lichtgeschwindigkeit im Vakuum und den Hauptlichtgeschwindigkeiten o und e erhalten wir die

Hauptbrechzahlen

$$\bar{n}_0 = \frac{c}{o} \tag{2.2} \quad \text{und} \quad \bar{n}_e = \frac{c}{e} \tag{2.3}$$

mit denen das Indexellipsoid (Bild 2.6a) konstruiert werden kann. Es ist für einachsige Kristalle wieder ein Rotationsellipsoid, dessen Rotationsachse mit der Kristallachse K_1K_2 zusammenfällt. Bei negativ einachsigen Kristallen ist stets $\bar{n}_e < \bar{n}_o$.

Die Ermittlung der Brechzahlen für beliebigen Lichtdurchgang erläutert Bild 2.6b: Senkrecht zum Lichtstrahl Diametralebene legen; die Halbachsen der Schnittellipse $\bar{n}_0$ und $\bar{n}_\varphi$ sind gleich den reziproken Werten der Normalengeschwindigkeiten des ordentlichen und außerordentlichen Strahles. Sie geben gleichzeitig die Schwingungsrichtungen der beiden Strahlen senkrecht zur Fortpflanzungsrichtung nach der Doppelbrechung an.

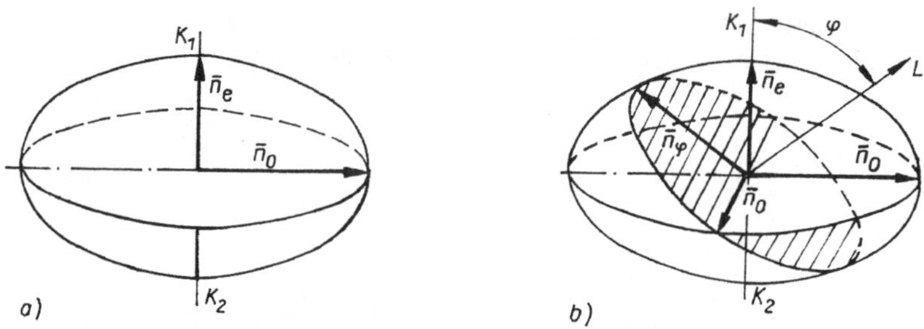

Bild 2.6. Indexellipsoid (negativ Einachsiger)
a) Hauptbrechzahlen
b) Brechzahlen bei beliebigem Lichtdurchgang

Damit sagt das Indexellipsoid einachsiger Kristalle alles Notwendige über Doppelbrechung und Polarisation aus. Es bildet die kristalloptische Grundlage der ebenen Spannungsoptik.

Als ein wichtiges Ergebnis bezüglich der Erzeugung polarisierten Lichtes halten wir fest: Mit Ausnahme des Lichtdurchgangs in Richtung der Kristallachse wirkt ein einachsiger Kristall stets als *Polarisator*. Ein Polarisator stellt damit eine Vorrichtung dar, die linear (geradlinig) polarisiertes Licht liefert. Ein Nachteil der Kristalle besteht darin, daß zwei senkrecht zueinander polarisierte Lichtwellen austreten, die sich gegenseitig überlagern.

Heute werden Großflächenpolarisationsfilter bis 500 mm Durchmesser, die nur eine linear polarisierte Lichtwelle liefern, künstlich hergestellt. Sie bestehen aus einer Gelatinefolie mit Aufschwemmungen von kleinen nadelartigen *Herapathit-Kristallen*, die 1852 von *Herapath* entdeckt wurden und aus dem Perjodid des Chininsulfats bestehen. Sie gehören zu einer Gruppe von Kristallen, die einzelne Bereiche des sichtbaren Spektrums absorbieren. Diese liegen aber für den ordentlichen und außerordentlichen Strahl bei unterschiedlichen Wellenlängen. Dabei wird eine der beiden Lichtwellen so stark absorbiert, daß praktisch nur eine Lichtwelle aus dem Kristall austritt. Diese Eigenschaft wird als *Dichroismus* bezeichnet und ist in Bild 2.7 dargestellt.

Bild 2.8 veranschaulicht die Erzeugung linear polarisierten Lichtes aus gewöhnlichem durch einen Polarisator. Seine Schraffur gibt dabei gleichzeitig die Schwingungsrichtung der Lichtwelle mit der Amplitude a und der Wellenlänge λ an. Am anderen Ende der Polarisationsebene stellen wir uns einen weiteren Polarisationsfilter vor, dessen Schwingungsrichtung um den Winkel α zum ersten gedreht ist. Er heißt *Analysator* und kann in dieser Stellung nur eine Welle durchlassen, die in seiner

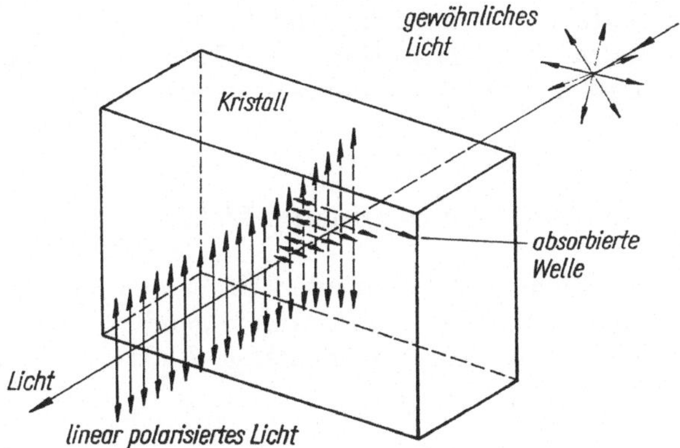

Bild 2.7. Linear polarisiertes Licht durch Dichroismus

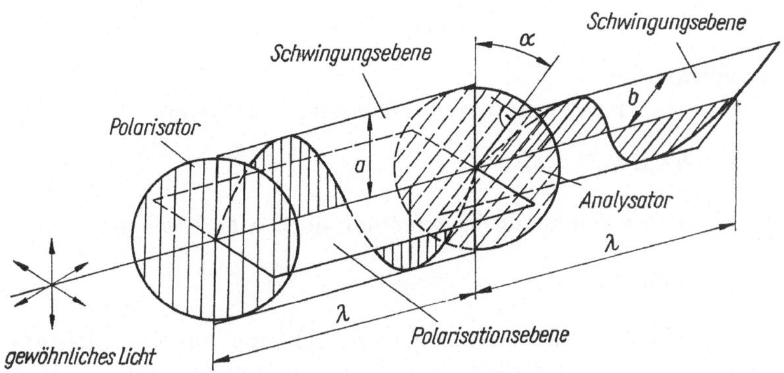

Bild 2.8. Erzeugung linear polarisierten Lichts

Polarisationsrichtung schwingt. Es ist wieder eine linear polarisierte Welle, deren Schwingungsebene um den Winkel α gegenüber der einfallenden gedreht ist (die darauf senkrecht stehende Polarisationsebene wurde nicht eingezeichnet), die aber auch eine kleinere Amplitude b besitzt, während die Wellenlänge λ konstant bleibt. Uns interessiert die *Intensität* des den Analysator passierenden Lichtes. Die Lichtintensität ist bekanntlich proportional dem Quadrat der Amplitude der Lichtschwingung. Mit der aus Bild 2.8 ablesbaren Beziehung $b = a \cos \alpha$ erhalten wir für die Intensität I_A des den Analysator passierenden Lichtes

$$I_\mathrm{A} \sim a^2 \cos^2 \alpha \qquad (2.4)$$

Dabei sind zwei Sonderfälle möglich:

$\alpha = 0$ Hier stehen beide Filter parallel; wir beobachten maximale Helligkeit.   (2.5)

$\alpha = \dfrac{\pi}{2}$ Die Filter stehen senkrecht zueinander und bilden das Polarisationskreuz; am Analysator herrscht Dunkelheit.   (2.6)

Betrachten wir die experimentelle Durchführung des 2. Sonderfalls als Versuch, so weisen wir mit dem Analysator die Polarisation einer Lichtwelle nach. Damit ist auch gleichzeitig bewiesen, daß Lichtwellen Transversalwellen sind.

2.2.2.   Linear, zirkular und elliptisch polarisiertes Licht

Außer dem linear polarisierten Licht tritt bei unseren Untersuchungen noch *zirkular* und *elliptisch polarisiertes* Licht auf. Wir wollen im folgenden dabei stets *monochromatisches* Licht, d. h. Licht mit nur einer Wellenlänge λ, also

$$\lambda = \text{konst}$$

voraussetzen. Dabei sind Frequenz f, Kreisfrequenz ω und Lichtgeschwindigkeit c durch die Beziehungen

$$c = f\lambda \qquad (2.7) \qquad \text{und} \qquad \omega = 2\pi f \qquad (2.8)$$

miteinander verbunden.

Gegeben sei eine in y-Richtung linear polarisierte Lichtwelle

$$y = b \sin (\omega t + \delta) \qquad (2.9)$$

Sie wird mit einer in x-Richtung linear polarisierten Lichtwelle

$$x = a \sin \omega t \qquad (2.10)$$

überlagert. Beide Wellen pflanzen sich in z-Richtung mit der Lichtgeschwindigkeit fort, wobei a und b die Amplituden der beiden Wellen und δ ihre gegenseitige *Phasendifferenz* darstellen.

Gesucht ist die Bahnkurve der resultierenden Welle in der x,y-Ebene. Dazu ist aus beiden Gln. die Zeit zu eliminieren. Mit

$$\sin (\omega t + \delta) = \sin \omega t \cos \delta + \cos \omega t \sin \delta = \frac{y}{b},$$

$$\sin \omega t = \frac{x}{a} \quad \text{und}$$

$$\cos \omega t = \pm\sqrt{1 - \sin^2 \omega t} = \pm \sqrt{1 - \frac{x^2}{a^2}}$$

ergibt sich durch Quadrieren der Zwischenbeziehung

$$\pm \sqrt{1 - \frac{x^2}{a^2}} \sin \delta = \frac{y}{b} - \frac{x}{a} \cos \delta$$

die Gleichung der Bahnkurve der resultierenden Schwingung zu

$$\frac{x^2}{a^2 \sin^2 \delta} + \frac{y^2}{b^2 \sin^2 \delta} - \frac{2xy \cos \delta}{ab \sin^2 \delta} = 1 \qquad (2.11)$$

Gl. (2.11) beschreibt eine Ellipse, deren Hauptachsen schief zu den Koordinatenachsen x und y liegen. Eine solche Schwingung stellt allgemeinstes elliptisch polarisiertes Licht dar.

Uns interessieren 3 Sonderfälle dieser Gleichung:

1. $\delta = 0$;　d. h., zwischen beiden sich überlagernden Wellen besteht keine Phasendifferenz. Aus Gl. (2.11) erhalten wir damit

$$y = \frac{b}{a}\, x \tag{2.12}$$

Die Bahnkurve ist eine Gerade im 1. und 3. Quadranten (Bild 2.9a). Die resultierende Lichtwelle stellt wieder eine linear polarisierte Schwingung dar.

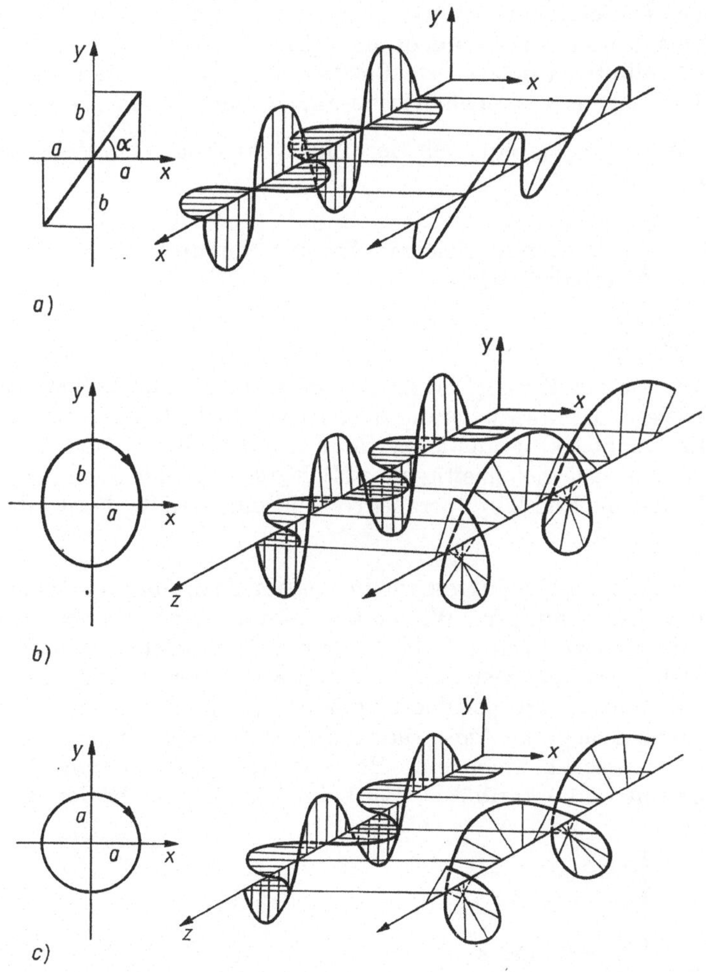

Bild 2.9. Polarisierte Lichtwellen
a) linear polarisiert (wie bei b) u. c) z statt x)
b) elliptisch polarisiert
c) zirkular polarisiert

Die Phasendifferenz $\delta = \pi$ führt auf

$$y = -\frac{b}{a}\, x$$

und ergibt eine linear polarisierte Lichtwelle im 2. und 4. Quadranten.

2. $\delta = \dfrac{\pi}{2}$; d. h., bei dieser Phasendifferenz zwischen den beiden Wellen ergibt sich die Beziehung

$$\frac{x^2}{a^2} + \frac{y^2}{b^2} = 1 \tag{2.13}$$

Die Bahnkurve ist jetzt eine Ellipse, deren Hauptachsen a und b mit den Koordinatenachsen x und y zusammenfallen (Bild 2.9b). Die resultierende Lichtwelle stellt eine elliptisch polarisierte Lichtschwingung dar, deren Verlauf die im gleichen Bild zu sehende perspektivische Skizze verdeutlicht. Bei einer Phasendifferenz von $\delta = \dfrac{3}{2}\,\pi$ bewegt sich der Lichtvektor im entgegengesetzten Sinn um die z-Achse.

3. $a = b$ und $\delta = \dfrac{\pi}{2}$; d. h., mit gleichen Amplituden und dieser Phasendifferenz erhalten wir

$$x^2 + y^2 = a^2 \tag{2.14}$$

Die Bahnkurve ist ein Kreis (Bild 2.9c). Die resultierende Lichtwelle stellt eine zirkular polarisierte Lichtschwingung dar. Dieses Licht können wir uns wie folgt vorstellen: Ein Lichtvektor mit konstanter Amplitude a rotiert um die z-Achse und pflanzt sich dabei gleichzeitig in z-Richtung mit der Lichtgeschwindigkeit fort, so daß die in Bild 2.9c perspektivisch dargestellte Schraubenbewegung entsteht.

Zirkular polarisiertes Licht benötigen wir in unserer spannungsoptischen Apparatur für die meisten Untersuchungen. Wir stellen es mit einer *Viertelwellenplatte* her. Eine Kristallplatte wird so eingebaut, daß die Kristallachse einen Winkel von $\alpha = 45°$ zur ankommenden linear polarisierten Lichtwelle mit der Amplitude a einschließt (Bild 2.10). Dann besitzen die bei der Doppelbrechung entstehenden linear polarisierten Lichtwellen gleich große Amplituden, aber ihre Geschwindigkeiten sind unterschiedlich, so daß zwischen ihnen eine Phasendifferenz δ entsteht. Die Dicke der Kristallplatte ist nun so auszuführen, daß beim Austritt der beiden Wellen aus ihr

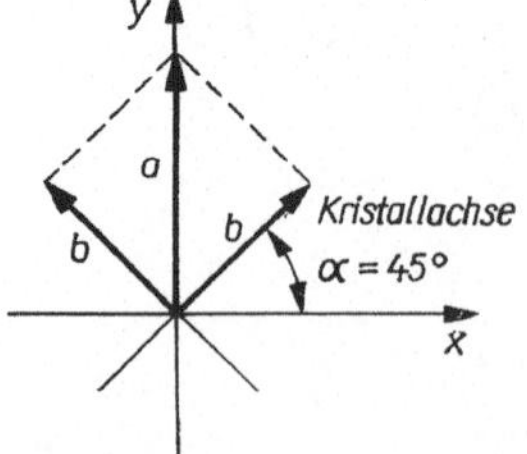

Bild 2.10. Doppelbrechung in der Viertelwellenplatte

eine solche Phasendifferenz vorhanden ist, die genau einer Viertelwellenlänge entspricht, d. h., bezogen auf eine volle Schwingungsperiode 2π muß die Phasendifferenz im Bogenmaß hier $\pi/2$ betragen. Wir können die Phasendifferenz aber auch als kleine Wegstrecke darstellen und bezeichnen sie dann als *Gangunterschied u*. Beziehen wir u ebenfalls auf eine volle Schwingungsperiode, die wir jetzt als Länge durch die Lichtwellenlänge λ darstellen, so muß bei einer Viertelwellenplatte u gerade eine Viertelwellenlänge betragen, so daß

$$u = \lambda/4 \quad \text{bzw.} \quad \delta = \pi/2 \tag{2.15}$$

identisch sind.

Somit ist die Viertelwellenplatte stets nur für eine bestimmte Wellenlänge ausgelegt. Mit den beiden Bedingungen $\alpha = 45°$ und $\delta = \pi/2$ liegt der 3. Sonderfall zirkular polarisiertes Licht nach Gl. (2.14) vor.

2.3.   Spannungsoptische Apparatur

Spannungsoptische Apparaturen für technische Untersuchungen basieren auf einem *nichtparallelen* Strahlengang unter Verwendung *diffusen* Lichtes. Daraus resultiert ein einfacher Aufbau, der dem Eigenbau entgegenkommt.

2.3.1.   Aufbau

Die in Bild 2.11 gezeigte spannungsoptische Apparatur, auch Diffuslicht-Polariskop genannt, besteht aus Lampenkasten L, Polarisator P, Analysator A und zwei Viertelwellenplatten $\lambda/4$, zwischen die der *Belastungsrahmen* mit dem zu untersuchenden Modell gestellt wird. Da während der Versuchsdurchführung wechselweise *monochromatisches* und *weißes* Licht benötigt wird, befinden sich im Lampenkasten als Lichtquellen meist *Natriumdampflampen* und *Leuchtstoffröhren*. Die Natriumdampflampe emittiert Licht in Form zweier dicht nebeneinander liegender Spektrallinien mit den Wellenlängen $\lambda_1 = 589{,}0$ nm und $\lambda_2 = 589{,}6$ nm, das wir für unsere Zwecke mit dem Mittelwert $\lambda = 589{,}3$ nm als ausreichend genau monochromatisch betrachten können. Zum Erzeugen diffusen Lichtes wird der Lampenkasten mit einer *Opalglasscheibe O* abgeschlossen.

Die Durchmesser der Polarisationsfilter und Viertelwellenplatten sind gleich groß, wobei die Filter, deren Fassung eine Gradeinteilung trägt, synchron, aber auch einzeln drehbar sind.

Im Belastungsrahmen wird die für den Versuch ermittelte Belastung auf das Modell aufgebracht. Mit steigender Belastung sehen wir nun (durch den Analysator hindurch) auf dem Modell das spannungsoptische Bild entstehen und bei Entlastung wieder verschwinden. Durch den einfachen Aufbau ist meist eine Person allein in der Lage, den Versuch durchzuführen, d. h. das Modell zu belasten, dabei gleichzeitig das Entstehen des spannungsoptischen Bildes zu verfolgen und mittels Skizze oder Foto festzuhalten.

2.3.2. Prinzip und Strahlengang

Je nach Aufgabenstellung wird entweder linear oder zirkular polarisiertes Licht benötigt. Das aus dem Lampenkasten kommende gewöhnliche Licht verläßt den Polarisator als linear polarisiertes. Im einfachsten Fall besteht die Apparatur aus Lichtquelle L, Polarisator P und Analysator A. Bei gekreuzter Filterstellung, auch *Polarisationskreuz* genannt (Bild 2.12a), wird das linear polarisierte Licht vom Analysator vollkommen absorbiert; hinter ihm herrscht Dunkelheit, s. Gl. (2.6). Bei *Parallelstellung* der Filter (Bild 2.12b) verläßt das linear polarisierte Licht den Analysator als solches; hinter ihm tritt maximale Helligkeit auf; s. Gl. (2.5). Wir sprechen deshalb auch vom *Dunkel-* bzw. *Hellfeld*, je nachdem, ob die Filter gekreuzt oder parallel stehen.

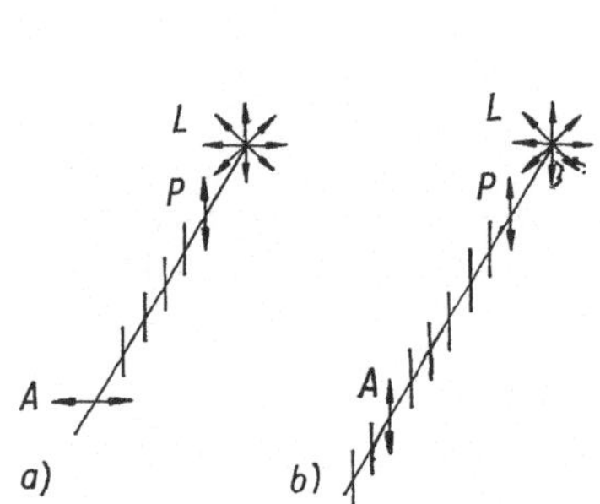

Bild 2.12. Prinzip der einfachen
spannungsoptischen Apparatur
a) Dunkelfeld b) Hellfeld

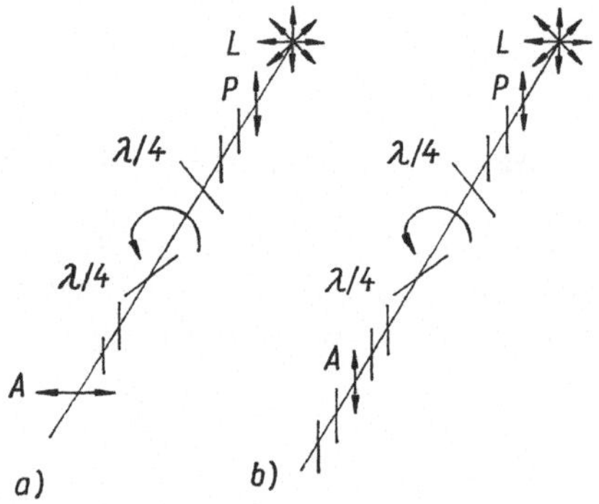

Bild 2.13. Prinzip der Apparatur mit
Viertelwellenplatten
a) Dunkelfeld b) Hellfeld

Für Untersuchungen im zirkular polarisierten Licht werden noch zwei Viertelwellenplatten benötigt. Sie stehen zueinander senkrecht und werden unter 45° zum Polarisator entsprechend Bild 2.10 eingebaut. Die erste Viertelwellenplatte erzeugt nach Gl. (2.14) das zirkular polarisierte Licht, die zweite verwandelt es wieder in linear polarisiertes zurück. Bei gekreuzter Filterstellung (Bild 2.13a) herrscht am Analysator Dunkelheit, bei Parallelstellung Helligkeit (Bild 2.13b).
Bild 2.14 veranschaulicht den Strahlengang, der durch das diffuse Licht nicht parallel ist. Im ungünstigsten Fall durchlaufen die aus den äußersten oberen und unteren Bereichen des Lampenkastens austretenden Lichtbündel das belastete Modell in den Punkten 1 und 2 und bilden diese an der Rückwand der Kamera ab. Dabei treffen die Lichtbündel beim Modelldurchgang Punkte, die nicht senkrecht zur Modellebene übereinander liegen. Die Auswirkungen dieses aus dem nichtparallelen Strahlengang resultierenden Nachteils lassen sich aber unter Beachtung zweier Bedingungen weitgehend vernachlässigen.
Die Lösung kann aus Bild 2.14 abgelesen werden. Um einen möglichst parallelen Strahlengang zu erreichen, müssen sowohl der den Abstand Modell — Kamera beeinflussende Winkel φ als auch der den sich ausbildenden Lichtkegel darstellende Blendenöffnungswinkel ψ klein sein. Die erste Bedingung wird durch einen möglichst großen Abstand Modell — Kamera realisiert, d. h., es muß mit einem Teleobjektiv

gearbeitet werden. Die zweite Bedingung erfordert das Fotografieren mit kleiner Blende.

Andererseits besitzt das diffuse Licht den großen Vorteil, daß an die Modelloberfläche keine aufwendigen Güteanforderungen gestellt werden müssen, wie dies beim parallelen Strahlengang erforderlich wäre.

Bezüglich umfassenderer Darstellung muß auf weiterführende Literatur [2.1] bis [2.3] verwiesen werden.

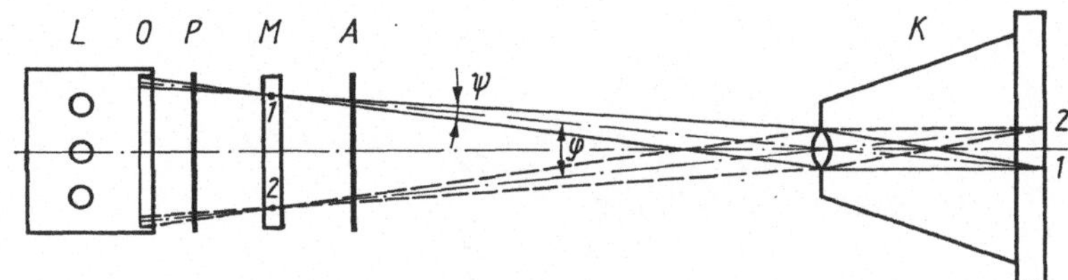

Bild 2.14. Strahlengang in der spannungsoptischen Apparatur

2.4.   Ebenes spannungsoptisches Grundgesetz

Während bisher der einachsige doppelbrechende Kristall zur Erzeugung polarisierten Lichtes diente, wollen wir im folgenden die Doppelbrechung zum Ermitteln der Spannungen in belasteten Konstruktionsteilen ausnutzen. Da sich die grundlegenden Erscheinungen in einfacher Weise an einachsigen Kristallen darstellen lassen, werden wir zunächst eine solche Kristallplatte in den Strahlengang der spannungsoptischen Apparatur bringen. Uns interessiert nun, welche Veränderung polarisiertes Licht beim Kristalldurchgang erfährt und wie sich diese Erscheinungen am Analysator bemerkbar machen. Anschließend werden wir die Ergebnisse auf belastete Modelle aus doppelbrechendem Werkstoff übertragen.

2.4.1.   Doppelbrechende Kristallplatte zwischen gekreuzten Polarisatoren

2.4.1.1.   Linear polarisiertes monochromatisches Licht

Wir benutzen hierzu die Apparatur nach Bild 2.12a, in die wir eine achsenparallel geschnittene Kristallplatte bringen (Bild 2.15). Bei einachsigen Kristallen verlaufen die Hauptachsen überall parallel bzw. senkrecht zur Kristallachse. Wir bezeichnen die Kristallachse als I. Hauptachse und die dazu senkrechte Achse als II. Hauptachse. Damit ist eine Bezugnahme zum Indexellipsoid (Bild 2.6a) hergestellt. Die Kristallplatte richten wir so aus, daß die I. Hauptachse mit der Schwingungsebene der vom Polarisator kommenden Lichtwellen den Winkel φ bildet, den wir stets im Gegenuhrzeigersinn abtragen.

Vom Polarisator kommend, wird die senkrecht schwingende, linear polarisierte Lichtwelle

$$y = a \cos \omega t \tag{2.16}$$

— dargestellt durch ihre Amplitude a (Bild 2.15) — beim Auftreffen auf die Kristallplatte durch Doppelbrechung nach den beiden Hauptachsen in die Teilwellen x' und

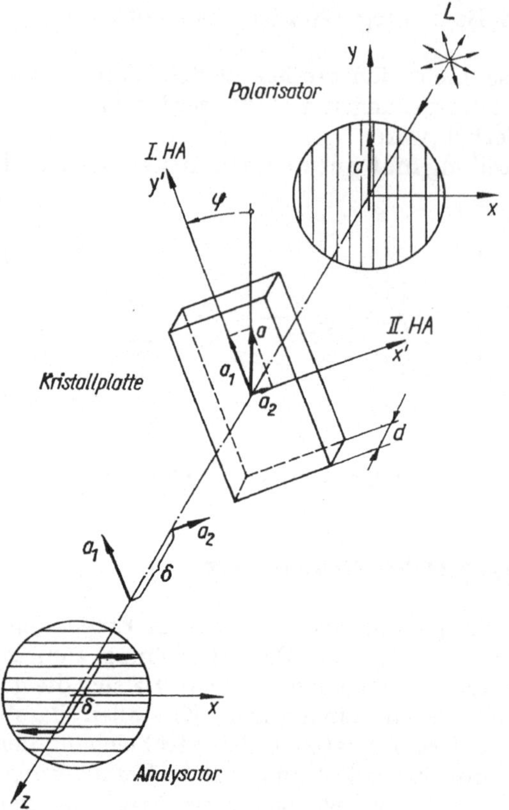

Bild 2.15. Kristallplatte im linear polarisierten Licht

y' zerlegt. Ihre Schwingungsrichtungen stehen nach dem Indexellipsoid (Bild 2.6a) aufeinander senkrecht und sind mit den Hauptachsenrichtungen identisch. In Bild 2.15 sind die beiden Teilwellen durch ihre Amplituden a_1 und a_2 dargestellt. Im Moment des Auftreffens können sie durch die Beziehungen

$$x' = a_2 \cos \omega t = a \sin \varphi \cos \omega t$$

$$y' = a_1 \cos \omega t = a \cos \varphi \cos \omega t$$

$$(2.17)$$

ausgedrückt werden.

Während des Durchgangs durch die Kristallplatte der Dicke d besitzen aber beide Teilwellen unterschiedliche Geschwindigkeiten, und zwar sind sie gleich den Hauptlichtgeschwindigkeiten (Bild 2.5a), denn die Durchstrahlung erfolgt senkrecht zur Kristallachse. Dadurch entsteht zwischen ihnen eine Phasendifferenz δ, die in Luft konstant bleibt. Die Phasendifferenz wollen wir stets der langsameren Welle zuordnen; in Bild 2.15 ist es die x'-Welle. Nach dem Durchgang geht deshalb Gl. (2.17) über in

$$x' = a \sin \varphi \cos (\omega t + \delta)$$

$$y' = a \cos \varphi \cos \omega t$$

$$(2.18)$$

Die resultierende Schwingung hieraus stellt nach den Gln. (2.9) bis (2.11) elliptisch polarisiertes Licht dar. Wir wollen aber die beiden Teilwellen einzeln weiter verfolgen. Diese werden am Analysator zur *Interferenz* gebracht; d. h., da den Analysator nur in der Horizontalen schwingendes Licht passieren kann, läßt er nur die beiden Horizontalkomponenten von x' und y' durch. Die ihn passierende Welle x beträgt somit

$$x = x' \cos \varphi - y' \sin \varphi \tag{2.19}$$

Wir setzen Gl. (2.18) in Gl. (2.19) ein und erhalten über das Zwischenergebnis

$$x = a \sin 2\varphi \left[\cos \omega t \, \frac{1 - \cos \delta}{2} + \sin \omega t \, \frac{\sin \delta}{2} \right]$$

mit den trigonometrischen Beziehungen für das halbe Argument δ

$$x = -a \sin 2\varphi \sin \frac{\delta}{2} \sin \left(\omega t + \frac{\delta}{2} \right) \tag{2.20}$$

Hierin bedeutet

$$a_0 = a \sin 2\varphi \sin \frac{\delta}{2} \tag{2.21}$$

die Amplitude der Lichtschwingung in Analysatorrichtung. Die Lichtintensität I_A am Analysator ist nun proportional dem Quadrat der Amplitude der ihn passierenden resultierenden Lichtwelle x.

Mit der Einführung einer relativen Phasendifferenz n

$$n = \frac{\delta}{2\pi} \tag{2.22}$$

erhalten wir schließlich die *Intensitätsgleichung*

$$I_A = C a^2 \sin^2 2\varphi \sin^2 n\pi \tag{2.23}$$

die bereits 1821 *Fresnel* angab. Hierin schließt die Konstante C Verluste durch Absorption und Reflexion ein.

Am Analysator herrscht nun Dunkelheit, wenn $I_A = 0$ ist. Hierfür gibt es zwei Möglichkeiten.

1. $\sin^2 2\varphi = 0$ (2.24)

Lösungen sind $\varphi = 0°$ und $\varphi = 90°$, d. h., die Schwingungsrichtung des vom Polarisator kommenden Lichts fällt mit einer Hauptachsenrichtung in der Kristallplatte zusammen.

2. $\sin^2 n\pi = 0$ (2.25)

Lösungen sind $n = 0, 1, 2, 3, \ldots$, die nach Gl. (2.22) Phasendifferenzen von ganzzahligen Schwingungsperioden darstellen. Da $\delta \sim d$ ist, können die Lösungen $n = 1, 2, 3, \ldots$ durch entsprechende Dicken der Kristallplatte erhalten werden. Die Lösung $n = 0$ bedeutet nach Gl. (2.22) auch $\delta = 0$. Wegen $\delta \sim d$ ist diese Lösung hier nicht realisierbar. Sie würde eine Platte mit verschwindender Dicke bedeuten.

Maximale Helligkeit herrscht am Analysator, wenn nach Gl. (2.23) $\varphi = 45°$ und gleichzeitig die Phasendifferenz ein ungerades Vielfaches einer halben Schwingungsperiode, d. h. $\delta = \pi, 3\pi, \ldots$, beträgt.

Durch entsprechende Dicken lassen sich darüber hinaus beliebige Zwischenwerte für δ realisieren.

Damit kann je nach den vorhandenen Bedingungen am Analysator Helligkeit unterschiedlicher Intensität oder Dunkelheit herrschen, die aber in den einzelnen Punkten der Platte stets die gleiche Intensität besitzt, d. h., die gesamte Kristallplatte erscheint immer gleich hell oder gleich dunkel.

2.4.1.2.   Zirkular polarisiertes monochromatisches Licht

Wir benötigen dazu eine spannungsoptische Apparatur in der Anordnung nach Bild 2.13a. Ausgangspunkt unserer Betrachtung (Bild 2.16) ist wiederum eine vom Polarisator kommende linear polarisierte Lichtwelle

$$y = a \cos \omega t$$

Sie trifft auf die entsprechend Bild 2.10 unter 45° zum Polarisator eingebaute 1. Viertelwellenplatte auf und verläßt diese als zirkular polarisiertes Licht. Wir wollen aber die beiden bei der Doppelbrechung in der Viertelwellenplatte entstehenden linear polarisierten Teilwellen x' und y', deren Resultierende nach der Viertelwellenplatte die zirkular polarisierte Lichtschwingung darstellt, einzeln weiterverfolgen. Ihre Amplituden

$$a_1 = a_2 = a \cos 45° = \frac{a}{\sqrt{2}} \tag{2.26}$$

sind gleich groß. Beim Durchgang durch die Viertelwellenplatte entsteht zwischen den beiden Teilwellen die Phasendifferenz $\delta = \pi/2$, die nach Gl. (2.15) $u = \lambda/4$ entspricht.

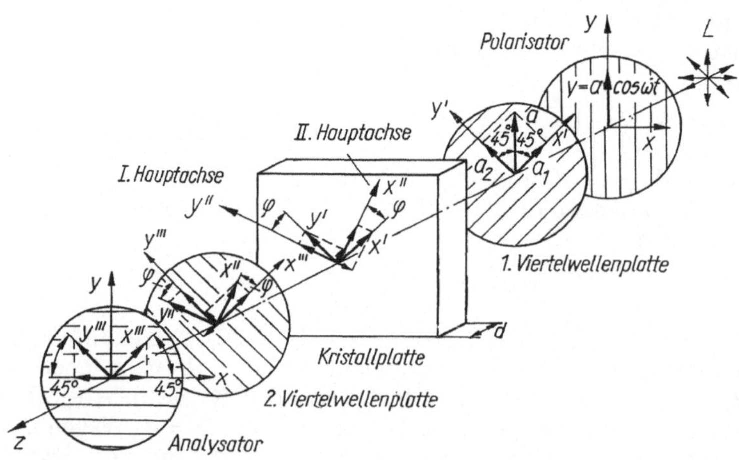

Bild 2.16. Kristallplatte im zirkular polarisierten Licht

Nach der 1. Viertelwellenplatte finden wir die beiden Teilwellen

$$x' = a_1 \cos \omega t$$

$$y' = a_1 \cos \left(\omega t + \frac{\pi}{2} \right) = -a_1 \sin \omega t \qquad (2.27)$$

vor, die beim Auftreffen auf die Kristallplatte wiederum doppelt gebrochen werden, wobei die neuen Schwingungsrichtungen x'' und y'' mit den beiden Hauptachsen in der Kristallplatte identisch sind

$$x'' = x' \cos \varphi + y' \sin \varphi$$

$$y'' = -x' \sin \varphi + y' \cos \varphi \qquad (2.28)$$

Beim Durchgang durch die Kristallplatte entsteht zwischen den beiden Wellen x'' und y'' die Phasendifferenz δ. Wir erhalten mit Gl. (2.27)

$$x'' = a_1 \cos \varphi \cos (\omega t + \delta) - a_1 \sin \varphi \sin (\omega t + \delta)$$

$$y'' = -a_1 \sin \varphi \cos \omega t - a_1 \cos \varphi \sin \omega t \qquad (2.29)$$

Beim Auftreffen auf die 2. Viertelwellenplatte werden diese beiden Wellen doppelt nach den Richtungen x''' und y''' gebrochen, die identisch mit den Hauptachsen der Viertelwellenplatte sind

$$x''' = x'' \cos \varphi - y'' \sin \varphi$$

$$y''' = x'' \sin \varphi + y'' \cos \varphi \qquad (2.30)$$

Beim Durchgang durch die 2. Viertelwellenplatte entsteht zwischen den Wellen x''' und y''' die Phasendifferenz $\pi/2$, so daß wir danach mit Gl. (2.29) die Schwingungen

$$x''' = a_1[-\cos^2 \varphi \sin (\omega t + \delta) - \sin \varphi \cos \varphi \cos (\omega t + \delta)$$

$$- \sin^2 \varphi \sin \omega t + \sin \varphi \cos \varphi \cos \omega t]$$

$$y''' = a_1[\sin \varphi \cos \varphi \cos (\omega t + \delta) - \sin^2 \varphi \sin (\omega t + \delta)$$

$$- \sin \varphi \cos \varphi \cos \omega t - \cos^2 \varphi \sin \omega t] \qquad (2.31)$$

erhalten, wobei die Phasendifferenz in x''' durch Umrechnung der entsprechenden Funktionen analog zu Gl. (2.27) enthalten ist.

Schließlich gelangen die Wellen x''' und y''' zum Analysator, der nur ihre Horizontalkomponenten durchläßt. Die resultierende Schwingung ergibt sich mit Gl. (2.26) zu

$$x = (x''' - y''') \cos 45°$$

$$= \frac{a}{2} [2 \sin \varphi \cos \varphi \cos \omega t - (\sin^2 \varphi - \cos^2 \varphi) \sin \omega t$$

$$- 2 \sin \varphi \cos \varphi \cos (\omega t + \delta) - (\cos^2 \varphi - \sin^2 \varphi) \sin (\omega t + \delta)] \qquad (2.32)$$

Wir formen unter Benutzen der Beziehungen für das doppelte Argument und der

Additionstheoreme um und erhalten

$$x = \frac{a}{2} \left[\sin\left(\omega t + 2\varphi\right) - \sin\left(\omega t + \delta + 2\varphi\right)\right]$$

Da diese Gleichung eine Schwingung darstellt, kann der Summand 2φ gestrichen werden, da er nur eine Verschiebung des Anfangspunktes der Zeitrechnung bedeutet. Wir multiplizieren das verbleibende Additionstheorem aus und erhalten über das Zwischenergebnis

$$x = a \left[\sin \omega t \, \frac{1 - \cos \delta}{2} - \frac{\cos \omega t \sin \delta}{2}\right]$$

wieder mit den Beziehungen für das halbe Argument die den Analysator passierende Schwingung zu

$$x = -a \sin \frac{\delta}{2} \cos \left(\omega t + \frac{\delta}{2}\right) \tag{2.33}$$

wobei

$$a_0 = a \sin \frac{\delta}{2} \tag{2.34}$$

die Amplitude der Schwingung in Analysatorrichtung bedeutet. Mit Gl. (2.22) ergibt sich jetzt die *Intensitätsgleichung* zu

$$I_A = Ca^2 \sin^2 n\pi \tag{2.35}$$

Die Lichtintensität ist jetzt nur noch abhängig von der relativen Phasendifferenz und damit unabhängig von der Richtung der Hauptachsen.

2.4.2.   Belastetes Modell zwischen gekreuzten Polarisatoren

2.4.2.1.   Analogie Kristallplatte — belastetes Modell

Die in 2.4.1. beschriebenen Interferenzerscheinungen am Analysator treten auch dann auf, wenn ein *belastetes* Modell aus einem *transparenten, doppelbrechenden* Werkstoff in den Strahlengang der spannungsoptischen Apparatur gebracht wird. Während der Modellwerkstoff im unbelasteten Zustand *isotrop* ist, entsteht bei Belastung eine *optische Anisotropie*, die sich darin äußert, daß die Brechzahl in unterschiedlichen Richtungen unterschiedliche Werte annimmt. Wie bekannt, treten die Extremwerte der Brechzahlen, die Hauptbrechzahlen, in den beiden Hauptachsenrichtungen auf, und unser ebenes Modell verhält sich jetzt genauso wie ein einachsiger Kristall. Die Kristallhauptachsen fallen mit den Hauptspannungsrichtungen des zweiachsigen Spannungszustandes zusammen. Es besteht somit eine *direkte Analogie* zwischen dem *einachsigen* Kristall der Kristalloptik und dem *zweiachsigen* Spannungszustand der Festigkeitslehre. Deshalb können wir alle hier angeführten Ergebnisse der anschaulichen Kristalloptik auf die ebene Spannungsoptik anwenden, wobei eine besonders enge Verbindung zwischen dem Indexellipsoid und dem *Mohr*schen Spannungskreis besteht.

Während aber die Kristallplatte eine völlig *homogene* Struktur besitzt, d. h., jeder Punkt der Platte besitzt auch das gleiche Indexellipsoid, ändern sich im zweiachsigen Spannungsfeld i. allg. die Hauptspannungen nach Größe und Richtung von Punkt zu Punkt. Jeder Modellpunkt besitzt seinen eigenen *Mohr*schen Spannungskreis. Bevor wir uns diesen *Feldproblemen* zuwenden, wollen wir den Übergang vom Kristall zum Modell am Beispiel des *homogenen* Spannungszustandes durchführen.

2.4.2.2. Homogener Spannungszustand

Wir ersetzen dazu die in Bild 2.15 skizzierte Kristallplatte durch ein belastetes scheibenförmiges Modell der Dicke d. In dem Modell sollen in allen zur x',y'-Ebene parallelen Ebenen die beiden Hauptspannungen $\sigma_1 > \sigma_2$ nach Größe und Richtung konstant sein (Bild 2.17a), so daß jeder Punkt darin durch den gleichen *Mohr*schen Spannungskreis beschrieben wird. Es herrscht somit ein völlig homogener Spannungszustand. Wir wollen uns weiter vorstellen, daß für die Wellen y', die in Richtung der Hauptspannung σ_1 schwingen, das Modell „*optisch dünner*" ist als für die Wellen x',

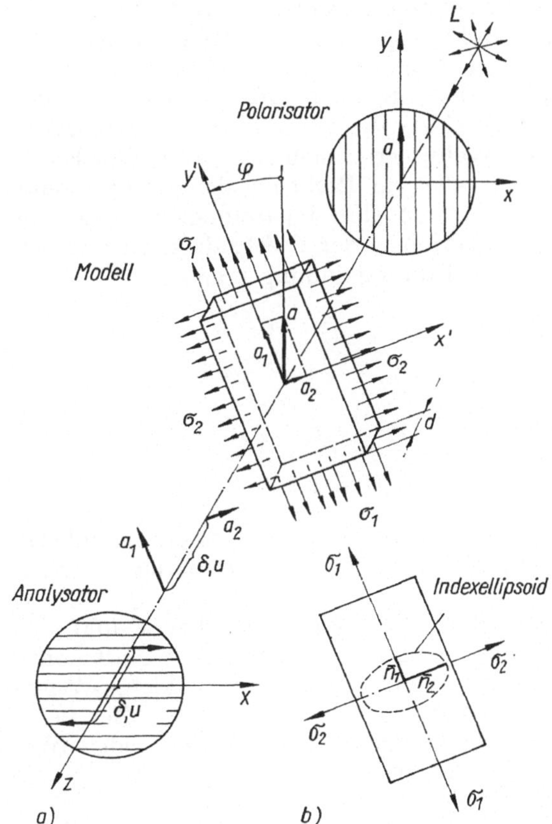

Bild 2.17. Modell mit homogenem Spannungszustand
a) im linear polarisierten Licht
b) Indexellipsoid

die in Richtung σ_2 schwingen. y' ist demnach die schnellere von beiden und entspricht dem außerordentlichen Strahl. Das eingezeichnete Indexellipsoid (Bild 2.17 b) liefert für diesen Sachverhalt die Grundlage. Da sich die Brechzahl umgekehrt proportional zur Normalengeschwindigkeit verhält, ist $\bar{n}_1 < \bar{n}_2$. Die Kristallachse $K_1 K_2$ in Bild 2.6a ist hier mit der Hauptspannungsrichtung σ_1 identisch, weiter ist $\bar{n}_e \equiv \bar{n}_1$ und $\bar{n}_0 \equiv \bar{n}_2$.

Nach dem Modelldurchgang besteht zwischen den beiden Wellen eine Phasendifferenz, die den gleichen Einfluß auf die Lichtintensität am Analysator besitzt, wie die entsprechende Phasendifferenz bei der Kristallplatte. Somit finden wir auch die beiden Intensitätsgleichungen (2.23) bzw. (2.35) mit ihren Lösungen, je nachdem, ob linear oder zirkular polarisiertes Licht einfällt, bestätigt.

2.4.2.3.   Hauptgleichung der Spannungsoptik

Wir wollen nun einen quantitativen Zusammenhang zwischen den Interferenzerscheinungen am Analysator und den Hauptspannungen im Modell herleiten (Bild 2.17a). Da die bei der Doppelbrechung entstehenden Teilwellen das Modell mit unterschiedlichen Geschwindigkeiten durchlaufen, treten nach Gl. (2.1) und dem in Bild 2.17b eingezeichneten Indexellipsoid in den beiden Schwingungsrichtungen auch unterschiedliche Brechzahlen $\bar{n}_1$ und $\bar{n}_2$ auf.

Wir knüpfen an das *Brewster*sche (oft auch *Maxwell—Wertheim*sche genannte) Gesetz an, s. Gl. (2.36). Es stellt einen allgemein anwendbaren Ansatz dar, der die entstandene *Anisotropie* in der Weise berücksichtigt, daß c_1 den Einfluß derjenigen Hauptspannung darstellt, die parallel zur Richtung der dazugehörenden Brechzahl wirkt und c_2 den Einfluß der anderen Hauptspannung, die dazu senkrecht steht (Bild 2.17b). Weiterhin wird die Differenz der Brechzahlen im belasteten und unbelasteten Zustand proportional den Hauptspannungen gesetzt

$$\bar{n}_1 - \bar{n}_0 = c_1 \sigma_1 + c_2 \sigma_2$$
$$\bar{n}_2 - \bar{n}_0 = c_2 \sigma_1 + c_1 \sigma_2 \tag{2.36}$$

Die Brechzahlen betragen hierbei

$$\bar{n}_1 = c/v_1; \qquad \bar{n}_2 = c/v_2; \qquad \bar{n}_0 = c/v_0 \tag{2.37}$$

wobei folgende Lichtgeschwindigkeiten auftreten: c Vakuum; v_0 unbelastetes Modell; v_1 Teilwelle y' und v_2 Teilwelle x'; $\bar{n}_0$ Brechzahl im unbelasteten Modell; c_1 und c_2 Werkstoffkennwerte.

Nach dem Modelldurchgang besitzen die beiden Teilwellen x' und y', in Bild 2.17a dargestellt durch ihre Amplituden a_1 und a_2, wieder eine in Luft konstante Phasendifferenz δ. Wir wollen aber jetzt die Phasendifferenz als kleine Wegstrecke auf der z-Achse betrachten und bezeichnen sie als Gangunterschied u. Zur Berechnung von u gehen wir von der Differenz Δt der Laufzeiten t_1 und t_2 der beiden Wellen durch das Modell der Dicke d aus. Mit Gl. (2.37) erhalten wir

$$\Delta t = t_2 - t_1 = \frac{d}{v_2} - \frac{d}{v_1} = \frac{d}{c}(\bar{n}_2 - \bar{n}_1) \tag{2.38}$$

Der Gangunterschied u_M ergibt sich damit in Luft, aber auch in jedem anderen

Medium, zu

$$u_M = v_M \, \Delta t = \frac{v_M}{c} \, d(\bar{n}_2 - \bar{n}_1) = \frac{d}{\bar{n}} \, (\bar{n}_2 - \bar{n}_1) \qquad (2.39)$$

darin bedeuten v_M Geschwindigkeit der beiden Teilwellen im entsprechenden Medium, hier in Luft, und v_M/c nach Gl. (2.1) den Kehrwert der Brechzahl $\bar{n}$ selbst. Da im Bereich des sichtbaren Spektrums die Frequenz der Lichtwellen unabhängig vom Medium ist, können wir mit Gl. (2.7) die Brechzahl

$$\bar{n} = \frac{c}{v_M} = \frac{f\lambda}{f\lambda_M} = \frac{\lambda}{\lambda_M} \qquad (2.40)$$

auch als Quotienten der Wellenlängen des Lichts im Vakuum λ und Medium λ_M ansehen.
Analog zu Gl. (2.22) führen wir einen *relativen* Gangunterschied

$$n = \frac{u_M}{\lambda_M} \qquad (2.41)$$

ein, den wir nun auf die Wellenlänge λ_M des monochromatischen Lichts im vorhandenen Medium beziehen. Da die rechten Seiten der Gln. (2.22) und (2.41) identisch sind — sie unterscheiden sich nur durch die Darstellung des Schwingungsvorgangs im Bogenmaß oder als Wellenlänge — sind auch relative Phasendifferenz und relativer Gangunterschied identisch.
Wir setzen die Gln. (2.36) und (2.40) in Gl. (2.39) und diese in Gl. (2.41) ein. Damit erhalten wir

$$n = \frac{c_2 - c_1}{\lambda} \, (\sigma_1 - \sigma_2) \, d \qquad (2.42)$$

Diese Beziehung wird als *Hauptgleichung der Spannungsoptik* bezeichnet.
Wenn bei den Versuchen die monochromatische Lichtquelle stets die gleiche ist, können $c_2 - c_1$ und λ zu einer einzigen Konstanten zusammengefaßt werden, die als *spannungsoptische Konstante S* bezeichnet und durch den Ausdruck

$$S = \frac{\lambda}{c_2 - c_1} \qquad (2.43)$$

dargestellt wird. Damit erhält die Hauptgleichung die einfachere Form

$$\sigma_1 - \sigma_2 = n \, \frac{S}{d} \qquad (2.44)$$

Da die Hauptspannungsdifferenz identisch mit dem Durchmesser des *Mohr*schen Spannungskreises ist, s. 1.1., wird hiermit eine sehr enge Verbindung zwischen Spannungsoptik und Festigkeitslehre hergestellt.

2.4.2.4. Anwendung der Intensitätsgleichung und der Hauptgleichung auf Feldprobleme

Wir wollen nun untersuchen, welche Interferenzerscheinungen am Analysator sichtbar werden, wenn wir ein beliebig belastetes Modell der Dicke d in den Strahlengang bringen (Bild 2.18). Alle im Sichtfeld der Apparatur befindlichen Modellpartien, darunter auch der skizzierte Punkt, werden von den vom Polarisator kommenden linear polarisierten Lichtwellen, dargestellt durch ihre Amplitude a, getroffen. Doppelbrechung erfolgt in jedem Punkt nach den beiden Hauptspannungsrichtungen σ_1 und σ_2. Durch die beliebige Belastung ist aber im Modell ein allgemeines zweiachsiges Spannungsfeld entstanden, in dem sich die Hauptspannungen nach Betrag und Richtung von Punkt zu Punkt ändern, d. h., jeder Modellpunkt besitzt seinen eigenen *Mohr*schen Spannungskreis bzw. sein eigenes Indexellipsoid. Sinngemäß gelten nun die Aussagen der Kristalloptik sowie der Intensitäts- und Hauptgleichung für jeden einzelnen Modellpunkt, nur dürfen wir jetzt wegen der *inhomogenen Spannungsverteilung keine homogene Lichtintensität* am Analysator erwarten.
Während in allen Modellpunkten die Werte für S und d konstant bleiben, ist dies für die Hauptspannungsdifferenz nicht der Fall, so daß

$$n \sim \sigma_1 - \sigma_2 \tag{2.45}$$

ist. Uns interessiert nun, wann bestimmte Modellpunkte am Analysator dunkel

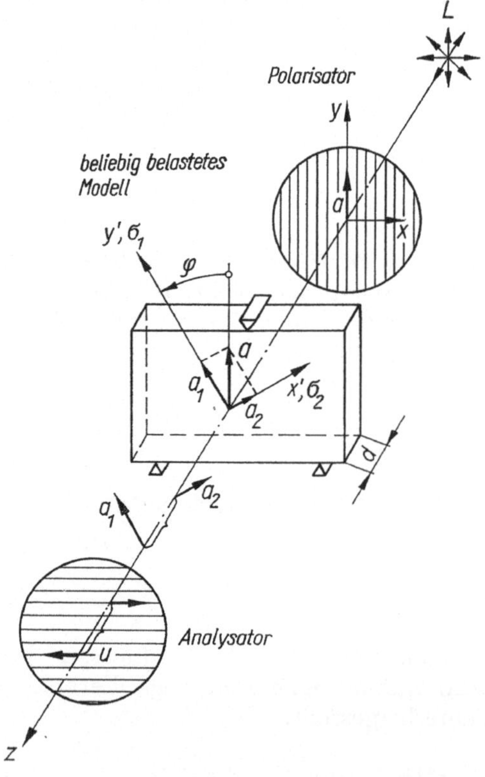

Bild 2.18. Beliebig belastetes Modell im linear polarisierten Licht

erscheinen. Zuerst wollen wir die Lösung Gl. (2.25) der Intensitätsgleichung (2.23)

$$\sin^2 n\pi = 0 \quad \text{mit} \quad n = 0, 1, 2, \ldots$$

betrachten. Diese Werte stellen nach Gl. (2.22) bzw. Gl. (2.41) Gangunterschiede von ganzzahligen Wellenlängen dar. Alle Punkte des Modells mit gleichem ganzzahligem relativem Gangunterschied liegen auf einer dunklen Linie, die als *Isochromate* bezeichnet wird. Da darüber hinaus in den verschiedenen Modellpunkten die Hauptspannungsdifferenz unterschiedliche Werte besitzt, existieren wegen Gl. (2.45) unterschiedliche Lösungen von ganzzahligem Gangunterschied. Daher sieht man meist eine ganze Schar dunkler Linien, wobei jede einzelne Isochromate der geometrische Ort all jener Modellpunkte ist, für die der gleiche ganzzahlige Gangunterschied zutrifft. Jede Isochromate wird deshalb durch eine bestimmte Ordnungszahl gekennzeichnet, die mit der entsprechenden ganzzahligen Lösung des relativen Gangunterschieds identisch ist. Deswegen wird der relative Gangunterschied auch als *Isochromatenordnung* n bezeichnet. Im konkreten Fall können die Isochromaten als Punkte, Linien oder Bereiche auftreten, die als Isochromaten 0., 1., 2. Ordnung usf. bezeichnet werden. Zwischen zwei Isochromaten liegt aber auch stets ein Helligkeitsmaximum. Es wird nach der Intensitätsgleichung (2.23) bzw. (2.35) durch

$$\sin^2 n\pi = 1 \tag{2.46}$$

mit den entsprechenden halben Isochromatenordnungen $n = 1/2, 3/2, \ldots$ erklärt. Dunkelheit im skizzierten Modellpunkt tritt aber auch dann ein, wenn nach der Lösung Gl. (2.24) der Intensitätsgleichung (2.23)

$$\sin^2 2\varphi = 0 \quad \text{mit} \quad \varphi = 0° \quad \text{bzw.} \quad \varphi = 90°$$

ist. Das ist der Fall, wenn wir gedanklich in Bild 2.18 das Polarisationskreuz im Gegenuhrzeigersinn um den Winkel φ drehen. Dann fällt die Schwingungsrichtung des vom Polarisator kommenden Lichts bereits mit einer der beiden Hauptspannungsrichtungen zusammen. Doppelbrechung kann deshalb nicht stattfinden. Die Welle geht unbeeinflußt durch das Modell hindurch und wird vom Analysator absorbiert. In jedem ebenen Spannungsfeld gibt es nun stets eine ganze Anzahl solcher Punkte, in denen die Hauptspannungsrichtungen parallel zu jenen im skizzierten Modellpunkt verlaufen. Alle diese Punkte, die dadurch gekennzeichnet sind, daß sie die gleiche Hauptspannungsrichtung besitzen, liegen auf einer dunklen, oft etwas verwaschenen Linie, die als *Isokline* oder *Linie gleicher Hauptspannungsrichtung* bezeichnet wird. Drehen wir das Polarisationskreuz weiter, so „wandert" die Isokline, aber sie ist auch eine andere geworden, die der neuen Schwingungsrichtung des linear polarisierten Lichts entspricht. Deshalb erhält jede Isokline einen *Parameter im Gradmaß*, der mit der entsprechenden Schwingungsrichtung identisch ist.
Somit treten im linear polarisierten Licht auf dem belasteten Modell bei jeder beliebigen Stellung des Polarisationskreuzes eine Linienschar und eine Linie (die auch aus mehreren Zweigen bestehen kann) — Isochromaten und Isokline — auf, die echte Feldgrößen darstellen.
Als Beispiel zeigt Bild 2.19 die diametral gedrückte Kreisscheibe im linear polarisierten monochromatischen Licht bei einer Stellung des Polarisationskreuzes unter $\varphi = 60°$. Die kontrastreich ausgeprägten Isochromaten werden durch die etwas breit verlaufende 60°-Isokline überdeckt, in deren Mitte — gestrichelt dargestellt — die Hauptspannungen eine Neigung von 60° zur Vertikalen und Horizontalen besitzen.

Bei Untersuchungen, die nur das Auswerten von Isochromaten zum Ziel haben, stören die Isoklinen. Wie wir bereits durch die Intensitätsgleichung (2.35) nachgewiesen haben, wird durch zirkular polarisiertes Licht der Einfluß der Hauptachsen, die in jedem Modellpunkt mit den Hauptspannungsrichtungen identisch sind, ausgeschaltet, so daß auch keine Isoklinen entstehen können. Bild 2.20 zeigt hierzu das Isochromatenbild der diametral gedrückten Kreisscheibe im zirkular polarisierten monochromatischen Licht. Die Versuchsbedingungen sind im Vergleich zu Bild 2.19 unverändert. Im Scheibenmittelpunkt gehen die Isochromaten der 8. Ordnung ineinander über.

2.4.2.5.   Weißes Licht

Wir wollen nun untersuchen, welchen Einfluß *weißes* Licht auf die Interferenzerscheinungen am Analysator hat. Es besteht aus einem kontinuierlichen Spektrum mit unendlich vielen Wellenlängen, das für uns im Bereich von etwa $\lambda = 400$ nm (violett) bis $\lambda = 760$ nm (dunkelrot) sichtbar ist. Der Unterschied zum bisher verwendeten monochromatischen Licht besteht nur darin, daß beide Teilwellen ein kontinuierliches Spektrum besitzen. Die am Analysator zu beobachtenden Erscheinungen können wir am besten mit der Intensitätsgleichung (2.35) erklären. In Verbindung mit Gl. (2.41) (wobei wir jetzt den Index M weglassen) ist die Lichtintensität

$$I_\mathrm{A} \sim \sin^2 \frac{u}{\lambda}\, \pi \tag{2.47}$$

Im unbelasteten Zustand ist das Modell überall gleich dunkel. Bei kontinuierlicher Belastung vergrößert sich gleichfalls kontinuierlich der Gangunterschied u zwischen den beiden Teilwellen. Erreicht u z. B. den Wert 486,1 nm, so entspricht dies der Wellenlänge der blauen Spektrallinie. Blau wird vom Analysator vollständig absorbiert. Der durchgelassenen Lichtschwingung fehlt dieser Blauanteil, d. h., aus dem Spektrum ist ein einzelnes Gebiet ausgeblendet worden, und nur der farbige Rest wirkt auf das Auge. Er entspricht der *Komplementärfarbe* des absorbierten Lichts, hier also gelb. Deshalb erscheinen alle Bereiche des Modells, in denen der Gangunterschied diesen Wert besitzt, gelb. Belasten wir weiter, vergrößert sich der Gangunterschied, wobei sich der Modellbereich in der entsprechenden Komplementärfarbe zeigt. Bei der roten Spektrallinie $\lambda = 760$ nm (Komplementärfarbe grün) endet im sichtbaren Bereich die 1. Isochromatenordnung.
Wird die Belastung weiter erhöht, erreicht der Gangunterschied Beträge, die doppelten und mehrfachen Wellenlängen entsprechen. Dabei kommt es zu Überschneidungen zwischen den einzelnen Farbanteilen, so daß Isochromaten höherer Ordnung verblassen. Am ausgeprägtesten bilden sich die Farben der 1. Ordnung aus. Aus der bunten Farbe, die die Isochromaten im weißen Licht besitzen, ist auch ihr Name zu erklären.
Nur die *Isochromate 0. Ordnung* bleibt im *weißen* Licht *dunkel* bzw. *schwarz* (s.2.5.1.3.) und hebt sich so gut von den farbigen Isochromaten höherer Ordnungen ab. Dies wird beim Auswerten des Isochromatenbildes ausgenutzt, weil mit der Festlegung der 0. Isochromatenordnung das Auszählen bzw. Numerieren der einzelnen Isochromaten beginnt.

Entsprechend der Lösung Gl. (2.24) der Intensitätsgleichung (2.23) treten auch im linear polarisierten weißen Licht Isoklinen auf, die ebenfalls dunkel sind. Bild 2.21 zeigt hierzu die diametral gedrückte Kreisscheibe bei unveränderter Stellung des Polarisationskreuzes unter $\varphi = 60°$. Im Vergleich zu Bild 2.19 wirken hier die Isochromaten blasser.

2.4.3.   Bestimmung der spannungsoptischen Konstanten

Die spannungsoptische Konstante ermitteln wir durch einen *speziellen* Versuch. Dazu kann jeder Belastungsfall benutzt werden, der theoretisch exakt beschrieben wird und sich versuchstechnisch einfach durchführen läßt. Die Bestimmung ist besonders sorgfältig vorzunehmen, da nach der Hauptgleichung die spannungsoptische Konstante die gesamte quantitative Auswertung beeinflußt. Der Prüfkörper wird aus dem gleichen Werkstoff hergestellt, der auch zur Anfertigung des Modells verwendet wird. Die diametral gedrückte Kreisscheibe (Bild 2.22) eignet sich dazu als einfacher, aber sehr genauer Versuch. Da die Bestimmung im Scheibenmittelpunkt durchgeführt wird, ist die Untersuchung frei von störenden äußeren Einflüssen. Die Scheibe wird mittels eines Ringkraftmeßbügels so hoch belastet, bis sich die Isochromaten einer höheren Ordnung, z. B. $n = 8$, im Scheibenmittelpunkt berühren (Bild 2.20).

Aus der Elastizitätstheorie sind uns die Hauptspannungen im Scheibenmittelpunkt bekannt:

$$\sigma_1 = \frac{2F}{\pi Dd}, \quad \sigma_2 = -\frac{6F}{\pi Dd} \tag{2.48}$$

Gl. (2.48) in die Hauptgleichung (2.44) eingesetzt und nach S aufgelöst, ergibt die spannungsoptische Konstante S zu

$$S = \frac{8F}{\pi Dn} \tag{2.49}$$

Eine weitere Möglichkeit stellt der Versuch reine Biegung (Bild 2.23) dar. Die spannungsoptische Konstante wird hier in der Randfaser eines Stabes mit Rechteckquerschnitt bestimmt. Die Biegespannung beträgt dort

$$\sigma_1 = \sigma = \left| \frac{M}{W} \right| \tag{2.50} \quad \text{mit} \quad W = \frac{dh^2}{6} \tag{2.51}$$

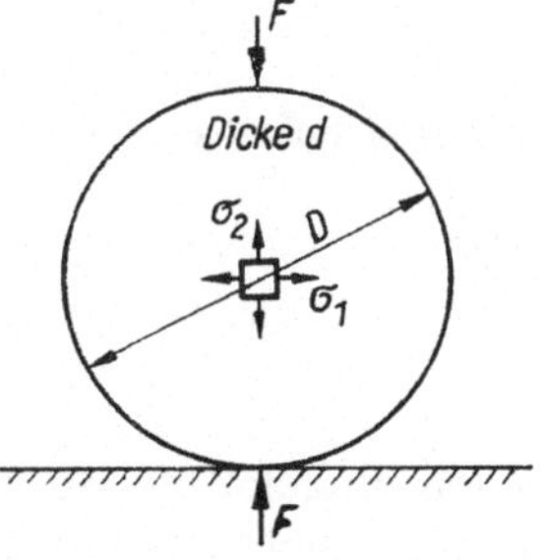

Bild 2.22. Diametral gedrückte Kreisscheibe, Prinzipskizze

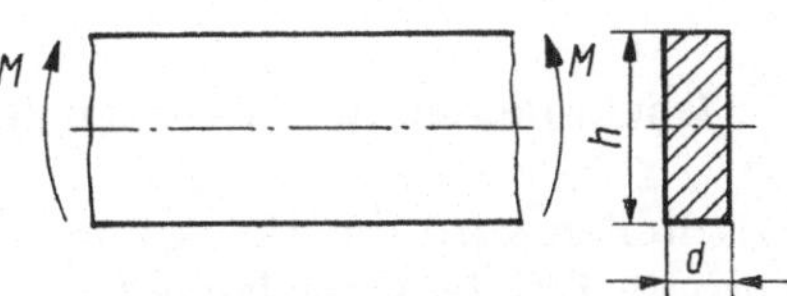

Bild 2.23. Reine Biegung, Prinzipskizze

Bei reiner Biegung herrscht ein einachsiger Spannungszustand, d. h. $\sigma_2 = 0$. Setzen wir dies sowie die Gln. (2.50) und (2.51) in die Hauptgleichung (2.44) ein, erhalten wir S zu

$$S = \frac{6M}{nh^2} \tag{2.52}$$

Das Isochromatenbild (Bild 2.24) besteht aus *parallelen äquidistanten* Linien, wobei die neutrale Faser mit der 0. Ordnung identisch ist, die als einzige Isochromate bei weißem Licht schwarz erscheint. Die höchste Isochromatenordnung befindet sich in der Randfaser. Wegen des konstanten Linienabstandes wird zwecks genaueren Auswertens die Anzahl z der Linienabstände über die Stabhöhe benutzt. Mit $n = z/2$ erhalten wir schließlich

$$S = \frac{12M}{zh^2} \tag{2.53}$$

2.5.   Isochromaten

Dem Auswerten des Isochromatenbildes kommt bei allen spannungsoptischen Versuchen, die eine Spannungsermittlung zum Ziel haben, überragende Bedeutung zu. Aus dem Isochromatenbild, das Feldcharakter besitzt, vermag der darin geübte Fachmann mit einem Blick sowohl die im Bauteil vorherrschende Belastung als auch die am lastfreien Rand auftretenden Spannungskonzentrationen und Vorzeichenwechsel der Spannung visuell zu erkennen.

2.5.1.   Besonderheiten und Aufnahme der Isochromaten

2.5.1.1.   Isochromaten als Linien gleicher Hauptschubspannung

Alle Modellpunkte mit derselben Hauptspannungsdifferenz gehören nach der Hauptgleichung zur gleichen Isochromatenordnung. Betrachten wir aus dem *Mohr*schen Spannungskreis, s. 1.1.1. (Bild 1.6), die Hauptschubspannung τ_H Gl. (1.11)

$$\tau_\mathrm{H} = \frac{\sigma_1 - \sigma_2}{2}$$

dann stellen die *Isochromaten* auch gleichzeitig *Linien gleicher Hauptschubspannung* dar.

2.5.1.2.   Isochromaten am lastfreien Rand

Bei allen Bauteilen wird die Belastung nur an definierten Stellen eingeleitet. Meist bleibt der größte Teil der Oberfläche frei von äußerer Belastung. Dazu betrachten wir die in Bild 2.25 dargestellte ebene Scheibe. Während sich im Inneren ein zweiachsiger Spannungszustand einstellt, bleibt die Berandung mit Ausnahme der Krafteinleitungsstellen lastfrei, d. h., dort verschwindet die 2. Hauptspannung; Punkt A zeigt die schematische, Punkt B die perspektivische Darstellung. Somit ist der *lastfreie* Rand bei *ebenen* Problemen durch einen *einachsigen* Spannungszustand gekennzeichnet, wobei die Normalspannung σ tangential zum Rand mit der Hauptspannung σ_1 identisch ist. Mit $\sigma_1 = \sigma$ und $\sigma_2 = 0$ geht die Hauptgleichung (2.44) am lastfreien Rand ebener Probleme über in

$$\sigma = n\,\frac{S}{d} \tag{2.54}$$

wobei n die Randordnung bedeutet.

Die Randspannung ist somit direkt proportional der Randordnung und ihr quantitatives Ermitteln leicht möglich. Mit einiger Übung können wir aus dem Isochromatenbild sofort die am höchsten beanspruchten Gebiete an lastfreien Rändern erkennen. Da mit Ausnahme von Berührungsproblemen die größten Spannungen meist am lastfreien Rand auftreten, haben wir hier ein wichtiges Anwendungsgebiet der ebenen Spannungsoptik betreten.

Als Anwendung zeigt Bild 2.26 die Isochromatenaufnahme des ebenen Modells der Dichtung eines Sauerstoffvorwärmers. Das Modell wird durch eine Einzelkraft belastet. Dabei bildet sich im Kerbgrund eine Spannungskonzentration aus, die im Zusammendrängen der Isochromaten ($n_{\mathrm{max}} = 9{,}5$) optisch deutlich sichtbar wird. Die dort herrschende Randspannung kann mit Gl. (2.54) quantitativ ermittelt werden.

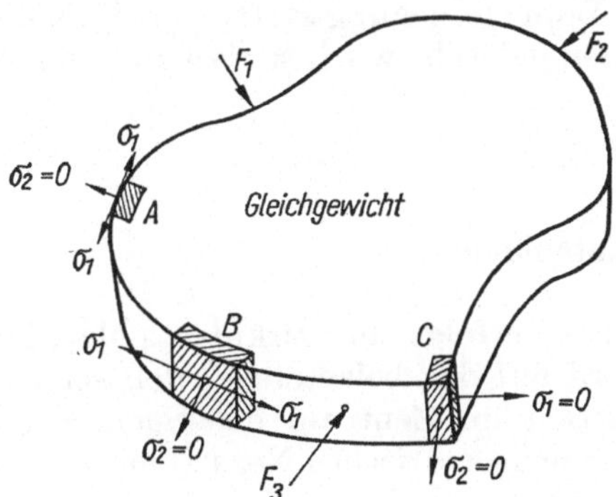

Bild 2.25. Spannungen am lastfreien Rand

2.5.1.3. Isochromaten in singulären und isotropen Punkten

Ausgangspunkt für das Auszählen und damit für das Bestimmen der Isochromatenordnung sind solche Stellen, in denen $n = 0$ ist. Aus der Hauptgleichung (2.44) folgen für

$$n = \sigma_1 - \sigma_2 = 0 \tag{2.55}$$

zwei Möglichkeiten, die wie folgt bezeichnet werden:

$$1.\ \sigma_1 = \sigma_2 = 0;\quad \textit{singulärer}\ \text{Punkt} \tag{2.56}$$

$$2.\ \sigma_1 = \sigma_2 \neq 0;\quad \textit{isotroper}\ \text{Punkt} \tag{2.57}$$

Der *Mohr*sche Spannungskreis entartet für $n = 0$ zu einem Punkt. Bild 2.27 zeigt ihn für den singulären Punkt; Bild 2.28a für den isotropen Punkt bei Zug und Bild 2.28b für denjenigen bei Druck.

Singuläre Punkte können sowohl im Inneren eines ebenen Spannungsfeldes als auch am lastfreien Rand auftreten. Lastfreie Ecken (Bild 2.25, Punkt C) sind immer singuläre Punkte. Das trifft z. B. auch auf die lastfreie rechtwinklige Ecke des

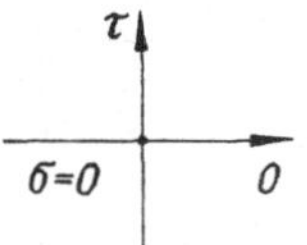

Bild 2.27. *Mohr*scher Spannungskreis
für den singulären Punkt

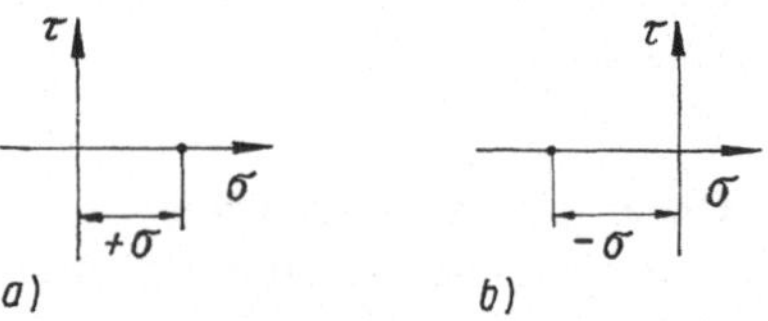

Bild 2.28. *Mohr*scher Spannungskreis
für den isotropen Punkt
a) Zug b) Druck

Dichtungsmodells (Bild 2.26) zu, die unterhalb der Krafteinleitungsstelle ein Teil der Modellbegrenzung ist. Die neutrale Faser bei reiner Biegung stellt somit eine Folge singulärer Punkte dar (Bild 2.24). Isotrope Punkte befinden sich nur im Inneren des ebenen Spannungsfeldes, da am lastfreien Rand σ_2 stets Null ist.

Da in diesen Punkten nach Gl. (1.9a) alle möglichen Richtungen Hauptspannungsrichtungen sein können, findet keine Doppelbrechung statt, wobei die durchgehende Lichtwelle vom Analysator vollkommen gelöscht wird, so daß auch im weißen Licht die Isochromaten schwarz erscheinen.

2.5.1.4.   Aufnahme des Isochromatenbildes

Die Aufnahme des Isochromatenbildes erfolgt im zirkular polarisierten monochromatischen Licht. Die Kamera wird auf das belastete Modell scharf eingestellt, wobei die interessierenden Modellpartien im Zentrum des Suchers liegen sollen. Langwelliges Natriumlicht erfordert panchromatisches Negativmaterial. Um später das Positiv ohne Schwierigkeiten auswerten zu können, halten wir außerdem die wichtigsten Isochromatenordnungen, vor allem die der 0..Ordnung, in einer Skizze fest. Die 0. Ordnung ermitteln wir im weißen Licht.

2.5.2.   Typische Isochromatenbilder

Wir wollen nun einige typische Isochromatenbilder betrachten. Diejenigen der diametral gedrückten Kreisscheibe (Bild 2.20) und der reinen Biegung in Stäben (Bild 2.24) haben wir schon kennengelernt.

2.5.2.1.   Reiner Zug bzw. reiner Druck in Stäben

Im von der Krafteinleitung ungestörten Bereich des Stabes bildet sich ein *einachsiger homogener* Spannungszustand aus, denn dort herrscht überall dieselbe Zug- bzw. Druckspannung

$$\sigma_1 = \sigma = \frac{F}{A} \tag{2.58}$$

Werden dieser Wert und $\sigma_2 = 0$ in die Hauptgleichung (2.44) eingesetzt, erhalten wir die Beziehung

$$\frac{F}{A} = n\frac{S}{d} \tag{2.59}$$

Da hierin F, A, S und d Konstante sind, muß auch die Isochromatenordnung n für alle Punkte des ungestörten Bereichs konstant sein. Deshalb erscheint das Isochromatenbild (Bild 2.29) stets *gleichmäßig* hell oder dunkel, bei weißem Licht in gleicher Farbe, s. 2.4.2.2. Gleichzeitig erkennen wir aus Bild 2.29, daß sich erst nach einer bestimmten Entfernung von der Krafteinleitungsstelle reiner Zug bzw. Druck einstellt, wobei auch die Grenze zwischen homogenem und inhomogenem Spannungsverlauf optisch sichtbar ist.

2.5.2.2.   Biegung mit Querkraft in Stäben

Den Biegespannungen überlagern sich hier die aus der Querkraft resultierenden Schubspannungen, die einen *zweiachsigen* Spannungszustand hervorrufen. Dadurch besitzen die Isochromaten einen gekrümmten Verlauf. Eine mit der Stabachse identische Nullisochromate kann es nicht mehr geben, da dort die Schubspannung ihren Höchstwert erreicht. Bild 2.30 zeigt dazu das Isochromatenbild des Biegestabes mit mittiger Einzellast.

2.5.2.3.   Einzellast senkrecht auf der Halbebene

Dieser Fall besitzt für den Bereich der Krafteinleitungsstellen Bedeutung, da die theoretische Lösung[1]) bekannt ist und somit auch der Isochromatenverlauf theoretisch beschrieben werden kann.
Unter Verwendung von Polarkoordinaten (Bild 2.31a) erhalten wir die Spannungen

$$\sigma_r = -\frac{2F}{d}\frac{\cos\varphi}{r}; \qquad \sigma_\varphi = 0; \qquad \tau_{r\varphi} = 0 \tag{2.60}$$

worin $\sigma_r \equiv \sigma_1$ die einzige von Null verschiedene Hauptspannung darstellt, während $\sigma_\varphi \equiv \sigma_2 = 0$ ist.

---

[1]) Lehrbuch Höhere Festigkeitslehre. Bd. 1 / *Göldner, H.* [u. a.] — Leipzig, 1984. — S. 90

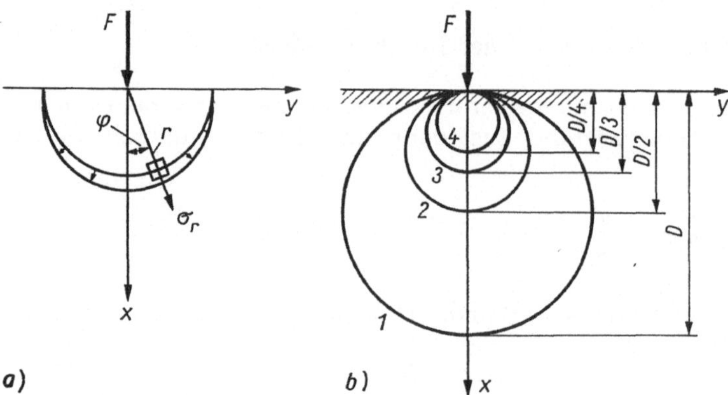

Bild 2.31. Einzellast senkrecht auf Halbebene
a) Bezeichnungen
b) theoretisches Isochromatenbild

Da alle Punkte mit der gleichen Hauptspannungsdifferenz auf ein und derselben Isochromate liegen, folgt mit Gl. (2.60) aus $\sigma_r - \sigma_\varphi =$ konst für die Isochromaten

$$\frac{\cos \varphi}{r} = \text{konst} \qquad (2.61)$$

Diese Bedingung ist für Kreise erfüllt, die den Rand tangieren und deren Mittelpunkte auf der x-Achse liegen (Bild 2.31 b).

2.5.2.4.   Walzendruck

Eine *punktförmige* Lasteinleitung ist praktisch nicht möglich, denn es bildet sich immer eine *kleine* Druckfläche aus, die von der Krümmung und dem Werkstoff der drückenden Körper abhängig ist. Das ist auch der Grund dafür, warum in den Bildern 2.31 b und 2.32 am Lastangriff der theoretische Isochromatenverlauf vom experimentellen abweicht. Dort stimmen Theorie und Experiment nicht überein. Auf die von *Hertz*[1]) stammende exakte theoretische Lösung kann hier nicht eingegangen werden.
Bild 2.32 zeigt das Isochromatenbild des *Walzendrucks*. Es ist mit einer diametral belasteten Kreisscheibe erzeugt worden, die auf eine Scheibe großer Ausdehnung drückt, welche als Halbebene angesehen werden kann. Deutlich erkennen wir die höchste Isochromatenordnung, nicht wie bisher gewohnt am lastfreien Rand, sondern als dunkler linsenförmiger Bereich etwas unter der Oberfläche. Das ist ein untrügliches Kennzeichen von Berührungsproblemen, wie sie z. B. auch an belasteten Zahnflanken von Zahnrädern auftreten.
Aber auch eine weitere Feststellung können wir hier treffen. Obwohl nach der *Hertz*-schen Theorie die Belastung mit einer über die Breite der Druckfläche veränderlichen Flächenlast erfolgt, besitzen die Isochromaten in einiger Entfernung von der Lastangriffsstelle den von der Einzellast her bekannten kreisförmigen Verlauf. Damit

---

[1]) Lehrbuch Höhere Festigkeitslehre. Bd. 1 / *Göldner, H.* [u. a.] — Leipzig, 1984. — S. 96, und Höhere Technische Mechanik / *Szabó, I.* — Berlin; Heidelberg; New York, 1972. — S. 171

wird praktisch das Prinzip von *St. Vénant* bestätigt, wonach Spannungs- und Verformungszustand in hinreichend weiter Entfernung vom Lastangriff nur von der Resultierenden der Flächenlast, die hier identisch mit der Einzellast senkrecht zur Halbebene ist, bestimmt wird. Das Isochromatenbild vermittelt zusätzlich einen optischen Eindruck darüber, welche Entfernung unter „*hinreichend weit*" zu verstehen ist und kann so zur Bestätigung theoretischer Annahmen mit herangezogen werden.

2.5.2.5.   Momentennullpunkte

Momentennullpunkte, wie sie in auf Biegung beanspruchten statisch unbestimmten Stäben, in belasteten Rahmen und mehrfach zusammenhängenden Scheiben auftreten, erkennt man sofort durch einen unverwechselbaren Isochromatenverlauf (Bild 2.33). Hier befindet sich stets auf gegenüberliegenden lastfreien Rändern ein singulärer Punkt, deren Verbindungslinie die Stabachse bzw. Skelettlinie des Rahmens schneidet und dort den Momentennullpunkt angibt.
Der Winkel α, der die Neigung der Verbindungslinie zur Horizontalen charakterisiert, ist nach der Beziehung

$$\cot \alpha = \frac{F_\mathrm{N}}{3F_\mathrm{Q}} \tag{2.62}$$

gleichzeitig ein Maß für das Verhältnis Längskraft F_N/Querkraft F_Q. Liegen sich die beiden singulären Punkte senkrecht gegenüber, d. h., ist $\alpha = 90°$, wird keine Längskraft übertragen. Damit sagt der Momentennullpunkt insgesamt Wesentliches über die in diesem Bereich herrschende Beanspruchung, für uns optisch sichtbar, aus.

2.5.3.   Bestimmung nichtganzzahliger Isochromatenordnungen

Unsere Betrachtungen am lastfreien Rand führten wir bisher mit ganzzahligen Isochromatenordnungen durch. Das ist natürlich ein Sonderfall, der durchaus eintreten kann, aber i. allg. kann nicht erwartet werden, daß die höchste Isochromatenordnung am Rand immer ganzzahlig ist. Zur genauen Auswertung genügen aber die ganzzahligen Ordnungen nicht, so daß auch noch *Zehntelisochromatenordnungen* oder *Bruchteile* von Isochromatenordnungen bestimmt werden müssen. Alle im folgenden beschriebenen Verfahren setzen *randeffektfreie* Modellränder, s. 2.8., voraus.

2.5.3.1.   Bestimmung durch grafische Extrapolation

Die Abstände zwischen dem Randpunkt und den Isochromaten (Bild 2.34a) werden auf der Abszisse (Bild 2.34b) in einem günstigen Verhältnis vergrößert herausgezeichnet. Auf der Ordinate werden die Isochromatenordnungen abgetragen. Die so entstehende Kurve wird bis zum Rand verlängert. Sie gibt dort die Randordnung, in unserem Beispiel in Verbindung mit Tabelle 2.1 $n_\mathrm{Rand} = 6{,}3$, an.

Tabelle 2.1: Vermessen des Isochromatenverlaufes

n	x
0	0
1	4,6
2	8,2
3	10,8
4	12,7
5	14,3
6	15,7
Rand	16,0

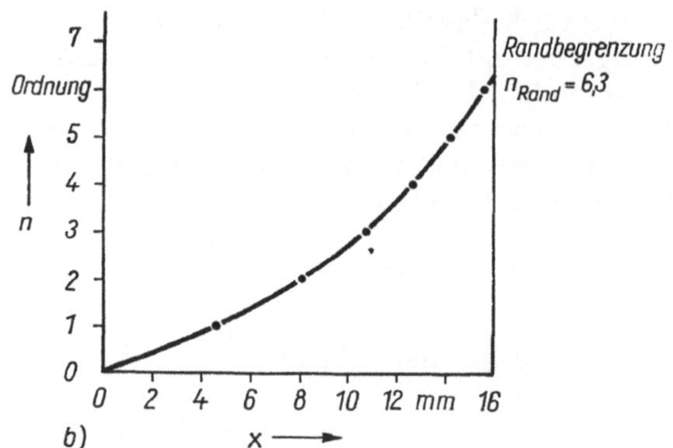

Bild 2.34. Ermittlung der Randordnung
durch grafische Extrapolation
(in Verbindung mit Tabelle 2.1)
b) Extrapolationskurve

2.5.3.2.   Bestimmung durch Hellfeldaufnahmen

Isochromatenbilder im Hellfeld erhalten wir mit einer Apparatur nach Bild 2.13b.
Zum Ermitteln der Intensitätsgleichung für das Hellfeld gehen wir von 2.4.1.2. aus
und drehen in Bild 2.16 den Analysator gedanklich um 90°, so daß ihn nur in der
Vertikalen schwingendes Licht passieren kann. Damit bleibt unsere mathematische
Beschreibung bis zur Gl. (2.31) unverändert. Aus Bild 2.16 lesen wir ab, daß die
beiden Vertikalkomponenten von x''' und y''' genauso groß wie ihre Horizontalkomponenten sind, nur daß sie beide in die positive y-Richtung zeigen. Das bedeutet,
daß in Gl. (2.32) das negative Vorzeichen von y''' durch ein positives ersetzt werden
muß. Die weitere Entwicklung bleibt gleich, und wir erhalten die Intensitätsgleichung des Hellfelds im zirkular polarisierten Licht zu

$$I_A = Ca^2 \cos^2 n\pi \tag{2.63}$$

Am Analysator herrscht Dunkelheit, d. h. $I_A = 0$, wenn

$$\cos^2 n\pi = 0 \quad \text{mit} \quad n = 1/2, 3/2, \dots \tag{2.64}$$

ist. Jetzt erscheinen also die Isochromaten mit den *halben* Ordnungen *dunkel*,
während umgekehrt die Modellbereiche mit ganzzahligen Ordnungen hell sind. Wird
das belastete Modell nacheinander im Dunkel- und Hellfeld fotografiert, so steht
zum Auswerten die *doppelte* Isochromatenanzahl zur Verfügung. So wird eine gewisse Steigerung der Auswertegenauigkeit erreicht, weil man damit in der Lage ist,
Bruchteile in der Größenordnung von 0,2-Isochromatenordnungen abschätzen zu
können. Bild 2.35 zeigt die Isochromaten bei reinem Zug im Hell- und Dunkelfeld.

2.5.3.3.   Bestimmung durch Kompensation nach Sénarmont

Genauere Werte als die beiden eben vorgestellten Methoden liefert das *Kompensationsverfahren nach Sénarmont*. Dazu verwenden wir eine Apparatur nach Bild 2.36. Das Modell ist dabei so in den Strahlengang zu bringen, daß die Richtung der Randspannung in der zu untersuchenden Randstelle einen Winkel von 45° mit der Schwingungsrichtung des vom Polarisator kommenden linear polarisierten Lichts, dargestellt durch die Amplitude a, einschließt. Da am lastfreien Rand stets ein einachsiger Spannungszustand herrscht (Bild 2.25), und somit die Richtung der Randspannung im ebenen Modell immer durch die Randgeometrie bekannt ist, wollen wir zum besseren Verständnis das Modell gedanklich durch einen Zugstab ersetzen, den wir unter 45° zum Polarisator einbauen.

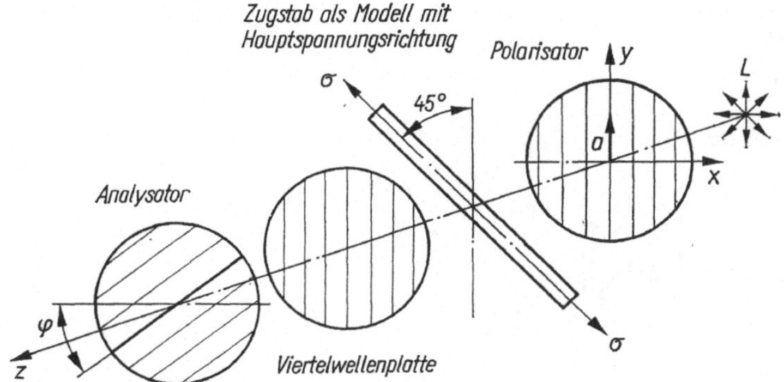

Bild 2.36. Kompensation nach *Sénarmont*

Nach dem Durchgang durch Modell bzw. Zugstab (Doppelbrechung) besteht zwischen den beiden Teilwellen, deren Amplituden gleich groß sind, die Phasendifferenz $2\pi k$ (Bild 2.37a). Die beiden Wellen treffen nun auf die Viertelwellenplatte auf und werden wiederum doppelt gebrochen. Hinter ihr sind vier horizontal bzw. vertikal polarisierte Wellen mit gleicher Amplitude entstanden (Bild 2.37b). Dabei ergeben nach Gl. (2.14) die beiden linken Wellen eine linkszirkular polarisierte, die beiden rechten eine rechtszirkular polarisierte Welle. Beide haben gleiche Amplitude und gleiche Frequenz. Sie unterscheiden sich nur durch die Phasendifferenz $2\pi k$.

Die Zusammensetzung dieser beiden links- und rechtszirkular polarisierten Wellen im zeitlichen Vektordiagramm (Bild 2.37c) ergibt eine linear polarisierte Welle mit der Amplitude a, deren Schwingungsrichtung um den Winkel

$$\hat{\varphi} = \pi k \tag{2.65}$$

gegen die Vertikale geneigt ist. Das Auslöschen dieser linear polarisierten Welle am Analysator erfolgt dann, wenn er um diesen Winkel $\hat{\varphi}$ im Gegenuhrzeigersinn gedreht wird (Bild 2.36). Dadurch erscheint im Zugstab der gesamte homogene Bereich, im belasteten Modell aber nur der untersuchte Randpunkt dunkel. Der gesuchte

6*

Bruchteil der Isochromatenordnung beträgt somit

$$k = \frac{\hat{\varphi}}{\pi} \quad \text{bzw.} \quad k = \frac{\varphi^\circ}{180^\circ} \tag{2.66}$$

Er ist zur letzten, vor dem Rand befindlichen ganzzahligen Ordnung zu addieren. Da der Winkel φ meist auf 3 bis 4° genau bestimmt werden kann, entspricht dies einer Meßgenauigkeit von etwa 0,02 Ordnungen.
Weitere Kompensationsmöglichkeiten sind in [2.1, S. 268] und [2.3, S. 121] beschrieben.

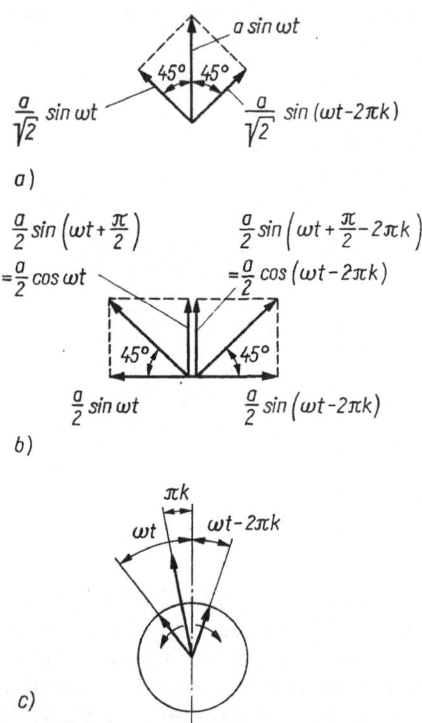

Bild 2.37. Zerlegung und Zusammensetzung von Lichtwellen bei der Kompensation nach *Sénarmont*
a) Doppelbrechung im Zugstab
b) Doppelbrechung in der Viertelwellenplatte
c) Zusammensetzung im zeitlichen Vektordiagramm vor dem Analysator

2.5.4.   Nagelprobe

Nach Gl. (2.39) in Verbindung mit Gl. (2.41) sind die Isochromaten der Differenz der Hauptbrechzahlen proportional. Dabei wird stets der Absolutbetrag einer Differenz ermittelt, aus der Betrag und Vorzeichen der beiden die Differenz bildenden Größen nicht bekannt sind. Aus diesem Grund kann die Isochromate auch nichts über das Vorzeichen der beiden Hauptspannungen aussagen. Deshalb erhalten alle Isochromaten positives Vorzeichen. Am einfachsten wird dies aus Bild 2.24 deutlich. Hier umschließt die 1. Isochromatenordnung vollständig die mit der neutralen Faser identische Nullisochromate, wobei nirgends ein Vorzeichenwechsel erkennbar ist, der auf positive oder negative Ordnungen hinweisen könnte.

Das Vorzeichen der Randspannung ist aber für das Auswerten unentbehrlich. Falls es nicht aus der Anschauung bestimmbar ist, läßt es sich mit der *Nagelprobe* ermitteln:

Wir drücken mit einem Nagel oder einem kantigen Gegenstand senkrecht auf die betreffende Randstelle und können aus der Verschiebung der Isochromaten in Randnähe unmittelbar auf das Vorzeichen der Randspannung schließen. Durch den Nageldruck entsteht in der Umgebung des Randpunktes aus dem einachsigen ein zweiachsiger Spannungszustand. Die Isochromaten als Linien gleicher Hauptspannungsdifferenz sind auch gleichzeitig dem Durchmesser des *Mohr*schen Spannungskreises proportional. Herrscht am Rand Zug, vergrößert sich durch den Nageldruck der Durchmesser, die Isochromatenordnung steigt, herrscht dagegen Druck, verkleinert sich der Durchmesser, die Ordnung sinkt. Aus Bild 2.38 ist die durch den Nageldruck eintretende örtliche Verschiebung der Isochromaten am Außen- und Innenrand eines geschlitzten Stabes deutlich zu erkennen.

## 2.6.	Isoklinen und Spannungstrajektorien

Isoklinen werden zur vollständigen Auswertung des ebenen Spannungsfeldes, s. 2.7., benötigt. Sie bilden weiterhin den Ausgangspunkt bei der Konstruktion der *Hauptspannungstrajektorien*, wobei die Trajektorien aber auch mit dem Reißlackverfahren, s. Abschn. 6., ermittelt werden können.

### 2.6.1.	Herstellung des Isoklinenbildes

soklinen als Linien gleicher Hauptspannungsrichtung entstehen im linear polarisierten Licht, s. Gln. (2.23) und (2.24) und 2.4.2.4., wenn die Schwingungsrichtung der vom Polarisator kommenden Welle mit einer Hauptspannungsrichtung im belasteten Modell zusammenfällt. Der Winkel φ (Bilder 2.15 und 2.18), der die mit der Schwingungsrichtung der Welle übereinstimmende Hauptspannungsrichtung darstellt, heißt Isoklinenparameter φ_0. Der Parameter wird von der positiven x-Achse im Gegenuhrzeigersinn zur näher gelegenen Hauptspannung festgelegt. Da Hauptspannungen aufeinander senkrecht stehen, ist er deshalb niemals größer als 90° oder negativ.

Zum Aufzeichnen der Isoklinen verwenden wir *weißes* Licht, da sie sich hier von den farbigen Isochromaten gut abheben (vgl. Bilder 2.19 u. 2.21). Zum Herstellen des Isoklinenbildes gehen wir am besten so vor, daß wir die Isokline in der Apparatur auf dem belasteten Modell mit Fettstift nachziehen und den Parameter dazuschreiben. Durch Drehen des Polarisationskreuzes im Gegenuhrzeigersinn in kleinen Intervallen von 5 bis 15° zeichnen wir nacheinander Isoklinen verschiedener Parameter auf das Modell. Dabei wählen wir die Intervallschritte so, daß nach Möglichkeit *konstante Isoklinenabstände* entstehen. Anschließend kann die Schar der Isoklinen auf Transparentpapier übertragen oder fotografiert werden. Auf diese Weise entstand Bild 2.43a. Da sich im Mittelteil der Abstand zwischen der 15°- und 20°-

Isokline als zu groß erwies, wurde noch die 17°-Isokline aufgenommen, während an anderen Stellen das Intervall 10° beträgt und so z. B. auf die 45°-Isokline verzichtet werden konnte.

2.6.2.   Besonderheiten der Isoklinen

2.6.2.1.   Ermittlung der Schubspannungen

Mit Hilfe der Isoklinen gelingt nun auch die Ermittlung der Schubspannungen an beliebiger Stelle des ebenen Spannungsfeldes. Grundlage hierfür ist die aus dem *Mohr*schen Spannungskreis (Bild 1.6) stammende Beziehung

$$\tau_{xy} = \frac{\sigma_1 - \sigma_2}{2} \sin 2\varphi_0 \qquad (2.67)$$

die durch die Isochromatenordnung $(\sigma_1 - \sigma_2)$ und den Isoklinenparameter φ_0 im betreffenden Modellpunkt dargestellt wird.

2.6.2.2.   Isoklinen am lastfreien Rand und in Symmetrieachsen

Isoklinen weisen am lastfreien Rand eine spezielle Eigenschaft auf. Da hier die Hauptspannungsrichtung mit der Randtangente zusammenfällt, muß der entsprechende Winkel mit dem Isoklinenparameter identisch sein. Damit besitzt jede in den lastfreien Rand einmündende Isokline *selbstanzeigenden* Charakter, indem dort der Parameter durch den Winkel bestimmt wird, den die positive x-Achse mit der Randtangenten bzw. ihrer Normalen einschließt. Dies ist in den Punkten A und B einer belasteten, beliebig beranndeten und im Gleichgewicht befindlichen ebenen Scheibe (Bild 2.39) ersichtlich. Das ist immer der Fall, wenn sich die Krümmung des Randes kontinuierlich ändert. Folglich besitzen geradlinige Ränder einen konstanten Isoklinenparameter, während am rechtwinkligen Rand nur ein einziger Parameter vorhanden ist. Dies gilt auch für Ränder, die in senkrechter Richtung durch Normalspannungen beansprucht werden. Dann herrscht im betrachteten Randpunkt allerdings ein zweiachsiger Spannungszustand, aber mit bekannten Hauptspannungsrichtungen.
Betrachten wir nun Scheiben mit Symmetrieachsen und symmetrisch dazu verteilter Belastung. Die Symmetrieachsen sind hier gleichzeitig Hauptachsen und

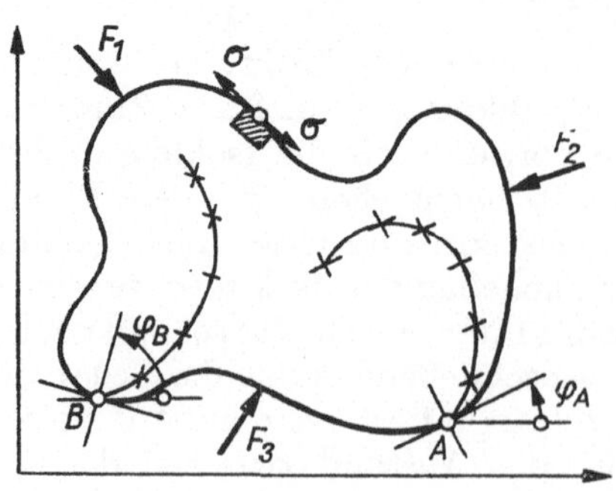

Bild 2.39. Selbstanzeigende Eigenschaft des Isoklinenparameters am lastfreien Rand

damit schubspannungsfrei; sie stellen somit Isoklinen eines konstanten Parameters dar. Bild 2.40 zeigt hierzu einige Beispiele. Bei der diagonal gedrückten Quadratscheibe (Bild 2.40a) sind die Achsen x und y mit der 0°-Isokline, der Rand dagegen mit der 45°-Isokline identisch. Bei der gedrückten Rechteckscheibe (Bild 2.40b) stellen sowohl die Berandung als auch die Koordinatenachsen die 0°-Isokline dar. Die Koordinatenachsen der diametral gedrückten Kreisscheibe (Bild 2.40c) stimmen mit der 0°-Isokline überein, d. h., die 0°-Isokline ist ein Kreuz. Mit diesem Versuch kann die Lage des Polarisationskreuzes bestimmt werden. Bild 2.41 zeigt die entsprechende Aufnahme der 0°-Isokline. Die durch Einzel- und Flächenlast beanspruchte Kreisscheibe (Bild 2.40d) kann in der Horizontalen nur Symmetrie in der Form, nicht aber in der Belastung aufweisen. Deshalb stellt nur die y-Achse eine Symmetrieachse dar, die mit der 0°-Isokline identisch ist.

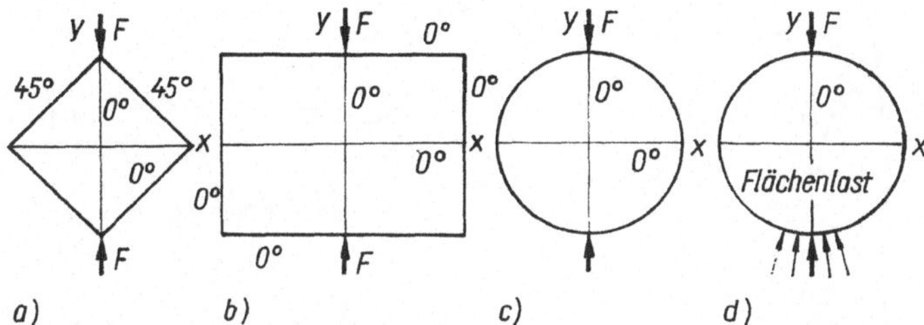

Bild 2.40. Symmetrische Scheiben mit symmetrischer Belastung
a) diagonal gedrückte Quadratscheibe   b) gedrückte Rechteckscheibe
c) diametral gedrückte Kreisscheibe   d) Kreisscheibe unter Einzelkraft
und Flächenlast

2.6.2.3.   Isoklinen in singulären und isotropen Punkten

Wie bei den Isochromaten, s. 2.5.1.3., Gln. (2.56) und (2.57) (vgl. Bilder 2.27 und 2.28), fallen auch im Isoklinenbild singuläre und isotrope Punkte sofort auf, und zwar dadurch, daß sich in ihnen Isoklinen unterschiedlichster Parameter schneiden (Bild 2.43a). Da hier der *Mohr*sche Spannungskreis zu einem Punkt entartet, sind die Normalspannungen nach allen Richtungen gleich groß, während die Schubspannungen verschwinden.
Mit $\sigma_x = \sigma_y$ und $\tau_{xy} = 0$ wird die Beziehung (1.9)

$$\tan 2\varphi_0 = \frac{2\tau_{xy}}{\sigma_x - \sigma_y} = \frac{0}{0} \tag{2.68}$$

unbestimmt, d. h., jede mögliche Richtung kann Hauptspannungsrichtung sein und da die Isoklinen Linien gleicher Hauptspannungsrichtung sind, können praktisch Isoklinen aller Parameter durch singuläre und isotrope Punkte gehen.

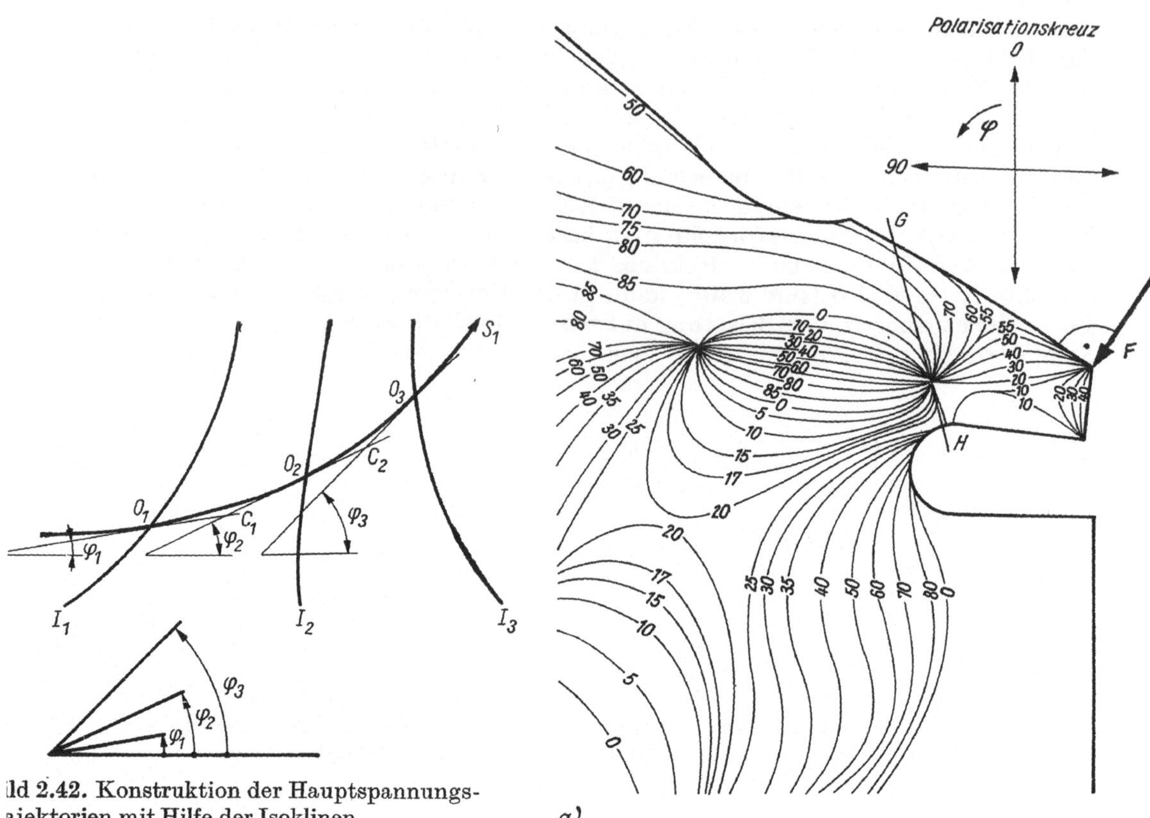

Bild 2.42. Konstruktion der Hauptspannungstrajektorien mit Hilfe der Isoklinen   a)

2.6.3.   Konstruktion der Hauptspannungstrajektorien

Aus den *Isoklinen* kann in einfacher Weise das Netz der *Hauptspannungstrajektorien* konstruiert werden. Gegeben seien die Isoklinen I_1 bis I_3 mit ihren Parametern φ_1 bis φ_3 (Bild 2.42). Durch einen willkürlich gewählten Punkt O_1 auf der Isokline I_1 ziehen wir die Gerade mit dem Isoklinenparameter φ_1 bis zum Punkt C_1, der den Abstand zwischen den Isoklinen I_1 und I_2 halbiert. In C_1 schließt sich die Gerade mit dem Isoklinenparameter φ_2 an, die bis zum Punkt C_2 verläuft, der den Abstand zwischen den Isoklinen I_2 und I_3 halbiert. Die Isokline I_2 wird von dieser Geraden im Punkt O_2 geschnitten.

Nun tragen wir in C_2 die Gerade mit dem Isoklinenparameter φ_3 an, die die Isokline in O_3 schneidet. Genauso wird das Verfahren bei mehreren Isoklinen fortgesetzt. Es entsteht ein Tangentenpolygon, in das die Hauptspannungstrajektorie S_1, die durch die Punkte O_1, O_2, O_3, ... verläuft, durch Ausrunden eingezeichnet wird. Auf die gleiche Weise können wir weitere Trajektorien zeichnen, wobei wir den Abstand von Linie zu Linie selbst bestimmen können. Man wird ihn so wählen, daß ein übersichtliches Bild entsteht. So gewinnen wir die erste Schar der Hauptspannungstrajektorien.

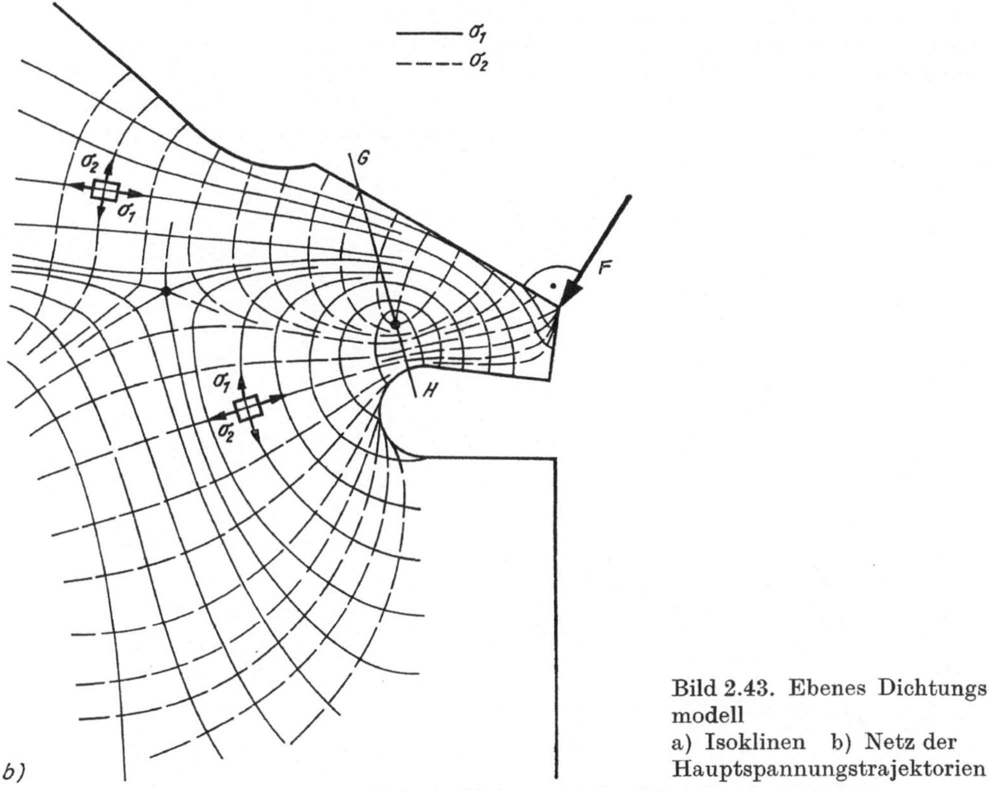

Bild 2.43. Ebenes Dichtungsmodell
a) Isoklinen   b) Netz der
Hauptspannungstrajektorien

Die zweite Schar erhalten wir aus der Bedingung, daß Hauptspannungen aufeinander
senkrecht stehen. Dazu brauchen wir das Isoklinenbild nicht mehr. Wir zeichnen
jede einzelne Linie der zweiten Schar so in das Bild der Trajektorien der ersten Schar
ein, daß sich alle Linien unter einem rechten Winkel schneiden. Bei der Bezeichnung
der Scharen, d. h., ob es sich um die Schar der größeren oder kleineren Hauptspannungen handelt, wird davon ausgegangen, daß σ_1 immer mit der algebraisch
größeren Hauptspannung identisch ist. Bild 2.43 b zeigt dazu das aus Bild 2.43 a
konstruierte Netz der Hauptspannungstrajektorien beim ebenen Dichtungsmodell.
Bezüglich weiterer Besonderheiten von Isoklinen und Trajektorien muß auf die
Spezialliteratur [2.3] verwiesen werden.

2.7.   Zur vollständigen Auswertung des ebenen Spannungsfeldes

Im Inneren der belasteten ebenen Scheibe herrscht ein *zweiachsiger* Spannungszustand, der durch drei Größen bestimmt wird. Wenn wir von den Hauptspannungen
ausgehen, sind es die *beiden Hauptspannungen* σ_1 und σ_2 selbst und der *Hauptspannungswinkel* φ_0. Die Spannungsoptik liefert aber nur zwei Daten, Haupt-

spannungsdifferenz $(\sigma_1 - \sigma_2)$ und Isoklinenparameter φ_0. Zur vollständigen Auswertung im Modellinneren wird noch eine zusätzliche Gleichung benötigt, die nicht aus spannungsoptischen Untersuchungen gewonnen werden kann. Hierfür sind verschiedene Verfahren entwickelt worden, die in theoretische und experimentelle eingeteilt werden, wobei auch von einer sog. *Separation* oder *Trennung* der Hauptspannungen gesprochen wird.

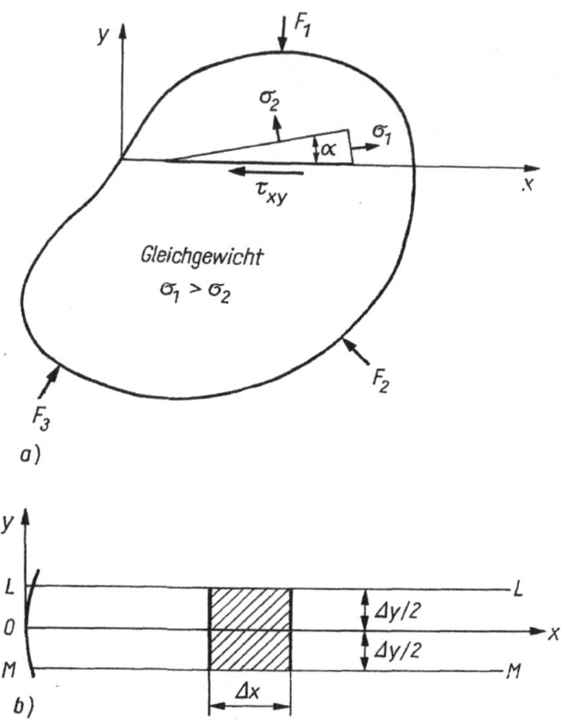

Bild 2.44. Zur Anwendung des Schubspannungsdifferenzverfahrens
a) Festlegung der Auswertegeraden und Annahme der Hauptspannungen
b) Diskretisierung im Bereich der Auswertegeraden

Die theoretischen Auswertverfahren beruhen entweder auf den *Differentialgleichungen* des *Gleichgewichts* oder den *Lamé-Maxwell*schen Gleichungen. Am bekanntesten ist das *Schubspannungsdifferenzverfahren* geworden, das von der Integration der Differentialgleichungen des Gleichgewichts in kartesischen Koordinaten ausgeht und seitens der Spannungsoptik sowohl die *Isochromaten* als auch die *Isoklinen* benötigt. Das Ziel besteht im Ermitteln einer Normalspannung, z. B. σ_x, längs einer gewünschten, durch das ebene Spannungsfeld gelegten geraden Linie (Bild 2.44a). Zur Ableitung benötigen wir nur eine der beiden Dgl.[1]), z. B.

$$\frac{\partial \sigma_x}{\partial x} + \frac{\partial \tau_{xy}}{\partial y} = 0 \tag{2.69}$$

---

[1]) Lehrbuch Höhere Festigkeitslehre. Bd. 1 / *Göldner, H.* [u. a.] — Leipzig, 1984. — S. 39

Die Messung im Endlichen bedingt eine Diskretisierung des Gebietes und damit den Übergang von der Differential- zur Differenzengleichung

$$\frac{\Delta\sigma_x}{\Delta x} + \frac{\Delta\tau_{xy}}{\Delta y} = 0 \quad \text{bzw.} \tag{2.70}$$

$$\Delta\sigma_x = -\Delta\tau_{xy}\,\frac{\Delta x}{\Delta y} \tag{2.71}$$

Zu ihrer Lösung führen wir entsprechend Bild 2.44b im gleichen Abstand $\Delta y/2$ beidseitig zur x-Achse zwei Hilfslinien L und M ein. Längs dieser ermitteln wir den Schubspannungsverlauf nach Gl. (2.67), wobei jetzt der Winkel (Bild 2.44a) mit dem Isoklinenparameter φ_0 identisch ist. Gleichzeitig teilen wir auch die x-Achse in gleiche Abschnitte Δx ein, wobei Gl. (2.71) für den schraffierten Abschnitt (Bild 2.44b) gilt, in dem $\Delta\sigma_x$ den *Spannungszuwachs* in x-Richtung darstellt. Der Verlauf der Schubspannungsdifferenz längs der x-Achse ergibt sich nun aus der Differenz der Schubspannungsverläufe längs der Hilfslinien L und M zu

$$\Delta\tau_{xy} = \tau_L - \tau_M \tag{2.72}$$

Damit geht Gl. (2.71) in

$$\Delta\sigma_x = -(\tau_L - \tau_M)\,\frac{\Delta x}{\Delta y} \tag{2.73}$$

über. Gl. (2.73) liefert exakte Werte, wenn wir τ_L und τ_M als Mittelwerte über die Schrittweite Δx bestimmen.

Die Spannung σ_x in einem beliebigen Abschnitt erhalten wir schließlich, wenn wir bis dahin, ausgehend vom Randpunkt O, summieren zu

$$\sigma_x = \sigma_{xO} - \Sigma(\tau_L - \tau_M)\,\frac{\Delta x}{\Delta y} \tag{2.74}$$

Darin bedeutet σ_{xO} die bekannte Randspannung im Randpunkt O. Gl. (2.74) vereinfacht sich, wenn wir in x- und y-Richtung gleiche Schrittweiten $\Delta x = \Delta y$ wählen, zu

$$\sigma_x = \sigma_{xO} - \Sigma(\tau_L - \tau_M) \tag{2.75}$$

Die dazugehörende Normalspannung σ_y können wir aus der Beziehung Gl. (1.10) zu

$$\sigma_y = \sigma_x \pm \sqrt{(\sigma_1 - \sigma_2)^2 - 4\tau_{xy}^2} \tag{2.76}$$

berechnen. Das positive Vorzeichen gilt für Winkel $\alpha > 45°$, das negative entsprechend für $\alpha < 45°$.

Von den experimentellen Verfahren sind aus der Sicht der Spannungsoptik besonders solche einsetzbar, mit denen *feldmäßig* oder *punktweise* eine weitere Linienschar, die sog. *Isopachen* oder *Linien gleicher Hauptspannungssumme* $(\sigma_1 + \sigma_2)$, ermittelt werden können und die sich darüber hinaus versuchstechnisch einfach gestalten. Das ist immer der Fall, wenn das gleiche Modell, wie wir es in der Spannungsoptik benutzen, auch noch in der gleichen Belastungsvorrichtung untersucht werden kann. Zu den Verfahren, die diese Forderung erfüllen, gehören: *Isothetenverfahren* und *Schattenmoiréverfahren* als spezielle Meßprinzipe des *Moiréverfahrens*, *holografische Interferometrie und Dehngitterverfahren.* In Kombination mit der Spannungsoptik verbindet sie als gemeinsame Grundlage der Auswertung das erweiterte *Hooke*sche Gesetz für den zweiachsigen Spannungszustand, s. 1.1.4., Gl. (1.39) mit $\Delta T = 0$,

$$\varepsilon_x = \frac{1}{E} \left(\sigma_x - \nu\sigma_y \right)$$

$$\varepsilon_y = \frac{1}{E} \left(\sigma_y - \nu\sigma_x \right)$$

$$\varepsilon_z = -\frac{\nu}{E} \left(\sigma_x + \sigma_y \right)$$

$$\gamma_{xy} = \tau_{xy}/G$$

Entsprechend Bild 1.4 bilden die Achsen x und y das in der Scheibenebene beliebig orientierte kartesische Koordinatensystem, auf dem die z-Achse senkrecht steht. Wegen der in z-Richtung verschwindenden 3. Hauptspannung ist $\varepsilon_z \equiv \varepsilon_3$. Weiterhin ist die Normalspannungssumme invariant, d. h.,

$$\sigma_x + \sigma_y = \sigma_1 + \sigma_2$$

Während das Schattenmoiréverfahren und die holografische Interferometrie mit Gl. (1.39) in Verbindung gebracht werden und somit die Isopachen direkt liefern, ermitteln wir mit dem Isothetenverfahren und dem Dehngitterverfahren die Dehnungen ε_x und ε_y, woraus anschließend die Isopachen berechnet werden. Dazu addieren wir die ersten beiden Gln. (1.39)

$$\varepsilon_x + \varepsilon_y = \frac{1 - \nu}{E} \left(\sigma_x + \sigma_y \right)$$

und lösen sie mit Gl. (1.4) nach

$$\sigma_1 + \sigma_2 = \frac{E}{1 - \nu} \left(\varepsilon_x + \varepsilon_y \right) \tag{2.77}$$

auf. Damit steht mit der Hauptgleichung der Spannungsoptik (Isochromaten) eine zweite Gleichung (Isopachen) auf von ihr unabhängiger experimenteller Basis zur Verfügung, mit der nun die vollständige Auswertung des ebenen Spannungsfeldes in allen seinen Punkten gelingt. In den Abschnitten 3. und 5. werden wir einige dieser Verfahren noch gesondert behandeln.

Eine weitere Möglichkeit der experimentellen Ermittlung bieten die *Analogieverfahren*, s. 1.2.2.3. Beim *elektrischen* Analogieverfahren ist das elektrische Potential gesucht, dessen Verteilung längs einer Begrenzung (Modell) vorgegeben ist und das innerhalb der Begrenzung der *Laplace*schen Dgl.

$$\frac{\partial^2 \Phi}{\partial x^2} + \frac{\partial^2 \Phi}{\partial y^2} = 0 \tag{2.78}$$

gehorcht. Durch eine solche Potentialgleichung

$$\left(\frac{\partial^2}{\partial x^2} + \frac{\partial^2}{\partial y^2}\right)(\sigma_1 + \sigma_2) = 0 \tag{2.79}$$

wird aber auch die Hauptspannungssumme beschrieben. Ihr entspricht also das elektrische Potential Φ. Praktische Anwendung hat dieses Analogieverfahren bei Versuchen mit elektrisch leitendem Papier gefunden. Hier wird die Form des ebenen Modells aus dem elektrisch leitenden Papier herausgeschnitten. Da die Randspannungen bekannt sind, kann dort das elektrische Potential entsprechend eingestellt und im Inneren des Papiermodells punktweise gemessen werden. Dieses Vorgehen entspricht der Lösung des *Dirichlet*schen Randwertproblems, bei dem der Wert der Funktion am Rand vorgegeben ist.

2.8.   Modellwerkstoffe

Unsere Modellwerkstoffe müssen grundsätzlich durchsichtig sein, sich im unbelasteten Zustand optisch isotrop und unter Belastung doppelbrechend verhalten.

2.8.1.   Güteanforderungen

Darüber hinaus werden an einen *idealen* Modellwerkstoff folgende *Güteanforderungen* gestellt:

> Hohe optische Empfindlichkeit, lineare Spannungs-Dehnungs- und Spannungs-Ordnungs-Beziehungen, geringe Neigung zu mechanischem und optischem Kriechen, keine Vorspannungen, günstiger Elastizitätsmodul, Bearbeitbarkeit, geeignete Härte, Unabhängigkeit dieser Eigenschaften von kleinen Temperaturschwankungen und lange Haltbarkeit der Modelle.

Unsere Modellwerkstoffe kommen diesen Forderungen nur mehr oder weniger nahe, so daß sie auf ihre spannungsoptische Eignung hin beurteilt werden müssen. Bestimmte, auf *Hiltscher*[1] zurückgehende Kriterien geben hierüber Auskunft. Dabei sind zur Gewährleistung reproduzierbarer Werte bei Kunststoffen einheitliche Prüfkörper und -bedingungen erforderlich.

Die *dehnungsbezogene Isochromatenzahl D*

$$D = \frac{E}{S} \tag{2.80}$$

ist das wichtigste Gütemaß bei Isochromatenversuchen. Sie soll groß sein, um mit geringen Formänderungen im Vergleich zur Hauptausführung, s. 1.2., arbeiten zu können. Mit $D = 320$ Ordn./mm besitzen heute die Epoxidharze den höchsten erreichbaren Wert.

---

[1] Gütebeurteilung spannungsoptischer Modellwerkstoffe / *Hiltscher, R.* — In: Forsch. Ing.-wes. 20 (1954) 3, S. 66—76

Die *relative optische Kriechgeschwindigkeit* φ

$$\varphi(\sigma, t) = \frac{\mathrm{d}S}{\mathrm{d}t} \frac{1}{S} \tag{2.81}$$

gibt die prozentuale Änderung der spannungsoptischen Konstanten in % je min Versuchszeit an. Sie soll so klein wie möglich sein, da sich durch das Kriechen die spannungsoptische Konstante während der Versuchszeit ändert.

Die *Proportionalitätsabweichung* η

$$\eta_{(\sigma,t)} = \frac{\Delta n_R}{n_R} 100 \tag{2.82}$$

gibt die prozentuale Abweichung Δn_R der erhaltenen Randisochromatenordnung n_R von der idealen, mit der linearen Spannungs-Dehnungs-Beziehung berechneten Randordnung n_{id} an (Bild 2.45). $\Delta n_R = 0$ bedeutet, daß die Spannungs-Ordnungs-Beziehung linear ist.

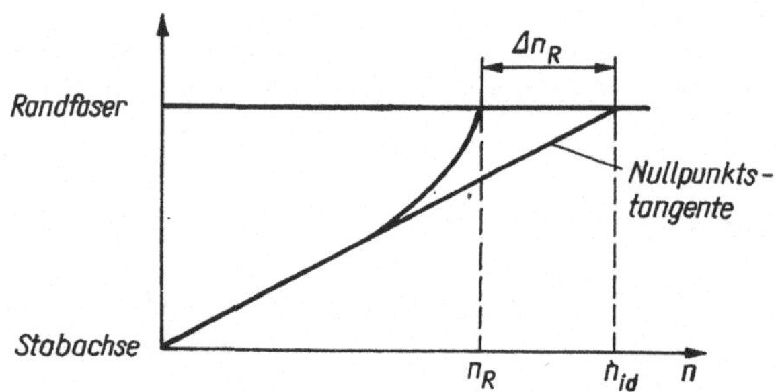

Bild 2.45. Ermittlung der Proportionalitätsabweichung η

Unter *Randeffekt* versteht man einen Eigenspannungszustand, der sich durch Austrocknen bzw. Feuchtigkeitsaufnahme der Modellränder bildet. Dadurch entstehen dort bereits im unbelasteten Zustand durch Schrumpfen bzw. Quellen Vorspannungen, die sich beim Betrachten des unbelasteten Modells in der Apparatur als Aufhellungen oder bei größeren Vorspannungen als Isochromaten bemerkbar machen (Bild 2.46). Die Isochromaten der Vorspannungen überlagern sich den Isochromaten der Lastspannungen und erschweren die Auswertung bzw. machen sie ganz unmöglich.
In ähnlicher Weise wirken sich *Bearbeitungsspannungen* aus, die dadurch entstehen, daß sich durch unsachgemäße Bearbeitung das Modell örtlich über einen vom jeweiligen Werkstoff abhängigen Wert erhitzt. Da Kunststoffe sehr schlechte Wärmeleiter sind, entsteht dort ein Wärmestau, der zur Ausbildung eines Eigenspannungszustands führt. Dieser „erstarrt" bei der nachfolgenden Abkühlung und ruft analoge optische Störungen in den Modellrändern hervor.

2.8.2.   Auswahl und Gießtechnik

Epoxidharz ist gegenwärtig der für die spannungsoptische Versuchspraxis am besten geeignete Werkstoff. *Polyesterharz* dient vor allem zur Herstellung von Modellen für Demonstrationsversuche. Darüber hinaus werden auch noch *Polymethylmethakrylate* (PMMA) für spezielle Untersuchungen eingesetzt.

Während Polyesterharz und PMMA in Form von Platten erhältlich sind, wird Epoxidharz zwecks Vermeidung des bei längerer Lagerung entstehenden Randeffektes meist im eigenen Labor vergossen.

Besonders gut eignet sich das *heißhärtende* Epoxidharz zum Herstellen von Platten und Modellen, während das *kalthärtende* Epoxidharz bevorzugt für Verklebungen bei der Modellherstellung eingesetzt wird. In jedem Falle sind die Verarbeitungsrichtlinien des Herstellers zu beachten, die auch das Mischungsverhältnis zwischen Harz und Härter festlegen. Da Epoxidharz ein guter Metallkleber ist, müssen die mit Harz in Berührung kommenden Flächen von Metallformen vor dem Zusammenbau mit *Formtrennmitteln* wie Silikonlack und Silikonfett behandelt werden. Für Modelle mit komplizierter Geometrie eignet sich Silikonkautschuk als Formstoff sehr gut.

Epoxidharz besitzt nur eine vernachlässigbar kleine Kriechneigung. Es eignet sich deshalb gut für Untersuchungen im elastischen Bereich. Polyesterharz dagegen kriecht mehr. Nachteilig ist aber beim Epoxidharz der sich bei längerer Lagerung einstellende Randeffekt, der durch Aufnahme von Luftfeuchtigkeit entsteht. Dadurch kommt es zu einem Aufquellen des Randes, das Druckspannungen erzeugt. Dagegen zeigen Polyesterharze auch nach längerer Lagerung an der Luft nur einen geringen Randeffekt.

Epoxidharze bilden auch den Ausgangspunkt für Untersuchungen im viskoelastischen Bereich. Wird beim Einhalten des vorgeschriebenen Mischungsverhältnisses der Harz-Härter-Mischung ein *Weichmacher* zugegeben, so sinkt der Wert des Elastizitätsmoduls. Auch die übrigen Stoffwerte sowie die Zugfestigkeit ändern sich. Wir sprechen dann von *„modifizierten"* Epoxidharzen. Sie besitzen einen sehr kleinen (zeitabhängigen) E-Modul und ein gutes Kriechverhalten, beides in Abhängigkeit vom Weichmachergehalt. So besteht z. B. ein modifiziertes Epoxidharz W 60 aus 100 Masseteilen Epilox EG 1, 30 Masseteilen Härter 102 und 60 Masseteilen Dibutylphthalat [2.4].

Bei 20°C besitzen Epoxidharz Epilox EG 1, modifiziertes Epoxidharz W 60 und Polyesterharz die in Tabelle 2.2 zusammengestellten Werte, wobei sich diejenigen von W 60 auf eine Belastungszeit von 15 min beziehen.

Bezüglich umfassenderer Darstellung zu Problemen der Prüf- und Gießtechnik sowie der Modellbearbeitung muß auf die Spezialliteratur [2.2], [2.3] verwiesen werden.

Tabelle 2.2: Elastizitätsmodul, Querdehnzahl und spannungsoptische Konstante bei Raumtemperatur

Werkstoff	E in N/mm²	ν	S in N/mm Ordn.
Epoxidharz Epilox EG 1	3 500	0,36	11,0
modifiziertes Epoxidharz W 60	3,4	0,45	0,175
Polyesterharz	3 500	0,175	30

2.9. Räumliche Spannungsoptik

Mit den Verfahren der *räumlichen Spannungsoptik* gelingt die Untersuchung *belasteter räumlicher Bauteile*, in denen gewöhnlich ein *dreiachsiger* Spannungszustand herrscht. Analog wie die ebene Spannungsoptik, s. 2.2., fußt auch die räumliche Spannungsoptik fester Körper auf elastizitätstheoretischen und optischen Grundlagen. Erstere werden durch den dreiachsigen Spannungszustand repräsentiert, der bereits in 1.1. beschrieben wurde, so daß wir nun noch die optischen Grundlagen betrachten müssen.

2.9.1.　Optische Grundlagen

Ein *räumliches* Modell aus Epoxidharz verhält sich unter Belastung in jedem Punkt wie ein Kristall der *rhombischen* Klasse. Dieser ist durch drei aufeinander senkrecht stehende verschieden lange Symmetrieachsen gekennzeichnet. Kristalle der rhombischen Klasse sind *zweiachsige* Kristalle. Der Unterschied zu den bisher betrachteten einachsigen Kristallen besteht für unsere Belange aber nur darin, daß jetzt bei der Doppelbrechung nicht mehr ein ordentlicher und ein außerordentlicher Strahl, sondern *zwei außerordentliche* Strahlen auftreten. Dadurch ist das Indexellipsoid, s. 2.2.1., kein Rotationsellipsoid mehr, sondern ein allgemeines Ellipsoid mit drei aufeinander senkrecht stehenden verschieden langen Hauptachsen. Aber seine Deutung und Aussage sind die gleichen geblieben, so daß unter Berücksichtigung dieser Tatsache alle entsprechenden Aussagen in 2.2.1. weiterhin Gültigkeit behalten.

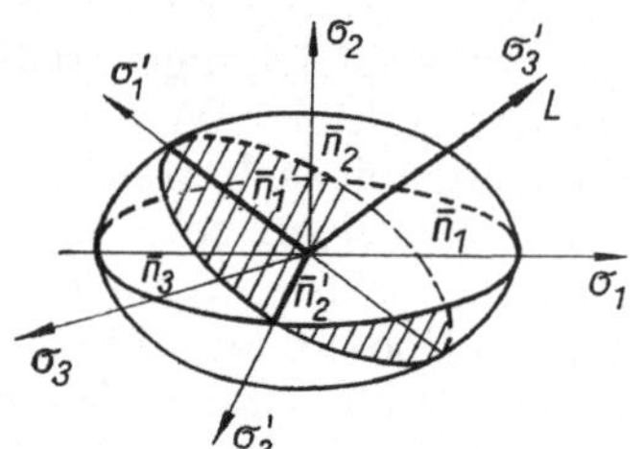

Bild 2.47. Indexellipsoid zweiachsiger Kristalle

Wir wollen nun die Untersuchung für einen Punkt im Inneren des belasteten räumlichen Modells durchführen. Bild 2.47 zeigt das Indexellipsoid zweiachsiger Kristalle. Die Symmetrieachsen, die durch die drei Hauptbrechzahlen $\bar{n}_1$, $\bar{n}_2$ und $\bar{n}_3$ gebildet werden, entsprechen den drei Hauptspannungsrichtungen σ_1, σ_2 und σ_3 im betrachteten Modellpunkt.

Zum Aufstellen einer Beziehung für beliebigen Lichtdurchgang legen wir eine Ebene senkrecht zur Durchstrahlungsrichtung L durch den Mittelpunkt des Ellipsoids. Schnittfläche ist eine Ellipse mit den Halbachsen $\bar{n}_1'$ und $\bar{n}_2'$ als Brechzahlen. Doppelbrechung findet nach diesen Richtungen statt. Beide dabei entstehenden Strahlen sind außerordentliche Strahlen, wobei die jeweilige Fortpflanzungsgeschwindigkeit nach Gl. (2.1) von $\bar{n}_1'$ bzw. $\bar{n}_2'$ abhängt. Im betrachteten Modellpunkt entsprechen diesen Achsen Normalspannungen, die wir zunächst mit σ_1' und σ_2' bezeichnen wollen, während die dritte Richtung σ_3' mit der Durchstrahlungsrichtung L zusammenfällt. Zur Ableitung benutzen wir wieder den Ansatz nach Gl. (2.36), s. 2.4.2.3., den wir auf die dritte Normalspannung σ_3' erweitern:

$$\bar{n}_1' - \bar{n}_0 = c_1\sigma_1' + c_2(\sigma_2' + \sigma_3')$$
$$\bar{n}_2' - \bar{n}_0 = c_1\sigma_2' + c_2(\sigma_1' + \sigma_3')$$

$$(2.83)$$

Hierin bedeuten $\bar{n}_0 = c/v_0$; c Lichtgeschwindigkeit im Vakuum, v_0 Lichtgeschwindigkeit im unbelasteten Modell, $\bar{n}_0$ Brechzahl im unbelasteten Modell, c_1 und c_2 Werkstoffkennwerte.

Nach dem Durchgang durch ein Modellteilchen der Dicke d' entsteht analog zu den Gln. (2.38) und (2.39) in der $\bar{n}_1{}',\bar{n}_2{}'$-Ebene der mit u'_{12} bezeichnete Gangunterschied

$$u'_{12} = \frac{d'}{\bar{n}}\,(\bar{n}_2{}' - \bar{n}_1{}') \tag{2.84}$$

Wir führen wieder analog zu Gl. (2.41) den relativen Gangunterschied ein, der in dieser Ebene mit n'_{12} bezeichnet wird und die dort sichtbare Isochromatenordnung darstellt.

$$n'_{12} = \frac{u'_{12}}{\lambda_\mathrm{M}} \tag{2.85}$$

Setzen wir Gl. (2.83) in Gl. (2.84) und diese in Gl. (2.85) ein, erhalten wir schließlich in Verbindung mit Gl. (2.40) $\bar{n} = \lambda/\lambda_\mathrm{M}$ und Gl. (2.43) $S = \lambda/(c_2 - c_1)$ die Beziehung

$$\sigma_1{}' - \sigma_2{}' = n'_{12}\,\frac{S}{d'} \tag{2.86}$$

Diese Gleichung besitzt für das Auswerten dreiachsiger Spannungszustände grundsätzliche Bedeutung. Aus ihr geht weiter hervor, daß die Isochromatenordnung n'_{12} von der Spannung $\sigma_3{}'$, die in Lichtrichtung L liegt, nicht beeinflußt wird. Ganz allgemein gilt:

Die Isochromatenordnung wird von denjenigen Normal- und Schubspannungen, die in Lichtrichtung liegen, nicht beeinflußt. Da Schubspannungen stets zugeordnet, also paarweise auftreten, sind zwei Fälle zu unterscheiden (Bild 2.48). Links liegt eine Schubspannung in Lichtrichtung; es treten keine Isochromaten auf. Rechts verlaufen alle Schubspannungen senkrecht zur Lichtrichtung, so daß Isochromaten entstehen.

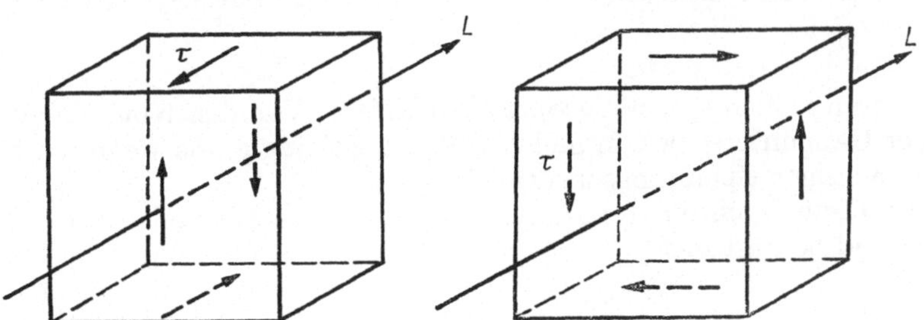

Bild 2.48. Möglichkeiten zugeordneter Schubspannungen bei der Durchstrahlung

2.9.2. Sekundäre Hauptspannungen

Sekundäre Hauptspannungen sind uns aus der Elastizitätstheorie nicht bekannt. Sie treten in der Spannungsoptik bei *räumlichen* Untersuchungen und bei *schiefer* Durchstrahlung von *ebenen* Spannungszuständen auf. Nach dem Indexellipsoid ist die Isochromatenordnung, Gl. (2.84), immer der Differenz der größten und kleinsten Normalspannung in der Ebene senkrecht zur Lichtrichtung proportional. Spannungsoptisch beobachtbare Isochromatenordnungen sind deshalb nur dann mit der *wirklichen* oder *wahren* Hauptspannungsdifferenz identisch, wenn die Durchstrahlung längs einer Hauptspannungsrichtung erfolgt.

Bei davon abweichender Durchstrahlungsrichtung entstehen senkrecht zu dieser auch zwei aufeinander senkrecht stehende ausgezeichnete Richtungen. Die Spannungen in dieser Ebene $\bar{n}_1'\bar{n}_2'$ (Bild 2.47) besitzen gleichfalls Extremwerte, und zwar σ_1' und σ_2'. Da sie aber nicht mit den wahren Hauptspannungen identisch sind, werden sie als „sekundäre Hauptspannungen" bezeichnet und durch Gl. (2.86) ausgedrückt. Sie hängen vom Durchstrahlungswinkel und den wahren Hauptspannungen ab.

Wir wollen nun die sekundären Hauptspannungen beim dreiachsigen Spannungszustand betrachten. Dazu denken wir uns aus dem belasteten räumlichen Modell einen kleinen Würfel mit der Kantenlänge d' herausgeschnitten (Bild 2.49), der in z-Richtung durchstrahlt wird. Die in Lichtrichtung liegenden Komponenten σ_z, τ_{xz}

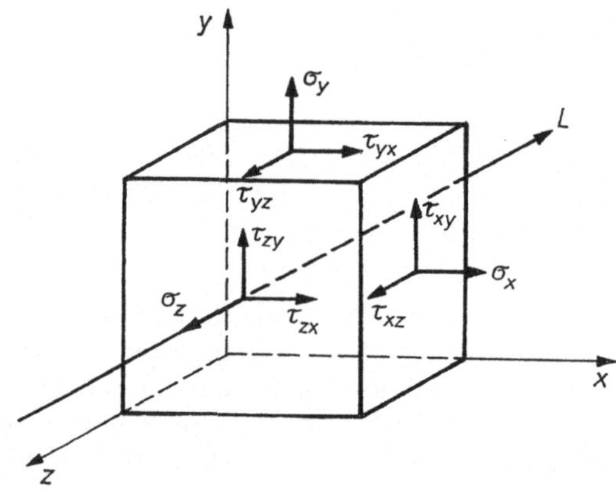

Bild 2.49. Durchstrahlung beim allgemeinen dreiachsigen Spannungszustand

und τ_{yz} liefern keinen spannungsoptischen Effekt. Von den Komponenten σ_x, σ_y und τ_{xy} ist der Gangunterschied in gleicher Weise abhängig, als wenn sie Komponenten eines zweiachsigen Spannungszustandes wären.

Die beobachtete Isochromatenordnung n'_{xy} in der x,y-Ebene ist direkt mit Gl. (2.86) identisch und beträgt hier

$$\sigma_1' - \sigma_2' = n'_{xy}\,\frac{S}{d'}$$

Die Verknüpfung der sekundären Hauptspannungen mit den Komponenten der x,y-Ebene erfolgt über den *Mohr*schen Spannungskreis für den zweiachsigen Spannungszustand, s. 1.1.1., Gl. (1.10), zu

$$\sigma_1',\sigma_2' = \frac{\sigma_x + \sigma_y}{2} \pm \sqrt{\left(\frac{\sigma_x - \sigma_y}{2}\right)^2 + \tau_{xy}^2} \tag{2.87}$$

Eine oft durchzuführende Auswertung auf der Basis der sekundären Hauptspannungen wird in 2.10.1.3. erläutert.

2.10. Verfahren der räumlichen Spannungsoptik

Im Gegensatz zur ebenen Spannungsoptik, wo ein einziges Isochromatenbild einen Überblick über das Gesamtproblem vermittelt, gestaltet sich die Auswertung dreiachsiger Spannungszustände schwieriger und weniger anschaulich. Im räumlichen Modell sind i. allg. die Spannungen nach Größe und Richtung von Punkt zu Punkt verschieden. Zwar sieht man auch bei der Durchstrahlung belasteter räumlicher Modelle in der spannungsoptischen Apparatur Interferenzstreifen, aber ihre Deutung, mit der sich das noch in der Entwicklung befindliche *Streulichtverfahren* [2.2], [2.3], [2.6] beschäftigt, ist meist noch nicht möglich, vor allem dann, wenn die Bauteilform kompliziert ist. Weitere Probleme werden durch die dazu erforderliche Versuchstechnik hervorgerufen. Eine Durchstrahlung und damit eine spannungsoptische Untersuchung eines belasteten komplizierten räumlichen Modells als Ganzes kann deshalb nicht erfolgen, sondern es müssen die interessierenden Modellpartien der Untersuchung zugänglich gemacht werden. Aus diesem Grund haben sich mehrere Verfahren mit unterschiedlicher Zielstellung herausgebildet, von denen wir die wichtigsten erläutern wollen.

Eine umfassende Auswertung räumlicher Modelle ist heute nur mit dem spannungsoptischen *Erstarrungs- oder Einfrierverfahren* möglich. Auch im Vergleich mit anderen Methoden der experimentellen Spannungsanalyse liefert das Erstarrungsverfahren die zuverlässigsten Informationen über den Spannungszustand in beliebigen Punkten, also auch im Inneren des räumlichen Modells. Es ist gegenwärtig durch kein anderes Verfahren ersetzbar.

Weitere, in der Praxis bewährte Verfahren zur Untersuchung spezieller Aufgaben sind das *Oberflächenschichtverfahren* und das *Zwischenschichtverfahren*.

2.10.1. Erstarrungsverfahren

2.10.1.1. Prinzip und Versuchsdurchführung

Bestimmte Kunststoffe, darunter auch die von uns verwendeten Epoxidharze, besitzen infolge ihrer vernetzten molekularen Struktur die Fähigkeit, Spannungs- und Verformungszustände erstarren zu lassen. Auf diesem, 1936 von *Oppel* entdeckten Effekt beruht das Prinzip des von ihm entwickelten Erstarrungsverfahrens:

Das im Labor gegossene räumliche Modell wird bei erhöhter Temperatur — im sog. hochelastischen Zustand — belastet und unter Beibehalten der Belastung auf Raumtemperatur langsam abgekühlt. Nach der Entlastung bleiben Verformung und spannungsoptischer Effekt erhalten, sie sind „erstarrt".

Im hochelastischen Zustand besitzen die Kunststoffe andere Werte als bei Raumtemperatur, wobei von einem *effektiven Elastizitätsmodul* E_{eff} und einer *effektiven spannungsoptischen Konstanten* S_{eff} gesprochen wird. Bei heißhärtenden Epoxidharzen sind im Temperaturbereich zwischen 120 und 150 °C E-Modul, Querdehnzahl und spannungsoptische Konstante zwar praktisch konstant, aber je nach Charge sind ihre Werte recht unterschiedlich: $E_{\text{eff}} = 14$ bis 20 N/mm²; $\nu = 0,48$ bis $0,49$; $S_{\text{eff}} = 0,25$ bis $0,30$ N/mm Ordn.

Zur Versuchsdurchführung ist ein Trockenschrank mit automatischer und möglichst stufenloser Regelung der Aufheiz- und Abkühlungsgeschwindigkeit zwischen 0,5 bis 5 K/h erforderlich. Der Schrank muß so groß sein, daß darin sowohl das in der Belastungsvorrichtung befindliche Modell sicher untergebracht und belastet als auch parallel dazu der Versuch zur Bestimmung der spannungsoptischen Konstanten durchgeführt werden kann, wobei der Prüfkörper aus der gleichen Charge wie das Modell stammen muß. Wegen der verhältnismäßig großen Verformungen kann die Belastung nicht mehr über nachgiebige Federn (Kraftmeßbügel) aufgebracht werden, sondern muß durch Gewichte erfolgen. Bild 2.50 zeigt eine Belastungsvorrichtung mit einem Zahnmodell zusammen mit dem Versuch reine Biegung zur Bestimmung der spannungsoptischen Konstanten im Trockenschrank.

Das Aufheizen kann mit einer Geschwindigkeit von 5 K/h geschehen. Bei Epoxidharz Epilox EG 1 beträgt die günstigste Temperatur für den hochelastischen Zustand 135 °C. Falls nicht schon bei Raumtemperatur die Belastung erfolgte, wird jetzt belastet. Zur Sicherung des gleichmäßigen Durchwärmens des Modells in allen seinen Punkten wird diese Temperatur je nach Modellgröße 2 bis 4 h konstant gehalten. Anschließend beginnt die Abkühlung auf Raumtemperatur. Da Kunstharze *schlechte* Wärmeleiter sind, muß die Abkühlungsgeschwindigkeit, um Wärmespannungen zu vermeiden, die ebenfalls Isochromaten hervorrufen, sehr klein sein. Sie beträgt je nach Modellgröße 0,5 bis 3 K/h. Bei 70 °C, unterhalb des hochelastischen Zustands, kann entlastet werden. Zum Vermeiden von Randeffekt durch Aufnahme von Luftfeuchtigkeit wird das Modell zur weiteren Abkühlung in einen Exsikkator gebracht.

Anschließend erfolgt die Zerlegung des Modells in planparallele Scheiben von 2,5 bis 4 mm Dicke, die wir als *Schnitte* bezeichnen. Dies geschieht mittels einer Bandsäge und nachfolgender Bearbeitung der Schnittflächen auf einer Fräsmaschine oder rationeller mit einem mit Kühlflüssigkeit arbeitenden Trennschleifgerät (Bild 2.51) in einem Arbeitsgang. Da Verformung und spannungsoptischer Effekt erstarrt sind, ändern sie sich darin auch durch das Zerlegen des Modells nicht, solange die Bearbeitungstemperatur unter 70 °C bleibt. Wegen der geringen Schnittdicke kann weiterhin angenommen werden, daß sich die Spannungen nach Größe und Richtung über die Dicke nicht oder nur unwesentlich ändern. Wenn das Zerlegen des Modells so vorgenommen werden kann, daß die Schnittflächen mit den Hauptspannungsebenen identisch sind, fällt bei der Durchstrahlung des Schnitts in der spannungsoptischen Apparatur die Lichtrichtung mit der 3. Hauptspannung zusammen. Dann geht Gl. (2.86) in die Hauptgleichung der ebenen Spannungsoptik (2.44) über, mit der die Auswertung vorgenommen wird. Meist sind aber die Hauptspannungsebenen im Modell unbekannt, so daß dann in den Schnitten sekundäre Hauptspannungen auftreten, die eine spezielle Auswertung erfordern. Deshalb ist es vor Beginn der Auswertung besonders wichtig, genau festzulegen, welche Schnitte geführt werden sollen. Wenn Hauptspannungsebenen bekannt oder vermutbar sind, dann sind diese als Schnittebenen zu nutzen.

2.10.1.2.   Auswertung von Symmetrieschnitten

Verhältnismäßig einfach gestaltet sich die Auswertung von *Symmetrieschnitten.* Dabei unterscheiden wir Schnitte in Längsrichtung, *Längsschnitte* (Bild 2.52b), und Schnitte senkrecht dazu, *Querschnitte* (Bild 2.52c). Voraussetzung ist eine symmetrische Form und Belastung des Modells. Als Beispiel betrachten wird das in Bild 2.52a skizzierte dickwandige Rohr unter Innendruck. Hier treten, wenn die Enden als verschlossen gedacht werden, folgende Hauptspannungen auf: $\sigma_1 \equiv \sigma_\varphi$, $\sigma_2 \equiv \sigma_r$, $\sigma_3 \equiv \sigma_l$.

Bekanntlich steht in Symmetrieebenen überall die Richtung einer Hauptspannung senkrecht zur Schnittebene. So liefert bei der Durchstrahlung eines Längsschnitts (Bild 2.52b) die Ringspannung σ_φ keinen spannungsoptischen Effekt. Die Isochromatenordnung ist nur abhängig von der Hauptspannungsdifferenz $(\sigma_r - \sigma_l)$. Beim Durchstrahlen eines Querschnitts (Bild 2.52c) hängt die Isochromatenordnung nur von $(\sigma_\varphi - \sigma_r)$ ab, d. h., in Symmetrieschnitten gilt die Hauptgleichung (2.44). Damit wird die Auswertung auf die ebene Spannungsoptik zurückgeführt.

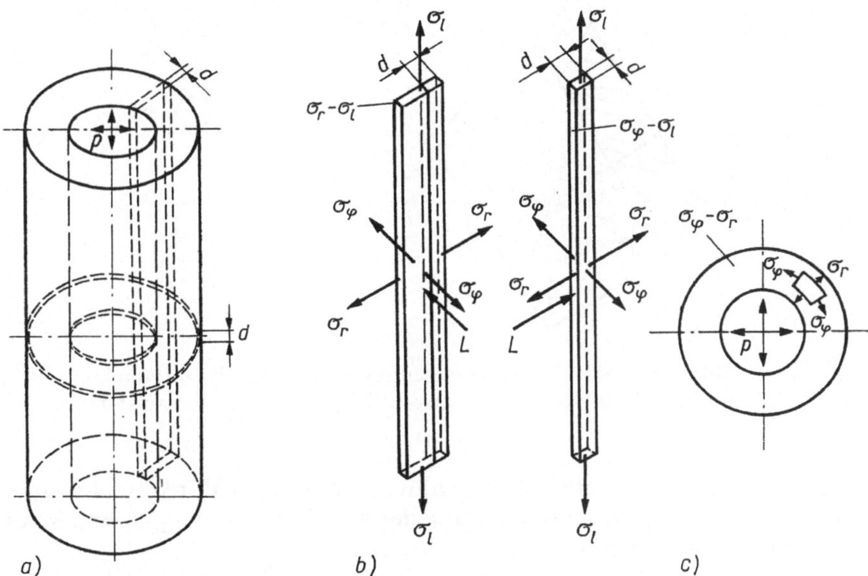

Bild 2.52. Definition von Symmetrieschnitten
a) Modell b) Längsschnitt mit Unterschnitt c) Querschnitt

Zur weiteren Auswertung am Rand kann aus dem Längsschnitt noch ein *Unterschnitt* entnommen werden (in Bild 2.52b rechts herausskizziert). Er wird in radialer Richtung durchstrahlt und liefert am Rand ebenfalls die Ringspannung σ_φ, denn σ_l ist vorher beim Durchstrahlen des Längsschnitts in Ringrichtung bereits ermittelt worden. Falls nur die Randspannungen gesucht sind, kann in einem solchen Fall auf den Querschnitt verzichtet werden.

2.10.1.3. Schiefe Durchstrahlung in der Oberfläche

Wie wir bereits in 2.5.1.2. feststellten, treten mit Ausnahme von Berührungsproblemen die größten Spannungen meist am lastfreien Rand auf. Hier ist deshalb stets eine sehr genaue Auswertung der Schnitte erforderlich.
Im Gegensatz zum ebenen Problem herrscht in den lastfreien Oberflächen räumlicher Modelle ein zweiachsiger Spannungszustand, wobei die dritte, auf der Oberfläche senkrecht stehende Hauptspannung mit $\sigma_3 = 0$ verschwindet. Das Ermitteln der beiden Hauptspannungen geschieht mit der sog. *schiefen Durchstrahlung*. Dabei werden die senkrecht zur Oberfläche entnommenen Schnitte mit der Dicke d sowohl

senkrecht als auch schief durchstrahlt (Bild 2.53). In der lastfreien Oberfläche O liegen die beiden Hauptspannungen σ_1 und σ_2, wobei σ_2 gegenüber der senkrechten Durchstrahlung in Dickenrichtung d den noch unbekannten Winkel α einschließen soll (Bild 2.53a).

Das Verfahren erfordert die Bestimmung der Isochromatenordnungen in 3 Durchstrahlungsrichtungen. Hier bieten sich an: senkrechte Durchstrahlung unter dem

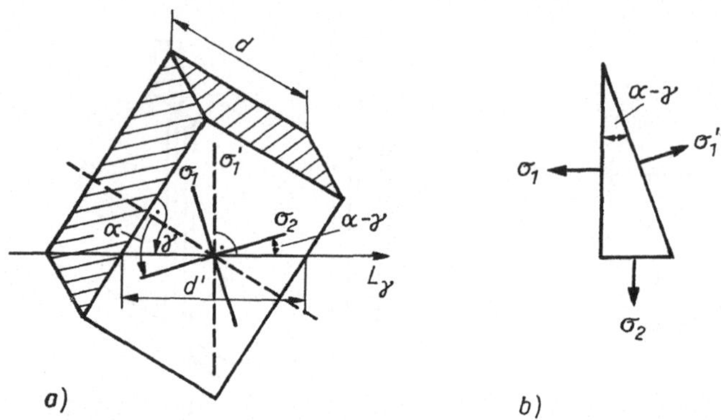

Bild 2.53. Schiefe Durchstrahlung in der Schnittoberfläche
a) Prinzip b) Bezug zum zweiachsigen Spannungszustand

Winkel $\gamma = 0$ und schiefe Durchstrahlung unter den Winkeln $+\gamma$ und $-\gamma$. Damit stehen 3 Gleichungen zur Bestimmung der 3 Unbekannten σ_1, σ_2 und α zur Verfügung. Im folgenden bezeichnen

Index o die senkrechte Durchstrahlung und
Index γ die schiefe Durchstrahlung.

Die Isochromatenordnung n_γ beträgt nach Gl. (2.86)

$$n_\gamma = \frac{d'}{S}\,(\sigma_1' - \sigma_2') \tag{2.88}$$

Die sekundäre Hauptspannung σ_1' wird aus der Normalspannungsgleichung des zweiachsigen Spannungszustandes, geneigte Schnittflächen (Drehtransformation), Ausgangspunkt Hauptspannungen (Bild 2.53b) (vgl. 1.1.1), unter Benutzen des einfachen Arguments zu

$$\sigma_1' = \sigma_1 \cos^2(\alpha - \gamma) + \sigma_2 \sin^2(\alpha - \gamma) \tag{2.89}$$

berechnet. Die zweite sekundäre Hauptspannung σ_2' steht sowohl senkrecht zu σ_1' als auch zur Durchstrahlungsrichtung L_γ; damit ist $\sigma_2' = \sigma_3$ und verschwindet. Setzen wir Gl. (2.87) sowie $d' = d/\cos\gamma$ und $\sigma_2' = 0$ in Gl. (2.88) ein, erhalten wir

$$n_\gamma = \frac{d}{S \cos\gamma}\,[\sigma_1 \cos^2(\alpha - \gamma) + \sigma_2 \sin^2(\alpha - \gamma)] \tag{2.90}$$

In den anderen beiden Durchstrahlungsrichtungen $\gamma = (-\gamma)$ und $\gamma = 0$ ergeben sich mit diesen Werten aus (2.90)

$$n_{-\gamma} = \frac{d}{S \cos \gamma} \left[\sigma_1 \cos^2 (\alpha + \gamma) + \sigma_2 \sin^2 (\alpha + \gamma)\right] \tag{2.91}$$

$$n_0 = \frac{d}{S} \left[\sigma_1 \cos^2 \alpha + \sigma_2 \sin^2 \alpha\right] \tag{2.92}$$

Mit Gln. (2.90) bis (2.92) können wir folgende Beziehungen berechnen:

$$\sigma_1 + \sigma_2 = \frac{S}{2d \sin^2 \gamma} \left[(n_{+\gamma} + n_{-\gamma}) \cos \gamma - 2n_0 \cos 2\gamma\right]$$

$$\sigma_1 - \sigma_2 = \frac{S}{2d \sin^2 \gamma} \sqrt{(n_{+\gamma} - n_{-\gamma})^2 \sin^2 \gamma + [2n_0 - (n_{+\gamma} - n_{-\gamma}) \cos \gamma]^2}$$

$$\cos 2\alpha = \frac{2n_0 \dfrac{S}{d} - (\sigma_1 + \sigma_2)}{\sigma_1 - \sigma_2} \tag{2.93}$$

Aus den 3 Gln. (2.93) können nun verhältnismäßig einfach die beiden Hauptspannungen nach Betrag und Richtung berechnet werden. Dabei wird die Meßgenauigkeit um so größer, je kleiner der Winkel α ist.
Wenn $\alpha = 0$ ist, d. h., wenn Symmetrieschnitte vorliegen, ergeben sich in den Richtungen $+\gamma$ und $-\gamma$ gleiche Isochromatenordnungen. Die Gln. (2.93) gehen hier über in

$$\sigma_1 = \frac{S}{d} n_0$$

$$\sigma_2 = \frac{S}{d} \frac{n_\gamma - n_0 \cos \gamma}{\sin \gamma \tan \gamma} \tag{2.94}$$

Zur Durchführung der Untersuchung wird eine *Schwenkvorrichtung* benötigt, die sowohl ein genaues Einstellen der Winkel als auch die Beobachtung des gleichen Modellpunkts garantiert (Bild 2.54).
An der Bedienungsseite ist sie mit einer Gradeinteilung versehen. Damit können beliebige Schwenkwinkel präzise eingestellt werden. Bewährt hat sich die schiefe Durchstrahlung unter den Winkeln $\gamma = \pm 30°$. Der horizontal gespannte Draht gibt die Drehachse an.
Um eine Korrektur des Einfallswinkels, die wegen der Brechung an der Grenzfläche Luft/Schnitt notwendig wäre, zu vermeiden, wird der Versuch in einem *Gefäß* mit *Immersionsflüssigkeit*, das ist eine Flüssigkeit, die den gleichen Brechungsindex wie der Modellwerkstoff besitzt, durchgeführt (Bild 2.55). Durch die Immersionsflüssigkeit wird außerdem das Isochromatenbild klarer. Bild 2.56 zeigt die Isochromatenaufnahme eines Schnitts aus einem kreisbogenverzahnten Kegelradtrieb bei schiefer Durchstrahlung, im rechten Bildteil vergrößert dargestellt.

2.10.2.   Oberflächenschichtverfahren

2.10.2.1.   Prinzip und Versuchsdurchführung

Das *spannungsoptische Oberflächenschichtverfahren* gestattet die Spannungsermittlung in der lastfreien Oberfläche räumlicher Originalbauteile, also der Hauptausführung. Es beruht auf folgendem Prinzip:
Eine dünne Schicht bzw. Folie aus spannungsoptisch aktivem Werkstoff wird auf die lastfreie Oberfläche des Bauteils (Hauptausführung) geklebt. Bei Belastung des Teils erleidet die Schicht die gleiche Verformung wie die Oberfläche unter ihr und wird dadurch doppelbrechend. Im reflektierenden Licht kann somit eine spannungsoptische Untersuchung durchgeführt werden. Wir erhalten die Größe der Hauptspannungsdifferenz, den Hauptspannungswinkel und mit bestimmten Auswertverfahren auch die Hauptspannungen selbst.

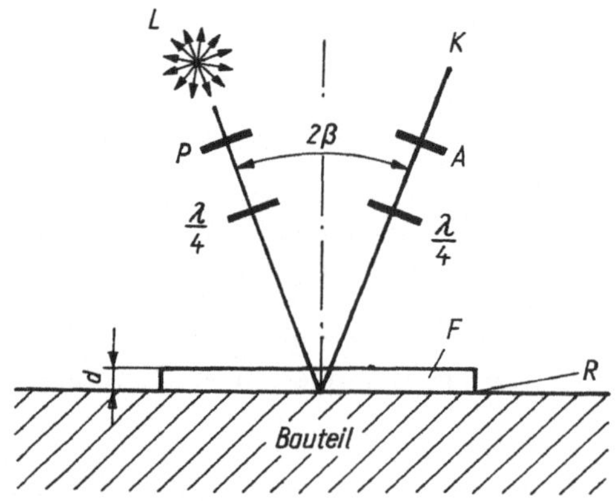

Bild 2.57. Prinzip des Reflexionspolariskops,
L Lichtquelle, P Polarisator, A Analysator, $\lambda/4$ Viertelwellenplatte,
K Kamera, F doppelbrechende Schicht, R Reflexionsschicht, B Bauteil

Voraussetzung dabei ist die Reflexion der Lichtwellen an der lastfreien Oberfläche. Dies wird entweder durch eine bereits reflektierende Oberfläche oder durch einen reflektierenden Klebstoff erreicht. Solche Untersuchungen können deshalb sowohl an einem Modell als auch an der Hauptausführung selbst, die dabei nicht durchsichtig und doppelbrechend zu sein braucht, durchgeführt werden. Da, wie wir bereits mehrfach feststellten (vgl. 2.5.1.2. und 2.10.1.3.), die größten und damit für die Beurteilung der Konstruktion wichtigsten Spannungen meist in der lastfreien Oberfläche auftreten, eignet sich dieses Verfahren gut zur direkten Spannungsmessung an der Hauptausführung und erweitert somit das Anwendungsgebiet der Spannungsoptik beträchtlich. Ein weiterer Vorteil besteht im zerstörungsfreien Charakter dieses Verfahrens und damit der Reproduzierbarkeit der Versuche.
Mit dem in der Prinzipskizze (Bild 2.57) dargestellten *Reflexionspolariskop* lassen sich die spannungsoptischen Daten in der lastfreien Oberfläche belasteter Bauteile erfassen. Die einfallenden Wellen werden an der Reflexionsschicht R reflektiert, durchlaufen die Schicht also zweimal, und gelangen so zur Kamera K. Ohne Viertelwellenplatten erhalten wir wieder Isochromaten und Isoklinen, mit Viertelwellen-

platten nur Isochromaten. Gewöhnlich wird solch ein Reflexionspolariskop, aus Baugruppen bestehend, tragbar gebaut, so daß die Hauptausführung auch direkt in der Werkhalle untersucht werden kann.

Die Genauigkeit der Versuchsergebnisse ist von mehreren Einflüssen abhängig. Bedingt durch den schrägen Lichteinfall ist der in der Schicht durchlaufene Lichtweg $> 2d$. Beim Übergang Luft/Schicht findet aber eine Brechung der Wellen zum Lot hin statt, d. h., in der Schicht verlaufen sie steiler als außerhalb. Wenn wir daher den Winkel $2\beta < 15°$ ausführen, bleibt der entstehende Fehler vernachlässigbar gering. Weiterhin darf die Schicht nicht versteifend auf das Bauteil wirken. Dies wird dadurch erreicht, daß der E-Modul des Schichtwerkstoffes wesentlich kleiner als derjenige der Hauptausführung ist. So verhalten sich z. B. die E-Moduln von Epoxidharz und Stahl wie $1 : 70$. Schließlich soll sich in der Schicht — wie in der Oberfläche der Hauptausführung — nur ein zweiachsiger Spannungszustand ausbilden, d. h., die Schicht ist als Scheibe zu betrachten. Dies wird durch eine geringe Schichtdicke (≈ 2 bis 4 mm) realisiert.

2.10.2.2.   Theoretische Grundlagen

Bezogen auf Hauptspannungen lauten die ersten beiden Gleichungen des *Hooke*schen Gesetzes für den zweiachsigen Spannungszustand (vgl. 1.1.4, Gl. (1.39) mit $\Delta T = 0$)

$$\varepsilon_1 = \frac{1}{E}\,(\sigma_1 - \nu\sigma_2), \qquad \varepsilon_2 = \frac{1}{E}\,(\sigma_2 - \nu\sigma_1) \tag{2.95}$$

Damit bilden wir die Hauptdehnungsdifferenz

$$\varepsilon_1 - \varepsilon_2 = \frac{1}{E}\,(1 + \nu)\,(\sigma_1 - \sigma_2) \tag{2.96}$$

Im Sinne der formulierten Zwangsbedingung, wonach die Schicht die gleiche Verformung wie die Oberfläche unter ihr erleidet, muß Gl. (2.96) sowohl für die Bauteiloberfläche B als auch für die Schicht bzw. Folie F gültig sein, d. h.,

$$(\varepsilon_1 - \varepsilon_2)_\mathrm{B} = (\varepsilon_1 - \varepsilon_2)_\mathrm{F} \tag{2.97}$$

Gleichsetzen der rechten Seiten Gl. (2.96) liefert

$$\frac{1}{E_\mathrm{B}}\,(1 + \nu_\mathrm{B})\,(\sigma_1 - \sigma_2)_\mathrm{B} = \frac{1}{E_\mathrm{F}}\,(1 + \nu_\mathrm{F})\,(\sigma_1 - \sigma_2)_\mathrm{F} \tag{2.98}$$

Die *Hauptgleichung* des *Oberflächenschichtverfahrens* besitzt wegen der doppelt durchlaufenen Schichtdicke d im Gegensatz zum Durchlicht, Gl. (2.44), die Form

$$(\sigma_1 - \sigma_2)_\mathrm{F} = n\,\frac{S}{2d} \tag{2.99}$$

Indem wir dies in Gl. (2.98) einsetzen, erhalten wir die Hauptspannungsdifferenz in der Oberfläche des Bauteils zu

$$(\sigma_1 - \sigma_2)_\mathrm{B} = \frac{E_\mathrm{B}}{1 + \nu_\mathrm{B}}\,\frac{n}{2d\varkappa} \tag{2.100}$$

wobei

$$\varkappa = \frac{E_F}{(1 + v_F)\, S} \qquad\qquad (2.101)$$

ist. Die Hauptspannungsdifferenz in der lastfreien Oberfläche des Bauteils ist somit der Isochromatenordnung in der Schicht proportional. Wegen der kleineren Verformung der Hauptausführung im Vergleich zum Modell und der dünnen Schichtdicke ist die Isochromatenordnung jedoch viel geringer als bisher gewohnt.

Als Anwendung zeigt Bild 2.58 die Spannungsermittlung im Bereich des Pressenkopfs an einer im Betriebszustand befindlichen Einständerpresse. Die aus heißhärtendem Epoxidharz Epilox EG 1 hergestellte Schicht mit der Dicke $d = 4{,}3$ mm wurde mit kalthärtendem Epoxidharz Epilox EGK 19 aufgeklebt. Aus der Hellfeldaufnahme der Isochromaten (Bild 2.59) ist die höchste Ordnung $n = 1{,}7$ gut erkennbar. Sie trat bei einer Belastung von $F = 2430$ kN auf, die etwa der Maximalbelastung der Presse entspricht. Mit den übrigen Werten $E_B = 2{,}1 \cdot 10^5$ N/mm², $E_F = 3200$ N/mm², $v_B = 0{,}3$, $v_F = 0{,}35$, $S = 11{,}2$ N/mm · Ordn. und $\sigma_2 = 0$ (lastfreier Rand) berechnet sich dort die maximale Spannung zu

$$\sigma_1 = \sigma = 142 \text{ N/mm}^2$$

Das Isochromatenbild vermittelt außerdem optisch einen Eindruck darüber, daß es dem Konstrukteur gut gelungen ist, Spannungsspitzen zu vermeiden, d. h. eine möglichst gleichförmige Werkstoffausnutzung zu erreichen, denn der lastfreie Rand wird praktisch nur durch eine einzige Isochromate repräsentiert.

2.10.3.   Zwischenschichtverfahren

Dieses Verfahren ist ein Modellverfahren, das aber im Gegensatz zum Erstarrungsverfahren eine zerstörungsfreie Untersuchung bei Raumtemperatur gestattet. Dadurch werden zwei dem Erstarrungsverfahren innewohnenden Fehlerquellen von vornherein vermieden, nämlich die große Dehnungsübertreibung und die Verletzung des *Poisson*schen Modellgesetzes (vgl. 1.2.3. und 1.2.4.). Allerdings beschränkt sich die Untersuchung auch nur auf einen bestimmten, interessierenden Bereich im Modellinneren, der als *dünne Schicht* ausgeführt wird. Diese wird aus optisch hochempfindlichem Werkstoff, z. B. Epoxidharz, hergestellt, während die übrigen Modellpartien aus optisch neutralem Material bestehen. Da es aber keinen handelsüblichen Werkstoff gibt, der sich optisch neutral verhält, muß dieser selbst hergestellt werden, wobei von *Zweistoffgemischen* ausgegangen wird.[1] Als Komponente A können die Derivate der Akrylsäure verwendet werden, und als Komponente B eignen sich Polyesterharz, Polystyrol, Dibutylphthalat u. a. Das ganze Modell wird dann schichtweise zusammengeklebt. Damit es sich elastisch einheitlich verhält, müssen außerdem optisch hochempfindlicher und optisch neutraler Werkstoff gleiche Elastizitätsmoduln besitzen.

Bild 2.60 zeigt die Prinzipdarstellung. Das belastete Modell wird als Ganzes durchstrahlt. Dabei entstehen nur in dem Modellbereich, der aus dem doppelbrechenden Werkstoff besteht, Isochromaten, die die Grundlage der weiteren Auswertung

---

[1] Beitrag zur spannungsoptischen Untersuchung rotationssymmetrischer Spannungszustände / *Bludszuweit, S.* — 1972. Rostock, Universität, Diss. A

bilden. Bild 2.61 zeigt dazu das Isochromatenbild der Zwischenschicht beim räumlichen Modell eines querbelasteten Zapfens.

Bei Verspiegelung einer Schichtseite können solche Versuche auch im Reflexionsverfahren durchgeführt werden. Da aber bei komplizierter Modellgeometrie die Lichtwellen i. allg. nicht senkrecht auftreffen, muß in jedem Fall die Untersuchung im Immersionsgefäß erfolgen (vgl. 2.10.1.3.).

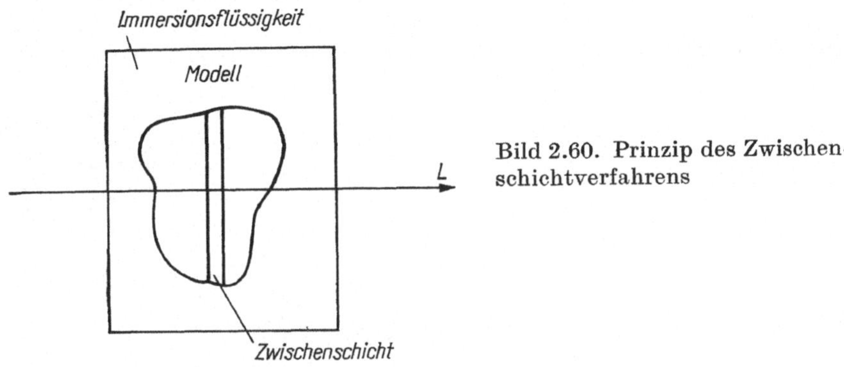

Bild 2.60. Prinzip des Zwischenschichtverfahrens

2.10.4.   Verfahren mit eingebetteten Reflexionsschichten

Diesem Verfahren liegen Gedanken des Oberflächenschicht- und Zwischenschichtverfahrens zugrunde. An bekannten, hochbeanspruchten Stellen in der Oberfläche räumlicher Modelle wird eine entsprechend dünne Schicht entfernt und eine genau passende, separat hergestellte, unten verspiegelte Schicht (*Reflexionsschicht*) aus dem gleichen Werkstoff eingeklebt. Die Untersuchung erfolgt im Reflexionsverfahren. Vorteile gegenüber dem Oberflächenschichtverfahren bestehen im Wegfall des Dicken- und des Versteifungseffektes, da nun das gesamte Modell aus homogenem Werkstoff besteht und die Reflexionsschicht mit der Modelloberfläche abschließt. Bild 2.62 zeigt dazu eingebettete Reflexionsschichten in einem Pressenmodell aus Epoxidharz und Bild 2.63 eine dazugehörende Isochromatenaufnahme, aus der auf die Modellspannungen in diesem Bereich geschlossen werden kann.

2.11.   Dynamische Spannungsoptik

Da Licht *trägheitlos* ist, eignet sich die Spannungsoptik auch zum Untersuchen schnell ablaufender *dynamischer* Probleme. Wir unterscheiden hier den *stationären* Zustand infolge Belastung durch Zentrifugalkräfte, wie er sich bei der Rotation eines Bauteils mit konstanter Winkelgeschwindigkeit ausbildet, *periodische* Vorgänge, z. B. infolge ungedämpfter Schwingungen, und *instationäre* Vorgänge, wie sie bei der Stoßerregung und Rißausbreitung auftreten.

Weil aber solche mit hoher Geschwindigkeit ablaufende Vorgänge vom menschlichen Auge nicht aufgenommen werden können, stellen dynamische Untersuchungen an die Lichtquelle der spannungsoptischen Apparatur spezielle Anforderungen mit einem im Vergleich zu statischen Untersuchungen höheren experimentellen Aufwand. Am geringsten ist dieser noch beim stationären Zustand und periodischen Vorgang. Diese werden *stroboskopisch* erfaßt, wobei Lichtblitze von sehr kurzer Dauer, aber hoher Intensität als Lichtquelle dienen. Während für die Auswertung beim stationären

Zustand ein einziges Isochromatenbild genügt, muß beim periodischen Vorgang der Blitz mit der Schwingung synchronisiert werden.

Von größerem Interesse sind jedoch die instationären Vorgänge, also Einschwing-, Stoß- und Bruchvorgänge. Eigentlich müßten die sehr schnell wechselnden Isochromatenbilder, beispielsweise die beim Stoß vom Stoßpunkt mit hoher Geschwindigkeit ausgehenden Stoßwellen, gefilmt werden, und es gibt dazu auch eine *kinematografische* Methode, mit der man mittels einer Hochfrequenzkamera oder mittels gesteuerter Einzelfunken zeitdiskrete Aufnahmen von einer größeren Modellfläche erhält. Da aber meist für die Auswertung einige wenige, charakteristische Bilder

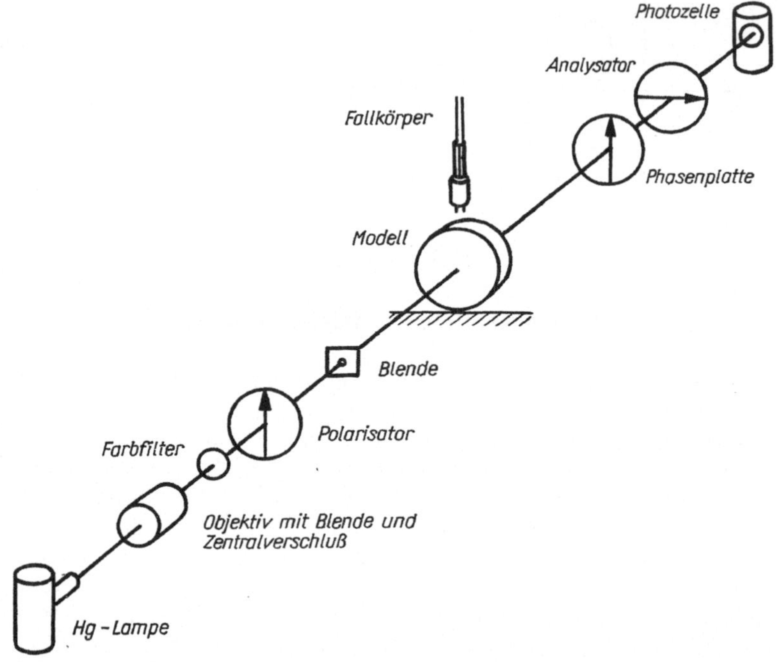

Bild 2.64. Schema der fotoelektrischen Meßanordnung

des Vorganges genügen, wird die experimentell weniger anspruchsvolle *fotoelektrische* Methode (Bild 2.64) bevorzugt. Hier erfolgt die Aufnahme des zeitlichen Lichtintensitätsverlaufes fotoelektrisch, wobei in *Einzelbildtechnik* gearbeitet wird. Dies setzt allerdings voraus, daß der Vorgang beliebig oft wiederholbar ist. Zur Aufnahme genügt dann eine gewöhnliche Kamera, die das Bild durch Einzelblitz erzeugt. Dazu ist noch ein genau einstellbares Verzögerungsgerät erforderlich, das den Blitz in der gewünschten Zeitspanne nach dem Stoß auslöst. Bild 2.65 zeigt Hellfeldaufnahmen einer diametral gestoßenen Scheibe aus Epoxidharz bei drei verschiedenen Zeiten nach Stoßbeginn. Deutlich ist das Vordringen der Stoßwelle zu erkennen, wobei diese kurz nach Stoßbeginn (Bild 2.65a) das gegenüberliegende Auflager noch nicht erreicht hat, während nach 150 µs (Bild 2.65c) die Isochromatendichte am Auflager wesentlich größer als am Stoßpunkt ist. Der Stoß erfolgte durch einen fallenden Stahlkörper von nur 50 g, der mit einer Stoßgeschwindigkeit von 5 m/s auf die Scheibe auftraf.

Bezüglich weiterer Methoden und Anwendungen wird auf [2.2] verwiesen.

2.12.   Fotoplastizität

Während die in den vorangegangenen Abschnitten entwickelten und vorgestellten Beziehungen und Verfahren linearelastisches Materialverhalten voraussetzten, wollen wir abschließend auf Möglichkeiten einer spannungsoptischen Untersuchung *plastischer* Spannungs- und Verformungszustände hinweisen. Hier haben sich zwei unterschiedliche Wege — Versuche mit Modellen und Anwendung des Oberflächenschichtverfahrens — herausgebildet. Wir können sie nur in ihren Grundzügen erklären, so daß bezüglich eines umfassenden Überblicks auf [2.8] verwiesen wird.

2.12.1.   Versuche mit Modellen

Wir wollen davon ausgehen, daß mit diesen Versuchen auf das Verhalten einer aus Stahl bzw. anderen metallischen Werkstoffen bestehenden Hauptausführung (H) geschlossen werden soll. Probleme treten dadurch auf, daß die Spannungs-Dehnungs-Kurven von H und Modell (M) nicht übereinstimmen, wobei die Kunststoffe infolge ihres viskosen Verhaltens außerdem noch kriechen. Wegen dieser Schwierigkeiten beschränken sich die Anwendungen auf die Untersuchung zweiachsiger elastisch-

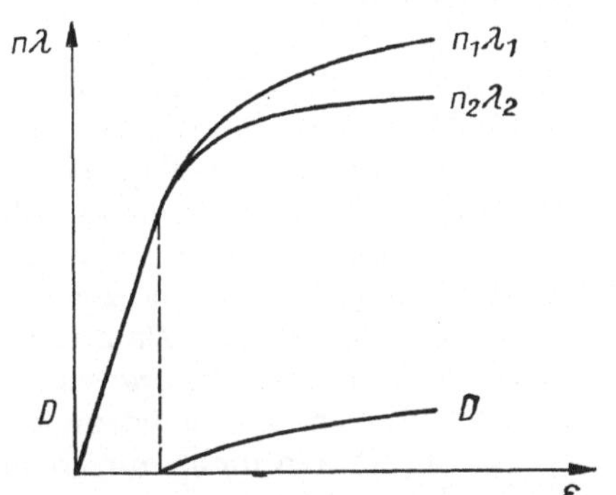

Bild 2.66. Dispersion der Doppelbrechung

plastischer Spannungszustände. Als Modellwerkstoffe eignen sich dazu die Kunststoffe Zelluloid und Polystyrol sowie das polykristalline durchsichtige Silberchlorid. Zelluloid wird für die Untersuchung solcher Spannungszustände benutzt, in denen überwiegend Zug herrscht. Es erfüllt auch weitgehend die Fließbedingung nach *v. Mises*. Der Einfluß des Kriechens bleibt vernachlässigbar gering, wenn die Versuche mit sehr kleiner Verformungsgeschwindigkeit durchgeführt werden. Als fotoplastischen Effekt zur Bestimmung des Plastizitätsgrades benutzt *Mönch* [2.2] die *Dispersion* der Doppelbrechung

$$D = \frac{n_1\lambda_1 - n_2\lambda_2}{n_1\lambda_1} \cdot 100 \quad \text{in } \% \tag{2.102}$$

die ein Maß für die oktaedrale Gleitung ist. Darunter versteht man folgendes:
Wird bei der hintereinander erfolgenden Durchstrahlung eines belasteten Modells mit monochromatischem Licht zweier unterschiedlicher Wellenlängen im gleichen Modellpunkt unterschiedlicher Gangunterschied $u_1 = n_1\lambda_1$ bzw. $u_2 = n_2\lambda_2$ Gl. (2.41) festgestellt, so liegt Dispersion der Doppelbrechung (Bild 2.66) vor. Diese tritt bei

Zelluloid aber nur in plastisch verformten Gebieten auf. Die Verbindungslinie aller Punkte des Modells, in denen $D = 0$ ist, bildet die Grenze zwischen elastischem und plastischem Gebiet, während solche für $D > 0$ Linien gleichen Plastizitätsgrades darstellen. Bei der praktischen Durchführung sind die Isochromaten also zweimal aufzunehmen, und zwar mit monochromatischem Licht unterschiedlicher Wellenlängen. Nach Bestimmung der Isochromatenordnungen n_1 (bei Wellenlänge λ_1) und n_2 (bei Wellenlänge λ_2) wird der jeweilige Gangunterschied im betrachteten Modellpunkt mit Gl. (2.41) berechnet.

Polystyrol, das nur zur Untersuchung von auf Druck beanspruchten Modellen verwendet werden kann, zeigt einen anderen fotoplastischen Effekt. Die Isochromatenordnung steigt bis zur Elastizitätsgrenze, sinkt aber bei weiterer Belastung wieder, wobei sogar ein Vorzeichenwechsel eintritt. Nach *Hiltscher*[1]) ist hier das Isochromatenmaximum mit der Grenze zwischen elastischem und plastischem Gebiet identisch, während der Isochromatennullpunkt den Beginn der Vollplastizität anzeigt.

Das duktile Silberchlorid eignet sich darüber hinaus auch zur Untersuchung von Restspannungen sowie von Texturen bei ebenen anisotropen Problemen, wie sie beim Walzen entstehen.

2.12.2.   Anwendung des Oberflächenschichtverfahrens

Beim Oberflächenschichtverfahren wird wieder (vgl. 2.10.2.) eine dünne Schicht aus doppelbrechendem Werkstoff auf die reflektierende Bauteiloberfläche geklebt. Dabei besitzt der Schichtwerkstoff, z. B. Epoxidharz, einen viel größeren elastischen Bereich als beispielsweise Stahl. Sind nun durch eine entsprechend hohe Belastung *plastische* (bleibende) Verformungen in der Oberfläche des Bauteils entstanden, so verhält sich dort die verformte Schicht trotzdem noch *elastisch* und zeigt das *plastische* Gebiet — optisch sichtbar — durch das Isochromatenbild an. Da am Bauteil direkt gemessen wird, kann zum Untersuchen der für die spätere H vorgesehene Werkstoff verwendet werden, so daß die in 2.12.1. angeführten Probleme zwischen Modellwerkstoff und H entfallen. Mit diesem Verfahren können nicht nur ebene Probleme, sondern auch lastfreie Oberflächen räumlicher Bauteile untersucht werden.

Mit diesem Abschnitt haben wir bestimmte Grenzen der Spannungsoptik, bedingt durch den Modellwerkstoff, erreicht. Im nächsten Abschnitt werden wir das *Moiréverfahren* kennenlernen, das nicht die einschneidenden Forderungen Doppelbrechung und Transparenz an den Modellwerkstoff stellt und sich daher besonders gut zum Untersuchen inelastischer Probleme eignet.

2.13.   Weiterführende Literatur

[2.1] Spannungsoptik / *Speer, S.; Naumann, K.; Haberland, G.* — In: Experimentelle Spannungsanalyse / Hrsg.: *Speer, S.* — Leipzig, 1971. — S. 251 bis 360
[2.2] Praktische Spannungsoptik / *Föppl, L.; Mönch, E.* — Berlin; Heidelberg; New York, 1972. — 300 S.
[2.3] Spannungsoptik. Bd. 1 / *Wolf, H.* — Berlin; Heidelberg; New York, 1976. — 607 S.

---

[1]) Theorie und Anwendung der Spannungsoptik im elastoplastischen Gebiet / *Hiltscher, R.* — In: VDI-Zeitschrift 97 (1955) 2, S. 49 bis 58

[2.4] Eine Verbindung der Spannungsoptik mit der Dehngittermethode / *Heymann, J.* — In: Beiträge zur Spannungs- und Dehnungsanalyse. Bd. V — Berlin, 1968. — S. 33 bis 71
[2.5] Metod fotouprugosti. 3 Bde. / U. d. Red. v. *Chessin, G. L.* — Moskau, 1975. — 1126 S. Spannungsoptische Methoden
[2.6] Integralnaja fotouprugost / *Aben, K. H.* — Tallin, 1975. — 218 S. Integrated Photoelasticity / *Aben, K. H.* — New York 1979. — 203 S. Integrale Spannungsoptik
[2.7] Matrix Theory of Photoelasticity / *Theocaris, P. S.; Gdoutos, E. E.* — Berlin; Heidelberg; New York 1979. — 352 S. Matrizentheorie der Spannungsoptik
[2.8] Photoplasticity / *Javornicky, J.* — Prag, 1974. — 312 S. Fotoplastizität; Spannungsoptik im plastischen Bereich

3. Moiréverfahren

Das Moiréverfahren stellt ein weiteres optisches Feldmeßverfahren dar. Sein Grundprinzip besteht in der Erzeugung von Moiréeffekten durch Überlagern eines infolge einer Bauteilbeanspruchung deformierten Rasters mit einem unverformten Bezugsraster. Auf Grund dieser rein geometrischen Natur weist es keine Abhängigkeit von bestimmten Modellmaterialien oder vom Werkstoff eines Bauteils auf: Hierin unterscheidet sich das Moiréverfahren grundsätzlich von der in Abschn. 2. behandelten Spannungsoptik. Gemeinsam ist beiden Verfahren jedoch, daß sie wegen ihres Feldcharakters einen informativen Überblick über die Beanspruchungsverhältnisse in einem Bauteil oder wenigstens in einer gewissen Umgebung, z. B. in einem gefährdeten Querschnitt, gestatten.

Das Moiréverfahren ist eine sehr vielseitige Methode. Die verschiedenen Meßprinzipien erlauben die Bestimmung von Verschiebungs- und Dehnungsfeldern an ebenen und gekrümmten Oberflächen, von Durchbiegungen und Neigungen an Bauteilen, die den Charakter von Platten oder Schalen haben, von Oberflächentopologien, z. B. bei Beulfiguren, usw. Ein spezifisches Merkmal ist die hervorragende Eignung zur experimentellen Analyse von Deformationsfeldern im überelastischen Bereich. Es können neben elastischen Deformations- und Spannungszuständen auch elastisch-plastische Verzerrungen metallischer Werkstoffe, große Verformungen an gummielastischen Bauteilen, Prozesse des plastischen Fließens der Umform- und Abtrenntechnik, Vorgänge in der Bruch- und Mikromechanik sowie eine Reihe weiterer geometrisch und physikalisch nichtlinearer Probleme der Festkörpermechanik untersucht werden.

Auf Grund der breiten Anwendbarkeit hat sich das Moiréverfahren zu einer Standardmethode in der industriellen Praxis für das Lösen von festkörpermechanischen Aufgabenstellungen bei der konstruktiven Entwicklung und bei der Schadensanalyse entwickelt. Gleichrangig ist weiterhin die Bedeutung des Moiréverfahrens als Instrument für Forschungsarbeiten auf dem Gebiet der Festkörpermechanik.

Trotz seiner Einfachheit ist das Moiréverfahren eine vergleichsweise neue Methode der experimentellen Festkörpermechanik. Bereits im Jahre 1874 beobachtete und beschrieb der bekannte englische Gelehrte *Lord Rayleigh* die Moiréerscheinung beim Kontakt von zwei optischen Gittern. Jedoch erst 1948 begann die Anwendung des Moiréeffekts für Aufgabenstellungen der experimentellen Festkörpermechanik. *Weller* und *Shepard* bestimmten nach dem Isothetenverfahren Verschiebungen bei ebenen Elastizitätsproblemen. Kurze Zeit später, 1951 bzw. 1952, wurden zwei weitere Meßprinzipien, die wir als Reflexions- bzw. Schattenmoiréverfahren behandeln wollen, in der Fachliteratur publiziert. Von da an erfuhr das Moiréverfahren eine ständige und zunehmend beschleunigte Entwicklung, die einen relativen Höhepunkt um 1970 fand. In dieser Zeit erschienen mehrere grundlegende Monografien über die Nutzung des Moiréeffekts in der experimentellen Festkörpermechanik [3.2], [3.7], [3.8]. Auch gegenwärtig beobachten wir noch eine kontinuierliche Weiterentwicklung des Moiréverfahrens. Im Vordergrund stehen dabei die Steigerung von Empfindlichkeit und Genauigkeit sowie die Ausweitung der Anwendungsmöglichkeiten.

3.1.   Wesen des Moiréeffekts

Mit dem französischen Wort *moiré* wurden wohl ursprünglich bestimmte Seidengewebe bezeichnet, die bei veränderlichem Lichteinfall flüchtige wogende Muster zeigten. Heute wird das Wort Moiré für all jene Erscheinungen verwendet, die bei der Überlagerung zweier (oder mehrerer) genügend feiner und hinreichend periodischer Strukturen entstehen.

Für die Belange der experimentellen Festkörpermechanik werden als periodische Strukturen sogenannte *Raster* verwendet, die aus Linien, Kreuzen oder Punkten aufgebaut sein können (Bild 3.1). Wir wollen nun mit solchen einfachen geradlinigen Rastern die Entstehung des Moiréeffekts an zwei typischen Moirébildern (Grundmoirés) studieren.

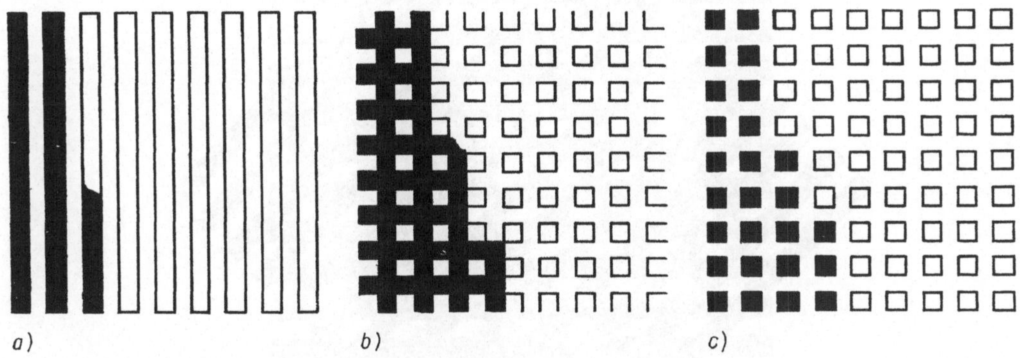

a)   b)   c)

Bild 3.1. Raster für das Moiréverfahren
a) Linienraster b) Kreuzraster c) Punktraster

Bild 3.2. Verdrehmoiré

Bild 3.2 zeigt die Überlagerung zweier identischer Linienraster, die unter einem kleinen Winkel gegeneinander verdreht sind. Es entsteht ein *Verdrehmoiré*. Wir erkennen helle und dunkle Moiréstreifen[1]), die ungefähr senkrecht zu den Rasterlinien[1]) orientiert sind. Die Moiréstreifen entstehen dadurch, daß in bestimmten Zonen die Linien beider Raster genau nebeneinander oder an anderen Orten direkt übereinander liegen. Das sind die Zentren der Moiréstreifen. Zwischen diesen beiden Grenzfällen verändert sich die Helligkeit kontinuierlich.

Bild 3.3. Verdrehmoiré (Verdrehwinkel 45°)

Charakteristisch ist, daß der Moiréeffekt auch dann sichtbar bleibt, wenn die Rasterlinien so eng sind, daß sie vom Auge oder vom optischen System nicht mehr aufgelöst werden können. Wir überprüfen das, indem wir Bild 3.2 aus einer größeren Entfernung betrachten. Ein qualitatives Merkmal des Moiréeffekts, das wir ebenfalls aus Bild 3.2 ablesen, ist es, daß für den Moiréstreifenabstand M und die Rasterteilung p die Ungleichung

$$M \gg p$$

gilt. Was geschieht, wenn diese Ungleichung verletzt wird, zeigt Bild 3.3. Bei einem Verdrehwinkel von $\xi = 45°$ werden die Moiréstreifen so dicht, daß der Moiréeffekt sich nicht mehr gegen die Struktur der Raster abhebt. Die Erkennbarkeit verbessert.

---

[1]) Mit „Linie" oder „Punkt" wollen wir stets die Elemente eines Rasters, mit „Streifen" den Moiréeffekt kennzeichnen

sich, im Gegensatz zu Bild 3.2, auch bei Betrachtung aus größerer Entfernung nicht. Die praktische Sichtbarkeitsgrenze liegt beim Verdrehmoiré bei $\xi \approx 30°$.

Ein anderes einfaches Moirébild, das *Teilungsmoiré*, entsteht, wenn zwei Linienraster mit den gering unterschiedlichen Teilungen p_1 und p_2 überlagert werden (Bild 3.4). Die Bildung der Moiréstreifen, die jetzt parallel zu den Rasterlinien orientiert sind, erfolgt in der gleichen Weise wie beim Verdrehmoiré durch die sich örtlich ändernde gegenseitige Zuordnung der Linien beider Raster. Helle Moiréstreifen entstehen wieder, wenn die Rasterlinien übereinander, dunkle, wenn sie nebeneinander liegen. Beim Teilungsmoiré wird die Sichtbarkeitsgrenze erreicht, falls sich die Rasterteilungen p_1 und p_2 um mehr als 30% unterscheiden.

Bild 3.4. Teilungsmoiré

3.2.   Meßprinzipien des Moiréverfahrens

Der Moiréeffekt kann in der experimentellen Festkörpermechanik auf sehr verschiedene Weise erzeugt werden. Die grundlegenden Versuchsanordnungen und Strahlengänge wollen wir als Meßprinzipien bezeichnen. In Abhängigkeit hiervon bewirken unterschiedliche mechanische Größen, wie Verschiebungen, Dehnungen, Durchbiegungen, Neigungen, Geschwindigkeiten usw. die Bildung von Moiréstreifen. Eine nachfolgende Analyse der Moiréstreifenfelder gestattet dann qualitative und vor allem quantitative Rückschlüsse auf diese wichtigen Kenngrößen der Festkörpermechanik bezüglich der untersuchten Bauteile, Tragwerke, Werkstücke bzw. der Modelle hiervon.

Im Verlauf der Entwicklung des Moiréverfahrens haben sich insbesondere drei wesentliche Meßprinzipien herauskristallisiert, die wir vorerst nur kurz charakterisieren wollen, aber in den nachfolgenden Abschnitten einer umfangreichen Analyse unterziehen werden.

Das wichtigste Meßprinzip des Moiréverfahrens ist die *Überlagerung eines Bezugsrasters mit einem verformten Objektraster*.

Charakteristisch für dieses Meßprinzip ist, daß ein Raster, der *Objektraster*, unmittelbar auf die ebene oder meist nur einfach gekrümmte Oberfläche des zu untersuchenden

Bauteils aufgebracht wird. Wir können uns z. B. vorstellen, daß der Objektraster aufgezeichnet, was allerdings von geringer praktischer Bedeutung ist, oder flächig aufgeklebt wird. Bei einer Beanspruchung des Bauteils erfährt der Objektraster die gleichen Verzerrungen wie die Bauteiloberfläche. Wird dem verzerrten Objektraster nun ein geeigneter *Bezugsraster* im Kontakt oder über eine optische Abbildung überlagert (Bild 3.5a), entsteht ein Moiréeffekt, der von den Verformungen des Objektrasters und damit des Bauteils abhängt. Wichtigster Sonderfall dieses Meßprinzips ist das *Isothetenverfahren*, bei dem undeformierter Objektraster und Bezugsraster identisch sind.

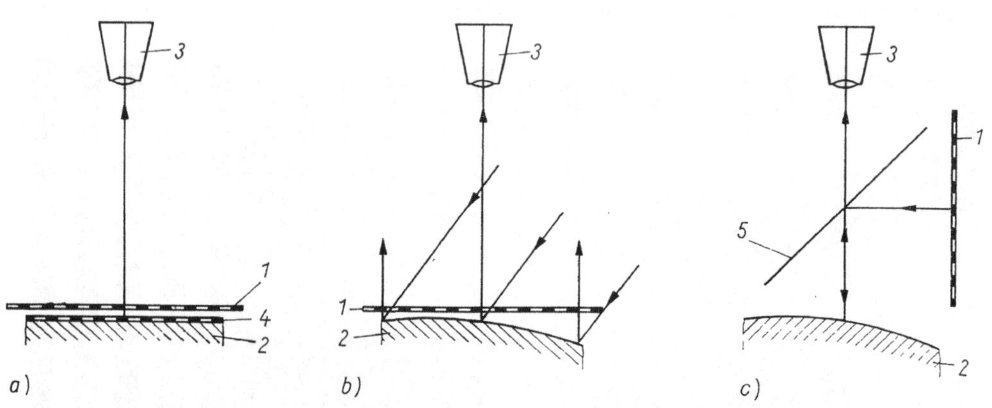

Bild 3.5. Meßprinzipien des Moiréverfahrens
1 Bezugsraster, 2 Bauteil, 3 Kamera, 4 Objektraster, 5 halbdurchlässiger Spiegel
a) Isothetenverfahren b) Schattenmoiréverfahren c) Reflexionsmoiréverfahren

Mit dem Isothetenverfahren analysierbar sind die Komponenten des Verschiebungsvektors bzw. Deformationstensors, die in der Ebene des Objektrasters liegen. Komponenten, die normal zur Tangentialebene an eine Bauteiloberfläche liegen, werden i. allg. nicht erfaßt. Das ist ein Vorteil, da die Komponenten des ebenen Spannungszustandes, wie er an jeder lastfreien Oberfläche auftritt, stets in der Tangentialebene liegen.

Wie die nachfolgenden Meßprinzipien zeigen, kann auch eine Verschiebung aus der Ebene heraus zum Entstehen eines Moiréeffekts führen. Die Bedeutung dieser Verfahren ist jedoch in der Festkörpermechanik wesentlich geringer als die des Isothetenverfahrens.

Bei dem Meßprinzip *Überlagerung eines Bezugsrasters mit seinem Schattenbild*, kurz als *Schattenmoiréverfahren* bezeichnet, befindet sich auf dem Objekt kein materieller Raster, sondern der vergegenständlichte Bezugsraster und sein immaterielles Schattenbild (Bild 3.5b) erzeugen den Moiréeffekt.

Das Schattenmoiréverfahren ermöglicht es, über die Topografie einer Oberfläche Aussagen zu machen. Dabei wird nicht wie beim Isothetenverfahren zwischen den beiden Zuständen ohne und mit Belastung verglichen, sondern unmittelbar der Abstand zwischen Oberfläche und Bezugsraster ermittelt. Nur wenn ohne Belastung das Objekt eben ist, ergibt sich unter Last die Komponente des Verschiebungsvektors, die senkrecht zur Oberfläche zeigt.

Das Meßprinzip *Überlagerung eines Bezugsrasters mit seinem Reflexionsbild*, das *Reflexionsmoiréverfahren* (Bild 3.5c), beruht darauf, daß der Bezugsraster bei einer

regulären Reflexion an der verspiegelten Oberfläche eines verformten Bauteils verzerrt wird. Zur Überlagerung gelangen gewöhnlich die Abbildungen des Bezugsrasters im unbelasteten und belasteten Zustand mit einer Doppelbelichtungstechnik.
Beim Reflexionsmoiréverfahren hat der Verschiebungsvektor nur einen indirekten Einfluß auf die Entstehung des Moiréeffekts. Als unmittelbares experimentelles Ergebnis wird die örtlich veränderliche Neigung einer Oberfläche erhalten. Daher dient dieses Meßprinzip vorwiegend zum Lösen von Plattenproblemen.

3.3.   Isothetenverfahren

3.3.1.   Mathematische Analyse des Moiréeffekts

In diesem Abschnitt wollen wir quantitative Beziehungen zwischen den Kenngrößen eines *homogenen* Deformationsfeldes und des daraus resultierenden Moirébildes für das Meßprinzip der Überlagerung eines Bezugsrasters mit einem verzerrten Objektraster herleiten.

3.3.1.1.   Homogener Deformationszustand

Einem homogenen Deformationszustand in der x,y-Ebene eines raumfesten Koordinatensystems entsprechen folgende lineare Abhängigkeiten der Komponenten v_x und v_y des Verschiebungsvektors

$$v_x(x, y) = v_{x,x} \cdot x + v_{x,y} \cdot y$$
$$v_y(x, y) = v_{y,x} \cdot x + v_{y,y} \cdot y^1)$$

(3.1)

Die Verschiebungsgradienten $v_{x,x} \ldots v_{y,y}$, die für die Bestimmung des Verzerrungstensors (s. 1.2.2.) benötigt werden, sind dabei als konstant anzusehen.
Der Zusammenhang zwischen den Koordinaten $\mathring{x}$ und $\mathring{y}^1)$ eines Teilchens vor der Verformung und den Koordinaten x und y des gleichen Teilchens nach der Verformung wird durch die Beziehungen

$$\mathring{x}(x, y) = x - v_x(x, y) = (1 - v_{x,x}) \cdot x - v_{x,y} \cdot y$$
$$\mathring{y}(x, y) = y - v_y(x, y) = -v_{y,x} \cdot x + (1 - v_{y,y}) \cdot y$$

(3.2)

dargestellt.
Von praktischer Bedeutung ist insbesondere, daß das Verschiebungsfeld in einer hinreichend kleinen Umgebung eines Werkstoffteilchens auch in einem inhomogenen Deformationsfeld durch die Gln. (3.1) beschrieben wird. Die am homogenen Deformationszustand abgeleiteten Beziehungen gelten deshalb sinngemäß für jeden genügend kleinen Ausschnitt eines Moirébildes.

---

[1] Die Koordinaten x und y bezeichnen die Lage eines Werkstoffteilchens *nach* der Verformung, im Koordinatensystem ist also das verformte Bauteil angeordnet. Hingegen sollen die Koordinaten $\mathring{x}$ und $\mathring{y}$ die Lage des gleichen Teilchens *vor* der Verformung definieren. Bei „kleinen" Verschiebungsgradienten, wie wir i. allg. voraussetzen wollen, können die Unterschiede zwischen unverformtem und verformtem Bauteil vernachlässigt werden

Die Gln. (3.2) stellen den Übergang vom unverformten zum verformten Zustand eines Werkstoffteilchens dar (Bild 3.6). In der Theorie der Verzerrungen, z. B. [3.4], wird gezeigt, daß dabei Geraden in Geraden übergehen und Kreise sich zu Ellipsen verzerren. Winkel werden i. allg. geändert, jedoch existieren stets zwei zueinander senkrecht stehende Richtungen im Teilchen, die auch nach der Verformung einen Winkel von 90° bilden (Hauptdehnungsrichtungen, s. 1.2.3.).

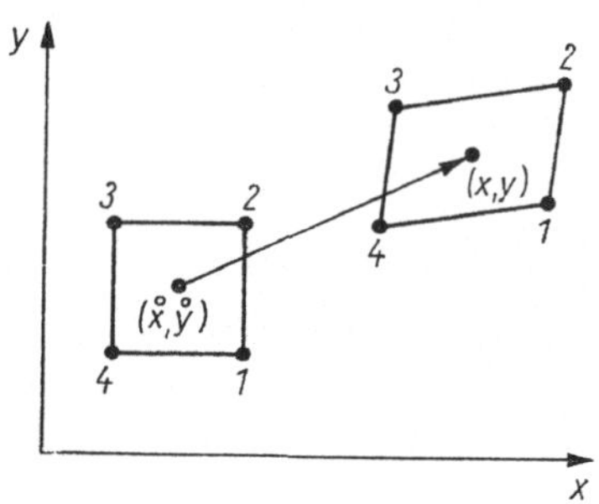

Bild 3.6. Verzerrung eines Werkstoffteilchens durch einen homogenen Deformationszustand

3.3.1.2.   Eindimensionaler Fall

Wie in 3.1. bereits erwähnt, entsteht bei der Überlagerung zweier Raster, deren Linien zueinander parallel sind, ein Teilungsmoiré (Bild 3.4). Wir wollen diese Anordnung dann als eindimensional bezeichnen, wenn die Rasterlinien parallel zur y-Richtung verlaufen. Bild 3.7 zeigt einen Linienraster, der mit seiner Teilungsfläche in der x,y-Ebene liegt und der sich als *Objektraster* auf einem vorerst noch unverformten Bauteil befindet. Zu jeder Rasterlinie gehört ein Parameter k, der im vorliegenden Fall nur von $\overset{\circ}{x}$ (s. Fußnote 3.3.1.1.) abhängt:

$$k(\overset{\circ}{x}) = \frac{\overset{\circ}{x}}{p} \quad \text{bzw.} \quad \overset{\circ}{x} = k \cdot p \qquad k = \ldots, -1, 0, 1, 2, \ldots \tag{3.3}$$

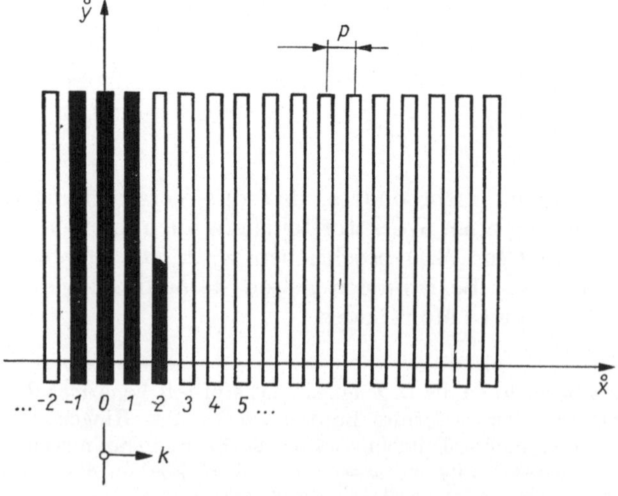

Bild 3.7. Objektraster im unverformten Zustand

Unterwerfen wir nun das Bauteil einschließlich des darauf fixierten Objektrasters einer Verformung durch den linearen Verschiebungsansatz nach den Gln. (3.1), so bleiben die Rasterlinien nur dann parallel zur y-Achse, wenn $v_{x,y}$ verschwindet, wenn also

$$v_x(x) = v_{x,x} \cdot x \quad \text{und} \quad \mathring{x} = (1 - v_{x,x}) \cdot x \tag{3.4}$$

gilt. Eine Verschiebung v_y hat keinen Einfluß auf die Verzerrung des Objektrasters und muß nicht berücksichtigt werden.

Die Beziehung der Linienschar für den *verformten Objektraster* ergibt sich durch Eliminieren von x in Gl. (3.3) mit Hilfe der Gl. (3.4) zu

$$x = \frac{k \cdot p}{1 - v_{x,x}} \qquad k = \ldots, -1, 0, 1, 2, \ldots \tag{3.5}$$

Um Moiréstreifen zu erzeugen, ist diesem deformierten Objektraster ein *Bezugsraster*, dessen Linienschar ebenfalls parallel zur y-Richtung sein soll, zu überlagern. Der Bezugsraster habe analog zu Gl. (3.3) die Gestalt

$$x = l \cdot p \cdot (1 + \delta) \qquad l = \ldots, -1, 0, 1, 2, \ldots \tag{3.6}$$

Aus 3.1. ist uns bereits bekannt, daß Zentren heller Moiréstreifen sich dort befinden, wo die Linien der sich überlagernden Raster genau übereinander liegen. Dunkle Moiréstreifen entstehen, wenn in die Lücken des einen Rasters die Linien des zweiten fallen. Aus diesem Sachverhalt wollen wir eine Bedingung hinsichtlich der Parameter k und l für Objekt- und Bezugsraster ableiten. Bild 3.8 zeigt, daß helle Moiréstreifen

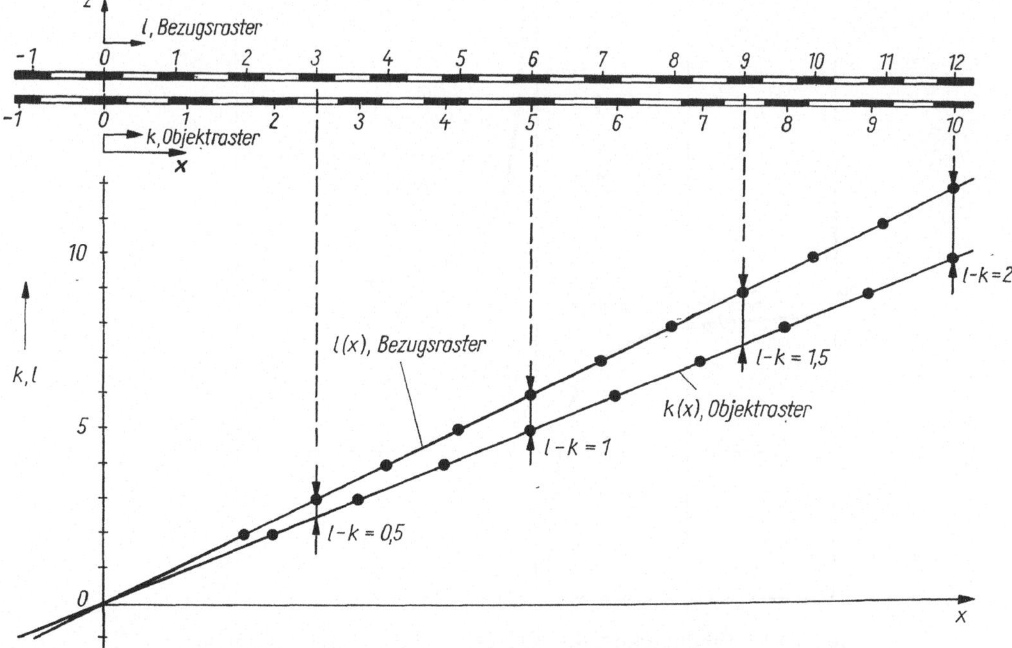

Bild 3.8. Moiréstreifenentstehung infolge der Parameterdifferenz $l - k$

bei Parameterdifferenzen $(l - k) = \ldots, -1, 0, 1, 2, \ldots$ sowie dunkle Streifen bei $(l - k) = \ldots, -\dfrac{1}{2}, \dfrac{1}{2}, \dfrac{3}{2}, \ldots$ zu erwarten sind. Wir definieren nun die Moiréstreifenordnung m zu

$$m = l - k \tag{3.7}$$

Werden jetzt die Gln. (3.5) und (3.6) in die Gl. (3.7) eingesetzt, so ergibt sich für die *Moiréstreifenschar* folgender Ausdruck:

$$m(x) = \frac{x}{p}\left(v_{x,x} - \frac{\delta}{1 + \delta}\right) \tag{3.8}$$

Eine wichtige Kenngröße des entstandenen Moiréstreifenfeldes ist der Abstand M_x zwischen zwei benachbarten Moiréstreifen (Bild 3.9), der bei einem homogenen

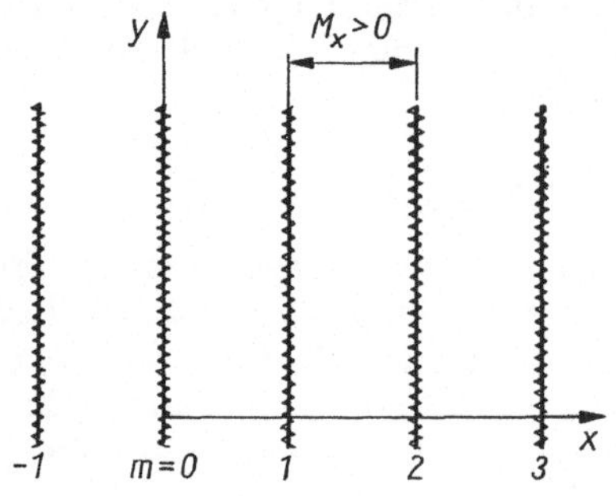

Bild 3.9. Charakteristischer Moiréstreifenabstand M_x

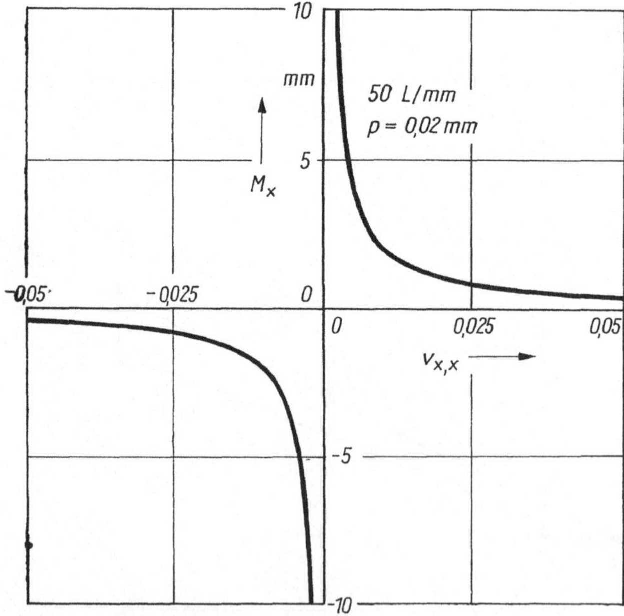

Bild 3.10. Abhängigkeit des Moiréstreifenabstandes M_x vom Verschiebungsgradienten $v_{x,x}$

Deformationszustand wegen der Linearität von $m(x)$ in Gl. (3.8) konstant ist:

$$M_x = \frac{p}{v_{x,x} - \dfrac{\delta}{1 + \delta}} \tag{3.9}$$

Der *charakteristische Moiréstreifenabstand* M_x ist nach Gl. (3.9) vorzeichenbehaftet und dann positiv, wenn die Moiréstreifenordnung m in Koordinatenrichtung steigt.
Wir wollen nun die erhaltenen Ergebnisse anhand der Gln. (3.8) und (3.9) etwas näher untersuchen.
Setzen wir vorerst $\delta = 0$. Hierbei sind unverzerrter Objektraster sowie Bezugsraster identisch, und Moiréstreifen entstehen nur bei Deformation des Objekts. Gl. (3.9) nimmt die Form

$$M_x = \frac{p}{v_{x,x}} \quad \text{bzw.} \quad v_{x,x} = \frac{p}{M_x} \tag{3.10}$$

an und beschreibt die beiden Äste einer Hyperbel. Bild 3.10 zeigt für einen Raster mit 50 Linien/mm die Abhängigkeit $M_x(v_{x,x})$.

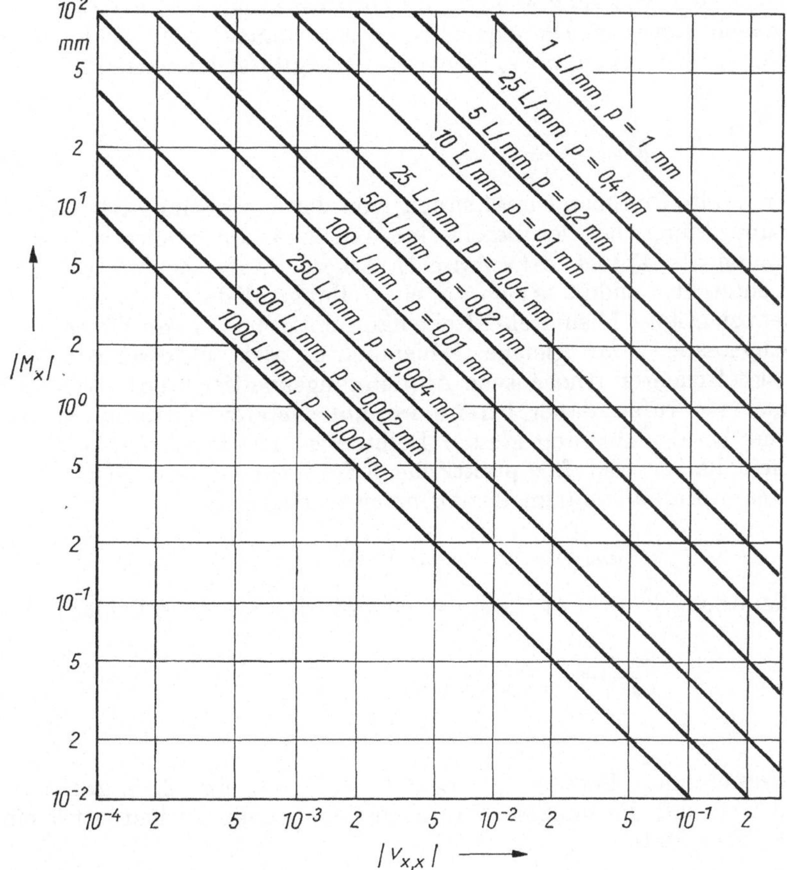

Bild 3.11. Empfindlichkeitsdiagramm des Isothetenverfahrens

Für den praktisch nutzbaren Meßbereich des Moiréverfahrens ist die Streifendichte im Bild 3.11 aufgetragen. Die logarithmische Teilung der Achsen gestattet zum einen eine bequeme Darstellung der Empfindlichkeit über mehrere Dekaden und bringt zum anderen die Gl. (3.10) in eine lineare Form. Bild 3.11 ermöglicht es, für einen gegebenen Raster und eine zu bestimmende Dehnung den zu erwartenden Moiréstreifenabstand M_x abzulesen. Zum Beispiel ergibt ein Raster mit 50 Linien/mm bei einer Dehnung von 1% einen Streifenabstand von 2 mm.

3.3.1.3.   Mismatch-Effekt im eindimensionalen Fall

Berücksichtigen wir nun die Größe δ in Gl. (3.9). Unverzerrter Objektraster und Bezugsraster bilden hier ein Teilungsmoiré mit dem Streifenabstand

$$M_x = -p \cdot \frac{1 + \delta}{\delta} \tag{3.11}$$

Bei einer Dehnung ε_x des Objektrasters verkleinert oder vergrößert sich dieses M_x. Stellen wir analog zu Bild 3.10 den Streifenabstand $M_x(v_{x,x})$ grafisch dar (Bild 3.12), so erweist es sich, wie auch aus Gl. (3.9) abzulesen ist, daß lediglich der Nullpunkt für $v_{x,x}$ verschoben wird. Der eigentlich zu bestimmende Verschiebungsgradient $v_{x,x}$, der für kleine Dehnungen mit ε_x identisch ist, ergibt sich aus Gl. (3.9) zu

$$v_{x,x} = \frac{p}{M_x} + \frac{\delta}{1 + \delta} \tag{3.12}$$

wobei der zweite Summand unabhängig von der Verformung des Objekts ist. Diese Versuchsanordnung, bei der bereits mit einem Anfangsmoiré gearbeitet wird, bezeichnet man als *Mismatch-Verfahren*[1]). Da das Anfangsmoiré aus Teilungsunterschieden entsteht, handelt es sich um ein Teilungs-Mismatch.

Ein unbeabsichtigter Mismatch-Effekt kann entstehen, wenn Objektraster (Bauteil) und Bezugsraster zwar gleiche Liniendichte, aber unterschiedliche Wärmeausdehnungskoeffizienten (thermische Ausdehnungskoeffizienten) α besitzen. Temperaturunterschiede rufen dabei bereits im unbelasteten Zustand ein Teilungsmoiré hervor, das bei der Messung kleiner Dehnungen zu erheblichen Fehlern führt. Der Einfachheit halber und für praktische Erfordernisse ausreichend wollen wir den Temperatureinfluß allein dem Bezugsraster zuschlagen:

$$\delta_{\mathrm{th}} = (\alpha|_{\mathrm{Bezugsraster}} - \alpha|_{\mathrm{Objekt}}) \cdot \Delta T$$

Unter Benutzung von Gl. (3.12) ergibt sich für den relativen Fehler f_ε von ε_x

$$f_\varepsilon = -\frac{\dfrac{\delta}{1 + \delta}}{v_{x,x}} \overset{\text{kleine Deformation}}{\approx} -\frac{\delta}{\varepsilon_x} \tag{3.13}$$

Im interessierenden Bereich ist die Gl. (3.13) in Bild 3.13 grafisch dargestellt. Tabelle 3.1 enthält die linearen Wärmeausdehnungskoeffizienten für einige charakteristische Werkstoffe.

---

[1]) mismatch (engl.), Fehlanpassnng

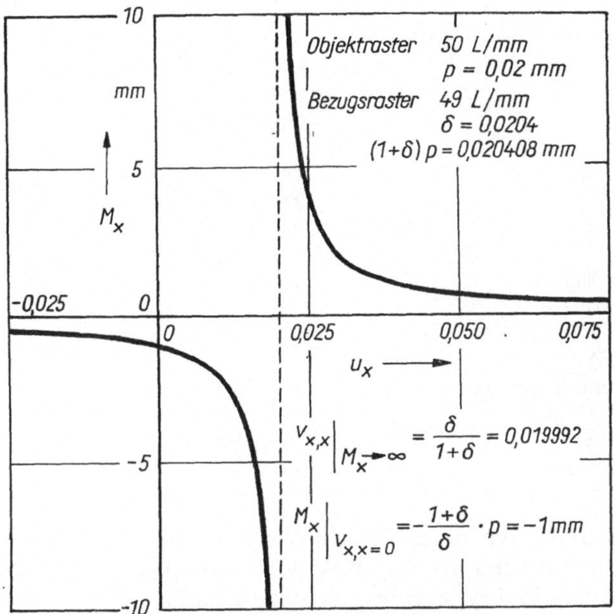

Bild 3.12. Moiréstreifenabstand $M_x(v_{x,x})$ bei einem Teilungs-Mismatch

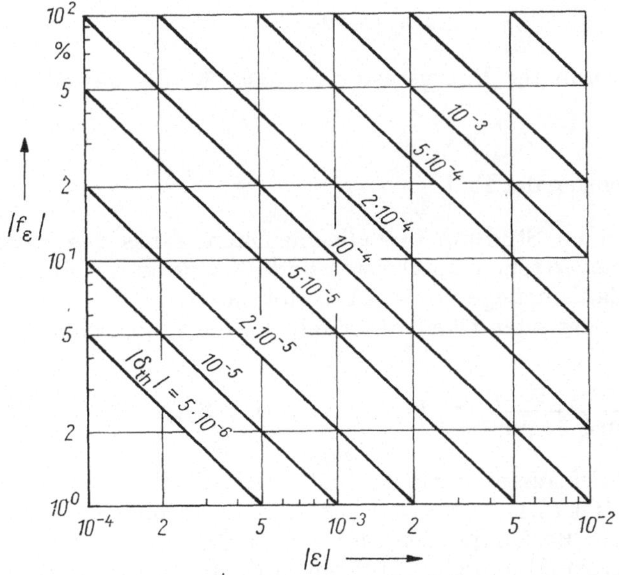

Bild 3.13. Abhängigkeit des relativen Fehlers f_ε der zu messenden Dehnung ε von ε selbst und einer thermischen Dehnung δ_{th} des Bezugsrasters

Tabelle 3.1: *Wärmeausdehnungskoeffizient* α *für Bauteil-, Modell- und Bezugsrasterwerkstoffe*

	α bei RT in K^{-1}
Quarzglas	$0{,}5 \cdot 10^{-6}$
Glas	$6 \cdots 10 \cdot 10^{-6}$
Stahl, Gußeisen	$12 \cdot 10^{-6}$
Aluminium	$24 \cdot 10^{-6}$
Polyester-Folie (gereckt)	$20 \cdot 10^{-6}$
Epoxidharz EG 1 (heißhärtend)	$60 \cdot 10^{-6}$
Epoxidharz EGK 19 (kalthärtend)	$90 \cdot 10^{-6}$
Polymethylmethakrylat (Piacryl)	$70 \cdots 90 \cdot 10^{-6}$
Polyesterharz	$80 \cdots 90 \cdot 10^{-6}$
Polyäthylen	$150 \cdot 10^{-6}$

Betrachten wir ein *Beispiel*. An einer Stahlprobe soll eine Dehnung von 1‰ bei einer möglichen Temperaturdifferenz von 5 K noch zuverlässig erfaßt werden. Für Bezugsraster aus Glas bzw. Piacryl ergeben sich die δ_{th} zu

$$\delta_{\mathrm{th}}|_{\mathrm{Glas}} = -20 \cdot 10^{-6} \quad \text{bzw.} \quad \delta_{\mathrm{th}}|_{\mathrm{PMMA}} = 340 \cdot 10^{-6}$$

und hiermit aus Bild 3.13 die relativen Meßfehler zu

$$f_\varepsilon|_{\mathrm{Glas}} = 2\% \quad \text{bzw.} \quad f_\varepsilon|_{\mathrm{PMMA}} = 34\%$$

Ein auf Piacryl angeordneter Bezugsraster ist also für die gestellte Aufgabe ungeeignet.

3.3.1.4. Zweidimensionaler Fall

Wir wollen uns nun dem Studium des allgemeinsten Falles des Meßprinzips der „Überlagerung von verzerrtem Objektraster und Bezugsraster" unter prinzipieller Beibehaltung der Gedankengänge von 3.3.1.2. zuwenden.
Einen jetzt beliebig orientierten *Objektraster* mit der die Linienschar beschreibenden Gleichung

$$\mathring{y} = -\frac{\mathring{x}}{\tan \xi} + \frac{k \cdot p}{\sin \xi} \qquad k = \ldots, -1, 0, 1, 2, \ldots \tag{3.14}$$

zeigt Bild 3.14. Der Objektraster werde nunmehr durch einen allgemeinen homogenen Deformationszustand, Gl. (3.1), verzerrt. Wiederum, wenn auch unter Mitnahme aller Glieder, ergibt sich die Beziehung der Linienschar für den *verformten Objektraster* durch Eliminieren von $\mathring{x}$ und $\mathring{y}$ in Gl. (3.14) mit Hilfe der Gln. (3.2) zu

$$y = \frac{[-(1 - v_{x,x}) \cdot \cos \xi + v_{y,x} \cdot \sin \xi] \cdot x + k \cdot p}{(1 - v_{y,y}) \cdot \sin \xi - v_{x,y} \cdot \cos \xi} \tag{3.15}$$

$$k = \ldots, -1, 0, 1, 2, \ldots$$

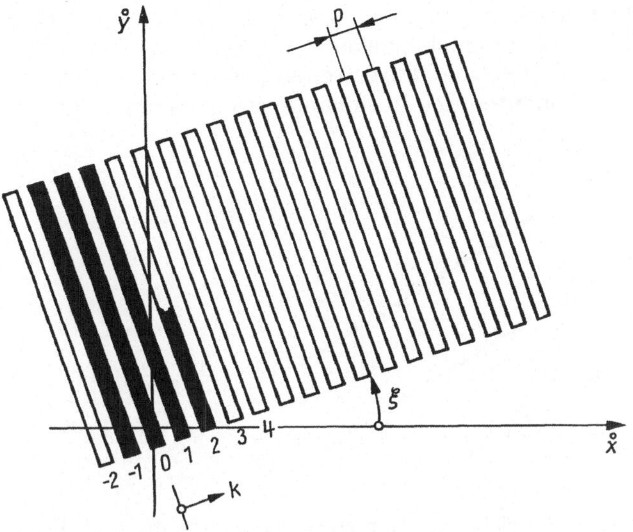

Bild 3.14. Beliebig orientierter Objektraster im unverformten Zustand

Wir bemerken in Übereinstimmung mit 3.3.1.1., daß der durch einen homogenen Deformationszustand verzerrte Objektraster ebenfalls eine Schar von Geraden bildet.

Der *Bezugsraster* habe sowohl eine Abweichung in seiner Teilung (Faktor δ) als auch in seiner Orientierung (Winkel $\Delta\xi$) gegenüber dem unverzerrten Objektraster. Die Gleichung für die Linienschar des Bezugsrasters lautet deshalb

$$y = -\frac{x}{\tan(\xi + \Delta\xi)} + \frac{l \cdot p \cdot (1 + \delta)}{\sin(\xi + \Delta\xi)} \qquad l = \ldots, -1, 0, 1, 2, \ldots \qquad (3.16)$$

Analog zum Bild 3.8 stellen beim Überlagern von Objekt- und Bezugsraster die Zentren der hellen bzw. dunklen Moiréstreifen Orte konstanter ganzzahliger bzw. halbzahliger Parameterdifferenz $m = l - k$ dar. Unter Zuhilfenahme der umgeformten Gln. (3.15) und (3.16)

$$k = \frac{1}{p} \cdot \{[(1 - v_{y,y}) \cdot \sin\xi - v_{x,y} \cdot \cos\xi] \cdot y$$

$$+ \quad [(1 - v_{x,x}) \cdot \cos\xi - v_{y,x} \cdot \sin\xi] \cdot x\}$$

$$l = \frac{1}{(1 + \delta) \cdot p} \cdot [y \cdot \sin(\xi + \Delta\xi) + x \cdot \cos(\xi + \Delta\xi)]$$

ergibt sich mit der Moiréstreifenordnung $m = l - k$ für die *Schar der Moiréstreifen* die Beziehung

$$0 = y \cdot \left[\frac{1}{1+\delta} \cdot \sin(\xi + \Delta\xi) - (1 - v_{y,y}) \cdot \sin\xi + v_{x,y} \cdot \cos\xi\right]$$

$$+ x \cdot \left[\frac{1}{1+\delta} \cdot \cos(\xi + \Delta\xi) - (1 - v_{x,x}) \cdot \cos\xi + v_{y,x} \cdot \sin\xi\right] - m \cdot p$$

$$m = \ldots, -1, 0, 1, \ldots \qquad (3.17)$$

Die Moiréstreifen bilden also bei einem homogenen Deformationszustand stets ein äquidistantes System von Geraden. Umgekehrt gilt die Aussage, daß in einem Ausschnitt eines Moirébildes, in dem die Moiréstreifen gerade und äquidistant sind, auch die entsprechenden Komponenten des Verformungstensors konstant sind.

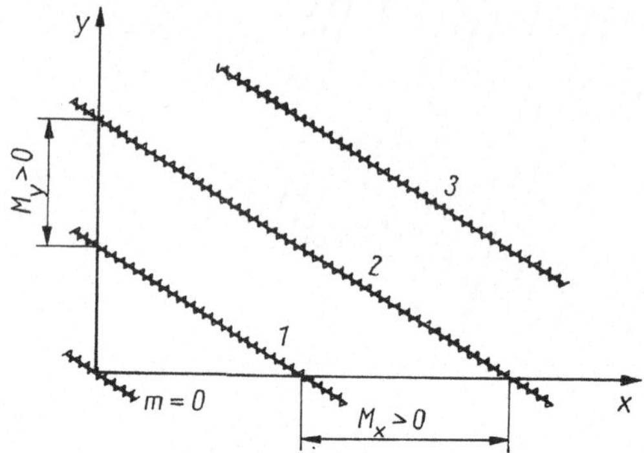

Bild 3.15. Charakteristische Moiréstreifenabstände M_x und M_y

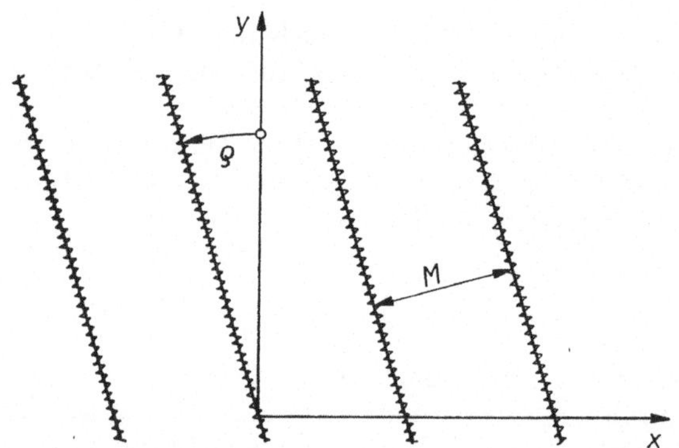

Bild 3.16. Neigung ϱ und Abstand M der Moiréstreifen

Wir können auch im allgemeinen Fall *charakteristische Moiréstreifenabstände* definieren und wählen hierfür die Abstände M_x bzw. M_y der Moiréstreifen auf der x- bzw. y-Achse (Bild 3.15). Die entsprechenden Ausdrücke lauten

$$M_x = \frac{-p}{(1 - v_{x,x}) \cdot \cos \xi - v_{y,x} \cdot \sin \xi - \dfrac{1}{1 + \delta} \cdot \cos (\xi + \Delta \xi)}$$

$$M_y = \frac{-p}{(1 - v_{y,y}) \cdot \sin \xi - v_{x,y} \cdot \cos \xi - \dfrac{1}{1 + \delta} \cdot \sin (\xi + \Delta \xi)}$$

$$(3.18)$$

M_x bzw. M_y sind dann positiv, wenn die Moiréstreifenordnung m in x- bzw. y-Richtung steigt.

Eine Vorstellung von der Lage der Moiréstreifen in der x,y-Ebene geben die *Neigung* ϱ der Streifen gegen die y-Achse und der *Abstand M* der Moiréstreifen (Bild 3.16):

$$\varrho = \arctan \frac{M_x}{M_y} \qquad -\frac{\pi}{2} \leqq \varrho \leqq \frac{\pi}{2} \tag{3.19}$$

$$M = \frac{M_x \cdot M_y}{\sqrt{M_x{}^2 + M_y{}^2}} \qquad M > 0 \tag{3.20}$$

Wir sehen, daß die Gln. (3.19) und (3.20) nicht eindeutig sind. M_x und M_y müssen daher stets experimentell bestimmt werden.

3.3.1.5.   Grundgleichungen des Isothetenverfahrens

Die in 3.3.1.4. unter sehr allgemeinen Voraussetzungen bereitgestellten Zusammenhänge wollen wir nun auf das Isóthetenverfahren als praktisch wichtigste Methode des Moiréverfahrens anwenden. Es zeichnet sich dadurch aus, daß der unverformte Objektraster und der Bezugsraster *identisch* sind, d. h., es gilt $\delta = \Delta\xi = 0$.

Zur vollständigen Analyse eines Deformationszustandes mit den vier Verschiebungsgradienten $v_{x,x} \ldots v_{y,y}$ sind zwei Objektraster erforderlich. Wegen der überragenden praktischen Bedeutung wollen wir uns auf den Fall beschränken, daß die beiden Objektraster die gleiche Teilung p haben und unter den Winkeln $\xi = 0°$ und $\xi = 90°$ orientiert sind.

Die die Schar der Moiréstreifen beschreibende Gl. (3.17) vereinfacht sich dadurch zu

$$\xi = 0°: \quad m \cdot p = x \cdot v_{x,x} + y \cdot v_{x,y}$$

$$\xi = 90°: \quad n \cdot p = x \cdot v_{y,x} + y \cdot v_{y,y}$$

Ein Vergleich mit den Gln. (3.1) zeigt, daß fernerhin

$$\xi = 0°: \quad m \cdot p = v_x \quad m = \ldots, -1, 0, 1, 2, \ldots$$

$$\xi = 90°: \quad n \cdot p = v_y \quad n = \ldots, -1, 0, 1, 2, \ldots \tag{3.21}$$

gilt. Jeder Moiréstreifen ist also bei dieser Versuchsanordnung der geometrische Ort aller Punkte mit gleicher kartesischer Verschiebungskomponente v_x oder v_y. Diese Moiréstreifen werden deswegen als *Isotheten* bezeichnet.

Die Gln. (3.18) für die charakteristischen Abstände der Moiréstreifen vereinfachen sich zu

$$\xi = 0°: \quad M_x = p/v_{x,x}$$

$$M_y = p/v_{x,y} \tag{3.22}$$

$$\xi = 90°: \quad N_x = p/v_{y,x}$$

$$N_y = p/v_{y,y} \tag{3.23}$$

Wir bemerken die Ähnlichkeit dieser Beziehungen zur Gl. (3.10) des eindimensionalen Falles. Folglich behält auch das grundlegende Empfindlichkeitsdiagramm von Bild 3.11 seine Gültigkeit.

3.3.1.6.   Mismatch-Effekte im zweidimensionalen Fall

Zunächst wollen wir den Einfluß der Größen δ und $\Delta\xi$ auf die Meßgenauigkeit der Verschiebungsgradienten untersuchen. Dabei interpretieren wir analog zur Vorgehensweise im eindimensionalen Fall δ als thermische Dehnung. $\Delta\xi$ hingegen entspricht einer ungewollten Bezugsrasterrotation.

Aus den allgemeinen Gln. (3.18) folgt mit $\Delta\xi = 0$:

$$\xi = 0°: \quad v_{x,x} = \frac{p}{M_x} + \frac{\delta}{1+\delta}$$

$$v_{x,y} = \frac{p}{M_y}$$

$$\xi = 90°: \quad v_{y,x} = \frac{p}{N_x}$$

$$v_{y,y} = \frac{p}{N_y} + \frac{\delta}{1+\delta}$$

$$(3.24)$$

Wir lesen zwei wesentliche Ergebnisse ab. Zum einen ist der Einfluß von δ auf die Genauigkeit von $v_{x,x}$ und $v_{y,y}$ der gleiche wie im eindimensionalen Fall, Gl. (3.12). Die dort gemachten Überlegungen behalten also einschließlich Tabelle 3.1 und Bild 3.13 ihre Gültigkeit. Andererseits werden die charakteristischen Streifenabstände M_y und N_x durch δ nicht verändert.

Die Erzeugung der v_x- und v_y-Isotheten erfolgt i. allg. dadurch, daß dem verzerrten Objektraster, der aus zwei Linienscharen unter den Winkeln $\xi = 0°$ und $\xi = 90°$ besteht, *nacheinander* ein Linien-Bezugsraster überlagert wird. Besteht dabei eine Positionierungenauigkeit von $\pm\Delta\xi$, so ergeben sich mit Hilfe der Gln. (3.18) die Beziehungen

$$\xi = 0°: \quad v_{x,x} = \frac{p}{M_x} + 1 - \cos\Delta\xi$$

$$v_{x,y} = \frac{p}{M_y} \mp \sin\Delta\xi$$

$$\xi = 90°: \quad v_{y,x} = \frac{p}{N_x} \pm \sin\Delta\xi$$

$$v_{y,y} = \frac{p}{N_y} + 1 - \cos\Delta\xi$$

$$(3.25)$$

Mit Hilfe der Tabelle 3.2 wird klar, daß die Verschiebungsgradienten $v_{x,x}$ und $v_{y,y}$ durch geringe Bezugsrasterverdrehungen praktisch nicht beeinflußt werden, die Schubverformung

$$\gamma_{xy} = v_{x,y} + v_{y,x}$$

dagegen den wesentlich größeren absoluten Fehler

$$\Delta\gamma_{xy} = 2 \cdot \sin|\Delta\xi|$$

Tabelle 3.2: Gegenüberstellung des Einflusses der Terme sin $\Delta\xi$ *und* $1 - \cos\Delta\xi$ *in den Gln.* (3.25)

$\Delta\xi$	0,0001°	0,001°	0,01°	0,1°	1°
sin $\Delta\xi$	$0,002 \cdot 10^{-3}$	$0,017 \cdot 10^{-3}$	$0,175 \cdot 10^{-3}$	$1,745 \cdot 10^{-3}$	$17,45 \cdot 10^{-3}$
$1 - \cos\Delta\xi$	$0,000 \cdot 10^{-3}$	$0,000 \cdot 10^{-3}$	$0,000 \cdot 10^{-3}$	$0,002 \cdot 10^{-3}$	$0,152 \cdot 10^{-3}$

aufweist. $\Delta\gamma_{xy}$ verschwindet nur dann, wenn der Bezugsraster beide Male um den gleichen Winkel $\Delta\xi$ falsch positioniert wurde, also eine Verdrehung um exakt 90° erfuhr.

Die grafische Darstellung des relativen Fehlers der Schubverformung γ_{xy} bei einer möglichen Bezugsrasterrotation von $\pm\Delta\xi$ nach Bild 3.17 weist nach, daß insbesondere bei kleinen Verformungen der Bezugsraster mit einer sehr hohen Genauigkeit positioniert werden muß.

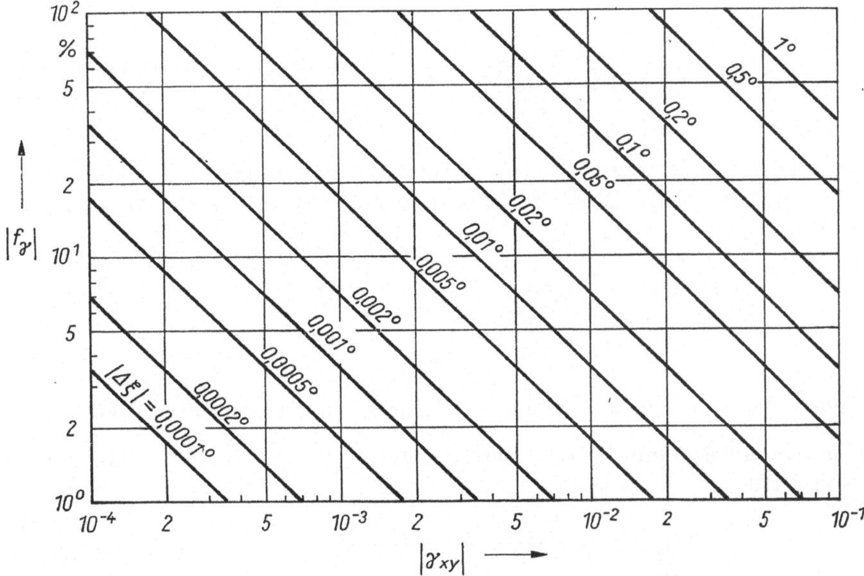

Bild 3.17. Abhängigkeit des relativen Fehlers f_γ der zu messenden Schubverformung γ_{xy} von γ_{xy} selbst und einer Positionierungenauigkeit $\Delta\xi$ des Bezugsrasters

Auch bei zweidimensionalen Aufgaben kann man, ähnlich wie im eindimensionalen Fall, Mismatch-Effekte zur Erhöhung der Moiréstreifendichte durch geeignete Wahl der Größen δ und $\Delta\xi$ erzeugen. Aus den Gln. (3.24) geht hervor, daß ein *Teilungs-Mismatch* (Bild 3.18b), erzeugt durch die Teilung $(1 + \delta)\,p$ des Bezugsrasters, sich nur auf die charakteristischen Abstände M_x und N_y auswirkt. M_y und N_x bleiben unverändert. Andererseits beeinflußt nach den Gln. (3.25) ein *Verdreh-Mismatch*, hervorgerufen durch die Verdrehung $\Delta\xi$ des Bezugsrasters, vorwiegend die Abstände M_y und N_x (Bild 3.18c).

Mit den allgemeinen Gln. (3.18) können wir beliebig *kombinierte Mismatch*-Effekte studieren. Das Moiréstreifenfeld ist dann sowohl in x- als auch in y-Richtung dicht (Bild 3.18d).

Wegen der gegenüber dem Isothetenverfahren geringeren Bedeutung wollen wir die Mismatch-Verfahren nicht weiter untersuchen.

3.3.1.7.   Verdrehmoiré

Wir wollen noch das zweite in 3.1. erwähnte Grundmoiré, das Verdrehmoiré, einer analytischen Betrachtung unterziehen. Verschwinden in den Gln. (3.18) die Verschiebungsgradienten und der Faktor δ, so ergeben sich für eine Rotation $\Delta\xi$ die charakteristischen Streifenabstände

$$M_x = \frac{-p}{\cos\xi - \cos(\xi + \Delta\xi)} = \frac{-p}{2\sin\left(\xi + \dfrac{1}{2}\Delta\xi\right)\cdot\sin\dfrac{1}{2}\Delta\xi}$$

$$M_y = \frac{-p}{\sin\xi - \sin(\xi + \Delta\xi)} = \frac{p}{2\cos\left(\xi + \dfrac{1}{2}\Delta\xi\right)\cdot\sin\dfrac{1}{2}\Delta\xi}$$

$$(3.26)$$

Das Verdrehmoiré eignet sich gut für eine empfindliche Winkelmessung. Gl. (3.20) liefert mit den Gln. (3.26) für den Streifenabstand M die von ξ unabhängige Beziehung

$$M = \frac{p}{2\cdot\sin\dfrac{1}{2}|\Delta\xi|} \qquad (3.27)$$

Wegen der Linearität von $\sin\dfrac{1}{2}\Delta\xi$ für kleine $\Delta\xi$ beschreibt Gl. (3.27) analog zum Teilungsmoiré ebenfalls eine näherungsweise geltende hyperbolische Abhängigkeit (Bild 3.19).

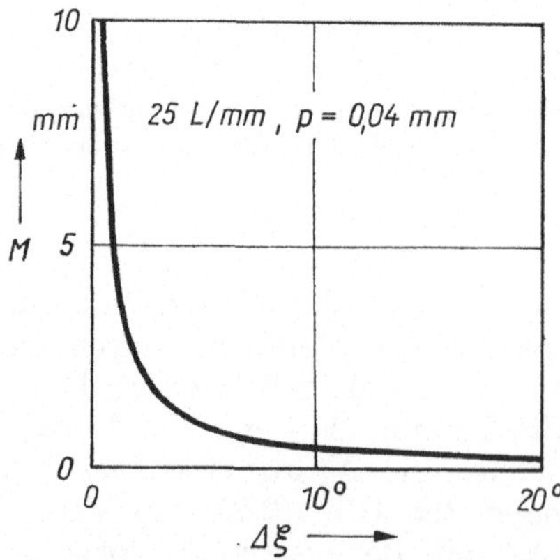

Bild 3.19. Abhängigkeit des Moiréstreifenabstandes M beim Verdrehmoiré vom Verdrehwinkel $\Delta\xi$

3.3.2.   Analyse des Moiréeffekts bei inhomogener Deformation

Bisher hatten wir der Anschauung halber bei der mathematischen Analyse des Moiréeffekts stets einen homogenen Deformationszustand vorausgesetzt. Im Ergebnis dessen ergab sich immer ein äquidistantes System gerader Moiréstreifen. Wir hatten auch darauf hingewiesen, daß bei technischen Problemstellungen mit i. allg. inhomogenen Deformationsfeldern nichtäquidistante und gekrümmte Moiréstreifensysteme entstehen. Die in den vorangegangenen Abschnitten abgeleiteten Gleichungen und Diagramme sind dann weiter exakt gültig, wenn in ihnen die charakteristischen Abstände folgendermaßen ersetzt werden:

$$\frac{1}{M_x} \to m_{,x} = \frac{\partial m(x,\,y)}{\partial x}$$

$$\frac{1}{M_y} \to m_{,y} = \frac{\partial m(x,\,y)}{\partial y}$$

$$\frac{1}{N_x} \to n_{,x} = \frac{\partial n(x,\,y)}{\partial x} \tag{3.28}$$

$$\frac{1}{N_y} \to n_{,y} = \frac{\partial n(x,\,y)}{\partial y}$$

Dies beweist unmittelbar der aus der Definition der charakteristischen Abstände abgeleitete Zusammenhang

$$\frac{\partial m}{\partial x} \approx \frac{\Delta m}{\Delta x} = \frac{1}{M_x}\bigg|_{\substack{\text{für } \Delta m = 1 \\ \Delta x = M_x}}$$

Aus einer einfachen geometrischen Analyse (Bild 3.20) folgt ferner, daß auch dann, wenn die Deformation inhomogen ist, entlang einer Isothete die entsprechende Komponente des Verschiebungsvektors konstant ist. Bild 3.20 zeigt die Überlagerung eines verzerrten Objektrasters (Linien mit $k = 0, 1, 2, \ldots$) mit einem Bezugsraster (Linien mit $l = 0, 1, 2, \ldots$). Moiréstreifen, entlang derer die Parameterdifferenz $m = l - k$ konstant ist, sind der geometrische Ort aller der Punkte, die die gleiche Verschiebung normal zu den Bezugsrasterlinien erfahren haben. Somit gelten auch bei inhomogener Deformation die Gln. (3.21), $v_x = m \cdot p$ und $v_y = n \cdot p$, streng.

3.3.3.   Auswertung von Isothetenfeldern

Im weiteren wollen wir uns der Interpretation von Isothetenfeldern zuwenden. Diese Aufgabe gliedert sich in zwei Teile: das Numerieren der experimentell gewonnenen Isothetenfelder und das Ermitteln der Deformationen durch grafische oder numerische Differentiation.

3.3.3.1.   Numerieren von Isothetenfeldern

Bisher hatten wir die Ordnung m eines Moiréstreifens als die Differenz $l - k$ der Parameter von Objekt- und Bezugsraster (Gl. 3.7) definiert. Da jedoch i. allg. bei einem Moirébild die Strukturen von Objekt- und Bezugsraster nicht mehr erkennbar

9*

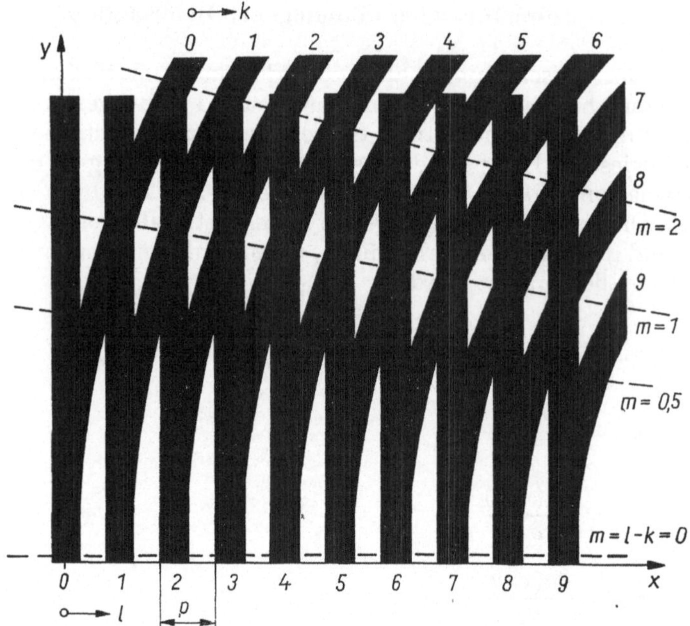

Bild 3.20. Isothetenverfahren bei inhomogener Deformation (v_x-Isotheten)

sind, kann m auch nicht definitionsgemäß durch Abzählen von l und k bestimmt werden.

Andererseits haben wir gesehen, daß speziell beim Isothetenverfahren der Ordnung m bzw. n eine einfache mechanische Bedeutung zukommt: Für $\xi = 0°$ bzw. $90°$ verbinden die Moiréstreifen Orte, an denen die Komponenten v_x bzw. v_y des Verschiebungsvektors konstant sind. Es ist daher zweckmäßig, bei der Bestimmung der Isothetenordnungen, dem *Numerieren*, auf Eigenschaften der Verschiebungen v_x und v_y Bezug zu nehmen.

Die Verschiebungsfelder $v_x(x, y)$ und $v_y(x, y)$ sind in der Kontinuumsmechanik i. allg. stetige und eindeutige Funktionen der Koordinaten. Hieraus leiten sich einige charakteristische Eigenschaften der Isothetenfelder ab:

1. Die Isotheten bilden im untersuchten Gebiet entweder geschlossene Kurven oder verlaufen von Rand zu Rand.
2. Isotheten unterschiedlicher Ordnungen dürfen sich nicht schneiden.
3. Benachbarte Isotheten unterscheiden sich in ihren Ordnungen nur um $-1, 0$ oder $+1$.

Bei vielen Aufgaben ist es möglich, die Ordnungen aus der Anschauung heraus oder anhand von Randbedingungen festzulegen. Wir wollen dies an einem *Beispiel* erläutern. Bild 3.21 zeigt die Isothetenfelder einer diametral gedrückten Kreisscheibe. Als Randbedingung ist aus dem Lastfall abzulesen, daß der Auflagepunkt der Kreisscheibe auf der starren Unterlage die Verschiebung $v_y = 0$ erfährt. Außerdem verschieben sich infolge der Druckkraft F die Teilchen der Kreisscheibe in die negative y-Richtung. Damit ergibt das Numerieren die Isothetenordnungen von Bild 3.21a.

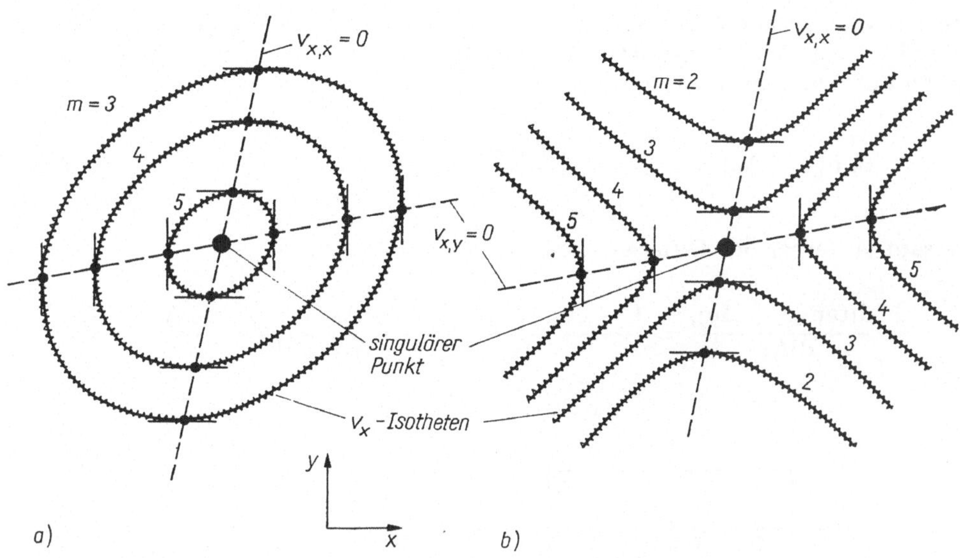

Bild 3.22. Spezielle und singuläre Punkte eines Isothetenfeldes
a) lokales Maximum b) Sattelpunkt

Unter Annahme der Bedingung, daß der Mittelpunkt der Kreisscheibe unverrückt bleibt, folgt mit den gleichen Überlegungen die Numerierung der Isotheten nach Bild 3.21b. Für beide Koordinatensysteme gilt die Numerierung der v_x-Isotheten nach Bild 3.21c.

Die Ordnungen der einzelnen Isotheten in den Bildern 3.21a und 3.21b unterscheiden sich jeweils um den gleichen Summanden. Dies entspricht einer *Starrkörperverschiebung* der Kreisscheibe in die y-Richtung. Für das Deformationsfeld eines Festkörpers ist jedoch eine Starrkörperverschiebung ohne Bedeutung, da sich z. B. der Verschiebungsgradient $v_{y,y}$ durch Hinzufügen eines konstanten Summanden zur Funktion $v_y(y)$ nicht ändert. Wir können daraus verallgemeinernd schlußfolgern, daß dann, wenn die absoluten Größen der Verschiebungen nicht von Interesse sind, wenn also die Verschiebungsgradienten bzw. Deformationen gesucht sind, der Nullpunkt eines Isothetenfeldes beliebig gewählt werden kann. Ebenfalls spielt es keine Rolle, ob wir die ganzen Ordnungen den hellen oder dunklen Moiréstreifen zuweisen.

Direkt aus den Isothetenfeldern ablesbar sind *spezielle Punkte*, an denen die Verschiebungsgradienten verschwinden. Dort muß die Tangente an die Isothete parallel zu einer Koordinatenrichtung sein (Bild 3.22). In der Nähe *singulärer Punkte*, an denen $v_{x,x} = v_{x,y} = 0$ oder $v_{y,x} = v_{y,y} = 0$ gilt, verlaufen die Isotheten in charakteristischer Weise, je nach dem, ob das Verschiebungsfeld dort ein lokales Minimum oder Maximum (Bild 3.22a) oder einen Sattelpunkt (Bild 3.22b) bildet.

Mit Hilfe der speziellen und singulären Punkte wird ein Isothetenfeld in Gebiete eingeteilt, in denen das Vorzeichen der Verschiebungsgradienten nicht wechselt. Das Numerieren der Isotheten ist nun leicht möglich, wenn die Vorzeichen gewisser Verschiebungsgradienten an einzelnen Punkten vorher ermittelt werden. Wir wollen daher nachfolgend eine experimentelle Methode zur *Vorzeichenbestimmung* für das Feld der v_x-Isotheten ableiten. Die Ergebnisse gelten analog für das Feld der v_y-Isotheten.

Betrachten wir hierzu die Veränderung $\Delta\varrho$ der Neigung ϱ der Moiréstreifen bei einer geringen Drehung des Bezugsrasters um den Winkel $\Delta\xi$. Für die v_x-Isotheten ergibt sich dann mit den Gln. (3.18) und (3.19) die Beziehung

$$\tan\,(\varrho + \Delta\varrho) = \frac{v_{x,y} + \sin\,\Delta\xi}{v_{x,x} - (1 - \cos\,\Delta\xi)} \tag{3.29}$$

Interessant ist ferner der Differentialquotient von Gl. (3.29)

$$\frac{\mathrm{d}\{\tan\,(\varrho + \Delta\varrho)\}}{\mathrm{d}\{\Delta\xi\}} = \frac{1 - \cos\,\Delta\xi + v_{x,x}\cdot\cos\,\Delta\xi + v_{x,y}\cdot\sin\,\Delta\xi}{[v_{x,x} - (1 - \cos\,\Delta\xi)]^2}$$

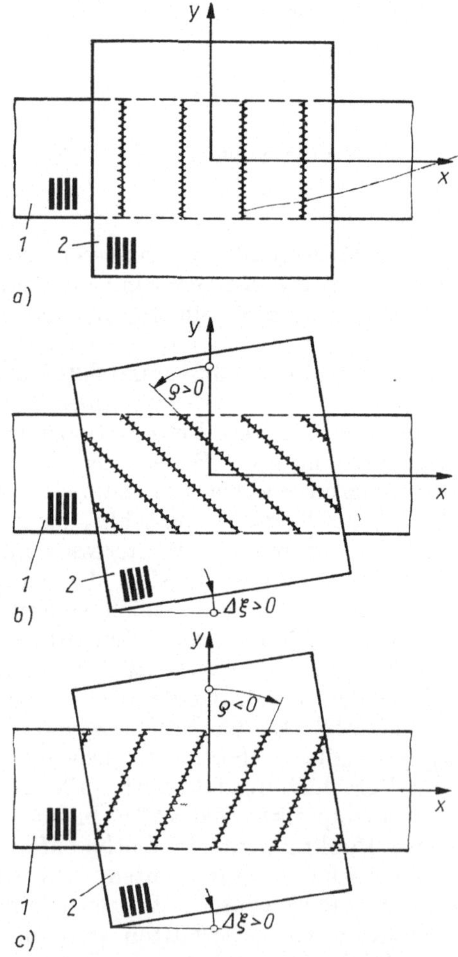

Bild 3.23. Vorzeichenbestimmung durch Bezugsrasterrotation
1 Probe mit Objektraster, 2 Bezugsraster
a) ohne Rotation b) $\Delta\xi > 0$, $\varrho > 0$, Zugstab c) $\Delta\xi > 0$, $\varrho < 0$, Druckstab

der am Beginn einer Bezugsrasterrotation, also bei $\Delta\xi = 0$, die Gestalt

$$\frac{\mathrm{d}\{\tan(\varrho + \Delta\varrho)\}}{\mathrm{d}\{\Delta\xi\}}\bigg|_{\Delta\xi=0} = \frac{1}{v_{x,x}} \tag{3.30}$$

annimmt. Gl. (3.30) erlaubt es, bei einem genügend kleinen $|\Delta\xi|$ die Zusammenhänge

$$v_{x,x} > 0: \quad \Delta\xi > 0, \quad \Delta\varrho > 0 \quad \text{und} \quad \Delta\xi < 0, \quad \Delta\varrho < 0$$

$$v_{x,x} < 0: \quad \Delta\xi > 0, \quad \Delta\varrho < 0 \quad \text{und} \quad \Delta\xi < 0, \quad \Delta\varrho > 0$$

abzulesen. Drehen sich also bei einer *Bezugsrasterrotation* Moiréstreifen und Bezugsraster gleichsinnig, so gilt unabhängig von $v_{x,y}$ stets $v_{x,x} > 0$ und damit $M_x > 0$, andernfalls sind $v_{x,x}$ und M_x negativ (Bild 3.23). Hierfür sind bei kleinen Verschiebungsgradienten kleine Verdrehwinkel $\Delta\xi$ bei großen Gradienten große $\Delta\xi$ erforderlich.

Betrachten wir als *Beispiel* die Isothetenfelder eines Balkens bei reiner Biegung (Bild 3.24). Nach Verbinden der speziellen Punkte ergeben sich diejenigen Linien, an denen die Ableitungen der Ordnungen das Vorzeichen wechseln. Der Koordinatenursprung ist sowohl für die v_x- als auch für die v_y-Isotheten ein singulärer Punkt. Ein Vergleich mit Bild 3.22 zeigt, daß die v_x-Isotheten dort einen Sattelpunkt, die v_y-Isotheten ein Minimum oder Maximum bilden. Durch Bezugsrasterrotation hinsichtlich eines Ortes $x = 0$, $y > 0$ finden wir, daß dort $m_{,x} > 0$ und $n_{,y} < 0$ gilt. Damit ergibt sich eindeutig die Numerierung von Bild 3.24.

3.3.3.2. Ermittlung der Deformationen

Nach dem Numerieren der Isothetenfelder sind uns die Verschiebungen v_x und v_y, nicht jedoch die Deformationen ε_x, ε_y und γ_{xy} bekannt.

In einer ersten Näherung ergeben sich für ein Teilchen in der x,y-Ebene die Deformationsgrößen ε_x, ε_y und γ_{xy} aus den oben am *homogenen* Deformationszustand abgeleiteten Gln. (3.22) und (3.23) sowie den allgemeinen Verschiebungs-Verzerrungs-Beziehungen (1.18) zu

$$\varepsilon_x = p \cdot \frac{1}{M_x}$$

$$\varepsilon_y = p \cdot \frac{1}{N_y} \tag{3.31}$$

$$\gamma_{xy} = p \cdot \left(\frac{1}{M_y} + \frac{1}{N_x}\right)$$

Die vorzeichenbehafteten Größen $M_x \ldots N_y$ sind die leicht meßbaren Abstände der Isotheten in Koordinatenrichtung (Bild 3.15). Die Näherung ist um so genauer, je besser in der Umgebung des Teilchens die Felder der v_x- und v_y-Isotheten Scharen äquidistanter und gerader Linien bilden.

Für *inhomogene* Deformationszustände, wenn also Äquidistanz und Parallelität der Isotheten nicht vorausgesetzt werden können, folgen nach den Überlegungen von

3.3.2. aus den Gln. (3.31) die wichtigen Beziehungen

$$\varepsilon_x = p \cdot m_{,x}$$

$$\varepsilon_y = p \cdot n_{,y} \tag{3.32}$$

$$\gamma_{xy} = p \cdot (m_{,y} + n_{,x})$$

die zeigen, daß an jedem Ort, an dem ε_x, ε_y und γ_{xy} interessieren, die Ableitungen $m_{,x} \dots n_{,y}$ zu bilden sind.

Wir wissen, daß auch dann Moiréstreifen entstehen, wenn der Objektraster sich in kontinuumsmechanischem Sinne nicht deformiert, sondern lediglich eine *Rotation* als starrer Körper erfährt. Deshalb ist für die Auswertung nach den Gln. (3.31) und (3.32) zu fordern, daß die Verschiebungsgradienten $v_{x,x} \dots v_{y,y}$ „klein" sind. Für den technisch bedeutsamen Fall kleiner Deformationen bei vergleichsweise großen Rotationen, z. B. bei schlanken Biegestäben, ist es möglich, bezüglich eines einzelnen Punktes in der x,y-Ebene den Effekt der Rotation durch Drehung des Bezugsrasters in die gleiche Richtung zu kompensieren.

3.3.3.3.   Grafische und numerische Differentiation von Isothetenfeldern

Einen grundlegenden Algorithmus zum Gewinnen der Differentialquotienten $m_{,x} \dots n_{,y}$ in den Gln. (3.32) mit Hilfe der *grafischen* Differentiation zeigt Bild 3.25. Am Knoten K mit den Koordinaten x_K und y_K sind parallel zu den Koordinatenrichtungen zwei Geraden gelegt und entlang diesen Schichten die Verläufe $m(x, y_K = \text{konst})$ und $m(y, x_K = \text{konst})$ gezeichnet. Um den Einfluß zufälliger Meßfehler zu unterdrücken und glatte, nicht oszillierende Verläufe zu erhalten, sollen die Meßpunkte lediglich in der Nähe, aber nicht unbedingt auf der Kurve liegen. Die Ableitungen $m_{,x}$ und $m_{,y}$ sind nun die Anstiege der Tangenten im Knoten K an diese Kurven. In gleicher Weise ist am Knoten K das Feld der v_y-Isotheten zu analysieren, um $n_{,x}$ und $n_{,y}$ bereitzustellen. Diese leicht durchführbare Methode der grafischen Differentiation liefert praktisch brauchbare Ergebnisse, erfordert aber einen erheblichen manuellen Aufwand und ist deswegen nur für die Analyse einzelner Punkte eines Feldes effektiv.

Große Bedeutung besitzen die Methoden der *numerischen* Differentiation von Isothetenfeldern. Dabei ist klar, daß zum Bilden der Ableitungen $m_{,x} \dots n_{,y}$ nur eine gewisse Umgebung des Knotens K betrachtet werden muß. Wir wollen deshalb in der Nähe von K die Meßwerte einer Schicht durch einen analytischen Ausdruck, der wie bei der grafischen Differentiation ausgleichenden und nicht interpolierenden Charakter haben soll, verbinden (Bild 3.26). Gut geeignet für diese Art der *lokalen Approximation* ist eine Parabel. Dabei sollen N ($N \geq 3$) in der Umgebung des Knotens K liegende Meßwertpaare (x_i, m_i) berücksichtigt werden. Weiter ist es zweckmäßig, die bezüglich des Knotens K lokale Koordinate $\bar{x}$ (Bild 3.26) und hiermit $\bar{x}_i = x_i - x_K$ einzuführen. Zur Ermittlung des Gradienten $m_{,x}$ (oder sinngemäß für $m_{,y}$, $n_{,x}$, $n_{,y}$) machen wir den Ansatz

$$m(\bar{x}) = A \cdot (\bar{x}^2 + a\bar{x} + b) + B \cdot (\bar{x} + c) + C$$

mit den freien Parametern A, B und C sowie den vorerst noch unbekannten Konstanten a, b und c. Eine Minimierung der Abweichungen zwischen den Meßwerten und der Ausgleichskurve $m(\bar{x})$ vermittelt das Prinzip des *Gauß*schen Fehlerquadrat-

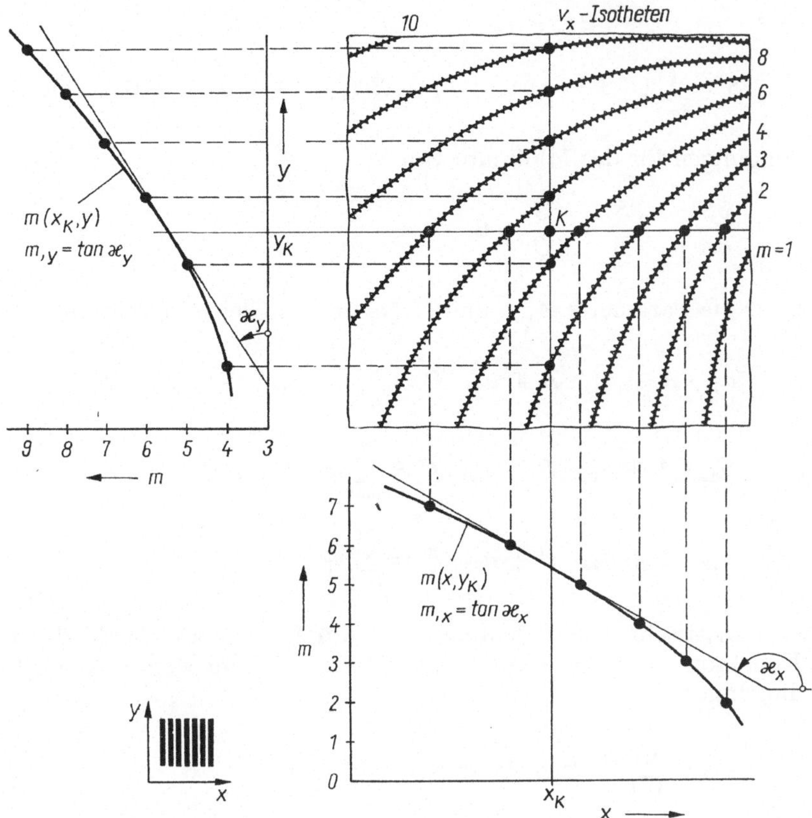

Bild 3.25. Grafische Differentiation eines Isothetenfeldes am Knoten K

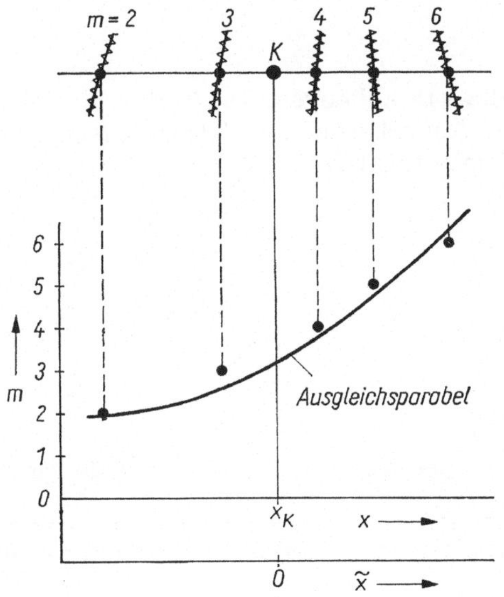

Bild 3.26. Numerische Differentiation durch lokale Approximation mit Hilfe einer Ausgleichsparabel

minimums

$$S = \sum_{i=1}^{N} [A(\tilde{x}_i{}^2 + a\tilde{x}_i + b) + B(\tilde{x}_i + c) + C - m_i]^2 \to \text{Min}$$

Die Bedingungen für das Minimum von S

$$\frac{\partial S}{\partial A} = \frac{\partial S}{\partial B} = \frac{\partial S}{\partial C} = 0$$

ergeben für die Parameter A, B und C das lineare Gleichungssystem

$$a_{11} \cdot A + a_{12} \cdot B + a_{13} \cdot C = \sum_{i=1}^{N} m_i \cdot (\tilde{x}_i{}^2 + a \cdot \tilde{x}_i + b)$$

$$a_{12} \cdot A + a_{22} \cdot B + a_{23} \cdot C = \sum_{i=1}^{N} m_i \cdot (\tilde{x}_i + c)$$

$$a_{13} \cdot A + a_{23} \cdot B + a_{33} \cdot C = \sum_{i=1}^{N} m_i$$

dessen symmetrische Koeffizientenmatrix durch geeignete Wahl der noch verfügbaren Konstanten a, b und c auf Diagonalform gebracht werden kann. Das führt auf die Bedingungen

$$a_{12} = \sum_{i=1}^{N} (\tilde{x}_i + c)\,(\tilde{x}_i{}^2 + a\tilde{x}_i + b) = 0$$

$$a_{13} = \sum_{i=1}^{N} (\tilde{x}_i{}^2 + a\tilde{x}_i + b) = 0$$

$$a_{23} = \sum_{i=1}^{N} (\tilde{x}_i + c) = 0$$

die nur von den Orten $\tilde{x}_i$ der Meßwerte abhängen. Diese Prozedur sichert auch in ungünstigen Fällen die numerische Auflösbarkeit des Gleichungssystems[1]). Mit den verbleibenden Gliedern der Koeffizientenmatrix

$$a_{11} = \sum_{i=1}^{N} (\tilde{x}_i{}^2 + a\tilde{x}_i + b)^2$$

$$a_{22} = \sum_{i=1}^{N} (\tilde{x}_i + c)^2 \tag{3.33}$$

$$a_{33} = N$$

erhalten wir nach einigen Umformungen folgenden Ablauf zur Berechnung von $m_{,x}$

---

[1]) Algorithmen für elementare Ausgleichsmodelle / *Späth, H.* — München; Wien, 1973. — 166 S.

und auch m am Knoten K:

1. Schritt: $c = -\dfrac{1}{N} \sum\limits_{i=1}^{N} \tilde{x}_i$

$$a = -\frac{\sum\limits_{i=1}^{N} \tilde{x}_i{}^2 \cdot (\tilde{x}_i + c)}{\sum\limits_{i=1}^{N} \tilde{x}_i \cdot (\tilde{x}_i + c)} \tag{3.34}$$

$$b = a \cdot c - \frac{1}{N} \sum\limits_{i=1}^{N} \tilde{x}_i{}^2$$

2. Schritt: $A = \dfrac{1}{a_{11}} \sum\limits_{i=1}^{N} m_i(\tilde{x}_i{}^2 + a\tilde{x}_i + b)$

$$B = \frac{1}{a_{22}} \sum\limits_{i=1}^{N} m_i \cdot (\tilde{x}_i + c) \tag{3.35}$$

$$C = \frac{1}{a_{33}} \sum\limits_{i=1}^{N} m_i$$

3. Schritt: $m(x_K) = m(\tilde{x} = 0) = A \cdot b + B \cdot c + C$

$$m_{,x}(x_K) = m_{,\tilde{x}}(\tilde{x} = 0) = A \cdot a + B. \tag{3.36}$$

Die Gln. (3.33) bis (3.36) stellen einen leicht programmierbaren und vielfältig anwendbaren Algorithmus zur numerischen Differentiation von Meßwerten, die mit zufälligen Fehlern behaftet sind, dar. Bei der Differentiation von Isothetenfeldern sind gute Ergebnisse zu erwarten, wenn links und rechts des Knotens 2 oder 3 Meßwerte ($N = 4 \ldots 6$) berücksichtigt werden (Bild 3.26). Liegen jedoch die N Meßwerte alle auf einer Seite von K, wie beim Bilden der Ableitung in Richtung des Randes, so verschlechtert sich die Genauigkeit erheblich.
Der dargestellte Algorithmus erlaubt eine rechnergestützte Analyse umfangreicher Isothetenfelder, wenn das entsprechende Gebiet durch ein quadratisches Netz

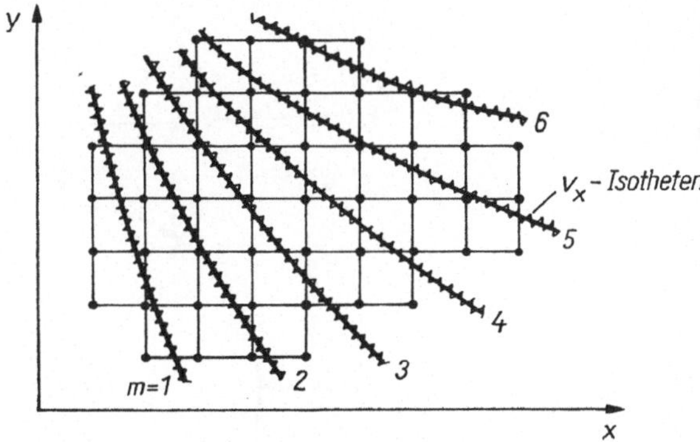

Bild 3.27. Diskretisierung eines Isothetenfeldes durch ein quadratisches Netz
Als Meßwerte müssen die Schnittpunkte der Isotheten mit den Schichten
$y = $ konst und $x = $ konst ermittelt werden

(Bild 3.27) diskretisiert wird. Die sukzessive lokale Approximation der Isothetenverläufe in der Umgebung jedes Knotens liefert für die Knoten die Verschiebungen und Deformationen. Ein geeignetes Stoffgesetz ergibt dann den Spannungszustand an den Knoten.

3.3.3.4.   Auswertung am Rand

Bei technischen Aufgabenstellungen liegen Orte maximaler Beanspruchung vorwiegend an lastfreien Rändern. Ähnlich wie in der Spannungsoptik kommt deshalb dem Auswerten am Rand besondere Bedeutung zu, wobei das Isothetenverfahren die Dehnung ε_t in Tangentenrichtung liefert.
Betrachten wir den Punkt P eines beliebig orientierten Randes in der x,y-Ebene (Bild 3.28), so können in P natürlich mit den Gln. (3.32) die Komponenten ε_x, ε_y und γ_{xy} des Verformungszustandes ermittelt werden, die nach Einsetzen in die Transformationsgleichungen (1.26) die Tangentialdehnung ε_t ergeben. Da es sich bei P um einen Randpunkt handelt, stellt allerdings die grafische oder numerische Differentiation die Ableitungen $m,_x \ldots n,_y$ nur mit geringerer Genauigkeit bereit. Gehen wir hingegen von der in Richtung der Tangente x_t zeigenden Verschiebung v_t

$$v_t(x_t) = v_x(x_t) \cdot \cos \varphi + v_y(x_t) \cdot \sin \varphi$$

aus, so erhalten wir für $\varepsilon_t = \dfrac{\partial v_t}{\partial x_t}$ im Punkt P den Ausdruck

$$\varepsilon_t|_P = p \cdot \left(\frac{\partial m}{\partial x_t}\bigg|_P \cdot \cos \varphi + \frac{\partial n}{\partial x_t}\bigg|_P \cdot \sin \varphi \right) \tag{3.37}$$

bei dem nur in Tangentenrichtung zu differenzieren ist.
Bei geraden geneigten Rändern gestattet die einmalige Aufnahme der Meßwerte $m(x_t)$ und $n(x_t)$ die Ermittlung von ε_t nach Gl. (3.37) an beliebigen Randpunkten.
Spannungskonzentrationen treten häufig an Rändern auf, die kreisbogenförmige Gestalt haben. An derartigen Kerben ist eine Meßwerterfassung und -verarbeitung in *Polarkoordinaten* zweckmäßig (Bild 3.29). Die Dehnung ε_φ in Umfangsrichtung

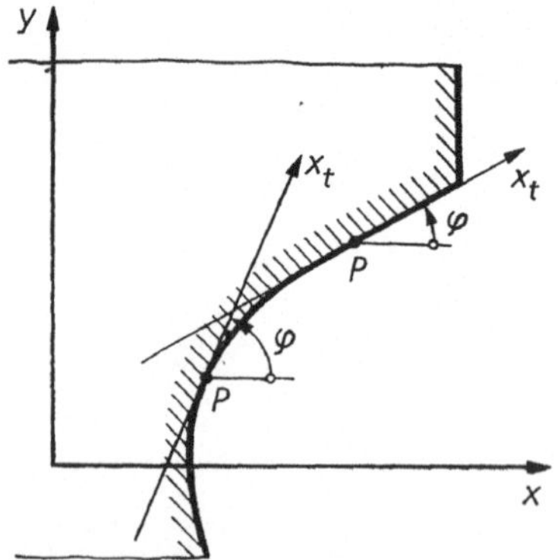

Bild 3.28. Auswertung eines Isothetenfeldes
an einem geneigten Rand

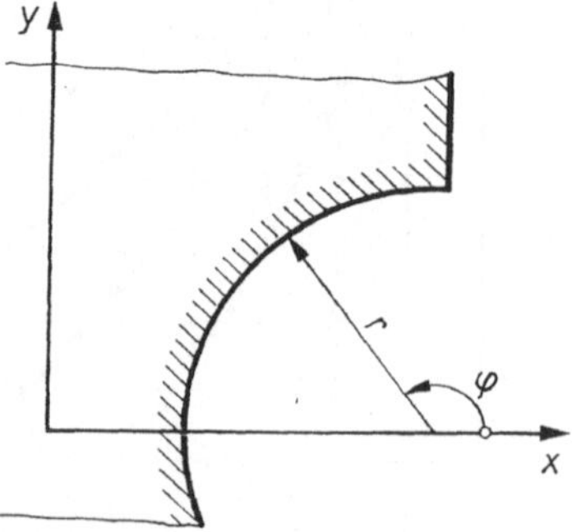

Bild 3.29. Auswertung eines Isothetenfeldes
in Polarkoordinaten

ergibt sich aus den Verschiebungen v_r und v_φ in Radial- bzw. Umfangsrichtung

$$v_r(\varphi) = v_x(\varphi) \cdot \cos\varphi + v_y(\varphi) \cdot \sin\varphi$$

$$v_\varphi(\varphi) = -v_x(\varphi) \cdot \sin\varphi + v_y(\varphi) \cdot \cos\varphi$$

mit der betreffenden Gl. (1.20)

$$\varepsilon_\varphi = \frac{1}{r}\frac{\partial v_\varphi}{\partial \varphi} + \frac{v_r}{r}$$

$$= \frac{1}{r} \cdot \left[\frac{\partial(-v_x \cdot \sin\varphi + v_y \cdot \cos\varphi)}{\partial\varphi} + v_x \cdot \cos\varphi + v_y \cdot \sin\varphi \right]$$

$$= \frac{1}{r} \cdot \left(-\frac{\partial v_x}{\partial\varphi} \cdot \sin\varphi + \frac{\partial v_y}{\partial\varphi} \cdot \cos\varphi \right)$$

zu

$$\varepsilon_\varphi = \frac{p}{r} \cdot \left(-\frac{\partial m}{\partial\varphi} \cdot \sin\varphi + \frac{\partial n}{\partial\varphi} \cdot \cos\varphi \right) \tag{3.38}$$

Mit einem Satz Meßwerte $m(\varphi)$ und $n(\varphi)$ ist dann der Verlauf $\varepsilon_\varphi(\varphi)$ und damit auch die aus den Isothetenfeldern nicht unmittelbar ablesbare Lage des Maximums angebbar.

3.3.4.   Versuchstechnik des Isothetenverfahrens

Wegen der hohen Liniendichte der für das Isothetenverfahren erforderlichen Raster, vgl. das Empfindlichkeitsdiagramm nach Bild 3.11, ist eine ausgefeilte Versuchstechnik unumgänglich. In diesem Abschnitt werden einige grundlegende und zugleich praktisch anwendbare Präparationstechniken dargelegt. Es sei jedoch darauf hingewiesen, daß der Leser Vielfalt und Schwierigkeitsgrad der experimentellen Techniken erst nach Studium der einschlägigen Spezialliteratur [3.1], [3.5], [3.6], [3.7], [3.9] und [3.10] überblicken wird.

3.3.4.1.   Originalraster

Wichtigste Voraussetzung für die versuchstechnische Realisierung des Moiréverfahrens sind geeignete Originalraster oder hochwertige Kopien. Im Interesse einer leichten Kopierbarkeit sollten Raster für das Moiréverfahren Amplitudenraster mit lichtundurchlässigen Linien und freien Lücken sein. Wenig geeignet sind die für Auflichtuntersuchungen vorgesehenen spektroskopischen Beugungsgitter mit einem bestimmten Furchenprofil.
In klassischer Weise werden Originalraster (Bild 3.30) von der optischen Industrie auf mechanischen Teilmaschinen gefertigt. Der Herstellungsprozeß erfolgt Linie für Linie durch Gravieren in massives Material, z. B. Glas, oder durch Abtragen dünner Metallschichten auf Glas. Es ist dabei technisch möglich, hochgenaue Teilungen über 1000 Linien/mm in dem für das Moiréverfahren ausreichenden Format 100×100 mm zu erhalten. Die Kosten dieser Originale liegen sehr hoch.

Gegenwärtig gewinnen weitere Herstellungsverfahren an Bedeutung. Bei der interferenzoptischen Erzeugung von Rastern überlagern sich zwei verschieden geneigte ebene Wellen, die wegen der erforderlichen Kohärenz von einem Laser ausgehen. Die entstehenden äquidistanten geraden Interferenzstreifen bilden den Raster und werden durch ein lichtempfindliches Medium (Fotoplatte, Fotolack) aufgezeichnet. Interessante Möglichkeiten, Originalraster herzustellen, bieten Präzisionsgeräte der Mikroelektronik, die für die Strukturübertragung auf Halbleiterscheiben oder Masken vorgesehen sind, wie Fotorepeater oder elektronenoptische Belichtungsanlagen.
Bei der Beschaffung von Rastern für das Moiréverfahren spielen Genauigkeitsanforderungen eine wichtige Rolle. Eine qualitative Prüfung kann leicht anhand von Verdrehmoirés mit verschiedenen Verdrehwinkeln erfolgen. Bei systematischen oder periodischen Fehlern verlaufen die Moiréstreifen nicht äquidistant bzw. gerade oder haben eine innere Struktur (Bild 3.31). Im Gegensatz dazu beeinflussen geringe zufällige Fehler oder vereinzelte Defekte in der Rasterstruktur das Moirébild praktisch

nicht. Vereinfachend können wir sagen, daß Raster mit Lageabweichungen unter $\frac{1}{10}\,p$ gute Moirébilder erwarten lassen.

3.3.4.2.   Rasterkopiertechniken

Nach 3.3.1.6. ist es zweckmäßig, als Objektraster Kreuz- oder Punktraster und als Bezugsraster nur Linienraster zu benutzen. Um Teilungsunterschiede auszuschließen, sollten alle Rastertypen die gleiche Rastervorlage zum Ausgang haben. Dieser Gesichtspunkt und die schonende Behandlung der industriell hergestellten wertvollen Originale erfordern daher folgende Kopiervorgänge:

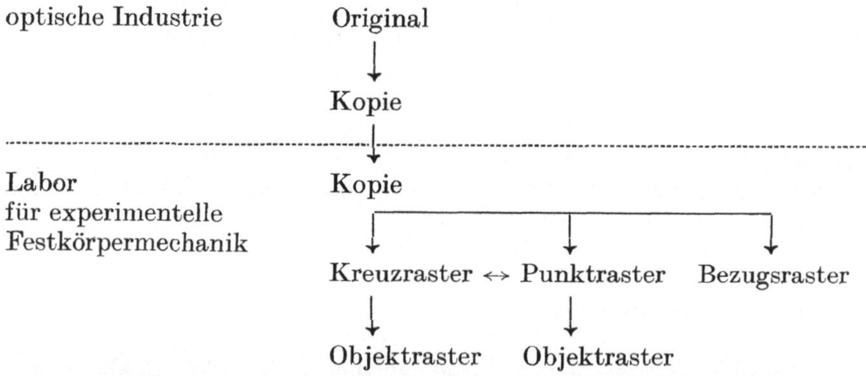

Die Raster aller Zwischenstufen müssen wieder als Kopiervorlage geeignet sein und dürfen deshalb weder Genauigkeitsverlust noch bedeutende Unsauberkeiten aufweisen.
Das *Kopieren* erfolgt am günstigsten *im Kontakt*, wobei der durch die Struktur der Rastervorlage modulierte Lichtstrom auf eine lichtempfindliche Schicht einwirkt. Wir belichten dazu in einem Vakuum-Kopierrahmen (Bild 3.32), der im wesentlichen aus einer Deckglasplatte und einer Gummimembran besteht. Zwischen beide legen wir das Kopiergut ein und evakuieren anschließend. Rasterfläche der Kopiervorlage und lichtempfindliche Schicht werden dadurch in innigen Kontakt gebracht.
Bezüglich der lichtempfindlichen Schichten wollen wir uns auf Silber-Gelatine-Emulsionen und Fotokopierlacke beschränken. Erstere dienen industriell zur Her-

stellung von Fotomaterialien wie Platten und Filme, die besonders für Bezugsraster Verwendung finden. Fotokopierlacke sind dagegen für die Verarbeitung beim Anwender vorgesehen und hervorragend für das Kopieren von Rastern mit hoher Liniendichte geeignet.

Wir wollen kurz die *Fotokopierlacktechnik* skizzieren. Entsprechend den fotochemischen Reaktionen unterscheidet man Negativ- und Positivkopierlacke. Bei Negativkopierlacken verursacht die Belichtung eine Vernetzung der Moleküle. Dadurch geht die ursprünglich vorhandene leichte Löslichkeit in organischen Flüssigkeiten verloren, der Entwickler löst lediglich die unbelichteten Teile heraus. Bei Positivkopierlacken haben die belichteten Schichtelemente eine viel größere Lösungsgeschwindigkeit in verdünnter Alkalilauge, dem Entwickler, als die unbelichteten Teile. Beide Typen bilden somit nach dem Entwickeln auf dem Substrat ein Lackrelief (Bild 3.33), das dem Raster der Kopiervorlage entspricht. Von den in der DDR hergestellten Fotokopierlacken hat sich u. a. der ORWO-Fotokopierlack FK 1, ein Negativkopierlack, bewährt. Als Positivkopierlack ist der bekannte Shipley AZ 1350 sehr gut geeignet.

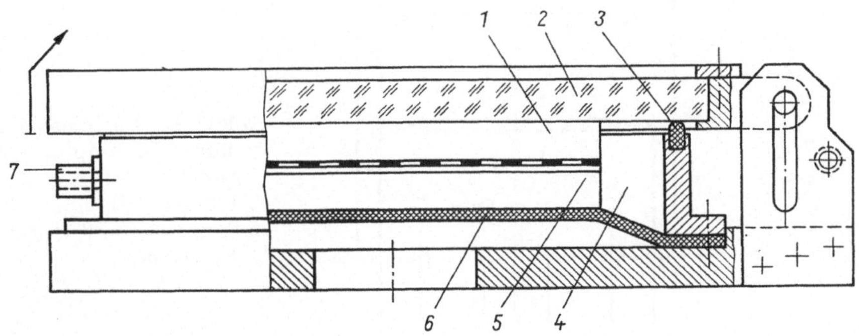

Bild 3.32. Vakuum-Kopierrahmen
1 Rastervorlage, 2 Quarzglasplatte, 3 Silikongummidichtung, 4 evakuierter Raum, 5 Kopiergut, 6 Gummimembran, 7 Saugstutzen

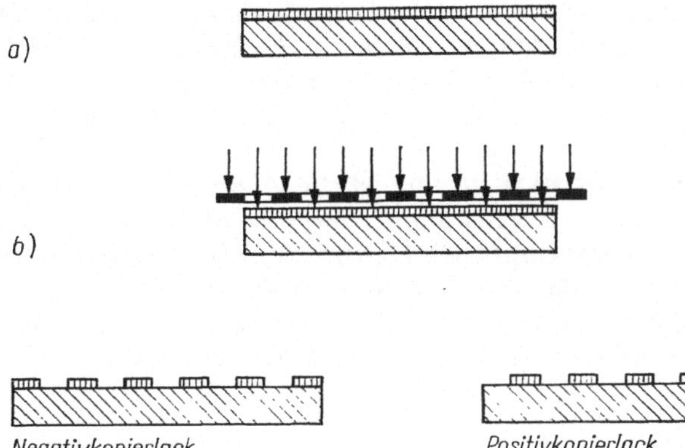

Bild 3.33. Fotokopierlacktechnik
a) Beschichten einer Probe mit Fotokopierlack b) Belichten mit einer Rastervorlage c) Entwickeln des Lackreliefs

Ein weiteres Element der Rasterkopiertechnik ist die Erzeugung *metallischer Vakuum-aufdampfschichten*. Dünne homogene Metallschichten, die fast völlig lichtundurch-lässig sind, lassen sich bequem durch Verdampfen des Metalls im Hochvakuum aus einem widerstandsbeheizten Verdampfer heraus herstellen. Bei genügend niedrigem Druck, etwa 10^{-3} Pa, der durch einen Hochvakuumpumpensatz erzeugt wird, ist die freie Weglänge so groß, daß eine geradlinige Ausbreitung der verdampfenden Atome angenommen werden kann. Die Schichtbildung erfolgt durch Kondensation des Auf-dampfmaterials auf dem Substrat. Bild 3.34 zeigt den Aufbau in einem Rezipienten. Als Verdampfer dient ein Schiffchen aus einem Material mit hohem Schmelzpunkt, z. B. Wolfram oder Molybdän, in das eine geringe Menge des zu verdampfenden Metalls, z. B. Ag, Al, Cr, Cu, In, Ni, eingewogen wird.

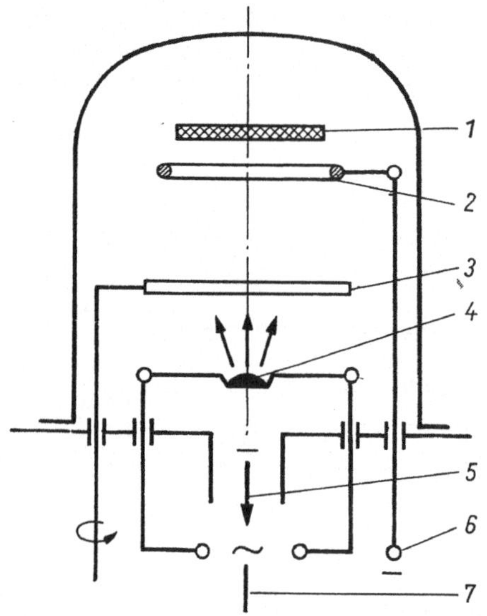

Bild 3.34. Rezipient einer Hoch-vakuum-Bedampfungsanlage
1 Substrat, 2 Glimmerelektrode,
3 Blende, 4 Dampfquelle,
5 Saugstutzen, 6 Hochspannung,
7 Heizstrom

Die metallische Schicht kann nach der *Ätztechnik* strukturiert werden. Dabei ist auf eine Aufdampfschicht mit einer Rastervorlage ein Fotolackrelief, das als Ätzmaske dient, zu kopieren. Durch chemisches Herauslösen der nicht durch Fotokopierlacke abgedeckten Teile wird die Struktur des Lackreliefs auf die Metallschicht übertragen (Bild 3.35).

Eine andere Möglichkeit der Strukturierung ist die *Abhebetechnik*. Hier ist zuerst ein Rasterbild aus Fotokopierlack herzustellen, das anschließend mit einem Metall, vorzugsweise mit Chrom, überdampft wird. Nun können mit Hilfe eines Lösungs-mittels das Lackrelief und die darüber liegenden Elemente der Chromschicht abge-schwemmt werden (Bild 3.36). Diese Technik liefert mit Glas als Substrat Raster-kopien hoher Konturentreue und Verschleißfestigkeit (Bild 3.37).

3.3.4.3.   Objektraster

Das Aufbringen des Objektrasters auf ein Bauteil (Modell) ist der wichtigste versuchs-technische Schritt beim Isothetenverfahren. Wir wollen die vielfältigen Möglich-keiten hierzu in 3 Gruppen klassifizieren.

Die erste Methode, das *mechanische Gravieren* eines Objektrasters auf das Bauteil selbst, ist der Erzeugung von Originalrastern, 3.3.4.1., verwandt. Steht keine hochpräzise Teilmaschine zur Verfügung, so können praktisch auf dem Kreuztisch eines Mikroskops oder einer Werkzeugmaschine nur relativ grobe Raster bis maximal 10 Linien/mm hergestellt werden. Eine gewisse Bedeutung besitzt das mechanische Gravieren bei der Analyse großer plastischer Deformationen an metallischen Werkstücken.

Bei der zweiten Möglichkeit, dem *direkten Kopieren*, wird mit Hilfe der Rasterkopiertechniken nach 3.3.4.2. der Objektraster direkt auf dem Bauteil hergestellt.

So kann z. B. auf dem Objekt ein Fotolackrelief erzeugt und durch Farbstoff schwarz eingefärbt werden. Raster dieser Art geben im Durchlicht und bei reflektierenden Oberflächen im Auflicht kontrastreiche Moiréstreifen.

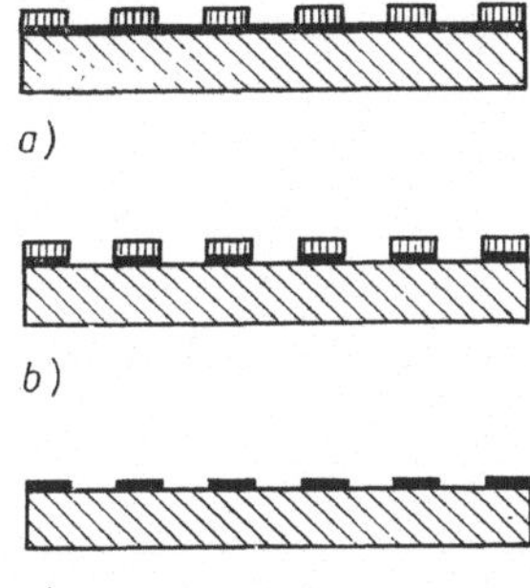

a)

b)

c)

Bild 3.35. Kopieren eines metallischen Rasters nach der Ätztechnik
a) Erzeugen eines Fotolackreliefs
b) Ätzen der Metallschicht c) Entschichten (Entfernen der Fotolackmaske)

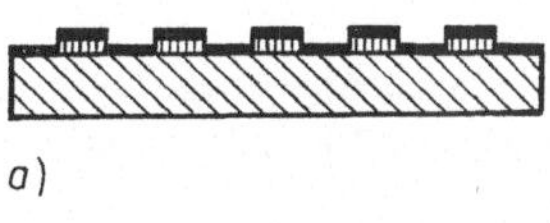

a)

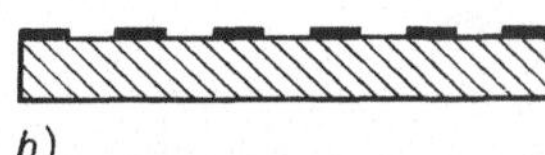

b)

Bild 3.36. Kopieren eines Rasters nach der Abhebetechnik
a) Bedampfen eines Fotolackreliefs mit Chrom b) Abschwemmen des Fotolacks und der darüber liegenden Chromelemente

Ein Fotolackrelief auf metallischen Proben erlaubt auch das chemische bzw. elektrolytische Ätzen des massiven Materials oder das Galvanisieren. Derartige Objektraster sind für Untersuchungen bei hohen Temperaturen erforderlich.

Mit Hilfe der Ätz- und Abhebetechnik direkt kopierte metallische Objektraster lassen im Durchlicht und bei nichtreflektierenden Oberflächen im Auflicht gute Ergebnisse erwarten.

Eine elegante Methode des Kopierens metallischer Punktraster auf ein Bauteil ist das Bedampfen durch eine lose aufgelegte kreuzrasterförmige dünne Folie, die entsprechende Öffnungen hat. Probleme bestehen in der Maßhaltigkeit derartiger Feinstrukturnetze.

Prinzipielle Nachteile des zwar häufig angewandten direkten Kopierens sind der hohe Aufwand für die Oberflächenvorbereitung zum Aufbringen dünner Fotolack- oder Vakuumaufdampfschichten und die ständigen Anpassungsarbeiten an wechselnde Probengeometrien und -werkstoffe.

Mit dem dritten Verfahren, der *Rasterübertragetechnik*, steht uns eine universell anwendbare Methode zur Verfügung, bei der der Objektraster zeitlich und räumlich unabhängig vom Untersuchungsgegenstand in einem Speziallaboratorium auf einem Hilfsträger präpariert wird. Die Herstellungsprozeduren entsprechen denen in 3.3.4.2. bzw. dem direkten Kopieren. Als Hilfsträger dienen z. B. dimensionsstabile flexible

Polyesterfolien, aber auch Epoxidharz- oder Glasplatten und Metallfolien. Das Übertragen (Bild 3.38) erfolgt vorzugsweise mit lösungsmittelfreien Mehrkomponentensystemen wie Epoxidharze, Polyester, Polymethakrylate, Polyurethane usw., die bei Auflichtuntersuchungen evtl. schwarz eingefärbt sein müssen.

In Bild 3.39 ist ein Ausschnitt aus einem nach der Ätztechnik hergestellten übertragbaren Punktraster mit Indium-Quadraten dargestellt. Sowohl der Raster als auch der Klebstoff müssen die Verformungen des Objekts ertragen. Das erfordert bei größeren Verformungen (Bild 3.40) eine zähelastische bis gummielastische Konsistenz des ausgehärteten Klebstoffs.

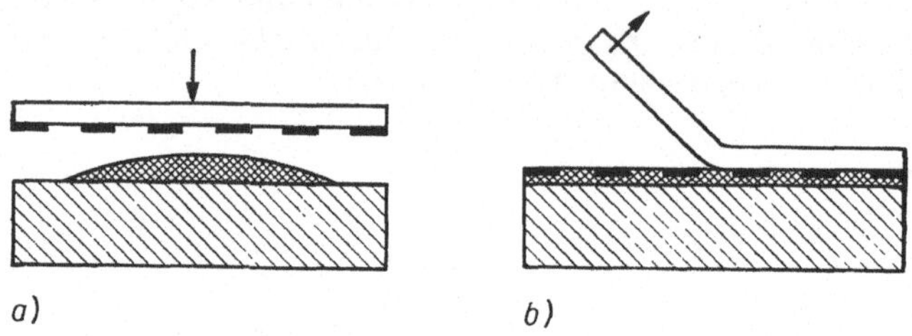

Bild 3.38. Rasterübertragetechnik
a) Klebevorgang b) Entfernen des Hilfsträgers nach Aushärten des Klebstoffs

3.3.4.4.   Bezugsraster

Für die Beobachtung des Moiréeffekts ist dem verzerrten Objektraster ein Bezugsraster zu überlagern. Der Bezugsraster sollte stets ein Linienraster sein, damit nur eine Isothetenschar entsteht.

Objekt- und Bezugsraster werden meist im Kontakt überlagert. Bei Durchlichtuntersuchungen müssen die Bezugsrasterlinien lichtundurchlässig sein, für Auflichtanordnungen ist zusätzlich noch eine geringe Reflexion erforderlich. Beide Bedingungen werden von fotografischen *Silber-Gelatine-Materialien* erfüllt. Sehr gut definierte Bezugsraster ergeben hochauflösende Emulsionen mit extrem kleinen Korndurchmessern. Solche Materialien sind z. B. die ORWO-Holografie-Platten LP 2 (Bild 3.41) und LP 3 und die ORWO-Mikrat-Platte LO 2. Steil arbeitende feinkörnige Filme mit einer dimensionsstabilen Polyester-Unterlage, z. B. ORWO-Dokumentenfilm DK 5 oder ORWO-Fototechnischer-Film FU 5, erlauben es, flexible Bezugsraster für Untersuchungen an gekrümmten Oberflächen zu kopieren.

3.3.4.5.   Kontrast und fotografische Aufnahme von Moirébildern

Voraussetzung für erfolgreiches Aufnehmen und Ausmessen von Isothetenfeldern sind kontrastreiche Moirébilder. Wir wollen zuerst den Einfluß geometrischer Parameter von Objekt- und Bezugsraster auf den Kontrast untersuchen.

Unter dem Kontrast K eines Moirébildes versteht man den Quotienten

$$K = \frac{I_{max} - I_{min}}{I_{max} + I_{min}} \tag{3.39}$$

wobei I_{max} die Lichtintensität der hellen Moiréstreifen, I_{min} die der dunklen Streifen bedeuten. Verschwindet I_{min}, nimmt der Kontrast unabhängig von I_{max} den höchsten Wert $K = 1$ an.

Wir betrachten als spezielles Beispiel den Kontrast von Teilungsmoirés und setzen voraus, daß $|\delta| \ll 1$ und $|M_x| \gg p$, s. Gl. (3.11), gelten sollen. Bild 3.42a symbolisiert die Überlagerung zweier Linienraster. Helle Moiréstreifen entstehen bei Überdeckung der Linien beider Raster, dunkle bei Nebeneinanderliegen. Die zugehörigen Intensi-

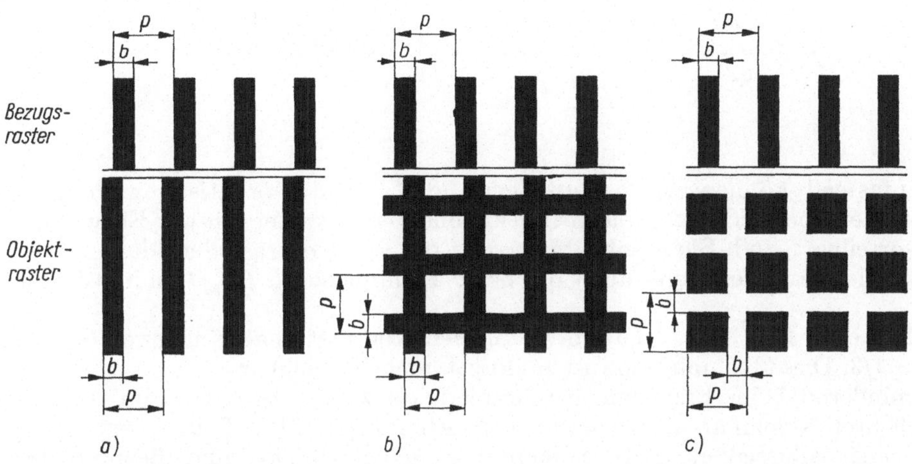

Bild 3.42. Überlagerung eines Bezugsrasters mit verschiedenen Objektrastern
Schwarze Flächen sind im Durchlicht lichtundurchlässig, im Auflicht absorbierend
a) zwei Linienraster b) Linien- und Kreuzraster c) Linien- und komplementärer
Kreuzraster

täten $I_{\max}$ und $I_{\min}$ sind über die Teilung p gebildete Mittelwerte. Rein geometrisch lesen wir

$$I_{\max} = I_0 \cdot \frac{p - b}{p}$$

$$I_{\min} = I_0 \cdot \frac{p - 2b}{p} \quad \text{für} \quad b \leqq \frac{1}{2} p$$

$$= 0 \qquad \text{für} \quad b \geqq \frac{1}{2} p$$

mit der einfallenden Intensität I_0 ab. Der Kontrast ergibt sich nach Gl. (3.39) mit $\eta = b/p$ zu

$$K = \frac{\eta}{2 - 3\eta} \quad \text{für} \quad \eta \leqq \frac{1}{2}$$

$$= 1 \qquad \text{für} \quad \eta \geqq \frac{1}{2} \tag{3.40}$$

und hat den Verlauf von Bild 3.43. Wird entsprechend Bild 3.42b ein Kreuzraster mit einem Linienraster kombiniert, ergibt sich nach den gleichen Überlegungen für den Kontrast erneut Gl. (3.40).

10*

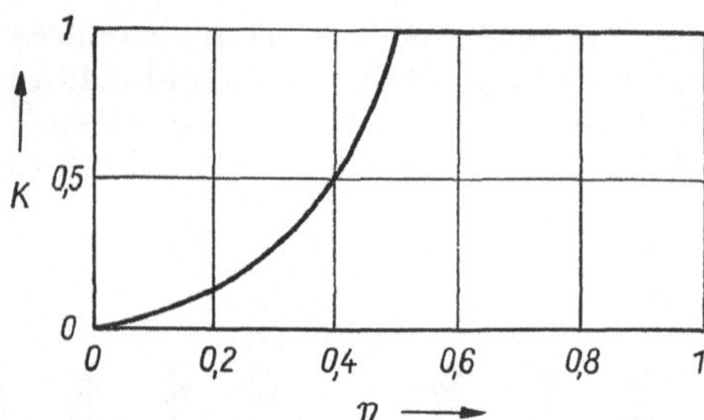

Bild 3.43. Kontrast $K(\eta)$

Zusammenfassend können wir schlußfolgern, daß für die praktisch wichtigsten Kombinationen von Bild 3.42a und b Objekt- und Bezugsraster mit der Eigenschaft $\eta = 0{,}5$ vorteilhaft sind. Sie ergeben einerseits für den Kontrast den idealen Wert $K = 1$ und liefern andererseits auch die beste Lichtausbeute I_{max}/I_0 mit. 0,5 bzw. 0,25.

Für den Fall nach Bild 3.42c erhalten wir für den Kontrast unabhängig von b/p den Wert $K = 1/3$. Diese Kombination ist praktisch nicht brauchbar.

Kontrastmindernd beim Erzeugen des Moiréeffekts wirken besonders im Auflicht Grenzflächenreflexionen an allen Oberflächen. Abhilfe schafft z. T. die Verwendung einer Immersionsflüssigkeit (z. B. Silikonöl) zwischen Objekt- und Bezugsraster. Optimal ist der Versuchsaufbau nach Bild 3.44. Beide Polarisatoren sind gekreuzt, die $\lambda/4$-Platte dazu unter 45° angeordnet. Es gelangt nur vom Objekt ausgehendes Licht, das die $\lambda/4$-Platte zweimal passiert und dessen Schwingungsebene dadurch um 90° gedreht wird, zur Kamera.

Zur fotografischen Aufnahme sind einäugige Spiegelreflexkameras des Mittel- und Kleinbildformats, aber auch Plattenkameras und als Filmmaterial ORWO NP 15 geeignet.

Lediglich erwähnen wollen wir die Möglichkeit, den Moiréeffekt nicht im Kontakt, sondern dadurch zu erzeugen, daß der Objektraster mit einem optischen System auf

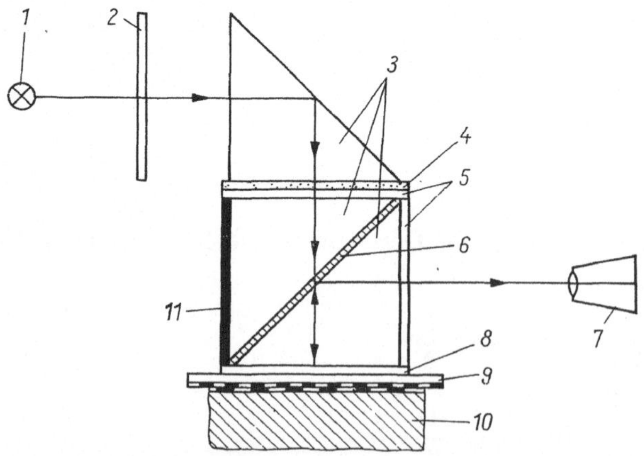

Bild 3.44. Fotografische Aufnahme von Moirébildern im Auflicht
1 Lichtquelle, 2 Monochromatfilter, 3 Prisma, 4 Opalglas, 5 Polarisationsfilter,
6 halbdurchlässiger Spiegel, 7 Kamera, 8 $\lambda/4$-Platte, 9 Bezugsraster,
10 Bauteil mit Objektraster, 11 geschwärzte Fotoplatte

den in der Bildebene angeordneten Bezugsraster abgebildet wird, z. B. bei der Analyse
thermischer Probleme.

Für das Gewinnen der Meßwerte entlang von Linien oder Schichten eines quadratischen Netzes (s. 3.3.3.3.) eignen sich Zweikoordinatenmeßgeräte mit digitaler
Positionsanzeige und Meßwertspeicherung.

3.3.5.   Anwendungen des Isothetenverfahrens

Wir wollen anhand einiger praxisbezogener *Beispiele* typische Problemkreise der
Festkörpermechanik kennenlernen, die mit dem Isothetenverfahren untersucht
werden können. Dabei besteht ein prinzipieller Vorteil des Isothetenverfahrens darin,
daß wegen des rein geometrischen Charakters des Moiréeffekts das Werkstoffverhalten
des Bauteils oder Modells sehr komplex sein darf. Anisotropie, Inhomogenität oder
physikalisch nichtlineares Materialverhalten wie Plastizität, Viskoelastizität usw.
werden im Experiment zwangsläufig berücksichtigt.
Als unmittelbare experimentelle Ergebnisse erhalten wir Größen des Verformungszustandes. Eine Spannungsberechnung erfordert daher stets die Anwendung geeigneter Stoffgesetze [3.4].

3.3.5.1.   Elastische Probleme

Einer breiten Anwendung des Isothetenverfahrens für rein elastische Probleme
stehen zwei Gründe entgegen. Erstens erreichen die Streckgrenzendehnungen üblicher
Konstruktionswerkstoffe selten 1%. Zweitens sind Amplitudenraster mit mehr als
100 Linien/mm aus optischen Gründen kaum einsetzbar. Das Empfindlichkeitsdiagramm (Bild 3.11) zeigt, daß wir dann nur relativ große Isothetenabstände
erwarten können.
Das Anwenden des Isothetenverfahrens für elastische Probleme setzt deshalb weiche
elastomere Modellwerkstoffe wie Polyurethane oder modifizierte Epoxidharze
voraus. Außer bei Aufgaben mit ebenem Spannungszustand (vgl. Bild 3.21), die mit
anderen experimentellen und theoretischen Methoden gleichfalls leicht zugänglich
sind, kann mit dem Isothetenverfahren an lastfreien Oberflächen komplizierter räumlicher Modelle gearbeitet werden. Direkt untersuchbar sind natürlich Bauteile aus
gummiartigen Werkstoffen, z. B. Reifen.
Nehmen wir als Beispiel die Dehnungs- und Spannungsanalyse an der *Motorengrund-
platte eines Großdieselmotors* mittels eines Gummimodells (Bild 3.45), das aus ver-
klebten Schichten aufgebaut ist [3.9]. Die Oberseite des Modells wurde abschnitts-
weise mit Objektrastern belegt. Bild 3.46 zeigt ein typisches Isothetenfeld an einer
Rippe, an deren Rand ein einachsiger Spannungszustand herrscht. Für das Auswerten längs geneigter gerader Ränder ist Gl. (3.37), längs kreisbogenförmiger
Ränder Gl. (3.38) zu benutzen.

3.3.5.2.   Kombination des Isothetenverfahrens mit dem spannungsoptischen
Erstarrungsverfahren

Beim Erstarrungsverfahren (vgl. 2.10.1.) entnimmt man dem Modell am Ende eines
Temperatur-Belastungs-Zyklus ebene Schnitte, in denen die Deformation und der
spannungsoptische Effekt fixiert sind. Gewöhnlich werden die Schnitte lediglich
spannungsoptisch ausgewertet.

Wir wollen nun anschließend auf die Schnittfläche einen Objektraster übertragen und den Schnitt bei Erstarrungstemperatur (z. B. 130 °C bei Epilox EG 1) tempern. Dabei verschwindet der spannungsoptische Effekt, und die im Erstarrungsversuch entstandenen Deformationen gehen vollständig zurück. Durch Kontakt mit einem Bezugsraster ergeben sich Isothetenfelder, die die Rückdeformation charakterisieren. Wir bestimmen also die negativen Werte der Verschiebungen und Deformationen.

Als Beispiel wollen wir die Dehnung im Grund einer *Umlaufkerbe an einer Welle* (Bild 3.47) bestimmen, wobei der die x,y-Ebene enthaltende Schnitt von der spannungsoptischen Auswertung her zur Verfügung steht. Nach dem Tempern des Schnitts erhalten wir das Isothetenfeld nach Bild 3.48. Mit einem Meßmikroskop werden die Koordinaten der Isotheten entlang der Schicht $y = $ konst durch den Kerbgrund ausgemessen und der daraus resultierende Verlauf $m(x)$ der Ordnungen aufgezeichnet (Bild 3.49). Nach dem Prinzip der grafischen Differentiation ist der Anstieg der Tangente an die Kurve $m(x)$ im Kerbgrund die Ableitung $m_{,x}|_{x=0}$. Die Dehnung im Kerbgrund ergibt sich zu

$$\varepsilon_x|_{x=0} = p \cdot m_{,x}|_{x=0}$$

Mit den experimentell erhaltenen Größen σ_x (Spannungsoptik) und ε_x (Moiré) ist der ebene Spannungszustand im Kerbgrund ohne das Herstellen eines Unterschnitts vollständig bestimmbar.

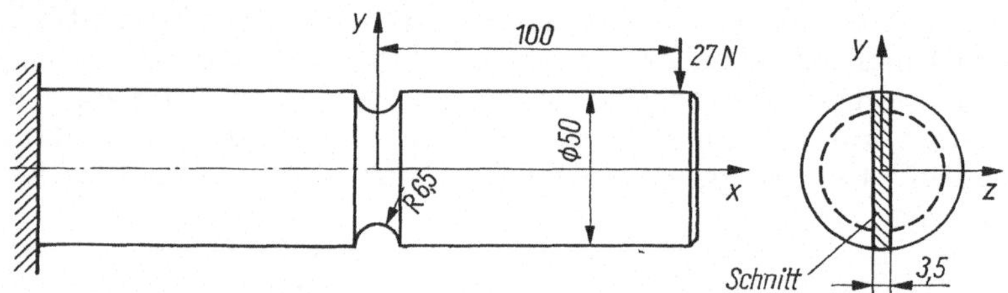

Bild 3.47. Welle mit Umlaufkerbe (Geometrie, Belastung, Schnittführung)

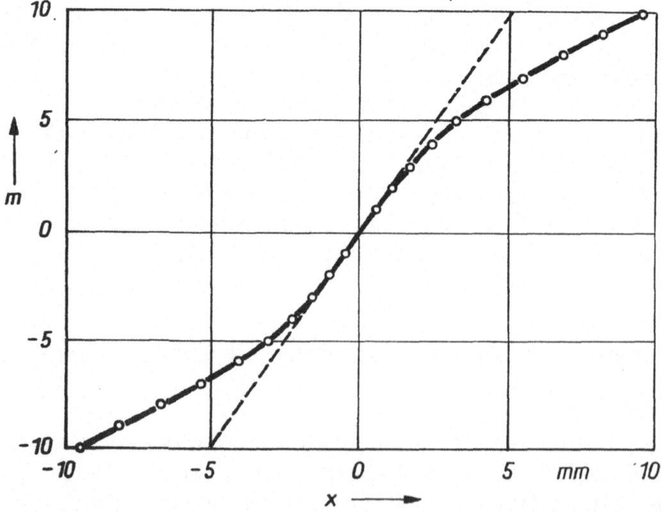

Bild 3.49. Grafische Differentiation von $m(x)$ im Kerbgrund ($m_{,x} = 1{,}96$)

Wichtigste Vorteile der Kombination des Isothetenverfahrens mit dem Erstarrungsverfahren sind, daß die Schnittdicke im Gegensatz zur Spannungsoptik das experimentelle Ergebnis nicht beeinflußt und daß die Felder der Verschiebungen erhalten werden.

3.3.5.3. Elastisch-plastische Deformationsfelder

Betrachten wir die Analyse des Tragverhaltens einer Turbinenscheibe. Die Schaufeln des Abgasturboladers eines Hochleistungs-Dieselmotors sind mit der Turbinenscheibe über ein *Tannenbaumprofil*, in das die Schaufeln axial eingeschoben werden, verbunden. Bei hohen Drehzahlen belasten die Schaufeln infolge ihrer Fliehkraft das Tannenbaumprofil stark. Das wurde im Modellversuch durch die statische Krafteinleitung nach Bild 3.50 über 4 benachbarte Schaufeln simuliert. Es herrscht ein ebener Spannungszustand.
Um die Ausbildung von plastischen Zonen beobachten zu können, ist die Last schrittweise zu steigern. Bild 3.51 zeigt die Isothetenfelder im Tannenbaumprofil der Turbinenscheibe nach hoher Belastung. Die Zacken zeigen große Schubverformungen, und auch der Querschnitt ist in seinem unteren Teil vollplastisch, die Dehnungen sind dort jedoch wesentlich geringer. Ein quantitatives Auswerten der Isothetenfelder von Bild 3.51 erbrachte die Ergebnisse von Bild 3.52. Die Traglast der Verbindung wird offensichtlich mit dem Abscheren der Zacken erreicht.

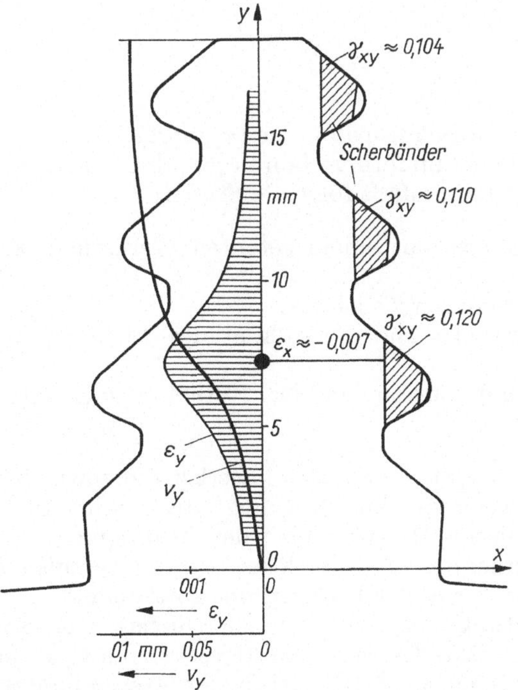

Bild 3.52. Verformungen des Tannenbaumfußes
(Auswertung der Bilder 3.51)

3.3.5.4. Plastisches Fließen

Prozesse des plastischen Fließens, wie Massivumformen und Schneiden, entziehen sich häufig einer theoretischen Lösung. Das Isothetenverfahren ermöglicht für diese Aufgaben einen experimentellen Zugang, den wir hier nur kurz skizzieren wollen, vgl. [3.1], [3.5] und [3.6].

Als Fließprozeß wollen wir das *Strangpressen* (Bild 3.53) analysieren, zunächst jedoch die allgemeine Versuchsmethodik, in die das Isothetenverfahren eingebettet ist, erläutern. Der Objektraster ist jetzt im Inneren eines geteilten Werkstücks anzuordnen. Geteilte Proben verfälschen u. a. dann den Realvorgang nicht, wenn überall

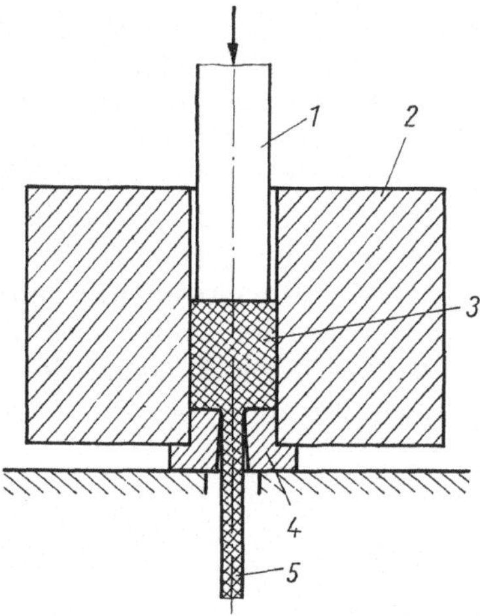

Bild 3.53. Strangpressen (schematisch)
1 Stempel, 2 Blockaufnehmer, 3 Block,
4 Matrize, 5 Strang

in der Teilebene, der x,y-Ebene, die Schubspannungen τ_{xz} und τ_{yz} verschwinden und σ_z eine Druckspannung ist. Bei Druckumformverfahren gilt dies meist in Symmetrieebenen. Die Versuchsdurchführung umfaßt folgende Stufen:

1. Durchführen des Fließvorganges mit einem geteilten Werkstück, z. B. bis zum stationären Zustand;
2. Aufbringen des Objektrasters in der Teilebene;
3. Wiedereinsetzen des Werkstücks und Fortführen des Fließvorganges um ein kleines Zeitintervall Δt;
4. Ausbau des Werkstücks und Bestimmen der Isothetenfelder $v_x(x, y, \Delta t)$ und $v_y(x, y, \Delta t)$.

Diese Vorgehensweise ist für Original- und Modellwerkstoffe sowie für stationäre und instationäre Prozesse anwendbar. Bild 3.54 zeigt die Isothetenfelder für das Strangpressen durch eine konische Matrize unter den Bedingungen eines ebenen Deformationszustandes. Wir erkennen, daß Block und Strang sich als starre Körper bewegen und eine Deformation nur in der Umformzone stattfindet.

Die rechnergestützte Auswertung der Isothetenfelder liefert alle Angaben zum Deformations- und mit einem viskoplastischen Stoffgesetz zum Spannungszustand in der Umformzone [3.5]. Bild 3.55 ist ein Beispiel für die Anwendung der Algorithmen von 3.3.3.3., wobei die Umformzone durch ein quadratisches Netz (Bild 3.27) diskretisiert wurde.

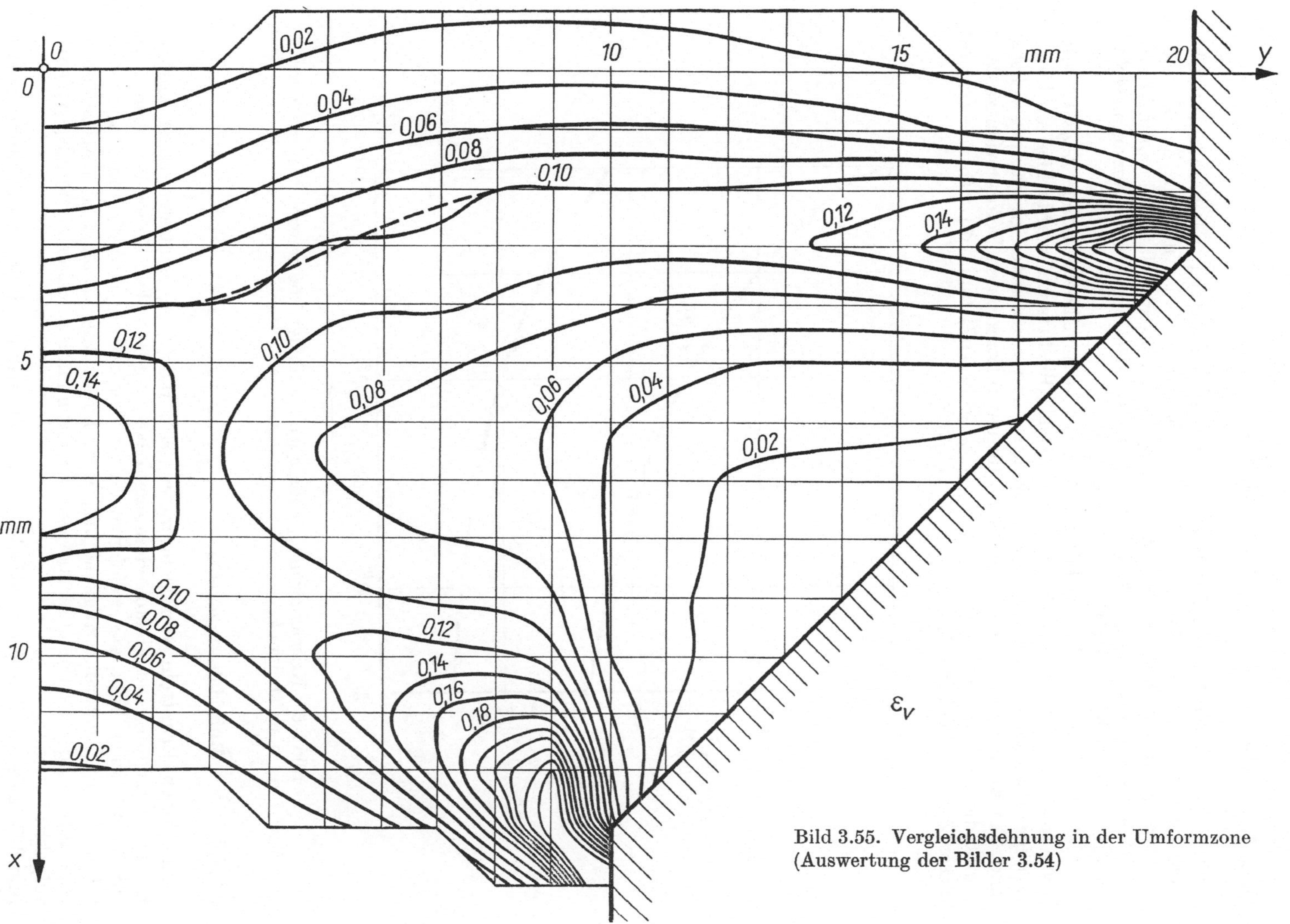

Bild 3.55. Vergleichsdehnung in der Umformzone (Auswertung der Bilder 3.54)

3.3.5.5. Viskoelastisches Materialverhalten

Hochpolymere Kunststoffe, Beton und andere Werkstoffe zeigen kein rein elastisches Verhalten, sondern vergrößern z. B. unter konstanter Belastung mit der Zeit ihre Verformungen. Mit dem Isothetenverfahren werden sowohl Materialkennfunktionen der Viskoelastizitätstheorie [3.4] als auch Verformungs- und Spannungsfelder konkreter Bauteile ermittelt.

In Bild 3.56 sehen wir die Isothetenfelder an einem viskoelastischen *Zugstab* unter konstanter Last zu verschiedenen Zeiten. Dem Objektraster wurde hier ein kreuzförmiger Bezugsraster überlagert, so daß die v_x- und v_y-Isotheten gleichzeitig sichtbar sind. Ein Auswerten mit den Gln. (3.31) für einen homogenen Deformationszustand ergibt die zeitliche Abhängigkeit von ε_x, ε_y (Bild 3.57) und von $v(t) = -\varepsilon_y/\varepsilon_x$ für diesen Zug-Kriech-Versuch.

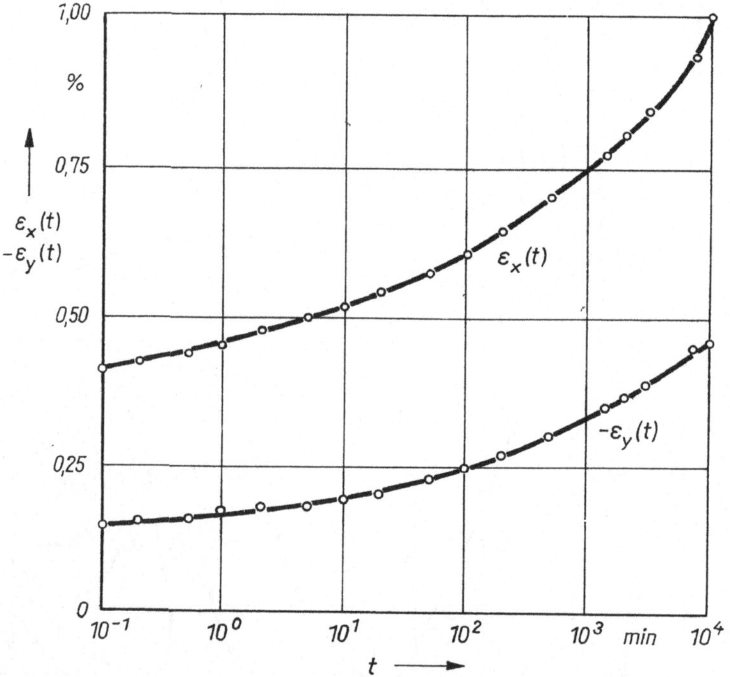

Bild 3.57. Kriechkurven $\varepsilon_x(t)$ und $\varepsilon_y(t)$. Die Bilder 3.56 ergeben für jede Kurve je einen Meßpunkt

3.3.5.6. Moirédehnungsgeber

Zum lokalen Ermitteln von Dehnungen ($|\varepsilon| > 0,5\%$) an Bauteilen unter rauhen Betriebsbedingungen sind Moirédehnungsgeber geeignet. Die Geber bestehen z. B. aus 1 mm dicker Folie aus weichgemachtem Epoxidharz, auf die ein Raster aufgebracht wird (Rasterübertragetechnik, Ätztechnik). Anschließend können die Folien ohne aufwendige Oberflächenpräparation wiederum mit weichgemachtem Epoxidharz aufgeklebt werden.

Bild 3.58 zeigt die Analyse plastischer Deformationen mit Hilfe eines Teilungsmoirés an einem *Stahlbehälter* [3.9], der bis zum Berstdruck belastet wurde. Besonders von Vorteil bei diesem Anwendungsfall sind Einfachheit und Zuverlässigkeit des Moiréverfahrens.

3.4.   Moiréstreifenmultiplikation

Das Verfahren der Moiréstreifenmultiplikation ermöglicht eine wesentliche Empfindlichkeitssteigerung des Isothetenverfahrens. Der Moiréeffekt entsteht dabei nicht, wie in 3.1. gezeigt, rein geometrisch, sondern durch *optische Interferenz* von Lichtwellen (vgl. auch Abschn. 4.). Wir wollen dem Rechnung tragen, indem wir anstelle des Begriffs Raster die Bezeichnung *Gitter* verwenden.
Wir wollen analog zu 3.3.1.2. am übersichtlichen eindimensionalen Fall die Grundzüge der Moiréstreifenmultiplikation kennenlernen und ohne Beweis auf den zweidimensionalen Fall verallgemeinern.

3.4.1.   Beugung an einem einzelnen Gitter

Wir betrachten die Beugung eines parallelen Lichtbündels, genauer gesagt einer ebenen Welle, an einem Liniengitter, dessen Linien parallel zur y-Achse verlaufen (Bild 3.59). Durch Beugung des Lichts an den Gitterelementen entstehen hinter dem Gitter ebene Wellen unterschiedlicher Ausbreitungsrichtung. Es gilt die von der Wellenlänge λ abhängige grundlegende Beziehung

$$\sin \beta_k = \sin \alpha + \frac{k \cdot \lambda}{p} \qquad k = ..., -1, 0, 1, 2, ... \tag{3.41}$$

für die Richtung β_k der ausfallenden Welle der k-ten Beugungsordnung.

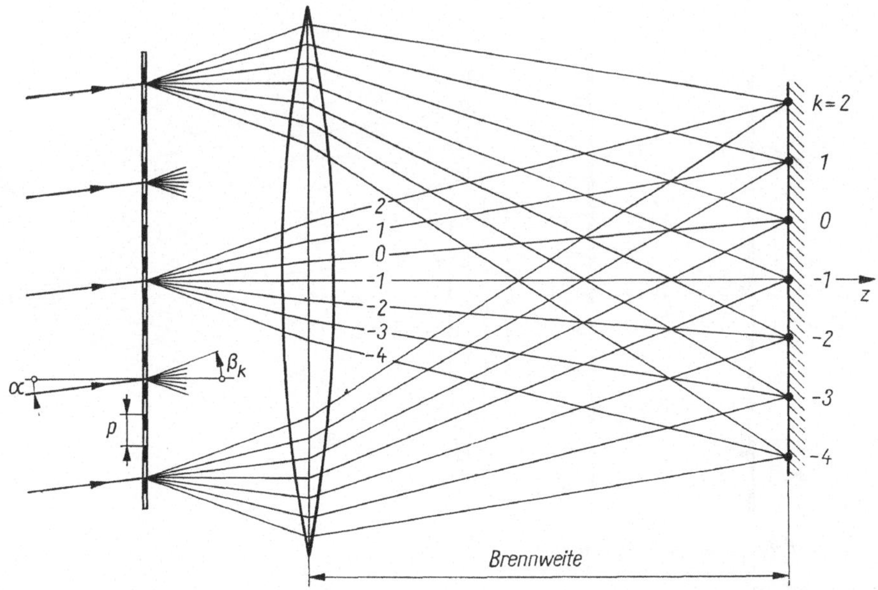

Bild 3.59. Beugung an einem Gitter

Die aus dem Gitter austretenden parallelen Lichtbündel können wir mit Hilfe einer Sammellinse in deren Brennebene zu einer Schar von Brennpunkten, einem *Spektrum*, zusammenfassen (Bild 3.59).

3.4.2.   Beugung an einem Bezugs- und Objektgitter

Analysieren wir nun die Beugung einer ebenen Welle bei der Überlagerung eines Bezugsgitters mit einem verzerrten Objektgitter (Bild 3.60), wobei wir Mismatch-Effekte ausschließen wollen. Nach Gl. (3.5) ergibt sich die Teilung des verzerrten Objektgitters zu $\dfrac{p}{1 - v_{x,x}}$. Aus Gl. (3.41) folgt für die Beugung am Objektgitter die Beziehung

$$\sin \gamma_l = \sin \beta_k + \frac{l \cdot \lambda}{p} \cdot (1 - v_{x,x})$$

Hieraus ergibt sich für die Gesamtheit aller Lichtbündel nach dem Objektgitter

$$\sin \gamma_l = \sin \alpha + \frac{k \cdot \lambda}{p} + \frac{l \cdot \lambda}{p} \cdot (1 - v_{x,x}) \qquad (3.42)$$

$$k = \ldots, -1, 0, 1, \ldots$$

$$l = \ldots, -1, 0, 1, \ldots$$

Für kleine $v_{x,x}$ dürfen wir

$$\sin \gamma_l \approx \sin \alpha + \frac{(k + l) \cdot \lambda}{p}$$

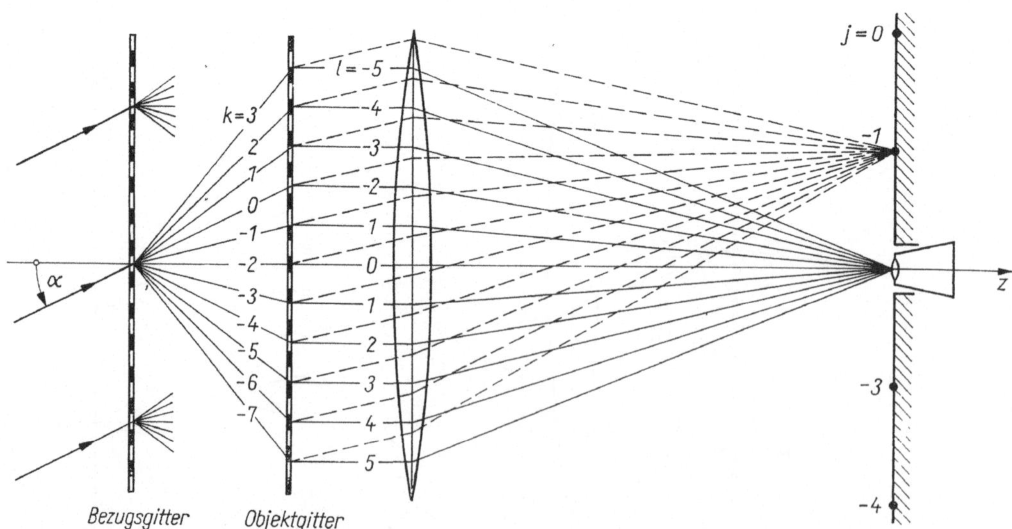

Bild 3.60. Beugung an Bezugs- und Objektgitter. Zur besseren Anschauung sind beide Gitter nicht im Kontakt, sondern mit deutlichem Abstand dargestellt

schreiben. Nach dem Objektgitter sind also diejenigen Strahlen näherungsweise parallel, für die $j = k + l$ konstant ist. Sie bilden im Spektrum einen mehr oder weniger ausgedehnten Brennfleck.

Wir wollen nun, wie im Bild 3.60 angedeutet, in der Ebene des Spektrums nur Lichtbündel mit einem bestimmten j passieren lassen. Unter diesen Wellen werden jene mit $k = j, l = 0$ und $k = 0, l = j$ an nur einem Gitter gebeugt. Infolgedessen besitzen sie unter gewissen Voraussetzungen eine wesentlich höhere Intensität als jene Wellen, die sowohl am Bezugs- als auch am Objektgitter eine Beugung erfahren haben. Für die Moiréstreifenentstehung müssen wir daher von der Vielzahl der nach Gl. (3.42) aus der Gitterkombination austretenden Wellen nur die mit $k = j, l = 0$ und $k = 0, l = j$ berücksichtigen (Bild 3.61), wobei für deren Neigung

$$\sin \gamma_{j,0} = \sin \alpha + \frac{j \cdot \lambda}{p}$$

$$\sin \gamma_{0,j} = \sin \alpha + \frac{j \cdot \lambda}{p} \cdot (1 - v_{x,x}) \tag{3.43}$$

gilt. Bei der Abbildung der Gitterkombination entsprechend Bild 3.60 auf die zur x,y-Ebene parallelen Bildebene interferieren beide Wellen. Es entstehen *Interferenzstreifen*, die wir ebenfalls als Moiréstreifen bezeichnen wollen.

Der *Gangunterschied u* zwischen den Wellen der Gln. (3.43) beträgt

$$u(x, z = 0) = x \cdot (\sin \gamma_{j,0} - \sin \gamma_{0,j}) = x \cdot v_{x,x} \cdot \frac{j \cdot \lambda}{p} \tag{3.44}$$

und tritt natürlich auch an den entsprechenden Orten in der Bildebene auf. Helle Moiréstreifen entstehen bei $u = m\lambda, m = \ldots, -1, 0, 1, \ldots$, dunkle bei $u = (2m - 1) \cdot \frac{\lambda}{2}$. Für die Schar der hellen Moiréstreifen erhalten wir mit Gl. (3.43)

$$m = \frac{j}{p} \cdot v_{x,x} \cdot x = \frac{j}{p} \cdot v_x \qquad m = \ldots, -1, 0, 1, \ldots \tag{3.45}$$

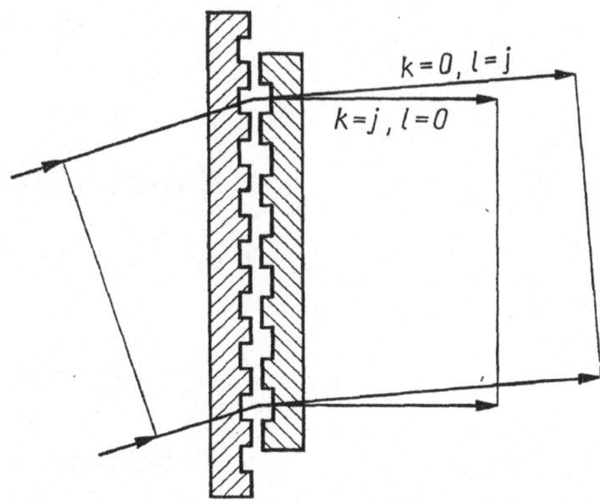

Bild 3.61. Intensitätsstärkste Wellenfronten nach dem Objektgitter.
Abhängig von $v_{x,x}$ ist die gegenseitige Neigung beider Wellen gering

Für den Moiréstreifenabstand M_x folgt aus Gl. (3.45)

$$M_x = \frac{p/j}{v_{x,x}} \tag{3.46}$$

Die Gln. (3.45) und (3.46) entsprechen den grundlegenden Gln. (3.21) und (3.22) des Isothetenverfahrens bis auf den wichtigen Unterschied, daß anstelle der Rasterteilung p die *scheinbare* Gitterteilung p/j auftritt. Mit dem Strahlengang entsprechend Bild 3.60 erzielen wir also in der j-ten Beugungsordnung eine Moiréstreifenmultiplikation um den Faktor j. Die Moiréstreifen stellen v_x-Isotheten dar. Entsprechende Ergebnisse erhalten wir für die v_y-Isotheten und für den zweidimensionalen Fall. Alle Schlußfolgerungen von 3.3. zum Isothetenverfahren, z. B. hinsichtlich Empfindlichkeit, Genauigkeit und Auswertung, können wir daher ebenfalls anwenden, wenn die Rasterteilung p durch die scheinbare Gitterteilung p/j ersetzt wird.

3.4.3.   Versuchstechnik

Obwohl eine Beugung des Lichts auch an Amplitudenrastern, wie wir sie beim Isothetenverfahren kennengelernt haben, auftritt, sind für eine Moiréstreifenmultiplikation besonders *Phasengitter* geeignet. Die Beugung des Lichts wird dabei durch Gangunterschiede in dem endlich dicken Relief (Bild 3.62) hervorgerufen. Eine Amplitudenmodulation tritt nicht auf. Für das rein geometrische Isothetenverfahren sind deshalb Phasengitter nicht geeignet.

Das Kopieren von Phasengittern erfolgt mit einer *Replica-Technik,* bei der das Relief einer Gittervorlage, z. B. eines metallischen Rasters oder einer Fotoplatte, mit einem aushärtenden Formstoff abgeformt wird (Bild 3.63). Gut geeignet als Formstoff für Zwischenkopien ist Silikonkautschuk, der ein nochmaliges Abformen mit Epoxidharz, PMMA o. ä. erlaubt.

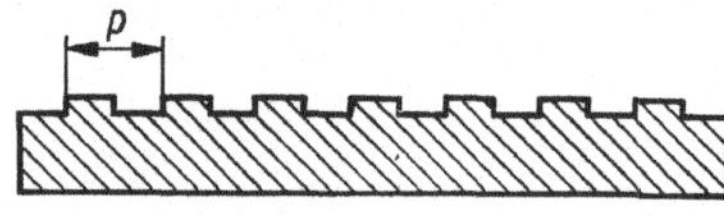

Bild 3.62. Phasengitter

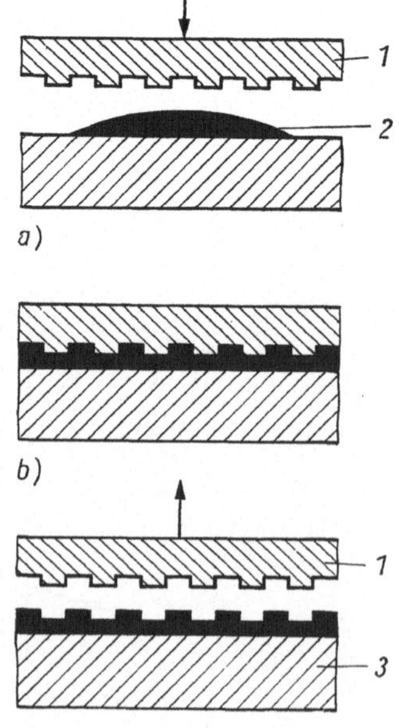

Bild 3.63. Replica-Technik
1 Gittervorlage, 2 Formstoff, 3 abgeformtes Gitter
a) Andrücken der Gittervorlage b) Aushärten des Formstoffs
c) Trennen der Gittervorlage vom abgeformten Gitter

Zum *Beleuchten* der Gitterkombination eignen sich jene Lichtbündel guter Parallelität und hoher Intensität, wie sie durch Aufweiten eines Laserstrahls entstehen.

Der Strahlengang von Bild 3.60 gestattet keine *Auflichtuntersuchungen*. Solche technisch wichtigen Aufgabenstellungen werden jedoch ebenfalls zugänglich, wenn wir das Relief des verzerrten Objektgitters (Silikonkautschukgitter) mit der Replica-Technik abformen und bei Kontakt mit einem Bezugsgitter im Durchlicht analysieren.

Die Methode der Moiréstreifenmultiplikation ermöglicht die Verwendung von *Kreuzgittern* sowohl für das Objekt- als auch das Bezugsgitter. Die Trennung der v_x- und v_y-Isotheten geschieht allein durch die Auswahl des in der Ebene des Spektrums liegenden Brennflecks, dessen Strahlen in der Bildebene zur Interferenz gelangen. Diese rein optische Separation der beiden Isothetenscharen entspricht einer Drehung des Bezugsgitters um genau 90°. Wir hatten in 3.3.1.6. nachgewiesen, daß dann auch bei einer geringen Fehlpositionierung des Bezugsgitters der Fehler der Schubverformung γ_{xy} verschwindet. Es entfällt also das beim Isothetenverfahren kritische zweimalige Ausrichten des Bezugsrasters. Am Rande wollen wir vermerken, daß das Spektrum eines Kreuzgitters nicht durch Addition der Spektren zweier Liniengitter entsteht, sondern zusätzliche Brennpunkte, deren Bedeutung wir hier nicht erörtern können, enthält (Bild 3.64).

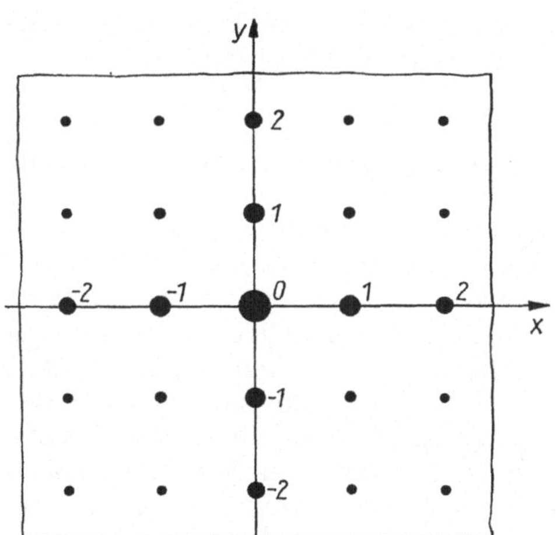

Bild 3.64. Spektrum eines Kreuzgitters

3.4.4.   Anwendungen der Moiréstreifenmultiplikation

3.4.4.1.   Elastische Probleme

Den Effekt der Moiréstreifenmultiplikation wollen wir am Beispiel einer diametral gedrückten elastischen *Kreisscheibe* (Bild 3.65) demonstrieren. Modellmaterial ist ein Epoxidharz ($E = 2750$ N/mm², $\nu = 0{,}38$). Wir erkennen in Übereinstimmung mit 3.3.5.1., daß bei einer effektiven Liniendichte von 50 Linien/mm nur sehr wenige Isotheten auftreten. Erst die durch eine Moiréstreifenmultiplikation erreichte Empfindlichkeitssteigerung um eine Größenordnung gestattet ein Ermitteln der Deformationen und Spannungen. Für den Scheibenmittelpunkt zeigt Bild 3.66 diesen Sachverhalt im Vergleich zur theoretischen Lösung.

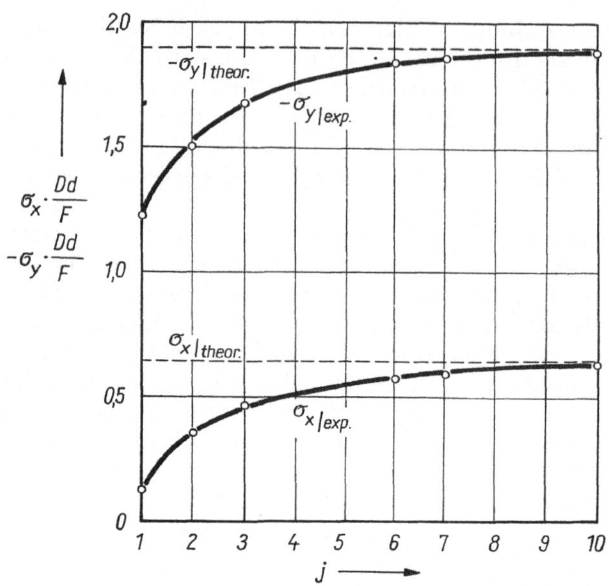

Bild 3.66. Auswertung der Isothetenfelder von Bild 3.65 mit den Gln. (3.31) und Berechnung der Spannungen für den Scheibenmittelpunkt

3.4.4.2.   Kombination mit dem spannungsoptischen Erstarrungsverfahren

Prinzipielles zu diesem Anwendungsfall haben wir bereits in 3.3.5.2. kennengelernt. Die durch Moiréstreifenmultiplikation gesteigerte Empfindlichkeit ermöglicht es, in der Schnittebene die Deformations- und Spannungsverteilungen allein aus den Isothetenfeldern zu bestimmen. Demgegenüber sind Kerbspannungsspitzen an lastfreien Rändern meist günstiger aus spannungsoptischen Daten ermittelbar.
Diese zwei Aspekte verdeutlicht auch Bild 3.67, das den Längsschnitt durch eine tragende *Schraube* darstellt. Von den abgebildeten vier Gewindegängen sind drei durch die Mutter belastet. Die Spannungsmaxima im Gewindegrund der Schraube ergeben sich sofort aus dem Isochromatenbild, während die in jedem Gang des Gewindes übertragene Last besser aus den v_x- und den hier nicht dargestellten v_y-Isotheten berechnet wird.

3.4.4.3.   Elastisch-plastische Deformationsfelder

Elastisch-plastische Deformationsfelder mit beginnender plastischer Verformung sind effektiv nur mit der interferenzoptischen Versuchsanordnung der Moiréstreifenmultiplikation zu analysieren.
Betrachten wir als Beispiel eine *Dreipunkt-Biegeprobe* aus Stahl, in die ein Ermüdungsanriß eingebracht wurde. Die Höhe der Probe beträgt 20 mm. Der Riß endet etwa in der Mitte der Probe. Bild 3.68 zeigt die bei statischer Belastung erhaltenen Isothetenfelder in der Umgebung des Risses. Der hohe Multiplikationsfaktor erfordert eine präzise *Replica-Technik*, da hier für die Untersuchung im Durchlicht das verzerrte Objektgitter abgeformt werden mußte.

3.5. Schattenmoiréverfahren

Beim Meßprinzip des Schattenmoiréverfahrens (Bild 3.5 b) überlagern sich ein Bezugsraster und dessen Schattenbild. Im Gegensatz zum Isothetenverfahren ermöglicht es dieses Meßprinzip, Verschiebungen aus einer Ebene heraus zu ermitteln.

3.5.1. Schattenmoiréverfahren mit divergentem Strahlengang

Betrachten wir den Strahlengang von Bild 3.69. Der Bezugsraster, dessen Linien parallel zur y-Achse verlaufen, liegt mit seiner geteilten Fläche in der x,y-Ebene vor der zu untersuchenden Bauteiloberfläche. Eine punktförmig gedachte Lichtquelle sendet nach allen Richtungen Lichtstrahlen aus, die die Schatten der lichtundurchlässigen Rasterlinien auf die Oberfläche werfen. Die Kamera blickt durch die Lücken des Bezugsrasters hindurch auf die Oberfläche und erfaßt mit ihrem Schärfentiefebereich sowohl den Bezugsraster als auch dessen Schattenbild. Infolge des Reliefs der Oberfläche ist das Schattenbild verzerrt, es entsteht ein Moiréeffekt.
Für eine quantitative Analyse wollen wir uns zunächst auf Strahlen, die in der x,z-Ebene liegen, beschränken. Bild 3.69 a zeigt, daß sich infolge der Perspektive der Ort P_2 des Bezugsrasters mit dem Schattenbild am Punkt P überlagert. Letzteres entsteht durch Projektion aus dem Punkt P_1. Die für die Moiréstreifenentstehung maßgebende Verschiebung v_x entspricht folglich der Strecke $\overline{P_1P_2}$. Analog zum Isothetenverfahren schreiben wir

$$v_x = m \cdot p$$

wobei auch hier $m = 0, 1, \ldots$ für helle, $m = \dfrac{1}{2}, \dfrac{3}{2}, \ldots$ für dunkle Moiréstreifen gilt.

Nun verknüpfen wir v_x mit dem Abstand v_z der Oberfläche vom Bezugsraster. Aus der Ähnlichkeit der beiden Dreiecke P_1PP_2 und LPK in Bild 3.69 a folgt

$$\frac{v_x}{d} = \frac{v_z}{h + v_z} \tag{3.47}$$

und hieraus

$$m \cdot p = \frac{d \cdot v_z}{h + v_z} \tag{3.48}$$

Wir wollen noch den Übergang zu einem allgemeinen Punkt P vollziehen. Nach Bild 3.69 b ist das Dreieck LPK jetzt um die Achse $\overline{LK}$ gedreht. $\overline{P_1P_2}$ verläuft wiederum parallel zu $\overline{LK}$ und entspricht v_x. Mit Hilfe des Strahlensatzes ist nun leicht nachzuweisen, daß die Gl. (3.47) und damit Gl. (3.48) erhalten bleiben.
Aus Gl. (3.48) ist abzulesen, daß für $v_z =$ konst auch $m =$ konst gilt. Beim Schattenmoiréverfahren ist also entlang einem Moiréstreifen der Abstand v_z der Oberfläche vom Bezugsraster konstant. Der Zusammenhang zwischen der Moiréstreifenordnung m und v_z ist jedoch nichtlinear. Wir erhalten aus Gl. (3.48) die grundlegende Beziehung

$$v_z = \frac{m \cdot p \cdot h}{d - m \cdot p} \tag{3.49}$$

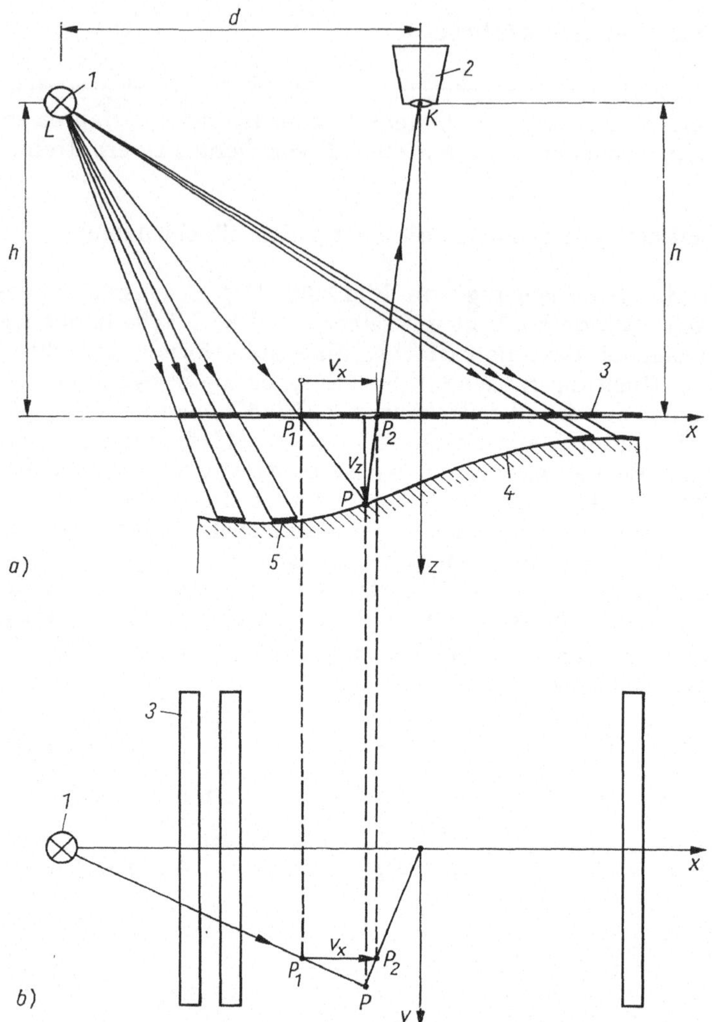

Bild 3.69. Schattenmoiréverfahren mit divergentem Strahlengang
1 Lichtquelle, 2 Kamera, 3 Bezugsraster, 4 Oberfläche, 5 Schattenbild
des Bezugsrasters
a) Strahlengang in der x,z-Ebene b) beliebig orientierte Strahlen

mit den Parametern p, d und h für die Versuchsanordnung. Bei Gültigkeit der Ungleichung $m \cdot p \ll d$ ergibt sich der lineare Zusammenhang

$$v_z = m \cdot p \cdot \frac{h}{d} \tag{3.50}$$

3.5.2.   Schattenmoiréverfahren mit parallelem Strahlengang

Eine Vergrößerung der Abstände h und d im Versuchsaufbau von Bild 3.69 verringert die Divergenz der Strahlenbündel auf der Beleuchtungs- und Beobachtungsseite. Im Grenzfall haben wir parallele Strahlengänge (Bild 3.70).

Mit

$$v_x = m \cdot p, \qquad \tan \psi = \frac{v_x}{v_z}$$

ergibt sich die lineare Grundgleichung

$$v_z = \frac{m \cdot p}{\tan \psi} \tag{3.51}$$

mit den Parametern p und ψ für die Versuchsanordnung.

Mit der Gl. (3.51) wollen wir noch ein Empfindlichkeitsdiagramm (Bild 3.71) für das Schattenmoiréverfahren entwickeln. Die Verschiebung $v_z|_{m=1}$ entspricht der Höhendifferenz in z-Richtung zwischen zwei benachbarten Moiréstreifen. Legen wir für das Schattenmoiréverfahren mit divergentem Strahlengang die Gl. (3.50) zugrunde, so gilt im Bild 3.71 $\tan \psi = d/h$. Da ein geometrischer Schattenwurf nur bei Bezugsrastern relativ geringer Liniendichte auftritt, bleibt die Empfindlichkeit des Schattenmoiréverfahrens im Vergleich zum Isothetenverfahren gering.

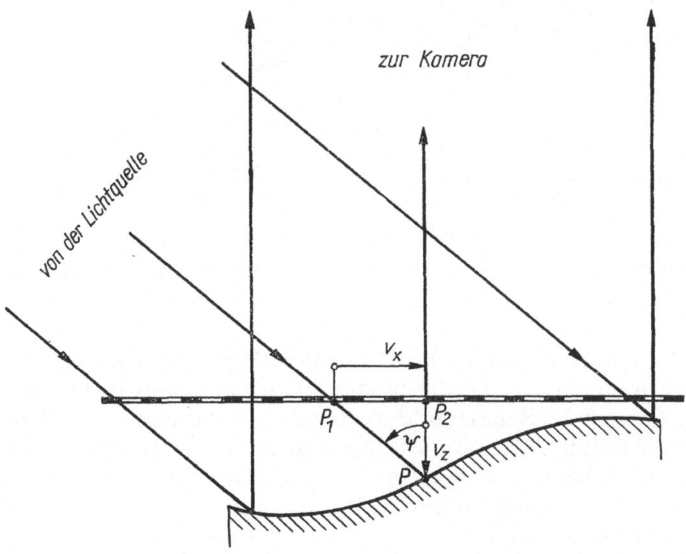

Bild 3.70. Schattenmoiréverfahren mit parallelem Strahlengang

3.5.3.   Versuchstechnik und Versuchsauswertung

Die *Objektgröße* ist beim Schattenmoiréverfahren mit parallelem Strahlengang durch den Durchmesser des Bündels parallelen Lichts beschränkt. Die Kamera muß in großem Abstand vom Objekt positioniert werden, um einen ausreichend parallelen Beobachtungsstrahlengang zu erzielen. Beide Restriktionen entfallen beim Schattenmoiréverfahren mit divergentem Strahlengang. Hier bestimmen die Abmessungen des Bezugsrasters die Objektgröße.

Als *Bezugsraster* kommen Amplitudenraster (vgl. 3.3.4.) in Frage. Die Schattenbildung wird durch die Beugung am Bezugsraster gestört, deshalb übersteigt die

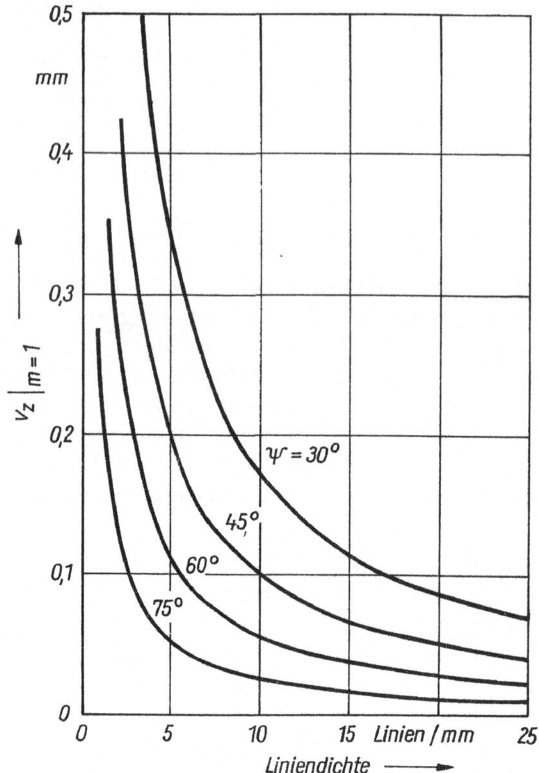

Bild 3.71. Empfindlichkeitsdiagramm des Schattenmoiréverfahrens

Liniendichte nur selten 25 Linien/mm. Großflächige Bezugsraster ($> 1\,\mathrm{m^2}$) entstehen durch das Spannen von Drähten oder Fäden in einem Rahmen.

Damit auf der *Oberfläche* Schatten der Bezugsrasterlinien entstehen, muß diese diffus reflektierend (Bild 3.72) sein. Hierfür eignet sich z. B. ein weißer matter Anstrich. Metallische Proben bedürfen einer Aufrauhung durch feinstes Schleifpapier oder durch Ätzen. Nichtreflektierende mikrorauhe Oberflächen können mit Aluminium bedampft werden (s. 3.3.4.2.).

Das *Numerieren* ergibt nur positive Ordnungen m. Ausgangspunkte hierfür sind die Auflagepunkte des Bezugsrasters auf dem Objekt, die hell erscheinen und an denen $m = 0$ gilt.

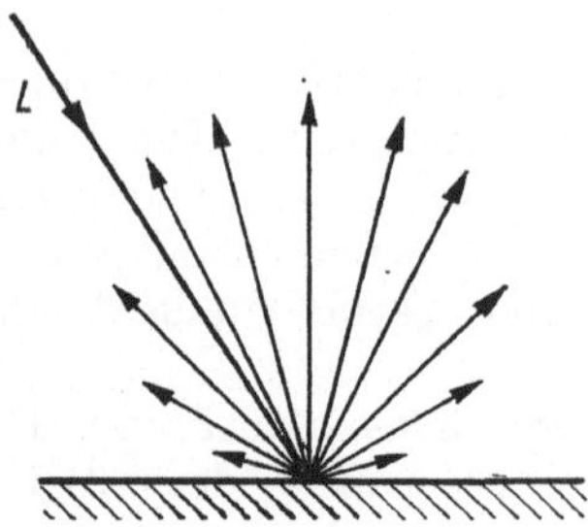

Bild 3.72. Diffuse Reflexion

Wegen der *Zentralperspektive* beim Schattenmoiréverfahren mit divergentem Strahlengang erscheint der dem Objektpunkt P zugeordnete Moiréstreifen in der Bildebene an den Koordinaten x_2 und y_2 des Punktes P_2. Die Lage jedes Moiréstreifens ist deshalb so zu korrigieren, daß sich wie im Bild 3.70 eine Parallelperspektive ergibt. Aus Bild 3.69 lesen wir

$$\frac{h}{h + v_z} = \frac{x_2}{x_P}$$

ab. Das führt auf die Korrekturbeziehung

$$x_P = x_2 \cdot \left(1 + \frac{v_z}{h}\right)$$

bzw. $\qquad\qquad\qquad\qquad\qquad\qquad\qquad\qquad\qquad\qquad$ (3.52)

$$y_P = y_2 \cdot \left(1 + \frac{v_z}{h}\right)$$

3.5.4. Anwendungen des Schattenmoiréverfahrens

3.5.4.1. Querdehnung in Scheiben

Betrachten wir den ebenen Spannungszustand einer Scheibe der Dicke d. Die Dehnung $\varepsilon_z = \Delta d/d$ kann dann mit dem Schattenmoiréverfahren ermittelt werden, wenn der Bezugsraster so parallel zur Scheibenmittelebene angeordnet wird, daß wir $v_z = \frac{1}{2} \cdot \Delta d$ erhalten. Für die Querdehnung ergibt sich

$$\varepsilon_z = \frac{2v_z}{d} \qquad\qquad\qquad\qquad\qquad\qquad\qquad (3.53)$$

Nur für elastisches Materialverhalten ist über das *Hooke*sche Gesetz nach Gl. (1.39) die Hauptspannungssumme

$$\sigma_1 + \sigma_2 = -\frac{E}{\nu} \cdot \varepsilon_z \qquad\qquad\qquad\qquad\qquad (3.54)$$

angebbar. Moiréstreifen als Orte gleicher Hauptspannungssumme werden auch als *Isopachen* (Bild 3.73) bezeichnet. In Kombination mit der Spannungsoptik ermöglicht Gl. (3.54) ein vollständiges Auswerten ebener Spannungsfelder im elastischen Bereich. Die geringe Empfindlichkeit des Schattenmoiréverfahrens verhindert jedoch eine breite Anwendung für diesen Problemkreis.

3.5.4.2. Durchbiegung von Platten

Besonders geeignet ist das Schattenmoiréverfahren zum Ermitteln der Durchbiegung von Platten. Dabei beeinflussen verschiedene Lagerungen und Geometrien, nichtlineares Materialverhalten, Anisotropie oder große Durchbiegungen die Versuchsdurchführung kaum.

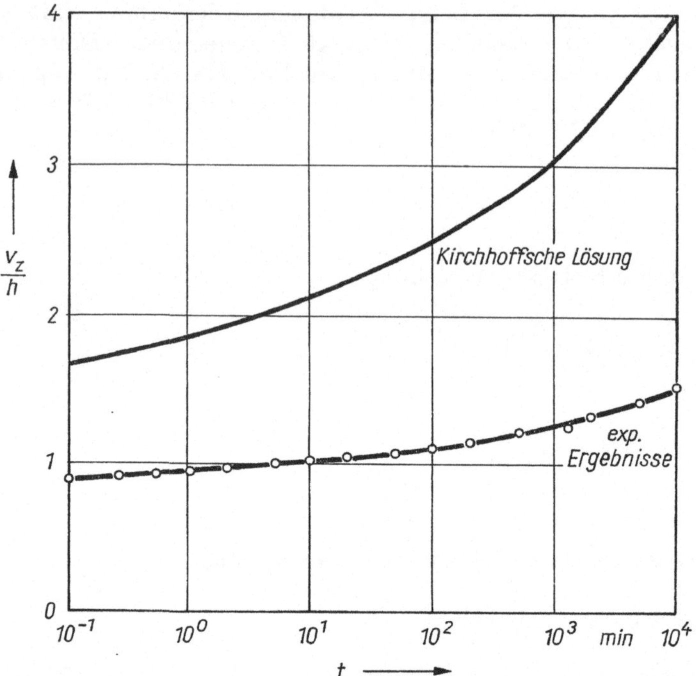

Bild 3.75. Durchsenkung des Plattenmittelpunkts im Vergleich
mit einer theoretischen Lösung

Bild 3.74 demonstriert die Anwendung am Beispiel einer *viskoelastischen Platte*, bei
der außerdem infolge großer Durchbiegungen noch beträchtliche Membranspannungen auftreten. Das Auswerten einer Reihe von Moirébildern liefert u. a. die
zeitabhängige Durchbiegung des Plattenmittelpunktes (Bild 3.75). Eine theoretisch

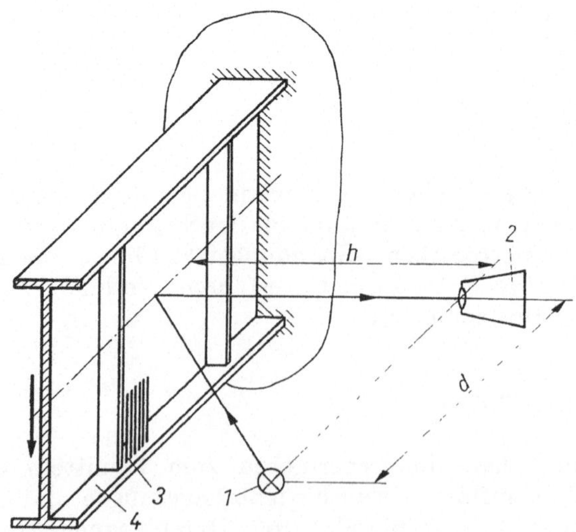

Bild 3.76. Analyse von Beulfiguren mit dem Schattenmoiréverfahren

ermittelte Vergleichskurve unter Annahme der einfachen *Kirchhoff*schen Plattentheorie [3.4] unterstreicht die Notwendigkeit, das Zusammenwirken von Biege- und Membranspannungen zu berücksichtigen.

3.5.4.3. Beulverhalten von Flächentragwerken

Flächentragwerke können bei hoher Beanspruchung ihre Stabilität verlieren, sie knicken oder beulen aus. Das Schattenmoiréverfahren eignet sich hervorragend zur Verformungsanalyse im überkritischen Bereich an ursprünglich ebenen Tragwerkelementen.
Bild 3.76 skizziert die mögliche Anwendung des Meßprinzips mit divergentem Strahlengang bei einem kurzen dünnwandigen Träger. Die Moiréstreifen entsprechen dabei den Höhenlinien der Beulfiguren im vorwiegend schubbelasteten Steg des Trägers.

3.5.4.4. Anwendungen außerhalb der Festkörpermechanik

Wir wollen erwähnen, daß das Schattenmoiréverfahren auch über die Festkörpermechanik hinaus Verbreitung gefunden hat. Ursache hierfür ist, daß das Meßprinzip die Topologien großer Oberflächen berührungslos erfaßt und im Sinne eines Feldmeßverfahrens sichtbar macht.
Bedeutende Anwendungsgebiete sind in der Humanmedizin das Erfassen von Körperformen und in der Technik die Konturierung beliebig gekrümmter Oberflächen.

3.6. Reflexionsmoiréverfahren

Beim Reflexionsmoiréverfahren (Bild 3.5c) werden durch reguläre Reflexion des Bezugsrasters an einer Oberfläche vor und nach der Belastung in der Bildebene zwei Raster erzeugt. Diese bilden den Moiréeffekt. Das Meßprinzip besitzt wie das Schattenmoiréverfahren eine Empfindlichkeit gegenüber Verschiebungen aus der Oberfläche heraus.

3.6.1. Strahlengang des Reflexionsmoiréverfahrens

Der Strahlengang von Bild 3.77 weist in der x,z-Ebene einen selbstleuchtenden Bezugsraster auf, dessen Linien parallel zur y-Achse orientiert sind. Wir können uns darunter z. B. einen Amplitudenraster, der rückseitig von einer flächigen Lichtquelle diffus beleuchtet wird, vorstellen. Vom Bezugsraster ausgehende Lichtstrahlen werden von der verspiegelten Bauteiloberfläche regulär reflektiert und gelangen durch eine Öffnung im Bezugsraster zu einer Kamera. Die Einstellung der Kamera muß so erfolgen, daß in deren Bildebene der Raster scharf abgebildet wird. Objektebene ist also die x,y-Ebene und nicht die Bauteiloberfläche.
Vereinfachend wollen wir vorerst nur Strahlen in der x,z-Ebene betrachten. Im unbelasteten Zustand erfolgt über einen beliebigen Punkt P der Oberfläche die Abbildung des Ortes P_1 des Bezugsrasters in der Bildebene am Punkt P_3. Unter Belastung sei die Normale im Punkt P nicht mehr parallel zur z-Achse, sondern habe

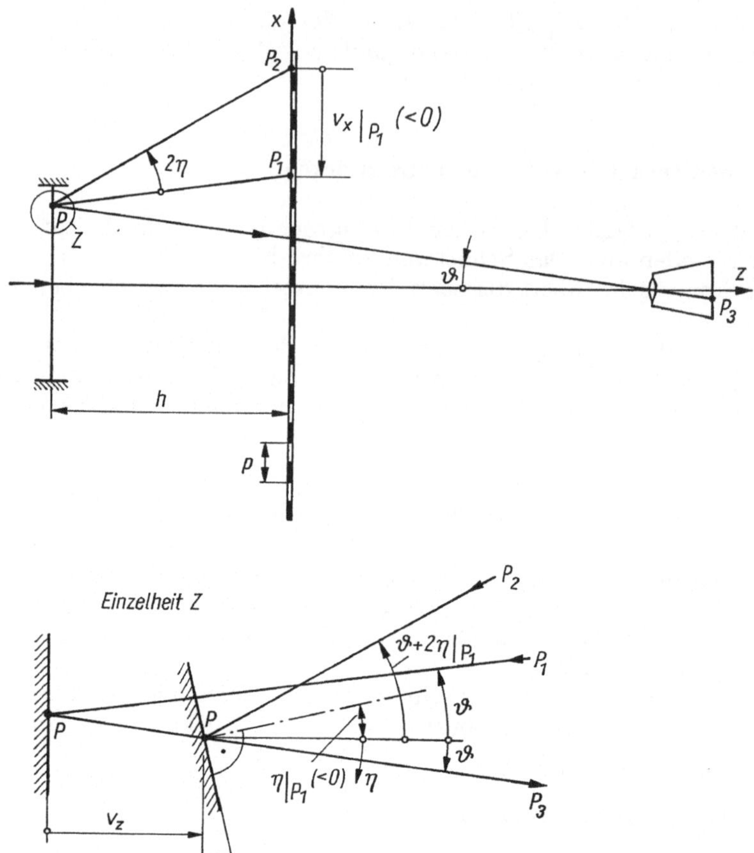

Bild 3.77. Strahlengang des Reflexionsmoiréverfahrens

eine Neigung η, so daß jetzt der Punkt P_2 des Bezugsrasters am Ort P_3 in der Bildebene erscheint. Infolge der zugehörigen Verschiebung $v_x|_{P_1}$ entstehen bei einer *Doppelbelichtungstechnik* Moiréstreifen.

Vernachlässigen wir die Verschiebung v_z des Punktes P gegenüber h, so erhalten wir mit der geometrischen Abhängigkeit (Bild 3.77)

$$v_x|_{P_1} = h \cdot \tan(\vartheta + 2\eta) - h \cdot \tan\vartheta$$

und der Bedingung für die Moiréstreifenentstehung

$$v_x|_{P_1} = m \cdot p$$

die Beziehung

$$\frac{m \cdot p}{h} = \frac{\tan\vartheta + \tan 2\eta}{1 - \tan\vartheta \cdot \tan 2\eta} - \tan\vartheta$$

$$= \tan 2\eta \cdot \frac{1 + \tan^2\vartheta}{1 - \tan\vartheta \cdot \tan 2\eta}$$

Für den praktisch bedeutungsvollen Fall kleiner Neigungen der Oberfläche können wir $\tan 2\eta \approx 2\eta \approx 2v_{z,x}$ schreiben. Hieraus folgt

$$\frac{m \cdot p}{h} = 2 \cdot v_{z,x} \cdot (1 + \tan^2 \vartheta)$$

Gestalten wir außerdem die Versuchsanordnung so, daß $|\tan \vartheta| \ll 1$ gilt, so ergibt sich der lineare Zusammenhang

$$v_{z,x} = \frac{m \cdot p}{2h} \tag{3.55}$$

bzw. bei Drehung des Bezugsrasters um 90° der analoge Ausdruck

$$v_{z,y} = \frac{n \cdot p}{2h} \tag{3.56}$$

Die mathematische Analyse des Moiréeffektes beim Reflexionsmoiréverfahren ist für Strahlen beliebiger Orientierung wesentlich komplizierter. Ohne Beweis wollen wir deshalb angeben, daß für geringe Neigungen $v_{z,x}$ oder $v_{z,y}$ und kleine Beobachtungswinkel ϑ die Gln. (3.55) und (3.56) ebenfalls gelten.

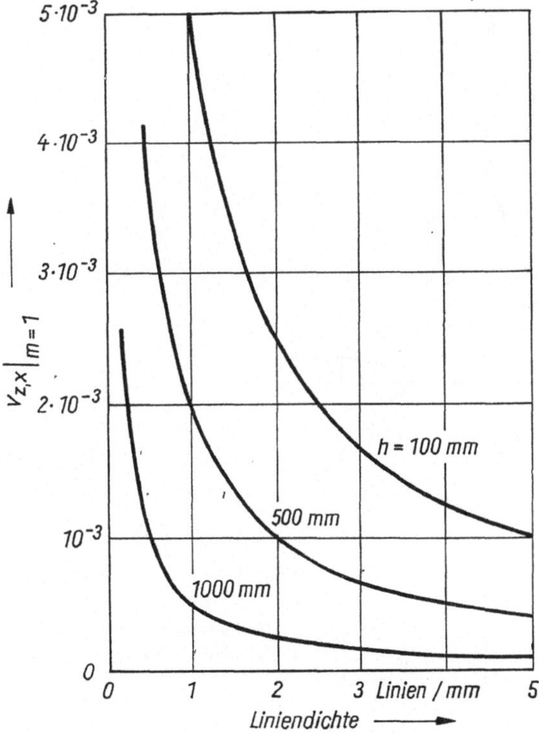

Bild 3.78. Empfindlichkeitsdiagramm des Reflexionsmoiréverfahrens

Beim Reflexionsmoiréverfahren ist also entlang einem Moiréstreifen die Neigung $v_{z,x}$ oder $v_{z,y}$ einer verformten ursprünglich ebenen Oberfläche konstant. Die Empfindlichkeit des Meßprinzips ist hoch und kann durch geeignete Wahl der Rasterteilung p und des Abstands h eingestellt werden (Bild 3.78).

3.6.2.   Versuchstechnik

Die *Strahlengänge* von Bild 3.79 sind verschiedene praktische Realisierungen des Prinzips von Bild 3.77. In den Anordnungen von Bild 3.79a und b blickt die Kamera durch eine Öffnung im Bezugsraster auf Objekt und Bezugsraster. Der zylindrische Bezugsraster erlaubt dabei größere Beobachtungswinkel ϑ. Im Aufbau von Bild 3.79c kann bei geringem Bezugsrasterabstand h eine größere Entfernung der Kamera

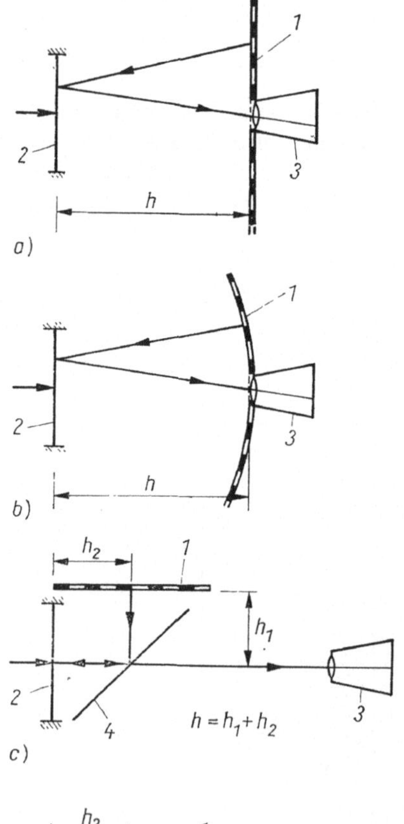

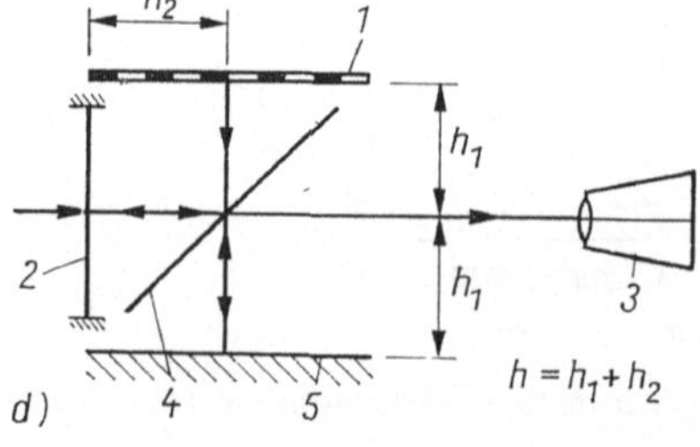

Bild 3.79. Versuchsanordnungen des Reflexionsmoiréverfahrens
1 Bezugsraster, 2 Oberfläche, 3 Kamera, 4 halbdurchlässiger Spiegel, 5 Spiegel

realisiert werden. Die Gln. (3.55) und (3.56) gelten dann praktisch fehlerfrei. Ohne Doppelbelichtung arbeitet der Strahlengang von Bild 3.79d. Die Moiréstreifen werden bei Belastung in der Bildebene sichtbar. Geringe Imperfektionen der Platte bewirken jedoch bereits im unbelasteten Zustand ein Streifenfeld.

Als *Bezugsraster* sind großflächige Amplitudenraster mit 1 bis 5 Linien/mm geeignet. Zum Beleuchten wird der Bezugsraster auf der Mattglasscheibe einer Diffuslicht-quelle angeordnet. Ist die Belastung nicht wiederholbar, wie bei viskoelastischen oder elastisch-plastischen Problemen, muß als Bezugsraster ein Kreuzraster verwendet werden. Die dann gleichzeitig entstehenden Moiréstreifenfelder für $v_{z,x}$ und $v_{z,y}$ erfordern eine interferenzoptische Separation, s. u.

Der *Kontrast* (vgl. 3.3.4.5.) der Streifen ist beim Reflexionsmoiréverfahren infolge der Doppelbelichtung meist gering. Da der Bezugsraster jedoch relativ grob ist, bleibt auch beim Verkleinern die Rasterstruktur in der Bildebene erhalten. Eine inter-ferenzoptische Separation und Kontrastverbesserung der Moiréstreifen wird erreicht, wenn das Negativ sich im Strahlengang von Bild 3.60 an der Stelle der Gitter-kombination befindet und in die Kamera das Licht der 1. Beugungsordnung fällt.

Bei der Wahl der *Blendenöffnung* des abbildenden Systems sind zwei Gesichtspunkte zu beachten. Erstens darf bei der erforderlichen Fokussierung auf die Rasterebene das Objekt selbst nicht übermäßig unscharf erscheinen. Zweitens erfolgt die Ab-bildung des Rasterpunktes P_2 (oder P_1) über die reflektierende Oberfläche nicht wie in Bild 3.77 gezeichnet durch einen einzigen Strahl, sondern durch ein Strahlen-bündel mit einem gewissen Öffnungswinkel. Dabei wirkt die verformte Oberfläche wie ein konkaver oder konvexer Spiegel, und es tritt eine zusätzliche Unschärfe auf. Beide Gesichtspunkte verlangen eine möglichst kleine Blendenöffnung (große Blendenzahl).

Die *Oberfläche* des Objekts muß regulär reflektierend sein. Das erfordert z. B. eine Hochglanzpolitur oder ein Lackieren mit anschließender Verspiegelung durch Auf-dampfen eines Metalls.

3.6.3.   Anwendungen des Reflexionsmoiréverfahrens

Wichtigstes Anwendungsgebiet des Reflexionsmoiréverfahrens ist die experimentelle Analyse des Tragverhaltens von Platten.

Betrachten wir als Beispiel eine festeingespannte *Kreisplatte*, die durch konstanten Druck belastet wird. Bild 3.80 zeigt das Feld der Moiréstreifen gleicher Platten-neigung $v_{z,x}$. Hinsichtlich des Kontrasts der Moiréstreifen gilt das in 3.6.2. Gesagte. Wir erkennen, daß die Neigung erwartungsgemäß bei $x = 0$ verschwindet und die Moiréstreifen im Inneren ein Maximum umschließen. Zu sehen ist auch, daß die theoretische Fiktion einer festen Einspannung experimentell nur näherungsweise erreicht wird.

Für den Fall dünner Platten kleiner Durchbiegungen (*Kirchhoff*sche Plattentheorie [3.4]) werden durch eine Differentiation der Felder der $v_{z,x}$- und $v_{z,y}$-Moiréstreifen die Plattenkrümmungen

$$\varkappa_x = v_{z,xx}, \qquad \varkappa_y = v_{z,yy}, \qquad \varkappa_{xy} = v_{z,xy} = v_{z,yx}$$

die den Verformungszustand einer solchen Platte beschreiben, erhalten. Die Differen-tiation kann mit den Algorithmen von 3.3.3.3. erfolgen.

Den Schwerpunkt der Anwendung bilden naturgemäß Untersuchungen kompliziert berandeter Platten mit physikalisch nichtlinearem Materialverhalten.

3.7.   Weiterführende Literatur

[3.1] Deformacii i naprjaženija pri obrabotke metallov davleniem: (Primenenie metodov muar i koordinatnych setok) / *Poluchin, P. I.; Voroncov, V. K.; Kudrin, A. B. ...* — Moskva, 1974. — 336 S.
Deformationen und Spannungen in der Umformtechnik: (Anwendung des Moiré- und des Dehngitterverfahrens)

[3.2] Moiré analysis of strain / *Durelli, A. J.; Parks, V. J.* — Englewood Cliffs, New Jersey, 1970. — 448 S.
Russische Übersetzung:
Analiz deformacij s ispol'zovaniem muara / *Djurelli, A.; Parks, V.* — Moskva, 1974. — 359 S.
Dehnungsanalyse mit dem Moiréverfahren

[3.3] Das Moiréverfahren / *Javornický, J.; Košťák, B.* — In: Experimentelle Spannungsanalyse / Hrsg.: *Speer, S.* — Leipzig, 1971. — S. 361 bis 446

[3.4] Lehrbuch Höherer Festigkeitslehre. / *Göldner, H.* [u. a.] — Leipzig. Bd. 1. — 1984. — 236 S. Bd. 2. — 1985. — 356 S.

[3.5] Anwendung des Moiréverfahrens zur experimentell-theoretischen Analyse von Umformvorgängen / *Naumann, J.* — In: Methoden der Plastizität: Anwendung auf Umformprobleme / *Kreißig, R.; Drey, K.-D.; Naumann, J.* — Leipzig; München, Wien, 1980. — S. 115 bis 201

[3.6] Issledovanie plastičeskogo formoizmenenija metallov metodom muara / *Segal, V. M.; Makušok, E. M.; Reznikov, V. I.* — Moskva, 1974. — 199 S.
Untersuchung plastischer Verformungen mit dem Moiréverfahren

[3.7] Issledovanie deformacij i naprjaženij metodom muarovych polos / *Sucharev, I. P.; Ušakov, V. N.* — Moskva, 1969. — 208 S.
Dehnungs- und Spannungsanalyse mit dem Moiréverfahren

[3.8] Moiré fringes in strain analysis / *Theocaris, P. S.* — Oxford, 1969. — 426 S.
Russische Übersetzung:
Muarovye polosy pri issledovanii deformacij / *Teokaris, P. S.* — Moskva, 1972. — 335 S.
Moiréstreifen bei der Dehnungsanalyse

[3.9] Anwendung des Moiréeffektes zur experimentellen Dehnungsanalyse / *Ullmann, K.* — In: Beiträge zur Spannungs- und Dehnungsanalyse. Bd. VI. — Berlin, 1970. — S. 59 bis 112

[3.10] Experimentelle Dehnungsanalyse: Dehngitter- und Moiréverfahren / *Vocke, W.; Ullmann, K.* — Leipzig, 1974. — 196 S.

4. Holografische Interferometrie

4.1. Einführung

Die Interferometrie ist ein klassisches optisches Meßverfahren, das eine hochgenaue Bestimmung von Längen, Längendifferenzen, Verschiebungen, Brechzahlen und anderer Größen erlaubt. Im Zuge ihrer Entwicklung ist die Bezeichnung „interferometrische Genauigkeit" zu einem der höchsten Qualitätsbegriffe der Meßtechnik überhaupt geworden. Ihr Prinzip, die Überlagerung von kohärenten Wellen — von *Young* und *Fresnel* zu Beginn des 19. Jahrhunderts entdeckt —, ist dabei nicht auf elektromagnetische Wellen beschränkt, sondern ebenso bei Schallwellen wie mechanischen Wellen anwendbar. In der Meßtechnik wird jedoch überwiegend mit Lichtwellen gearbeitet. Dazu wurde eine ganze Anzahl von Interferometern entwickelt. Eines der berühmtesten ist das *Michelson*-Interferometer, mit dem *Michelson* 1881 die Konstanz der Lichtgeschwindigkeit nachwies. Charakteristisch für alle klassischen Interferometer sind ihre eng begrenzten Strahlenbündel, begründet hauptsächlich durch die geringe Intensität kohärenten Lichts, die man mit klassischen Strahlungsquellen erreichen kann.

In der experimentellen Festkörpermechanik hat man die Interferometrie zum berührungslosen Messen von Verschiebungen und Verformungen, insbesondere Durchbiegungen bei Platten und Dickenänderungen bei Scheiben, aufgegriffen. Ihre Wirkungsbreite blieb auf diesem Sektor jedoch gering, da die Untersuchungsobjekte möglichst spiegelglatte Oberflächen besitzen mußten. Ein Ausbau des Verfahrens zu einem praktikablen Feldmeßverfahren, wie dies mit der Spannungsoptik eindrucksvoll geschehen konnte, war auf diese Weise nicht möglich.

Mit der Entdeckung der Holografie durch *Gabor* 1947 und der Entwicklung der Laser als leistungsstarke kohärente Lichtquellen um 1960 erhielt die Interferometrie insgesamt starken Auftrieb. Die holografische Bildspeicherung — selbst ein Interferenzprozeß — ermöglichte ihr vor allem den Übergang zum Feldmeßverfahren, der „holografischen Interferometrie" (1964/65 *Powell, Stetson, Haines, Hildebrand, Burch*). Für die Probleme der Festkörpermechanik drückt sich die neue Qualität darin aus, daß nunmehr relativ einfach präzise Feldmessungen im Mikrometerbereich auch an diffus streuenden Objekten, also insbesondere an Originalbauteilen, durchgeführt werden können, ohne sie wesentlich präparieren zu müssen. Den Beanspruchungen sind dabei kaum Schranken gesetzt; sie können sowohl statisch als auch durch Schwingungen oder transient erfolgen.

4.2. Physikalische Grundlagen

In den folgenden Abschnitten wollen wir die wesentlichen Grundlagen der Interferometrie und Holografie behandeln. Für tiefergehende Studien des Gesamtgebietes seien die Monografien von *Ostrovskij*, *Vest*, *Wernicke/Osten*, *Lenk* und *Françon* empfohlen [1 bis 5].

4.2.1. Grundbegriffe

Licht läßt sich in den meisten Fällen als *elektromagnetische Wellenerscheinung* verstehen. Sein Verhalten wird theoretisch durch die *Maxwell*schen Gleichungen beschrieben. Infolge seiner sehr hohen Frequenz ($\sim 10^{15}$ Hz) und Ausbreitungsgeschwindigkeit — der höchsten in der Natur vorkommenden; sie stellt damit eine universelle Konstante dar, $c = 3 \cdot 10^8$ m/s — ist seine Wellenlänge λ außerordentlich klein (sichtbares Licht $\lambda \approx 400$ bis 700 nm).

Weißes oder natürliches Licht enthält eine Vielzahl von Wellenlängen. Licht von nur einer Wellenlänge (genauer: einem schmalen Wellenlängenbereich) wird monochromatisch genannt. Weitere Charakteristika der Welle sind die *Amplitude*, die *Phase*, die *Ausbreitungsrichtung* und, da das Licht transversale Schwingungen vollführt, die *Polarisation*. In Wechselwirkung mit Materie, d. h. bei Reflexion an der Oberfläche oder beim Durchgang durch einen Körper, werden eine oder mehrere dieser Größen beeinflußt, z. B. die Amplitude bei der Absorption, der Polarisationszustand bei doppelbrechenden Körpern. Messen wir diese Änderungen, so erhalten wir Aufschluß über bestimmte Eigenschaften des Körpers. Die Größe, die sehr empfindlich bei allen Wechselwirkungen reagiert, ist die Phase der Welle. Darunter verstehen wir die Verschiebung des Schwingungszustandes der Welle gegenüber dem vorangegangenen oder dem unbeeinflußten Zustand.

Als Empfänger für Licht stehen uns neben dem Auge fotochemische, insbesondere fotografische und fotoelektrische Schichten zur Verfügung. Wegen der außerordentlich hohen Frequenz des Lichts können sie aber weder Amplituden- noch Phasenverläufe erfassen. Sie registrieren wie das Auge den zeitlichen Mittelwert des Energieflusses, die Lichtintensität. Wir bezeichnen sie deshalb als *quadratische Empfänger*, da die Energie dem Quadrat der Amplitude proportional ist. Die Phase geht bei der Mittelwertsbildung verloren. Um sie, wie auch den Polarisationszustand zu erfassen, ist es nötig, ein Umwandeln in eine Intensitätsgröße vorzunehmen. Dies kann nur mit Hilfe der Lichtwellen selbst geschehen, und zwar mittels der Eigenschaft der *Interferenz* der Wellen. Mit dieser Erscheinung und ihrer Voraussetzung, der *Kohärenz* der Wellen, wollen wir uns im folgenden Abschnitt befassen.

4.2.2. Grundlagen der Interferometrie

4.2.2.1. Interferenz und Kohärenz von Wellen

Die Erscheinung der Interferenz ist nicht an Lichtwellen gebunden, sondern eine allgemeine Eigenschaft von Wellen. Wir verstehen unter Interferenz die Überlagerung verschiedener Wellenzüge mit dem Ergebnis der Verstärkung oder Schwächung bzw. Auslöschung der Wellen in bestimmten Richtungen. Die Energie der Wellen unterliegt dabei nur einer Umverteilung. Nehmen wir z. B. nach Bild 4.1 eine ebene Lichtwelle an, die auf eine Wand mit zwei kleinen Öffnungen (Löcher oder Spalte) fällt. Hinter den Öffnungen entstehen dann nach dem *Huygens*schen Prinzip Elementarwellen (Kugel- oder Zylinderwellen, je nach Öffnung), die im Schnittbild konzentrische Kreise darstellen und sich ungestört überlagern. Auf dem im Abstand D aufgestellten Schirm ($D \gg d$) erhält man im steten Wechsel helle und dunkle Punkte bzw. Linien, Intensitätsmaxima oder -minima, je nachdem, ob aufgrund unterschiedlicher Weglängen (Gangunterschiede) Wellenberge oder Wellenberg und Wellental zusammentreffen (*Young*sche Streifen). Für die Intensitätsmaxima muß der Gangunterschied u ein ganzzahliges Vielfaches der Wellenlänge λ betragen, für die Intensitätsminima ein ungerades Vielfaches einer halben Wellenlänge:

$$\text{Intensitätsmaximum} \quad u = r_1 - r_2 = N \cdot \lambda \tag{4.1a}$$

$$\text{Intensitätsminimum} \quad u = r_1 - r_2 = (2N + 1) \cdot \lambda/2 \tag{4.1b}$$

N bezeichnet man als Interferenzordnung, $N = 0, 1, 2, \ldots$ Bei sehr großem D, im Fernfeld, ist:

$$r_1 - r_2 = d \sin \Theta \tag{4.2}$$

Die auf diese Weise entstehenden Interferenzen kommen durch Teilung der primären Wellenfront zustande. Wesentlich ist dabei, daß die Ausgangszentren I und II phasenmäßig fest verkoppelt sind. Diese als *Kohärenz* der Teilstrahlen bezeichnete Erscheinung ist eine wichtige Voraussetzung für das Entstehen beobachtbarer

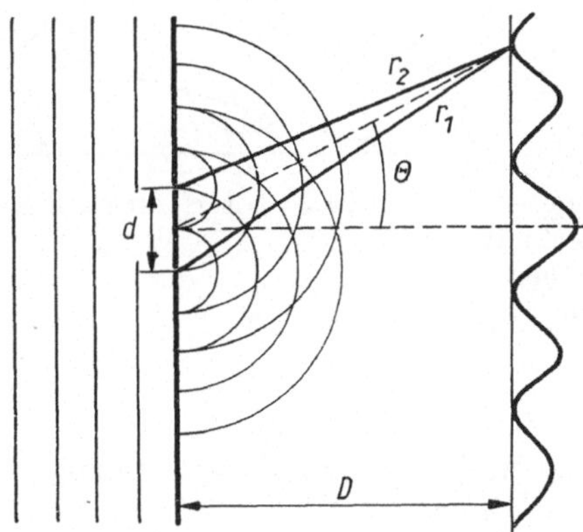

Bild 4.1. Überlagerung kohärenter Wellen hinter einer Wand mit zwei Öffnungen

Interferenzen. Die Wellen kommen in diesem Fall von einem punktförmigen Emissionszentrum (bei ebenen Wellen im Unendlichen gelegen). Würden sie von verschiedenen Zentren oder gar verschiedenen Lichtquellen kommen, käme keine Interferenz zustande. Die Ursache hierfür liegt in der sehr kurzen, statistisch begründeten Emissionszeit der leuchtenden Atome unserer geläufigen Lichtquellen ($\sim 10^{-8}$ s); eine Ausnahme macht nur der *Laser*. Für die Größe der „punktförmigen" Lichtquelle gilt die räumliche Kohärenzbedingung:

$$y \cdot \sin \beta \ll \lambda/2, \tag{4.3}$$

mit y — Durchmesser der Lichtquelle, β — Öffnungswinkel des Strahlenbündels.
Dazu kommt noch eine zeitliche Kohärenzbedingung: Wir haben es immer wegen der Kürze der Emissionszeit mit mehr oder weniger langen Wellenzügen zu tun. Die Wellenzüge müssen sich natürlich überdecken, damit es zu einer Interferenz kommen kann, Bild 4.2. Der Grad der Überdeckung bestimmt den Kontrast der Interferenzen. Die mittlere Länge der Wellenzüge wird als *Kohärenzlänge* L_K bezeichnet.
Diese Voraussetzungen lassen sich am ehesten bei monochromatischen Lichtquellen erfüllen, z. B. Natriumdampf- oder Quecksilberdampflampen. Sie sind aber meist

nicht sehr intensitätsstark, da zum Begrenzen des Spektralbereiches häufig noch
Filter nötig sind. Ihre Kohärenzlänge liegt im Bereich 10^{-2} bis 10^{-1} mm. Quantitative
Untersuchungen von Interferenzerscheinungen stellen mit diesen Lichtquellen
relativ hohe Anforderungen an die Versuchstechnik. Seit dem Aufkommen der Laser
hat sich die Situation grundlegend gebessert. Der Laser ist eine nahezu ideale Lichtquelle für Interferenzversuche (s. 4.4.1.).
Der Interferenzeffekt wird in einer Reihe von Meßgeräten, den *Interferometern*, zum
genauen Bestimmen von Größen, die sich letztlich auf Gangunterschiede zurückführen
lassen, ausgenutzt. Bevor wir uns mit einigen Interferometertypen befassen, wollen
wir noch zwei wichtige Interferenzerscheinungen und die Eigenschaften von *Zwei-*
und *Mehrstrahlinterferenzen* erläutern.

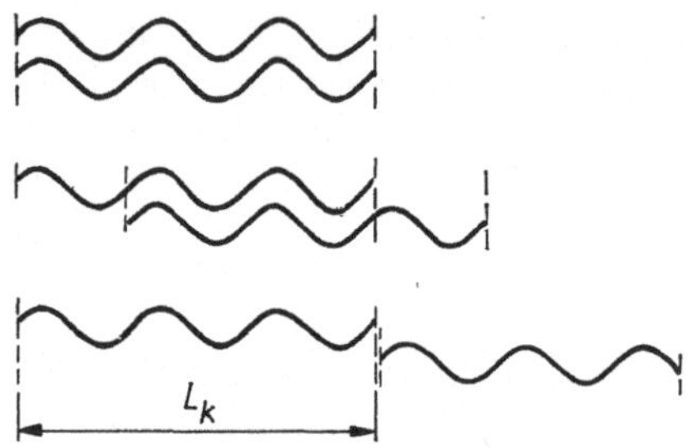

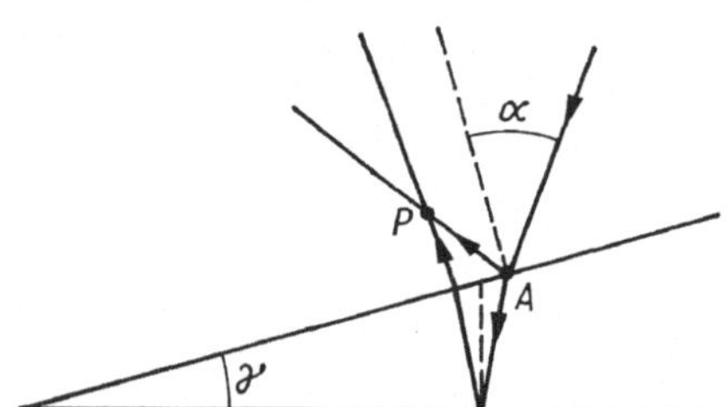

Bild 4.2. Interferenz kohärenter Wellenzüge
a) Gangunterschied null — völlige Überdeckung
b) geringer Gangunterschied — teilweise Überdeckung c) Gangunterschied $> L_{\mathrm{K}}$ — keine
Überdeckung; L_{K} Kohärenzlänge

Bild 4.3. Interferenz am Keil

4.2.2.2.   Keil und ebene Platte; Zwei- und Mehrstrahlinterferenzen

Einfache Interferenzen lassen sich in glatten Flächen beobachten, die einen kleinen
Keilwinkel miteinander bilden. Die Interferenzen stellen hier *Linien gleicher Dicke*
dar. Sie entstehen durch die Überlagerung der an der Vorder- und Rückseite reflektierten Teilstrahlen, Bild 4.3. Der Gangunterschied beträgt hier im nahe der Oberfläche gelegenen Interferenzpunkt P

$$u = 2nd \cos (\gamma + \alpha) \tag{4.4}$$

wobei n die Brechzahl des Keilmaterials und d die örtliche Dicke ist. Für
$u = (2N + 1) \cdot \lambda/2$ erhalten wir die Auslöschung der betreffenden Farbe bzw. bei
monochromatischem Licht eine dunkle Linie. Ist eine der Flächen gut eben, lassen
sich auf diese Weise leicht Dickenschwankungen erkennen bzw. Krümmungsradien
ermitteln (*Newton*sche Ringe bei Glaslinsen).
Wird der Keilwinkel $\gamma = 0°$, haben wir eine planparallele Platte. Bei konstanter
Dicke ändert sich der Gangunterschied mit dem Einfallswinkel α. Die daraus resultierenden Interferenzen werden *Linien gleicher Neigung* genannt. Sie erscheinen nicht
nahe der Platte, sondern wegen der Parallelität der Strahlen im Unendlichen (Beobachtung z. B. durch ein Fernrohr; *Haidinger*sche Ringe).
Die bisher angeführten Erscheinungen basierten immer auf der Interferenz zweier
Teilstrahlenbündel. Ihre Intensitätsverteilung ist stets sinusförmig. Prinzipiell

lassen sich beliebig viele kohärente Teilstrahlen zur Interferenz bringen. Diese als *Mehrstrahlinterferenzen* bezeichneten Interferenzen zeichnen sich durch eine Verschärfung der Linien aus. Die Intensität wird entsprechend der Anzahl der Teilstrahlen zum Intensitätsmaximum konzentriert, Bild 4.4. Ein typisches Beispiel für Vielstrahlinterferenzen ist das *Beugungsgitter*. Fällt auf dieses eine ebene monochromatische Welle, so erhalten wir hinter dem Gitter im Fernfeld die Intensität in vielen scharfen Linien konzentriert. Die Lage dieser Interferenzordnungen ergibt sich nach (4.2) zu:

$$N \cdot \lambda = d \sin \Theta_N \tag{4.5}$$

d ist der Abstand der Gitterlinien.

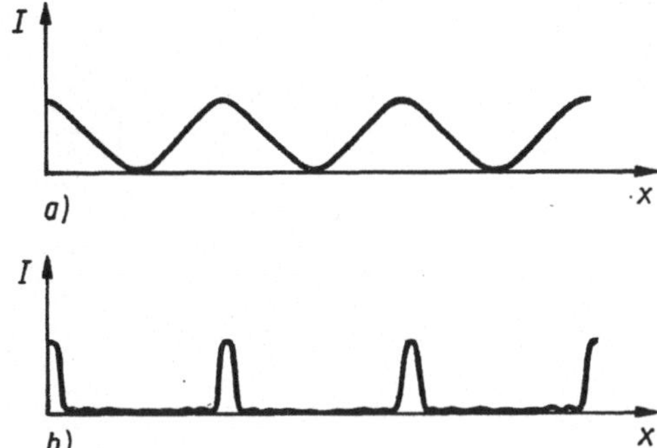

Bild 4.4. Intensitätsverteilung
a) bei Zweistrahlinterferenzen
b) bei Mehrstrahlinterferenzen

4.2.2.3. Interferometer

Wir wollen hier nur die Interferometertypen behandeln, die zur Verformungsanalyse in der Festkörpermechanik besondere Bedeutung besitzen. Das sind die Interferometer nach *Michelson*, *Mach-Zehnder* und *Fabry-Perot*. Ihre optischen Strahlengänge sind im Bild 4.5 skizziert. Bei allen drei Typen geschieht die Erzeugung der Teilbündel durch Amplitudenteilung mittels eines Strahlteilers (Glasplatte bzw. teildurchlässiger Planspiegel).
Beim *Michelson*-Interferometer gelangt das Licht über den Strahlteiler T einmal zum Spiegel S_1, der das Objekt darstellen kann bzw. an dem sich das Objekt befindet, zum anderen zum Bezugsspiegel S_2. Die reflektierten Strahlen gelangen wiederum über den Strahlteiler zum Beobachter bzw. der Kamera K. Mit den Spiegeln S_1 und S_2 lassen sich eine Keilplatte oder Planparallelplatte nachbilden. Durch Änderung der Zweiglängen $\overline{TS_1}$ bzw. $\overline{TS_2}$ ist leicht die Kohärenzlänge L_K des verwendeten Lichts bestimmbar. Maximalen Kontrast der Interferenzstreifen erhält man nur, wenn $TS_1 = TS_2$. Die Interferenzstreifen verschwinden, wenn $TS_1 - TS_2 \geqq L_\mathrm{K}$. Das Interferometer eignet sich auch sehr gut, um den Einfluß von Erschütterungen, Vibrationen usw. auf den Versuchsaufbau abschätzen zu können.
Beim *Mach-Zehnder*-Interferometer wird das Objekt immer durchstrahlt; das Zusammenführen der Teilstrahlenbündel geschieht durch einen weiteren halbdurchlässigen Spiegel. Treten im Objekt zu große Gangunterschiede auf, kann man durch Einbringung einer Kompensationsplatte C mit bekannter optischer Weglänge die Ordnungszahl reduzieren.

Michelson- und *Mach-Zehnder*-Interferometer sind reine Zweistrahltypen. Das *Fabry-Perot*-Interferometer läßt sich durch Neigung einer der teildurchlässigen Platten zu einem *Vielstrahl-Interferometer* mit dem Effekt der Verschärfung der Interferenzlinien umwandeln. Hier läuft der Bezugsstrahl einmal mit durch das Objekt, während das andere Strahlenbündel mindestens dreimal das Objekt durchquert. Mittels einer weiteren teildurchlässigen Platte kann man die optischen Weglängen zwischen Objekt- und Bezugsstrahl nahezu gleich machen. Dieses sog. *Reiheninterferometer* wird auch in der Spannungsoptik zur Isochromatenvervielfachung benutzt.

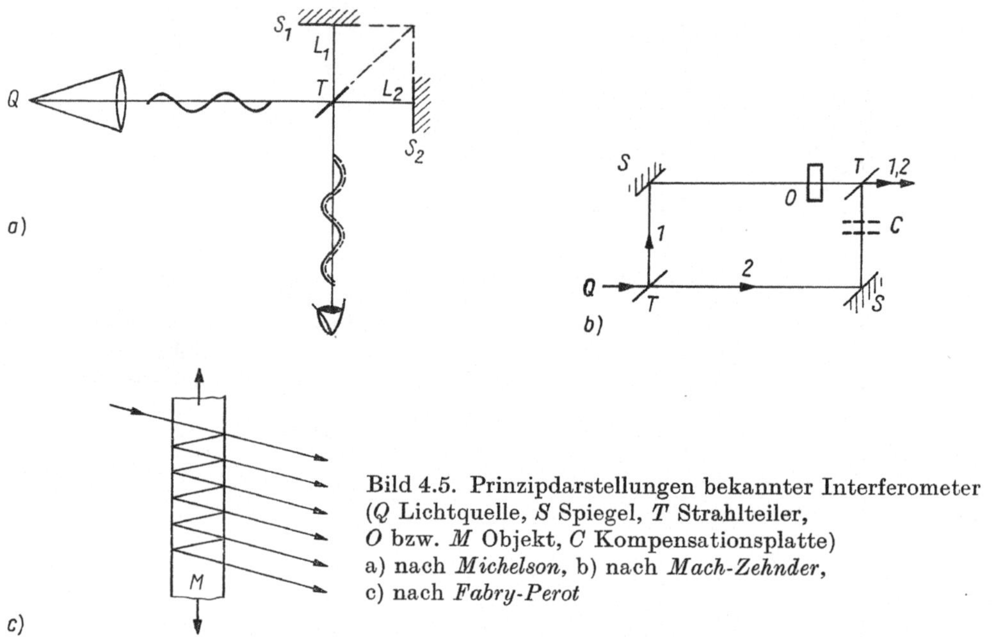

Bild 4.5. Prinzipdarstellungen bekannter Interferometer
(Q Lichtquelle, S Spiegel, T Strahlteiler,
O bzw. M Objekt, C Kompensationsplatte)
a) nach *Michelson*, b) nach *Mach-Zehnder*,
c) nach *Fabry-Perot*

4.2.3.   Grundlagen der holografischen Interferometrie

4.2.3.1.   Holografische Aufzeichnung

Wir haben kennengelernt, daß nur der Interferenzeffekt in der Lage ist, die Phaseninformationen einer Lichtwelle in Amplitudeninformationen zu überführen und damit einer Speicherung zugänglich zu machen. Wir benötigen dazu eine vom Objekt unbeeinflußte Bezugswelle. Objekt- und Bezugswelle müssen kohärent sein. Gehen wir nun davon aus, daß wir es bei den interferierenden Strahlenbündeln nicht mehr mit streng geometrisch-optisch korrelierten Strahlenbündeln zu tun haben. Unser Objekt soll nicht mehr spiegelglatt sein, sondern das auftreffende Licht in beliebige Richtungen streuen. Wir können einen Teil des gestreuten Lichtes immer auf einer fotografischen Platte auffangen — ohne oder mit zusätzlichen optischen Hilfsmitteln. Überlagern wir nun auf dieser Platte dem Streulicht eine kohärente Bezugswelle, so werden auch in diesem Fall Interferenzen entstehen, die eine Schwärzungsmodulation der Fotoschicht bewirken. Diese Modulation wird außerordentlich fein sein, da ja jeder Punkt der Fotoschicht von sehr vielen Objektpunkten Licht erhält, das mit dem geordnet auffallenden Bezugslicht interferiert. Ist das *Auflösungsvermögen* der Fotoschicht genügend hoch, werden die Objektpunkte entsprechend ihren Amplituden- und Phasenzuständen in der Fotoschicht gespeichert sein; jeder Objektpunkt noch dazu an vielen Punkten der Fotoschicht. Man bezeichnet dieses Verfahren der Bildaufnahme als *Holografie*, die Speicherplatte — es muß nicht unbedingt eine Fotoschicht sein — als *Hologramm*.

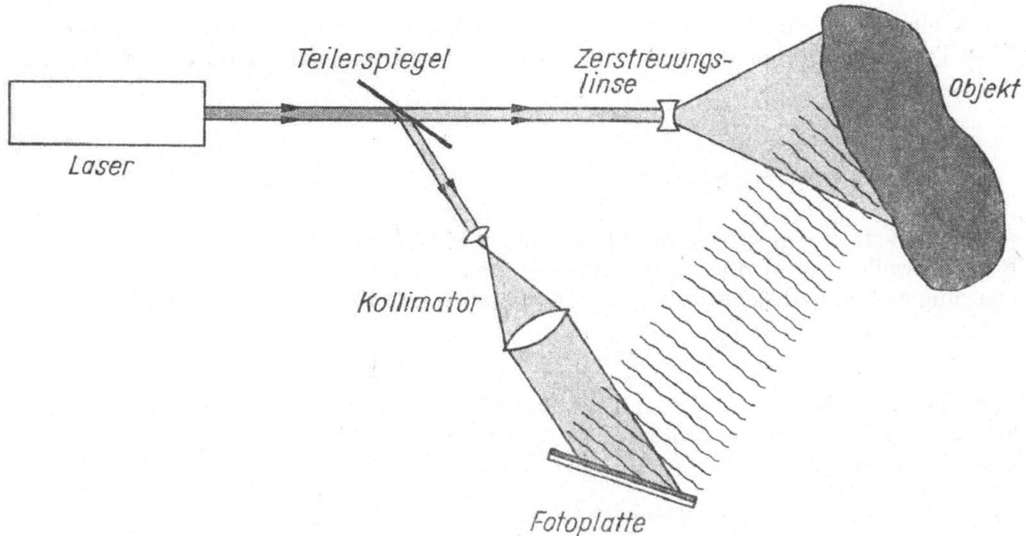

Bild 4.6. Prinzipschema der Auflichtholografie

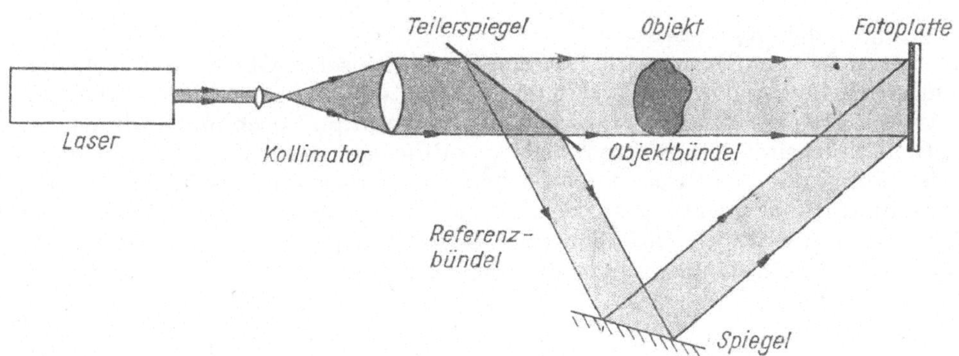

Bild 4.7. Prinzipschema der Durchlichtholografie

Das Hologramm hat im allgemeinen keine Ähnlichkeit mehr mit den uns bekannten Negativen. Es enthält das Objekt in verschlüsselter Form, in Form eines komplizierten Interferenzmusters, dessen Struktur man nur unter einem Mikroskop erkennen kann. Die Bilder 4.6 und 4.7 zeigen einige Anordnungen zur Aufnahme von Hologrammen. Die Objekte können dabei sowohl diffus reflektierend als auch durchsichtig sein; in letzterem Fall kann man die Streuung noch durch eine vorgeschaltete Streuscheibe unterstützen.

Nachfolgend wollen wir eine vereinfachte theoretische Begründung der Aufzeichnung geben und die Rekonstruktion des Objekts behandeln.

4.2.3.2.   Begründung der holografischen Speicherung und Rekonstruktion

Die Wellen seien durch ihre komplexen Amplitudenfunktionen dargestellt; der zeitliche Term kann dabei vernachlässigt werden, da wir nur stationäre Fälle behandeln wollen.

$$A_0(r) = a_0(r) \exp\left[i\delta_0(r)\right] \tag{4.6a}$$

$$A_R(r) = a_R(r) \exp\left[i\delta_R(r)\right] \tag{4.6b}$$

seien die von einem Objektpunkt ausgehende Objektwelle bzw. die Bezugs- oder Referenzwelle; a und δ seien die Amplituden- bzw. Phasenanteile. Bei ihrer Überlagerung auf dem Hologramm addieren sich ihre jeweiligen Amplituden:

$$A(r) = A_0(r) + A_R(r) \tag{4.7}$$

Fotografisch wirksam wird jedoch die resultierende Intensität $I = I(x, y)$, wenn x, y die Koordinaten auf dem Hologramm bedeuten. I ergibt sich aus dem Amplitudenprodukt der resultierenden Welle $A(r)$ mit der konjugiert komplexen Welle $A^*(r)$:

$$
\begin{aligned}
I(x, y) &= A(r)\, A^*(r) \\
&= a_0{}^2 + a_R{}^2 + 2a_0 a_R \cos\left(\delta_0 - \delta_R\right) \\
&= K_1 + \underline{K_2 \cdot \cos\left(\delta_0 - \delta_R\right)}
\end{aligned}
\tag{4.8}
$$

mit $K_1 = a_0{}^2 + a_R{}^2$, $K_2 = 2a_0 a_R$.

In dem unterstrichenen Term ist die Phasendifferenz zwischen Objekt- und Referenzwelle enthalten. Setzen wir voraus, daß das Fotomaterial linear arbeitet — die Lage dieses Arbeitsbereiches auf der Schwärzungskurve kann praktisch immer durch eine höhere Grundintensität der Referenzwelle gewährleistet werden —, so sind damit außer der Amplitude die Phaseninformationen des Objektpunktes in der Schwärzungsverteilung der Fotoplatte gespeichert. Wir drücken dies durch die *Transparenzfunktion* $T(x, y)$ aus, die als Differenz einer Grundtransparenz T_0 und der schwärzungswirksamen Intensität geschrieben werden kann,

$$T(x, y) = T_0 - KI(x, y) \tag{4.9}$$

K bedeutet eine weitere Konstante.

Die Rekonstruktion des Objektpunktes geschieht nun dadurch, daß wir unter sonst gleichen Bedingungen nur die Referenzwelle A_R auf das Hologramm fallen lassen. Die Transparenzverteilung im Hologramm ergibt dann eine Modulation dieser Welle. Wir erhalten für die resultierende Welle A_S:

$$
\begin{aligned}
A_S &= T \cdot A_R = \left[T_0 - KK_1 - KK_2 \cos\left(\delta_0 - \delta_R\right)\right] \cdot A_R \\
&= A_R T_0 - A_R KK_1 - A_R KK_2 \cos\left(\delta_0 - \delta_R\right)
\end{aligned}
\tag{4.10}
$$

Auf die Ausgangsform zurückgeführt, wird

$$A_S = C + C_1 \exp\left[i(\delta_0 - \delta_R)\right] + C_1 \exp\left[-i(\delta_0 - \delta_R)\right] \quad \text{bzw.}$$

da der Phasenwinkel der Referenzwelle überall konstant ist

$$A_S = C + C_2 \exp(i\delta_0) + C_2 \exp(-i\delta_0) \tag{4.11}$$

Die Konstanten C fassen die alten Konstanten zusammen.
Wir erhalten somit bei der Rekonstruktion 3 Wellenanteile:

der 1. Anteil mit konstanter Intensität entspricht der Rekonstruktionswelle; der 2. Term repräsentiert — nur durch einen konstanten Anteil verändert — die ursprüngliche Objektwelle; der 3. Anteil enthält die ursprüngliche Objektwelle, jedoch mit umgekehrter Phase.

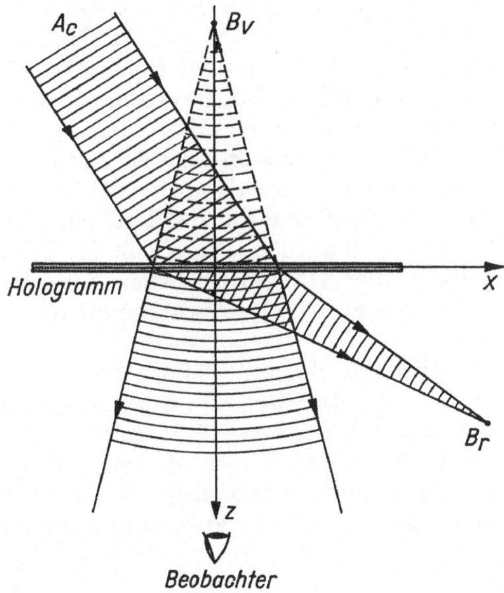

Bild 4.8. Rekonstruktion des virtuellen und reellen Bildpunktes B_v bzw. B_r durch die gleiche Welle wie bei der Aufnahme ($A_C = A_R$)

Aus dieser vereinfachten Ableitung, die für jeden Objektpunkt gilt, geht nicht hervor, wie die Wellenanteile räumlich zueinander liegen. Es läßt sich zeigen, daß alle drei Wellenanteile sich trennen, wenn auch bei der Aufnahme Objekt- und Referenzwelle aus unterschiedlichen Richtungen auf die Hologrammplatte fallen. Die unveränderte Objektwelle kommt dabei von demselben Ort, wo sich das Objekt bei der Aufnahme befand. Sie liefert ein getreues Bild des Objekts, ein *virtuelles Bild*, da die Strahlen divergieren. Man kann es sehen und unmittelbar fotografieren. Die zweite Objektwelle mit invertierter Phase konvergiert zu einem *reellen Bild* des Objekts, das man auf einem Schirm auffangen kann, s. Bild 4.8.

4.2.3.3.   Einige wichtige Eigenschaften des holografischen Bildes

Betrachten wir zunächst ein Beispiel. Wir fragen nach der Interferenzstruktur, die zwei ebene kohärente Wellen A_O und A_R auf dem Hologramm erzeugen, wenn sie unter verschiedenen Winkeln auffallen, Bild 4.9. Die gemeinsame Einfallsebene (x,z-Ebene) soll senkrecht zum Hologramm orientiert sein; A und B sollen benachbarte Intensitätsmaxima im Abstand a darstellen. Die Welle A_O bringt für diese Punkte einen Gangunterschied $u_O = a \sin \alpha_O$, die Welle A_R $u_R = a \sin \alpha_R$. Für A und B muß der Gesamtgangunterschied gerade eine Wellenlänge betragen. Wir erhalten:

$$u = a \sin \alpha_O + a \sin \alpha_R = \lambda \quad \text{oder}$$
$$a = \lambda/(\sin \alpha_O + \sin \alpha_R)$$

(4.12)

Da α_O und α_R für alle Strahlen konstant sind, besteht das Interferenzbild aus parallelen Linien in y-Richtung, d. h., es ist ein Liniengitter mit der Gitterkonstanten a. Sind z. B. $a_O = a_R = 30°$, dann ist $a = \lambda$; für $\lambda = 633$ nm (He-Ne-Laser) erhalten wir ein Gitter $10^6/633 \approx 1580$ Linien/mm. Wir sehen hieraus, wie fein die Interferenzstruktur eines Hologramms ist, und welche Forderungen an das Auflösungsvermögen der holografischen Fotoschichten zu stellen sind. Umgekehrt kann durch eine geeignete Wahl der Einfallswinkel ein Anpassen an das Auflösungsvermögen erfolgen. Die Schwärzungsverteilung unseres holografischen Gitters ist sinusförmig (Zweistrahlinterferenz). Den engen Zusammenhang mit der Linienstruktur erkennen wir auch sofort, wenn wir einen Winkel $\alpha = 0$ wählen. Dann geht die Beziehung (4.12) in die Formel für das Beugungsgitter über Gl. (4.5). Ferner können wir schlußfolgern; *Objekt- und Referenzwelle sind prinzipiell vertauschbar; die eine Welle rekonstruiert die andere.*

Ein reales Objekt liefert in der Regel keine ebenen Wellen. Betrachten wir jeden Objektpunkt als Erregungszentrum, so erhalten wir eine Summe von Kugelwellen, die das Hologramm erreichen und mit der Referenzwelle interferieren. Jede Kugelwelle liefert als Interferenzfigur ein ringförmiges Gitter (*Zonenfigur*). Ein normales Hologramm besteht demnach aus vielen, sich durchdringenden Zonenfiguren. Die Radien der Ringe eines Zonengitters sind im Fall der ebenen und senkrecht auf das

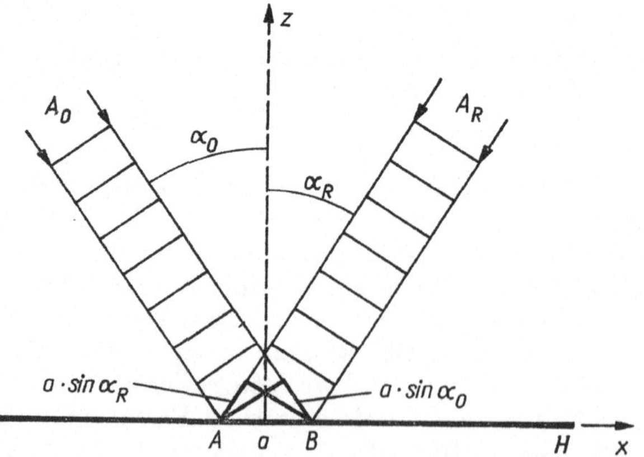

Bild 4.9. Interferenz zweier ebener kohärenter Wellen A_O und A_R auf der Hologrammplatte H

Hologramm fallenden Referenzwelle gegeben durch (Bild 4.10):

$$r_n = \sqrt{2z_0 n\lambda + n^2\lambda^2} \tag{4.13}$$

mit z_0 — Abstand des Objektpunktes A vom Hologramm.

Diese Ortskoordinate des Objektpunktes ist also im Hologramm enthalten; wir können uns vorstellen, daß auch die lateralen Koordinaten x_0, y_0 bei anderen Einstrahlungsrichtungen erfaßt werden. Dehnen wir dies auf alle Objektpunkte aus, so erkennen wir, daß das Objekt in seiner räumlichen Gestalt auf der Hologrammplatte gespeichert wird.

Das Zweischrittverfahren der Holografie gibt uns die Freiheit, bei der Bildrekonstruktion gewisse Parameter zu ändern. Arbeiten wir z. B. unter sonst gleichen Bedingungen wie bei der Aufnahme mit einer anderen Lichtwellenlänge, so muß sich die Koordinate z_B des Bildpunktes ändern. Aus Gl. (4.13) folgt:

$$z_0/z_B \approx \lambda_C/\lambda \tag{4.14}$$

mit λ_C der Rekonstruktionswellenlänge. Ist $\lambda_C > \lambda$, so ist $z_B < z_0$. Der virtuelle Bildpunkt liegt also dichter an der Hologrammplatte; er erscheint damit unter einem größeren Blickwinkel, d. h. vergrößert.

Diese Abbildungseigenschaften des Hologramms lassen sich allgemeiner durch *Abbildungsgesetze* ausdrücken. Wir müssen jedoch hierbei berücksichtigen, daß diese wesentlich komplizierter sind als das bekannte Abbildungsgesetz einer Linse. Bei der holografischen Abbildung sind die Krümmungen aller Beleuchtungs-, Objekt- und Referenzstrahlen in der Hologrammebene die bestimmenden Größen. Sie sind gegeben durch die Abstände Beleuchtungsquellpunkt — Objekt, Beleuchtungsquellpunkt — Hologramm, Referenzquellpunkt — Hologramm. (Beim Verwenden ebener Wellen rücken die Quellpunkte ins Unendliche.) Dazu kommt bei der Rekonstruktion noch der Abstand Quellpunkt — Hologramm und die u. U. geänderte Rekonstruktionswellenlänge hinzu. Unter der Voraussetzung, daß die z-Koordinaten viel größer als die lateralen Koordinaten x, y sind (achsennahe Abbildung), läßt sich eine der bekannten Linsenformel ähnliche Beziehung ableiten:

$$1/z_B = 1/z_C \pm \mu(1/z_0 - 1/z_R) \tag{4.15}$$

Hierin bedeuten weiter: z_R und z_C die Quellpunktskoordinaten der Referenzwelle (bei der Aufnahme) bzw. der Rekonstruktionswelle, $\mu = \lambda_C/\lambda$ das Verhältnis der Licht-

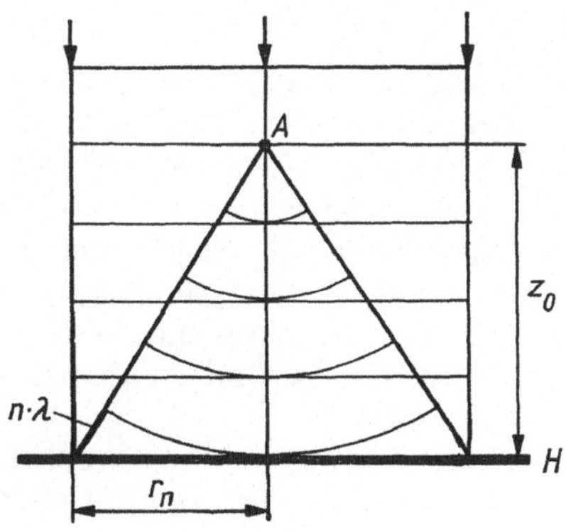

Bild 4.10. Interferenz einer ebenen Welle mit einer Kugelwelle auf dem Hologramm

wellenlängen. Das Pluszeichen gilt für den virtuellen, das Minuszeichen für den reellen Bildpunkt.

Aus der Abbildungsbeziehung Gl. (4.15) können wir noch schlußfolgern:

— Eine Änderung des Abbildungsmaßstabs können wir nicht nur durch die Wahl einer anderen Wellenlänge, sondern auch durch die Änderung des Quellpunktabstands der Rekonstruktionswelle erreichen. Allerdings treten dann Verzerrungen der Querdimensionen (x_B, y_B) auf.

— Die hologrammnahen Objektpunkte entstehen als reelle Bildpunkte auch nahe der Hologrammplatte. Das bedeutet, daß die Tiefenverhältnisse gegenüber dem Objekt und dem virtuellen Bild vertauscht sind (*Pseudoskopie des reellen Bildes*). Das reelle Bild, auf dem Schirm aufgefangen, stellt gewissermaßen den Gipsabdruck des Objekts dar. Durch besondere Verfahren kann man diesen Effekt beseitigen.

Da das Bild des Objekts auf dem gesamten Hologramm verteilt ist, kann man es voll rekonstruieren, wenn die Hologrammplatte geteilt wird. Auch aus einem kleinen Bruchstück läßt sich i. allg. noch das volle Objekt rekonstruieren. Der Bildinhalt schwindet natürlich in dem Maße, wie sich das Gesichtsfeld des Hologrammteilstücks verkleinert hat.

Behandeln wir ein Amplitudenhologramm mit bestimmten Bleichmitteln, die das Silber aus der Fotoschicht herauslösen, so ändert sich das Profil der Schicht bei Beachtung bestimmter Bedingungen proportional zur Dichteverteilung des Silbers. Wir erhalten ein *Phasenhologramm*. Es besitzt die gleichen Beugungseigenschaften wie das Amplitudenhologramm. Die mit ihm rekonstruierten Bilder sind wegen der geringeren Absorptionsverluste intensitätsstärker, d. h., wir können mit geringeren Belichtungszeiten arbeiten.

Abschließend soll noch der wichtigste Störeffekt erläutert werden, das sog. *Speckle*. Von äußeren störenden Einflüssen abgesehen (wie beugende Kanten, Staubteilchen u. ä. in den Strahlengängen, die häufig zu charakteristischen Interferenzfiguren führen), zeigen diffus streuende Oberflächen bei Beleuchtung mit kohärentem Licht eine mehr oder weniger starke Granulation. Diese statistische Intensitätsmodulation, die sich mit der Beobachtungsrichtung ändert, rührt von der Interferenz der von verschiedenen Oberflächenpunkten kommenden Strahlen im Beobachtungsraum her. Ein Mindern dieses Effektes ist nur mit aufwendigen Mitteln möglich. Man kann dieses Speckle jedoch auch als Grundlage eines Meßeffektes ausnutzen (s. 4.7.).

4.2.3.4.   Holografische Interferometrie

Wir wollen voraussetzen, daß wir auf einer fotografischen Platte mehrere Hologramme nacheinander von demselben Objekt unter konstanten Bedingungen aufnehmen (gleiche Referenzwelle, gleiche Belichtungszeit). Zwischen den Aufnahmen soll sich das Objekt nur ein wenig verändern, z. B. durch eine kleine Verschiebung oder Verformung. Rekonstruieren wir nach dem Entwickeln mit der gleichen Referenzwelle, werden die nacheinander aufgenommenen Objektzustände gleichzeitig rekonstruiert. Die Bildwellen sind, von einer Quelle kommend, kohärent. Sie werden interferieren und sichtbare Interferenzlinien erzeugen, wenn die Veränderungen des Objekts im Größenordnungsbereich der Lichtwellenlänge lagen.

Der Unterschied zur klassischen Interferometrie kommt in einem wesentlichen Punkt zum Ausdruck: Durch die holografische Speicherung wird der interferentielle Ver-

gleich direkt zwischen den Objektzuständen vorgenommen; die nacheinander existieren. Die Referenzwelle fungiert nur als Trägerwelle.
Auf zwei wesentliche Fakten wollen wir noch besonders hinweisen:

1. Die gleichzeitige Rekonstruktion zweier superponierter Hologramme führt nur dann zu makroskopischen Interferenzen, wenn sie von ein und demselben Objekt stammen und die Objektveränderungen nicht zu groß sind. Die beiden Objektzustände müssen in ihrer Mikrostruktur identisch sein, da diese ja das Streuverhalten und die Schwärzungsverteilung auf dem Hologramm bestimmt. Zwei gleiche Objekte besitzen aber niemals dieselbe Mikrostruktur. Deshalb ist z. B. ein Maßvergleich zweier ansonsten gleicher Objekte mit der holografischen Interferometrie ohne weiteres nicht möglich.
2. Die Interferenzlinien sind nicht immer auf dem Objekt lokalisiert; sie können vor oder hinter dem Objekt liegen. Das hängt wiederum von der Mikrostruktur, der Größe und Richtungen der Verschiebungen und der Beobachtungsapertur ab. Es gelingt i. allg. nur bei sehr kleiner Beobachtungsapertur, Interferenzlinien und Objekt gleichzeitig scharf zu sehen.

4.3.   Methoden der holografischen Interferometrie

Wir wollen uns in diesem Abschnitt mit den drei Grundmethoden befassen, der *Doppelbelichtungsmethode*, der *Echtzeitmethode* (real time) und dem für Schwingungsuntersuchungen wichtigen *Zeitmittelungsverfahren* (time average). Wir setzen dabei voraus, daß uns Laser als kohärente Lichtquellen zur Verfügung stehen.

4.3.1.   Doppelbelichtungsmethode (double exposure)

Das Wesentliche dieser Methode wurde bereits im vorangegangenen Abschnitt erläutert. Wir fertigen vom Objekt in den beiden interessierenden Zuständen je ein Hologramm auf derselben Fotoplatte an. Die Belichtungsbedingungen sollen für beide Aufnahmen die gleichen sein; die Reihenfolge spielt keine Rolle. Bei der Rekonstruktion überlagern sich die beiden Zustände gleichzeitig. Sie liefern makroskopische Interferenzen, wenn die Objektverschiebungen zwischen den beiden Beachtungen im Mikrometerbereich lagen. Bild 4.11 zeigt eine Doppelbelichtungsaufnahme einer gleichmäßig belasteten Kreisplatte.
Durch eine ähnliche Ableitung wie in 4.2.3.2. können wir feststellen, daß die Wellen der beiden Objektzustände O1 und O2 superponiert auftreten. Für die Welle des virtuellen Bildes erhalten wir eine Amplitudenfunktion

$$A_\mathrm{v} \sim C_2(\exp i\delta_{01} + \exp i\delta_{02}) \tag{4.16}$$

Sie liefert die Intensitätsverteilung:

$$I_\mathrm{v} \sim C_2{}^2 \cos^2 (\delta_{02} - \delta_{01})/2 \tag{4.17}$$

Sie entspricht der Intensitätsverteilung der klassischen Zweistrahlinterferenzen. Wir erhalten maximale Intensität, wenn $\delta = \delta_{02} - \delta_{01} = 2N\pi$, minimale Intensität, wenn $\delta = (2N + 1)\pi$ ist.

Die Doppelbelichtungsmethode ist die Standardmethode zur Untersuchung von statischen und zeitlich langsam veränderlichen Verformungszuständen. In letzterem Fall muß die Belichtungszeit klein im Verhältnis zur Veränderung des Objekts sein.

4.3.2.   Echtzeitmethode (real time)

Im Gegensatz zur Doppelbelichtungsmethode gestattet diese Methode die Beobachtung und Aufnahme der Verformung des Objekts direkt in ihrem zeitlichen Ablauf. Hierbei wird von der Eigenschaft des Hologramms Gebrauch gemacht, exakt das Objekt wiederzugeben, wenn es nach dem Entwickeln genau an den Aufnahmeort zurückgebracht und mit der Referenzwelle rekonstruiert wird. Objekt und Bild decken sich dann genau. Wird das Objekt wieder beleuchtet und erfährt es Verformungen, so können wir diese unmittelbar durch die entstehenden Interferenzlinien beobachten und fotografieren.
Die Intensitätsverteilung im virtuellen Bild ist in diesem Fall allerdings nicht so kontrastreich wie bei der Doppelbelichtungsmethode, da unterschiedliche Intensitätsverluste im direkten und rekonstruierten Bild auftreten. Außerdem macht sich jetzt ein Phasensprung um π bemerkbar, in dem sich die rekonstruierte und direkte Objektwelle unterscheiden. Die Intensitätsverteilung ergibt sich zu:

$$I_v \sim C + C'\{1 - \cos^2 (\delta_{02} - \delta_{01})/2\} \tag{4.18}$$

Danach ergeben sich maximale Intensitäten, wenn $\delta_{02} - \delta_{01} = (2N + 1)\,\pi$ ist. Die Intensitätsverhältnisse sind hier also gegenüber der Doppelbelichtungsmethode vertauscht.
Mit diesem Verfahren können neben statischen und zeitlich langsam veränderlichen Verformungen auch sehr niederfrequente Schwingungen aufgenommen werden.

4.3.3.   Zeitmittelungsmethode (time average)

Nehmen wir von einem stationär schwingenden Objekt ein Hologramm mit einer Belichtungszeit auf, die wesentlich größer als die Schwingungsdauer ist, so können wir bei der Rekonstruktion feststellen, daß das Objekt mit Interferenzlinien überzogen ist, Bild 4.12. Begründet ist dies dadurch, daß das Objekt während der Belichtungszeit viele Male den gleichen Zustand einnimmt und in den Schwingungsbäuchen die Schwinggeschwindigkeit bis auf den Wert Null absinkt. Es werden im Grunde sehr viele Hologramme aufgezeichnet; bei der gleichzeitigen Rekonstruktion liefern sie eine Intensitätsverteilung, die dem zeitlichen Mittelwert aller Objektzustände entspricht. Ist

$$A_0(\boldsymbol{r}, t) = a_0(\boldsymbol{r}) \exp \mathrm{i}\{\delta_0(\boldsymbol{r}) + \delta(\boldsymbol{r}, t)\} \tag{4.19}$$

die zeitlich veränderliche Objektwelle, wobei wir annehmen, daß die Schwingung nur die Phase beeinflußt, so erhalten wir für die Intensitätsverteilung:

$$I(\boldsymbol{r}) = I_0\{M(\delta)\}^2 \tag{4.20}$$

mit

$$M(\delta) = \frac{1}{t_B} \int_0^{t_B} \exp \mathrm{i}\delta(\boldsymbol{r}, t)\, \mathrm{d}t \tag{4.21}$$

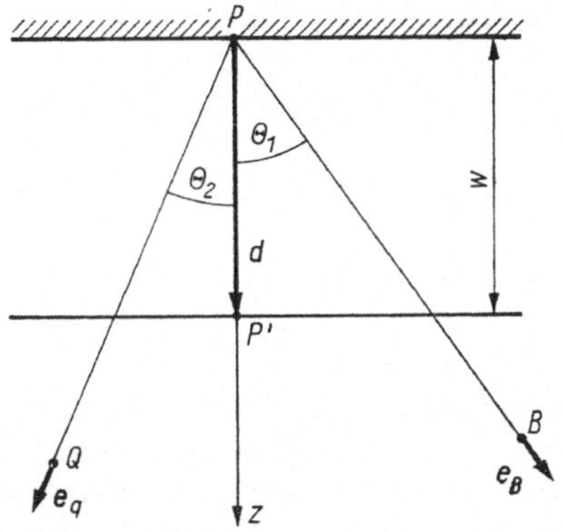

Bild 4.13. Schema zur Aufnahme einer harmonischen Schwingung in z-Richtung

$M(\delta)$ bezeichnet man als die *charakteristische Funktion* der Zeitmittelungsmethode, t_B ist die Belichtungszeit.

Nehmen wir als Beispiel an, daß $\delta(\boldsymbol{r}, t)$ den Phasenverlauf einer in z-Richtung erfolgenden harmonischen Schwingung kennzeichnet und nach Bild 4.13 w die Schwingungsamplitude und Q und B die Beleuchtungs- bzw. Beobachtungsrichtung angeben ($\boldsymbol{e}_Q$ und $\boldsymbol{e}_B$ sind die Einheitsvektoren dieser Richtungen), dann ist der Phasenverlauf gegeben durch:

$$\delta(\boldsymbol{r}, t) = \delta(\boldsymbol{r}) \sin \omega t = \frac{2\pi}{\lambda} (\cos \Theta_1 + \cos \Theta_2) \, w(\boldsymbol{r}) \sin \omega t \qquad (4.22)$$

Damit wird die charakteristische Funktion:

$$M(\delta) = \frac{1}{t_B} \int_0^{t_B} \exp \mathrm{i}\delta(\boldsymbol{r}) \sin \omega t \, \mathrm{d}t \qquad (4.23)$$

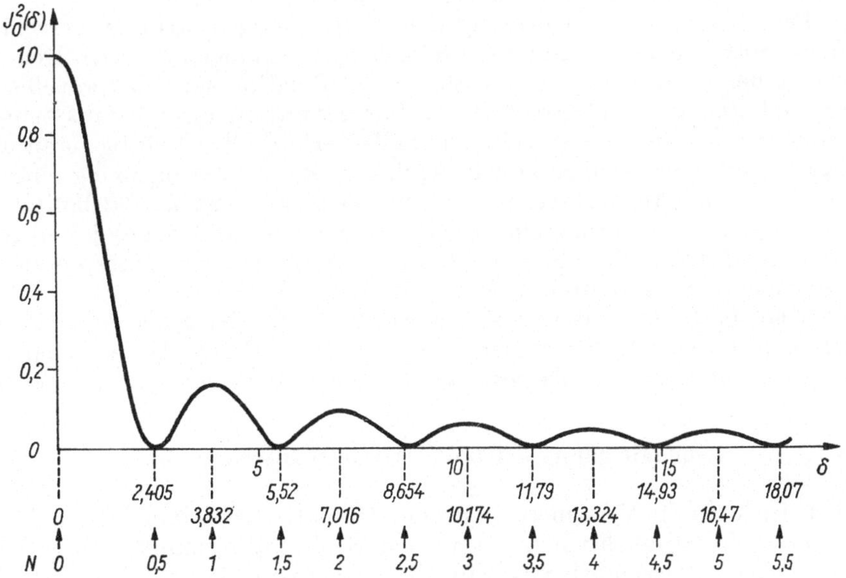

Bild 4.14. Verlauf von $J_0{}^2(\delta)$ sowie Zuordnung der Interferenzordnung

Ist $t_B \gg t_s$, wobei $t_s = 2\pi/\omega$ die Schwingungszeit ist, dann geht $M(\delta)$ über in die *Bessel*funktion 0. Ordnung:

$$M(\delta) = J_0(\delta) \tag{4.24}$$

Die Intensitätsverteilung ist dann:

$$I(\boldsymbol{r}) = I_0(\boldsymbol{r}) \, J_0{}^2 \left\{ \frac{2\pi}{\lambda} \, (\cos \Theta_1 + \cos \Theta_2) \, w \right\} \tag{4.25}$$

Wir erhalten demnach dunkle Interferenzlinien an den Nullstellen des Quadrats der *Bessel*funktion J_0. Da diese keine harmonische Funktion ist, sondern ihre Oszillationen mit steigendem Argument abnehmen, Bild 4.14, wird der Kontrast der Interferenzlinien mit zunehmender Ordnung immer geringer. Maximale Intensität zeigen die Orte des Objekts, die sich ständig in Ruhe befinden. Deshalb sind neben den schwingungsfreien Bereichen die Knotenlinien i. allg. gut zu erkennen.

4.4.   Auswertung holografischer Interferogramme

Dieser Abschnitt ist dem Herleiten von Beziehungen gewidmet, die es gestatten, die hauptsächlich interessierenden Verformungen von Objekten aus holografischen Interferogrammen abzuleiten. Wir wollen uns dabei auf diffus streuende Objekte beschränken, da sie die überwiegende Mehrzahl bilden. (Sind sie es nicht, können sie meistens ohne großen Aufwand dahingehend präpariert werden.) Die direkten Meßgrößen der Interferometrie sind jedoch nur selten die Verformungsgrößen. Mit den Phasenänderungen sind primär die Verschiebungsgrößen verknüpft. Dazu zählen auch diejenigen, die nicht unmittelbar zu Verformungen führen, wie starre Positionsänderungen (*Starrkörperverschiebungen* oder Verdrehungen). Letztere sind i. allg. weniger interessant, müssen jedoch berücksichtigt werden.
Die Bestimmung der Verformungen und Spannungen aus den Verschiebungen geschieht mittels der elastizitätstheoretischen Beziehungen (s. 1.1.). Den notwendigen Umfang der Auswertung sollte man stets in Relation zum Meßprozeß sehen, seinem Aufwand und den Fehlereinflüssen. Das Ermitteln aller Komponenten des Verformungstensors ist nur in seltenen Fällen erforderlich (häufig dann auch nur beschränkt auf einen kleinen Objektbereich, z. B. in der Umgebung eines Risses). Da jedes Meß- und Auswerteverfahren eine spezifische *Sensitivität* besitzt, werden wir bestrebt sein, von vornherein die dominierenden Größen des jeweiligen Problems damit zu erfassen. Oftmals ist auch schon eine qualitative Interpretation des Interferenzlinienfeldes von großem Wert.
In der holografischen Interferometrie wurde bereits eine große Anzahl von Auswerteverfahren entwickelt. Sie stellen in den meisten Fällen Abwandlungen der beiden Grundverfahren dar, die als *statisches* und *dynamisches Verfahren* bezeichnet werden.

4.4.1.   Grundgleichung der holografischen Interferometrie

Wir betrachten die Verschiebung $\boldsymbol{d}$ eines Objektpunktes von P nach P' in bezug auf den Beleuchtungsquellpunkt Q und den Beobachtungspunkt B der Interferenzen, Bild 4.15. Die Phasendifferenz δ für die beiden Objektzustände ergibt sich aus ihrer optischen Wegdifferenz. Für Luft als Umgebungsmedium erhalten wir allgemein, wenn $|d| \ll r_1, r_2$ und die Mikrostruktur beider Objektzustände identisch ist:

$$\pm\delta = \frac{2\pi}{\lambda}\,[e_Q(P) + e_B(P)] \cdot d \tag{4.26}$$

$e_Q(P)$ und $e_B(P)$ sind Einheitsvektoren, die die Richtungen des homologen Punktepaares PP' nach Q und B angeben; sie ändern sich i. allg. Fall von Punkt zu Punkt. Das Vorzeichen ist insofern unbestimmt, als das Hologramm bei der Doppelbelichtungsmethode nicht zwischen den beiden Objektzuständen unterscheiden kann. Für die Interferenzordnung N erhalten wir aus Gl. (4.26):

$$\pm N\lambda = [e_Q(P) + e_B(P)] \cdot d \tag{4.27}$$

Die Gln. (4.26) und (4.27) werden *Grundgleichungen der holografischen Interferometrie* genannt; sie sind der Ausgangspunkt für viele quantitative Auswertungen.
Für die Zahl der erreichbaren Interferenzordnungen ist der Summenvektor

$$S = e_Q(P) + e_B(P) \tag{4.28}$$

maßgebend. Er wird deshalb als *Sensitivitätsvektor* bezeichnet. S liegt in Richtung der Winkelhalbierenden zwischen Beleuchtungs- und Beobachtungsrichtung. Daher erhält man maximale Empfindlichkeit, wenn der Verschiebungsvektor in Richtung des Sensitivitätsvektors fällt. Das bedeutet, daß Verschiebungen senkrecht zur Objektoberfläche mit hoher Empfindlichkeit erfaßt werden.

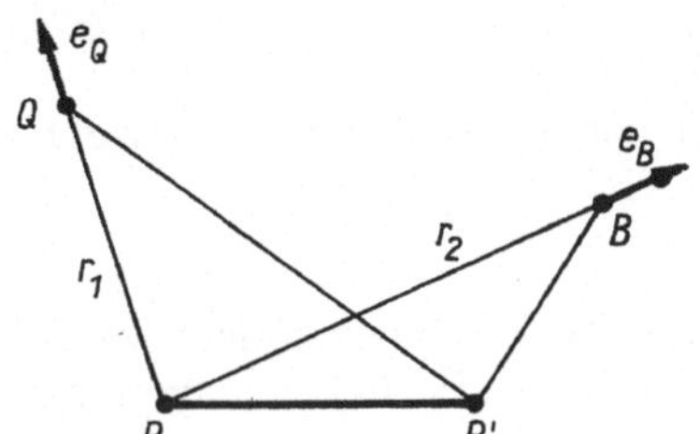

Bild 4.15. Verschiebung eines Objektpunktes P bezüglich Beleuchtungs- und Beobachtungsrichtung

In der Grundgleichung (4.27) wurde die Interferenzordnung N mit dem Punkt P verbunden. Dies könnte Schwierigkeiten bereiten, wenn die Interferenzlinien nicht auf dem Objekt lokalisiert sind. In diesem Fall gilt das *Projektions-Theorem*. Es besagt, daß die Linien einfach durch zentrale Projektion vom Zentrum der Beobachtungsapertur aus auf dem Objekt abgebildet werden können.

4.4.2.   Statisches Auswerteverfahren

Die Auswertung der Grundgleichung (4.27) liefert uns die Komponente des Verschiebungsvektors in Richtung des Sensitivitätsvektors. Sie ist, wenn wir mit einer ebenen Beleuchtungswelle arbeiten, gegeben durch (Bild 4.16)

$$d_S(P) = \pm N(\lambda/2)\cos(\alpha/2) \tag{4.29}$$

Kennen wir die Richtung Θ von d, so können wir auch seinen Betrag errechnen:

$$|d|\,(P) = N(\lambda/2)\cos(\alpha/2)\cos\Theta \tag{4.30}$$

Im allgemeinen Fall muß man alle drei Komponenten des Verschiebungsvektors bestimmen. Dazu ist es erforderlich, sich mindestens drei unabhängige Gln. vom Typ (4.27) zu beschaffen. Am einfachsten geschieht dies durch Ermitteln von N über P aus drei verschiedenen Beobachtungsrichtungen:

$$\pm N_i \lambda = [e_Q(P) + e_{Bi}(P)] \cdot d, \qquad i = 1, 2, 3 \tag{4.31}$$

Diese drei Beobachtungsrichtungen können wir noch durch ein Hologramm legen. Eine höhere Genauigkeit erreichen wir natürlich, wenn wir gleichzeitig drei Holo-

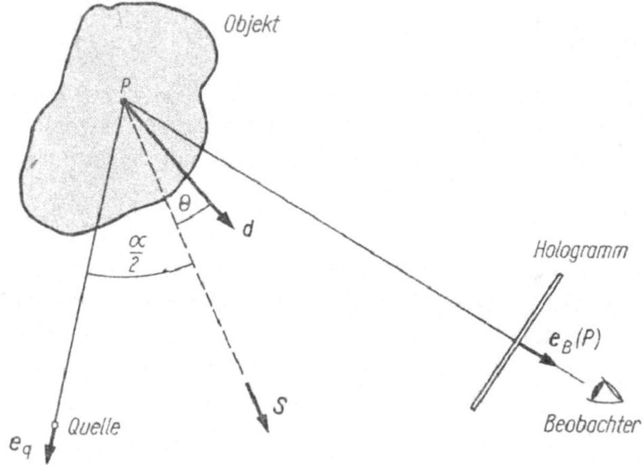

Bild 4.16. Bestimmung der Komponenten des Verschiebungsvektors durch statische Auswertung

gramme aufnehmen, die räumlich verteilt zum Objekt positioniert werden, Bild 4.17. Hierbei sind jedoch perspektivische Verzerrungen zu berücksichtigen, die die Objektpunktidentifizierung erschweren können.

Eine weitere Möglichkeit bietet die Wahl dreier Beleuchtungsrichtungen bei konstanter Beobachtungsrichtung. Dann wird:

$$\pm N_i \lambda = [e_{Qi}(P) + e_B(P)] \cdot d \tag{4.32}$$

Günstig ist es dabei, die Wege der Beleuchtungsbündel mit ihrem zugehörigen Referenzbündel so abzustimmen, daß sie sich jeweils mindestens um die Kohärenzlänge des Laserlichts unterscheiden, damit sie nicht mehr untereinander interferieren können.

Ein Nachteil der statischen Methode ist die Kenntnis der absoluten Interferenzordnung. Nicht immer ist die nullte Ordnung eindeutig identifizierbar bzw. im interessierenden Objektbereich enthalten. Dann besteht noch die Möglichkeit, von zwei Objektpunkten P_1 und P_2 auszugehen, die sicher einen unterschiedlichen Verschiebungsvektor aufweisen, und die Ordnungszahldifferenz ΔN_{12} zwischen diesen Punkten zu ermitteln. Durch Differenzbildung erhalten wir aus (4.27):

$$\pm \Delta N_{12} \lambda = [e_Q(P_1) + e_B(P_1)] \cdot d_1$$
$$- [e_Q(P_2) + e_B(P_2)] \cdot d_2 \tag{4.33}$$

In diesem Fall benötigen wir zur Bestimmung der Komponenten der beiden Verschiebungsvektoren 6 verschiedene Beobachtungs- oder Beleuchtungsrichtungen.
Die Frage des Vorzeichens in den Gleichungssystemen (4.31) bis (4.33) läßt sich meist aus physikalischen Überlegungen über die Verschiebungsrichtung klären. Es besteht auch die Möglichkeit, mit jeweils einer weiteren Messung eine Entscheidung über den Betrag des richtigen Vektors zu fällen, da nur 4 verschiedene Werte infrage kommen können.

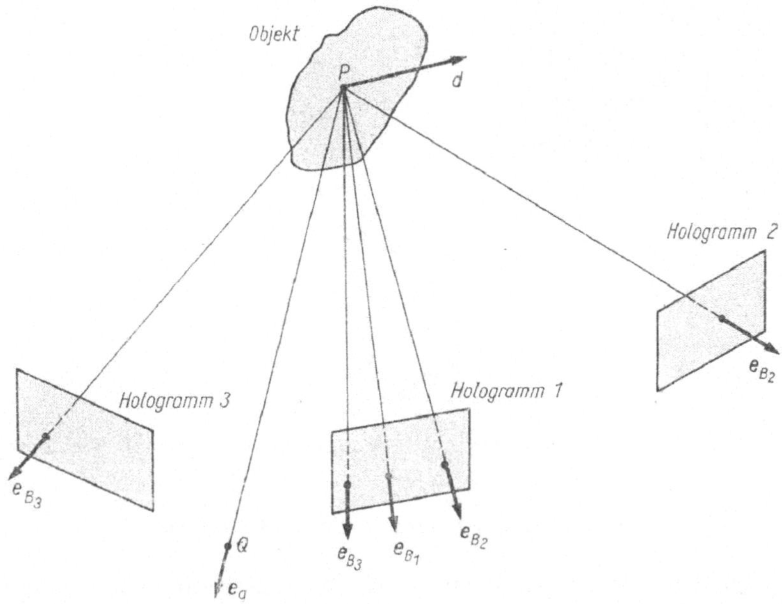

Bild 4.17. Statische Auswertung unter Benutzung von 3 Hologrammen

4.4.3.   Dynamisches Auswerteverfahren

Auf die absolute Interferenzordnung können wir auch verzichten, wenn wir ihre Änderung über einem Objektpunkt beim Übergang von einer Beobachtungsrichtung in eine andere erfassen. Aus der Grundgleichung (4.27) erhalten wir für zwei Beobachtungsrichtungen durch Differenzbildung:

$$\pm \Delta N_{12} \lambda = [e_{B_1}(P) - e_{B_2}(P)] \cdot d \tag{4.34}$$

Führen wir diese Messung längs dreier Wege durch, Bild 4.18, so erhalten wir die nötigen Daten, um das Gleichungssystem lösen zu können:

$$\pm \Delta N_{1i} \lambda = [e_{B_1}(P) - e_{B_{i+1}}(P)] \cdot d, \quad i = 1, 2, 3 \tag{4.35}$$

Dabei ist es zweckmäßig, die gewählten Wege durch eine am Hologramm angebrachte Maske zu fixieren.
Den Differenzvektor $(e_{B_1} - e_{B_{i+1}})$ können wir als *Sensitivitätsvektor* der dynamischen Methode ansehen. Er liegt hier nahezu parallel zur Objektoberfläche, da sich die beiden Beobachtungsrichtungen durch ein Hologramm nicht zu sehr unterscheiden

können. Die dynamische Methode erfaßt also gerade die in der Objektebene liegenden Komponenten des Verschiebungsvektors mit höherer Empfindlichkeit.

Die Vorzeichenfrage in Gln. (4.35) ist hier einfach zu klären: Das Vorzeichen ist zu vertauschen, wenn sich bei gleichsinniger Änderung der Beobachtungsrichtung die Interferenzlinienbewegung umkehrt.

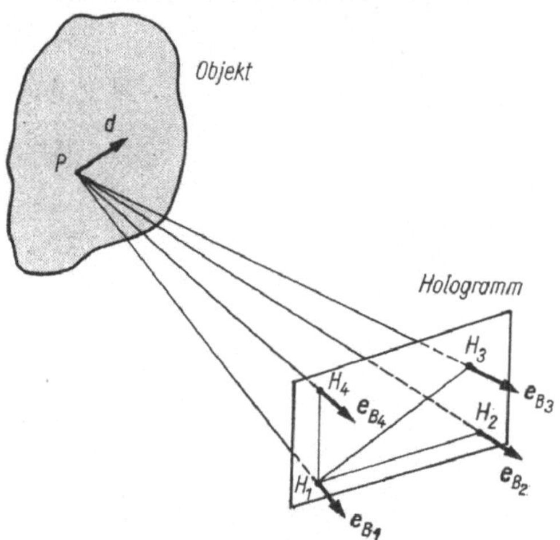

Bild 4.18. Dynamische Auswertung längs dreier Beobachtungswege

4.4.4.   Zur Anwendung der beiden Auswerteverfahren

Wie wir in den vorangegangenen Abschnitten gesehen haben, ergänzen sich das statische und dynamische Auswerteverfahren im Hinblick auf ihre Sensitivität recht gut. Da ihre Gleichungssysteme ganz ähnlich sind, können wir sie einheitlich in Matrixform darstellen:

$$N = Gd \tag{4.36}$$

Ihre theoretische Lösung ist:

$$d = G^{-1}N \tag{4.37}$$

N symbolisiert den Spaltenvektor der gemessenen Interferenzordnungen N_i beim statischen Verfahren bzw. der Ordnungszahländerungen beim dynamischen Verfahren ΔN_{1i}. G können wir als *Geometriematrix* bezeichnen. Ihre Zeilen bilden die Sensitivitätsvektoren des jeweiligen Verfahrens. Sie enthalten die geometrischen Daten des Interferometers und der Rekonstruktion beim statischen Verfahren bzw. nur der Rekonstruktion beim dynamischen Verfahren.

Die Gl. (4.37) erlaubt uns, effektive Verfahren zur numerischen Berechnung der Komponenten des Verschiebungsvektors und auch zur Fehleranalyse einzusetzen. Da es prinzipiell möglich ist, sich weitere Meßdaten zu beschaffen, kann auch mit Methoden der Ausgleichsrechnung eine Fehlerminimierung vorgenommen werden. Einen weiteren Weg bildet die Verwendung zusätzlicher Meßgrößen zum Berechnen schwer zugänglicher Geometriegrößen des Interferometers oder z. B. der Koordinaten der Objektpunkte.

In Verbindung mit diesen numerischen Berechnungsmöglichkeiten verdient die Geometriematrix G insofern besondere Beachtung, als ihre Koeffizientendeterminante nicht zu klein sein darf. Das Gleichungssystem ist dann *schlecht konditioniert*. Im Experiment ist dies zu erwarten, wenn die Sensitivitätsvektoren des jeweiligen Auswerteverfahrens sehr dicht beieinander liegen. Die Fehler der nach Gl. (4.37) berechneten Verschiebungskomponenten wachsen dann stark an, so daß die nachfolgende Berechnung der Verformungsgrößen infrage gestellt wird. Daher ist es notwendig, von vornherein Interferometeranordnungen mit *optimalen Parametern* bezüglich der vollständigen Auswertung anzustreben. Ein entsprechendes Kriterium wäre z. B. die Bildung eines orthogonalen Dreibeins durch die Sensitivitätsvektoren. Der Aufwand für den Aufbau eines solchen Interferometers ist unverhältnismäßig hoch. Umfangreiche Untersuchungen zu dieser Problematik wurden von *Schreiber, Wenke, Erler* und *Osten*[1]) angestellt.

4.5. Holografische Versuchsapparatur

Zum Durchführen experimenteller Untersuchungen werden ein gewisser Gerätepark eine Grundausstattung zum Aufbau von Interferometern und bestimmte Materialien zum Aufzeichnen von Hologrammen benötigt. Eine wesentliche Anforderung an die gesamte Apparatur ist die Schwingungsfreiheit des Aufbaus und seiner Elemente. Das wichtigste Gerät ist die kohärente Lichtquelle, der *Laser*. Hinzu kommen einige optische und feinmechanische Bauelemente zum Erzeugen definierter Strahlenbündel, zur Hologrammhalterung und Justierung. Für diese und den Aufbau der Untersuchungsobjekte muß ein stabiler Experimentiertisch vorhanden sein, der auch die notwendigen Vorrichtungen zur Erzeugung der notwendigen Verformungen, Schwingungserregung usw. aufnehmen muß. In den meisten Fällen wird die Versuchsapparatur nach der vorgesehenen Zielstellung und den gegebenen Möglichkeiten selbst zu konzipieren und zu erstellen sein. Nur selten wird man auf eine der wenigen Fertigapparaturen (Hologrammkameras) zurückgreifen können.

4.5.1. Laser

Die hohen Anforderungen an die Lichtquelle wurden bereits in Abschn. 1. skizziert. Sie betreffen im wesentlichen die räumliche und zeitliche Kohärenz der Strahlung bei möglichst großer Intensität und Stabilität (Konstanz über längere Zeit). Laser können entsprechend ihrem Lichterzeugungsprinzip diese Forderungen weitgehend erfüllen. Es sind jedoch auch bei ihnen einige Besonderheiten zu beachten bzw. Bedingungen einzuhalten, die wir kurz vom Aufbau her skizzieren wollen [4.6].
Ein Laser besteht im wesentlichen aus dem zum „Lasern" fähigen Material, das sich in einem optischen Resonator (Schwingkreis) befindet. Der zur stimulierten Emission erforderliche Anregungszustand des Materials kann bei Gaslasern durch Zündung einer Entladung, bei Festkörperlasern durch Blitzimpulse erzeugt werden. Die für die Holografie gebräuchlichsten Vertreter dieser Gattungen sind z. Z. die kontinuierlich strahlenden *Helium-Neon-* und *Argon-Ionen-Laser* sowie der *Rubinimpulslaser*. Das

---

[1]) Messung von Verschiebungsfeldern und Objektkoordinaten mit optimierten holografischen Interferometern / *Osten, W.* — 1983. Halle, MLU, Diss. A

Prinzipschema eines Lasers ist in Bild 4.19 wiedergegeben. Je nach Justierung ist es möglich, daß gleichzeitig mehrere Schwingungsformen im Resonator angeregt werden, die als transversale und axiale Moden bezeichnet werden. In Bild 4.20 sind einige transversale Modenformen dargestellt. Die für die Holografie notwendige Modenform ist der *Grundmode TEM*$_{00}$, der *Gauß*sche Amplitudenverteilung und konstante Phase im Querschnitt besitzt. Die axialen Moden vergrößern die Bandbreite der Strahlung, was eine kürzere Kohärenzlänge bewirkt. Während man den transversalen Grundmode durch Wahl bestimmter Spiegelpaare und ihre Feinjustierung relativ einfach erreichen kann, müssen zur Reduzierung der Axialmoden häufig zusätzlich *Etalons* im Resonator eingesetzt werden. Bei Impulslasern sind dies *Güteschalter*. Von besonderer Bedeutung sind dabei die Schalter, die mindestens zwei Laserimpulse mit wählbarem Zeitabstand innerhalb eines Pumpzyklus (Blitzlampenentladung) auslösen können (*Doppelimpulslaser*).

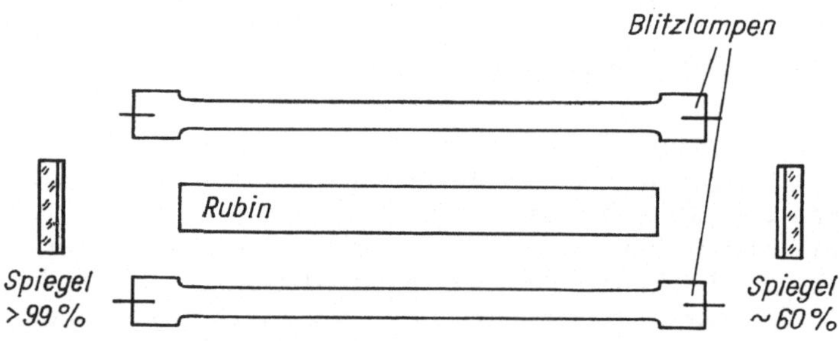

Bild 4.19. Prinzipschema eines Rubin-Impulslasers

Derartige Maßnahmen zum Erhöhen der Qualität des Laserstrahls sind immer mit Intensitätsverlusten verbunden, die beträchtlich sein können ($> 50\%$). Es ist auch verständlich, daß sich Temperaturschwankungen und mechanische Schwingungen nachteilig auf einen Laser auswirken können. Zur Einstellung und Kontrolle der Intensitätsverhältnisse ist immer ein Laser-Leistungsmesser günstig. Dazu genügt schon eine mit einem Mikroamperemeter verbundene Fotodiode.
Nachfolgend sind die Wellenlängen und erreichbaren Leistungen der angeführten Lasertypen zusammengestellt:

Typ	Wellenlänge nm	Leistung
Helium-Neon-Laser	632,8	0,5 bis 50 mW
Argon-Ionen-Laser	von 454,5 bis 528,7 10 Linien	0,5 bis 20 W
Rubin-Impulslaser	694,3	einige MW bei einer Impulsdauer von 20 bis 30 ns

Es sei noch besonders darauf hingewiesen, daß die Energiedichte in einem Laserstrahl wegen des kleinen Strahldurchmessers (etwa 1 mm) sehr hoch ist und die der

Sonne um ein Vielfaches übertreffen kann. Der konzentrierte Laserstrahl stellt somit eine hohe Gefahr für das Auge dar. Beim Anwenden von Lasern sind stets die *Arbeitsschutzbestimmungen* zu beachten.

4.5.2. Optische und feinmechanische Bauelemente

Zum Umlenken eines Laserstrahls, zur Strahlteilung, -aufweitung, -begrenzung usw. werden hauptsächlich Total- und verschiedene teildurchlässige Spiegel, Linsen, Objektive und Blenden benötigt. Sehr günstig sind variable Strahlteiler, die die Intensitätsaufteilung kontinuierlich oder in Stufen zu ändern gestatten. Ein sehr wichtiges optisches Bauelement ist das *Pinhole* oder Raumfrequenzfilter, die Kombination eines Mikroobjektives mit einer sehr feinen Lochblende (Durchm. des Loches 20 bis 30 μm). Sie dienen zur Erzeugung sehr sauberer Strahlenbündel, indem sie alle durch Fehlereinflüsse abgebeugten Strahlen, die meist zu störenden Interferenzen führen, ausfiltern. In handelsüblichen Teleskopen, die Parallelstrahlenbündel größerer Durchmesser erzeugen, sind solche Pinholes meist eingebaut. Werden Impulslaser eingesetzt, sind die hohen Energiedichten im Impuls zu berücksichtigen; sie können zu Beschädigungen an Spiegelschichten und Kittflächen von Objektiven führen.
Bei bestimmten Untersuchungen, vor allem bei der Durchstrahlung von Objekten, kann der Polarisationszustand des Laserlichts von Bedeutung sein. Zur Erkennung und Beeinflussung dieser Erscheinungen dienen *Polarisatoren*, *Viertel- und Halbwellenplatten*.
Alle genannten optischen Elemente müssen stabil gehaltert und bewegt sowie in der Regel sehr genau in der gewählten Interferometergeometrie angeordnet werden. Dazu wurden Standardserien feinmechanischer Bauelemente entwickelt. Sie gestatten z. T. Positionsänderungen im Mikrometerbereich. Die Bilder 4.21a bis f zeigen einige handelsübliche Bauelemente (s. auch Bild 4.31). Auf dem Experimentiertisch werden sie in der Regel durch Magnetfüße gehalten. Zur Befestigung der Hologrammplatte sind verschiedene Halterungen, von der einfachen 3-Punkt-Lagerung durch das Eigengewicht bis zur lichtdichten Kassette mit feinjustierbarem Rahmen, gebräuchlich. Meist genügt ein kleines Schraubstockelement mit Anschlagwinkel.

4.5.3. Versuchstisch

Während der Belichtungszeit des Hologramms dürfen sich keine Umgebungseinflüsse (Maschinen-, Gebäudeschwingen usw.) auf den holografischen Versuchsstand übertragen, die Verschiebungen oder Phasenänderungen im Interferometer, d. h. vom Strahlteiler ab, bewirken. Dem Versuchstisch kommt in der Hauptabwehr der Umgebungseinflüsse eine besondere Bedeutung zu. Er muß i. allg. gut schwingungsisoliert aufgestellt sein bzw. entsprechende Zwischenlagen aufweisen (Schaumgummi, pneumatische Lagerungen usw.). Darüber hinaus muß er genügend steif sein, um die verschiedensten Aufbauten, einschließlich die der Objekte mit ihren Belastungseinrichtungen, aufnehmen zu können. Bei Schwingungsuntersuchungen sind auch Maßnahmen zur Abwehr der Erregungsfrequenzen von den optischen Bauelementen zu treffen. Sehr geeignet sind verrippte Stahlplattentische oder größere Tuschierplatten. In Bild 4.22 ist ein verrippter Stahlplattentisch wiedergegeben.

Versuchstische mit Impulslaser verlangen in dieser Hinsicht wegen der extrem kurzen Impulsdauer geringeren Aufwand. Bei Einzelimpulsbetrieb ist allerdings auch hier zu gewährleisten, daß zwischen beiden Belichtungen keine äußeren Einflüsse die Interferometergeometrie stören. Doppelimpulslaser gestatten dagegen auch Messungen unmittelbar in Werkhallen.

Die Schwingfreiheit des Tisches und seiner Aufbauten läßt sich sehr gut mit einem *Michelson*-Interferometer prüfen. Die Interferenzlinien dürfen sich im Rahmen der zu erwartenden Belichtungszeiten nicht bewegen. Einflüsse von Luftströmungen und Wärmequellen sind dabei auch zu beachten.

4.5.4.   Aufzeichnungsmaterialien für Hologramme

Überwiegend werden fotografische Platten oder Filme für die Aufnahme von Hologrammen verwendet. Sie müssen, wie wir in 4.2.3.3. festgestellt haben, besonders hochauflösende Fotoschichten besitzen (Auflösungsvermögen 2000 bis 3000 Linien/mm). Dadurch ist ihre Empfindlichkeit sehr gering. Beide Eigenschaften hängen auch vom Entwickler und den Entwicklungsbedingungen (Temperatur, Zeit) ab. Es empfiehlt sich daher immer, die Verarbeitungsvorschriften der Hersteller zugrunde zu legen. ORWO stellt für holografische Zwecke die Fotoplatten LP 1, LP 2 und LP 3 (panchromatisch sensibilisiert) sowie die orthochromatische Platte LO 2 her. Erstere sind insbesondere für das Licht des He-Ne-Lasers geeignet, letztere für die Linien des Argon-Lasers. Das Auflösungsvermögen dieser Typen liegt bei 2500 bis 3000 Linien/mm.

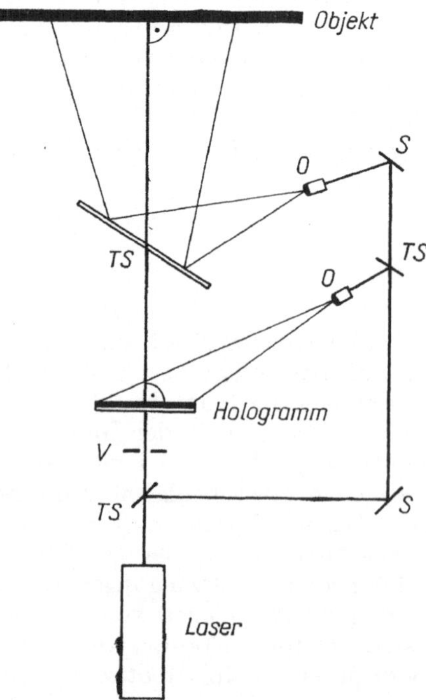

Bild 4.23. Günstige Interferometeranordnung für das statische Auswerteverfahren mit einem Hologramm

Als neue Aufzeichnungsmedien für Hologramme kommen zunehmend bestimmte *thermoplastische Materialien* in Verbindung mit elektrofotografischen Schichten zum Einsatz. Hierbei wird das in einem Fotoleiter latent gespeicherte Bild durch eine thermische Behandlung in ein Reliefbild der thermoplastischen Schicht, d. h. in ein Phasenhologramm, umgewandelt. Das Verfahren arbeitet sehr schnell, ist wiederholbar, da die Phaseninformation durch eine erneute thermische Behandlung wieder gelöscht werden kann, und ist unmittelbar im Versuchsaufbau durchführbar, d. h. besonders geeignet für das Echtzeitverfahren. Das Auflösungsvermögen erreicht jedoch noch nicht das der Fotoplatten.

Ein Amplitudenhologramm besitzt dann die besten Rekonstruktionseigenschaften, wenn seine Schwärzung zart- bis mittelgrau erscheint. Wichtig ist dabei, daß das Intensitätsverhältnis von Referenz- zur Objektwelle — gemessen am Ort des Hologramms — etwa den Wert 3 bis 4 besitzt.

Zum Abschluß des Abschnitts sollen noch zwei Anordnungen dargestellt werden, die der Zielstellung eines *optimalen Interferometers* sehr nahe kommen. Bild 4.23 zeigt

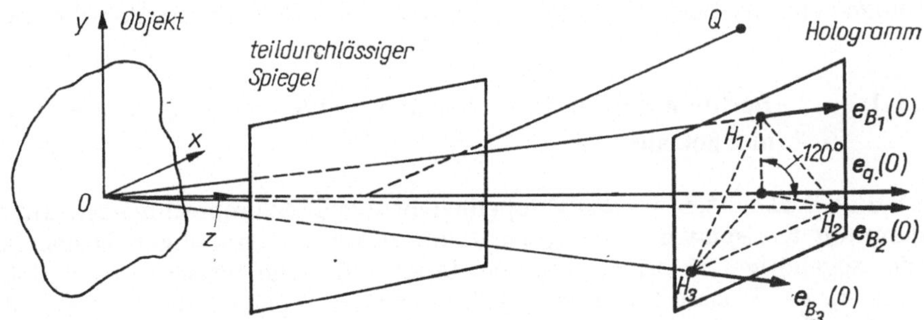

Bild 4.24. Optimales Auswerteschema zum Interferometer nach Bild 4.23

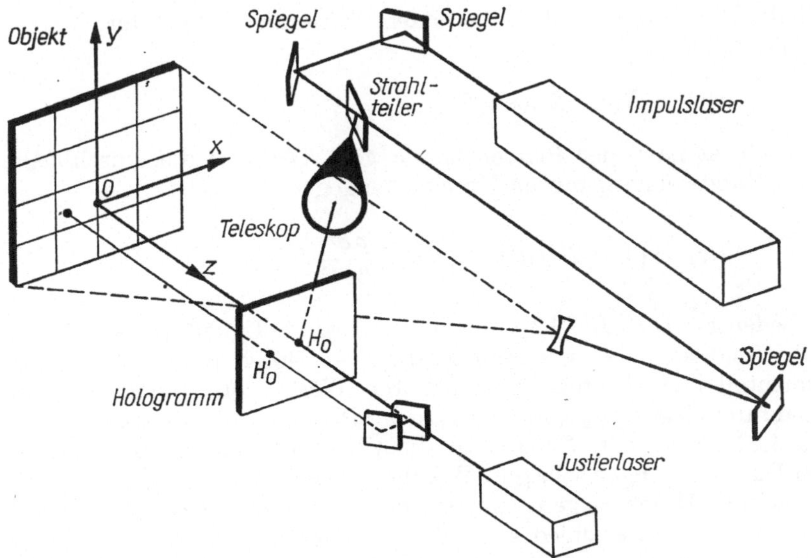

Bild 4.25. Günstige Interferometeranordnung mit Impulslaser

schematisch eine für das statische Auswerteverfahren mit einem Hologramm günstige Interferometergeometrie, Bild 4.24 dazu das Auswertungsschema über drei Beobachtungsrichtungen. Ein Interferometer mit einem Impulslaser als Lichtquelle ist in Bild 4.25 wiedergegeben. Der Justierlaser (He-Ne-Laser) wird hier — außer zum Festlegen der Strahlengänge — zur Rekonstruktion und Ausmessung der Objektpunkte, der Beobachtungspunkte bzw. -wege benutzt.

4.6.   Anwendung der holografischen Interferometrie

In ihrer kurzen Entwicklungszeit hat die holografische Interferometrie bereits eine große Anzahl von Anwendungen in Forschung und Industrie erschlossen. Ihr Umfang ist schon vergleichbar mit spannungsoptischen Untersuchungen. Vor allem hat auch die Industrie schnell ihre Bedeutung erkannt und methodische Laboratorien aufgebaut, insbesondere im Fahrzeug-, Flugzeug- und Maschinenbau. Für die spezielle Prüfung von Fahrzeugreifen wurden bereits holografische Apparaturen entwickelt. Einige typische Beispiele sollen den praktischen Einsatz der Verfahren zeigen.

4.6.1.   Bestimmung der Durchbiegung und Schwingungsformen von Platten und Scheiben

Mit Bild 4.11 hatten wir das Doppelbelichtungsinterferogramm einer am Rand eingespannten Kreisplatte kennengelernt, die durch gleichmäßigen Druck belastet war. Die zugehörige Interferometeranordnung ist schematisch im Bild 4.26 wiedergegeben. Bei Platten haben wir häufig nur eine Verschiebungskomponente senkrecht zur Oberfläche, die Durchbiegung w. Wir wählen deshalb den Interferometeraufbau so, daß der Sensitivitätsvektor der Doppelbelichtung parallel zur Durchbiegung liegt. Arbeiten wir mit einer ebenen Beleuchtungswelle, so können wir zum Auswerten einfach die Beziehung Gl. (4.29) benutzen. Wir erhalten den Durchbiegungsverlauf w über den Radius r zu:

$$w(r) = N(r)\,\lambda/2\,\cos\alpha/2 \tag{4.38}$$

Theoretisch ist nach der Plattentheorie von *Kirchhoff* die Durchbiegungsfunktion einer am Rande eingespannten Kreisplatte gegeben durch:

$$w(r) = [1 - 2(r/R)^2 + (r/R)^4]\,\frac{pR^4}{64D} \tag{4.39}$$

Darin bedeuten $D = Eh^3/12(1 - \gamma^2)$ die Biegesteifigkeit (E — Elastizitätsmodul, h — Plattendicke, γ — Querdehnzahl), p — Druck und R — Plattenradius. Die experimentell und theoretisch ermittelten Werte von w sind — bezogen auf die Maximaldurchbiegung w_{max} im Zentrum der Platte — über den relativen Plattenradius in Bild 4.27 dargestellt. Danach ist die Übereinstimmung innerhalb der erzeugten kleinen Durchbiegungen sehr gut. Wie die angegebenen Werte w_{max} im Vergleich zum aufgebrachten Druck zeigen, sind sie aber nicht unabhängig vom Vorzeichen des Druckes. Diesen Unterschied kann die *Kirchhoff*sche Theorie nicht erklären. Er ist bedingt durch die Unsymmetrie der Randeinspannung bezüglich der Plattenmittelfläche.

Bei dem folgenden Beispiel, einer Rechteckplatte aus Eisen, die eine sehr starke Walztextur besaß, interessierte vor allem das Schwingungsverhalten bei höheren Frequenzen. Mit der Zeitmittelungsmethode wurden die Eigenfrequenzen und Schwingungsformen in einem weiten Frequenzbereich ermittelt. Die Schwingungen wurden dabei von der Rückseite her berührungslos über einen kleinen Elektromagneten erzeugt. In Bild 4.28 sind die Interferogramme der Grundschwingung und von drei höheren Eigenfrequenzen gezeigt. Bei hohen Frequenzen werden die Knotenlinien, die im homogenen Fall parallel zum freien und Einspannrand der Platte verlaufen müssen, durch den Textureinfluß verzerrt. Daraus resultieren letztlich Schwingungsformen, die vornehmlich nicht mehr durch die Randbedingungen, sondern die inhomogene Struktur des Werkstoffs bestimmt werden. Die Abweichungen zu den theoretisch ermittelten Eigenfrequenzen der homogenen Platte erreichten Werte bis zu 20%.

Ist die Frequenzstabilität der Schwingungserregung sehr gut, können auf diese Weise die Resonanzkurven durchfahren werden. Durch quantitative Auswertung der Interferenzlinien ist es damit auch möglich, Dämpfungsmaße als Funktion der Frequenz

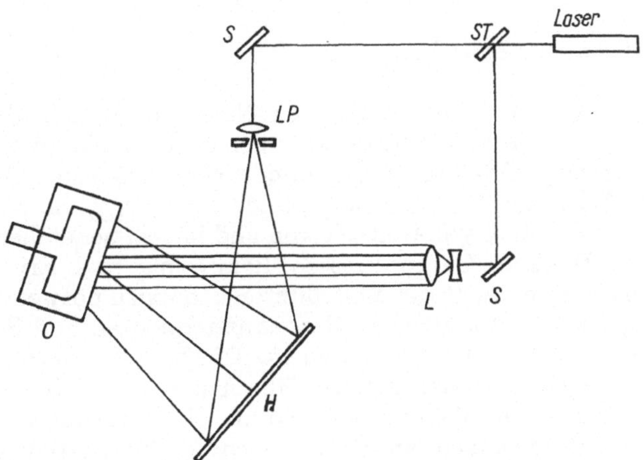

Bild 4.26. Interferometerschema zur Aufnahme der Durchbiegungsfläche der Kreisplatte

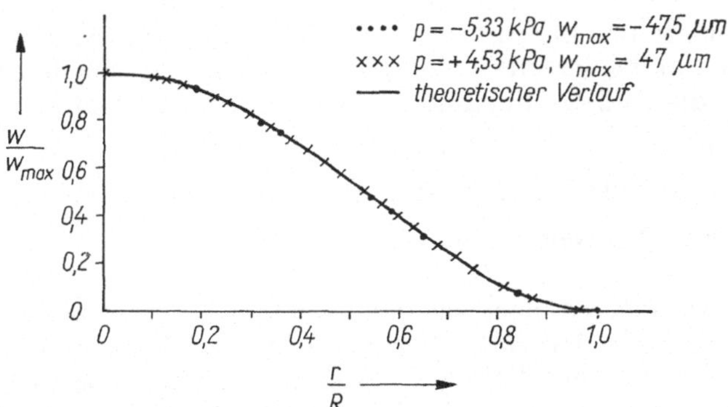

Bild 4.27. Theoretischer und gemessener Verlauf der Durchbiegung der gleichmäßig belasteten Kreisplatte (p äußerer Druck)

und u. U. der Schwingungsamplitude zu ermitteln. Besondere Bedeutung gewinnt dieses Verfahren zur Bestimmung der Materialparameter für Plastbauteile aller Art, die statisch oder dynamisch beansprucht werden, Bild 4.29. Das genaue Messen mittels der holografischen Interferometrie erlaubt hier Rückschlüsse auf das dem Werkstoff zugrunde zu legende theoretische Modell.

Ein praktisches Beispiel ähnlicher Art ist die Innenboarttrennscheibe, die zum verlustarmen Trennen hochwertiger, harter Werkstoffe benutzt wird. Sie stellt einen rotationssymmetrisch außen eingeklemmten und vorgespannten, dünnen Stahlring dar; an der Innenseite ist ein Diamantbelag angebracht. Für die Güte des Trennsägens sind neben der Geometrie die eingetragenen Vorspannungen, die die Steifigkeit des Werkzeugs garantieren müssen, ausschlaggebend. Aussagefähig darüber sind Verformungen, die statisch oder durch Schwingungserregung eingetragen werden. Zum feldmäßigen Erfassen dieser Zustände ist die holografische Interferometrie das geeignetste Verfahren. Bild 4.30 zeigt 4 verschiedene Schwingungsformen eines solchen Werkzeugs. Das 2. und 3. Bild lassen erkennen, daß auch im mittleren Ringbereich größere Schwingungsamplituden auftreten können.

4.6.2.   Schwingungen von Zylindern

Viele Probleme sind nichtebener oder quasiebener Natur. Daß auch räumliche Objekte der holografischen Analyse zugänglich sind, sollen die folgenden Beispiele zeigen. Zylinder- oder schalenförmige Objekte werden in den verschiedensten Bereichen der Technik angewendet. Wichtige Bauteile spielen in der Energieumwandlung eine große Rolle. Dazu zählen Gehäuse von Generatoren und im Wasser stehende Zylinder bei hydroenergetischen Werken. Zur optimalen Bemessung und Erforschung des Schwingungsverhaltens sind in der Regel Modelluntersuchungen notwendig. Bild 4.31 zeigt den Versuchsstand zur Aufnahme der Resonanzfrequenzen und Schwingungsformen eines im Wasser stehenden Stahlzylinders. Hierbei ist es erforderlich, den Laserstrahl in verschiedenen Höhenebenen zu führen und das Zylinderinnere, das weiß mattiert wurde, schräg von oben zu beleuchten. Die quantitative Auswertung stellt damit besondere Anforderungen an das Erfassen der Interferometergeometrie. Bild 4.32 gibt eine höhere Schwingungsform mit zwei Knotenringen wieder; die Wasserhöhe betrug in diesem Fall 1/3 der Zylinderhöhe. Die dämpfende Wirkung des Wassers ist gut erkennbar; sie führt auch zu einer wesentlichen Änderung der Eigenfrequenz.

Auf Bild 4.33 ist eine Schwingungsform eines Generatorgehäuses dargestellt. Der Zylinder aus Piacryl war beiderseits eingespannt und an verschiedenen Orten mit Zusatzmassen belegt, die Außen- und Innenbelastungen nachbildeten.

4.6.3.   Anwendungen zur Untersuchung plastischer Verformungen und bruchmechanischer Probleme

Zum Ermitteln des Beginns des plastischen Fließens in Stahlproben eignet sich besonders die Echtzeitmethode. Durch schrittweises Be- und Entlasten kann man auf dem Objekt erkennen, wenn der Fließpunkt erreicht ist. Das Gebiet ist durch nicht mehr verschwindende Interferenzlinien gekennzeichnet. Dabei sind aber i. allg. *Starrkörperverschiebungen*, die durch die meist hohen Belastungen kaum zu vermeiden sind, auszujustieren. Bild 4.34 zeigt zwei Interferogramme einer einsatzgehärteten, diametral gedrückten Stahlprobe bei Erreichen der Fließgrenze, einmal unter Belastung, zum anderen nach Entlastung und Ausjustieren der Starrkörperverschiebung.

Eine andere Möglichkeit bietet die Anwendung der *Mismatch-Technik*. Hier wird von Anfang an durch eine definierte Starrkörperverschiebung des Objekts ein Interferenzlinienraster auf dem Objekt erzeugt (durch Doppelbelichtung). Die plastische Verformung macht sich dann bei Echtzeitbeobachtung durch ein Abknicken der Linien deutlich bemerkbar. In Bild 4.35 sind zwei solche Aufnahmen von einem auftragsgeschweißten Werkstück vor und bei Eintritt der plastischen Verformung wiedergegeben. Die Form und Belastung des Werkstücks gehen aus Bild 4.36 hervor;

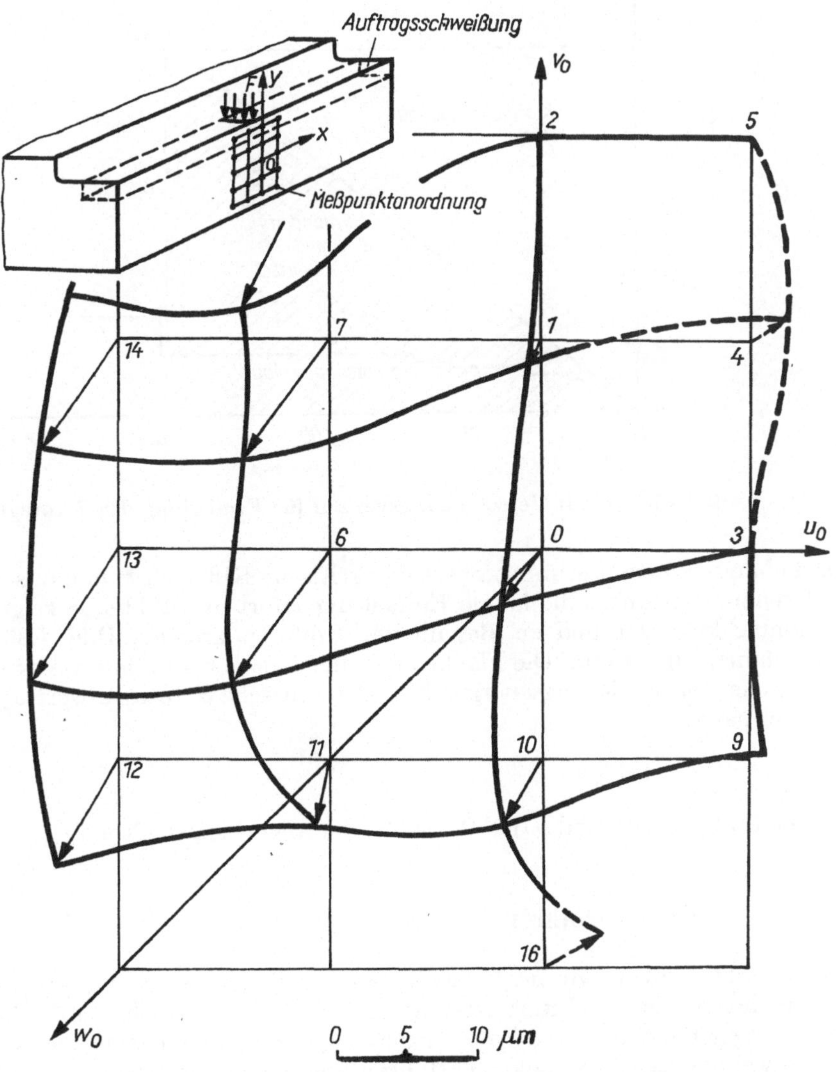

Bild 4.36. Schema der auftragsgeschweißten Probe mit Verformungsfeld

auf diesem ist auch das durch quantitative Auswertung erhaltene Verschiebungsfeld
für eine bestimmte Laststufe dargestellt.

Treten im Objekt Risse auf, so sind sie i. allg. durch Sprünge in den Interferenzlinien
erkennbar. Bild 4.37 zeigt dies am gleichen Werkstück wie Bild 4.35. Die Risse treten
hier im Grundwerkstoff auf. Wertet man die Verschiebungen an der Rißspitze
quantitativ aus, so ist es möglich, bruchmechanische Kenngrößen, wie den *Spannungs-
intensitätsfaktor* oder das *J-Integral*, zu bestimmen. Eine solche Untersuchung wurde
mit Hilfe der Doppelbelichtungsmethode an Dreipunktbiegeproben durchgeführt,
die einen definierten Riß im Kerbgrund aufwiesen. Das Interferenzmuster wurde
dabei in kleinen Belastungsintervallen aufgenommen und die entsprechenden Kraft-

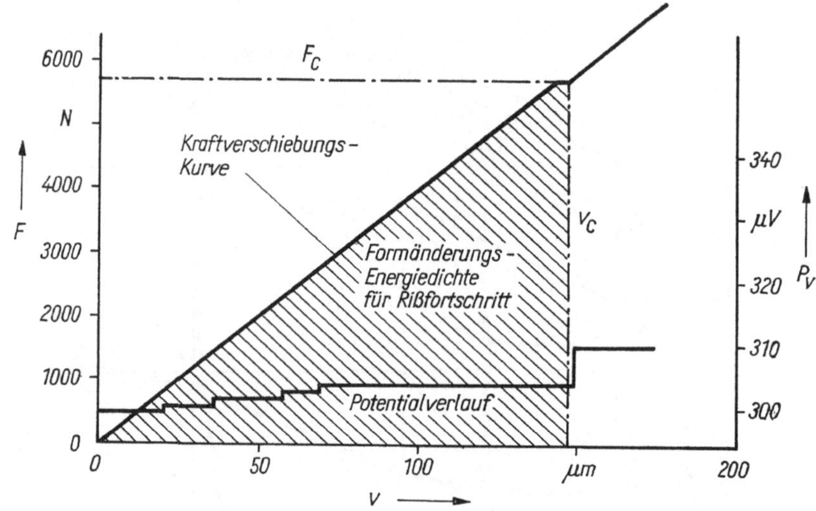

Bild 4.39. Kraft-Verschiebungsverlauf für Ermittlung des *J*-Integrals

Verschiebungs-Werte bestimmt. Setzt das kritische Rißwachstum ein, so schlägt das
Interferenzmuster durch die lokale Entlastung sofort um. Bild 4.38 zeigt zwei Interferogramme kurz vor und zu Beginn der Rißfortpflanzung, Bild 4.39 das Kraft-
Verschiebungs-Diagramm. Die Fläche unter der Kurve bis zu ihrem Abknicken ergibt
die kritische Formänderungsenergie W_C. Der kritische *J*-Integralwert J_{IC} berechnet
sich dann nach:

$$J_{IC} = 2W_C/tb \tag{4.40}$$

mit t der Probenbreite und b der Resthöhe der angerissenen Probe.

4.7.   Speckle-Verfahren

Zum Abschluß wollen wir noch dieses Verfahren vorstellen. Es wird zwar häufig
nicht zur holografischen Interferometrie gerechnet, da es nicht an die holografische
Speicherung gebunden ist. Entwicklungsmäßig und meßtechnisch besteht jedoch eine
enge Verwandtschaft, und beide Verfahren können sich in ihren Anwendungen sehr
gut ergänzen [4.7].

In 4.2.3.3. hatten wir auf den *Speckle-Effekt* hingewiesen, der ein gewisses Verrauschen des holografischen Bildes verursacht. Er ist ursächlich mit der Streuung kohärenten Lichtes an einer rauhen Objektoberfläche verbunden, die zu Interferenzen der Streustrahlen untereinander führt. Verformungen in der Objektoberfläche beeinflussen notwendig auch diese Interferenzen im Streustrahlenraum. Daher sind Veränderungen im Speckle unmittelbar mit den Verformungen verknüpft. Auf dieser Basis sind seit etwa 1970 zwei Methoden entwickelt worden, die *Speckle-Fotografie* und die *Speckle-Interferometrie*. Beiden ist gemeinsam, daß sie nur auf Verschiebungen und Verdrehungen in der Objektebene ansprechen.

Für die Ausnutzung des Effekts ist die Größe der Speckle wichtig. Ihr mittlerer Durchmesser s hängt ausschließlich vom Winkelbereich ab, unter dem das gestreute Laserlicht aufgenommen wird. Es gilt näherungsweise:

$$s \approx 1{,}2\lambda f/D = 1{,}2\lambda B \tag{4.41}$$

Darin bedeuten λ die Wellenlänge des Laserlichts, f und D bzw. B Brennweite und Blendendurchmesser bzw. Apertur des Objektivs. Die Speckle-Größe und ihre Lage ändern sich also nicht, wenn die streuende Oberfläche in Normalenrichtung, d. h. in Aufnahmerichtung verschoben wird. Verformungen aus der Objektebene bewirken demnach keinen Meßeffekt.

Die Speckle-Größe beträgt für das Licht des He-Ne-Lasers je nach Blendenzahl etwa 1 bis 24 µm. (Daraus wird auch ersichtlich, daß das Speckle bei der Rekonstruktion eines Hologramms mit starker Abblendung deutlicher hervortritt.) Bild 4.40 zeigt ein typisches Speckle-Muster in starker Vergrößerung.

4.7.1.   Speckle-Fotografie

Bei ihr erfolgt die Beleuchtung der Objektoberfläche aus einer beliebigen Richtung. Erfährt das Objekt in seiner Ebene eine Verschiebung um den Betrag $|d| > s$ und machen wir eine Aufnahme der Oberfläche in Doppelbelichtung, so können wir bei mikroskopischer Betrachtung des Negativs helle und dunkle Streifen beobachten, deren Abstand proportional zur Verschiebung ist. Es wurden verschiedene Techniken entwickelt, um diese Streifen vergrößert darzustellen und ihren Kontrast zu erhöhen. Eine einfache Methode ist die Abtastung des *Speckle-Gramms* mit einem Laserstrahl. Durch Beugung an den Speckle-Mustern entstehen Interferenzstreifen (*Young*sche Streifen), die man auf einem Schirm auffangen kann. Bild 4.41 zeigt als Beispiel die Streifen bei einer Verschiebung in der Ebene. Die Verschiebungskomponente ist gegeben durch:

$$v = \lambda l/\beta b \tag{4.42}$$

l ist der Abstand Speckle-Gramm-Analyseschirm, b der Streifenabstand und β der Abbildungsmaßstab.

Das Verfahren ist ebenso geeignet, Schwingungen in der Ebene mit der Zeitmittelungsmethode aufzunehmen. Seine Empfindlichkeit ist geringer als die der holografischen Interferometrie. Dagegen lassen sich auch noch große Verschiebungen erfassen. Ihr Bereich geht etwa von 5 µm bis 1 mm.

4.7.2.   Speckle-Interferometrie

Hier wird ein Speckle-Feld mit einer Referenzwelle oder einem anderen Speckle-Feld kohärent überlagert. Bild 4.42 gibt schematisch die kohärente Überlagerung zweier Speckle-Felder wieder. Die Objektoberfläche wird symmetrisch durch zwei kohärente ebene Wellen beleuchtet. Wir wenden die Echtzeittechnik an und machen eine Aufnahme im Ausgangszustand. Wird das Negativ genau repositioniert, erscheint es bei derselben Beleuchtung wie vorher nahezu gleichmäßig dunkel, da sich beide Speckle-Muster ergänzen. Bei Eintragung einer Verschiebung d_y in der Ebene werden die beiden Speckle-Felder um $2d_y \sin \Theta$ phasenverschoben. Es entstehen helle Streifen, die an den Orten, wo die Phasenverschiebung ein Vielfaches der Wellenlänge erreicht, wieder verschwinden. Wir erhalten damit ein Interferenzstreifenfeld

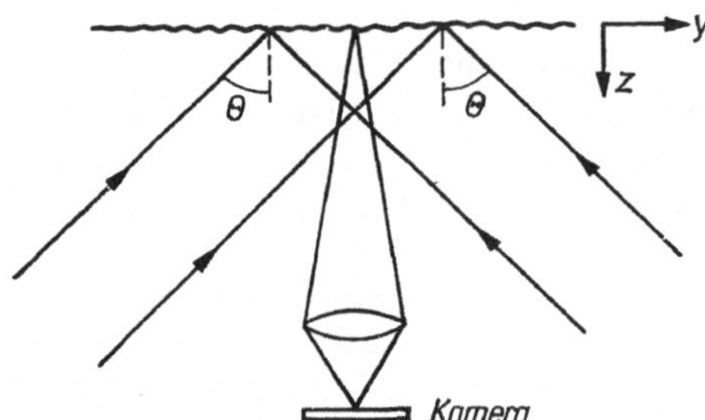

Bild 4.42. Schema zur Speckle-Interferometrie

(„Speckle-Korrelationsfeld"), das die Orte konstanter Verschiebungskomponente in Richtung der Einfallsebene der beiden Strahlenbündel darstellt. Die Größe der Verschiebung ist gegeben durch:

$$d_y = N\lambda/\sin \Theta \tag{4.43}$$

Damit erreicht das Verfahren eine Empfindlichkeit, die für die Komponenten in der Objektebene größer ist als bei Anwendung der holografischen Interferometrie.

4.8.   Ausblick

Im Rahmen dieses Buches konnten wir nicht weitergehende Methoden beschreiben, wie das *holografische Höhenschichtlinienverfahren*, die *holografische Moirétechnik* und die *holografische Spannungsoptik*. Diese Verfahren zeugen davon, daß im Grunde enge Beziehungen zwischen den optischen Feldmeßverfahren untereinander bestehen. Daher ist es immer nützlich, sich mit ihnen insgesamt zu beschäftigen, um von vornherein zur Lösung der anstehenden wissenschaftlichen und volkswirtschaftlichen Probleme der Beanspruchungsanalyse das geeignetste Verfahren bzw. die beste Kombination von Methoden einsetzen zu können. Ferner werden häufig schon einige dieser Methoden im Zuge der Entwicklung der Mikroelektronik mit *elektronischen Bildauswertesystemen* kombiniert. Die Entwicklung ist gerade auf diesem Sektor stark im Fluß und verspricht zukünftig eine wesentliche Erleichterung der experimentellen Arbeit.

4.9. Weiterführende Literatur

[4.1] Golografičeskaja interferometrija / *Ostrovski, J.* — Moskva, 1977. — 339 S. Interferometry by Holography / *Ostrovski, J.; Butusov, M. M.; Ostrovskaja, G. V.* — Berlin; Heidelberg; New York, 1980. — 330 S.
Holografische Interferometrie
[4.2] Holographic Interferometry / *Vest, C. M.* — New York; Chichester; Brisbane, 1979. — 465 S.
Holografische Interferometrie
[4.3] Holografische Interferometrie / *Wernicke, G.; Osten, W.* — Leipzig, 1982. — 272 S.
[4.4] Holographie / *Lenk, H.* — In: Fortschritte der experimentellen und theoretischen Biophysik, H. 9 — Leipzig, 1971. — 196 S.
[4.5] Holographie / *Françon, M.* — Berlin; Heidelberg; New York 1972. — 154 S.
[4.6] Wissensspeicher Lasertechnik / *Brunner, W.; Junge, K.* [u. a.] — Leipzig, 1982. — 494 S.
[4.7] Speckle Metrology / *Erf, K.* — New York, 1979. — 329 S.
Speckle-Meßtechnik

5. Dehngitterverfahren

Dehngitterverfahren sind optische Verfahren der experimentellen Festkörpermechanik, mit denen über die *berührungslose direkte Messung* geometrisch-mechanischer Größen der Zusammenhang zwischen Kräften bzw. Spannungen und Verschiebungen bzw. Verzerrungen hergestellt wird. Sie werden vorzugsweise zum Durchführen von Modellversuchen eingesetzt, wobei die Verwendung von „weichen" Modellwerkstoffen typisch für sie ist. Deshalb benötigen sie auch nur eine verhältnismäßig anspruchslose Versuchstechnik und gehören aus diesem Grund zu den einfachsten Verfahren der experimentellen Festkörpermechanik, deren Anfänge sich bis in die zweite Hälfte des 19. Jahrhunderts zurückverfolgen lassen. So führten 1874 *Theune* und 1878 *Winkler* Versuche mit Kautschuk-Modellen zum qualitativen und teilweise quantitativen Ermitteln der Deformation durch. 1921 erweiterte *Leon* das Anwendungsgebiet auf wichtige ebene Maschinenbauteile, indem er Versuche an gelochten Zugstäben aus Gummi durchführte. 1958 leiteten *Vocke* und *Rozanov* unabhängig voneinander die Versuchstechnik auf die Untersuchung komplizierter räumlicher Maschinenbauteile und Wasserbauten über. Eine umfassende Darstellung der Dehngitterverfahren geben *Vocke/Ullmann* [5.1].

5.1. Prinzip

Dehngitterverfahren sind durch *Längen-* und *Winkelmessungen* vorzugsweise auf Modell-, aber auch auf Bauteilflächen gekennzeichnet. Auf die zu untersuchenden Flächen werden *Gitter, Linien oder Punkte* aufgebracht. Die Entfernung zwischen ihnen und die Größe der Winkel werden im *unbelasteten* und *belasteten Zustand* ausgemessen. Aus der *Verlängerung* bzw. *Verkürzung* der Meßstrecke kann nun die *Dehnung* in dieser Richtung und aus der *Winkeländerung* die *Gleitung* bestimmt werden, wobei Dehnung und Gleitung Komponenten des Verzerrungstensors, Gl. (1.2.1.), sind. In Verbindung mit dem jeweiligen *Stoffgesetz*, welches das Materialverhalten des Modells oder Bauteiles beschreibt, werden anschließend aus den *Ver-*

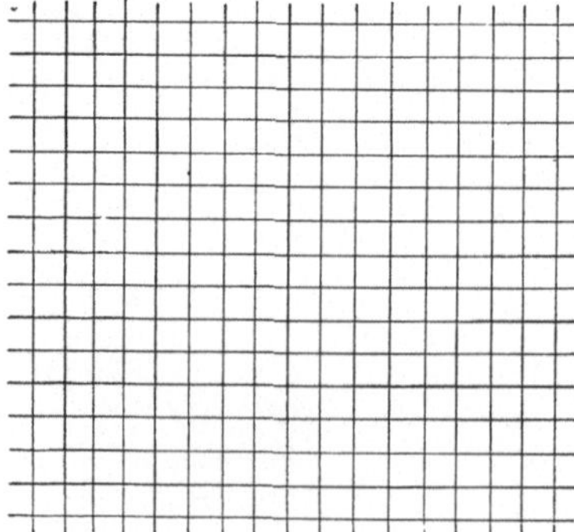

Bild 5.1. Kartesisches Gitter

zerrungen die *Spannungen* bzw. weitere interessierende Größen berechnet. Ein Unterteilen kann nach *elastischen, plastischen* und *viskosen* Problemen sowie nach Meßverfahren geschehen.

Die *Gitterform* wird je nach dem zu untersuchenden Problem entweder dem jeweiligen Lastfall oder aber auch der vorliegenden Berandung angepaßt. Bild 5.1 zeigt ein kartesisches Gitter. Es eignet sich gut, wenn von Punkt zu Punkt konstant bleibende Hauptdehnungsrichtungen vorliegen, wie das für die einfachen Lastfälle Zug, Druck, Biegung, Abscherung und Torsion zutrifft. Zum Untersuchen von Teilen mit krummlinigen Rändern werden Gitter auf der Basis von Polarkoordinaten (Bild 5.2) verwendet, da so direkt in den parallel und senkrecht zum lastfreien Rand verlaufenden Hauptdehnungsrichtungen gemessen werden kann. Kreisringgitter (Bild 5.3a) können als sog. Dehnungsgeber benutzt werden. Sie verzerren sich unter mechanischer Beanspruchung zu Ellipsen (Bild 5.3b), deren Halbachsen die Richtungen der Hauptdehnungen angeben. Die Hauptdehnungen in einem homogenen Dehnungsfeld können über die jeweilige Differenz zwischen Halbachse und Kreisradius auch quantitativ berechnet werden.

Die Basis der Verfahren ist somit die möglichst genaue Bestimmung der Längen- und Winkeländerung in Form einer *Differenzmessung*. Wie die Praxis zeigt, ist diese Forderung um so besser erfüllt, je größer die Verformungen sind. Deshalb werden diese Verfahren meistens als Modellversuche durchgeführt, wobei die *Modelle aus* einem

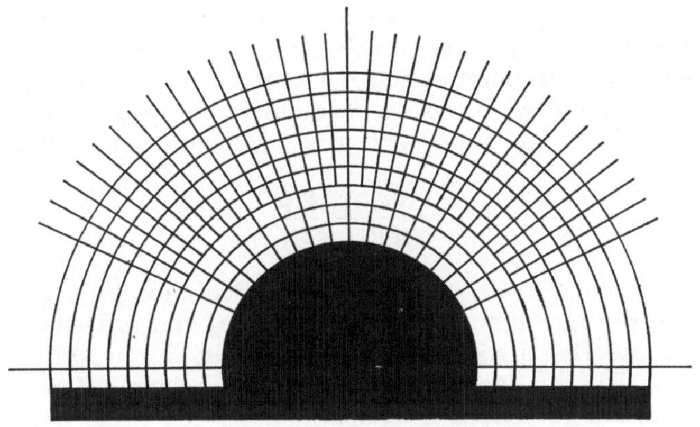

Bild 5.2. Gitter auf der Basis von Polarkoordinaten

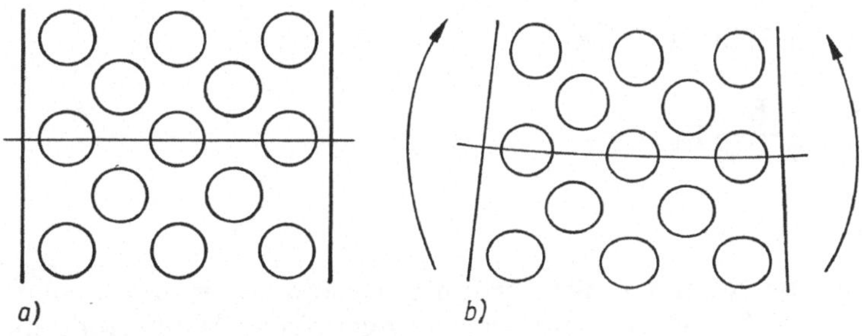

Bild 5.3. Kreisringgitter als Dehnungsgeber
a) unverzerrt b) zu Ellipsen verzerrt

Werkstoff mit kleinem Elastizitätsmodul bestehen. Bereits mit *kleinen Kräften* ergeben sich dann verhältnismäßig *große Verformungen*, die ein genaues Ausmessen der Gitter gestatten. Da nur *geringe Modellbelastungen* erforderlich sind, genügen *einfache Belastungsvorrichtungen*.

5.2.   Grundlagen und Auswertung

Es wurde bereits angeführt, daß die Gleichungen zum Umrechnen der aus den Meßwerten berechneten Verzerrungen in Spannungen auf dem für die jeweilige Untersuchung gültigen Stoffgesetz basieren. Aus dem gleichen Grund wie in 1.1.4. müssen wir uns aber wieder auf elastische Spannungs-Verzerrungs-Beziehungen beschränken.

Die Untersuchung *elastischer* Probleme, die durch die Gültigkeit des *Hooke*schen Gesetzes charakterisiert sind, wollen wir zunächst am Beispiel des *zweiachsigen* Spannungszustandes beschreiben. Dieser Spannungszustand besitzt prinzipielle Bedeutung, weil er auch in den lastfreien Oberflächen räumlicher Bauteile auftritt. Dort müssen wir die größten Spannungen erwarten. Die Bestimmung dieser Spannungen wird deshalb meist das Hauptziel beim Anwenden der Dehngitterverfahren in der Konstruktion sein. Bei der Darstellung der Grundlagen nehmen wir dabei auf die Ergebnisse von 1.1. Bezug.

Legen wir in einen ebenen Körper ein raumfestes kartesisches Koordinatensystem x, y und benutzen ein kartesisches Gitter (Bild 1.14, S. 26), so erfährt infolge des zweiachsigen Spannungszustandes z. B. der Punkt *1* des Gitterelementes in diesen Richtungen die Verschiebungen v_x und v_y. Unter der Voraussetzung kleiner Verzerrungen betragen nach Gl. (1.18) die Verschiebungs-Verzerrungs-Beziehungen in dieser Ebene

$$\varepsilon_x = \frac{\partial v_x}{\partial x}; \quad \varepsilon_y = \frac{\partial v_y}{\partial y}; \quad \gamma_{xy} = \frac{\partial v_x}{\partial y} + \frac{\partial v_y}{\partial x} \tag{5.1}$$

wobei die hier im Vergleich zu der in Gl. (1.18) benutzten Schreibweise bereits auf die nachfolgende Auswertung Bezug nimmt. Hierin bedeuten ε_x und ε_y Dehnungen und γ_{xy} die Winkeländerung. Die Dehnungen ergeben sich somit durch Differentiation der Verschiebungskurven. Ein analoges Vorgehen ist auch beim *Moiréverfahren*, Meßprinzip Isothetenverfahren, erforderlich; s. 3.3.

Das nach den Spannungen aufgelöste *Hooke*sche Gesetz, Gl. (1.40), besitzt dann ohne Berücksichtigung des Temperatureinflusses die Form

$$\sigma_x = \frac{E}{1 - v^2} (\varepsilon_x + v\varepsilon_y)$$

$$\sigma_y = \frac{E}{1 - v^2} (\varepsilon_y + v\varepsilon_x) \tag{5.2}$$

$$\tau_{xy} = G\gamma_{xy}$$

Die vollständige Bestimmung des Spannungszustandes erfordert nun noch das Ermitteln der durch die Schubspannung hervorgerufenen Winkeländerung. Da dies versuchstechnisch aufwendig ist, wird besser die Dehnung in einer weiteren, also dritten Richtung in der x,y-Ebene gemessen. Damit werden an ein und demselben Ort nur Längenmessungen nach drei verschiedenen Richtungen durchgeführt. Dieses Vorgehen wird als *Rosettenmessung* bezeichnet. Auch beim Messen mit Dehnungsmeßstreifen, s. 8.7., wird die Rosettenmessung benutzt.

Zur Ableitung betrachten wir ein kleines Gitterelement, das in Bild 5.4a mit den unverzerrten und in Bild 5.4b mit den verzerrten Gitterlinien identisch ist. Da wir im Endlichen messen und die Ergebnisse jeweils auf einen Punkt in der untersuchten Fläche beziehen, müssen wir das zu untersuchende Gebiet *diskretisieren*. Somit ist auch der Differentialquotient durch den Differenzenquotienten zu ersetzen. Gl. (5.1) geht damit über in

$$\varepsilon_x = \frac{\partial v_x}{\partial x} \approx \frac{\Delta v_x}{\Delta x}; \quad \varepsilon_y = \frac{\partial v_y}{\partial y} \approx \frac{\Delta v_y}{\Delta y} \tag{5.3}$$

Darin bedeuten Δv_x und Δv_y die Verlängerung des ursprünglich horizontalen bzw. vertikalen Gitterabstandes und Δx und Δy den Gitterabstand selbst. Durch die Diskretisierung entsteht ein systematischer Fehler, der mit wachsendem Gitterabstand zunimmt.

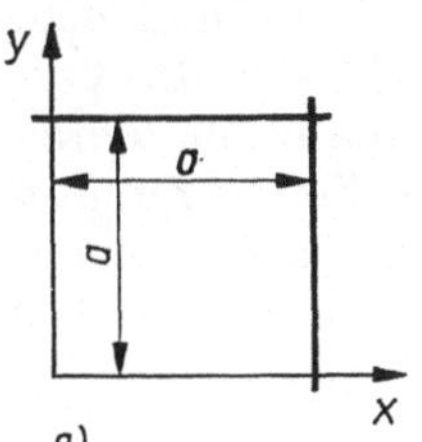
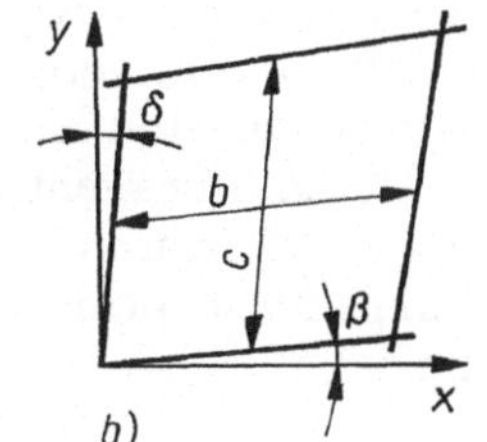
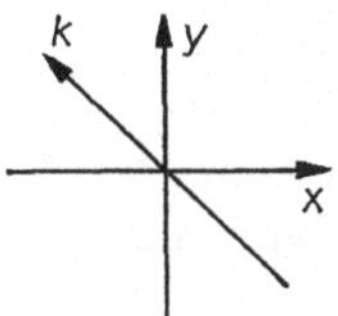

Bild 5.4. Gitterelement
a) unverzerrt b) verzerrt

Bild 5.5. Rosette mit Winkelhalbierender
unter $\varphi = 135°$

Mit den Bezeichnungen aus Bild 5.4 erhalten wir schließlich

$$\varepsilon_x = \frac{\Delta v_x}{\Delta x} = \frac{b - a}{a} \quad \text{und} \quad \varepsilon_y = \frac{\Delta v_y}{\Delta y} = \frac{c - a}{a} \tag{5.4}$$

Zusätzlich ermitteln wir nun in gleicher Weise die Dehnung in einer dritten Richtung. Wir verwenden dabei die in Bild 5.5 dargestellte Rosette, wobei ε_k die Dehnung in Richtung der Winkelhalbierenden zwischen der positiven x-Achse und der negativen y-Achse ist. Zum Umrechnen benutzen wir die erste der aus dem ebenen Verzerrungszustand, s. 1.1.3., stammenden Gln. (1.26), die die *Drehtransformation* der Dehnung beschreibt:

$$\varepsilon_u = \frac{\varepsilon_x + \varepsilon_y}{2} + \frac{\varepsilon_x - \varepsilon_y}{2} \cos 2\varphi + \frac{\gamma_{xy}}{2} \sin 2\varphi \tag{5.5}$$

Für diese Rosette, also mit $\varphi = 135°$, erhalten wir

$$(\varepsilon)_{\varphi=135°} = \varepsilon_k = \frac{\varepsilon_x + \varepsilon_y}{2} - \frac{\gamma_{xy}}{2} \quad \text{oder}$$

$$\gamma_{xy} = \varepsilon_x + \varepsilon_y - 2\varepsilon_k \tag{5.6}$$

Mit der Beziehung zwischen den drei elastischen Konstanten (1.32)

$$G = \frac{E}{2(1 + \nu)}$$

ergibt sich schließlich für die dritte Gleichung in (5.2)

$$\tau_{xy} = \frac{E}{2(1 + \nu)} \, (\varepsilon_x + \varepsilon_y - 2\varepsilon_k) \qquad (5.7)$$

Damit haben wir die vollständige Auswertung des zweiachsigen Spannungszustandes auf das Ermitteln von drei Dehnungen aus Längenmessungen zurückgeführt.

Die Hauptspannungen berechnen wir mit Gl. (1.10), worin die Spannungen σ_x, σ_y und τ_{xy} durch die Gln. (5.2) in Verbindung mit Gl. (5.7) ausgedrückt werden, zu

$$\sigma_1, \sigma_2 = \frac{E}{2} \left[\frac{\varepsilon_x + \varepsilon_y}{1 - \nu} \pm \frac{1}{1 + \nu} \sqrt{(\varepsilon_x - \varepsilon_y)^2 + (\varepsilon_x + \varepsilon_y - 2\varepsilon_k)^2} \right] \qquad (5.8)$$

Liegt ein einachsiger Spannungszustand vor, wie das z. B. in Rippen auf räumlichen Bauteilen mit guter Näherung angenommen werden kann, vereinfacht sich die Versuchsdurchführung und -auswertung. Hier existiert nur eine Hauptspannung, deren Richtung tangential zum Rippenrand verläuft. Deshalb braucht nur die Dehnung in dieser Richtung, die gleichzeitig Hauptdehnung ist, durch Messen der Längenänderung bzw. Differentiation der Verschiebungskurve ermittelt zu werden. Die Spannung berechnen wir dann mit Gl. (1.29) zu

$$\sigma = E\varepsilon$$

Der Zugstab, in dessen ungestörtem Bereich ein solcher einachsiger Spannungszustand herrscht, kann als Versuch zum Bestimmen der in Gl. (5.8) benötigten Werkstoffkonstanten E und ν dienen. Durch Ausmessen eines aufgebrachten kartesischen Gitters im unbelasteten und belasteten Zustand werden mit den Gln. (5.4) Längsdehnung $\varepsilon = \varepsilon_x$ und Querdehnung $\varepsilon_q = \varepsilon_y$ bestimmt. Eingeleitete Belastung F und Querschnittsfläche A des Stabes sind bekannt, so daß $\sigma = F/A$ berechnet werden kann. Aus (1.29) erhält man nun den E-Modul zu

$$E = \sigma/\varepsilon \qquad (5.9)$$

und aus (1.31) die Querdehnzahl zu

$$\nu = |\varepsilon_q/\varepsilon|$$

An dieser Stelle soll noch auf die bei den Dehngitterverfahren auftretende starke *Dehnungsübertreibung* besonders hingewiesen werden. Wenn eingangs festgestellt wurde, daß Werkstoffe mit kleinem E-Modul bereits bei geringen Kräften verhältnismäßig große Verformungen aufweisen und im theoretischen Ansatz nur kleine Verzerrungen zugelassen werden, so steht die meßtechnisch bequeme Erfassung großer Dehnungswerte am Modell im Widerspruch zur Linearität, die bei den Konstruktions- und Bauteilproblemen aber hier vorhanden ist. Mit der in 1.2.4. erläuterten Extrapolation der Belastung gegen Null können solche im Spannungs-Dehnungs-Verlauf durch zu große örtliche Dehnungen entstandene *Nichtlinearitäten* beseitigt werden. Im übrigen erfolgt die Übertragung der Versuchsergebnisse an Modellen auf die Hauptausführung unter den Bedingungen der angenäherten und erweiterten Ähnlichkeit, wie in 1.2.3. bis 1.2.5. angegeben.

5.3. Modellwerkstoffe und Modellherstellung

Im Gegensatz zur Spannungsoptik, s. 2.8., brauchen die für das Dehngitterverfahren benötigten Werkstoffe weder durchsichtig noch doppelbrechend zu sein. Deshalb eignen sich viele Materialien zur Modellherstellung. Allerdings muß folgende Grundforderung gestellt werden: Der jeweilige Modellwerkstoff muß das *analoge Stoffgesetz* wie die Hauptausführung besitzen, auf die das Meßergebnis übertragen werden soll. Wird das Dehngitterverfahren an der Hauptausführung selbst durchgeführt, wie beim Strangpressen, so wird diese Forderung von selbst erfüllt.

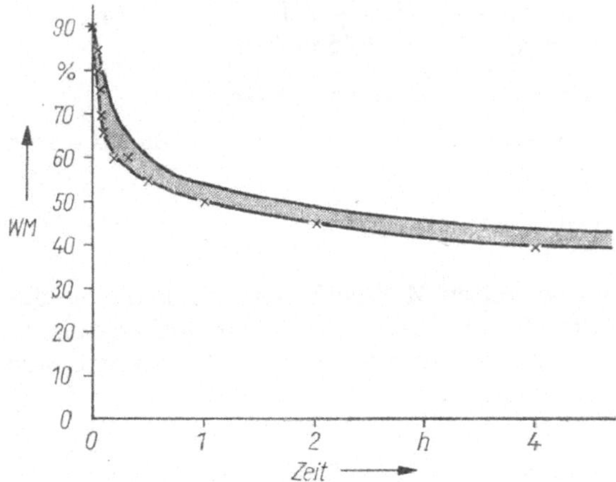

Bild 5.6. Eintritt der Zeitunabhängigkeit des *E*-Moduls in Abhängigkeit vom Weichmacher

So eignen sich Gummi, Kunstharz sowie Walzenmasse, das ist ein Material auf der Basis von Gelatine und Glyzerin, zum Untersuchen elastischer Probleme.
Wie bereits in 2.8. erläutert, kann der Elastizitätsmodul des Epoxidharzes durch Zusatz eines *Weichmachers* gesenkt werden. Das hat u. a. zur Folge, daß sich das modifizierte Harz bis zu einem bestimmten Weichmachergehalt viskoelastisch verhält. Bei höheren Weichmachergehalten klingt das viskoelastische Verhalten schon kurz nach der Belastung ab, so daß sich solche modifizierten Harze dann wieder elastisch verhalten. Damit können wir nun Modellwerkstoffe sowohl mit elastischem als auch mit viskoelastischem Stoffgesetz herstellen. Bild 5.6 gibt für Epoxidharz Epilox EG 1 den Eintritt der Zeitunabhängigkeit des Elastizitätsmoduls in Abhängigkeit vom Weichmacher Dibutylphthalat wieder. Ein besonderer Vorteil dieses Modellwerkstoffes besteht darin, daß bei aus ihm gefertigten Modellen auch *Messungen im Inneren* möglich sind.
Blei und Aluminium und ihre Legierungen sowie Wachs eignen sich zum Bearbeiten plastischer Aufgaben.
Mit Proben aus Chrom-Nickel-Stahl wurden Werkstofffluß-Untersuchungen beim Strangpressen an der Hauptausführung durchgeführt.

14*

Einfache ebene Modelle werden durch mechanische Bearbeitung aus einem Stück gefertigt, kompliziertere aus vorgefertigten Plattenteilen schichtweise zusammengeklebt oder gegossen.

Wenn im Inneren eines durchsichtigen Modells gemessen werden soll, wird es aus entsprechend vorbereiteten Schichten, die die Gitter in den vorgesehenen Untersuchungsebenen enthalten, zusammengeklebt.

Die Technologie der Gitteraufbringung ist vom Werkstoff abhängig. Bei Kunstharz- und Gummimodellen erzeugen wir die Gitter durch Auftragen mit Tusche. In solche Werkstoffe, wie Aluminium und Blei-Zinn-Legierungen, werden die Gitter eingeritzt, bei noch härteren eingehobelt. Bei Modellen aus Walzenmasse erfolgt das Auftragen der Gitter durch Zinkklischees, wofür sich auch weitere Gitterformen anbieten, für die Bild 5.7 ein Beispiel gibt.

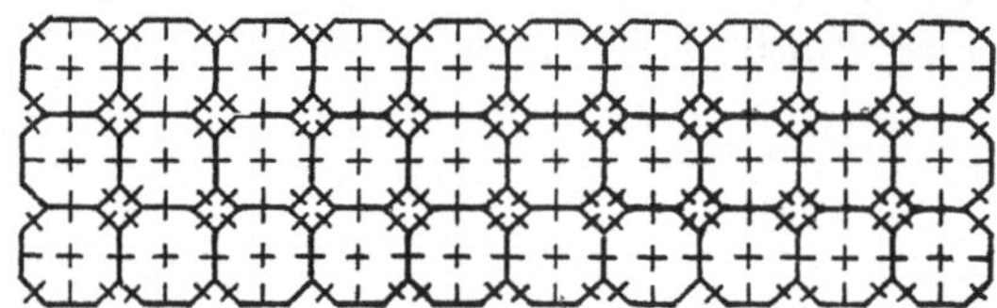

Bild 5.7. Spezielle Gitterform bei Verwendung eines Zinkklischees

5.4.   Meßmethoden mit Anwendungen

Die verschiedenen, bisher entwickelten Meßmethoden, nach denen die Dehngitterverfahren unterschieden werden, beruhen alle auf dem eingangs geschilderten Prinzip und den erläuterten Grundlagen. Sie unterscheiden sich lediglich durch den verwendeten Modellwerkstoff.

5.4.1.   Gummimodellmethode

Eine große Anzahl von Untersuchungen an komplizierten Maschinenbauteilen, wie Grundplatten von Dieselmotoren, Gehäuseflanschen u. a., führten *Vocke* und Mitarbeiter [5.1], [5.2] durch. Als Modellwerkstoff wird *Porokreppgummi* verwendet, der wegen eben dieser kleinen Poren die gleiche Querdehnzahl wie Stahl besitzt. Dadurch kann das *Poisson*sche Modellgesetz (1.77) erfüllt werden.

Komplizierte Modelle setzen sich aus mit Gummilösung aufeinandergeklebten Platten zusammen. Prinzipiell besitzt die Klebeschicht andere physikalische Eigenschaften als der Gummi. Da sie aber sehr dünn ist, können die geringfügigen Abweichungen von der Isotropie vernachlässigt werden.

Nach dem Auftragen von Gittern, Linien oder Punkten auf die Modelloberfläche werden in der Belastungsvorrichtung die ausgewählten Modellpartien im unbelasteten und belasteten Zustand mit einer Spiegelreflex- oder Plattenkamera fotografiert. Das Ausmessen der Negative erfolgt unter einem Meßmikroskop. Anschließend werden die Dehnungen aus den Gln. (5.1) bzw. (5.4) durch Differenzieren der Verschiebungskurven ermittelt. Über das Stoffgesetz, Gln. (5.2) bzw. (1.29), werden schließlich die Spannungen bestimmt.

In Bild 5.8 sehen wir den Meßplatz mit dem Modell der Grundplatte eines Dieselmotors. Der Fotoapparat ist nach allen drei Richtungen verschiebbar. Ringkraftmeßbügel dienen zum Aufbringen der Kräfte. Deutlich ist die nach rechts unten wirkende Zugeinrichtung der Pleuelkraft F_P zu erkennen. Außerdem wirken noch folgende Kräfte: Zugankerkraft F_A, Verspannkraft des Lagerdeckels F_L und Horizontalkomponente F_H1. Bedingt durch Zwischenwände und Aussparungen bildet sich in der Grundplatte ein räumlicher Spannungszustand aus. Bild 5.9 zeigt den Spannungsverlauf längs lastfreier Modellränder nach [5.1, S. 72].

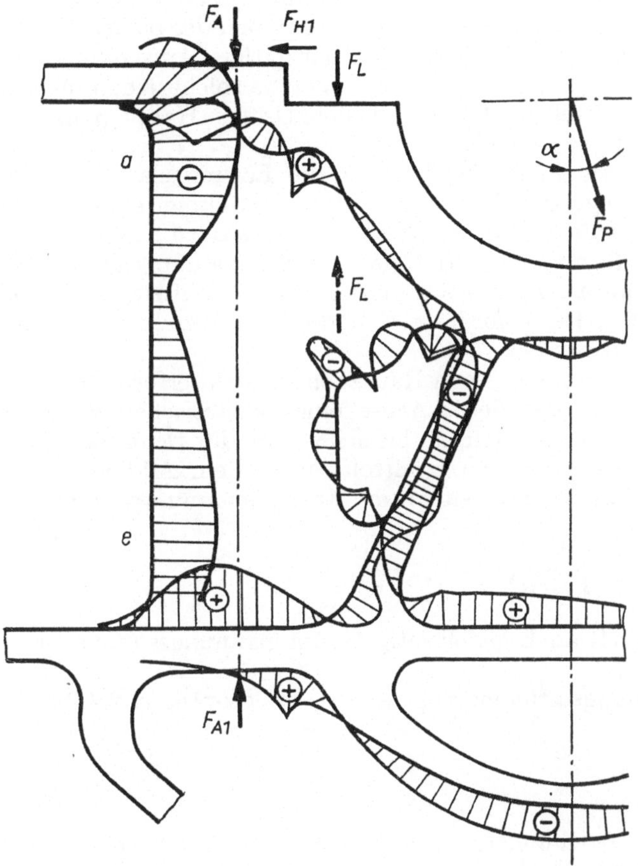

Bild 5.9. Spannungsverlauf in der Grundplatte eines Dieselmotors nach [5.1]

5.4.2. Methode zur Berücksichtigung des Eigengewichts

Hiernach sind Wasserbauten unter Berücksichtigung ihres Eigengewichts untersucht worden. Als Modellwerkstoffe werden *Walzenmasse* und *modifizierte Phenolharze* auf Phenol-Formalin-Basis verwendet. Damit lassen sich Modellteile mit unterschiedlichem E-Modul fertigen, wobei die Modelle aus Walzenmasse durch Gießen in einfache Formen, in die auch Kerne eingelegt werden können, hergestellt werden. Die auf Papier vorgenommenen Abdrücke des unbelasteten (Bild 5.7) und belasteten Zustandes werden unter einem Komparator ausgemessen. Eine ausführliche Beschreibung ist in den in [5.1, S. 102] angeführten Arbeiten [40], [42], [43] zu finden.

5.4.3.   Kombination von Dehngitterverfahren und Spannungsoptik

In 2.7. wurde erläutert, daß mit der Kombination zweier geeigneter experimenteller Verfahren, die voneinander unabhängig sind, die vollständige Auswertung des ebenen Spannungsfeldes möglich wird. Das Dehngitterverfahren nur allein angewandt, erfordert in jedem Meßpunkt das Durchführen der Rosettenmessung zum Ermitteln dreier Dehnungen ε_x, ε_y und ε_k, die mit zum Berechnen der beiden Hauptspannungen σ_1 und σ_2, Gl. (5.8), benötigt werden. In der gleichzeitigen Anwendung von Dehngitterverfahren und Spannungsoptik bietet sich uns eine solche Kombination an, die das Lösen des ebenen Problems mit Hilfe der beiden Größen Hauptspannungssumme und Hauptspannungsdifferenz vereinfacht.

Dem Auswerteverfahren [5.3], das hier für die Lösung elastischer Probleme entwickelt wird, liegt folgender Gedanke zugrunde: Gelingt es, einen *durchsichtigen doppelbrechenden Modellwerkstoff mit kleinem E-Modul* zu finden, so kann dasselbe Modell in derselben Belastungsvorrichtung sowohl spannungsoptisch als auch nach dem Dehngitterverfahren untersucht werden. Das modifizierte Epoxidharz erfüllt diese Voraussetzungen. Der geforderte E-Modul kann durch entsprechenden Weichmacherzusatz erhalten werden.

Zum Auswerten ist die Kenntnis von Hauptachsen nicht erforderlich. Soll längs einer beliebigen Geraden, die mit der x-Achse eines kartesischen Koordinatensystems identisch ist, ausgewertet werden, so brauchen nur die Dehnungen ε_x und ε_y längs und senkrecht zu dieser Geraden ermittelt zu werden. Addieren wir nämlich die ersten beiden Gln. (5.2), so erhalten wir die Normalspannungssumme

$$\sigma_x + \sigma_y = \frac{E}{1 - \nu}\,(\varepsilon_x + \varepsilon_y) = \sigma_1 + \sigma_2$$

die als Invariante (1.4) auch gleichzeitig Hauptspannungssumme ist, mit nur zwei Dehnungsmessungen.

Mit der Hauptspannungsdifferenz aus der Spannungsoptik, s. 2.4.2.3.,

$$\sigma_1 - \sigma_2 = n\,\frac{S}{d}$$

stehen damit zwei Gleichungen mit den zwei Unbekannten σ_1 und σ_2 zur vollständigen Lösung des zweiachsigen Spannungszustandes zur Verfügung. Da die aufwendige Rosettenmessung entfällt, wird gleichzeitig die Wirtschaftlichkeit des Verfahrens wesentlich erhöht. Der Hauptspannungswinkel φ_0 kann nun aus dem *Mohr*schen Spannungskreis, 1.1.1., zu

$$\cos 2\varphi_0 = \frac{\sigma_x - \sigma_y}{\sigma_1 - \sigma_2} \tag{5.10}$$

berechnet werden, wobei σ_x und σ_y über die beiden Dehnungsmessungen nach Gl. (5.2) ermittelt werden. Die Isoklinen sind also für dieses Verfahren nicht erforderlich. Sie können aber zur Kontrolle benutzt werden.

Als Anwendung wählen wir das bereits aus 2.5.1.2. bekannte ebene Dichtungsmodell, dessen Geometrie Bild 5.10 zeigt. Bezüglich der einwirkenden Kraft F wird die ungünstigste Angriffsrichtung angenommen. Zwischen A und B ist das Modell eingespannt. Durchzuführen ist die Ermittlung der beiden Hauptspannungen längs der Linie *GH* (Bild 5.13). Die spannungsoptische Untersuchung des belasteten Modells aus dem modifizierten Epoxidharz W 60 mit dem verformten Gitter und den Isochromaten ist in Bild 5.11 zu sehen. Alle in den markierten Punkten auf der Linie *GH* befindlichen Isochromatenordnungen können daraus, z. T. durch Interpolation, bestimmt werden. Oberhalb des Isochromatenmaximums befindet sich ein isotroper Punkt. Deutlich ist die große Verformung des keilförmigen Abschnitts erkennbar. Wie ein Vergleich der Bilder 2.26 und 5.11 zeigt, ist bei modifizierten Epoxidharzen nur ein Bruchteil der Belastung erforderlich, die bei den üblichen Standardharzen aufgebracht werden muß.

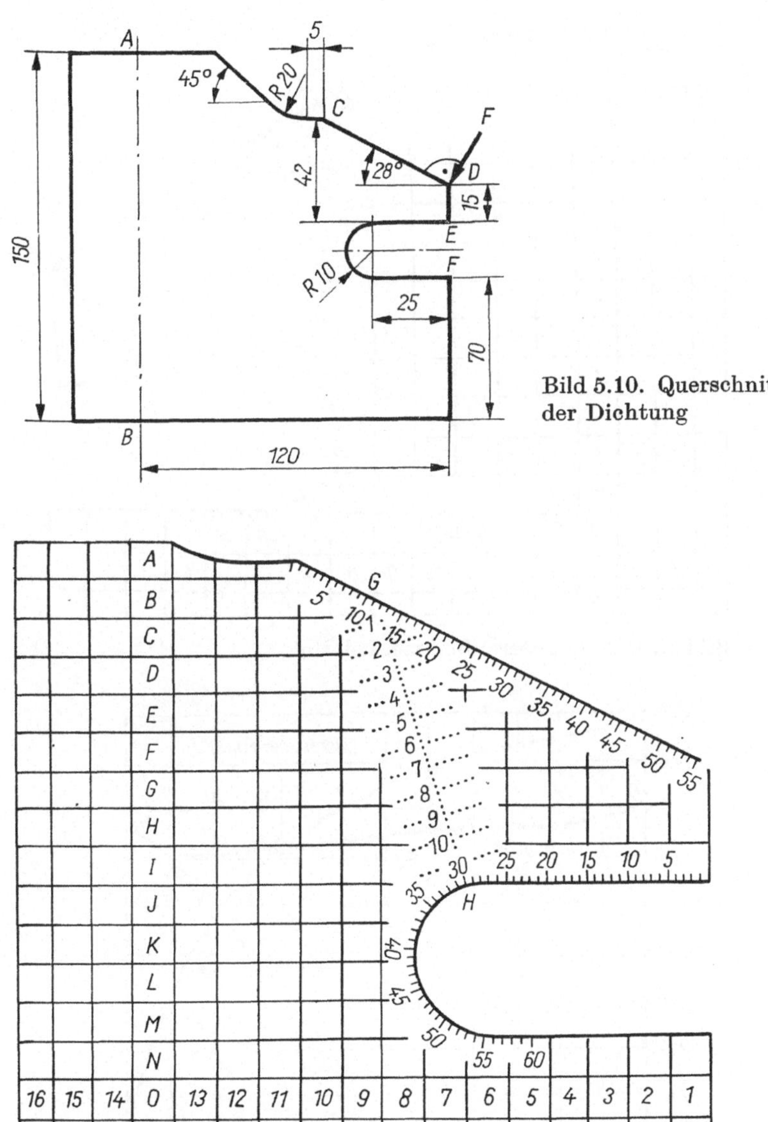

Bild 5.10. Querschnitt der Dichtung

Bild 5.12. Dehngitteraufnahme, unbelastet

Zum Auswerten nach der Dehngittermethode ist je eine Aufnahme des unbelasteten (Bild 5.12) und des belasteten Modells (Bild 5.13) erforderlich, die mit einer Plattenkamera durchgeführt werden. Das Ausmessen der Plattennegative, mit denen die gesamte Untersuchungsfläche erfaßt wird, geschieht unter dem Mikroskop. Das Ergebnis der mit Hilfe der Gln. (2.44) und (5.10) durchgeführten vollständigen Auswertung längs der Linie GH ist in Bild 5.14 dargestellt. Die Werkstoffkonstanten des modifizierten Epoxidharzes W 60 betrugen dabei

$$S = 0{,}187 \ \mathrm{N/mm} \cdot \mathrm{Ordn.}; \quad E = 1{,}8 \ \mathrm{N/mm^2}; \quad \nu = 0{,}47$$

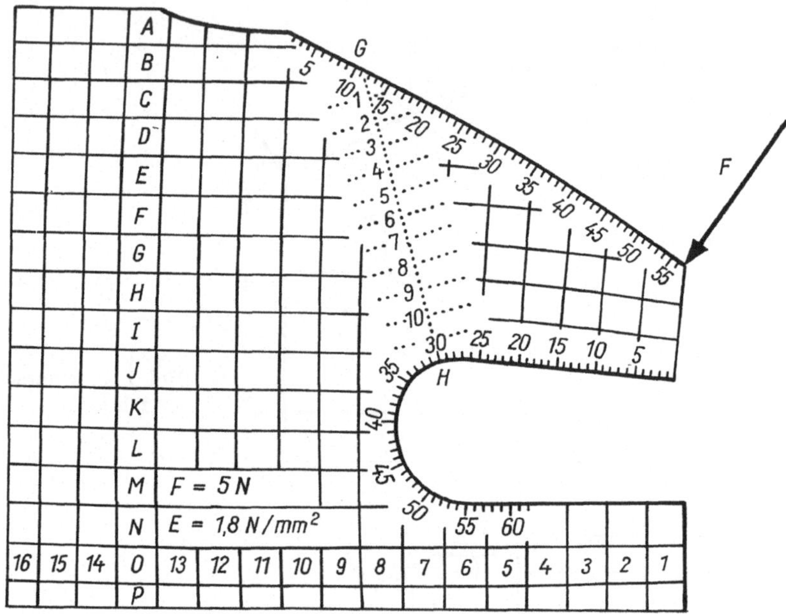

Bild 5.13. Dehngitteraufnahme, belastet

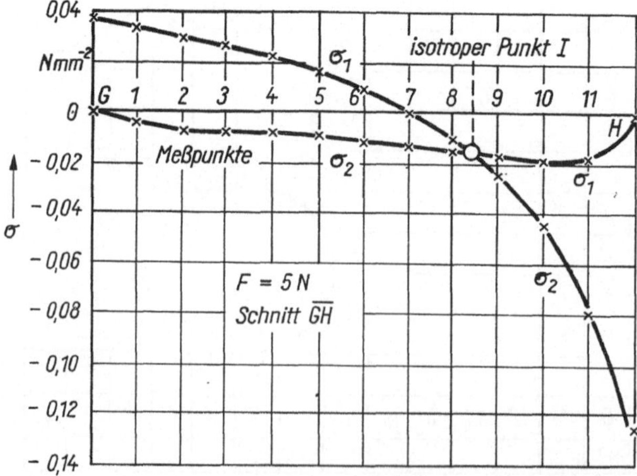

Bild 5.14. Verlauf der beiden Hauptspannungen längs der Linie GH

5.4.4. Anwendung des Dehngitterverfahrens zum Erfassen von Trenn- und Umformgängen

Das Dehngitterverfahren eignet sich auch zum Erfassen von *Deformationsvorgängen bei ebenen und rotationssymmetrischen Trenn- und Umformprozessen*. Das Messen der Deformationen erfolgt dabei in ausgewählten und mit einem Gitter versehenen *Symmetrieebenen*. Da die hier verwendeten Werkstoffe undurchsichtig sind, muß, wenn im Inneren gemessen werden soll, mit *geteilten Proben* gearbeitet werden. Die Teilungsebene ist dabei so auszuwählen, daß auf ihr weder eine Zugspannung noch eine Schubspannung angreift, da sonst Ablösen bzw. Abschieben eintritt. Dagegen können Druckspannungen auf sie wirken. Die das Gitter enthaltende Teilungsebene wird damit der Messung zugänglich gemacht.

Da sich die hier verwendeten Werkstoffe entweder plastisch oder viskoplastisch verhalten, halten die verformten Gitter sozusagen den Zerspanungs- bzw. Fließvorgang fest und können nach dessen Beendigung visuell betrachtet und ausgewertet werden.

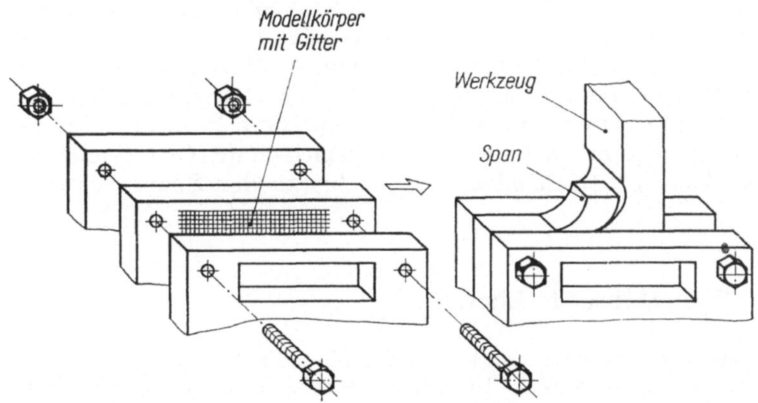

Bild 5.16. Spanmodell mit Haltevorrichtung nach [5.4]
a) unverformt
b) verformt mit Werkzeug, in-situ-Beobachtung

Unter bestimmten Bedingungen und Voraussetzungen ist es auch möglich, bei an Außenebenen angebrachten Gittern deren Verformung während des Vorgangs zu verfolgen. Dies wird als *in-situ-Beobachtung* bezeichnet [5.4].

Als erstes Beispiel betrachten wir einen Modellversuch bei in-situ-Beobachtung, und zwar den Verformungsvorgang in der Spanbildungszone beim Fräsen. Das Spanmodell besteht aus einer superplastischen Blei-Zinn-Legierung, mit der bei Raumtemperatur große Verformungen bei niedrigen Verformungsgeschwindigkeiten erreicht werden. Das in Bild 5.15 sichtbare kartesische Gitter ist mit Hilfe eines Objektmarkierers 0,1 mm tief eingeritzt worden.

Zur Versuchsdurchführung wird eine Senkrechtfräsmaschine benutzt, auf der das Modell befestigt und nach dem Werkzeug ausgerichtet wird. Wegen der seitlichen Probenbegrenzung, die im Sinne einer Verformungsbehinderung senkrecht zur Gitterebene wirkt (Bild 5.16), bildet sich im Modell ein ebener Verzerrungszustand (vgl. 1.1., Bild 1.20b) aus. In der vorderen Seitenwand befindet sich eine durch eine Quarzglasscheibe verschlossene Öffnung, die die in-situ-Beobachtung sowie das Fotografieren und Filmen des Spanbildungsvorganges auf einem Weg von 60 mm gestattet. Durch eine einzige Aufnahme des verformten Gitters (Bild 5.15) kann so der stationäre Spanbildungsprozeß erfaßt und ausgewertet werden.

Das Auswerten beginnt mit dem Ausmessen der Koordinaten der Gitterkreuzungspunkte unter einem Werkzeugmikroskop. Die Weiterverarbeitung der Meßwerte bis zu solchen interessierenden Größen wie Normal- und Schubspannungen erfolgt mit Rechenprogrammen, in die u. a. das viskoplastische Stoffgesetz des Modellwerkstoffs mit eingeht.

Diese Methode eignet sich aber auch zur Untersuchung des instationären Spanbildungsvorgangs, wobei dann allerdings Filmaufnahmen durchzuführen und auszuwerten sind.

Ein zweites Beispiel nimmt auf einen Versuch an der Hauptausführung Bezug, und zwar beim Stahlstrangpressen, wo bei großen Umformgraden und hohen Temperaturen die den Werkstofffluß bestimmenden physikalischen Größen bis hin zu den Spannungen zu ermitteln sind.

Der zu verpressende Block wird aufgeschnitten und in die Teilungsebene einer bearbeiteten Blockhälfte ein kartesisches Gitter gehobelt. Die zwei Blockhälften und eine zum Ausgleich des beim Bearbeiten entstandenen Materialverlusts eingelegte Blechscheibe aus dem gleichen Stahl werden an einzelnen Punkten zusammengeschweißt. Nach dem Pressen wird der verformte Block hydraulisch getrennt. Bild 5.17 zeigt das verformte Gitter bei einem stranggepreßten Rohr aus Chrom-Nickel-Stahl. Die Auswertung beginnt wieder mit dem Ausmessen der Gitterkreuzungspunkte und wird analog dem vorhergehenden Beispiel bis zu den Spannungsverläufen weitergeführt.

5.5.   Weiterführende Literatur

[5.1] Experimentelle Dehnungsanalyse / *Vocke, W.; Ullmann, K.* — Leipzig, 1974. — 196 S.
[5.2] Gummimodelle / *Vocke, W.* — In: Experimentelle Spannungsanalyse / Hrsg.: *Speer, S.* — Leipzig, 1971. — S. 224 bis 250
[5.3] Eine Verbindung der Spannungsoptik mit der Dehngittermethode / *Heymann, J.* — In: Beiträge zur Spannungs- und Dehnungsanalyse. Bd. V. — Berlin, 1968. — S. 33 bis 71
[5.4] Modellierung der Spanbildung / *Leopold, J.* — In: Wissenschaftliche Schriftenreihe der Technischen Hochschule Karl-Marx-Stadt. — Karl-Marx-Stadt (1980) 1. — 94 S.

6.   Reißlackverfahren

Das *Reißlackverfahren*, auch *Dehnungslinienverfahren* genannt, ist ein einfaches und
anschauliches *Feldmeßverfahren* [6.1], [6.2]. Damit lassen sich an Originalbauteilen
die *Hauptspannungstrajektorien* sichtbar machen und qualitative Aussagen treffen.
Als Voraussetzung dazu wird die Oberfläche des zu untersuchenden Bauteiles mit
einer *spröden, fest haftenden dünnen Schicht*, gewöhnlich einem *Lack*, überzogen. Die
gezielte Anwendung solcher spröden Überzüge zum Beurteilen der in der Oberfläche
beanspruchter Bauteile wirkenden Spannungen erfolgte zuerst 1924 von *Dietrich*. 1925
bestimmten *Sauerwald* und *Wieland* mit Shellack die Fließzonen bei Kerbschlag-
versuchen. Das daraus in den nachfolgenden Jahren entstandene Reißlackverfahren
stellt heute eine wichtige Ergänzung in der Dehnungsmeßtechnik dar. Seine Aussage
über den Verlauf der Hauptspannungsrichtungen gestattet ein rationelleres Arbeiten
beim Messen mit Dehnungsmeßstreifen (s. Abschn. 8.) und auch beim Dehngitterverfahren (s. Abschn. 5.). Während ohne Kenntnis der Hauptspannungsrichtungen
zur Spannungsermittlung z. B. Rosetten mit 3 Dehnungsmeßstreifen verwendet
werden müssen, sind bei deren Kenntnis nur Rosetten mit 2 Dehnungsmeßstreifen
je Meßpunkt erforderlich.

6.1.   Prinzip

Das Prinzip des Reißlackverfahrens beruht auf der *Sprödigkeit* oder *niedrigen Trenn-
festigkeit* σ_B von ausgewählten *Überzugsstoffen*, wie Lacke, Harze, Emaille, Glasuren,
Oxidschichten usw., die als dünne Schicht (0,1 bis 0,4 mm) auf die Oberfläche des zu
untersuchenden Bauteiles aufgetragen werden.
Bei wachsender äußerer Belastung beginnt der Überzug an Stellen oberhalb einer
kritischen positiven Dehnung einzureißen, und zwar *senkrecht* zur Richtung dieser
positiven Dehnung. Der Verlauf der entstehenden Rißlinien ist somit identisch mit
einer Hauptspannungsrichtung. Wie wir uns leicht klarmachen können, handelt es
sich dabei um die Richtung der kleineren von den beiden Hauptspannungen.
Der Abstand der Rißlinien zueinander deutet annähernd die Höhe der Spannung an.
Damit sind anschauliche Beobachtungen des Beanspruchungszustandes am Bauteil
möglich. Eine exakte quantitative Spannungsermittlung scheitert aber an den vielfältigen Einflüssen, die die Zusammensetzung des Überzuges, die Luftfeuchtigkeit,
die Schichtdicke und die Umgebungstemperatur auf die Rißbildung ausüben.

6.2.   Grundlagen

Die wichtigste Kenngröße des spröden Überzuges ist seine *Rißempfindlichkeit*.
Darunter verstehen wir die Dehnung ε_s des Bauteiles, die ausreicht, erste Risse im
Überzug (Lack) zu erzeugen. Diese Kenngröße besitzt für die verschiedenen Stoffe
unterschiedliche Werte, die sich zwischen $\varepsilon = 200 \cdot 10^{-6}$ bis $500 \cdot 10^{-6}$ bewegen. Wir

dürfen aber ε_s nicht mit der höher liegenden Bruchdehnung ε_B eines freien Überzuges gleichsetzen, denn der auf dem Bauteil befindliche Überzug ist vorgespannt. Der Grund für das Reißen bereits bei ε_s besteht in der hohen Schrumpfeigendehnung ε_e, die der Überzug nach dem Erhärten auf dem Bauteil erfährt (Bild 6.1).
Spröde Überzüge aus Natur- oder Kunstharzlacken besitzen *kein* ausgeprägt *plastisches* Verhalten. Der Bruch erfolgt ohne nachweisbare Einschnürung. Trotz ihrer Sprödigkeit zeigen sie aber eine unterschiedliche *Kriechneigung* (Relaxation). So beobachten

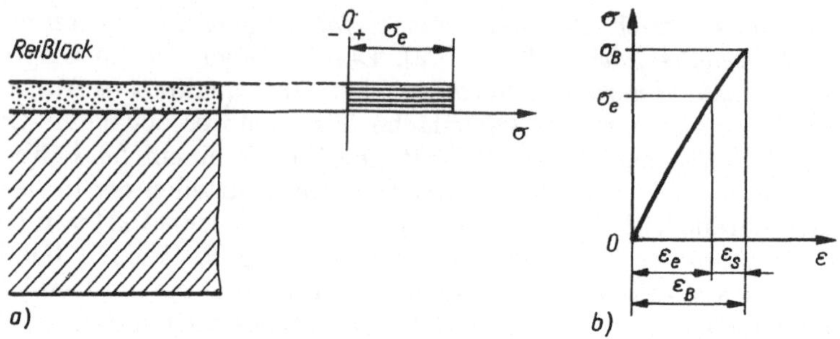

Bild 6.1. Prinzip des Reißlackverfahrens
a) Eigenspannung im Reißlack nach dem Erstarren auf der Bauteiloberfläche
b) Zusammenhang zwischen der Eigenspannung und der Rißempfindlichkeit

wir, daß der Lack aus dem belasteten, gedehnten Zustand bei konstant gehaltener Belastung des Bauteiles im Verlauf von einigen Stunden in einen entspannten Zustand kriecht, falls er nicht die Rißempfindlichkeit erreicht bzw. überschreitet. Weiterhin wird allmählich Luftfeuchtigkeit von der Lackoberfläche aufgenommen. Dies hat ein Quellen der auf Harzbasis hergestellten Reißlacke zur Folge. Aus beiden Gründen werden deshalb die Eigenspannungen σ_e abgebaut. Damit sinkt die Rißempfindlichkeit, d. h., ε_s steigt an. Daraus erkennen wir, daß der Reißlackversuch in einem begrenzten Zeit- und Temperaturbereich durchgeführt werden muß (Bild 6.2).
Beim Entwickeln des Reißlackverfahrens haben sich, angepaßt an die Werkstoffe der Versuchsobjekte und die verschiedenen Anwendungsbedingungen, sehr unterschiedliche spröde Überzüge bewährt. Sie reichen vom Zunder auf heißgewalzten Stahlhalbzeugen über Kalkmilchanstriche, dem Polieren der Bauteiloberflächen für

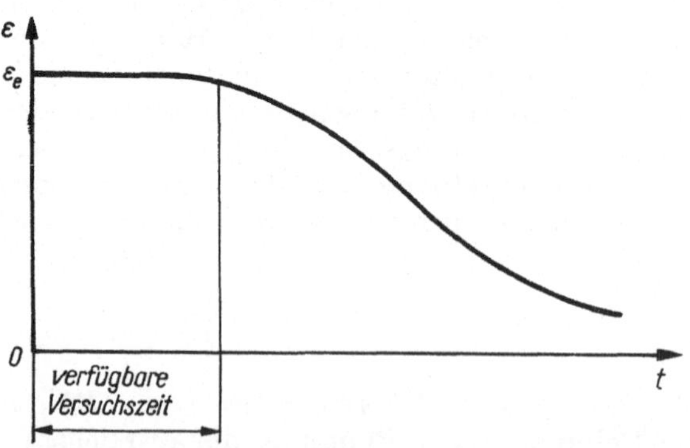

Bild 6.2. Veränderung von ε_e unter der Einwirkung der Zeit; ähnlich ist der Verlauf infolge Luftfeuchtigkeit

das Sichtbarmachen von Dehnungsverläufen im plastischen Bereich bis zu den im elastischen Bereich eingesetzten Natur- und Kunstharzen, Emaille, Glasuren sowie Eloxalschichten. Das Auftragen dieser Schichten erfolgt durch Anstreichen, Aufspritzen, Tauchen bei Umgebungstemperaturen sowie Temperaturen von 100 °C und bei Temperaturen $\leq$ 500 °C. Die Bestandteile der spröden Überzüge werden vor dem Auftragen grundsätzlich entsprechend der Rezeptur gemischt.

6.3. Reißlackarten

Als ältestes bekanntes Reißlackrezept im Stahl- und Maschinenbau gilt der *Maybach*-Lack. Seine Grundbestandteile sind 3 Masseteile *Dammarharz* (Naturharz) gemischt mit 7 Masseteilen *Kolophonium*. Die beiden Harze werden in diesem Verhältnis bei 150 °C geschmolzen und in Stangen, ähnlich der Schreibkreide, ausgegossen (Tabelle 6.1). Die Variation der Rißempfindlichkeit kann durch Verändern des Mi-

Tabelle 6.1: Reißlacke und spröde Überzüge

Art des spröden Überzuges	Bestandteile	Rißempfind-lichkeit $\varepsilon_s\ 10^{-6}$	Meß-temperatur T in °C	Schicht-dicke d in mm
IFF-Lack	a) Kolophonium b) Kalziumhydroxid	300	23° bis 28°	0,3
Maybach-Lack	a) Kolophonium b) Dammarharz	200	24°	0,2 bis 0,3
Brafa-Lack	Kunstharz-komponenten	100	−10 bis +30 °C	0,2 bis 0,3
Emaille	a) Borax b) Quarz	100	−10° bis +250 °C	0,1
Eloxalschicht	Oxalsäure	500	0° bis 30°	0,05

schungsverhältnisses erzielt werden. Ein höherer Anteil Dammarharz führt zu einem spröderen Lack. Aber eine homogene Rißempfindlichkeit, selbst bei Einhaltung der Rezeptur, wird nicht erreicht. Die Naturharze unterliegen stärkeren Schwankungen in ihren physikalisch-chemischen Eigenschaften. Ein nach dieser Erkenntnis entwickelter Lack verwendet als Bestandteil nur Kunstharz mit gleichbleibenden Eigenschaften. Außerdem wird dem Lack ein roter Farbstoff für die Erhöhung der Rißerkennbarkeit beigemischt. Er ist als *Brafa*-Lack bekannt.
Für die Reißlackuntersuchungen im Schwermaschinenbau wurde ein spezieller Lack, der *IFF*-Lack, entwickelt. Das Grundharz ist *Kolophonium*; es wird mit geringen Mengen *Kalziumhydroxid* gehärtet. Die Rezeptur und Technologie der Lackherstellung und des Auftragens erfordern große Sorgfalt. Die Verarbeitung erfolgt nach Bild 6.3 und Tabelle 6.1. Die gegossenen Reißlackplatten können einfach zerkleinert und in einer Schlagmühle zu einem staubförmigen Pulver verarbeitet werden.
In dieser Form können wir das Reißlackpulver mit einem Sieb auf kleine Meßobjekte aufpudern. Vorsichtiges Erwärmen des Objektes auf etwa 80 °C läßt das Pulver zu

einem homogenen Überzug verschmelzen. Das Rückkühlen bis auf etwa 24 °C muß langsam unter Vermeidung von Zugluft in der Belastungsvorrichtung erfolgen.

An senkrechten und größeren Flächen können wir diese Methode nicht anwenden. Hier muß der Reißlack mit einer speziellen Flammspritzpistole aufgetragen werden (Bild 6.4). Die ringförmig angeordneten Brennerdüsen erzeugen einen Flammenkegel. Das durch den Kegel gespritzte Reißlackpulver wird beim Passieren geschmolzen und erzeugt so auf der vorgewärmten Objektoberfläche einen festhaftenden Überzug, dessen Dicke entscheidend von der Handhabung und Sorgfalt beim Auftragen abhängt. Eine Schichtdicke von etwa 0,2 bis 0,3 mm hat sich als günstig erwiesen. Dünnere Schichten lassen die Risse schwer erkennen, und stärkere Lackschichten neigen zum unregelmäßigen Reißen, sie *krakelieren.*

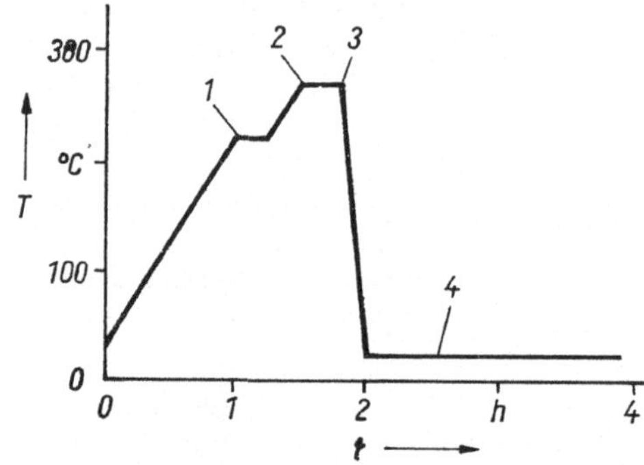

Bild 6.3. Temperaturverlauf bei der Herstellung des IFF-Reißlackes:
1 Härter einsieben, 2 Fertigschmelzen, 3 Ausgießen in flache Blechschalen,
4 Pulverisieren des Reißlackes

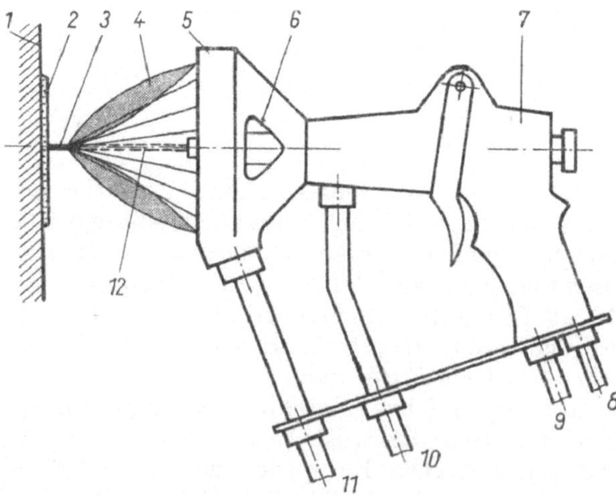

Bild 6.4. Flammspritzpistole
1 Meßobjekt, 2 Reißlackschicht, 3 Reißlackstrahl, 4 Flammenkegel,
5 Brennerkranz, 6 Düse für Pulver-Preßluft-Gemisch, 7 Spritzpistole,
8 Druckluftzufuhr, 9 Druckluftleitung zum Pulverbehälter, 10 Leitung
für Pulver-Luft-Gemisch, 11 Leitung für Acetylengas

Eine spezielle, aber auf wenige Anwendungsfälle beschränkte Reißlackart ist das *Eloxalverfahren*. Die elektrisch erzeugten, spröden Oxidschichten neigen bei einer bestimmten Dicke und Auftragstechnologie zum Reißen bei einer hohen Objektdehnung. Dieses Verfahren eignet sich nur für Untersuchungen an relativ kleinen Bauteilen aus Aluminiumlegierungen, wobei dann der Überzug aus glasartigem Aluminiumoxid besteht. Nach dem Eloxalbad kann die Oxidschicht infolge ihrer hohen Absorptionsfähigkeit mit organischen Farbstoffen oder flüssigen Imprägnierstoffen behandelt werden. Dadurch können wir die Risse auf der zuvor polierten Bauteiloberfläche besser erkennen. Durch die Haltbarkeit und weitgehende Unempfindlichkeit gegen Temperaturschwankungen eignet sich das Eloxalverfahren sehr gut für Demonstrationsobjekte.

Ähnliche Ergebnisse erhalten wir mit *Glasuren auf Keramik*. So können wir z. B. mitunter an gekachelten Wänden einen ausgeprägten Rißverlauf feststellen. Häufig verlaufen die Risse ungestört über die Fugen hinweg und deuten auf einen *stetigen Spannungsverlauf* hin.

6.4.   Erzeugung der Rißbilder

Für das Auslösen der Risse im Lacküberzug haben sich zwei Methoden herausgebildet. Bei der einen wird das *unbelastete* Bauteil mit Reißlack überzogen. Anschließend erfolgt die Belastung bei einer Objekttemperatur von etwa 24 °C. Bei der anderen Methode wird der Überzug auf das *belastete* Bauteil aufgebracht. Nach Abkühlung können wir entlasten und die dabei entstehenden Rißlinien beobachten. Sie sind Hauptspannungstrajektorien, die der *umgekehrten* Belastungsart entsprechen.

Beide Verfahren sind gleichwertig. Ihre Anwendung richtet sich nach der erforderlichen Belastungsgeschwindigkeit und der Anzahl der auf das zu untersuchende Bauteil wirkenden Kräfte. Wirkt nur eine Kraft, so löst die allmähliche Steigerung der Belastung Risse aus, die *zuverlässig* bewertet werden können, s. 6.6. Eine allmähliche Belastung eines Bauteiles aber, an dem mehrere Kräfte angreifen, führt zu *undefinierbaren* Rissen. Diese weichen in ihrem Verlauf erheblich von der Spannungsverteilung im Nenn- oder Endlastfall ab. Deshalb kommt hier die zweite Methode zur Anwendung, wobei aber *schlagartig* entlastet werden muß. Dies wird durch *gleichzeitiges* Öffnen der Ventile in den für die Belastung benutzten hydraulischen Hebern erreicht.

6.5.   Ursprung und Veränderung der Rißempfindlichkeit

Die Rißempfindlichkeit ε_s oder die erforderliche Dehnung, die zur Auslösung erster sichtbarer Risse überschritten werden muß, richtet sich nach der Sprödigkeit (Härte) des Überzuges und der in ihm herrschenden Eigenspannung σ_e. Die Sprödigkeit hängt von dem Grundharz und der Härtermenge ab. Je nach Umgebungstemperatur müssen wir die erforderliche Härte verändern. Bei *Temperaturen* am Objekt *unter 20 °C* stellen wir den Reißlack *weicher* und bei *Temperaturen über 20 °C härter* ein.

Das Reißlackpulver müssen wir stets für jeden Versuch neu anfertigen. Es ist hygroskopisch und verliert durch Aufnahme von Luftfeuchtigkeit seine Rißempfindlichkeit, s. 6.2. Kurz vor dem Lackanwenden erfolgt das Pulverisieren der Harzplatten. Das Auftragen des Reißlackes mit dem Warmspritzverfahren setzt *vorgewärmte* Objektoberflächen voraus. Dazu kann die Flammspritzpistole mit benutzt werden.

Auf nicht vorgewärmten Oberflächen haftet der Lack infolge eines zu hohen Eigenspannungszustandes nicht, er springt ab. Durch den Flammenkegel geschmolzene Lackpartikeln bleiben an der vorgewärmten Objektoberfläche haften. Als gleichmäßiger Film mit 0,2 bis 0,3 mm Schichtdicke schrumpft der Lack während des Abkühlens von 80 °C bis auf etwa 24 °C auf der Oberfläche zusammen. Das ist die Folge der *unterschiedlichen Wärmeausdehnung* zwischen dem Objektwerkstoff und dem Reißlack, bei Stahl etwa 1 : 5. Während des Abkühlens entwickelt sich ein *Eigenspannungszustand* im Lacküberzug. Er ist für jeden Lacktropfen vergleichbar mit einem allseitig gespannten Trommelfell. Der Eigenspannungszustand entsteht in jedem z. B. einzeln als Insel aufgetragenen Harztröpfchen. Unendlich viele dieser Elementar-Trommelfelle überspannen die Oberfläche. Wird dieser homogene Eigenspannungszustand von einer inhomogenen Dehnung im Bauteil überlagert, so reißt der Lack bei Überschreitung der Rißempfindlichkeit ε_s senkrecht zur Hauptzugdehnung ein.

Werden die Reißlacke spritz- oder streichfähig durch Lösungsmittel verflüssigt, so ist das Erzielen eines ausreichend hohen Eigenspannungszustandes im wesentlichen von der *Verdunstung* des Lösungsmittels abhängig. Verdunstet das Lösungsmittel nicht vollständig, so bleibt der Lack zäh und reißt nicht. Bedingt durch den Vorgang selbst, verdunstet zunächst das Lösungsmittel aus der Lackoberfläche. Dadurch schließt sie sich (schrumpft) und erschwert dem Lösungsmittel in tiefer liegenden Lackschichten die Verdunstung. Die Lacktrocknung durch Wärmeanwendung (Ofen oder Infrarotstrahler) verbessert die Aushärtung. Diese Technologie ist nur für kleine Versuchsobjekte anwendbar. Bei größeren Objekten treten infolge unterschiedlicher Erwärmung mit Infrarotstrahlern Unterschiede in der Rißempfindlichkeit, über die Objektoberfläche verteilt, auf.

Streichen wir kurz nach dem Auslösen der Risse während der Belastung vorsichtig über die Lackoberfläche, z. B. mit einem Pinsel oder einem ganz leicht aufliegenden Holzstab (Bleistift), so bilden sich spontan dichte Felder von Rißlinien. Dadurch können wir den Verlauf der Hauptspannungslinien besser auswerten. Diese Erscheinung beruht auf der sehr kleinen, senkrecht zur Oberfläche wirkenden Kraft. Dadurch wird partiell ein dreiachsiger Spannungszustand erzeugt, der lokal den hochgespannten Zustand im Lack über die Rißempfindlichkeit ε_s steigert.

6.6.   Erkennbarkeit der Risse

Risse erkennen wir am besten durch *Totalreflexion* im Rißspalt. Unterstützt wird deshalb die Sichtbarkeit durch schrägen Lichteinfall und Betrachtung aus Richtung der Lichtquelle (Bild 6.5). Unmittelbar nach dem Auslösen der Risse, während der Wirkung der zur Rißauslösung erforderlichen Dehnung, können wir sie durch *Farbstoffe* besser sichtbar machen. Die Farbstoffflüssigkeit muß sehr *niedrigviskos* sein; also eine sehr niedrige Oberflächenspannung besitzen. Als Farbstoffe eignen sich *Eosin-Rot* und *Methylen-Blau* in destilliertem Wasser mit Entspannungsmittelzusatz (Geschirrspülmittel). *Silikonöle* werden infolge ihrer großen Kriechfähigkeit ebenfalls als Farbstoffträger angewendet. Es hat sich auch bewährt, die Oberflächen vor dem Lackieren mit *Silberbronze* anzustreichen. Dieser Anstrich muß eingebrannt werden, z. B. mit einer Lötlampe.

Kurze Zeit nach ihrer Auslösung schließen sich die Risse infolge der Kriechneigung des Lackes. Deshalb werden sie häufig unter Verwenden einer Handlampe zur schrägen Beleuchtung der Oberfläche von Hand nachgezeichnet. Je nach der Farbe des Untergrundes benutzen wir weiße oder schwarze Tusche. Faserstifte für die Beschriftung von Folien sind ebenfalls geeignet.

Wird der Reißlack zu spröde (zu empfindlich) eingestellt, so werden bereits vor Belastungsbeginn willkürlich verlaufende Risse (*Krakelierung*) ausgelöst. Die gleiche Erscheinung tritt bei zu großer Schichtdicke, zu schneller Abkühlung und der Einwirkung von Zugluft auf.

Im allgemeinen dient der Reißlackversuch zum Ermitteln der Hauptspannungstrajektorien für die nachfolgende Messung mit DMS (Dehnungsmeßstreifen, s. Abschn. 8.). Dazu markieren wir an den ausgewählten Meßpunkten die DMS-Richtung unmittelbar auf dem Rißbild. Die Fläche für die DMS-Befestigung muß danach entsprechend gesäubert und vorbereitet werden.

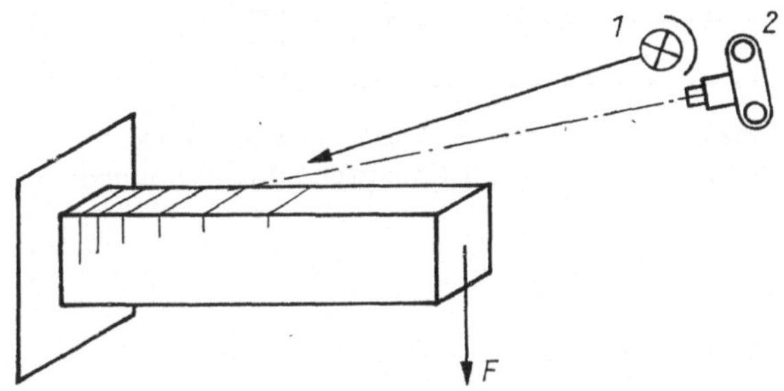

Bild 6.5. Beleuchtung und Fixierung der Risse,
1 Lampe mit Reflektor, 2 Kamera oder Betrachter

Für das Fixieren der Rißbilder benutzen wir die fotografische Abbildung und auch das Nachziehen mit aufgelegten, transparenten Folien. Beim Fotografieren arbeiten wir mit kleiner Blendenöffnung und langer Belichtungszeit. Die Lampen werden während der Zeit des geöffneten Kameraverschlusses so über das Objekt bewegt, daß die gekrümmt verlaufenden Rißlinien nacheinander in die Kamera reflektieren.

6.7.   Auswertung der Rißbilder

Zum Ermitteln der Rißempfindlichkeit ε_s der verschiedenen Lacksorten verwenden wir eine einfache Belastungsvorrichtung, in die der Biegebalken aus dem zu untersuchenden Werkstoff als Kragträger eingespannt werden kann (Bild 6.6). Die Höhe der Belastung stellen wir zweckmäßig mit einer definierten Durchbiegung f ein. Das kann mit einem Exzenter und Spannhebel erfolgen. Wenn wir den Exzenter betätigten und dabei die Reißlackoberfläche beobachten, so markiert der erste Riß entsprechend der Durchbiegung f die Rißempfindlichkeit ε_s. Eine weitere Durchbiegung nach dem ersten Riß innerhalb der elastischen Spannung des Objektwerkstoffes löst weitere Risse aus. Sie verteilen sich entlang dem Biegestab in Richtung Exzenter.

Während der stetigen oder stufenweisen Belastung des Objektes beobachten wir ein allmähliches Ausbreiten der Rißlinien. Aus den vorangegangenen Überlegungen folgt, daß die Endpunkte der Risse, die *Rißwurzeln*, die Stelle der gerade erreichten Rißschwelle ε_s markieren. Werden diese Rißwurzeln für jede Laststufe miteinander verbunden, z. B. auf einer fotografischen Abbildung, so können wir damit die *Isoen-*

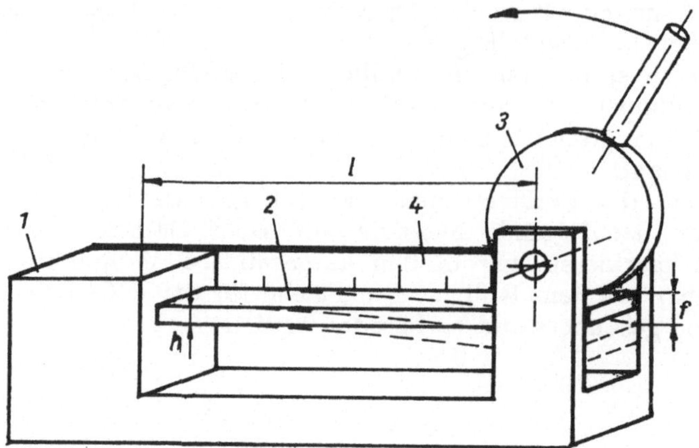

Bild 6.6. Belastungseinrichtung für Prüfstäbe mit Reißlack,
1 Einspannvorrichtung, 2 Prüfstab, 3 Exzenter mit Spannhebel,
4 Markierlineal für ε_s-Werte

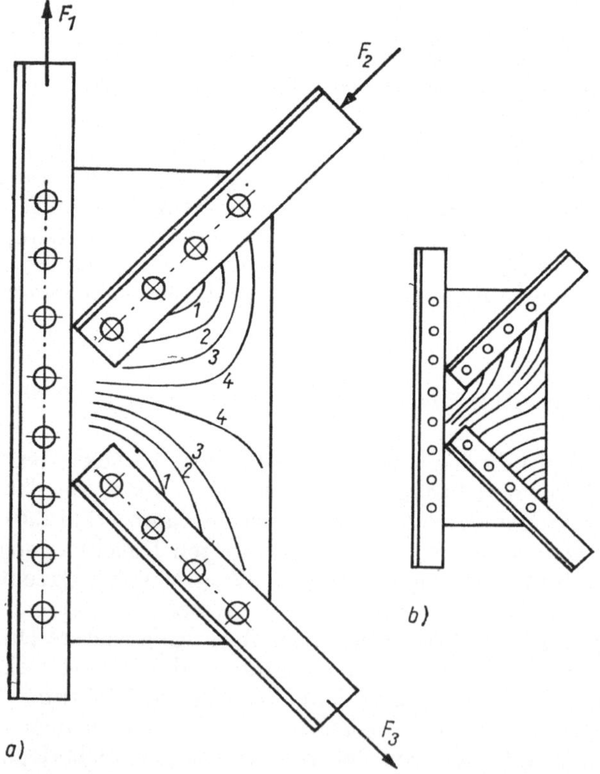

Bild 6.7. Verlauf der Isoentaten an einem Knotenblech
a) Isoentaten
b) Rißverlauf

taten bestimmen. Sie bezeichnen die Orte, in denen für die entsprechenden Laststufen gleichhohe Spannungen identischer Art (Zug, Druck) wirken (Bild 6.7).

Die Isoentaten mit der niedrigsten Ordnungszahl gehören der ersten, geringsten Laststufe an. Jede höhere Ordnungszahl kennzeichnet die aus folgenden Laststufen resultierenden Isoentaten. Somit markiert die niedrigste Isoentatenzahl den Ort der höchsten Dehnung (Spannung).

Der Verlauf der Rißlinien läßt weitere Schlußfolgerungen über die herrschende Beanspruchung zu. Besonders das Verhältnis von Schubspannung zu Normalspannung bzw. Normalspannungsdifferenz kann daraus abgeleitet werden. Grundlage hierfür ist die aus dem *Mohr*schen Spannungskreis für den zweiachsigen Spannungszustand stammende Beziehung Gl. (1.9), s. 1.1.1.,

$$\tan 2\varphi = \frac{2\tau_{xy}}{\sigma_x - \sigma_y}$$

Beim stabförmigen Träger (Bild 6.8) verschwindet dabei in jedem Fall die 2. Normalspannung, d. h. $\sigma_y = 0$.

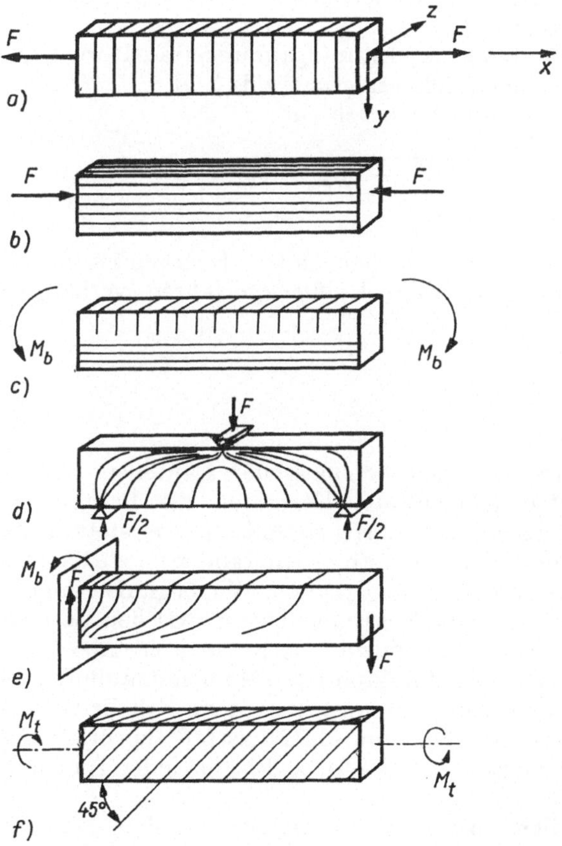

Bild 6.8. Typische Lastfälle mit zugehörigem Rißverlauf
a) Zug b) Druck c) reine Biegung d) u. e) Biegung mit Querkraft f) Torsion

15*

Damit geht Gl. (1.9) über in

$$\tan 2\varphi = \frac{2\tau_{xy}}{\sigma_x} \tag{6.1}$$

so daß wir aus der Richtung der Rißlinien unmittelbar das Spannungsverhältnis ermitteln können.

Bei reiner Zug- bzw. Druckbeanspruchung, d. h. $\sigma \equiv \sigma_x$ und $\tau_{xy} = 0$, erkennen wir Risse senkrecht bzw. parallel zur Beanspruchungsrichtung (Bilder 6.8 a bzw. 6.8 b).

Bei reiner Biegung (Bild 6.8 c) entstehen in der zugbeanspruchten Randfaser Risse senkrecht zur Stabachse, die in den Längsseiten, je nach Beanspruchung unterschiedlich weit, in Richtung neutrale Faser laufen.

Beim Stab unter Querkraftbiegung (Bilder 6.8 d und 6.8 e) ist die Normalspannung in der jeweiligen Randfaser mit der Hauptspannung identisch. In Richtung der Stabachse nimmt die Normalspannung aber linear ab und wird in der Stabachse, also bei $y = 0$, zu Null, während die Schubspannung parabolisch zunimmt und in der Stabachse ihren Maximalwert erreicht. Somit herrscht dort mit $\tau = \tau_{xy}$ und $\sigma_x = 0$ reiner Schub, so daß nach den Gln. (6.1) und (1.13) die Rißlinien die Stabachse unter 45° schneiden.

Reiner Schub entsteht ebenfalls im tordierten Stab (Bild 6.8 f), so daß auch hier die Rißlinien stets unter 45° verlaufen.

Die mathematische Beschreibung der Hauptspannungstrajektorien können wir aus Gl. (1.9) mit einer Dgl. gewinnen. Mit $\tan \varphi = \mathrm{d}y/\mathrm{d}x$ und $\tan 2\varphi = 2 \tan \varphi/(1 - \tan^2 \varphi)$ ergibt sie sich zu

$$\frac{\mathrm{d}y}{\mathrm{d}x} = \frac{-(\sigma_x - \sigma_y) \pm \sqrt{4\tau_{xy}^2 + (\sigma_x - \sigma_y)^2}}{2\tau_{xy}} \tag{6.2}$$

Die Lösung gelingt jedoch nur in einfachen Fällen. Dagegen ist die Ermittlung der Hauptspannungstrajektorien mit dem Reißlackverfahren verhältnismäßig leicht möglich.

6.8.   Beispiele

Grundlegende Lastfälle an einfachen prismatischen Bauteilen zeigen die mit der Theorie übereinstimmenden Rißverläufe. Enthalten die Bauteile kompliziertere Formen, Öffnungen und Lasteinleitungen, so müssen wir stets entsprechend der Entstehungsart (bei der Be- oder Entlastung entstanden) der Risse die festigkeitstheoretische Aussage der Rißverläufe analysieren. Wir beginnen dabei am lastfreien Rand. Dort bestehen meist einfache Zusammenhänge zwischen Lastfall und innerer Spannung. Sind die Verhältnisse kompliziert, z. B. statisch unbestimmt, so suchen wir nach singulären oder isotropen Punkten bzw. Momentennullpunkten und analysieren den Spannungsverlauf von dort aus. In jedem Fall liefert der Rißverlauf eindeutig, die der Form des Bauteiles und dem Lastfall zugeordnete Aussage über den Spannungsverlauf. Bereiche mit Zug, Druck, Biegung oder Torsion können sofort unterschieden werden.

An drei einfachen Lastfällen wollen wir die Aussage aus dem Rißbild analysieren. Die Rißlinien haben wir von Hand nachgezeichnet. Der Druckstab (Bild 6.9) beweist, daß auch bei einachsiger Druckspannung Rißlinien auftreten. Sie werden durch die positive Querdehnung $\varepsilon_q \geqq \varepsilon_s$ ausgelöst und verlaufen senkrecht zu ihr. Bemerkenswert ist der Verlauf in der Nähe der Krafteinleitungsflächen (Prinzip von *St. Venant*). Erst ab der Stelle *a* verlaufen die Risse parallel zur Stabachse. Der Biegestab in Bild 6.10 zeigt zwischen den Auflagern und den Kräften den erwarteten Rißverlauf. Die Rißlinien schneiden die Stabachse unter 45°. Nach dem Stabende zu ändert sich dieser Winkel gegen 0° und deutet auf das Verschwinden der Hauptschubspannung hin. Die Kräfte F_1 und F_2 sind nicht gleichgroß ($F_1 > F_2$). Damit entsteht zwischen F_1 und F_2 kein querkraftfreier Bereich. Das wird durch die Neigung der Rißlinien zur Stabachse veranschaulicht. Auch hier treten im Druckbereich Rißlinien auf, da die positive Dehnung senkrecht zur Stabachse größer als ε_s ist. Die Stabecke in Bild 6.11 mit ausgeprägt zweiachsigem Spannungsfeld zeigt anschaulich den Verlauf der Hauptspannungstrajektorien in Form der Rißlinien einer Hauptspannung. An der Stelle *a* sehen wir die Wirkung einer Unebenheit im verwendeten Modellbauteil. Dieser Rißverlauf entsteht durch zusätzliche lokale Biegung (Wölbung) des Bleches, aus dem das Modell besteht.

Bild 6.12 zeigt einen Kastenträger mit veränderlicher Stegblechhöhe. Der Träger besteht nur aus den abgesetzten Stegblechen mit ovalen Öffnungen und einem ebenen sowie einem abgewinkelten Flanschblech ohne Schottbleche. Aus der Form des Bauteiles folgt der komplizierte Rißverlauf. In den Bereichen *a* des oberen, abgewinkelten Flanschbleches liegen Risse aus Querkraftbiegung vor, die sich senkrecht zur Längsachse ausbilden. Kurz vor und kurz nach der konkaven Ecke treten völlig abweichende Rißverläufe auf. Sie ändern ihre Richtung um 90° und liegen in der Mitte bei *b* parallel zur Längsachse des Kastenträgers. Unmittelbar in der konkaven Ecke verlaufen die Risse senkrecht zur Längsachse. Das abgewinkelte Flanschblech

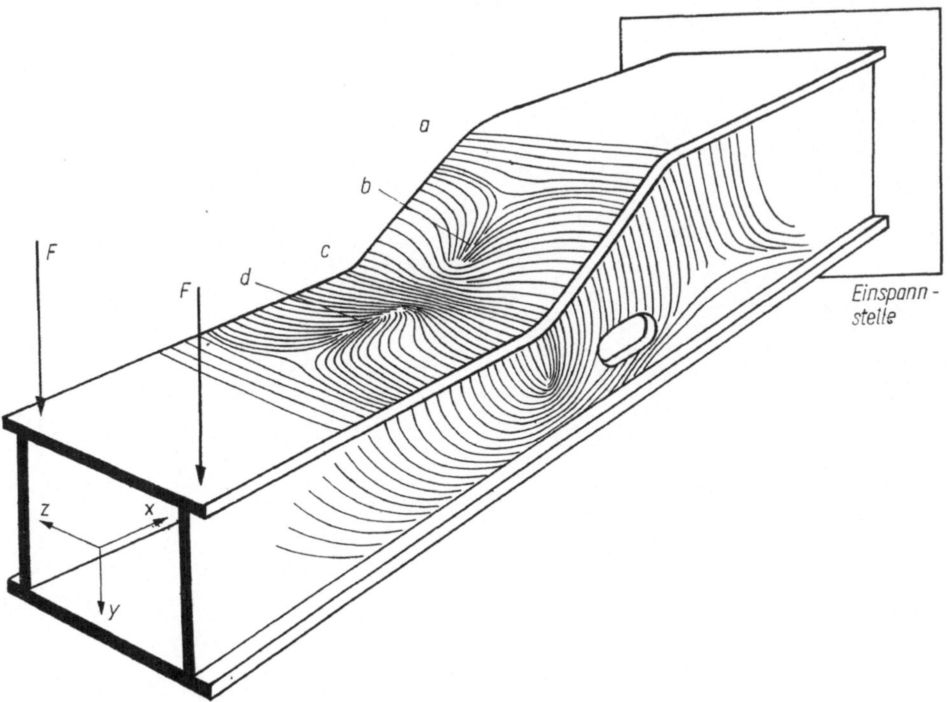

Bild 6.12. Rißverlauf an einem Kastenträger mit unterschiedlicher Höhe

hat das Bestreben, sich unter der Wirkung der Biegung in eine Gerade zwischen den Bereichen a über die konkave Ecke c hinwegzustrecken. Die Schweißnähte an den Stegblechen hindern es jedoch daran. Lediglich in der Mitte kann sich das Blech relativ frei verformen. Die Folge ist eine Wölbung des Flanschbleches im Bereich d nach außen (oben). Die versteifende Wirkung der konkaven Ecke behindert bei c eine entsprechende Wölbung. In der Oberfläche des Bleches herrscht ein allgemeiner zweiachsiger Spannungszustand. Entsprechend der Koordinaten geht dann Gl. (1.9) über in

$$\tan 2\varphi = \frac{2\tau_{xz}}{\sigma_x - \sigma_z} \tag{6.3}$$

Aus der anschließend durchgeführten Dehnungsmessung mit DMS geht hervor, daß das Verhältnis der Spannungen zwischen den Meßstellen über den Schweißnähten zur Mitte der konkaven Ecke sich wie 2 : 1 verhält. Der auf dem Stegblech erkennbare Verlauf der Rißlinien ist typisch für die wirkende Querkraftbiegung. Bemerkenswert ist der Verlauf über das ovale Loch hinweg. Es tritt keine erkennbare Störung auf, und das Loch ist demnach günstig angeordnet.

6.9.   Weiterführende Literatur

[6.1] Dehnungsmeßverfahren / *Thamm, F.; Ludvig, G.; Huszar, I.* [u. a.] — Budapest, 1971. — 328 S.

[6.2] Atlas der Spannungsfelder in technischen Bauteilen / *Kloth, W.* — Düsseldorf, 1961. — 544 S.

7. Elektrisches Messen mechanischer Größen

7.1. Einige Grundlagen zum Messen zeitabhängiger Größen

7.1.1. Zeitabhängige Meßgrößen der Festkörpermechanik

Beim Beschreiben zeitlich aufeinanderfolgender Zustände (Bewegungsvorgänge) könnten wir zunächst formal bei den Meßgrößen, die in den vorangegangenen Abschnitten zeitunabhängige Zustände beschrieben, eine Zeitabhängigkeit zulassen, z. B. die Verschiebung $s(t)$, die Dehnung $\varepsilon(t)$, den Winkel $\varphi(t)$. Dies reicht aber i. allg. nicht aus. Man benötigt zusätzlich Angaben über die Geschwindigkeiten, mit denen sich diese Änderungen vollziehen und die dabei auftretenden Beschleunigungen, letztere beispielsweise, um Aussagen über die Massenkräfte zu machen.
Der theoretisch mögliche Weg über eine formale Differentiation ist zum Lösen praktischer Probleme oftmals nicht gangbar. Deshalb steht die Aufgabe, nach Möglichkeiten des Messens aller beim Beschreiben von Bewegungen auftretenden Größen zu suchen.
Wir unterscheiden dabei Bewegungsgrößen, Kraftgrößen und Zeitgrößen. Entsprechend den beiden Grundformen der Bewegung, Translation und Rotation sind die entsprechenden Größen in Tabelle 7.1 zusammengestellt.
Die Zeit als unabhängige Variable hat nur eine Erscheinungsform.

Tabelle 7.1: Mechanische Größen und Zeitgrößen zur Beschreibung von Bewegungen

	translatorische	rotatorische
Bewegungsgrößen	Weg $s(t)$ oder $x(t)$ in m Geschwindigkeit $v(t)$ oder $\dot{x}(t)$ in m s^{-1} Beschleunigung $a(t)$ oder $\ddot{x}(t)$ in m s^{-2}	Winkel $\varphi(t)$ in rad Winkelgeschwindigkeit $\dot{\varphi}(t)$ oder $\Omega(t)$ in s^{-1} Winkelbeschleunigung $\ddot{\varphi}(t)$ oder $\alpha(t)$ in s^{-2}
Kraftgrößen	Kraft $F(t)$ in N	Moment $M(t)$ in N $\cdot$ m
Zeitgrößen	Zeitintervall Δt in s Periodendauer T in s Frequenz $f = \dfrac{1}{T}$ in Hz Kreisfrequenz $\Omega = 2\pi f$ in s^{-1} Phasenwinkel $\varphi = 2\pi \dfrac{\Delta t}{T} = \Omega\,\Delta t$ in rad	

Die hier zusammengefaßten Größen sind gleichzeitig die Zielgrößen maschinen-
dynamischer Berechnungen. Die Messung zeitabhängiger Größen ist daher oftmals
eng mit dem Lösen von Aufgaben der Maschinendynamik verbunden [7.1].
Die Entscheidung, welche speziellen Bewegungsgrößen gemessen werden, muß der
Ingenieur anhand der vorgegebenen Aufgabenstellung treffen. Wegen des meist
hohen Aufwandes für experimentelle Untersuchungen ist ein gut überlegtes Beschränken auf möglichst wenige Meßgrößen anzustreben.

7.1.2.   Grundbegriffe zur Darstellung und Charakterisierung
zeitabhängiger Größen

Wir wollen in diesem Abschnitt die zeitabhängigen Größen mit $x(t)$ bezeichnen,
solange nicht eine spezielle Größe, wie eine Kraft $F(t)$, ausdrücklich bezeichnet werden
soll. Beim Darstellen beschränken wir uns auf ein Zusammenfassen der für die
Messung mechanischer Größen und die Darstellung der Meßergebnisse zweck-
mäßigen Grundbegriffe [7.2].
Weitere Begriffe, die im Zusammenhang mit der Analyse (Frequenzanalyse, Klassierung) von Signalen stehen, werden in 9.2. und 9.3. erläutert.

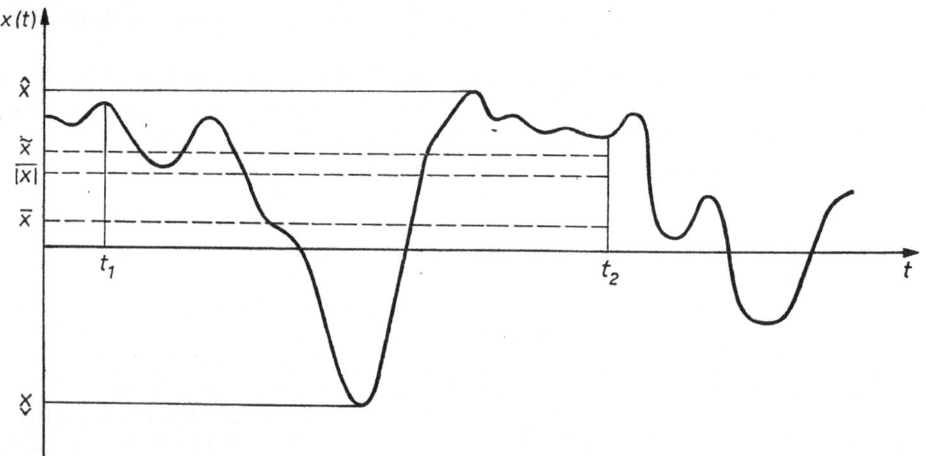

Bild 7.1. Beliebiger stetiger Zeitverlauf einer Meßgröße $x(t)$ und daraus
abgeleitete Mittelwerte

Der zeitliche Verlauf einer Größe $x(t)$ ist in einem x,t-Koordinatensystem darstellbar
(Bild 7.1). In bestimmten Fällen läßt sich die Zeitabhängigkeit der Meßgröße durch
eine Formel beschreiben. Handelt es sich aber um einen beliebigen stetigen Zeitverlauf, dann kann der funktionale Zusammenhang zwischen x und t nicht formelmäßig angegeben werden. Zur vollständigen Beschreibung der Größe $x(t)$ wäre die
vollständige Angabe aller *Momentanwerte* $x(t)$ beispielsweise im Intervall $t_1 \leqq t \leqq t_2$
erforderlich.
Da dies zum Charakterisieren von $x(t)$ nicht sinnvoll ist, verwendet man *Mittelwerte*

und auf Mittelwerte bezogene Kenngrößen. Man unterscheidet mit Bezug auf ein gegebenes Intervall[1]) $[t_1, t_2]$:

Linearer oder arithmetischer Mittelwert

$$\mu = \bar{x} = \frac{1}{t_2 - t_1} \int\limits_{t_1}^{t_2} x(t)\,\mathrm{d}t \tag{7.1}$$

Mittelwert des Betrages

$$\overline{|x|} = \frac{1}{t_2 - t_1} \int\limits_{t_1}^{t_2} |x(t)|\,\mathrm{d}t \tag{7.2}$$

quadratischer Mittelwert

$$\overline{x^2} = \frac{1}{t_2 - t_1} \int\limits_{t_1}^{t_2} x^2(t)\,\mathrm{d}t \tag{7.3}$$

Die Größe $\tilde{x} = \sqrt{\overline{x^2}}$ heißt *Effektivwert*.
Die Größe $x^2(t)$ nennt man die *momentane Leistung* einer Meßgröße. Dies erfolgt in Anlehnung an die Darstellung der elektrischen Leistung (in Watt) durch das Quadrat von Strom oder Spannung unter Weglassen des Proportionalitätsfaktors R bzw. $1/R$:

$$P = I^2 R = U^2/R$$

$\overline{x^2}$ ist daher zugleich die mittlere Leistung.
Der Wert $\hat{x}$ heißt oberer *Spitzenwert*, $\check{x}$ heißt unterer Spitzenwert. Der quadratische Mittelwert der Funktion $x(t) - \bar{x}$ im Intervall $[t_1, t_2]$, das ist eine Funktion mit dem linearen Mittelwert Null (zentrierte Funktion), heißt *Streuung* oder *Varianz*:

$$\sigma^2 = \overline{(x(t) - \bar{x})^2} = \frac{1}{t_2 - t_1} \int\limits_{t_1}^{t_2} (x(t) - \bar{x})^2\,\mathrm{d}t \tag{7.4}$$

Die Größe

$$s = \sqrt{\sigma^2} \tag{7.5}$$

heißt *Standardabweichung*.
Das Verhältnis des betragsmäßig größten Spitzenwertes zum Effektivwert heißt *Crest-Faktor*:

$$C = \frac{\max\{|\hat{x}|, |\check{x}|\}}{\tilde{x}} \tag{7.6}$$

Der Quotient aus der Anzahl n_0 aller Nulldurchgänge und der Anzahl n_e aller relativen Extremwerte (Maxima und Minima) heißt *Regellosigkeitskoeffizient i*.

$$i = n_0/n_e$$

Es ist $0 \leqq i \leqq 1$.

---

[1] Strenggenommen ist ein unendlich großes Intervall zugrunde zu legen. Dies ist jedoch für praktische Messungen nicht realisierbar

In vielen Fällen hat man es mit solchen Zeitverläufen der Meßgrößen zu tun, die sich durch analytische Ausdrücke beschreiben lassen. Dazu gehören die periodischen und harmonischen Schwingungen. $x(t)$ heißt *periodisch*, wenn $x(t) = x(t + T)$ ist. T heißt die *Periodendauer*. Eine periodische Funktion $x(t)$ heißt *harmonisch*, (Bild 7.2), wenn gilt

$$x(t) = A \sin (2\pi f t + \varphi)$$

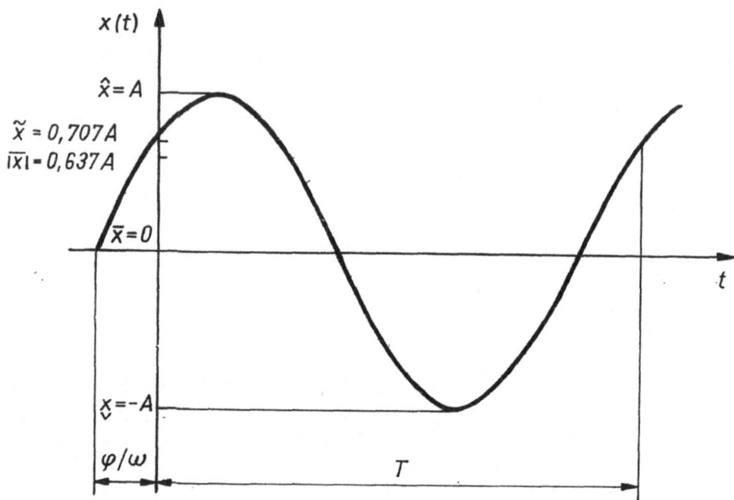

Bild 7.2. Verschiedene Mittel- und Spitzenwerte bei einer harmonischen Schwingung

Dabei ist die positive Zahl A die *Amplitude*, $f = \dfrac{1}{T}$ die *Frequenz*, φ der *Nullphasenwinkel* der harmonischen Schwingung. Die Größe $\Omega = 2\pi f$ heißt die *Kreisfrequenz* der harmonischen Schwingung.

Natürlich lassen sich die oben definierten Mittelwerte für periodische und harmonische Funktionen ebenfalls bilden. Als Intervall $[t_1, t_2]$ verwendet man stets die Dauer einer Periode oder ganzzahlige Vielfache davon. Für eine harmonische Schwingung $x(t) = A \sin (2\pi f t + \varphi)$ lassen sich die Mittelwerte leicht berechnen. Man findet

oberer Spitzenwert $\qquad\qquad\qquad \hat{x} = A$

unterer Spitzenwert $\qquad\qquad\qquad \underset{\vee}{x} = -A$

arithmetischer Mittelwert $\qquad\quad \bar{x} = \dfrac{1}{T} \displaystyle\int_0^T A \sin (2\pi f t + \varphi)\, \mathrm{d}t = 0$

Mittelwert des Betrages $\qquad\quad \overline{|x|} = \dfrac{1}{T} \displaystyle\int_0^T |A \sin (2\pi f t + \varphi)|\, \mathrm{d}t = \dfrac{2A}{\pi} = 0,637A$

quadratischer Mittelwert $\qquad\quad \overline{x^2} = \dfrac{1}{T} \displaystyle\int_0^T A^2 \sin^2 (2\pi f t + \varphi)\, \mathrm{d}t = \dfrac{1}{2} A^2$

Effektivwert	$\tilde{x} = \dfrac{A}{\sqrt{2}} = 0{,}707 A$
Varianz, Streuung	$\sigma^2 = \overline{x^2} = \dfrac{1}{2}\,A^2$
Standardabweichung	$s = \tilde{x} = \dfrac{A}{\sqrt{2}}$
Crest-Faktor	$C = \sqrt{2}$
Regellosigkeitskoeffizient	$i = 1$

Es ist also zu unterscheiden zwischen $\hat{x}$, $\tilde{x}$ und $\overline{|x|}$. Für die Wechselspannung des elektrischen Lichtnetzes betragen diese Werte

$\hat{x} = 311$ V (Spitzenwert der elektrischen Spannung),

$\tilde{x} = 220$ V (Effektivwert der Spannung, bestimmt die Leistung),

$\overline{|x|} = 198$ V (Mittelwert der Spannung nach Doppelweggleichrichtung).

Beim Beurteilen von Schwingungen (s. 9.8.) möchte man oft einen Vergleich mit harmonischen Schwingungen durchführen. Ausgehend vom Effektivwert erklärt man dazu den *äquivalenten Spitzenwert* $\hat{x}_{\text{äqu}} = \tilde{x} \cdot \sqrt{2}$. Diesen Spitzenwert müßte eine harmonische Schwingung haben, wenn ihr Effektivwert den gleichen Wert haben soll wie die betrachtete Schwingung.

7.1.3. Grundbegriffe zum Beschreiben von Meßeinrichtungen für mechanische Größen

Die dynamischen Eigenschaften von Meßeinrichtungen, darunter verstehen wir ihr Verhalten unter Einwirken zeitabhängiger Größen, lassen sich unabhängig von ihrem speziellen Verwendungszweck durch eine Reihe von Kennfunktionen der Systemtheorie [7.3, 7.4] beschreiben. Dazu betrachtet man die Meßeinrichtung als lineares System mit einem Eingang und einem Ausgang (Bild 7.3a). $x(t)$ ist die Eingangsgröße (Meßgröße), $y(t)$ die Ausgangsgröße (Meßwert, Antwortfunktion).
Die Systembeschreibung erfolgt durch die Antwortfunktion bei speziellen Eingangsfunktionen.
Die Antwortfunktion auf die *Einheitssprungfunktion* $1(t)$ bei der sich die Meßgröße plötzlich von Null auf den konstanten Wert Eins verändert, heißt *Übergangsfunktion* $s(t)$ oder *Einheitssprungantwort*. Die Antwortfunktion auf die *Einheitsstoßfunktion* $\delta(t)$ heißt *Gewichtsfunktion* $h(t)$ oder Einheitsimpulsantwort. Für Meßeinrichtungen, die sich als gedämpfte Schwinger mit einem Freiheitsgrad idealisieren lassen, sind diese Funktionen in Bild 7.3b und c dargestellt.
Für Meßeinrichtungen zur Messung mechanischer Größen hat sich als wichtigste Kennfunktion zur Beschreibung der dynamischen Eigenschaften der komplexe Frequenzgang $H(f)$ durchgesetzt. Wir verstehen darunter den Quotienten aus der Antwortfunktion eines linearen eingeschwungenen Systems bei harmonischer Eingangsgröße und der Eingangsgröße selbst (s. 9.3.8.).
Liegt eine harmonische Eingangsgröße vor, $x(t) = \hat{x}\sin 2\pi f t$, dann tritt am Ausgang eine ebenfalls harmonische Antwortfunktion auf, jedoch mit einer anderen Amplitude

und einer gewissen Phasenverschiebung (Bild 7.3d)

$$y(t) = \hat{y} \sin (2\pi f t + \varphi)$$

In vielen Fällen interessiert nur der Quotient der Amplituden der beiden harmonischen Größen. Dieser Quotient ist der Betrag des Frequenzganges (Bild 7.3e)

$$|H(f)| = \hat{y}/\hat{x}$$

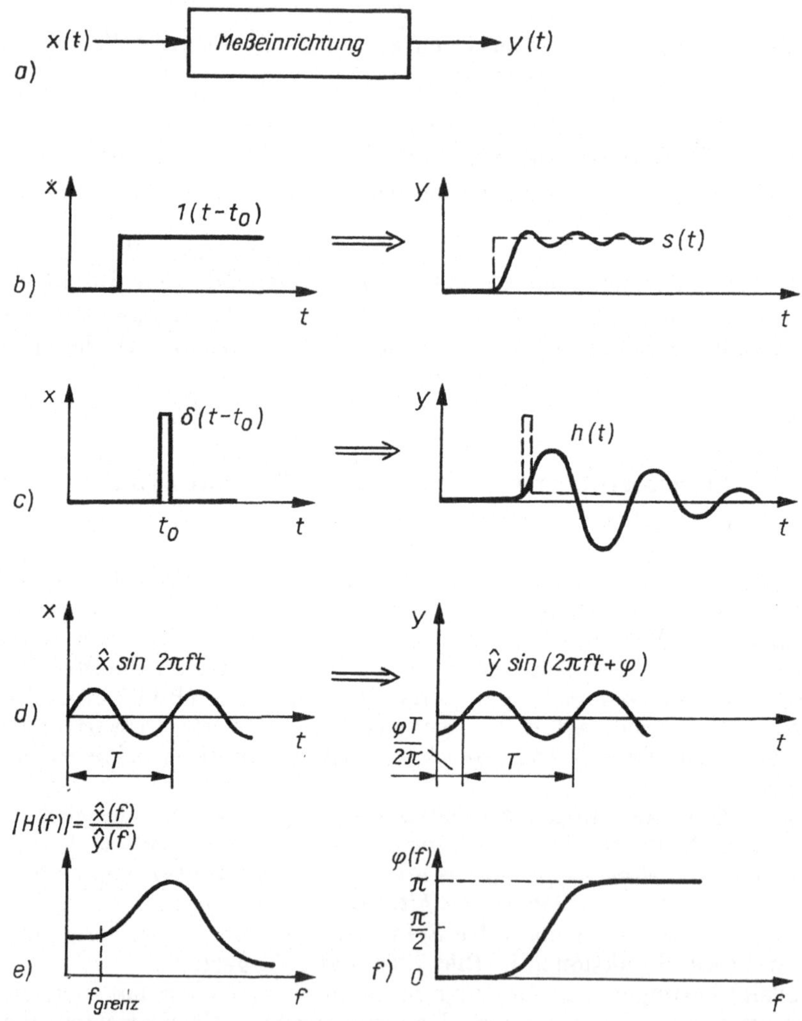

Bild 7.3. Beschreibung von Meßeinrichtungen durch Kennfunktionen

a) Systembetrachtung mit Ein- und Ausgang
b) Sprungerregung und Übergangsfunktion
c) Stoßerregung und Gewichtsfunktion
d) harmonische Erregung e) Betrag des Frequenzganges f) Phasenfrequenzgang

Die Abhängigkeit des Phasenwinkels $\varphi = \varphi(f)$ von der Frequenz (Bild 7.3f), der Phasenfrequenzgang, interessiert nur bei speziellen Aufgabenstellungen (s. Abschn. 9. und 10.). Der Betrag des Frequenzgangs stellt zugleich ein Maß für die frequenzabhängige *Empfindlichkeit* der betrachteten Meßeinrichtung dar.

Im allgemeinen kann man innerhalb der zulässigen Meßbereiche einer Meßeinrichtung unterstellen, daß die Empfindlichkeit nicht von der absoluten Größe der Ein- und Ausgangsgrößen abhängt. Das entspricht der Forderung nach einem linearen Zusammenhang zwischen Ein- und Ausgang.

Der Betrag des Frequenzganges realer Meßeinrichtungen ist keine Konstante. Nur in ausgewählten Frequenzbereichen läßt sich ein konstanter Wert für $|H(f)|$ realisieren. Die Grenzen dieses Bereichs werden, wenn nicht der vollständige Frequenzgang in der Dokumentation der Geräte angegeben ist, durch die für die jeweilige Meßeinrichtung gültigen Grenzfrequenzen bestimmt. Unter *Grenzfrequenz* wird dabei folgendes

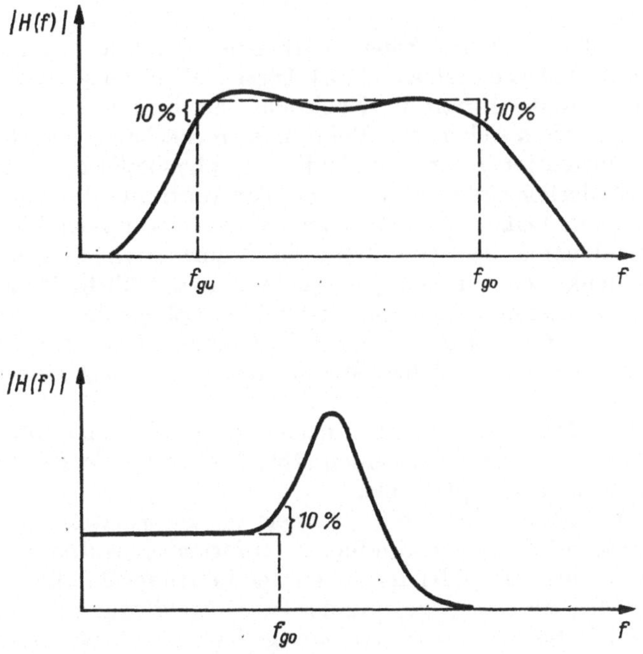

Bild 7.4. Festlegung der Grenzfrequenzen von Meßeinrichtungen anhand des Frequenzganges

verstanden: Der reale Verlauf des Frequenzgangbetrages wird durch ein Rechteck angenähert, wobei die Grenzen bei 10%iger Abweichung vom Mittelwert im Bereich etwa konstanter Werte von $|H(f)|$ festgelegt werden (Bild 7.4). Teilweise erfolgt die Festlegung der Grenzfrequenzen auch bei einer Abweichung von 1 dB (12%) oder beim $1/\sqrt{2}$- bzw. $\sqrt{2}$fachen dieses Mittelwertes (30%). Eine untere Grenzfrequenz größer als Null bedeutet, daß eine Meßeinrichtung für statische Meßgrößen ungeeignet ist.

Nur eine gedachte Idealmeßeinrichtung hat als Frequenzgangkurve eine zur Frequenzachse parallele Gerade.

Das Beschreiben von Meßeinrichtungen durch die dem Frequenzgang gleichwertige Übergangsfunktion spielt bei Messungen mechanischer Größen eine geringere Rolle. Für Geräte mit niedriger oberer Grenzfrequenz f_{go} ist mitunter die durch $t_E = 1/2f_{go}$ definierte *Einschwingzeit* von Interesse. t_E ist die Zeit, die benötigt wird, bis die Meßwertanzeige oder Darstellung um weniger als 5% vom sich einstellenden Endwert abweicht.

An Meßgeräte für Größen, die nicht von der Zeit abhängen, können hinsichtlich ihres Frequenzganges wesentlich niedrigere Forderungen gestellt werden. Hier interessiert außer der oft sehr kleinen oberen Grenzfrequenz nur der Übertragungsfaktor (= Empfindlichkeit für die Frequenz Null), d. h. für konstante Meßgrößen.

7.1.4.   Informationen und Signale

Unter Information wollen wir die Eigenschaft einer Nachricht verstehen, beim Empfänger Kenntniszuwachs zu erzeugen [7.5]. Diese Definition schließt ein, daß die Information Null ist, wenn der Inhalt der Nachricht dem Empfänger bereits bekannt ist (und er sich der Kenntnis sicher ist). Beim Messen mechanischer Größen ist die Übertragung von Informationen an die Änderung physikalischer Parameter gebunden. Zeitlich veränderliche physikalische Größen im Sinne des vorhergehenden Abschnittes sollen *Signale* heißen. Das Maß der Information ist das bit. Dieses Maß stützt sich auf eine zahlenmäßige Darstellung der Information. Liegen zwei gleichwahrscheinliche Möglichkeiten vor und ermöglicht die zugeführte Information eine Entscheidung zwischen diesen beiden Möglichkeiten (Elementarentscheidung der Logik), dann ist der zugeführte Informationsinhalt gerade 1 bit. Die Entscheidung zwischen $2^5 = 32$ gleichwahrscheinlichen Möglichkeiten erfordert eine Information von 5 bit.

Das Ablesen einer Digitaluhr mit Sekundenanzeige entspricht einer Information, die zwischen den 86 400 s eines Tages entscheiden läßt, d. h. zwischen 2^{17} Möglichkeiten. Die zugeführte Information beträgt 17 bit.

Bei der Messung zeitabhängiger Größen interessiert der Informationsfluß in bit/s im Vergleich zur maximal möglichen sekundlichen Informationsaufnahme durch den Menschen. Dabei ist zu unterscheiden zwischen der Leistungsfähigkeit des menschlichen Auges, die etwa bei 10^8 bit/s liegt, und der Leistungsfähigkeit des menschlichen Gehirns, das nur etwa 10 bis 20 bit/s im Kurzzeitgedächtnis abspeichern kann [7.7]. Dabei ist allerdings zu beachten, daß die Information über einen dynamischen Vorgang insgesamt relativ gering ist, weil der Informationsfluß dadurch rasch abnimmt, daß nach kurzer Meßzeit die durch die Meßsignale noch übertragene Information im Sinne von Kenntniszuwachs sehr klein oder praktisch Null wird; weil eine Fortsetzung der Messung dann keinen Erkenntniszuwachs mehr bringt. Hier liegt der Grund, daß zum Ableiten von Schlußfolgerungen aus Messungen oft nur sehr kurze Zeitabschnitte des eigentlichen Meßvorganges erforderlich sind. Trotzdem kann natürlich der Aufwand zum Gewinnen dieses Signalabschnittes sehr groß sein.

Dem Ingenieur müssen solche Informationen zugeführt werden, die ihn in die Lage versetzen, richtige Entscheidungen zu treffen.

Eine Möglichkeit, Informationen zu bekommen, besteht in der Durchführung von Messungen. Dabei kommt es nicht auf die Anzahl der zugeführten bit an, die übrigens meist gar nicht angebbar ist. Wenige gut aufbereitete Informationen sind auch hier nützlicher als eine Fülle ungeordneter Informationen.

7.1.5. Klassifizierung von Meßsignalen

Eine Klassifizierung von zeitabhängigen Signalen erfolgt nach unterschiedlichen Gesichtspunkten. Für Signale, die einen funktionalen Zusammenhang zwischen einer Meßgröße und der Zeit herstellen, werden vier solcher Möglichkeiten genutzt, wobei die Klassifizierung in jeweils 2 einander ausschließende Klassen erfolgt [7.8].
Wir unterscheiden ausgehend von einem Signal $x(t)$ folgende Merkmale (Bild 7.5).

Das Signal kann

1. kontinuierlich oder diskontinuierlich (Wertbereich auf der t-Achse),
2. analog oder diskret (Wertbereich auf der x-Achse),
3. determiniert oder stochastisch (Vorhersagbarkeit),
4. stationär oder instationär (integrale Kenngrößen) sein.

Da jedes Signal 4 Merkmale gleichzeitig besitzt, lassen sich insgesamt 16 unterschiedliche Klassen aufstellen, die im Bild 7.5 dargestellt sind.
Dabei haben die einzelnen Begriffe folgende Bedeutung:

kontinuierlich — zu jedem Wert von t gehört ein Wert von x;

diskontinuierlich — nur zu bestimmten Zeitpunkten t_i, $i = 1, 2, \ldots$, gehören Werte von x;

analog — $x(t)$ kann jeden Wert annehmen;

diskret — $x(t)$ kann nur bestimmte Werte x_k, $k = 1, 2, \ldots$, annehmen;

determiniert — aus den x-Werten in einem endlichen Intervall der t-Achse lassen sich alle anderen x-Werte auf der gesamten t-Achse bestimmen, das Signal ist vorhersagbar;

stochastisch — es ist nicht möglich, aus den x-Werten eines Zeitintervalls andere x-Werte zu bestimmen. Der Signalverlauf $x(t)$ ist nicht vorhersagbar. Ein stochastisches Signal ist eine zufällige Realisierung eines stochastischen Prozesses. Aussagen mit Wahrscheinlichkeitscharakter in Form von Erwartungswerten sind möglich. Erwartungswerte ergeben sich als Mittelwerte aus mehreren Realisierungen (nicht als zeitliche Mittelwerte);

stationär — bestimmte integrale Kennfunktionen und Kenngrößen des Signals (s. 9.3.), die aus den Funktionswerten $x(t)$ bestimmt werden, hängen nicht von der Lage des Nullpunktes auf der Zeitachse ab. Ein stationärer stochastischer Prozeß heißt *ergodisch*, wenn die aus verschiedenen Realisierungen gebildeten Mittelwerte mit den zeitlichen Mittelwerten einer Realisierung übereinstimmen;

instationär — die integralen Kennfunktionen und Kenngrößen hängen von der Lage des Nullpunktes auf der Zeitachse ab.

Sind die möglichen x-Werte eines diskreten Signals als ganzzahlige Vielfache einer Quantisierungseinheit darstellbar, nennt man es *digital*.
Diskontinuierliche Signale nennt man auch *zeitdiskret* oder *-quantisiert*. Bei hinreichend feiner Unterteilung der beiden Achsen sind diskontinuierliche analoge und diskontinuierliche diskrete Signale nicht unterscheidbar. In einer visuellen Darstellung

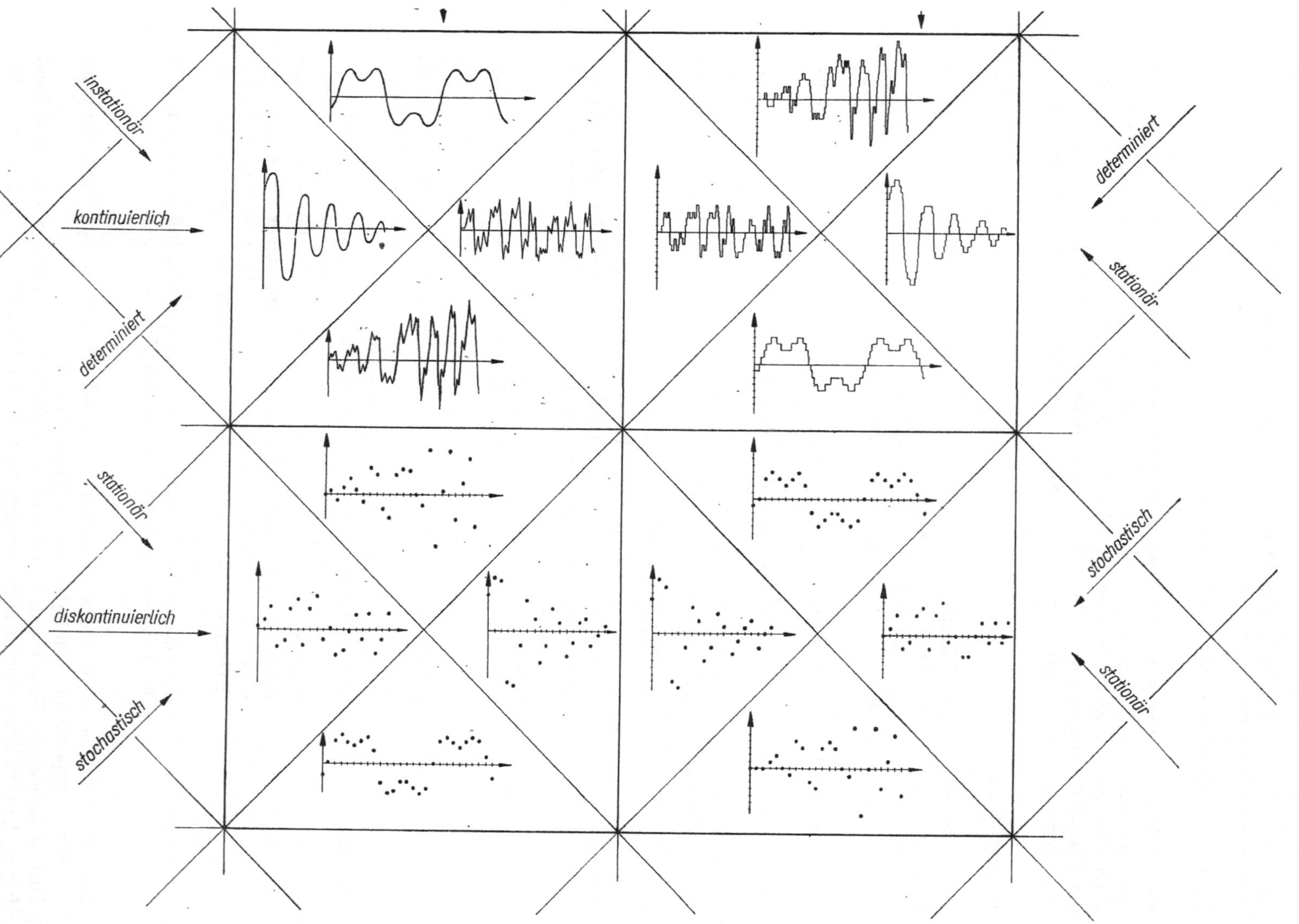

Bild 7.5. Klassifizierung von Signalen nach verschiedenen Gesichtspunkten und grafische Darstellung der verschiedenen Signalklassen

für den Meßingenieur, z. B. auf Sichtgeräten oder als Registrierschriebe (s. Abschn. 7.), wird eine kontinuierliche Signalform verwendet.
Für vier Klassen wollen wir Beispiele angeben.

kontinuierliche analoge Signale:

Ausgangssignale analoger Meßgeräte, Registrierschriebe, Oszilloskopanzeigen, Analogrechnerausgänge

kontinuierlich diskrete (digitale) *Signale:*

Digitalvoltmeter, Digitaluhren, Digitalanzeigen aller Art

diskontinuierliche analoge Signale:

Fallbügelschreiber

diskontinuierlich diskrete (digitale) *Signale:*

Ausgangssignal von Analog-Digitalumsetzern, von Digitalrechnern, punktweise ausgedruckte Diagramme. Die größte Bedeutung haben die kontinuierlichen analogen Signale, weil sie die natürliche Erscheinungsform der meisten Meßgrößen darstellen. Für die rechnergestützte Meßdatenverarbeitung spielen die in Bild 7.5 rechts unten dargestellten diskontinuierlichen diskreten Signale die Hauptrolle. Während die hinsichtlich der Wertbereiche der Zeit t und des Informationsparameters x getroffene Zuordnung zu den Klassen durch das verwendete Meßprinzip gegeben ist, wird die Zuordnung zu den beiden anderen Merkmalsklassen durch die Meßgröße selbst bestimmt. Hierbei sind Grenzfälle möglich, die vor allem bei stochastischen Signalen schwer zuzuordnen sind.
Über stochastische Signale gibt es umfangreiche Literatur [7.9 bis 7.12]. Die Methoden zur experimentellen Untersuchung der stochastischen Signale werden in Abschn. 9. dargestellt.

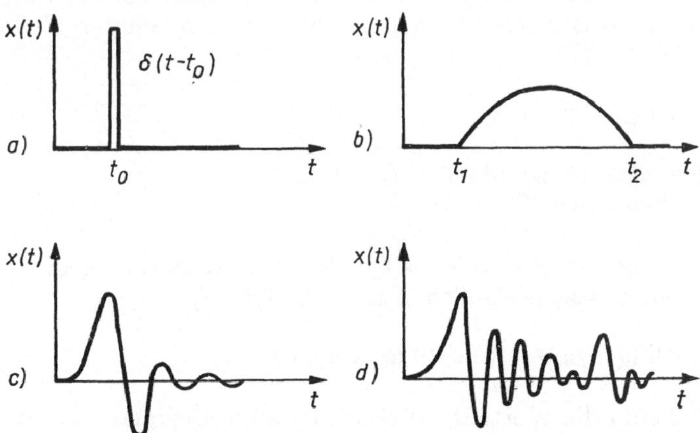

Bild 7.6. Beispiele für transiente Signale
a) idealisierter Einheitsstoß b) Halbsinusstoß c) realer Stoßvorgang
d) seismischer Vorgang

Eine spezielle Klasse der kontinuierlichen analogen und instationären Signale sind solche, die nur innerhalb eines endlichen Zeitintervalls von Null verschiedene Werte $x(t)$ haben.

$$x(t) \begin{cases} \neq 0 & \text{für} \quad t_0 \leq t \leq t_1 \\ = 0 & \text{sonst} \end{cases}$$

Man nennt sie *transiente* Signale.

Zu den transienten Signalen gehören vor allem die Stoßvorgänge. In Bild 7.6 sind einige transiente Signale dargestellt. Die determinierten Signale werden für viele Zwecke weiter unterteilt in periodische und nichtperiodische, die periodischen in harmonische und nichtharmonische usw. Auch die digitalen Signale unterscheidet man nach ihrer Codierungsart, z. B. dezimal oder binär. Eine differenzierte Behandlung dieser Fälle kann im Rahmen dieses Buches nicht erfolgen. Wir wollen uns auf die angegebenen 4 Merkmalsunterscheidungen beschränken und verweisen auf [7.3] und [7.8].

7.1.6.   Das logarithmische Pegelmaß

In vielen grafischen Darstellungen ist es üblich, zur Hervorhebung kleiner Amplituden einen logarithmischen Maßstab für die Ordinate (oder für beide Achsen) zu verwenden. Dabei sind die darzustellenden Größen stets in einer physikalischen Einheit (z. B. m/s^2, V, cm) angegeben.
Dividiert man die darzustellenden Größen durch feste Bezugsgrößen der gleichen physikalischen Einheit, dann entsteht eine bezogene Größe. Bei der Angabe von Signalleistungen (z. B. Schalleistung = Schallstärke) ist es üblich, den dekadischen Logarithmus des Leistungsverhältnisses anzugeben. Ist P_0 die Bezugsleistung, dann nennt man $L = \lg (P/P_0)$ das *logarithmische Pegelmaß* mit der Maßeinheit Bel (nach *Bell*, 1847—1922). $L = 3$ Bel entspräche der $10^3 = 1000$fachen Leistung.
Da dieses Maß zu grob ist, benutzt man als Einheit den zehnten Teil des Bel, das Dezibel (dB), 1 B = 10 dB.
Dann gilt

$$L = 10 \lg (P/P_0) \, \text{dB}$$

10 dB entsprechen also der zehnfachen Leistung,
— 20 dB entsprechen einem Hundertstel.

Die Leistung eines Signals ist durch das Quadrat der Amplitude gegeben.
Deshalb gilt mit einer Bezugsamplitude x_0 (z. B. 1 Volt)

$$L = 10 \lg (x/x_0)^2 \, \text{dB} = 20 \lg (x/x_0) \, \text{dB}$$

In der Tabelle 7.2 sind die Werte der Verhältnisse für Dezimalmaß und logarithmisches Pegelmaß gegenübergestellt. Ein um 6 dB höherer Pegel entspricht etwa der doppelten Amplitude und damit der vierfachen Leistung eines Signals ($\lg 2 = 0{,}3010$). Bei der Analyse mechanischer Schwingungen interessiert ein Dynamikbereich von etwa 80 dB (Amplitudenverhältnis $1 : 10^4$). Ein solcher Bereich ist jedoch auf ana-

Tabelle 7.2: Gegenüberstellung von Dezimalmaß und logarithmischem Pegelmaß

Amplitudenverhältnis	logarithmisches Pegelmaß	Leistungsverhältnis
x/x_0	$10 \lg (x/x_0)^2 = 20 \lg (x/x_0)$ in dB	$(x/x_0)^2$
1 000	60	10^6
100	40	10^4
10	20	100
3,16	10	10
2,5	$7,96 \approx 8$	6,25
2	$6,02 \approx 6$	4
$\sqrt{2}$	$3,01 \approx 3$	2
1	0	1
0,5	-6	0,25
0,1	-20	0,01
0,01	-40	10^{-4}
0,001	-60	10^{-6}

logen Ausgabegeräten in linearer Darstellung (Dynamikbereich etwa 40 dB) nicht
ohne erheblichen Genauigkeitsverlust darstellbar, weil kleine Amplituden nicht mehr
dargestellt würden. Deshalb wird meist ein logarithmischer Maßstab gewählt.
Der Dynamikbereich der menschlichen Empfindung für mechanische Schwingungen
beträgt etwa 60 dB.
Hauptanwendungsgebiet dieses Pegelmaßes ist die Akustik, weil hier wegen des noch
größeren zu beherrschenden Dynamikbereichs (120 dB) die logarithmische Wiedergabe unumgänglich ist. Als Bezugsgröße für den Schalldruck verwendet man den
Effektivwert des Schalldrucks, der der Hörschwelle des Menschen bei einer Frequenz
von 1 000 Hz entspricht, $p_0 = 2 \cdot 10^{-5}$ Pa.

7.1.7.   Meßfehler bei dynamischen Messungen

Beim Bestimmen von Meßwerten können wir nicht erwarten, daß der Meßwert die
Meßgröße exakt darstellt. Wir müssen vielmehr davon ausgehen, daß das Meßergebnis
(der Meßwert) durch das verwendete Meßverfahren, die Meßeinrichtung und durch
störende äußere Einflüsse verfälscht wird. Wenn eine Meßperson beteiligt ist, sind
noch subjektive Einflüsse möglich.
Die unbekannte und nicht bestimmbare Differenz Δ_{abs} zwischen der Meßgröße x und
dem Meßwert y

$$\Delta_{\mathrm{abs}} = y - x$$

bezeichnet man als absoluten Meßfehler.
Der relative Meßfehler ist erklärt als

$$\Delta_{\mathrm{rel}} = \Delta_{\mathrm{abs}}/x$$

Er wird oft in Prozent angegeben:

$$\Delta_{\%} = 100 \Delta_{\mathrm{abs}}/x$$

16*

Da der genaue Wert von x nicht bekannt ist, verwendet man als Bezugsgröße oft den Meßwert y.

Der für analoge elektrische Meßgeräte angegebene prozentuale Fehler ist auf den Skalenendwert bezogen. Der relative Fehler ist daher bei kleinen Ausschlägen wesentlich größer. Deshalb sollte man sich bemühen, die Meßwerte im oberen Drittel des Anzeigebereiches solcher Geräte darzustellen.

Bekanntlich unterscheidet man drei Arten von Meßfehlern: systematische, zufällige und grobe Meßfehler. Dabei sind grobe Meßfehler, wie Ablesefehler, Irrtümer, Wackelkontakte, Geräteschäden grundsätzlich vermeidbar; systematische Meßfehler, wie Temperatureinflüsse, nichtlineare Empfindlichkeit sind durch geeignete Kalibrierung (s. 7.7.) korrigierbar; zufällige Meßfehler sind durch Wiederholen der Messung in ihrer Größe abschätzbar. Ein systematischer Fehler kann den zufälligen Fehlern zugeordnet werden, wenn der Aufwand für die Korrektur unvertretbar hoch ist, oder wenn die Ansprüche an das Meßergebnis dies zulassen. Damit soll ausgedrückt werden, daß es nicht darum geht, den Meßfehler so klein wie möglich, sondern so klein wie nötig zu halten.

Auf die Korrektur systematischer bzw. die Abschätzung zufälliger Fehler wird im Rahmen dieser Darstellung nicht eingegangen, soweit sie sich auf statische Meßgrößen bezieht. Hier wird auf die Literatur [7.8, 7.13] verwiesen.

Beim Messen zeitabhängiger Größen spielt der Frequenzgang der Meßeinrichtung bzw. ihrer Elemente eine entscheidende Rolle [7.14]. Sofern die Zeitabhängigkeit der Meßgröße sinusförmig ist, kann der infolge des Wertes des Frequenzgangs bei der Meßfrequenz auftretende systematische Fehler leicht korrigiert werden. Sind jedoch im Meßsignal Frequenzen enthalten, bei denen der Frequenzgang der Meßeinrichtung von einem etwa konstanten Wert abweicht, dann kommt es zu erheblichen Fehlern, die nur korrigierbar sind, wenn eine Frequenzanalyse (s. Abschn. 9.) durchgeführt wird.

Diese dynamischen Meßfehler erläutern wir an zwei Beispielen:

1. Wird· der Effektivwert eines Schwingungsvorganges bestimmt, dann gehen in diesen Wert nur die Frequenzanteile der Meßgröße ein, die zwischen der unteren und oberen Grenzfrequenz der Meßeinrichtung liegen. Dadurch kann ein Fehler entstehen.
2. An Getrieben von langsam laufenden Kolbenkompressoren treten sehr niedrige und sehr hohe Frequenzen auf. Bei der Auswahl einer geeigneten Meßeinrichtung ist zur Vermeidung von unzulässigen Fehlern darauf zu achten, daß die zum Beurteilen des Meßergebnisses wesentlichen Frequenzen innerhalb des nutzbaren Frequenzbereiches der Meßeinrichtung liegen.

Die Hersteller von Meßgeräten geben für Meßeinrichtungen von dynamischen Größen den Frequenzgang und die infolge der individuellen Streuungen der Frequenzgangkurven resultierenden Fehler an. Naturgemäß sind die zu berücksichtigenden Fehler an den Flanken der Frequenzgänge größer. Während die Fehler im Haupteinsatzbereich in der Größenordnung von 1 bis 2% liegen, werden in der Nähe der Grenzfrequenzen Fehler von 10% und mehr· ausgewiesen.

Eine weitere Fehlerquelle der dynamischen Messungen ist die *Querempfindlichkeit* der Aufnehmer. Darunter versteht man folgendes: Die mechanische Bewegung von Maschinenteilen stellt i. allg. eine räumliche Bewegung dar. Ein Punkt, an dem die Meßgröße aufgenommen wird, bewegt sich im Falle einer harmonischen Bewegung auf einem Ellipsoid. Die Meßeinrichtungen gestatten aber nur das Messen in einer

Raumrichtung, so daß zur vollständigen Bewegungsbeschreibung drei Messungen erforderlich wären. Wird nur in einer vorgegebenen Raumrichtung gemessen, dann verfälschen die senkrecht zu dieser Richtung vorhandenen Bewegungskomponenten das Meßergebnis. Dies kann bei kleinen Bewegungen in der Meßrichtung und großen Bewegungen senkrecht dazu erhebliche Fehler verursachen.

Zeitliche Mittelwerte dynamischer Meßwerte wie in 7.1.2. haben mit der Fehlerabschätzung nichts zu tun. Sie dienen lediglich der Charakterisierung des Meßsignals. Das Bestimmen und Abschätzen von Meßfehlern durch Mittelung geht von der Mittelung zwischen mehreren zeitlich konstanten Meßwerten aus.

Möglichkeiten zum Erkennen, Abschätzen und Beseitigen von Fehlern bei experimentellen Untersuchungen dynamischer Vorgänge auf der Basis spezieller Verfahren werden in den Abschn. 9. und 10. behandelt.

7.2. Aufbau und Eigenschaften von Meßeinrichtungen für mechanische Größen

Eine Meßeinrichtung für mechanische Größen muß in der Lage sein, diese Größen in einer für den Ingenieur brauchbaren Form darzustellen. Die von einer *Meßgröße* beeinflußte *Meßeinrichtung* muß also in Form von *Meßwerten*, d. h. Zahlen, Funktionsverläufen oder auch nur von elektrischen Signalen zur weiteren Verarbeitung bzw. zur Prozeßsteuerung reagieren.

Dies erfordert eine Reihe von Elementen, in deren Zusammenwirken das gewünschte Meßergebnis entsteht. Diese Elemente lassen sich weitgehend unabhängig von der Meßgröße klassifizieren, so daß ein allgemeines Schema einer Meßeinrichtung wie in Bild 7.7 aufgestellt werden kann. Dabei machen wir zunächst keine Einschränkungen hinsichtlich der Abhängigkeit der Meßgröße von der Zeit. Als Zeitfunktionen $x(t)$ der Meßgröße lassen wir alle stückweise stetigen Funktionen zu, d. h. also auch Konstanten. Betrachtungen wie diese gelten nicht nur für die Messung mechanischer Größen, sondern auch für viele andere Meßgrößen, wie thermische, optische und natürlich elektrische Meßgrößen. Zu diesem Gebiet gibt es umfangreiche Literatur [7.1, 7.6, 7.8, 7.15, 7.16, 7.17]. Ehe in den folgenden Abschnitten auf konkrete Ausführungsformen der einzelnen Elemente eingegangen wird, sollen deren Notwendigkeit und Grundfunktionen erläutert werden.

Das *aufnehmende Element* [7.18] ist ein rein mechanisches Element, das auf die zu messende mechanische Größe durch das Bereitstellen einer anderen mechanischen Größe, meist einer Relativverschiebung (ein Weg im Sinne von 7.1.1.) reagiert. Wenn die Meßgröße nicht selbst eine Verschiebung darstellt, ist das aufnehmende Element deshalb notwendig, weil die meisten technisch einsetzbaren Wandlereffekte eine Verschiebung als Eingangsgröße benötigen. Der Wandler ist daher dem aufnehmenden Element unmittelbar nachgeschaltet und bildet mit diesem oft eine konstruktive Einheit. Diese Einheit wird *Aufnehmer* genannt. Teilweise sind andere Bezeichnungen in Gebrauch, wie Geber, Fühler, Meßwertaufnehmer, Sensor[1]). Der Wandler stellt ein analoges oder digitales (hier elektrisches) Signal zur Verfügung, das mit der Meßgröße in einem eindeutigen Zusammenhang steht. Oftmals ist dies eine direkte Proportionalität.

---

[1]) Die Bezeichnungsweise ist in der Literatur nicht einheitlich. In [7.18] ist der Begriff Aufnehmer vorgeschrieben

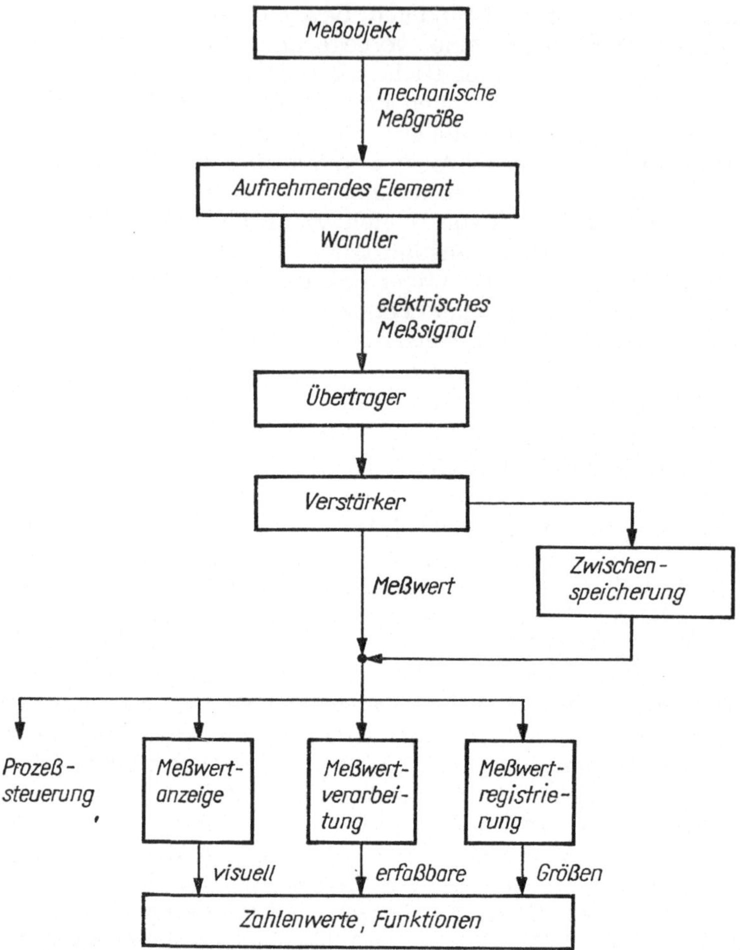

Bild 7.7. Schema einer Meßeinrichtung

Die guten Eigenschaften elektrischer Signale, wie leichte Verstärkbarkeit, Übertragbarkeit (auch über große Entfernungen), Möglichkeit zur Speicherung, sind der Grund für die weite Verbreitung elektrischer Meßverfahren für mechanische Größen.
Der *Meßwertübertrager*, in vielen Fällen ein einfaches Kabel, führt das Meßsignal dem Verstärker zu. Eine Verstärkung ist bis auf Ausnahmefälle immer erforderlich, um dem Meßsignal soviel Energie zuzuführen, daß damit die nachfolgenden Elemente der Meßeinrichtung ausgesteuert werden können. Manche Verstärker übernehmen dabei zugleich Aufgaben der Meßwertverarbeitung (wie Integration und Differentiation, Effektivwertbildung, Filterung).
Die elektrischen Eigenschaften der Wandler erfordern angepaßte Verstärkerschaltungen. Daher können aufnehmende Elemente, Wandler, Verstärker und Meßwertausgabeelemente nicht beliebig zusammengeschaltet werden. Handelsüblich sind komplette Meßeinrichtungen, die für die Messung mehrerer Meßgrößen geeignet sind.

Die Elemente zur Meßwertausgabe dienen dazu, dem Meßingenieur die gewünschten Informationen über das Meßobjekt mit Hilfe seiner Sinnesorgane (Augen) zugänglich zu machen. Dies kann in unterschiedlicher Weise geschehen. Die einfachste Art ist die analoge oder digitale Ausgabe von Zahlenwerten. Anspruchsvoller, aber aufwendiger, ist die Darstellung von Funktionsverläufen.

Durch eine Weiterverarbeitung der Meßwerte (Meßdaten) mit Hilfe spezieller nachgeschalteter Geräte oder mit Hilfe von Digitalrechnern ist die Ableitung sehr weitgehender Aussagen über die Meßobjekte möglich. Zu speziellen Fragen der Auswertung von dynamischen Messungen s. Abschn. 9.

Da die Geräte zur Meßdatenverarbeitung meist nicht zur Meßeinrichtung gehören und am Meßort nicht immer zur Verfügung stehen, wendet man in diesen Fällen eine Zwischenspeicherung analog oder digital auf Meßmagnetband bzw. in Digitalspeichern an.

Neben den elektrischen Meßeinrichtungen für mechanische Größen gibt es auch noch rein mechanisch arbeitende (Federwaage, Meßuhr) und solche mit mechanisch-pneumatischen, hydraulischen und -optischen Wandlern. Sie haben für wenige Spezialfälle Anwendungsgebiete, ihre Bedeutung ist aber gegenüber den mechanisch-elektrischen Wandlern gering. Sie können im Rahmen dieses Buches nicht behandelt werden.

Für die in den folgenden Abschnitten zu beschreibenden Elemente der Meßeinrichtungen werden wir jeweils eine Charakterisierung dieser Elemente durch den Betrag ihres Frequenzganges (s. 7.1.3. und 9.3.8.) vornehmen.

7.3. Aufnehmende Elemente

Aufnehmende Elemente als rein mechanische Elemente sind überall dort erforderlich, wo die mechanische Meßgröße in Form einer Relativverschiebung dem Wandlereingang zugeführt werden muß. Sie bestehen aus Federn, Massen und Dämpfern. Ist die Meßgröße selbst eine Relativverschiebung, und ist eine direkte Beaufschlagung des Wandlers möglich, kann das aufnehmende Element entfallen. Alle aufnehmenden Elemente für mechanische Größen lassen sich mit Hilfe des Modells eines Einmassenschwingers beschreiben.

7.3.1. Aufnehmende Elemente für Bewegungsgrößen

Wir setzen zunächst die Existenz eines festen Bezugspunktes voraus und nehmen an, daß die Verschiebung $x_e(t)$ des Meßobjekts zu bestimmen sei (Bild 7.8). Die Masse m_A des aufzunehmenden Elements ist konstruktiv gegeben und durch die Federn c und c_F mit dem Meßobjekt und einem *Festpunkt* verbunden. Das Dämpfungselement b dient dem Verhindern unzulässig großer Ausschläge der Masse m_A. Die auftretende Verschiebung von m_A bezeichnen wir mit $x_m(t)$. In der Praxis des Einsatzes sind drei Sonderfälle von Bedeutung (Bild 7.9):

a) $c_F \gg c$, $b \to 0$, d. h., die Masse m_A ist mit dem Festpunkt nahezu starr (falls $c_F \to \infty$) verbunden;

b) $c_F = 0$, d. h., es wird kein Festpunkt benötigt;

c) $c = 0$, $b = 0$, das ist eine berührungslose Messung.

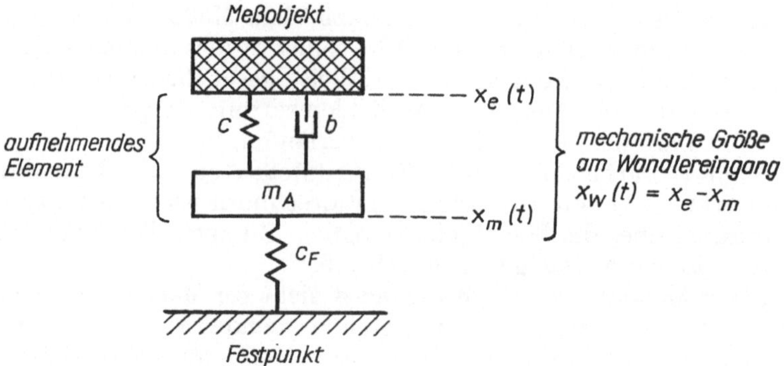

Bild 7.8. Das aufnehmende Element einer Meßeinrichtung als Einmassenschwinger

Die resultierenden Ausführungsformen sind in Bild 7.9 dargestellt, wobei das den Aufnehmer schützende Gehäuse gestrichelt ist.

In Fall a) ist im Grenzfall $c_F = \infty$ gar kein schwingfähiges System mehr vorhanden. Der Wandler liegt unmittelbar zwischen Meßobjekt und Festpunkt. Technisch realisierbar sind aber nur endliche Werte von c_F. Wegen der praktisch fehlenden Dämpfung ist der Einsatzbereich auf Frequenzen weit unterhalb von $\sqrt{c_F/m_A}/2\pi$ begrenzt. Es ist also auf eine möglichst steife Ankopplung von m_A an den Festpunkt zu achten. Bei aufnehmenden Elementen nach Bild 7.9a handelt es sich um *Taster*. Als einfachstes Beispiel sei das Arbeitsprinzip mechanischer Meßuhren genannt.

Der Fall b) stellt ein an ein Meßobjekt angekoppeltes gedämpftes Feder-Masse-System dar. Da brauchbare Festpunkte vor allem bei Schwingungsmessungen oft nicht vorhanden sind, stellt dieser Fall die wichtigste Grundlage für Messungen ohne Festpunkt dar.

Den Zusammenhang zwischen der Meßgröße x_e und der dem Wandler zugeführten Größe $x_w = x_m - x_e$ finden wir aus der Differentialgleichung dieses einfachen Schwingers [1.3]

$$m\ddot{x}_m + b(\dot{x}_m - \dot{x}_e) + c(x_m - x_e) = 0$$

oder

$$m\ddot{x}_w + b\dot{x}_w + cx_w = m\ddot{x}_e \tag{7.7}$$

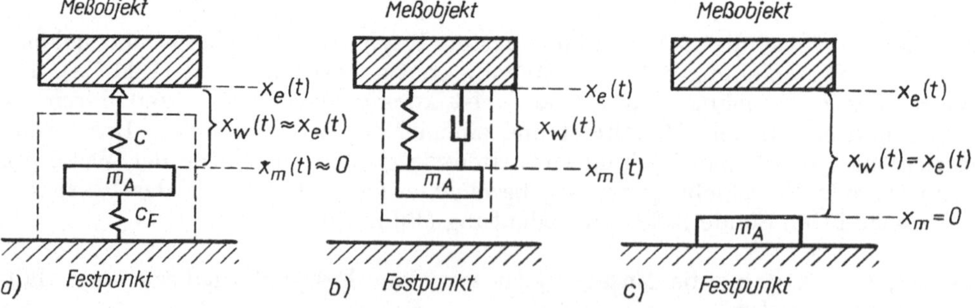

Bild 7.9. Idealisierte Ausführungsformen von aufnehmenden Elementen
a) Taster b) Feder-Masse-System c) berührungsloses System

Als Lösung ergibt sich für eine harmonische Eingangsgröße $x_e(t) = \hat{x}_e \sin \Omega t$

$$\hat{x}_w = \hat{x}_e \eta^2 / \sqrt{(1 - \eta^2)^2 + 4\vartheta^2\eta^2} \tag{7.8}$$

mit dem *Lehr*schen Dämpfungsmaß $\vartheta = b/2 \sqrt{mc}$ und dem Quadrat des Abstimmungsverhältnisses $\eta^2 = \Omega^2 m/c$.
Damit wird der Frequenzgang (s. 7.1.7. und 9.3.8.) dieses aufnehmenden Elements

$$|H(\eta)| = \hat{x}_w/\hat{x}_e = \eta^2 / \sqrt{(1 - \eta^2)^2 + 4\vartheta^2\eta^2} \tag{7.9}$$

gleich der Vergrößerungsfunktion des einfachen Schwingers bei Fußpunkterregung (Bild 7.10a). Diese Vergrößerungsfunktion ist erst in hinreichendem Abstand von der Eigenfrequenz annähernd konstant. Bei der Frequenz Null (statische Meßgröße) ist der Übertragungsfaktor in jedem Falle Null. Dieses aufnehmende Element ist also für das Messen konstanter Meßgrößen in Form von Verschiebungen und solcher, deren Frequenz unter oder in der Nähe der Eigenfrequenz liegt, ungeeignet. Auch eine größere Dämpfung erweitert den Einsatzbereich bei tiefen Frequenzen nur unwesentlich. Derartige aufnehmende Elemente arbeiten also im Bereich $\eta^2 > 1$. Es handelt sich um ein tief abgestimmtes Feder-Masse-System. Als zweckmäßiger Wert für die Dämpfung hat sich ein Wert von $\vartheta \approx 0{,}7$ bewährt.
Will man dieses aufnehmende Element dennoch für tiefe Frequenzen einschließlich Null einsetzen, muß man als Meßgröße die Beschleunigung $a_e(t)$ des Meßobjektes wählen.

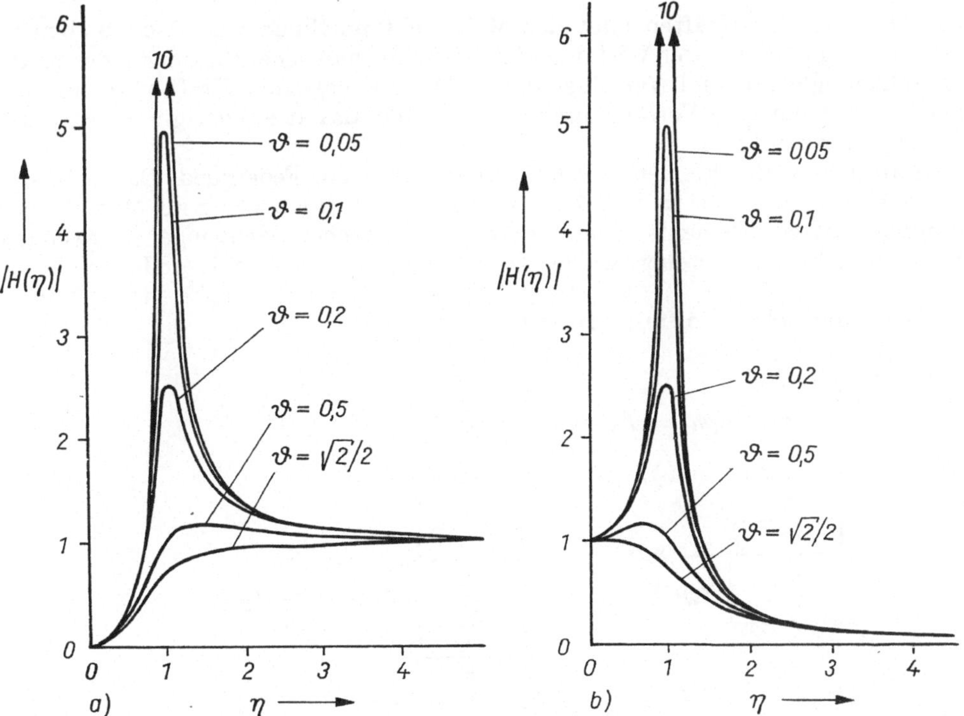

Bild 7.10. a) Frequenzgang eines wegaufnehmenden Elementes (Feder-Masse-System)
b) Frequenzgang eines beschleunigungsaufnehmenden Elements

In diesem Falle ergibt sich analog zu Gl. (7.9) der Frequenzgang

$$|H(\eta)| = 1/\sqrt{(1 - \eta^2)^2 + 4\vartheta^2\eta^2} \qquad (7.10)$$

Diese Funktion hat für $\eta^2 < 1$ annähernd den Wert Eins und für $\eta \to 0$ eine horizontale Tangente (Bild 7.10 b).

Durch eine steife Feder und kleine Masse kann man diesen Bereich bis zu sehr hohen Frequenzen ausdehnen, allerdings auf Kosten der Empfindlichkeit, weil x_w dann sehr klein wird. Wir haben es dann mit einem hoch abgestimmten Feder-Masse-System zu tun. Auf der Basis hochabgestimmter Feder-Masse-Elemente arbeitende Beschleunigungsaufnehmer haben für Schwingungsmessungen eine große Bedeutung erlangt, weil sich Schwingungsgeschwindigkeit und Schwingweg durch elektrische Integration des vom Wandler abgegebenen Signals leicht bestimmen lassen.

Der Fall c) in Bild 7.9 repräsentiert schließlich die berührungslosen Meßverfahren, die im Sinne der getroffenen Definition gar kein aufnehmendes Element erfordern. Der Frequenzgang dieses aufnehmenden Elements hat einen idealen Verlauf. Allerdings erfordert er Wandler, deren Enden nicht unmittelbar miteinander verbunden sind, z. B. induktive oder kapazitive Wandler oder den Einsatz solcher Wandler in Schwingkreisen (s. 7.4.2.).

7.3.2. Aufnehmende Elemente für Kraftgrößen

Bei der Messung von Kräften fehlt das Meßobjekt im Sinne von Bild 7.8. Kräfte lassen sich nur mit Hilfe ihrer Wirkungen messen. Mechanische Wirkungen der Kraft sind Beschleunigungen und Verschiebungen. Die zu messende Kraft muß im aufnehmenden Element eine Verschiebung hervorrufen, damit ein geeigneter Wandler beaufschlagt werden kann.

Ein kraftaufnehmendes Element enthält daher immer ein Federglied. Da im Kraftfluß stets Masse (m, m_1, m_2 in Bild 7.11) vorhanden ist, können wir als Modell eines kraftaufnehmenden Elements ebenfalls einen einfachen Schwinger verwenden (Bild 7.5 a und b). Es bestehen wieder zwei Möglichkeiten — mit und ohne Festpunkt.

Die Differentialgleichungen für x_w lauten:

a) $\ddot{x}_w + x_w c/m_A = F(t)/m_A$

b) $\ddot{x}_w + x_w c(m_1 + m_2)/m_1 m_2 = F_1/m_1 + F_2/m_2$

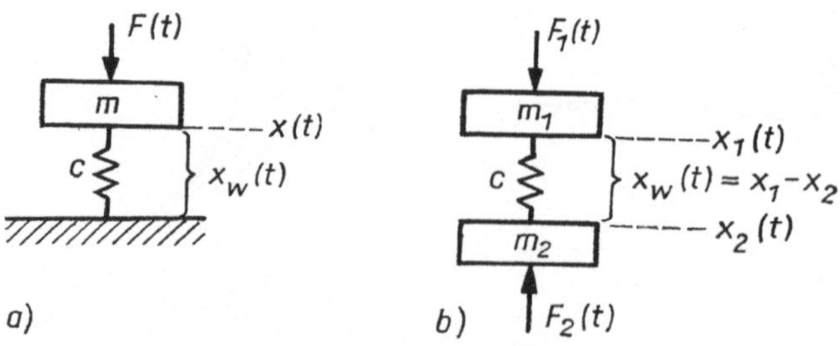

Bild 7.11. Aufnehmer für Kraftgrößen

a) mit Festpunkt b) ohne Festpunkt

Die Eigenkreisfrequenzen betragen

a) $\omega_0 = \sqrt{c/m}$

b) $\omega_0 = \sqrt{c(m_1 + m_2)/m_1 m_2}$

Für die jeweils in den Federn auftretenden Kräfte erhält man für harmonischen Kraftverlauf und bei gleicher Phasenlage von F_1 und F_2

a) $\hat{F}_c = \hat{F}/(1 - \eta^2)$

b) $\hat{F}_c = (\hat{F}_1 m_2 + \hat{F}_2 m_1)/(m_1 + m_2)(1 - \eta^2)$

Der Verlauf des Frequenzganges ist also in beiden Fällen gleich (Bild 7.10b), und der Bereich etwa konstanter Werte des Frequenzganges liegt unterhalb der jeweiligen Eigenfrequenzen. Es handelt sich also um hochabgestimmte Feder-Masse-Systeme. Das Einfügen eines Dämpfungsgliedes erweitert den nutzbaren Frequenzbereich gemäß Bild 7.10b. Für den Frequenzgang gilt dann Gl. (7.10).
Der Fall (Bild 7.10a) findet Anwendung beim Messen äußerer Kräfte, z. B. Gewichtskräfte, Stützkräfte. Der Fall (Bild 7.10b) entspricht dem Messen innerer Kräfte eines mechanischen Systems wie Druckkräfte in einer Pleuelstange oder Torsionsmomenten in Antriebswellen.

7.4.   Wandler

Der Wandler ist der Beginn des elektrischen Teils der Meßkette. Er stellt ein elektrisches Signal zur Verfügung, das der vom aufnehmenden Element bereitgestellten Relativverschiebung proportional ist oder mit dieser in einem formelmäßig angebbaren Zusammenhang steht. Der Wandler bildet zusammen mit dem aufnehmenden Element den Aufnehmer.
Wandler arbeiten auf der Basis einer Vielzahl physikalischer Effekte, deren Eignung für die sehr unterschiedlichen Meßaufgaben den Einsatz bestimmen [7.15, 7.17, 7.19]. In diesem Abschnitt sollen ohne Vollzähligkeitsanspruch wichtige Wandlereffekte unter dem Gesichtspunkt des Einsatzes für die Messung mechanischer Größen dargestellt werden.
Wandler lassen sich zunächst völlig unabhängig von ihrer Funktion in zwei große Gruppen einteilen; in aktive und passive Wandler.[1]
Aktive Wandler arbeiten als Energiewandler. Die Energie wird als mechanische Energie dem Meßobjekt entzogen.
Passive Wandler benötigen eine Energiequelle. Ihre Funktion besteht in der Veränderung des Energieflusses durch den Wandler.
Ausgehend von dieser Einteilung lassen sich bereits Schlußfolgerungen ziehen. Da eine Energiewandlung letzten Endes nur durch Bewegung möglich ist, sind aktive Wandler für statische Messungen, d. h. für die Frequenz Null nicht geeignet. Bei fehlender Meßgröße wird kein elektrisches Signal abgegeben, so daß ein eindeutiger Nullpunkt der Meßgröße gegeben ist. Schließlich sind die aktiven Wandlereffekte umkehrbar. Werden solche Wandler mit der entsprechenden elektrischen Größe

---

[1] Auch diese Einteilung ist in der Literatur nicht einheitlich. Während in [7.1], [7.15] die hier benutzte Einteilung verwendet wird, ist es in [7.8] gerade umgekehrt

beaufschlagt, tritt als Wirkung eine mechanische Verschiebung auf. Passiven Wandlern kann die elektrische Energie als Gleichstrom oder Wechselstrom zugeführt werden. Der Stromfluß ist notwendig, um bestimmte von der mechanischen Meßgröße beeinflußte elektrische Parameter wie ohmschen Widerstand, Induktivität, Kapazität der Wandler zu messen. Ein Energiefluß ist daher auch vorhanden, wenn die Meßgröße den Wert Null hat. Das kann zu Problemen mit der Nullpunktstabilität führen.

Beim Einsatz der Wandlereffekte zur Untersuchung zeitabhängiger Meßgrößen gehen die weiteren Betrachtungen stets von einer harmonischen Zeitabhängigkeit aus.

Bei beliebiger Zeitabhängigkeit reagieren die Wandler ebenso wie die aufnehmenden Elemente entsprechend ihrem Frequenzgang. Für die Auswertung von Meßergebnissen hat das zur Konsequenz, daß eine Frequenzanalyse (Abschn. 9.) bzw. eine Einschränkung des Frequenzbereiches der Meßgröße erforderlich ist.

7.4.1.   Aktive Wandler

7.4.1.1.   Elektrodynamische Wandler

Elektrodynamische Wandler beruhen auf dem Induktionsgesetz. Ihr prinzipieller Aufbau ist in Bild 7.12 dargestellt: Bei der mechanischen Verschiebung $x(t)$ einer Spule in einem homogenen Magnetfeld entsteht an den Klemmen der Spule eine elektrische Spannung $U_{\text{ind}}(t)$.

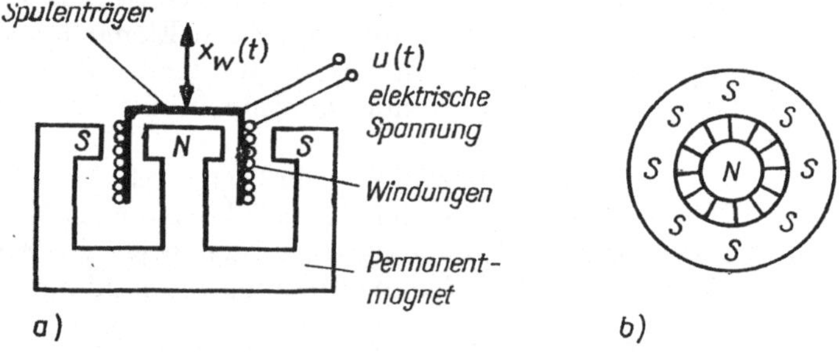

Bild 7.12. Prinzip eines elektrodynamischen Wandlers
a) Querschnitt b) Magnetfeld

Das Induktionsgesetz lautet

$$U_{\text{ind}} = -\frac{\mathrm{d}\Phi}{\mathrm{d}t} \tag{7.11}$$

mit dem magnetischen Fluß Φ.
Im homogenen Magnetfeld ist aber

$$\Phi = -Bxl$$

mit der konstanten magnetischen Induktion B in dem ringförmigen Spalt des Topfmagneten, der Länge l des im Magnetfeld befindlichen Spulendrahtes (proportional der Windungszahl) und der Verschiebung x. Wir erhalten daher den Zusammenhang

$$U_{\text{ind}}(t) = -Bl\dot{x}(t)$$

$\dot{x}(t)$ ist die Geschwindigkeit der Spulenbewegung. Als Magnet wird ein Permanentmagnet verwendet. Der Wandlereffekt ist linear, solange die Spule den Bereich des im Ringspalt annähernd homogenen Magnetfeldes nicht verläßt.
Da das abgegebene elektrische Signal nicht der Verschiebung $x(t)$, sondern deren zeitlicher Ableitung $\dot{x}(t)$ proportional ist, wird die vom Aufnehmer bereitgestellte Verschiebung $x(t)$ gleichzeitig differenziert. Bei einer Schwingungsmessung (statische Verschiebungen sind mit diesen Wandlern nicht meßbar) repräsentiert also das elektrische Meßsignal die Schwinggeschwindigkeit. Eine gerätetechnische Realisierung eines elektrodynamischen Aufnehmers ist in Bild 7.32 dargestellt.
Die Umkehrung dieses Wandlereffektes besteht darin, daß ein durch eine im homogenen ringförmigen Magnetfeld befindliche Spule fließender Strom $i(t)$ eine Kraft $F(t)$ hervorruft. Dieses Prinzip findet Anwendung bei den *elektrodynamischen Schwingungserregern*.

7.4.1.2. Elektromagnetische Wandler

Elektromagnetische Wandler beruhen ebenfalls auf dem Induktionsgesetz. Der Unterschied besteht darin, daß keine Bewegung der Spule im Magnetfeld erfolgt, sondern der magnetische Fluß durch eine auf einem Permanentmagneten befindliche Spule durch Beeinflussung des Feldlinienverlaufes verändert wird (Bild 7.13a). Hat die Spule N Windungen, ist die induzierte Spannung nach Gl. (7.11)

$$U_{\text{ind}}(t) = -N\,\frac{\mathrm{d}\Phi}{\mathrm{d}t}$$

Für ein ebenes Meßobjekt, wie in Bild 7.13a, erfolgt die Flußänderung durch Veränderung des Abstandes a:

$$a = a_0 + x(t)$$

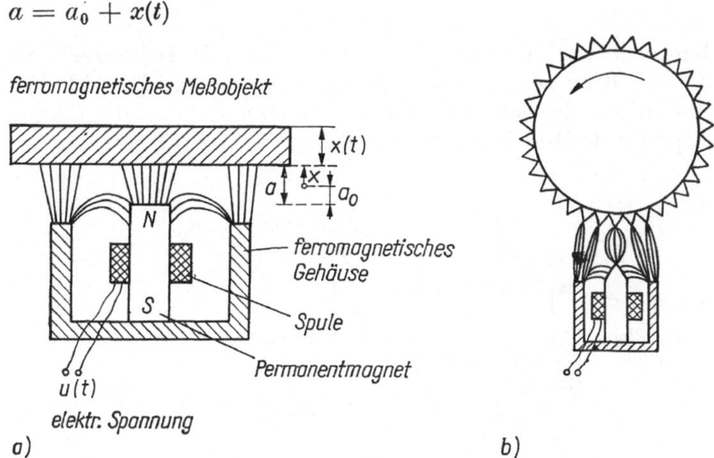

Bild 7.13 a) Prinzip eines elektromagnetischen Wandlers
b) Anwendungsbeispiel zur Drehzahlmessung

Daher gilt

$$U_{\text{ind}}(t) = -N\,\frac{\mathrm{d}\Phi}{\mathrm{d}t} = -N\,\frac{\mathrm{d}\Phi}{\mathrm{d}a}\cdot\frac{\mathrm{d}a}{\mathrm{d}t} = -N\,\frac{\mathrm{d}\Phi}{\mathrm{d}(a_0 + x)}\,\dot{x}$$

Der Faktor $\mathrm{d}\Phi/\mathrm{d}(a_0 + x)$ ist für $a_0 \gg x$ konstant, so daß in diesem Fall die elektrische Meßgröße ebenfalls der Geschwindigkeit proportional ist.

Allerdings ist ein großer Abstand mit einer geringen Empfindlichkeit verbunden. Der Vorteil dieses Aufnehmertyps liegt in der Berührungslosigkeit, d. h., es wird kein spezielles aufnehmendes Element benötigt.

Hauptanwendungsgebiet ist der in Bild 7.13b dargestellte Fall zur berührungslosen Drehzahlmessung an Maschinen. Ein rotierendes Zahnrad induziert in dem elektromagnetischen Aufnehmer Spannungsimpulse, die mit elektrischen Impulszählern gezählt werden können und damit eine einfache digitale oder analoge Drehzahlmessung ermöglichen. Für eine Abstandsmessung sind diese Impulse schlecht geeignet.

7.4.1.3.   Piezoelektrische Wandler

Piezoelektrische Wandler beruhen auf dem piezoelektrischen Effekt (piezein — drücken). Dieser Effekt besteht darin, daß bei bestimmten Kristallen (z. B. Quarz) infolge einer mechanischen Spannung an den Kristalloberflächen elektrische La-

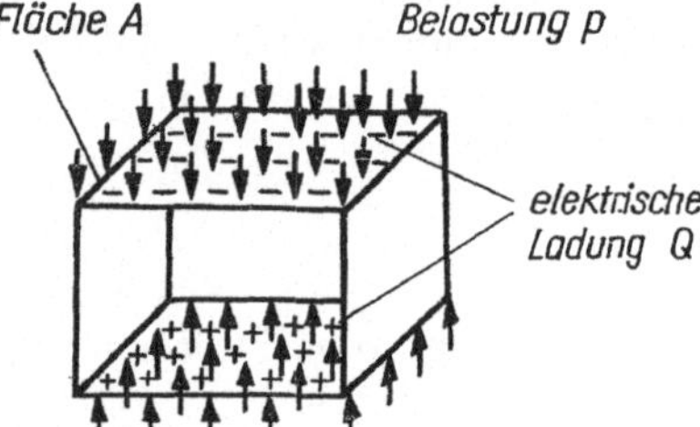

Bild 7.14. Vereinfachtes Schema der Ladungsentstehung bei Piezokristallen

dungen entstehen. Die Ladungsentstehung läßt sich mit Hilfe der Kristallstruktur erklären [7.5], [7.18]. Eine vereinfachte Darstellung für eine Druckbelastung enthält Bild 7.14. Für technische Zwecke werden die auf den Kristalloberflächen entstehenden Ladungen Q genutzt (Bild 7.15). Man verwendet aber für Meßzwecke keine piezo-

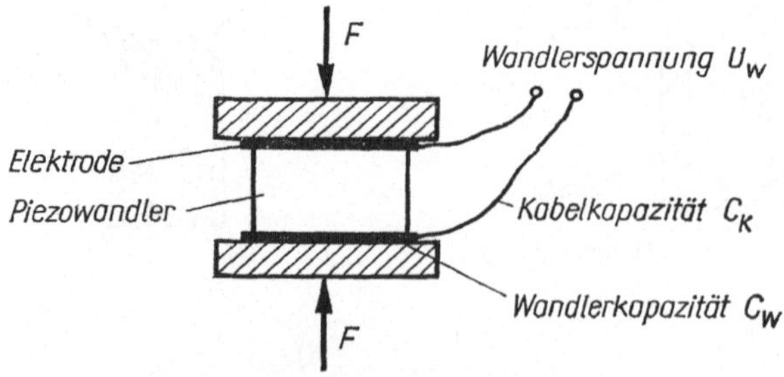

Bild 7.15. Entstehung der Ausgangsspannung bei piezoelektrischen Wandlern

elektrischen Kristalle, sondern wegen eines etwa 10mal größeren Piezomoduls und einer einfacheren Herstellung Keramikscheiben aus Bariumtitanat oder ähnlichen Materialien, die in einem starken elektrischen Feld künstlich polarisiert werden. Der formelmäßige Zusammenhang lautet

$$Q = \delta p A$$

Dabei sind δ der Piezomodul in As/N, p der Druck in Pa und A die gedrückte Oberfläche in m². Da $pA = F$ die resultierende Kraft auf die Fläche darstellt, ist die entstehende Ladung unabhängig von der Größe der Oberfläche des Wandlers, solange dieser nicht durch F mechanisch zerstört wird. Wir können daher auch schreiben

$$Q = \delta \cdot F$$

Um eine Aussage über die mechanische Größe Kraft zu bekommen, muß diese Ladung gemessen (und verstärkt) werden. Dies geschieht mittels Ladungsverstärkers. Die gemessene Ladung ist der wirkenden Kraft F proportional. Der ebenfalls gebräuchliche Einsatz von Spannungsverstärkern nutzt die zwischen zwei auf den Wandler aufgedampften Elektroden entstehende elektrische Spannung zur Messung aus. Die Elektroden bilden mit dem Wandlermaterial, dessen Dielektrizitätskonstante bekannt ist, einen Kondensator mit der Kapazität C_w, auf dem sich die Ladungen sammeln (Bild 7.15). Zu der Kapazität C_w müssen wir noch die Kapazität des Übertragers C_k (Kabel) bis zum Verstärkereingang hinzurechnen. Die elektrische Spannung beträgt dann

$$U_w = Q/(C_w + C_k) = \delta F/(C_w + C_k)$$

Die Größe der Spannung U_w hängt (im Gegensatz zur Ladung) von den geometrischen Abmessungen des Wandlers und der Kabellänge ab. Eine große Wandleroberfläche vergrößert C_w, erniedrigt also U_w, das gleiche gilt für sehr dünne Wandler.
Auf dieser Basis technisch ausgeführte Aufnehmer nutzen den piezoelektrischen Effekt sehr vielfältig: Es gibt Aufnehmer auf der Basis von Druck-, Biegungs- und Schwerungsbeanspruchung des Wandlers. Zu konkreten Ausführungen wird auf 7.8. verwiesen. Allen gemeinsam ist, daß die erforderliche Kraft auf den Wandler durch die Trägheitswirkung einer Masse entsteht. Es handelt sich daher um Beschleunigungsaufnehmer und Kraftaufnehmer. Auch der piezoelektrische Effekt ist umkehrbar. Wird an die Elektroden eines piezoelektrischen Wandlers eine elektrische Spannung angelegt, dann verformt er sich. Legt man an einen solchen „Schwingquarz" eine Wechselspannung mit der Eigenfrequenz des aus einer passend gewählten Masse und dem als Feder fungierenden Piezomaterial gebildeten mechanischen Schwingers, dann entsteht ein mechanisch-elektrischer Schwingkreis, dessen hohe Frequenzstabilität durch die Eigenschaften des piezoelektrischen Wandlers bestimmt wird. Auf diesem Grundprinzip beruhen die Quarzuhren.

7.4.2.   Passive Wandler. Brückenschaltungen

Passive Wandler bedürfen einer Energiequelle. Ihr Wirkungsprinzip besteht in einer Änderung des Energieflusses durch den Wandler, wenn dieser durch eine mechanische Größe beeinflußt wird. Da wir hier elektrische Wandler betrachten, interessieren solche Effekte, bei denen die Parameter von Elementen elektrischer Stromkreise, d. h.

Widerstände durch mechanische Größen verändert werden. Widerstände sind aber nur meßbar, indem man eine elektrische Spannung anlegt. Der sich einstellende Energiefluß durch einen Stromkreis hängt von dessen Widerstand ab. Der komplexe Widerstand

$$\overline{R} = R + \mathrm{j}(\Omega L - 1/\Omega C) \tag{7.12}$$

eines Stromkreises setzt sich zusammen aus dem ohmschen Widerstand R (Wirkwiderstand), dem induktiven Widerstand ΩL und dem kapazitiven Widerstand $1/\Omega C$ (Blindwiderstände) in Reihenschaltung (Bild 7.16). Ω ist die Kreisfrequenz der angelegten Wechselspannung. Für einen derartigen Stromkreis gilt das *Ohm*sche Gesetz für Wechselstrom

$$\hat{I} = \hat{U}/\sqrt{R^2 + (\Omega L - 1/\Omega C)^2} \tag{7.13}$$

Dabei ist $\hat{U}$ der Scheitelwert der angelegten Wechselspannung $U = \hat{U} \cos \Omega t$ und $\hat{I}$ der Scheitelwert des fließenden Stromes $I = \hat{I} \cos (\Omega t - \varphi)$ mit dem Phasenverschiebungswinkel $\varphi = \arctan (\Omega L - 1/\Omega C)/R$. Wird einer dieser Widerstände

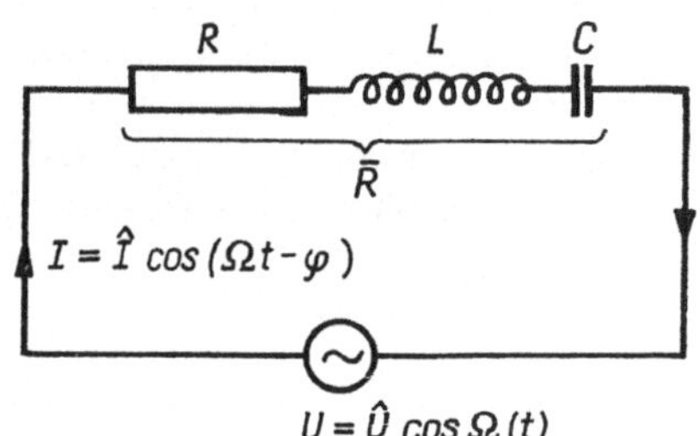

Bild 7.16. Wechselstromkreis mit komplexem Widerstand $\overline{R}$

durch eine mechanische Größe verändert, so kann dies als Wandlereffekt genutzt werden. Bei praktischen Anwendungen gestaltet man den Stromkreis so, daß stets nur eine Art Widerstand den Stromkreis charakterisiert. Danach unterscheidet man *ohmsche, induktive* und *kapazitive Wandler.*
Die passiven Wandler sind so aufgebaut, daß die mechanische Größe meist nur kleine *Änderungen* des Widerstandes verursacht und dessen absolute Größe nicht von Belang ist. Die Messung kleiner Widerstandsänderungen erfordert aber den Einsatz von Brückenschaltungen, da eine Messung im direkten Stromkreis zu große Fehler ergibt.
Soweit es das Verständnis der Funktion von Geräten zur elektrischen Messung mechanischer Größen erfordert, soll das Grundprinzip einer Brückenschaltung für Wechselstrom hier erläutert werden.
In der in Bild 7.17 dargestellten Brückenschaltung seien $\overline{R}_1$ und $\overline{R}_2$ komplexe Widerstände, wobei $\overline{R}_1$ und/oder $\overline{R}_2$ einen passiven Wandler repräsentieren. R_3 und R_4 sind ohmsche Widerstände, wobei R_3 in Form eines Potentiometers einstellbar ist. Der Kondensator C ist ein einstellbarer Kondensator, die Hilfsenergie wird in Form einer Wechselspannung mit fester Frequenz zugeführt. R_3, R_4 und C befinden sich normalerweise innerhalb handelsüblicher Meßgeräte (s. 8.5.).
Geht man davon aus, daß die Brückenschaltung abgeglichen ist, d. h., daß zwischen den Punkten A und B zunächst keine Spannungsdifferenz besteht, dann ist die bei Änderung eines der Widerstände $\overline{R}_1$ oder $\overline{R}_2$ am Meßinstrument auftretende Spannungsdifferenz aufgrund der *Kirchhoff*schen Gesetze der Widerstandsänderung $\Delta \overline{R}_1$

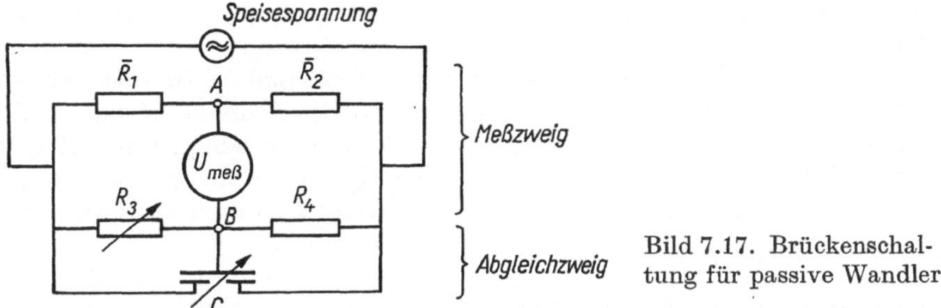

Bild 7.17. Brückenschaltung für passive Wandler

proportional. Diese Grundeigenschaft der Meßbrücke sorgt dafür, daß die zu messende mechanische Größe in eine proportionale elektrische Spannung umgesetzt wird. Die Meßspannung U ist eine amplitudenmodulierte Wechselspannung, deren Frequenz gleich der Frequenz der Speisespannung ist. Nach Verstärkung und Demodulation erhält man das gesuchte elektrische Meßsignal. Der Kondensator C hat ausschließlich die Funktion des *Phasenabgleichs*. Wenn der Meßzweig komplexe Widerstände enthält, könnte trotz gleichen Spannungsabfalls über $\bar{R}_1$ und R_3 wegen der möglichen Phasendifferenz zwischen A und B eine elektrische Spannung liegen. Diese Phasendifferenz wird durch Veränderung von C zu Null gemacht. Ein C-Abgleich ist auch erforderlich, wenn R_1 und R_2 rein ohmsche Widerstände sind, um die Blindwiderstände des Meßkabels und der Spannungsquelle zu kompensieren.
Wenn die beiden Widerstände $\bar{R}_1$, $\bar{R}_2$ von der mechanischen Größe gegensinnig beeinflußt werden, wird die zwischen A und B auftretende Spannung verdoppelt, weil die Differenz $2\Delta\bar{R}$ zwischen den Widerständen wirksam wird. Eine solche Schaltung nennt man *Differentialschaltung*. Spezielle Schaltungen werden in 8.4. behandelt.

7.4.2.1.   Ohmsche Wandler

Bei einem ohmschen Wandler sind Induktivität und Kapazität des Stromkreises vernachlässigbar. Es gilt daher Gl. (7.13) in der Form

$$I = U/R$$

Da diese Formel auch bei $\Omega = 0$ gültig ist, kann (im Gegensatz zu den induktiven und kapazitiven Wandlern) sowohl Gleich- als auch Wechselspannung als Speisespannung verwendet werden.
Für den Widerstand eines Drahtes gilt

$$R = \varrho l/A \tag{7.14}$$

Dabei ist ϱ der spezifische Widerstand, l die Länge und A der Querschnitt.
Die einfachste Anwendung des ohmschen Wandlers ist das Drahtpotentiometer, bei dem ausschließlich die wirksame Länge des Drahtes verändert wird (bei Verwendung anderer Widerstandsmaterialien gilt Entsprechendes).
Wegen der endlichen Abmessungen sind für Messungen mit hinreichender Genauigkeit relativ große Weg- oder Winkelverschiebungen erforderlich. Die mechanische Größe wirkt direkt auf den Schleifkontakt. Ein spezielles aufnehmendes Element fehlt

also. Der Einsatz von Potentiometerwandlern ist auf statische oder quasistatische Größen beschränkt.

Von wesentlich größerer Bedeutung sind die *Dehnungsmeßstreifen* (DMS), bei denen ein Widerstandsdraht selbst einer mechanischen Beanspruchung, und zwar einer Dehnung ausgesetzt wird. Dabei hängen alle drei Größen ϱ, l und A von der aufgebrachten Dehnung ab. In Abschn. 8. wird gezeigt, daß dabei eine lineare Abhängigkeit der relativen Drahtwiderstandsänderung von der Dehnung auftritt:

$$\Delta R(\varepsilon)/R = K\varepsilon$$

mit einem K-Faktor, der bei Draht-DMS meist in der Nähe von $K = 2$ liegt.

7.4.2.2.   Induktive Wandler

Bei induktiven Wandlern wird der Blindwiderstand ΩL eines Wechselstromkreises durch eine mechanische Größe verändert. Das Grundprinzip der für die Messung mechanischer Größen wichtigsten Anwendung ist in Bild 7.18 dargestellt. Der

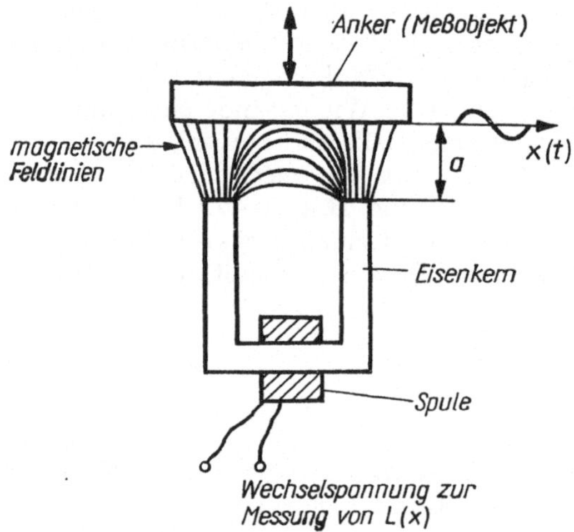

Bild 7.18. Grundprinzip induktiver Wandler
für die Messung mechanischer Größen

induktive Widerstand der Spule wird wegen der etwa 1000mal größeren Permeabilität des Eisens gegenüber Luft fast ausschließlich durch die Größe des Luftspalts a bestimmt und ist dem reziproken Wert des Abstandes a proportional:

$$L = k/a$$

mit k als Proportionalitätsfaktor.

Bei einer Auslenkung des Meßobjektes um die Größe x ändert sich die Induktivität wie folgt:

$$\Delta L = k[1/(a + x) - 1/a]$$

Daraus ergibt sich der Betrag der relativen Induktivitätsänderung

$$\Delta R/R = \Delta L/L = x/(a + x)$$

Wegen $x \ll a$ kann man eine Reihenentwicklung durchführen und erhält so eine lineare Kennlinie für die Messung von x. Zur Messung der Induktivität L ist ein Wechselstrom mit konstanter Kreisfrequenz $\Omega_{\mathrm{T}} = 2\pi f_{\mathrm{T}}$ zu verwenden. Die Frequenz f_{T} nennt man *Trägerfrequenz*. Ist die Meßgröße x eine Schwingung, dann ist die Speisespannung mit der Meßgröße $x(t)$ amplitudenmoduliert.

Dieses Grundprinzip wird zur berührungsfreien Wegmessung (mit Festpunkt) genutzt.

Der Einsatz zweier derartiger Wandler in Differentialschaltung vergrößert den Linearitätsbereich. Eine Anwendung liegt in der berührungslosen Messung von Bahnkurven rotierender Wellen.

Durch Verwendung von 2 Spulen in Differentialschaltung, in denen sich ein gemeinsamer Eisenkern befindet, lassen sich auch große Wege messen (> 100 mm), allerdings nicht mehr berührungslos (Bild 7.19). Bei diesen sogenannten *induktiven Tauchankerwandlern* wird bei Bewegung des Ankers die Induktivität der einen Spule vergrößert, die der anderen verkleinert.

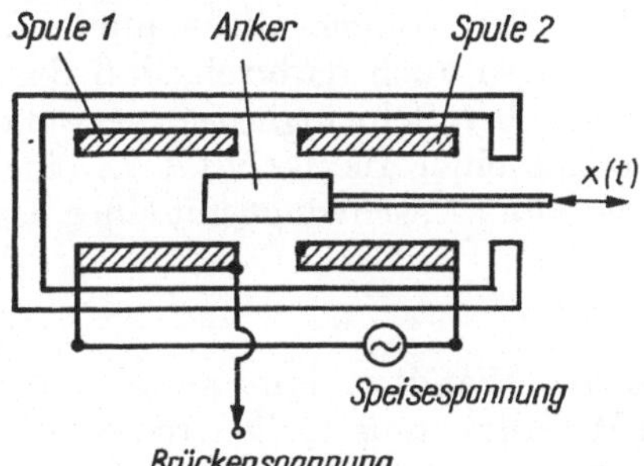

Bild 7.19. Induktiver Tauchankerwandler in Differentialschaltung

Eine weitere Einsatzmöglichkeit induktiver Wandler besteht in einer Anordnung als Transformator, dessen Kern von der Meßgröße bewegt wird. Seine Wirkungsweise beruht darauf, daß nur in den Windungen der Sekundärspulen eine Spannung induziert wird, innerhalb derer sich der Eisenkern befindet. Sein äußerer Aufbau entspricht dem Tauchankerwandler in Differentialschaltung.

7.4.2.3. Kapazitive Wandler

Bei kapazitiven Wandlern wird der kapazitive Widerstand durch die mechanische Größe verändert. In den meisten Fällen ist das der Abstand zwischen zwei Kondensatorplatten (Bild 7.20). Die Kapazität C eines Kondensators beträgt

$$C = \varepsilon A/a$$

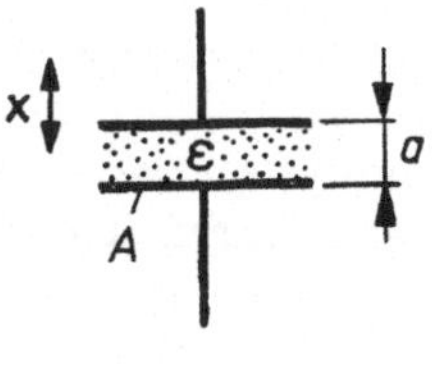

Bild 7.20. Kapazitiver Abstandswandler

Dabei sind A die wirksame Fläche der Kondensatorplatten, ε die Dielektrizitätskonstante des Materials zwischen den Platten und a der Plattenabstand. Ändert sich der Plattenabstand um x, dann ist

und

$$\Delta C = \varepsilon[A/(a + x) - A/a]$$

$$\Delta R/R = C/\Delta C = -(a + x)/x$$

Die relative Änderung des kapazitiven Widerstands ist für $x \ll a$ der Meßgröße x *umgekehrt* proportional.

Diese Eigenschaft hat dazu geführt, daß sich kapazitive Wandler in Brückenschaltungen für die Messung von Größen der Festkörpermechanik nicht durchgesetzt haben.

7.4.2.4.   Passive Wandler als Elemente elektrischer Schwingkreise

Die Widerstandsänderungen passiver Wandler können nicht nur mit Hilfe von Brückenschaltungen ermittelt werden, sondern auch dadurch, daß diese Elemente als frequenzbestimmende Elemente elektrischer Schwingkreise verwendet werden. Ein elektrischer Schwingkreis bestehend aus einer Induktivität L, einem Kondensator C und einem kleinen ohmschen Widerstand R, schwingt mit einer Eigenfrequenz

$$f_0 = 1/2\pi\sqrt{LC}$$

Verwendet man als L oder C einen passiven Wandler, dann kann man mit der mechanischen Größe, die den betreffenden Wandler steuert, die Frequenz des Schwingkreises beeinflussen. Auf diese Weise erhält man eine frequenzmodulierte Schwingung als elektrisches Ausgangssignal.

Dabei entspricht der entstehende Frequenzhub dem dynamischen Anteil der Meßgröße, die mittlere Frequenz dem statischen Anteil. Nach Verstärkung und Demodulation ist eine getrennte Anzeige der beiden Anteile möglich.

Sowohl induktive als auch kapazitive Wandler werden in derartigen Schwingkreisen eingesetzt. Die mechanische Meßgröße ist hier immer der Abstand bzw. die Abstandsänderung.

Als weitere Anwendung ist die Dämpfung von Schwingkreisen durch die Energieauskopplung infolge von Wirbelströmen in metallischen Meßobjekten zu nennen. Das magnetische Wechselfeld eines hochfrequenten Schwingkreises mit fester Frequenz führt im Meßobjekt zu Wirbelströmen, deren Leistung vom Abstand des Meßobjektes abhängt. Die auf dieser Basis arbeitenden *Wirbelstromwegaufnehmer* arbeiten ebenfalls berührungslos.

7.4.2.5.   Digitale Wandler

Digitale Wandler geben unmittelbar digitale elektrische Signale ab. Dadurch wird bei digitaler Verarbeitung der Umweg über ein analoges Signal und einen Analog-Digital-Umsetzer (s. 7.6.2.) vermieden.

Die einfachste Form ist ein gewickeltes Drahtpotentiometer, an dessen Schleifer die abgenommene Spannung so viele diskrete Werte annehmen kann, wie der Potentiometerdraht Windungen hat.

Eine wichtige Form digitaler Wandler sind die *Inkrementalwandler*, bei denen das digitale Ausgangssignal durch Zählung von Spannungsimpulsen von einem beliebigen Punkt aus entsteht. Praktisch realisiert wird dieses Verfahren z. B. durch optische Abtastung eines Hell-Dunkel-Rasters (Bild 7.21). Zählt man die Impulse bei der Bewegung des Rasters von einer Bezugsmarke aus, so erhält man eine genaue digitale Winkel- oder Längenmessung bezüglich einer vorgegebenen Marke. Durch die Verwendung von zwei um ein Viertel des Rasterabstandes versetzt angeordneten Fotodetektoren ist die Erfassung der Bewegungsrichtung möglich. Der Einsatz inkrementaler Wandler erfolgt vor allem dort, wo sich eine digitale Meßdatenverarbeitung anschließt. Wichtiges Anwendungsgebiet sind Weg- und Winkelmessungen in der Robotertechnik. Insgesamt ist aber das Einsatzgebiet digitaler Wandler noch relativ klein.

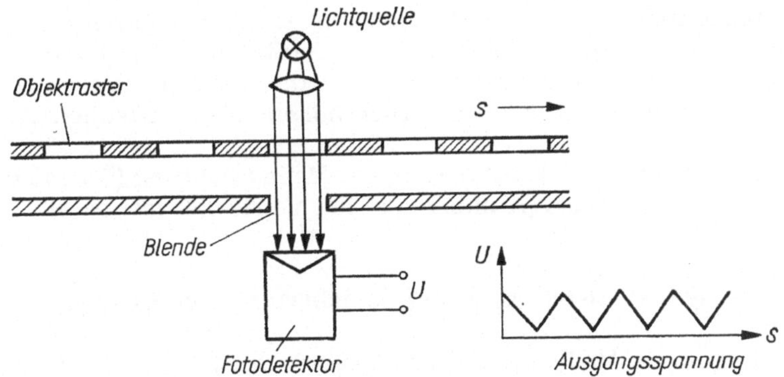

Bild 7.21. Arbeitsprinzip von Inkrementalwandlern

7.5.   Verstärker

Der *Verstärker* führt dem Ausgangssignal des Wandlers Energie zu. Es werden überwiegend Transistorverstärker oder integrierte Schaltkreise eingesetzt, die dem speziellen Zweck des entsprechenden Meßgerätes angepaßt sind. Eine Darstellung der verschiedenen Schaltungsvarianten kann nicht Anliegen dieser auf die Aspekte der Festkörpermechanik zugeschnittenen Darstellung sein.
Wir wollen alle diejenigen elektronischen Bausteine zum Verstärker rechnen, die der Aufbereitung eines dem gesuchten Meßsignal bzw. der gesuchten Meßgröße unmittelbar proportionalen kalibrierten elektrischen Signals dienen.
Für die Belange des Messens mechanischer Größen ist es von Bedeutung, daß in den „Verstärker" oft weitere Elemente integriert sind. Zum Beispiel lassen sich, wenn ein Verstärker immer mit dem gleichen Aufnehmer und Wandler eingesetzt wird, Abweichungen der Frequenzgänge von einer Geraden innerhalb bestimmter Frequenzbereiche elektronisch korrigieren, wodurch die Meßgenauigkeit erhöht bzw. der Einsatzbereich des Meßgerätes erweitert wird.
Das gleiche trifft für Nichtlinearitäten dieser Meßkettenglieder zu. Weiterhin lassen sich elektrische Meßsignale mit Hilfe elektronischer Schaltungen integrieren und differenzieren, so daß z. B. der Schwingweg durch zweimalige Integration der Schwingbeschleunigung bestimmt werden kann, oder die Schwinggeschwindigkeit durch einmalige Differentiation aus dem gemessenen Schwingweg. Ebenso ermöglicht es die elektronische Verstärkertechnik, die verschiedenen Mittelwerte oder Spitzen-

werte eines Meßsignals zur Anzeige zu bringen. Die Verstärkungsfaktoren sind kalibriert und stufenweise oder kontinuierlich einstellbar. Jeder Verstärker hat selbst auch einen Frequenzgang, der bei der Zusammenschaltung mit unterschiedlichen Aufnehmern und Wandlern beachtet werden muß.

Trägerfrequenzverstärker für amplitudenmodulierte Signale passiver Wandler arbeiten meist mit einer Trägerfrequenz von 5 kHz. Der Grund dafür liegt darin, daß zur Unterdrückung der Seitenbänder die Trägerfrequenz etwa 5mal so groß sein soll wie die höchste interessierende Meßfrequenz.

Sehr viele Messungen zeitveränderlicher Größen der Festkörpermechanik sind erfahrungsgemäß auf den Gebieten des Maschinen- und Fahrzeugbaus erforderlich. Für diese Einsatzfälle genügt es i. allg., sich auf Frequenzen bis maximal 1000 Hz zu beschränken.

Wo höhere Frequenzen gemessen werden müssen (z. B. an Wälzlagern, oder bei kurzzeitigen transienten Vorgängen), sind derartige Geräte nicht einsetzbar. Hier arbeitet man mit einer Trägerfrequenz von 50 Hz. Verfahren auf der Basis der Frequenzmodulation arbeiten ebenfalls mit wesentlich höheren Mittenfrequenzen im Bereich von 50 kHz.

Schließlich sind Elemente zur Kalibrierung der Meßeinrichtung (7.7.) und zur Erzeugung der erforderlichen Speisespannungen in die Verstärker integriert.

7.6.   Anzeige, Registrierung und Speicherung von Meßsignalen

Wenn das Meßsignal die Meßkette bis zum Ausgang des Verstärkers durchlaufen hat, muß es entweder dargestellt oder einer Weiterverarbeitung zugeführt werden. Die Weiterverarbeitung von Meßsignalen im Sinne einer Auswertung mit dem Ziel, dann aus dem Auswerteergebnis Schlußfolgerungen über das Meßobjekt zu ziehen, ist Gegenstand von Abschn. 9. Die Weiterverarbeitung im Sinne der Regelungs- und Automatisierungstechnik wird in diesem Buch nicht behandelt.

Sowohl die Darstellung der Meßergebnisse als auch der Bereitstellung zur Weiterverarbeitung sind in analoger oder digitaler Form (oder beides) möglich. In jedem Fall muß die elektrische Größe, die das Meßsignal repräsentiert, wieder in eine andere Größe umgewandelt werden, die den menschlichen Sinnesorganen (Augen) auch quantitativ zugänglich ist. Solche Größen sind nur Längen oder Winkel, die an geeigneten Skalen als Analogwerte abgelesen werden können, oder direkt Zahlenwerte in Form von Zifferndarstellungen. Bei der Analogwertausgabe in Form eines Zeigerausschlages vor einer Skala erfolgt die Meßwertbildung durch den Menschen. Die dazu erforderlichen Denkoperationen werden bei der digitalen Ausgabe durch logische Bauelemente ausgeführt.

Der Einsatz von Anzeige- oder Registriergeräten bzw. eine Speicherung hängt vom angebotenen oder interessierenden Informationsfluß ab. Ist der Informationsfluß klein, wie bei der Messung des barometrischen Luftdruckes, dann genügt eine quasistatische Anzeige mit höchstens stündlicher Ablesung. Interessiert aber z. B. der zeitliche Druckverlauf im Kolbenmotor während eines Arbeitsspiels, dann ist eine Registrierung unumgänglich. Will man schließlich die in einem stochastischen Erregersignal enthaltenen Frequenzanteile bestimmen, dann erfordert das i. allg. eine solche Weiterverarbeitung der Meßwerte, die eine Speicherung erforderlich macht, z. B. bei Winddruckmessungen an einem Gebäude. Anzeigegeräte dienen dabei der visuellen Darstellung des Meßergebnisses in Form von Momentanwerten oder Mittelwerten. Registriergeräte liefern eine grafische oder andere für die Interpretation bzw.

Auswertung durch den Bearbeiter geeignete Darstellung des Meßergebnisses in materieller Form (Registrierschriebe, Zahlen, Tabellen). Von einer *Speicherung* wollen wir sprechen, wenn die Meßdaten aus dem Speicher ohne direkten Eingriff des Menschen für eine Weiterverarbeitung wieder abgerufen werden können (Lochstreifen, analoge oder digitale Magnetbandspeicher). Prinzipiell läßt sich jeder Meßgrößenverlauf anzeigen, registrieren und speichern.

7.6.1.   Analoge Verfahren

Wir bezeichnen ein Meßverfahren als analog, wenn das Meßsignal an jeder Stelle der Meßkette als kontinuierlicher Analogwert im Sinne von Bild **7.5** vorliegt. Dabei ist es unerheblich, ob das Meßsignal ein mechanisches oder elektrisches Signal ist.

7.6.1.1.   Analoge Anzeigegeräte

Drehspulmeßwerke

Kernstück *analoger Anzeigegeräte* elektrisch gemessener mechanischer Größen ist in den meisten Fällen ein *Drehspulmeßwerk*, Bild **7.22**. In einem ringförmigen homogenen Magnetfeld eines Permanentmagneten befindet sich eine Spule, die vom Meßstrom durchflossen wird. Dabei ruft das in der Spule entstehende Magnetfeld ein Drehmoment hervor, das in Verbindung mit der mechanischen Rückstellfeder c einen dem Meßstrom proportionalen Winkelausschlag bewirkt. Es handelt sich also im Sinne von **7.4.** um einen elektrisch-mechanischen Wandler.

Ein Anzeigegerät mit Drehspulmeßwerk kann immer nur *einen* Wert gleichzeitig anzeigen (und der Mensch kann nur einen Meßwert gleichzeitig ablesen). Dazu ist ein über einen Zeitraum von mindestens 1 Sekunde konstanter Zeigerausschlag erforderlich. Erfolgt die Änderung schneller, als der Mensch zur Ablesung imstande ist, dann bringt man Mittelwerte zur Anzeige. Üblich sind die Anzeige des linearen Mittelwertes $\bar{x}$ und des quadratischen Mittelwertes in Form des Effektivwertes $\tilde{x}$.

Die Länge des Mittelungsintervalles hängt dabei von den dynamischen Eigenschaften des Meßwerks ab.

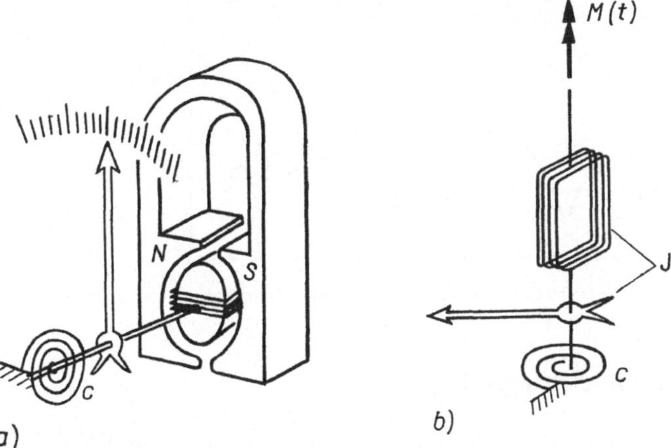

Bild **7.22**. Drehspulmeßwerk
a) Prinzipskizze b) mechanisches Modell

Oft interessieren auch die auftretenden Extremwerte $\hat{x}$ und $\underset{\sim}{x}$, (Bild 7.1). Um alle diese Werte mit ein- und demselben Meßinstrument anzeigen zu können, schaltet man dem Meßwerk elektrische Netzwerke (Gleichrichter) vor, die ein entsprechendes elektrisches Signal bereitstellen.

Oszilloskope

Ein *Oszilloskop* oder ein *Sichtgerät* dient der gleichzeitigen Darstellung aufeinanderfolgender Momentanwerte der Meßgröße auf einem Bildschirm. Durch die Auslenkung eines trägheitslosen Elektronenstrahls in y-Richtung durch die Meßspannung und in

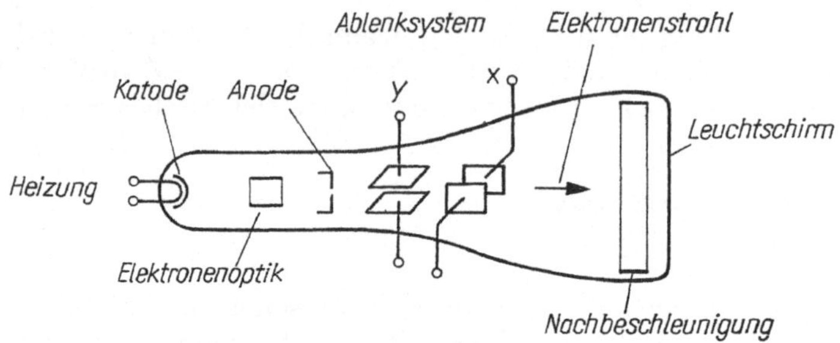

Bild 7.23. Prinzipskizze eines Oszilloskops

x-Richtung durch eine mit der Zeit proportional wachsende Ablenkspannung entsteht auf einem nachleuchtenden Schirm (Bild 7.23) kurzzeitig eine Darstellung des Zeitverlaufs der Meßgröße. Bei periodischen Vorgängen läßt sich der Vorgang immer wieder an der gleichen Stelle des Bildschirms darstellen, so daß für längere Zeit ein stehendes Bild sichtbar ist. Mehrkanalige Geräte ermöglichen die gleichzeitige Darstellung mehrerer Vorgänge mit gleichem Zeitmaßstab.
Durch Fotografieren ist eine Registrierung möglich (Bild 7.24).

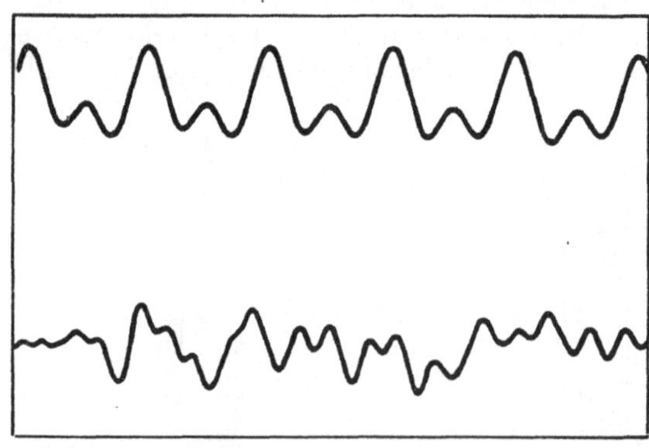

Bild 7.24. Darstellung von Vorgängen auf einem Oszilloskop

7.6.1.2.   Analoge Registriergeräte

Analoge Registriergeräte sollen die Abhängigkeit einer oder mehrerer Meßgrößen von der Zeit oder einer anderen Größe möglichst genau wiedergeben.
Die Darstellung erfolgt in einem Koordinatensystem. Die entstehenden Registrier-

schriebe dienen der weiteren Auswertung oder zur Dokumentation. Dabei sind zwei Fragen von besonderer Bedeutung:

Erstens die Frage nach der Dynamik der eingesetzten Geräte, d. h. nach ihrem Frequenzgang und zweitens die Frage nach dem Schreibverfahren. Kernstück vieler Registriergeräte ist ebenfalls ein Drehspulmeßwerk.

Dynamik des Drehspulmeßwerks

Wenn wir nach dem Frequenzgang des Drehspulmeßwerks fragen, müssen wir es als rein mechanisches Gebilde auffassen (Bild 7.22b). Die Spule und der mit ihr verbundene Schreibhebel oder Zeiger mit dem resultierenden Massenträgheitsmoment J und die Rückstellfeder c bilden ein schwingfähiges System, das durch das aus den magnetischen Kräften resultierende Drehmoment $M(t)$ erregt wird. Es handelt sich also um einen rotatorischen Kraftgrößenaufnehmer mit der Eigenfrequenz $f_0 = \sqrt{c/J}/2\pi$. Da alle Kraftgrößenaufnehmer hochabgestimmt sind, lassen sich nur Frequenzen unterhalb f_0 messen. Auf Meßströme mit Frequenzen weit oberhalb f_0 reagiert ein Drehspulmeßwerk nicht. Für die Drehspulmeßwerke in Anzeigegeräten liegt f_0 sehr niedrig (< 1 Hz). Dadurch sind sie nur für die Anzeige quasistatischer Meßgrößen oder von Mittelwerten dynamischer Meßgrößen geeignet. Um in Registriergeräten eine hohe Grenzfrequenz zu erreichen, muß man das Massenträgheitsmoment möglichst klein halten und eine steife Rückstellfeder c verwenden. Der Einsatz von Dämpfungselementen (Öl) vergrößert ebenfalls den Einsatzbereich.

Eine Verringerung des Massenträgheitsmomentes ist in begrenztem Umfang durch eine besonders schlanke Bauart der Spule möglich, vor allem aber durch Verwendung eines masselosen Schreibhebels in Form eines Lichtstrahls, der von einem mit einer Drahtschleife verbundenen Spiegel (Meßschleifen) abgelenkt wird. Sowohl durch eine Spule geringen Durchmessers als auch durch eine steifere Rückstellfeder wird die Empfindlichkeit der Anzeige verringert. Ausgehend von den Anforderungen an die obere Grenzfrequenz sind hier Kompromisse erforderlich (Tabelle 7.3). Abhängig von der Grenzfrequenz des eingesetzten Meßwerkes ist die erforderliche Vorschubgeschwindigkeit des Registrierpapiers. Geht man davon aus, daß die Periodendauer der höchsten noch zu registrierenden Frequenz auf dem Registrierschrieb mindestens einem Vorschub von 2 mm entsprechen muß, dann erfordert z. B. eine obere Grenzfrequenz von 500 Hz eine Vorschubgeschwindigkeit von mindestens 1 m/s. Bei der Registrierung sehr langsam verlaufender Vorgänge, wie des Tagesverlaufs der

Tabelle 7.3: Zusammenstellung analoger Registrierverfahren

Registriergeräte	Aufzeichnungs- verfahren	Obere Grenz- frequenz in Hz
Punktdrucker (Fallbügel)	Papier-Farbstoff	$0{,}01 \cdots 0{,}05$
Linienschreiber	Papier-Farbstoff	$0{,}25 \cdots 2$
Schnellschreiber (mechanisch)	Papier-Farbstoff	$100 \cdots 300$
Koordinatenschreiber (XY)	Papier-Farbstoff	$1 \cdots 5$
Lichtstrahlschreiber	Fotopapier (UV-Licht)	$2000 \cdots 10\,000$
Magnetbandspeicher	Magnetisierung	$10^4 \cdots 5 \cdot 10^4$
Elektronenstrahloszilloskop	Bildschirm	$> 10^6$

Lufttemperatur, genügt ein Vorschub von etwa 10 mm/h. Der Vorgang ist quasistatisch, und die Ansprüche an die Dynamik der Meßwerke so langsam verlaufender Vorgänge sind sehr gering.

Schreibverfahren

Angestrebt werden solche Verfahren, bei denen das Ergebnis sofort sichtbar ist. Dies erfolgt durch Aufbringen von Farbstoff auf entsprechendes Registrierpapier in Form von Tinte oder anderen Farbstoffen (Farbband, Kohlepapier) auf geeignetes Papier. Dabei müssen Tinte und Papier sorgfältig aufeinander abgestimmt sein, weil hierbei ebenfalls Kompromisse zwischen widersprüchlichen Forderungen eingegangen werden. So soll die Tinte im Vorratsbehälter nicht verdunsten, auf dem Papier aber schnell trocknen. Das Papier soll einerseits glatt sein, um die Reibung zwischen Feder und Papier gering zu halten, andererseits saugfähig, um ein Verwischen der Schriebe zu vermeiden.

Die Einsatzgrenzen der verschiedenen Schreibverfahren werden nicht wie beim Drehspulmeßwerk durch die Grenzfrequenz bestimmt, sondern durch die maximale *Schreibgeschwindigkeit*. Beim Papier-Tinte-Verfahren tritt daher die Begrenzung durch die maximal ausfließende Tintenmenge pro Zeiteinheit auf, beim Fotopapierverfahren durch die Empfindlichkeit der Fotoschicht.

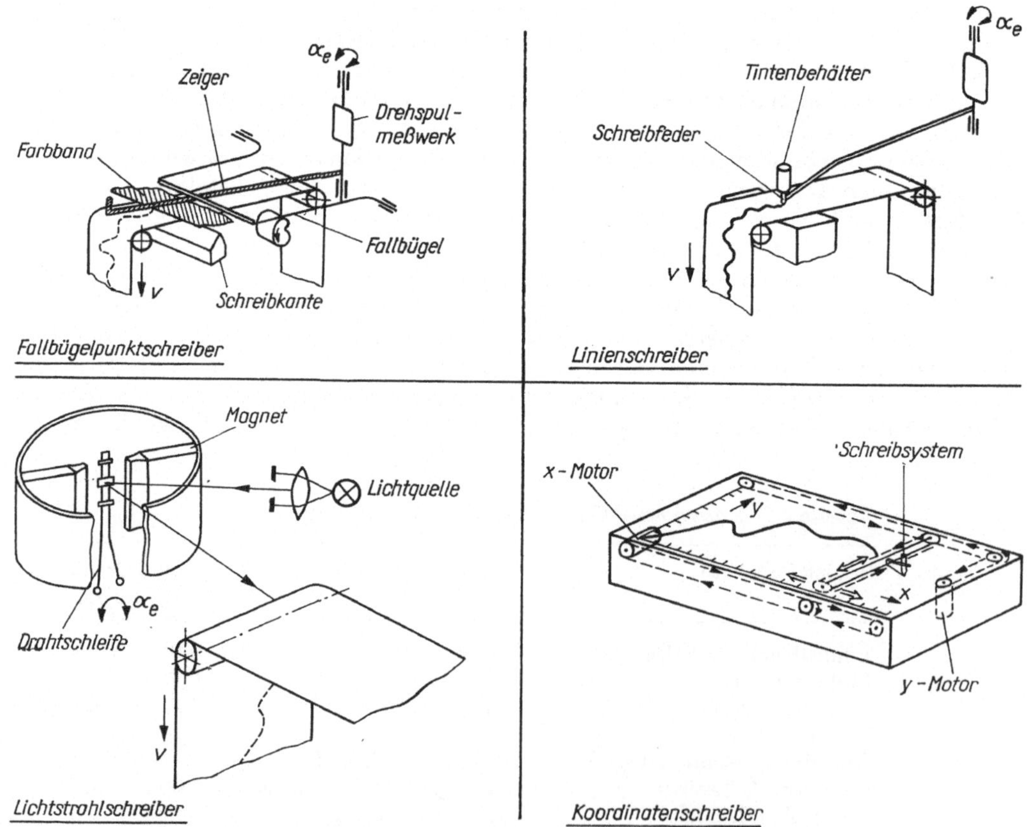

Bild 7.25. Analoge Registriergeräte

Ein großer Vorteil der Lichtschreibhebel gegenüber den mechanischen Schreibhebeln besteht darin, daß bei mehrkanaliger Registrierung für jeden Vorgang die volle Breite des Registrierpapiers in Anspruch genommen werden kann, da sich Lichtzeiger im Gegensatz zu mechanischen Zeigern in ihren Ausschlägen überschneiden können.

Ausgeführte Geräte

Den vielfältigen Anforderungen angepaßt wurden analoge Registriergeräte mit speziellen Einsatzbereichen entwickelt (Bild 7.25). Neben den Geräten mit konstanter Vorschubgeschwindigkeit des Registriermaterials setzen sich zunehmend Koordinatenschreiber durch, bei denen die Abhängigkeit der Meßgrößen auch von anderen Größen als der Zeit dargestellt werden kann. Dies betrifft insbesondere Darstellungen im Frequenzbereich, wie sie in den Abschn. 9. und 10. behandelt werden. Dabei werden überwiegend *Kompensationsschreiber* verwendet. Hier wird die zu registrierende elektrische Spannung mit einer an einem Spannungsteiler abgenommenen Spannung verglichen und mit der Differenzspannung ein Motor gesteuert, der sowohl das Schreibelement (über Seilzüge) und den Spannungsabgriff so verstellt, daß die Spannungsdifferenz Null wird.

7.6.1.3. Magnetbandspeicherung von Analogsignalen

Die in Form von Registrierschrieben dargestellten analogen Meßwerte sind für eine automatisierte Weiterverarbeitung nicht mehr geeignet, weil sie nicht mehr als elektrische Signale vorliegen, sondern nur visuell ausgewertet werden können, wenn man von einer umständlichen erneuten Wandlung in elektrische Signale absieht. Die Magnetbandspeicherung, bei der keine optisch wahrnehmbare Aufzeichnung erfolgt, erlaubt eine beliebig wiederholbare Reproduktion des *elektrischen Signals*.

Die grundsätzliche Wirkungsweise der Magnetbandspeicherung [7.1] besteht in folgendem: Bei der Aufnahme (Bild 7.26a) wird durch die Meßspannung im Aufspielkopf ein magnetischer Fluß erzeugt. Befindet sich vor dem Luftspalt des Aufspielkopfes die magnetisierbare Schicht des Magnetbandes, dann verläuft der Magnetfluß wegen des geringeren magnetischen Widerstands durch diese Schicht und hinterläßt dort eine der Eingangsspannung U_e proportionale remanente Durchflutung.

Beim Abspielen (Bild 7.20b) läuft die magnetisierte Schicht am Luftspalt des Abspielkopfes (Permanentmagnet) vorbei, und der entstehende zeitabhängige magne-

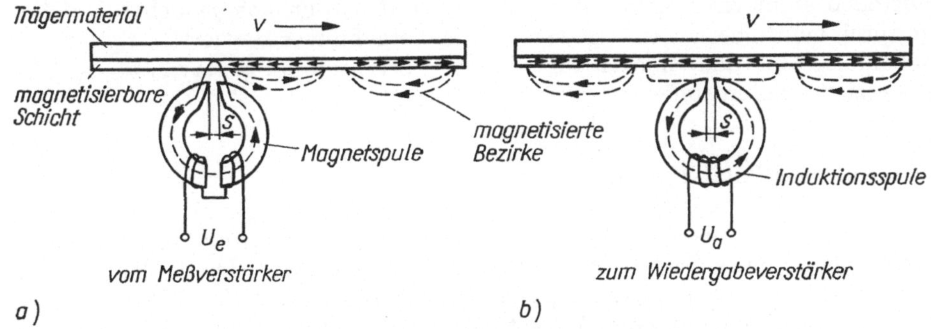

Bild 7.26. Grundprinzip der analogen Magnetbandspeicherung
a) Aufnahme b) Wiedergabe, S — Luftspalt

tische Fluß induziert in der auf den Permanentmagneten gewickelten Spule eine elektrische Spannung U_a, die entsprechend dem Induktionsgesetz der zeitlichen Ableitung $\dot{U}_e$ der Eingangsspannung proportional ist. Ein Integrierverstärker liefert dann das ursprüngliche Signal. Die Vorteile einer Magnetbandspeicherung bestehen darin, daß

— eine Messung zu beliebigen Zeitpunkten und wiederholbar unter verschiedenen Gesichtspunkten ausgewertet werden kann,
— durch veränderte Abspielgeschwindigkeit eine Frequenztransformation in günstigere Frequenzbereiche möglich ist,
— schwer auswertbare instationäre Vorgänge durch Kleben einer Bandschleife den Auswertemethoden für stationäre Vorgänge zugänglich gemacht werden können.

Wegen der für Meßzwecke erforderlichen Phasentreue verwendet man im Unterschied zu den Geräten der Unterhaltungselektronik das Prinzip der Frequenzmodulation. Hierbei fungiert die Frequenz eines Sinussignals als Informationsparameter. Solche Geräte haben eine sehr hohe Wiedergabequalität, aber auch einen entsprechend höheren Preis.
Meßmagnetbandspeicher werden meist mehrkanalig ausgeführt (4 bis 16 Kanäle).

7.6.2.   Digitale Verfahren

Zu den digitalen Verfahren [7.20] sind alle Verfahren zu rechnen, bei denen an irgendeiner Stelle der Meßkette eine Digitalisierung der Meßdaten erfolgt. Mit Ausnahme von Verfahren mit inkrementalen Wandlern wird die Digitalisierung erst nach einer analogen Meßwertaufnahme und -verstärkung vorgenommen. Die Anzeige oder Registrierung erfolgt oftmals wahlweise auch wieder in analoger Form.
Die digitalen Verfahren bieten eine Reihe von Vorteilen, die darin bestehen, daß

— subjektive Ablesefehler weitgehend ausgeschlossen werden,
— eine Weiterverarbeitung in Digitalrechnern möglich ist,
— die Registrierung vereinfacht wird (Zahlen statt Kurven),
— die Meßwerte unmittelbar für Prozeßsteuerungen (durch Rechner) verwendet werden können,
— die Fehlerkorrektur durch Digitalrechner leicht möglich ist.

Diesen Vorteilen steht ein höherer Aufwand gegenüber, der sich jedoch bei vielen Aufgaben durch den höheren Aussagewert des Meßergebnisses rentiert.
Die Entscheidung über den Einsatz aufwendiger Verfahren hängt davon ab, welche Ergebnisse erzielt werden sollen.

7.6.2.1.   Analog-Digital-Umsetzer

Die Überführung eines analogen Meßsignals in ein digitales erfolgt in einfachster Form durch Ablesen eines Zeigerinstrumentes und Aufschreiben der Zahlenwerte in zeitgleichen Abständen. Die physiologische Leistungsfähigkeit des Menschen beschränkt diese Verfahren auf eine Ablesefrequenz von etwa 1 Hz. Will man eine feinere Auflösung erzielen, könnte man den Meßvorgang registrieren, die Zeitachse des Meßschriebs entsprechend fein unterteilen und dann durch Ausmessen der Abstände der in zeitlichen Abständen gefundenen Momentanwerte ebenfalls eine Zahlenreihe aufstellen. Diese Zahlenwerte können als Eingabedaten für eine rechentechnische Auswertung des Meßvorganges dienen. Diese Verfahren sind nur für sehr kleine Datenmengen sinnvoll. Als obere Grenze können maximal 100 Werte angesehen werden.

In der modernen Meßtechnik wird die Digitalisierung von *Analog-Digital-Umsetzern* (ADU) übernommen. ADU sind elektronische Geräte, die bei Eingabe eines elektrischen Analogsignals Zahlenwerte im Takt einer vorgegebenen Frequenz ausgeben, die den Momentanwerten der Spannung zu den Abtastzeitpunkten entsprechen. Es entsteht eine Ziffernfolge, die das Signal in diskontinuierlicher digitaler Form repräsentiert. In Bild 7.5 ist ein solches Signal anschaulich dargestellt. Die Ziffern sind in geeigneter Weise codiert (binär, hexadezimal, dezimal). Bei einer Anzeige für

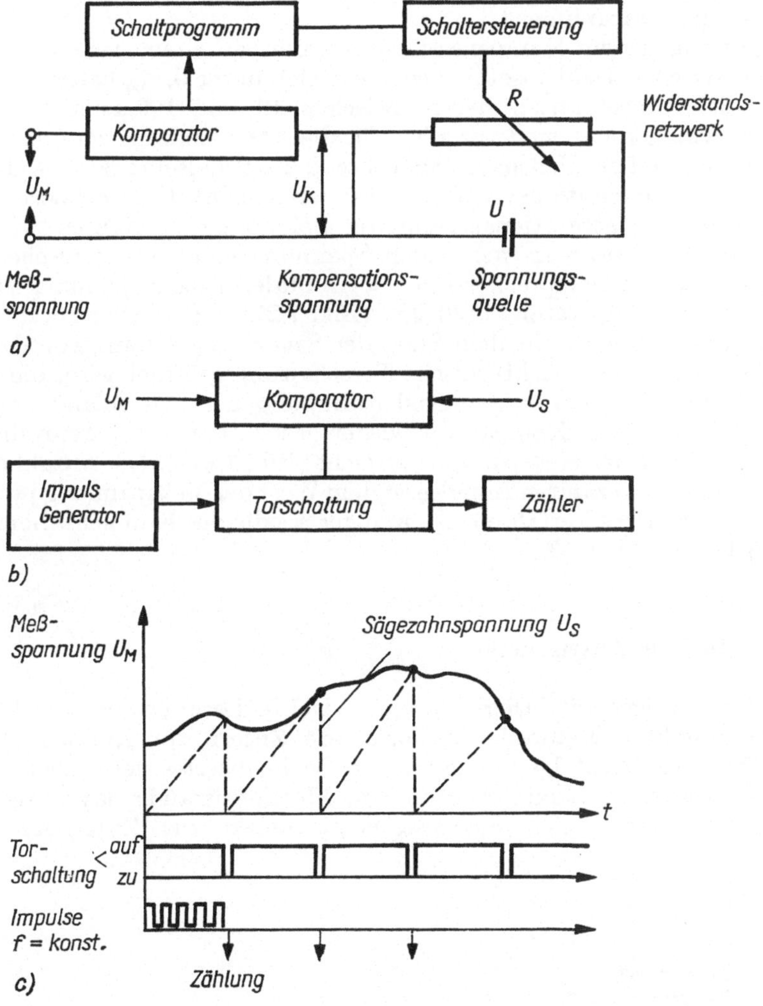

Bild 7.27. Arbeitsprinzip von Analog-Digital-Umsetzern (ADU)
a) Kompensationsverfahren b) Sägezahnverfahren
c) Zeitverlauf der Spannungen und Impulse bei Sägezahnverfahren

die Ablesung durch den Menschen verwendet man die dezimale Darstellung. ADU arbeiten nach zwei Verfahren; die in zahlreichen Varianten zum Einsatz kommen [7.6], [7.17].

Kompensationsverfahren (Verfahren der sukzessiven Approximation): Hier wird die zu digitalisierende Spannung mit einer in vorgegebenen Stufensprüngen schaltbaren Vergleichsspannung in einem Komparator (Bild 7.27a) verglichen und die Schalterstellung angezeigt, bei der die Differenzspannung eine vorgegebene Fehlergrenze unterschreitet. Der Grundgedanke einer Kompensationsschaltung besteht wie beim Brückenabgleich (s. 7.4.2.) darin, den zwischen U_M und U_K fließenden Strom zu Null zu machen. Das Schaltprogramm muß dafür sorgen, daß zuerst in großen, zuletzt in den kleinsten Stufensprüngen abgeglichen wird.

Der Schalter in Verbindung mit dem Widerstandsnetzwerk stellt einen DAU dar. Zu jeder vorgegebenen digital formulierten Schalterstellung gehört ein bestimmter Wert der Vergleichsspannung U_K.

Mit ADU, die nach dem Kompensationsverfahren arbeiten, lassen sich hohe Genauigkeiten erzielen. Die Umsetzfehler lassen sich unter 0,1‰ halten.

Die minimalen Umsetzzeiten liegen zwischen 10 und 100 µs je Meßwert. Hohe Umsetzgeschwindigkeiten sind vor allem für die AD-Wandlung zeitabhängiger Spannungen wichtig, weil die Meßspannung während des Schalterabgleiches etwa konstant sein muß. Das Kompensationsverfahren wird vor allem in Mikrorechnern eingesetzt.

Sägezahnverfahren (Integrationsverfahren): Bei diesem Verfahren wird die Meßspannung mit der linear anwachsenden Spannung eines elektronischen Sägezahnspannungsgenerators (entsprechend der horizontalen Ablenkspannung eines Oszilloskops) in einem Komparator verglichen (Bild 7.27b). Den Digitalwert erhält man hier jedoch dadurch, daß mit dem Start der Sägezahnspannung von der Spannung Null aus gleichzeitig eine elektronische Torschaltung geöffnet wird, die die Impulse eines mit fester Frequenz schwingenden Impulsgenerators solange zählt, bis die Torschaltung durch den Komparator wieder geschlossen wird, wenn die Sägezahnspannung den Wert der Meßspannung erreicht (Bild 7.27c). Die Anzahl der während der Toröffnungszeit gezählten Impulse ist dem Wert der Meßspannung proportional. Die Genauigkeit dieses Verfahrens ist geringer als die des Kompensationsverfahrens. Der Fehler beträgt etwa 1‰.

7.6.2.2.   Digitale Anzeigegeräte

Ein digitales Anzeigegerät bringt die vom ADU in Form codierter elektrischer Impulse bereitgestellten Meßwerte in Form von Ziffern zur Anzeige. Als Anzeigeelemente für die Ziffernfolge des jeweiligen Dezimalwertes verwendet man Ziffernröhren, Lampenfelder, Lumineszenzdioden, Flüssigkristalldisplays. Als wichtigstes Anzeigeelement haben sich Siebensegmentanzeigen zur Zifferndarstellung mit

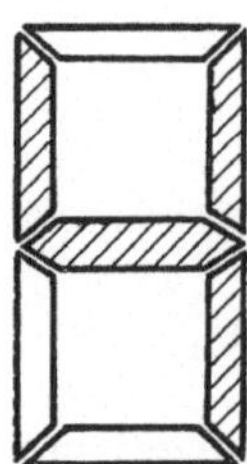

Bild 7.28. Sieben-Segment-Anzeigeelemente zur Zifferndarstellung

Lumineszenzdioden oder Flüssigkristallen durchgesetzt (Bild 7.28). Durch entsprechende Schaltungen muß dafür gesorgt werden, daß sich die angezeigten Ziffern im Verlaufe einer Mindestzeit von etwa 1 s nicht ändern, um eine Ablesung zu ermöglichen. Digitale Anzeigegeräte werden vielfältig eingesetzt, oft auch in Verbindung mit einer Analoganzeige. Der Vorteil digitaler Anzeigen liegt in der höheren Ablesegenauigkeit. Ihr Nachteil ist eine gewisse Unanschaulichkeit, weil der gleichzeitige Überblick über den Gesamtmeßbereich fehlt. Deshalb benutzt man in den Cockpits von Flugzeugen und in Meßwarten überwiegend analoge Anzeigegeräte.

7.6.2.3. Digitale Registriergeräte

Eine digitale Registrierung besteht, wenn man das Registrieren eines Ergebnisses als Abschluß der Messung ansieht, nur im Ausdruck von Zahlenlisten in dekadischer Darstellung. Das Ablochen von Digitalwerten (in binärer Darstellung) stellt bereits eine Speicherung dar.
Eine unmittelbare digitale Registrierung ist abhängig von den in der Zeiteinheit anfallenden Meßwerten. Einfache Meßwertdrucker können bis zu 2 Werte/s drucken. Schnelldrucker erlauben ein digitales Registrieren von > 50 Werten/s.

7.6.2.4. Digitalspeicher

Sollen die anfallenden Meßwerte mit einem Digitalrechner weiterverarbeitet werden, so müssen sie in eine für den Rechner lesbare Form umgewandelt werden. Auch hier entscheidet der Meßdatenanfall über das eingesetzte Verfahren. Bei langsamen Vorgängen (bis etwa 5 Werte/s) können Daten auf Lochstreifen gestanzt und später in den Rechner eingegeben werden. Sind Meßwerte durch Ablesen und Aufschreiben digitalisiert worden, ist eine Eingabe in den Rechner über Lochkarten möglich. Diese Methode eignet sich jedoch nicht für große Datenmengen, da sie sehr materialaufwendig, relativ langsam und wegen mechanischen Verschleißes der Lochbandstanzer ziemlich störanfällig ist. Wesentlich günstiger ist die Speicherung von Daten auf Medien wie Magnetbändern, Platten, Trommeln, die einmal wesentlich höhere Geschwindigkeiten zulassen und auch mehrfach nutzbar sind, aber immer durch einen Digitalrechner gesteuert werden müssen. Der Ablauf der Datenübernahme ist dabei so, daß zunächst der Kernspeicher der Digitalrechner mit digitalisierten Meßwerten belegt wird und anschließend der Speicherinhalt auf das entsprechende Speichermedium übertragen wird. Die Erfassungsgeschwindigkeit richtet sich nach der Umsetzgeschwindigkeit der verwendeten ADU und der Rechengeschwindigkeit des Digitalrechners. Rechnergekoppelte ADU erreichen Geschwindigkeiten von 10 000 in Sonderfällen bis 100 000 Umsetzungen je Sekunde. Die erfaßbare Datenmenge ist durch die Kernspeicherkapazität des Rechners begrenzt, jedoch kann nach der Übertragung des Kernspeicherinhalts auf das Speichermedium die Datenerfassung wiederholt werden. Die dabei auftretenden „Pausen" bei der Datenerfassung richten sich nach der Zugriffsgeschwindigkeit des Speichers.
Magnetbänder bzw. Magnetbandkassetten sind billig, leicht auswechselbar, haben aber relativ große Zugriffszeiten (etwa 0,4 s für 1000 Daten). Platten- und Trommelspeicher haben die geringsten Zugriffszeiten ($< 0,1$ s für 1000 Daten). Bei Wechselplattenspeichern ist die Platte ($1,9 \cdot 10^6$ Daten/Platte) austauschbar, der Trommelspeicher (etwa 100 000 Daten) ist es nicht. In Bild 7.29 sind die wichtigsten Grundtypen digitaler Speicher zusammengestellt.

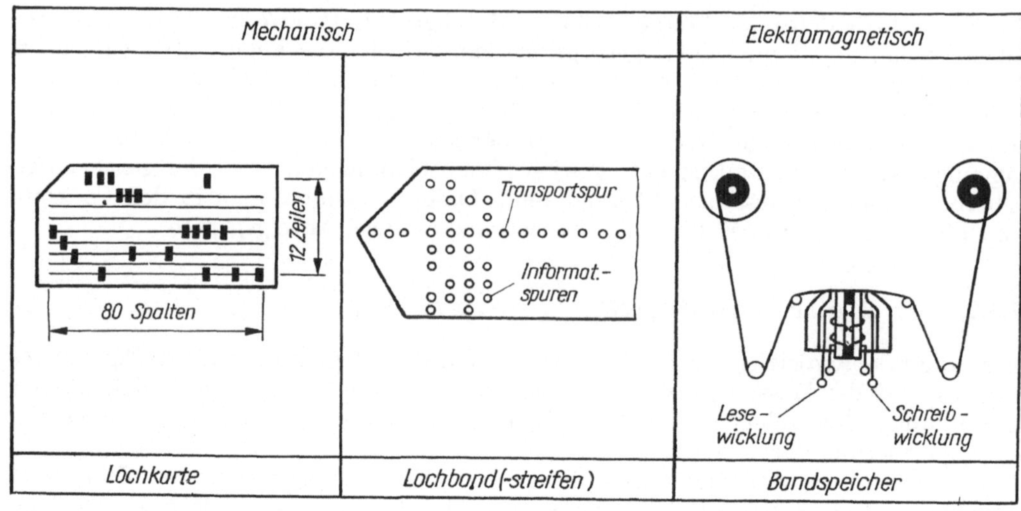

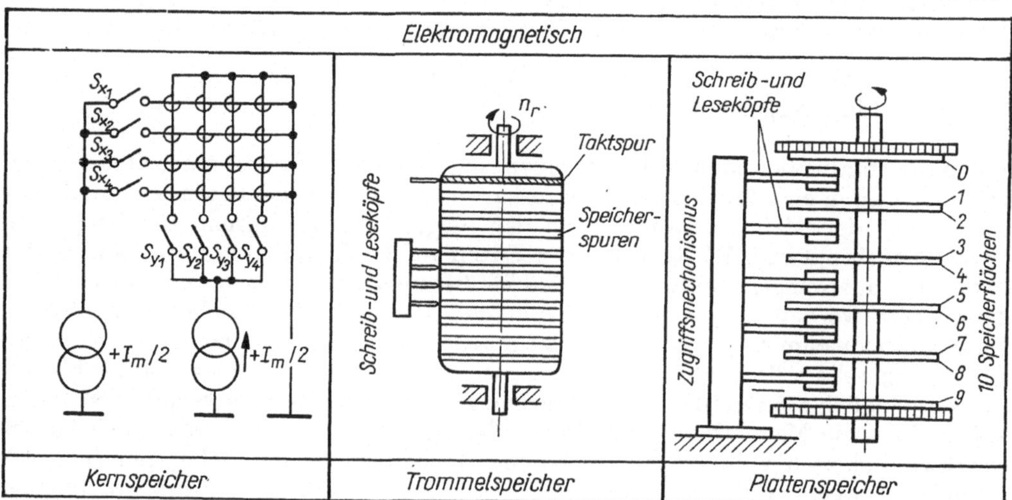

Bild 7.29. Grundtypen digitaler Speicher

Eine wichtige Anwendung sind die Meßmagnetbänder mit *PCM-Technik* (Pulse-code-modulation). Das abzuspeichernde Analogsignal wird vor der Speicherung mit Hilfe eines ADU digitalisiert und ist dann sowohl digital für eine digitale Verarbeitung als auch in analoger Form über Digital-Analog-Umsetzer (DAU) abrufbar.
Die einmal erfaßten und abgespeicherten Daten lassen sich mit Hilfe des Rechners wieder langsam als Zahlenliste ausgeben oder über DAU auch wieder in eine analoge elektrische Spannung umwandeln und mit Hilfe eines XY-Schreibers aufzeichnen. Dabei ist die Ausgabe der Daten selbst von untergeordneter Bedeutung, da die Daten im Rechner verarbeitet, verdichtet und so nur ausgewählte Parameter ausgegeben werden müssen. Spezielle Fragen der digitalen Meßdatenauswertung werden in Abschn. 9. behandelt.

7.7.   Kalibrierung von Meßeinrichtungen

7.7.1.   Zweck der Kalibrierung

Jede Meßeinrichtung stellt die Meßgröße in einer für den Ingenieur brauchbaren Form dar, meist in Form von Längen, Winkeln, Funktionsverläufen oder Zahlen. Aufgabe und Zweck der *Kalibrierung* ist es, den zur Anzeige oder anderweitigen Darstellung gelangenden Größen die gesuchten Werte der Meßgröße eindeutig zuzuordnen.

Die Kalibrierung einer Meßeinrichtung beschränkt sich auf die Angabe der Empfindlichkeit in Abhängigkeit von der Frequenz einer harmonischen Meßgröße, das heißt auf die Angabe des Frequenzganges.

Bei den meisten Geräten kann man unterstellen, daß die Empfindlichkeit bei einer festen Frequenz eine Konstante (der Übertragungsfaktor) ist, das heißt, daß innerhalb der angegebenen Einsatzgrenzen und unter Beachtung dynamischer Meßfehler (s. 7.1.7.) ein linearer Zusammenhang zwischen Meßgröße und Anzeige besteht. Deshalb kann die Bestimmung der Frequenzabhängigkeit der Empfindlichkeit bei einer beliebigen Amplitude der Meßgröße erfolgen.

Für die große Gruppe der Meßeinrichtungen, deren Arbeitsbereich die Frequenz Null enthält oder die nur bei dieser Frequenz arbeiten, wird man natürlich eine statische Kalibrierung der Empfindlichkeit mittels einer konstanten Meßgröße vornehmen. Ist wie bei piezoelektrischen oder elektrodynamischen Aufnehmern die Messung statischer Größen ausgeschlossen, muß eine dynamische Kalibrierung erfolgen.

7.7.2.   Verfahren zur Kalibrierung

Die Verfahren zur Kalibrierung von Meßeinrichtungen in Form von Meßketten aus mehreren Elementen unterscheiden sich durch die Art und Weise der Bereitstellung der Meßgröße, die zur Kalibrierung benutzt wird. Wir unterscheiden folgende Verfahren.

1. Bereitstellung einer definiert erzeugten Meßgröße

Eine definierte Meßgröße kann erzeugt werden, wenn die Meßgröße mit einfachen, aber wesentlich genaueren, meist statischen Längenmeßverfahren[1] bestimmt werden kann. Hierzu gehört die Erzeugung einer definierten Dehnung eines Zug- oder Biegestabes durch Messung der auftretenden Gesamtverformung oder die Erzeugung einer harmonischen Schwingung mittels Exzenters.

Außer der Meßeinrichtung werden bei dieser Art Kalibrierung keine Hilfsmittel benötigt. Zu beachten ist die Rückwirkung der Meßeinrichtung, insbesondere des Aufnehmers auf das Meßobjekt. Bei kleinen Objekten darf z. B. bei dynamischen Messungen keine große Masse angekoppelt werden.

Diese Art der Kalibrierung ist die sicherste, aber zugleich die aufwendigste. Die Kalibrierung muß letzten Endes durch andere, genauere Messungen garantiert werden.

---

[1] Die heutige Längeneinheit m wurde 1795 als definiert erzeugte Meßgröße in Paris festgelegt (Pariser Urmeter)

Vornehmlich sind derartige Verfahren staatlichen Einrichtungen vorbehalten. Man spricht in diesem Zusammenhang von einer *Eichung.*

2. Bereitstellung einer undefiniert erzeugten Meßgröße

Bei diesem Verfahren wird eine beliebige mit der Meßeinrichtung meßbare Meßgröße erzeugt und außer mit der zu kalibrierenden Meßeinrichtung noch mit einer zweiten möglichst genaueren und bereits kalibrierten oder geeichten Meßeinrichtung gemessen. Solche Meßeinrichtungen sind oft in Form beglaubigter Betriebsnormale vorhanden.

3. Kalibrierung durch Simulation der Meßgröße

Bei elektrischen Meßeinrichtungen wird die Meßkette ohne den Aufnehmer dadurch kalibriert, daß ein reproduzierbares kalibriertes *elektrisches* Signal im Meßgerät selbst erzeugt wird (das ist beim heutigen Stand der Technik mit hoher Genauigkeit möglich) und statt des Wandlerausgangs angeschlossen wird. Die speziellen Eigenschaften des Aufnehmers lassen sich durch die zu jedem kommerziell hergestellten Aufnehmer mitgelieferten Daten über die Empfindlichkeit und den Frequenzgang berücksichtigen.

Diese Art der Kalibrierung hat sich allgemein durchgesetzt. Die erzielte Genauigkeit entspricht mit etwa 1% Fehler den üblichen Anforderungen, und beim Einsatz unter Betriebsbedingung ist es die einzige Art der Kalibrierung, die mit vertretbarem Aufwand möglich ist, weil die Mitführung von Einrichtungen zum Erzeugen definierter Meßgrößen zu aufwendig ist und Betriebsnormale, sofern vorhanden, für reine Meßzwecke nicht eingesetzt werden dürfen.

Bei der Kalibrierung durch Simulation der Meßgröße ist zu beachten, daß der Aufnehmer, der den Gesamtfehler entscheidend bestimmt, nicht kalibriert wird (s. 7.1.7.).

4. Reziprozitätsverfahren

Die zur Kalibrierung einer Meßkette erforderliche Frequenzgangbestimmung bedient sich bestimmter Hilfsmittel (z. B. eines Koordinatenschreibers), deren Frequenzgänge nicht in jedem Fall bekannt sind. Um derartige Fehler bei genauen Messungen zu eliminieren, ist für Aufnehmer, deren Wandlereffekt umkehrbar ist, das sogenannte Reziprozitätsprinzip bekannt [7.4, 7.21]. Hierbei werden zwei Aufnehmer hintereinandergeschaltet, wobei der zweite mit dem Umkehreffekt betrieben wird. Daraus erhält man das Produkt der beiden Frequenzgänge. Aus einer zweiten Messung in Parallelschaltung erhält man den Quotienten der beiden Frequenzgänge. Dieses Verfahren ist zwar umständlich, stellt aber oft den einzigen Weg zu genauen Ergebnissen dar.

7.8.   Spezielle Meßeinrichtungen für mechanische Größen

Aus den bisher behandelten Elementen der Meßkette lassen sich Meßeinrichtungen für alle interessierenden mechanischen Größen kombinieren. Die Entwicklung ist aber in den letzten beiden Jahrzehnten so verlaufen, daß zunehmend universelle Geräte entwickelt wurden, mit denen sowohl mehrere mechanische Größen auf der Basis eines einheitlichen Meßprinzips gemessen werden können als auch Aufgaben der Auswertung von Meßergebnissen (Abschn. 9.) in die Geräte integriert sind.

In der industriellen Praxis haben sich zwei wesentliche Grundtypen von Gerätesystemen bewährt, die sich hauptsächlich durch die verwendeten Aufnehmer unterscheiden. Es handelt sich einmal um Gerätesysteme auf der Basis überwiegend aktiver Wandler für die Messung dynamischer Größen. Dabei haben sich piezoelektrische und elektrodynamische Aufnehmer weltweit bewährt und werden in einem breiten Sortiment industriell hergestellt. Als zweiter Grundtyp sind Gerätesysteme auf der Basis passiver Wandler, vorwiegend Dehnungsstreifen, von Bedeutung. Eine Darstellung dieses zweiten Typs erfolgt in 8.5. Die Entwicklung der sehr leistungsfähigen, aber auch teuren Gerätesysteme verläuft in Richtung solcher Geräte, an die mehrere verschiedene Aufnehmertypen anschließbar sind.

7.8.1.   Meßsysteme auf der Basis piezoelektrischer Aufnehmer

7.8.1.1.   Bauarten piezoelektrischer Aufnehmer

Das in 7.4.1.3. dargestellte Wandlerprinzip wird in den industriell hergestellten Aufnehmern auf verschiedene Art realisiert. Drei übliche Bauarten werden in Bild 7.30 gezeigt.

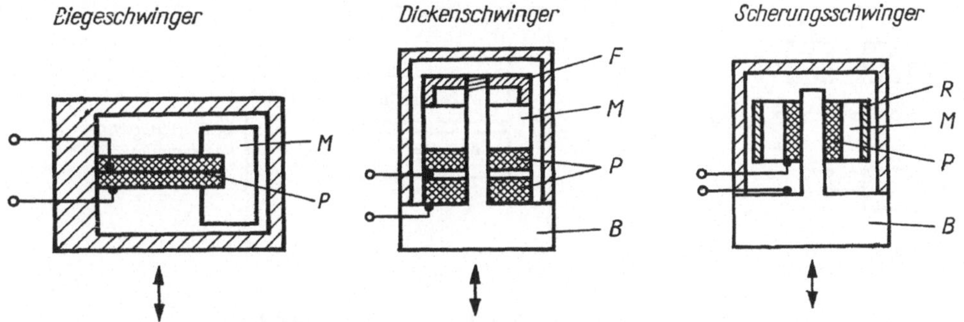

Bild 7.30. Grundtypen piezoelektrischer Aufnehmer
M Masse, P Piezowandler, B Basis, F Vorspannfeder, R Vorspannung

Das Kernstück des Beschleunigungsaufnehmers ist ein piezoelektrisches Wandlerelement, das mit einer Masse zu einem Biege-, Dicken- oder Scherungsschwinger gekoppelt ist. Wird ein solches System in Schwingrichtung beschleunigt, so verformt die Trägheitskraft der Masse das Wandlerelement, wodurch elektrische Ladungen erzeugt werden, die der Beschleunigung des Aufnehmers proportional sind.
Von den in Bild 7.30 dargestellten Typen haben sich im Laufe der Entwicklung besonders die Dicken- und Scherungsschwinger durchgesetzt. Die relativ empfindlichen Biegeschwinger haben den Nachteil einer großen Querempfindlichkeit.
Der Übertragungsfaktor (Empfindlichkeit) des Beschleunigungsaufnehmers wird angegeben in Ladung oder Spannung je Beschleunigungseinheit (pC/ms^{-2} oder mV/ms^{-2}). Hergestellt werden Aufnehmer mit Übertragungsfaktoren von 0,05 bis $1000\ mV/ms^{-2}$, wodurch ein Beschleunigungsbereich von $1000\ kms^{-2}$ bis $20\ \mu ms^{-2}$ meßtechnisch erfaßt werden kann.
Der nutzbare Frequenzbereich wird durch den Frequenzgang des Schwingungssystems Masse—Wandlerelement bestimmt. Die obere Grenzfrequenz liegt bei etwa 1/3 der Resonanzfrequenz und kann dem vom Hersteller mitgelieferten Kennblatt des Aufnehmers entnommen werden. (Die Angaben beziehen sich auf den Frequenzgang

bei fest stehendem Gehäuse). Die untere Grenzfrequenz wird vom nachgeschalteten Verstärker und von eventuellen Temperaturschwankungen der Umgebung des Aufnehmers bestimmt. Bei modernen Aufnehmertypen liegt die untere Grenzfrequenz unter 1 Hz.

Für übliche Schwingungsmessungen im Maschinenbau sind universelle Aufnehmer mit normierten Empfindlichkeiten von $1\,\mathrm{mV/ms^{-2}}$ bis $10\,\mathrm{mV/ms^{-2}}$ entwickelt worden. Daneben wird eine Reihe von Aufnehmertypen angeboten, die für spezielle Anwendungen besonders geeignet sind (Hochempfindlichkeitsaufnehmer, Miniaturaufnehmer, Aufnehmer für hohe Umgebungstemperaturen, Aufnehmer für Stoßmessungen).

7.8.1.2. Blockschaltbild einer Meßeinrichtung

Meßeinrichtungen auf der Basis piezoelektrischer Aufnehmer sind weit verbreitet. Da sie als Bausteinsysteme angeboten werden, kann hier nur eine prinzipielle Beschreibung in Form eines Blockschaltbildes erfolgen (Bild 7.31).

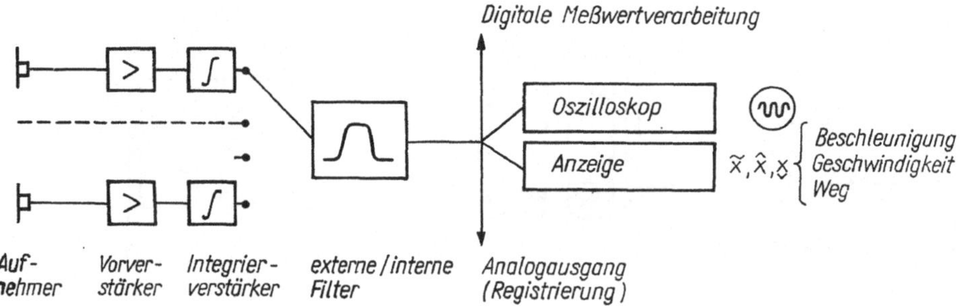

Bild 7.31. Blockschaltbild einer universellen Meßeinrichtung auf der Basis piezoelektrischer Aufnehmer

Die meist mehrkanaligen Geräte benutzen für Schwingungsmessungen piezoelektrische Aufnehmer, deren Signale entweder über einen Vorverstärker (zur Impedanzwandlung bei großen Kabellängen) oder direkt einem Integrierverstärker zugeführt werden. Dabei erhält man je nach Bedarf ein der Schwingbeschleunigung, der Schwinggeschwindigkeit oder dem Schwingweg proportionales Signal für die weitere Verarbeitung oder Anzeige. Die Signale können über externe oder interne Filter (9.4.6.) ausgewertet werden, und es erfolgt dann wahlweise eine Anzeige (Effektivwerte linear oder logarithmisch, oder Spitzenwerte), eine Darstellung auf einem Oszilloskop, eine analoge Registrierung bzw. eine für die weitere digitale Meßdatenverarbeitung geeignete Ausgabe. Zur Durchführung von Signalanalysen ist ein automatisierter Betrieb möglich.

Diese Systeme sind zugleich für akustische Messungen einsetzbar, indem statt des Integrierverstärkers ein Mikrofonverstärker verwendet wird. Außerdem ermöglicht das piezoelektrische Wandlerprinzip mit dem gleichen Gerätesystem die Messung dynamischer Kräfte. Die Vorzüge dieser Baukastensysteme liegen in dem sehr breiten Einsatzbereich von unter 1 Hz bis 50 kHz und in dem großen Dynamikbereich, der durch das Gerätesystem selbst, vor allem aber auch durch die unterschiedlich empfindlichen Aufnehmer erreicht wird.

7.8.2.   Meßsysteme auf der Basis elektrodynamischer Aufnehmer

Diese Systeme unterscheiden sich prinzipiell nicht von den in 7.8.1. betrachteten. Der Unterschied liegt nur im Aufnehmer. Sein Frequenzbereich ist kleiner als bei piezoelektrischen Aufnehmern, die untere Grenzfrequenz solcher Aufnehmer liegt zwischen 2 und 20 Hz, die obere bei etwa 5 kHz. Dafür ist die Empfindlichkeit größer (es gab sogar verstärkerlose Geräte). In einigen Geräten erfolgt eine elektronische Frequenzgangkorrektur zur Erweiterung des nutzbaren Frequenzbereichs.

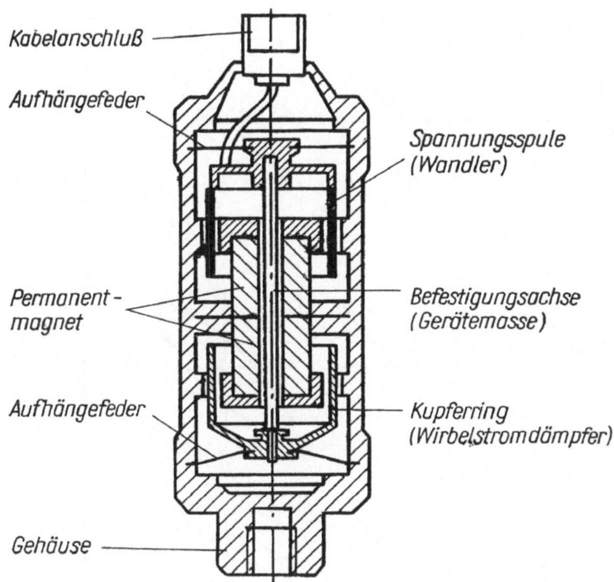

Bild 7.32. Schnitt durch einen elektrodynamischen Aufnehmer

Bild 7.32 zeigt einen Längsschnitt durch einen elektrodynamischen Aufnehmer. Der Aufnehmer arbeitet ohne Festpunkt und besitzt als tiefabgestimmte Masse die durch eine Befestigungsachse verbundenen beiden Spulen. Die membranförmigen Aufhängefedern gewährleisten die Beweglichkeit der Spulen in nur einer Richtung innerhalb des durch einen stabförmigen Permanentmagneten erzeugten Magnetfeldes. Eine der beiden Spulen dient als geschwindigkeitsproportionaler Wandler, die andere ist in Form eines Kupferringes kurzgeschlossen und fungiert als Dämpfung. In Verbindung mit batteriegespeisten handlichen Verstärkern und Anzeigegeräten sind solche Aufnehmer vielfältig als billige Schwingungsmesser in Gebrauch.

7.8.3.   Phasenmessungen

Für eine Reihe von Anwendungsfällen interessiert die relative Phasenlage von harmonischen Schwingungen zueinander. Dies betrifft Schwingungsanalysen, Frequenzgangmessungen und die Auswuchttechnik. Während mit Hilfe der Verfahren zur Frequenzanalyse (9.4.) die Bestimmung der Phasenlage im Rahmen einer *Fourier*analyse mit relativ hohem Aufwand erfolgt, gibt es einfache Verfahren, die ausschließlich der Phasenmessung dienen. Für die Messung des relativen Phasenwinkels zwischen zwei elektrischen harmonischen Signalen gleicher Frequenz sind bereits die *Lissajous*figuren auf einem Oszilloskop geeignet. Legt man zwei Spannungen gleicher Amplitude, $X_1 = A \cos 2\pi ft$ und $X_2 = A \cos (2\pi ft + \varphi)$, an die horizontalen und vertikalen Ablenkplatten einer Elektronenstrahlröhre, dann entsteht auf dem Leuchtschirm eine Ellipse. Diese Ellipse entartet für $\varphi = 0$, $\varphi = \pi$ zu einer Geraden und wird für $\varphi = \pi/2$ und $\varphi = 3\pi/2$ zu einem Kreis.

Für kleine Winkel, insbesondere für $\varphi \approx 0$, ist diese Methode sehr genau (Bild 7.33).

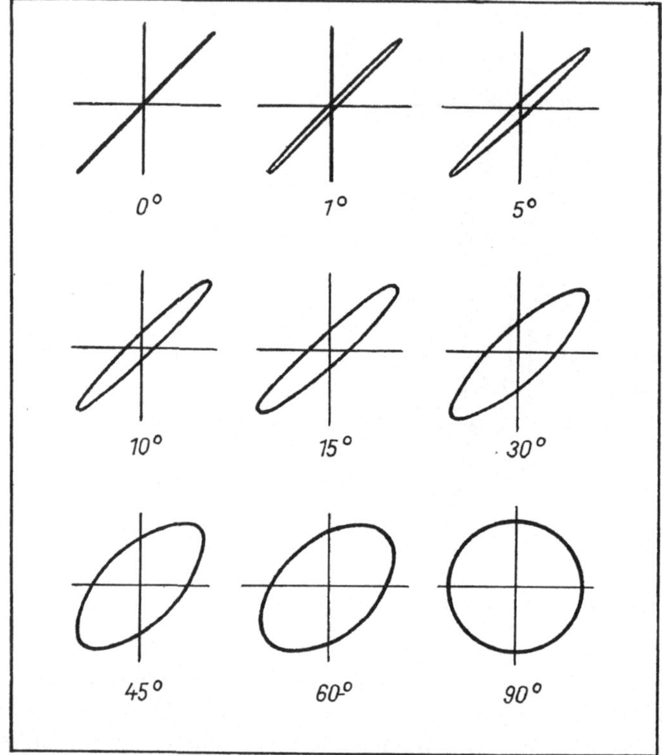

Bild 7.33. Phasenmessung mittels *Lissajous*figur auf einem Oszilloskop

Eine überschlägliche Abschätzung von Phasendifferenzen ist auch bereits aus Registrierschrieben möglich, indem die zeitlichen Abstände der gleichsinnigen Nulldurchgänge der beiden Signale in Bogenmaß umgerechnet werden.

Elektronische Phasenwinkelmesser zeigen den Winkel ebenfalls auf der Basis einer Messung von Zeitdifferenzen zwischen den Nulldurchgängen der beiden Signale unmittelbar als Zahlenwert analog oder digital an [7.1, 7.7]. Eine weitere Möglichkeit zur Phasenwinkelmessung bieten die in 9.4.6.2. behandelten multiplikativen Vergleichsschaltungen.

Alle Verfahren benötigen naturgemäß eine Bezugsspannung, deren Phasenwinkel als Null erklärt wird.

Hauptfehlerquellen bei der Durchführung von Phasenmessungen mechanischer Größen sind nicht die Ungenauigkeiten der Phasenmeßgeräte, sondern der Phasenfrequenzgang der Meßkette. Besonders in der Nähe der unteren Grenzfrequenz ist auf die Phasenfehler von Aufnehmer und Verstärker zu achten.

Eine weitere einfache Möglichkeit zur Phasenmessung harmonischer Schwingungen an Maschinen mit rotierenden Teilen bietet das *Lichtblitzstroboskop* (Bild 7.34). Die von dem rotierenden Teil verursachten Schwingungen werden gemessen und alle drehzahlfremden Komponenten unterdrückt (9.4.6.1.). Das verbleibende annähernd harmonische Signal wird verstärkt und die Amplitude begrenzt. Wird dieses Signal differenziert, so entsteht eine Impulsfolge. Durch Einweggleichrichtung wird jeder zweite Impuls unterdrückt. Mit der so entstehenden drehfrequenten Impulsfolge wird eine Stroboskopblitzlampe gesteuert, die eine auf dem rotierenden Teil angebrachte Winkelskale beleuchtet. Bei Drehfrequenzen oberhalb 10 Hz entsteht auf diese Weise der Eindruck eines stehenden Bildes, das die Ablesung eines Phasenwinkels gestattet.

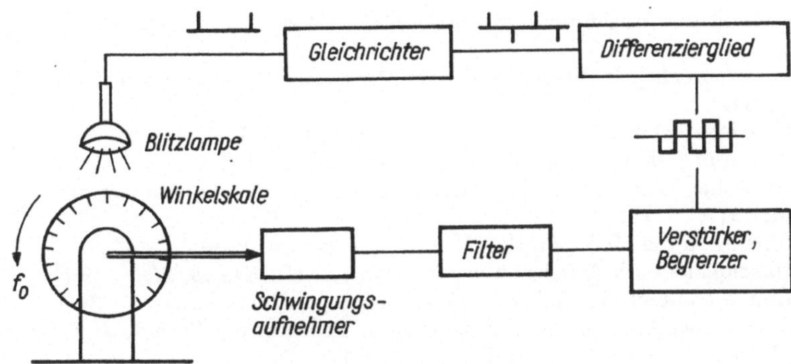

Bild 7.34. Phasenmessung mit Lichtblitzstroboskop

7.8.4.   Frequenzmessungen

Meßaufgaben, bei denen ausschließlich die Frequenz einer mechanischen Größe interessiert, sind relativ einfach durchzuführen, sofern es sich um Meßsignale mit einer ausgeprägten Periodendauer handelt. Durch Messung der Periodendauer wird die Frequenzmessung auf eine Zeitmessung zurückgeführt. Sehr niedrige Frequenzen lassen sich mit einer einfachen Stoppuhr bestimmen. Eine weitere einfache Methode ist die Auswertung von Registrierschrieben. Überwiegend benutzt man aber elektronische Geräte in Gestalt digitaler Zähler [7.17]. Dabei wird der Zeitverlauf zunächst in eine Folge von Rechteckimpulsen umgeformt und diese während einer vorgegebenen Meßzeit gezählt.

Auf dieser Basis entwickelte digitale Universalzähler besitzen als Zeitbasis einen Quarzoszillator und zwei komplette Zählkanäle. Durch Zählung der Differenz zweier Impulsfolgen lassen sich auch Frequenzdifferenzen sehr genau messen. Bei Geräten mit nur einem Zählkanal erfolgt in zwei gleichlangen Zeitintervallen eine Vor- und Rückwärtszählung. Derartige Meßaufgaben bestehen z. B. bei der Messung der Schlupfdrehzahl von Asynchronmotoren oder der Streckung eines Bandes beim Walzen.

Analoge Geräte zur Frequenzmessung gehen ebenfalls von Rechteckimpulsen aus, die auf gleiche Höhe und gleiche Breite normiert werden. Werden diese einem *RC-*

Tiefpaß zugeführt, erfolgt eine Mittelwertbildung. Der Mittelwert ist der Anzahl der Rechteckimpulse proportional. Auf der Basis dieser Impulsflächenmessung arbeiten die analogen Frequenzzeiger.

Ein sehr genaues analoges Verfahren zur Messung von Frequenzdifferenz ist in 9.4.6.2. beschrieben.

Die meisten modernen Schwingungsmeßgeräte besitzen Möglichkeiten zur Frequenzmessung. Bei komplizierten Schwingungsvorgängen mit vielen Frequenzkomponenten ist eine eingehende Frequenzanalyse (9.4.) erforderlich. Für wenige Harmonische sind in [7.1] und [7.11] Verfahren auf der Basis von Registrierschrieben dargestellt.

7.9.   Weiterführende Literatur

[7.1] Meßtechnik der Maschinendynamik / *Holzweißig, F.; Meltzer, G.* — Leipzig, 1978. — 418 S.

[7.2] Siehe entsprechende Standards oder Normen, ISO-Standard 2041, TGL 39128/29, DIN 1311.

[7.3] Informationstechnik / *Woschni, E. G.* — Berlin, 1981. — 408 S.

[7.4] Meßdynamik / *Woschni, E. G.* — Leipzig, 1972. — 194 S.

[7.5] Theoretische Grundlagen der Signal- und Informationsübertragung / *Kreß, D.* — Berlin, 1977. — 181 S.

[7.6] Einführung in die Meßtechnik / *Hart, H.* — Berlin, 1980. — 432 S.

[7.7] Informationstechnik Arbeitsbuch / *Woschni, E. G.; Krauß, M.* — Berlin, 1976. — 468 S.

[7.8] Handbuch Meßtechnik und Qualitätssicherung / *Hofmann, D.* — Berlin, 1981. — 416 S.

[7.9] Random Data: Analysis and Messurement Procedure / *Bendat, J. S.; Piercol, A. G.* — New York; London; Sydney; Toronto, 1971
Russ. Übersetzung, Moskau: Isdat. Mir, 1974. — 464 S.
Übersetzung des Sachtitels: Zufallsgrößen: Analyse- und Meßverfahren

[7.10] Signale und Systeme. Band 3 / *Lange, F. H.* — Berlin, 1973. — 391 S.

[7.11] Mechanische Schwingungen / *Fischer, U.; Stephan, W.* — Leipzig, 1984. — 332 S.

[7.12] Zufallsschwingungen mechanischer Systeme / *Heinrich, W.; Hennig, K.* — Berlin, 1977. — 228 S.

[7.13] Methoden der Fehler- und Ausgleichsrechnung / *Ludwig, R.* — Berlin, 1971. — 259 S.

[7.14] Meßfehler bei dynamischen Messungen und Auswertung von Meßergebnissen. Reihe Automatisierungstechnik. Band 90 / *Woschni, E. G.* — Berlin, 1972. — 76 S.

[7.15] Handbuch für elektrisches Messen nichtelektrischer Größen / *Rohrbach, C.* — Düsseldorf, 1967

[7.16] Einführung in die Betriebsmeßtechnik / *Hofmann, W.; Gatzmanga, H.* — Berlin, 1981. — 400 S.

[7.17] Elektrische Meßtechnik / *Schrüfer, E.* — München; Wien, 1983

[7.18] TGL 22747 Geräte und Einrichtungen zur Messung nichtelektrischer Größen, Schwingungsmeßeinrichtungen, Begriffe. 1975

[7.19] Physik / *Stroppe, H.* [u. a.] — Leipzig, 1981. — 464 S.

[7.20] Digitale Meßtechnik / *Ebert, J.; Jürres, E.* — Berlin, 1976. — 175 S.

[7.21] Eichung von Schwingungsaufnehmern nach dem Reziprozitätsmeßverfahren (Schriftenreihe „Elektrische Messung mechanischer und akustischer Größen") / *Erler, W.; Eggert, H.* — Dresden, 1968. — 32 S.

[7.22] Oszillografen-Meßtechnik / *Czech, J.* — Berlin-Borsigwalde, 1970. — 108 S.

8. Messen mit Dehnungsmeßstreifen

8.1. Einführung

Die Grundlagen für die Anwendung von Dehnungsmeßstreifen (kurz DMS) wurden im vorigen Jahrhundert geschaffen. *Wheatstone* veröffentlichte 1843 die Ergebnisse seiner Untersuchungen zur Brückenschaltung. Dabei berichtete er auch von Beobachtungen, daß sich der elektrische Widerstand von Drähten ändert, wenn diese gespannt werden. *Thomson*, seit 1892 Lord *Kelvin*, berichtete 1856 in einer Veröffentlichung über seine systematischen Analysen zum Nachweis der Abhängigkeit des elektrischen Widerstandes elektrischer Leiter von deren mechanischer Beanspruchung. *Eaten* berichtete 1930 über von *Carlson* durchgeführte Dehnungsmessungen, bei denen die Widerstandsänderung dünner Drähte infolge Dehnung ausgenutzt wurde. 1937 verwendeten *Simmons* im California Institute of Technology und auch *Ruge* im Massachusetts Institute of Technology dünne auf das zu untersuchende Bauteil aufgeklebte Widerstandsdrähte zu Dehnungsmessungen. Während *Simmons* die dünnen Drähte auf das Bauteil direkt aufklebte, kam *Ruge* bei seinen Experimenten der heutigen Anwendung der DMS schon ziemlich nahe. Er klebte den Meßdraht zunächst auf eine Papierfolie, versah die Enden mit dickeren Anschlußdrähten und konnte nun das den Meßdraht tragende Papier auf das zu untersuchende Bauteil kleben.

In den 50er Jahren setzte auch auf dem europäischen Festland die Entwicklung und Anwendung der Dehnungsmeßstreifen auf der Grundlage der Widerstandsänderungen dünner Drähte infolge Dehnung ein.

Innerhalb weniger Jahrzehnte entwickelte sich die Dehnungsmessung zu einer außerordentlich wichtigen, vielseitigen und vor allem weitverbreiteten Technik. Mehr noch als zum Ermitteln der Dehnung selbst, wird die Dehnungsmessung heute zur Bestimmung anderer physikalischer Größen eingesetzt. Besondere Bedeutung hat dabei der Meßwertaufnehmerbau mit Hilfe von DMS erlangt. Infolge seiner beispiellosen Anpassungsfähigkeit, auch unter schwierigen Nebenbedingungen, hat die Messung mit Hilfe von DMS eine dominierende Stellung errungen. Die Anwendungsvielfalt führte zu einer raschen Ausbreitung auf dem Gebiet der experimentellen Spannungsanalyse, während andere Vorteile, wie die erreichbare hohe Meßgenauigkeit, den Einsatz im Meßwertaufnehmerbau vorantrieben.

Neben den Vorteilen, die dieses Meßverfahren mit allen anderen elektrischen Meßverfahren gemeinsam hat, sind folgende wichtige Vorteile aufzuführen:

— kleine Bauform, geringe Masse und damit kleine Beeinflussung des dynamischen Verhaltens des Bauteils,
— einfache Anwendung,
— es können statische und dynamische Vorgänge gemessen werden,
— keine Ansprechschwelle,
— großer Meßbereich,
— hohe Auflösung,

— Möglichkeit der Kompensation von Störeffekten,
— Möglichkeit der selektiven Erfassung von Beanspruchungskomponenten durch geeignete Anordnung und Schaltung der DMS.

8.2.   Meßprinzip

Die Wirkungsweise der DMS beruht auf der Widerstandsänderung des Meßdrahtes infolge einer Dehnung. Der Widerstand R eines elektrischen Leiters mit konstantem Querschnitt ist proportional der Länge und umgekehrt proportional der Querschnittsfläche. Für einen Leiter mit kreisförmigem Querschnitt erhalten wir aus Gl. (7.14)

$$R = \varrho \, \frac{l}{\frac{\pi}{4} \, D^2} \tag{8.1}$$

mit ϱ spezifischer Widerstand des Leitermaterials, l Länge des Leiters, D Durchmesser des Leiters.

Setzen wir einen solchen Draht einer mechanischen Beanspruchung in seiner Längsrichtung aus, so ergibt sich eine relative Längenänderung

$$\frac{\Delta l}{l} = \varepsilon \tag{8.2}$$

eine relative Durchmesseränderung

$$\frac{\Delta D}{D} = -\nu\varepsilon \tag{8.3}$$

und eine relative Änderung des spezifischen Widerstandes

$$\frac{\Delta\varrho}{\varrho} = p\varepsilon \tag{8.4}$$

Dabei bedeuten: ε Dehnung, ν Querdehnzahl, p Materialkonstante.
Bilden wir nun das vollständige Differential von R nach Gl. (8.1), so erhalten wir

$$\frac{\mathrm{d}R}{R} = \frac{\mathrm{d}l}{l} - 2\,\frac{\mathrm{d}D}{D} + \frac{\mathrm{d}\varrho}{\varrho} \tag{8.5}$$

Bei Vernachlässigung der von höherer Ordnung kleinen Glieder in den endlichen Zuwächsen gilt für diese näherungsweise die Gl. (8.5) entsprechende Gleichung

$$\frac{\Delta R}{R} = \frac{\Delta l}{l} - 2\,\frac{\Delta D}{D} + \frac{\Delta\varrho}{\varrho} \tag{8.5a}$$

Mit den Gln. (8.2), (8.3) und (8.4) erhalten wir aus Gl. (8.5a) für die relative Widerstandsänderung

$$\frac{\Delta R}{R} = \varepsilon(1 + 2\nu + p) \tag{8.6}$$

Der Quotient aus der relativen Widerstandsänderung $\Delta R/R$ und der Dehnung ist eine charakteristische Größe für den Meßdraht. Er wird als *K-Faktor K* bezeichnet und ist ein Maß für die Empfindlichkeit des DMS:

$$K = \frac{\frac{\Delta R}{R}}{\varepsilon} = 1 + 2\nu + p \tag{8.7}$$

Der K-Faktor ist unabhängig von der Querschnittsform. Er setzt sich aus zwei Anteilen zusammen. Der Anteil $(1 + 2\nu)$ ergibt sich aufgrund der geometrischen Veränderung des Leiters, während der mit p bezeichnete Anteil die Änderung der elektrischen Leitfähigkeit des Leiters infolge von Gefügeänderungen beschreibt.
Zur Herstellung von DMS eignen sich vorzugsweise solche Leitermaterialien, deren Charakteristik in großen Dehnungsbereichen weitgehend konstant bleibt. In diesem Fall ist also die relative Widerstandsänderung des Drahtes der Dehnung proportional:

$$\frac{\Delta R}{R} = K\varepsilon \tag{8.8}$$

Die Erfahrung zeigt, daß der K-Faktor in dem für Dehnungsanalysen interessierenden Bereich als konstant angenommen werden kann.
An das Leitermaterial werden jedoch auch noch andere Forderungen gestellt, die ebenfalls erfüllt sein sollten.
Die wichtigsten seien genannt:

— Der K-Faktor soll möglichst groß sein, damit kleine Dehnungen große Widerstandsänderungen hervorrufen.
— Der spezifische Widerstand des Leitermaterials sollte ebenfalls groß sein, um eine hohe Auflösung zu erhalten.
— Die Widerstandsänderung soll in einem möglichst großen Bereich proportional der Dehnung sein.
— Der K-Faktor soll sich nicht mit der Zeit ändern (geringe Alterung).
— Das Leitermaterial soll auch gegenüber Temperaturänderungen möglichst unempfindlich sein.
— Gute Löt- bzw. Schweißbarkeit.
— Kleine Hysterese.
— Geringe Kriechneigung.

Der gebräuchlichste Leiterwerkstoff ist Konstantan (CuNi). DMS mit diesem Leitermaterial haben einen K-Faktor von etwa $K = 2$ ($\nu = 0{,}3$; $p \approx 0{,}3 \ldots 0{,}4$).

8.3.   Haupttypen der Dehnungsmeßstreifen (DMS)

Der prinzipielle Aufbau eines DMS ist in Bild 8.1 schematisch dargestellt. Die DMS bestehen gewöhnlich aus einer elektrisch nichtleitenden Unterlage aus Papier oder Kunststoff (Träger), auf die ein Meßgitter aus Draht oder Folie gebettet ist, das durch eine isolierende Decklage geschützt wird. Dickere Anschlüsse an den Meßgitterenden erleichtern den Anschluß der Kabel. Die einzelnen Schichten des DMS sind untrennbar miteinander verbunden. Als Meßgittermaterial eignen sich nur einige

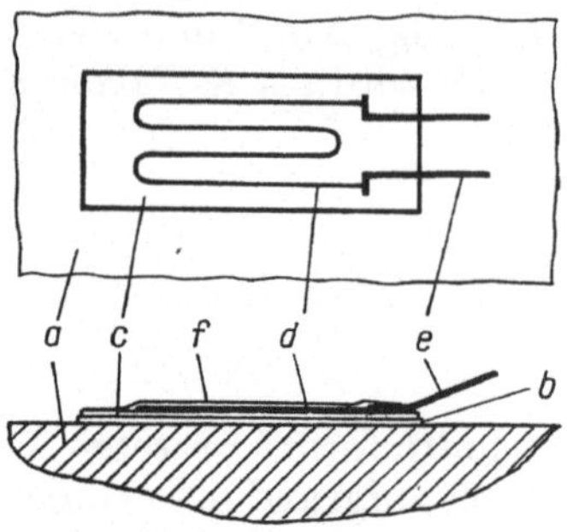

Bild 8.1. Aufbau eines DMS, schematisch
a Bauteil, *b* Klebeschicht, *c* Träger,
d Meßdraht, *e* Anschlußdrähte, *f* Deckschicht

wenige Materialien. Grundsätzlich unterscheidet man die *metallischen DMS* und die *Halbleiter-DMS*. Der Unterschied besteht sowohl in der Wirkungsweise als auch im Herstellungsverfahren. Zur Gruppe der „metallischen DMS" gehören die Draht-DMS und die Folien-DMS.

8.3.1.   Draht- und Folien-DMS

Draht-DMS

Draht-DMS sind historisch gesehen die ältesten DMS-Typen. Sie werden auch heute noch am häufigsten eingesetzt. Die wichtigsten Grundformen sind in Bild 8.2 dargestellt. Der gebräuchlichste Draht-DMS ist der *Gitterstreifen* (Bild 8.2a). Der Meßdraht (Durchm. 15 bis 25 μm) dieser DMS wird mäanderförmig (deshalb oft auch Mäandertyp genannt) auf den Träger aufgebracht, und seine Enden werden mit dickeren Anschlußdrähten verlötet. Der Vorteil dieses DMS-Typs ist die einfache und damit billige Herstellungsmöglichkeit.

Hauptnachteil des Gitterstreifens ist seine Querempfindlichkeit.

Durch die in den Umkehrbögen quer zur Meßrichtung verlaufenden Teile des Meßdrahtes wird durch eine quer zur Meßrichtung auftretende Dehnung die Anzeige verfälscht. Dieser Fehler kann jedoch rechnerisch berücksichtigt werden und ist zudem meist kleiner als 1%.

Der *Flachspulenmeßstreifen* (Bild 8.2b) entsteht, wenn man den Meßdraht auf einen flachen Kern wickelt. Auf diese Weise lassen sich sehr kurze Meßlängen herstellen. Nachteilig ist die größere Dicke dieser DMS, wodurch Meßfehler infolge Kriechen möglich sind.

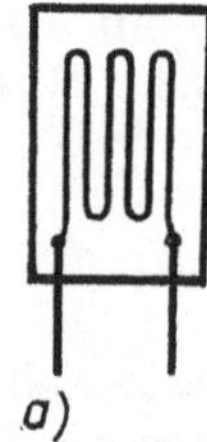
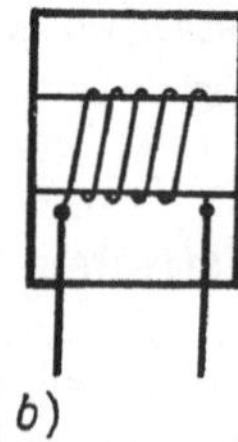
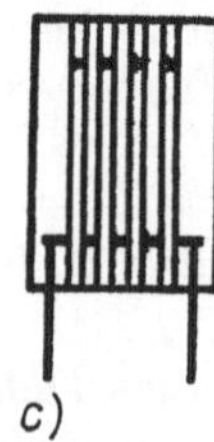

Bild 8.2. Ausführungsformen von Draht-DMS
a) Drahtgitter-DMS
b) Flachspulen-DMS
c) Querbrücken-DMS

Der *Querbrückenstreifen* (Bild 8.2c) entsteht durch das Auflegen einzelner Meßdrähte über die gesamte Länge des Trägers und Verbinden der Meßdrähte durch dickere Querbrücken. Dadurch erreicht man eine sehr geringe Querempfindlichkeit. Nachteilig sind die vielen Löt- oder auch Schweißstellen.

Draht-DMS sind für Meßgitterlängen $l \geqq 20$ mm rationell herzustellen. Sie sind für hohe Temperaturen besser geeignet und bei großen Dehnungen den anderen Typen technisch überlegen.

Folien-DMS

Das Meßgitter des Folien-DMS (Bild 8.3) entsteht aus einer 3 bis 5 μm starken Folie im Fotoätzverfahren oder durch Herausschneiden mit entsprechenden Matrizen. Besonders das Fotoätzverfahren erlaubt fast jede beliebige Gitterform, insbesondere

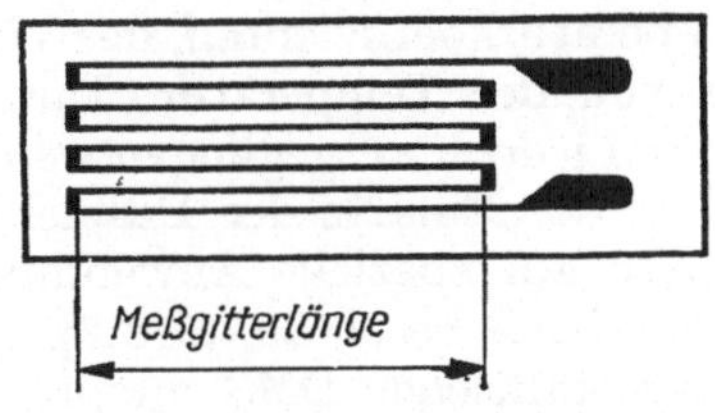

Bild 8.3. Folien-DMS

auch sehr kleine Formen. Besonders gestaltete Umlenk- und Anschlußstellen garantieren eine geringe Querempfindlichkeit sowie konstante Verhältnisse über die aktive Meßgitterlänge. Infolge der geringen Dicke entsteht ein größeres Oberflächen-Querschnitts-Verhältnis der Folien-DMS und damit eine wesentlich bessere Wärmeableitungsfähigkeit gegenüber den Draht-DMS. Dies erlaubt wiederum höhere Speisespannungen und damit besseres Auflösungsvermögen und größere Genauigkeit der Messung.

Durch die vergrößerte Oberfläche des Folien-DMS ergibt sich auch eine größere Klebefläche, wodurch das Problem des Kriechens verringert wird.

Wir wollen nun noch einige wichtige technische Daten, die für Draht- und Folien-DMS ähnlich sind, zusammenstellen:

Material: Konstantan (CuNi), Chrom-Nickel
K-Faktor: etwa $K = 2 \pm 0,03$
Widerstand: 120 bis 1000 Ω
Linearität: bis 1500 bis 4000 (10000) μm/m Meßfehler $< 0,1\%$ (1%)
Lastwechselzahl: größer als 10^6 bei $\pm$ 1000 μm/m Dehnung.

8.3.2.   Halbleiter-DMS

Der Meßeffekt der *Halbleiter-DMS* (Bild 8.4) beruht hauptsächlich auf dem von *Smith* 1954 entdeckten Piezowiderstandseffekt der Halbleiter. Der wesentliche Unterschied gegenüber den metallischen DMS besteht darin, daß die Widerstandsänderung

Bild 8.4. Halbleiter-DMS

infolge mechanischer Beanspruchung bis zu etwa 98% auf einer Änderung des spezifischen Widerstandes beruht, während nur der Rest auf eine geometrische Änderung zurückzuführen ist. In Gl. (8.7) kommt dies in dem mit p bezeichneten Anteil zum Ausdruck.

Für die Herstellung von Halbleiter-DMS werden Germanium- oder Silizium-Einkristalle verwendet, die zu stäbchenförmigen Körpern zersägt und an ihren Enden mit Lötfahnen für den Anschluß der Meßleitungen versehen werden. Sie werden dann ebenso wie die metallischen DMS auf das Meßobjekt aufgebracht.

Halbleiter-DMS können K-Faktoren im Bereich 50 bis 150 erreichen. Durch die Verwendung von p-leitendem und n-leitendem Silizium erreicht man auch unterschiedliche Vorzeichen der K-Faktoren und somit eine weitere Empfindlichkeitserhöhung bei entsprechender Anordnung der DMS in einer Brückenschaltung. Diese große Empfindlichkeit der Halbleiter-DMS ist ihr wesentlicher Vorteil. Der Hauptnachteil liegt in der relativ starken Änderung des Temperaturkoeffizienten, des Widerstandes und damit des K-Faktors in Abhängigkeit von der Temperatur. Durch spezielle Kompensationsschaltungen kann dieser Nachteil jedoch ausgeglichen werden [8.2].

Aufgrund dieser besonderen Anforderungen ist der Einsatz der Halbleiter-DMS im Rahmen der experimentellen Dehnungsanalyse auf spezielle Anwendungsfälle der Dehnungsmessung und des Meßwertaufnehmerbaus beschränkt [8.2]. In den folgenden Ausführungen stellen wir deshalb den metallischen DMS entsprechend seiner Bedeutung hinsichtlich der Anwendung in den Vordergrund.

8.4.   Wheatstonesche Brückenschaltung

DMS sind *passive Wandler* (siehe 7.4.2.), die die mechanische Größe „Dehnung" in die elektrische Größe „Widerstandsänderung" umformen. Zwischen beiden Größen besteht ein proportionaler Zusammenhang, s. Gl. (8.8). Geht man davon aus, daß die mit DMS meßbaren Dehnungen einen Bereich von etwa 1 μm/m bis etwa 10^{-1} m/m überstreichen, so erkennt man, daß auch die relativen Widerstandsänderungen der DMS entsprechend klein sind. Zur Messung dieser Widerstandsänderung bedient man sich fast ausschließlich der *Wheatstoneschen Brückenschaltung* (Bild 8.5). Die beiden Darstellungen in Bild 8.5 sind elektrisch identisch. Die vier Zweige der Brücke werden durch die Widerstände R_1 bis R_4 gebildet.

Wir wollen das Grundprinzip der *Wheatstone*schen Brückenschaltung der Übersichtlichkeit halber an der gleichspannungsgespeisten Meßbrücke erläutern.

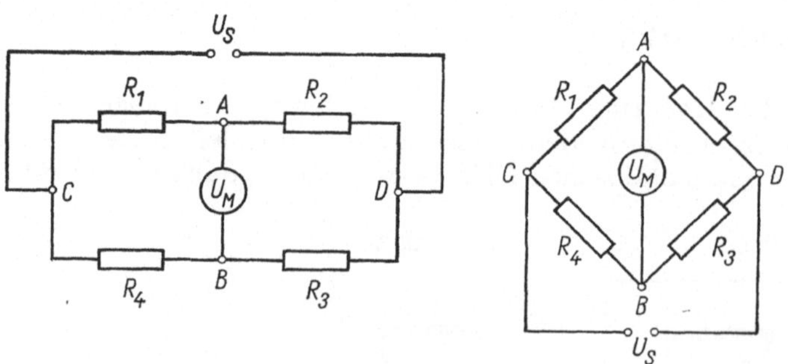

Bild 8.5. *Wheatstone*sche Brückenschaltung

Legt man an die beiden Punkte C und D eine bekannte konstante Spannung U_S (*Speisespannung*) an, so entsteht zwischen den Punkten A und B, der Meßdiagonalen, die *Meßspannung* U_M. Aufgrund des *Ohm*schen Gesetzes und des Maschensatzes gilt folgende Beziehung:

$$\frac{U_M}{U_S} = \frac{R_1}{R_1 + R_2} - \frac{R_4}{R_3 + R_4} \tag{8.9}$$

Die Meßspannung U_M ist Null, wenn Brückengleichgewicht herrscht. Dies ist gegeben, wenn die Widerstände der Brücke die Abgleichbedingung

$$\frac{R_1}{R_2} = \frac{R_4}{R_3} \tag{8.10}$$

erfüllen. In diesem Fall bezeichnen wir die Brücke als abgeglichen ($U_M = 0$). Für die weiteren Betrachtungen wollen wir voraussetzen, daß das Verhältnis Gl. (8.10) den Wert 1 annimmt. Das bedeutet, daß jeweils 2 Widerstände (R_1 und R_2 bzw. R_3 und R_4) der Brücke den gleichen Wert haben.

Wir nehmen nun an, daß die Brückenwiderstände jeweils aus einem konstanten und einem veränderlichen Anteil bestehen:

$$R_i = R_{i0} + \Delta R_i = R_{i0}\left(1 + \frac{\Delta R_i}{R_{i0}}\right)$$

$$R_i = R_{i0}(1 + r_i); \qquad i = 1, 2, 3, 4 \tag{8.11}$$

mit

$$r_i = \frac{\Delta R_i}{R_{i0}}$$

Mit Gl. (8.11) erhalten wir bei *Brückenverstimmung* ($\Delta R_i \neq 0$) aus Gl. (8.9)

$$\frac{U_M}{U_S} = \frac{1 + r_1}{2 + r_1 + r_2} - \frac{1 + r_4}{2 + r_3 + r_4} \tag{8.12}$$

Das Verhältnis U_M/U_S nennen wir den *Übertragungsfaktor der Brücke*.
Setzen wir noch voraus, daß die Widerstandsänderungen ΔR_i der DMS sehr klein gegenüber den Grundwiderständen R_{i0} sind ($\Delta R \ll R_0$) (dies trifft für die metallischen DMS zu), dann kann man für Gl. (8.12) in 1. Näherung schreiben

$$\frac{U_M}{U_S} \approx \frac{1}{4}\,(r_1 - r_2 + r_3 - r_4) = \frac{1}{4}\left(\frac{\Delta R_1}{R_{10}} - \frac{\Delta R_2}{R_{20}} + \frac{\Delta R_3}{R_{30}} - \frac{\Delta R_4}{R_{40}}\right) \tag{8.13}$$

Wir erkennen, daß die Meßspannung U_M der anliegenden Speisespannung U_S und der vorzeichenbewerteten Summe der relativen Widerstandsänderungen proportional ist.
Bei größeren relativen Widerstandsänderungen wird das Verhalten der Brücke nichtlinear, d. h., die Meßspannung hängt nicht nur von den r_i ab, sondern auch von höheren Potenzen der r_i.
Je nach Anwendungsfall werden 1, 2 oder 4 Widerstände der Brückenschaltung durch DMS gebildet. Die Ergänzung zur *Wheatstone*schen Brückenschaltung erfolgt in den Meßgeräten durch Hinzuschalten von Festwiderständen. 1, 2 oder 4 der DMS einer

Brückenschaltung können eine durch die zu messende Verformung hervorgerufene Widerstandsänderung erfahren. Wir nennen diese DMS *aktiv*, die anderen *passiv* oder *Kompensationsstreifen*.

Anhand einiger Spezialfälle wollen wir die Nützlichkeit der Brückenschaltung erläutern.

1. Brücke mit einem aktiven DMS (Viertelbrücke)

$$r_1 \neq 0, \; r_2 = r_3 = r_4 = 0$$

$$\frac{U_M}{U_S} = \frac{1 + r_1}{2 + r_1} - \frac{1}{2} = \frac{1}{4} \frac{r_1}{1 + r_1/2} \tag{8.14}$$

Für kleine Widerstandsänderungen r_i (metallische DMS) können wir Gl. (8.14) mit ausreichender Genauigkeit linearisieren und erhalten:

$$\frac{U_M}{U_S} \approx \frac{1}{4} \, r_1 = \frac{1}{4} \frac{\Delta R_1}{R_{10}} \tag{8.15}$$

Für größere Verstimmungen der Viertelbrücke muß die Nichtlinearität berücksichtigt werden.

2. Brücke mit zwei aktiven DMS (Halbbrücke)

a) $\qquad r_1 = -r_2, \qquad r_3 = r_4 = 0$

$$\frac{U_M}{U_S} = \frac{1}{2} \, r_1 = \frac{1}{2} \frac{\Delta R_1}{R_{10}} \tag{8.16}$$

Die Meßspannung ist bei gleichem r_i doppelt so groß wie bei der Viertelbrücke. Diese Halbbrücke zeigt keine Nichtlinearität des Brückenübertragungsfaktors.

b) $\qquad r_1 = r_3, \qquad r_2 = r_4 = 0$

$$\frac{U_M}{U_S} = \frac{1}{2} \frac{r_1}{1 + r_1/2} \tag{8.17}$$

Diese Halbbrücke zeigt wiederum nichtlineares Verhalten. Für kleine r_i können wir jedoch wieder linearisieren und erhalten wie im Fall a)

$$\frac{U_M}{U_S} \approx \frac{1}{2} \, r_1 = \frac{1}{2} \frac{\Delta R_1}{R_{10}} \tag{8.18}$$

3. Brücke mit 4 aktiven DMS (Vollbrücke)

$$r_1 = -r_2 = r_3 = -r_4$$

$$\frac{U_M}{U_S} = r_1 = \frac{\Delta R_1}{R_{10}} \tag{8.19}$$

Die Meßspannung ist bei gleichem r_i viermal so groß wie bei der Viertelbrücke. Die Vollbrücke zeigt keine Nichtlinearität des Brückenübertragungsfaktors.

Wir wollen nun noch die Verbindung zu den Dehnungen wieder herstellen. Diese ergibt sich sofort, wenn wir Gl. (8.8) in Gl. (8.13) einsetzen. Dabei setzen wir voraus, daß die DMS gleichen Grundwiderstand (Brücke ist abgeglichen) und gleichen K-Faktor haben.

Wir erhalten

$$\frac{U_\mathrm{M}}{U_\mathrm{S}} = \frac{K}{4} \left(\varepsilon_1 - \varepsilon_2 + \varepsilon_3 - \varepsilon_4 \right) \tag{8.20}$$

Die Tatsache, daß die Dehnungen, die von den einzelnen DMS erfaßt werden, mit unterschiedlichem Vorzeichen die Meßspannung beeinflussen, bietet folgende Vorteile:

— die Signale mehrerer DMS können addiert oder subtrahiert werden,
— Störeffekte können kompensiert werden,
— bei komplex beanspruchten Bauteilen können einzelne Beanspruchungskomponenten selektiv erfaßt werden.

Wie diese Vorteile bei konkreten Meßaufgaben ausgenutzt werden, wird später erläutert.

8.4.1.   Speisung der Brückenschaltung

Die *Wheatstone*sche Brückenschaltung kann sowohl mit Gleich- als auch mit Wechselspannung betrieben werden. Beide Speisungsarten haben ihre Vor- und Nachteile [7.1, 8.4].

Gleichspannungsspeisung
Wird die Brückenschaltung mit Gleichspannung gespeist, so tritt keine Phasenverschiebung zwischen Strom und Spannung auf. Um die Abgleichbedingung Gl. (8.10) zu erfüllen, ist also nur der ohmsche Widerstand der Brücke abzugleichen. Die vorhandenen Kabel- und DMS-Kapazitäten haben keinen Einfluß auf das Meßergebnis, solange bei dynamischen Messungen die höchste wiederzugebende Frequenz unter etwa 1000 Hz liegt. Dies ist bei fast allen technischen Messungen der Fall. Eine Abschirmung der Kabel ist nicht erforderlich. Eingestreute 50-Hz-Störspannungen und Schaltkapazitäten beeinflussen die Messung nicht. Es ist aber unbedingt auf einen hohen Isolationswiderstand zu achten. Bei dynamischen Messungen oberhalb 1000 Hz muß man den Einfluß der Kabelkapazitäten berücksichtigen.

Wechselspannungsspeisung
Wird die Brückenschaltung mit einer Wechselspannung geringer Frequenz bis etwa 1000 Hz gespeist, so können noch unabgeschirmte Kabel verwendet werden, und die Brückenschaltung braucht nicht zusätzlich kapazitiv (Phasenabgleich) abgeglichen zu werden, weil der Einfluß der Kapazitäten gering ist. Die Verstärkung der Wechselspannung ist mit relativ geringem Aufwand möglich.
Für eine gute Wiedergabe dynamischer Messungen muß die Frequenz der Speisespannung (Trägerfrequenz) wenigstens fünfmal so hoch sein wie die höchste wiederzugebende Frequenz der Dehnung. Daraus resultiert die Grenze der Anwendbarkeit von Speisespannungen geringer Frequenz, die einen Kompromiß zwischen Gleichspannung und Wechselspannung hoher Frequenz darstellen.
Um das breite Band der technischen Anwendungen meßtechnisch erfassen zu können, werden in den meisten Standardgeräten Speisespannungen mit einer Frequenz von 5 kHz verwendet. Bei Verwendung von Speisespannungen mit solcher Frequenz müssen abgeschirmte Meßkabel eingesetzt werden, und die Brückenschaltung muß

zusätzlich kapazitiv abgeglichen werden, da der Einfluß der Kabel- und DMS-Kapazitäten nicht mehr vernachlässigbar ist und eine Phasenverschiebung zwischen Strom und Spannung auftritt. Der kapazitive Abgleich, die Beseitigung der Phasenverschiebung zwischen Strom und Spannung, erfolgt durch Parallelschalten von Kondensatoren in den Brückenabschnitten.

8.4.2.   Kalibrierung der Meßschaltung

Nur in Ausnahmefällen wird am Anfang der Messung eine kalibrierte Meßeinrichtung (Brückenschaltung einschließlich Verstärker sowie Anzeige- oder Registrierteil) zur Verfügung stehen. Wir sind daher gezwungen, die Meßeinrichtung zu *kalibrieren* (s. 7.7.). Im folgenden wollen wir mehrere Möglichkeiten beschreiben.
Eine Möglichkeit besteht darin, daß eine *Dehnung elektrisch simuliert* wird. Dies geschieht, indem man nach dem Abgleich der Brückenschaltung den Widerstand eines DMS (R) durch Parallelschalten eines bekannten Widerstandes (R_p) definiert ändert. Da die Änderung nur sehr klein sein darf, muß $R_\mathrm{p} \gg R$ sein. Es gilt dann:

$$\frac{\Delta R}{R} = -\frac{R}{R + R_\mathrm{p}} \approx -\frac{R}{R_\mathrm{p}} \tag{8.21}$$

Um eine Widerstandsänderung von 1‰ zu erzeugen, muß der Parallelwiderstand zu einem DMS-Widerstand von $R = 300\ \Omega$ $R_\mathrm{p} = 300\ \mathrm{k\Omega}$ betragen. Bei bekanntem K-Faktor ist die so simulierte Dehnung

$$\varepsilon = -\frac{1}{K}\frac{R}{R_\mathrm{p}} \tag{8.22}$$

Daraus läßt sich der Ausschlag des Anzeigeinstrumentes je Dehnungseinheit ableiten, oder das Anzeigeinstrument wird mittels eines kontinuierlich verstellbaren Verstärkers direkt auf die Anzeige der Dehnung kalibriert. Die Kalibrierung gilt für den Fall, daß nur ein DMS aktiv ist. Sind mehrere DMS der Brückenschaltung aktiv, so ist der Kalibrierwert entsprechend dem Brückenübertragungsfaktor proportional umzurechnen oder die angezeigten Meßwerte müssen korrigiert werden.
Für die elektrische Simulation der Dehnung nach dieser Methode gibt es ein Standardgerät, das *Dehnungsnormal*, welches bei Verwendung üblicher DMS eine einfache Handhabung gestattet.
Die Kalibrierung der Meßeinrichtung nach dieser Methode ist unabhängig von der Speisespannung und besonders dann anzuwenden, wenn lange Verbindungskabel nötig sind, da der Einfluß des Kabelwiderstandes nach dieser Methode berücksichtigt wird.
Eine zweite Möglichkeit ist die *Kalibrierung mit Hilfe innerer Mittel* der Meßeinrichtung. Diese Kalibrierungsart läßt bei vielen Standardgeräten ohne zusätzliche Verbindungen eine einfache Kalibrierung zu. Es wird bei abgeglichener Brücke eine geringe von der Speisespannung abgekoppelte Spannung, die einer simulierten Dehnung entspricht, dem Verstärker zugeführt.
Der zugeordnete Wert der simulierten Dehnung ε_kal gilt bei den meisten Geräten nur für den K-Faktor 2 und den Fall, daß nur ein aktiver DMS verwendet wird. Bei abweichendem K-Faktor und bei n aktiven DMS wird durch die Kalibrierschaltung

tatsächlich die Dehnung

$$\varepsilon_{\mathrm{kal}}^{*} = \frac{2}{K} \cdot \frac{1}{n}\, \varepsilon_{\mathrm{kal}}$$

simuliert.

Der kontinuierlich verstellbare Verstärkungsgrad wird nun so eingestellt, daß das Anzeigeinstrument direkt die simulierte Dehnung $\varepsilon_{\mathrm{kal}}^{*}$ anzeigt. Diese Kalibrierungsart ist unabhängig vom DMS-Widerstand und ohne weitere Korrektur für Meßkabellängen bis etwa 15 m ausreichend.

Zuletzt wollen wir noch die Möglichkeit der *Erzeugung einer definierten Dehnung* angeben. Dabei wird z. B. aus DMS eine Meßanordnung auf einen Biegestab, der einer reinen Biegebeanspruchung unterliegt, geklebt. Die bei Belastung auftretende Dehnung läßt sich theoretisch bestimmen, so daß man das Meßgerät mit einer solchen Vorrichtung für eine bestimmte Speisespannung kalibrieren kann. Ändern sich bei späteren Messungen die Anzahl der aktiven DMS, der K-Faktor oder die Speisespannung, so ist eine einfache proportionale Umrechnung möglich. Diese Kalibrierungsart hat jedoch von den aufgeführten die geringste Bedeutung.

8.5.   Meßgeräte für das DMS-Verfahren

Die meisten Standardgeräte zur Dehnungsmessung mit Hilfe von DMS arbeiten mit einer Wechselspannung als Speisespannung. Dies ermöglicht außer der Verwendung ohmscher Wandler auch den Anschluß induktiver und kapazitiver Wandler. Meßverstärker dieser Art bezeichnet man als *Trägerfrequenzmeßverstärker*, die Speisespannung als Trägerspannung und ihre Frequenz als Trägerfrequenz. Trägerfrequenzmeßverstärker werden hauptsächlich für die Messung mit metallischen DMS eingesetzt. Auch Halbleiter-DMS können mit derartigen Geräten betrieben werden. Der Vorteil der Halbleiter-DMS, die größere relative Widerstandsänderung, wird dabei jedoch nicht ausgenutzt. Deshalb werden für Halbleiter-DMS spezielle Meßgeräte eingesetzt.

8.5.1.   Trägerfrequenzmeßverstärker

Die Arbeitsweise eines Trägerfrequenzmeßverstärkers wollen wir anhand des vereinfachten Blockschaltbildes nach Bild 8.6 erklären. Der Eingang derartiger Meßgeräte ist so ausgeführt, daß wahlweise

— eine Halbbrücke aus einem aktiven DMS und einem Kompensationsstreifen,
— eine Halbbrücke aus zwei aktiven DMS oder
— eine Vollbrücke aus DMS

angeschlossen werden können. Die entsprechende Ergänzung zu einer *Wheatstone*schen Brückenschaltung erfolgt im Gerät durch Ergänzungswiderstände. Der Abgleich der Brücke ($U_M = 0$) geschieht über im Meßgerät befindliche fein verstellbare ohmsche Widerstände (R-Abgleich) und Kapazitäten (C-Abgleich). Der kapazitive Abgleich ist erforderlich, um die infolge der Verwendung einer Wechselspannung als Speisespannung auftretende Phasenverschiebung zwischen Strom und Spannung abzugleichen (s. 7.4.2.). Der ohmsche und kapazitive Abgleich müssen dabei

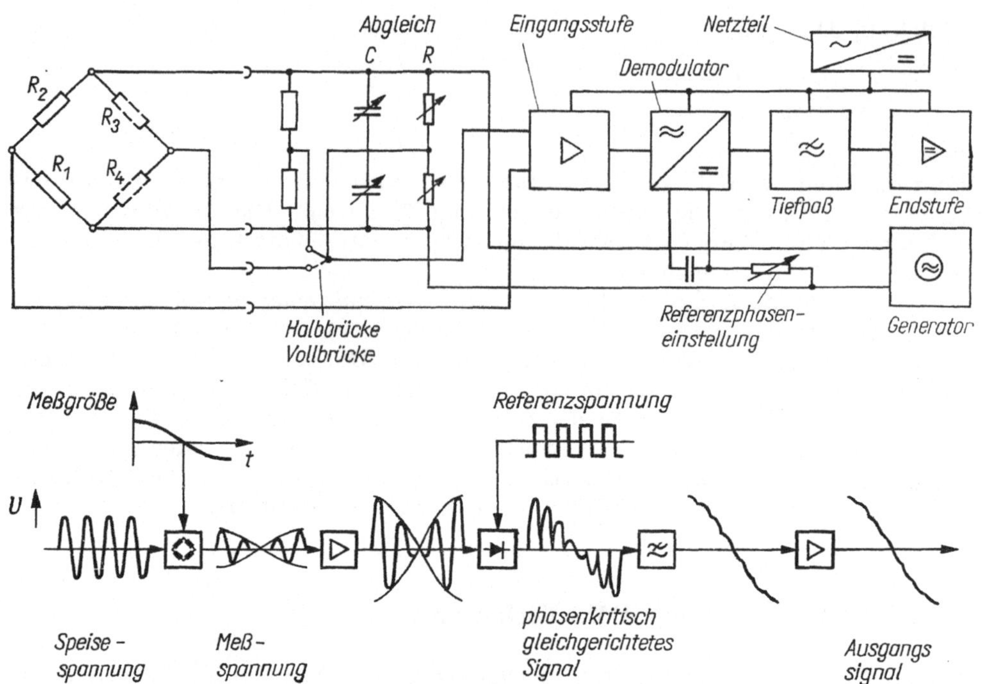

Bild 8.6. Vereinfachtes Blockschaltbild und Signalfluß eines Trägerfrequenzmeßverstärkers

in der Bedienungsanleitung angegebenen Reihenfolge stufenweise abwechselnd durchgeführt werden, da sie sich gegenseitig beeinflussen.

Die Brückenspeisespannung wird von einem bezüglich Spannung und Frequenz hochstabilisierten Wechselspannungsgenerator geliefert. Sie ist oft in mehreren Stufen einstellbar. Die meisten handelsüblichen Geräte arbeiten mit einer Trägerfrequenz von 5 kHz, aber auch andere Frequenzen werden verwendet.

Werden nun ein oder mehrere Widerstände der mit der Wechselspannung gespeisten und zuvor abgeglichenen Brücke infolge einer Dehnung verändert, so entsteht an der Meßdiagonalen eine der Dehnung proportionale Meßspannung. Diese Meßspannung hat die Frequenz der Speisespannung, und der Verlauf der Hüllkurve entspricht dem Verlauf der Meßgröße (Amplitudenmodulation). Wechselt die Meßgröße das Vorzeichen (Übergang von positiver zu negativer Dehnung), so springt die Phase der Meßspannung gegenüber der Speisespannung um 180°. Somit enthält die Meßspannung durch ihre Phasenlage auch die Information über das Vorzeichen der Dehnung. In der Eingangsstufe des Meßverstärkers wird die Meßspannung verstärkt. Der Frequenzbereich des Verstärkers ist so ausgelegt, daß nur die Trägerfrequenz verstärkt wird (schmaler Frequenzübertragungsbereich) und alle außerhalb der Trägerfrequenz liegenden Störfrequenzen unterdrückt werden. Die so verstärkten Signale werden anschließend in einem phasenempfindlichen Gleichrichter (Demodulator) gleichgerichtet. Es entsteht eine Halbwellenspannung. Durch den Vergleich der Phasenlage mit der der Referenzspannung stehen nach der Gleichrichtung positive oder negative Halbwellen zur Verfügung und damit die Information über das Vorzeichen der Meßgröße. Der nachgeschaltete Tiefpaß bewirkt die Unterdrückung der nun nicht mehr erforderlichen Trägerfrequenz. Die verbleibende Restwelligkeit wird in weiteren Tiefpässen soweit gedämpft, daß sie für die Meßsignalauswertung keine Rolle mehr spielt. Das so gewonnene meßwertproportionale Signal wird nochmals verstärkt und kann bei handelsüblichen Geräten meist durch Schalter wahlweise verschiedenen Ausgängen zur Registrierung oder Weiterverarbeitung oder einem eingebauten Anzeigeinstrument zugeführt werden. Es kann der statische oder der dynamische Anteil des Signals am Instrument angezeigt werden. In einem Gleichrichter erfolgt wahlweise die Bildung des Effektivwertes, des positiven oder des negativen Spitzenwertes.

8.5.2. Meßgeräte für Halbleiter-DMS

Die hohe Ausgangsspannung einer *Wheatstone*schen Brückenschaltung mit Halbleiter-DMS gestattet es, Meßgeräte und Anzeigeinstrumente ohne Zwischenschaltung von Verstärkern anzuschließen [8.2].
Ein vereinfachtes Blockschaltbild eines derartigen Meßgerätes zeigt Bild 8.7. An das Meßgerät können wiederum wahlweise Halb- oder Vollbrücken mit 1, 2 oder

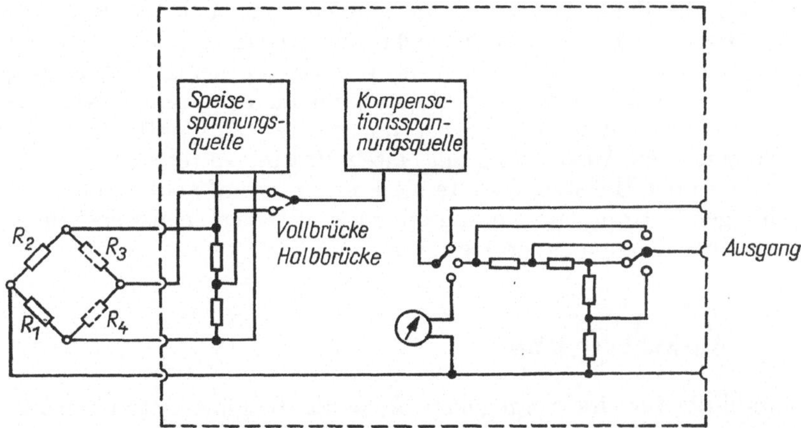

Bild 8.7. Vereinfachtes Blockschaltbild eines Meßgerätes für Halbleiter-DMS

4 aktiven Halbleiter-DMS angeschlossen werden. Für den Anschluß einer Halbbrücke sind im Gerät zwei Brückenergänzungswiderstände enthalten. Die Brückenschaltung wird mit einer einstellbaren hochstabilen Gleichspannung gespeist. Einen Abgleich der Brückenschaltung, wie wir ihn beim Trägerfrequenzmeßverstärker kennengelernt haben, gibt es bei diesem Gerät nicht. Hier wird der Brückenabgleich ($U_M = 0$) dadurch erreicht, daß eine sehr gut stabilisierte einstellbare Kompensationsspannung mit negativem oder positivem Vorzeichen elektrisch zu der Meßspannung addiert wird. Die dann bei Beanspruchung eines oder mehrerer DMS an der Meßdiagonalen anliegende Meßspannung gelangt entweder auf das Anzeigeinstrument oder über einen Spannungsteiler auf einen Spannungsausgang.
Die Kalibrierung der Instrumentenanzeige erfolgt durch Bereitstellung eines definierten Bruchteils der Speisespannung und der Veränderung derselben. Die Kalibrierung des Spannungsausganges erfolgt zusätzlich mit einem Spannungsteiler.

Wird einem solchen Meßgerät ein Gleichspannungsverstärker nachgeschaltet, so können auch Halb- oder Vollbrückenschaltungen mit Draht- oder Folien-DMS angeschlossen werden. Andererseits bietet dieses Meßgerät mit Verstärker in Verbindung mit Halbleiter-DMS die Möglichkeit, den Meßbereich bis zu sehr kleinen Meßwerten zu erweitern.

8.6.   Gesichtspunkte bei der Vorbereitung einer Dehnungsmessung mit DMS

8.6.1.   Auswahl der Meßstellen

Das Ziel einer Dehnungsmessung besteht meist in der Bestimmung der höchsten Beanspruchung eines Bauteils. Die Meßstellen müssen also so angeordnet werden, daß die maximalen Beanspruchungen durch die Messung erfaßt werden können. Das Festlegen der Meßstellen wird durch überschlägige Festigkeitsberechnungen oder aber auch durch Vorversuche erleichtert. Das Reißlackverfahren (Abschn. 6.) wird häufig als Vorversuch angewendet. Spannungsoptische Untersuchungen (Abschn. 2.) können ebenfalls dazu beitragen, die Stellen mit höchster Beanspruchung festzustellen. Beide Verfahren liefern nicht nur Angaben über die Größe der Beanspruchung, sondern geben vor allem die Richtungen der Hauptdehnungen an. Sind derartige Vorversuche nicht möglich, so kann man die am meisten beanspruchten Stellen suchen, indem man zunächst nur einige DMS aufklebt und die weiteren Meßstellen erst nach Auswertung der ersten Messungen festlegt.
Beim Festlegen der Meßstellen sollte man ferner darauf achten, daß ihre Anordnung eine nachfolgende Kontrollrechnung oder wenigstens eine Abschätzung der Richtigkeit der erzielten Ergebnisse ermöglicht.

8.6.2.   Auswahl der DMS

Die Auswahl der für eine vorgegebene Meßaufgabe günstigsten DMS muß aufgrund des Meßzieles, der Meßbedingungen, der Genauigkeitsanforderungen und nicht zuletzt auch unter Berücksichtigung der zur Verfügung stehenden DMS erfolgen. Außer den Universal-DMS gibt es heute eine Vielzahl von DMS-Typen, die speziellen Meßaufgaben und -bedingungen gerecht werden.
Im folgenden sollen einige Aspekte, die die Wahl des DMS beeinflussen, etwas näher betrachtet werden.

8.6.2.1.   Spannungszustand des Meßobjektes

Der an der Oberfläche (nur dort kann in der Regel mit DMS gemessen werden) des Bauteiles herrschende Spannungszustand beeinflußt wesentlich die Wahl des DMS. Herrscht z. B. ein *einachsiger Spannungszustand* und ist diese Hauptspannungsrichtung bekannt, so kann ein DMS nach Bild 8.2 oder 8.3 verwendet werden. Ein DMS mit zwei zueinander senkrecht stehenden Meßgittern (Bild 8.8) eignet sich ebenfalls und wird vor allem dann eingesetzt, wenn der Einfluß der Temperatur kompensiert werden soll (s. 8.6.3.).

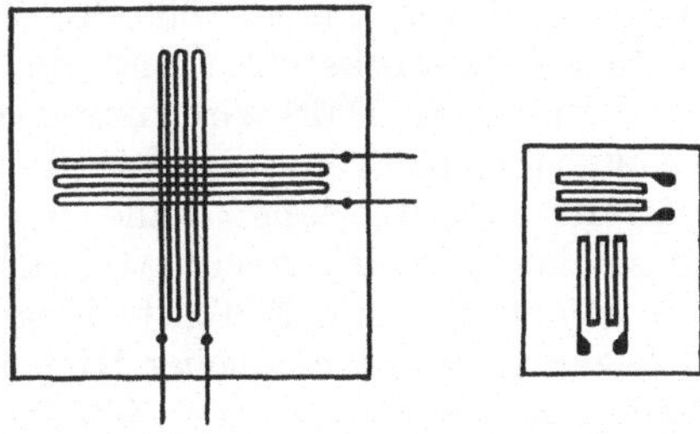

Bild 8.8. DMS mit zwei senkrecht zueinander angeordneten Meßgittern (X-Rosette)

Liegt an der Meßstelle ein *ebener (zweiachsiger) Spannungszustand* vor, so muß man noch unterscheiden zwischen bekannten und unbekannten Hauptspannungsrichtungen. Sind die beiden Hauptspannungsrichtungen bekannt, dann muß man 2 DMS in Richtung dieser Hauptspannungen anordnen, oder man verwendet 1 DMS mit zwei zueinander senkrecht angeordneten Meßgittern. Für den Fall der *Torsionsbeanspruchung* eines Stabes stehen spezielle DMS mit zwei Meßgittern, die jeweils unter 45° zur Symmetrieachse angeordnet sind, zur Verfügung (Bild 8.9). Wird

Bild 8.9. DMS mit zwei um $\pm 45°$ zur Symmetrieachse orientierten Meßgittern

dieser DMS so auf den Stab aufgeklebt, daß seine Symmetrieachse parallel zur Stabachse verläuft, dann liegen die Meßgitter in Richtung der Dehnungsmaxima (s. 8.8.3.).
Sind die Hauptspannungsrichtungen unbekannt, dann ist die Messung der Dehnungen in drei unterschiedlichen Richtungen notwendig. Aus den Ergebnissen können dann die Hauptspannungen nach Größe und Richtung bestimmt werden (8.7.). Man kann für jede Meßrichtung getrennt einen DMS kleben oder man verwendet DMS-Rosetten (Bild 8.10). Gebräuchlich sind die 45°-Rosette (*Fächerrosette*) und die 60°-Rosette (Δ-*Rosette*). Die Meßergebnisse sind bei Verwendung der Fächerrosette genauer, wenn die Hauptspannungsrichtungen in etwa bekannt sind, während die Anordnung der Δ-Rosette bezüglich der Hauptspannungsrichtungen die Meßergebnisse nicht beeinflußt.

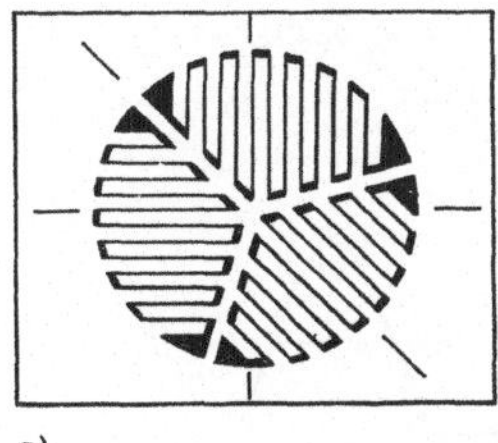
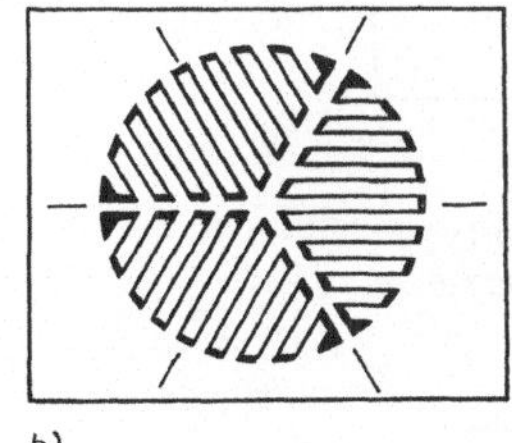

Bild 8.10. Dreiteilige DMS-Rosetten
a) 45°-Rosette b) 60°-Rosette

Die Meßgitterlänge des zu wählenden DMS wird durch die Größe des Meßobjektes, die unterschiedliche Homogenität des Meßobjektwerkstoffes und die Dehnungsverteilung an der Meßobjektoberfläche bestimmt. Mit DMS wird immer der arithmetische Mittelwert der Dehnung über die Meßgitterlänge gemessen. Liegt ein *homogener Dehnungszustand* vor, so werden daher an die Meßgitterlänge keine besonderen Anforderungen gestellt. Man verwendet in solchen Fällen vorteilhaft Draht-DMS mit 10 mm Meßgitterlänge bzw. Folien-DMS mit etwa 5 mm Meßgitterlänge. Derartige DMS lassen sich einfach applizieren und zeigen auch in technischer Hinsicht optimale Eigenschaften. Bei *inhomogenen Dehnungszuständen* muß der Meßgitterlänge besondere Beachtung gewidmet werden. Zur Ermittlung eines Mittelwertes, z. B. bei Dehnungsmessung auf grobstrukturierten Werkstoffen wie Beton oder auch Holz,

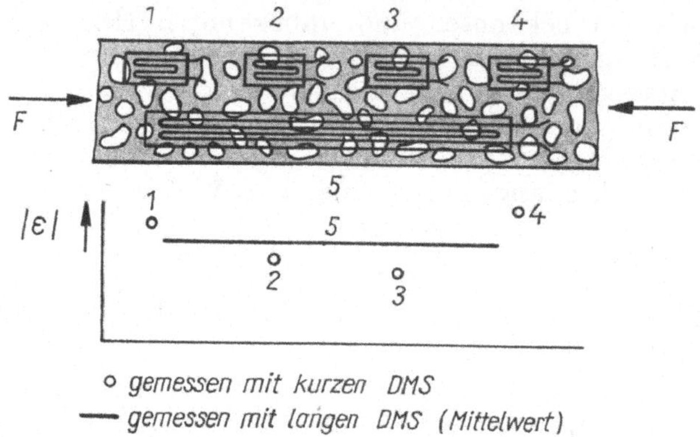

Bild 8.11. Dehnungsmessung auf inhomogenen Werkstoffen (Beton)

muß man längere Meßgitter wählen. Die Meßgitterlänge sollte das Fünf- bis Zehnfache der Partikelgröße betragen, um einen gesicherten statistischen Mittelwert zu erhalten (Bild 8.11).

An Kerben oder Querschnittsveränderungen treten hohe Spannungsgradienten auf. Die Spitzenwerte dieser Kerbspannungen sind örtlich eng begrenzt, und ihr wirklicher Wert kann nur mit extrem kurzen Meßgittern erfaßt werden (Bild 8.12). Für solche Fälle werden DMS mit Meßgitterlängen von nur ungefähr 1 mm hergestellt.

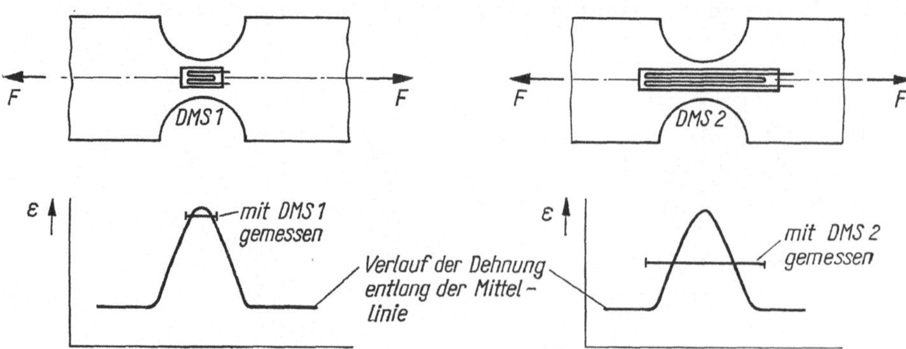

Bild 8.12. Dehnungsmessung bei Querschnittsänderung des Bauteils

An kompliziert gestalteten Bauteilen läßt sich in vielen Fällen der Ort der stärksten Beanspruchung nicht voraussagen. In diesen Fällen ist es also nicht möglich, einen kurzen DMS an der richtigen Stelle zu applizieren, sondern es sind Messungen an mehreren benachbarten Stellen erforderlich, um die Lage der Spannungsspitze zu bestimmen. Für derartige Meßaufgaben können sogenannte *DMS-Ketten* verwendet werden (Bild 8.13). Bei diesen DMS-Ketten sind mehrere Meßgitter (auch Rosettenform) auf einem gemeinsamen Träger angeordnet.

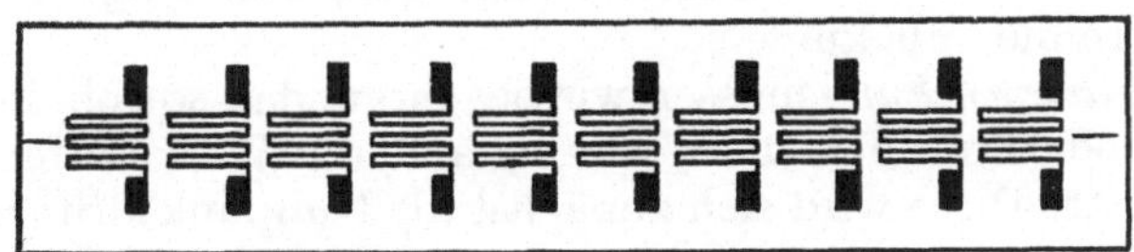

Bild 8.13. DMS-Kette (stark vergrößert)

Die Bestimmung von *Eigenspannungen* in Bauteilen ist mit Hilfe von DMS ebenfalls möglich. Dazu ist allerdings eine zumindest teilweise Zerstörung des Bauteils notwendig. Bei der *Bohrlochmethode von Mathar* wird in das Bauteil ein Loch von wenigen Millimetern Durchmesser gebohrt. Durch die Messung der Rückfederung des Bohrungsrandes mit einer speziellen DMS-Rosette (Bild 8.14) kann auf die ausgelösten Eigenspannungen geschlossen werden. Das *Ring-Kern-Verfahren*

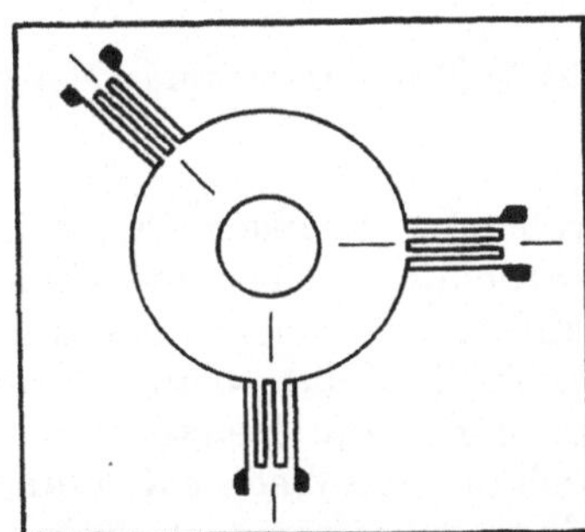

Bild 8.14. DMS-Rosette
für die Bohrlochmethode

ähnelt im Prinzip dem Bohrlochverfahren. Anstelle der Bohrung wird eine Ringnut in das Bauteil gefräst. Auf dem verbleibenden Kern werden die ausgelösten Dehnungen gemessen. Beim *Zerlegeverfahren* wird aus dem Bauteil ein Teil herausgetrennt oder das Bauteil in einzelne Teile zerlegt. Die Rückfederung der Einzelteile wird wiederum mit zuvor applizierten DMS ermittelt.

8.6.2.2.   Statische und dynamische Beanspruchung

Zunächst können wir feststellen, daß sich alle DMS sowohl für die Messung statischer als auch für die Messung dynamischer Vorgänge eignen. Durch bestimmte fertigungstechnische Maßnahmen können aber die Eigenschaften der DMS so beeinflußt werden, daß sie entweder für statische Beanspruchung (hohe Dehnfähigkeit) oder für dynamische Beanspruchung (hohe Schwingfestigkeit) besonders geeignet sind.

Für die Messung *statischer Beanspruchungen* können wir davon ausgehen, daß die maximale Dehnbarkeit mindestens ± 2 bis $\pm 4 \cdot 10^4$ µm/m beträgt, Spezial-DMS erreichen sogar Werte von $\pm 10 \cdot 10^4$ µm/m. Es muß allerdings darauf hingewiesen werden, daß das Befestigungsmittel der DMS eine wesentliche Rolle spielt bei der Erfassung großer Dehnungen.

Die beim Messen großer Dehnungen zu erwartenden Abweichungen von der linearen Kennlinie bleiben bei den metallischen DMS mit einem K-Faktor von etwa 2 in vertretbaren Grenzen. Bezüglich der Meßgitterlänge gilt, daß lange DMS größere Dehnungen aufnehmen können als kurze.

Bei einer *dynamischen Beanspruchung* müssen wir beachten, daß sowohl im Meßgitter als auch in den Anschlußdrähten der DMS, wie bei anderen Werkstoffen auch, eine Materialzerrüttung auftritt. Diese wird sich zunächst als Nullpunktdrift und schließlich als Dauerbruch äußern.

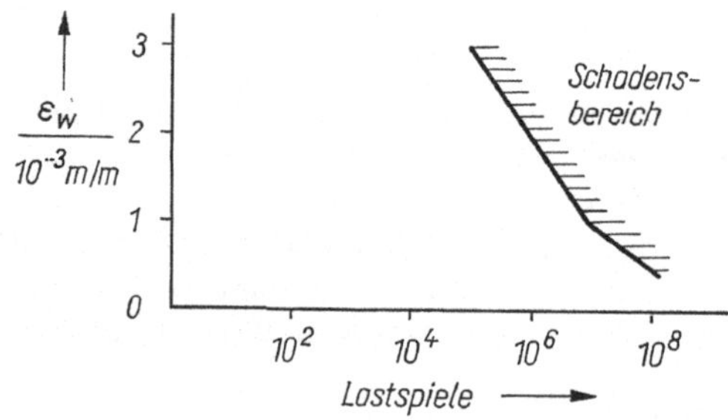

Bild 8.15. Dauerschwingdiagramm für DMS mit Konstantan-Meßgitter

Die *Schwingfestigkeit* der DMS ist bei schwellender Beanspruchung im positiven Bereich am kleinsten, bei wechselnder Beanspruchung größer und bei schwellender Beanspruchung im negativen Bereich am größten. Die erreichbaren Lastwechselzahlen der DMS liegen teilweise über denen der Bauteile, solange diese nicht aus besonders dauerfesten Werkstoffen hergestellt sind. Vom Hersteller wird meist die erreichbare Lastwechselzahl bis zum Dauerbruch für eine Wechseldehnungsamplitude angegeben (z. B. $> 10^6$ bei ± 1000 µm/m). Aussagekräftiger ist jedoch ein Dauerschwingdiagramm, in dem die Nullpunktdriften und der Schadensbereich in Abhängigkeit von der Lastwechselzahl und der Wechseldehnungsamplitude dargestellt werden. Bild 8.15 zeigt ein solches Dauerschwingdiagramm, jedoch ohne Angabe der Nullpunktdrift.

Die höchste mit DMS erfaßbare Frequenz eines Schwingungsvorganges wird in der Regel nicht durch den DMS begrenzt, sondern vor allem durch die anderen Glieder der Meßkette (Übertragung und Verstärkung solcher Signale). In der Literatur werden Messungen bis zu Frequenzen von 100 kHz und darüber beschrieben.

Bei der meßtechnischen Erfassung von Stoßwellen muß wiederum der Meßgitterlänge besondere Beachtung geschenkt werden. Je steiler die Flanke einer Stoßwelle ansteigt, desto kürzer muß das Meßgitter gewählt werden, damit nicht durch Mittelung über die Meßgitterlänge der Verlauf der Stoßwelle verfälscht wird.

Schließlich wollen wir auch hier darauf hinweisen, daß die Klebeschicht eine ausreichend hohe Dauerfestigkeit haben muß, um ein vorzeitiges Versagen des DMS auszuschließen.

8.6.3.   Weitere Gesichtspunkte

Eine wesentliche Störgröße, die zu Verfälschungen des Meßwertes führt, ist die *Temperaturänderung* während der Messung. Der *Wärmeausdehnungskoeffizient* des geklebten DMS ist gewöhnlich von dem des Materials des Meßobjektes verschieden. Daher ergibt sich bei Temperaturänderung eine Widerstandsänderung des DMS, die nicht proportional einer mechanischen Spannung ist. Der daraus resultierende Meßfehler kann bei vielen Messungen unter normalen Versuchsbedingungen große Werte annehmen, wenn nicht durch die Anwendung der Brückenschaltung eine Temperaturkompensation realisiert wird. Wie aus Gl. (8.20) hervorgeht, heben sich die Wirkungen gleich großer und gleichsinniger Dehnungen zweier DMS, die in der Brücke nebeneinander verdrahtet sind (Bild 8.5), auf, wenn alle DMS gleiche Eigenschaften aufweisen. Werden daher stets zwei oder vier DMS einer Brückenschaltung auf das gleiche Material (nicht unbedingt dasselbe Bauteil) geklebt, wobei alle Klebestellen den gleichen Temperaturschwankungen ausgesetzt sein müssen, so ist der Temperatureinfluß praktisch kompensiert (siehe auch Tabelle 8.1). Hieraus leiten wir die Forderung ab, innerhalb einer Brückenschaltung nur DMS aus derselben Fertigungsserie zu verwenden, da stets fertigungsbedingte Abweichungen im Wärmeausdehnungskoeffizienten zu erwarten sind.

Können nicht alle wegen der Temperaturkompensation erforderlichen DMS (2 oder 4) *aktiv* an der Messung teilnehmen, so werden diese als *passive DMS* auf eine Fläche geklebt, die der Meßstelle möglichst nahe, selbst aber spannungsfrei ist. Sollte solch eine geeignete Fläche für die passiven DMS am Meßobjekt selbst nicht vorhanden sein, dann muß ein unbelastetes Teil aus gleichem Material und etwa gleicher Wandstärke in der Nähe des Meßpunktes angeordnet werden. Auf dieses werden dann die passiven DMS geklebt.

Es soll noch darauf hingewiesen werden, daß durch eine spezielle Behandlung des Meßgitterwerkstoffes *selbstkompensierende* DMS hergestellt werden können. Diese DMS sind dann jeweils für einen bestimmten Werkstoff des Meßobjektes vorgesehen und weisen in einem begrenzten Temperaturbereich gegenüber anderen DMS eine wesentlich geringere thermische Widerstandsänderung auf [7.15].

Während jedoch bei der oben beschriebenen Vorgehensweise eine vollständige Kompensation des Temperatureinflusses gelingt, bleiben bei der Selbstkompensation stets geringe Restfehler.

Im allgemeinen werden Dehnungsmessungen unter Verwendung der Halbbrückenschaltung durchgeführt. Hierbei können gegenüber einer Vollbrückenschaltung DMS und Arbeitszeit eingespart werden. Die Vollbrückenschaltung ist aber z. B. für den Bau von Meßwertaufnehmern mit DMS geeignet, wenn dadurch die Zahl der aktiven DMS erhöht und somit eine Empfindlichkeitssteigerung erreicht werden kann [8.2, 8.3].

Weiterhin sollte immer dann eine Vollbrückenschaltung verwendet werden, wenn bei der Halbbrückenschaltung der von außen auf die Meßanordnung wirkende Störpegel Fehler verursachen kann, die in der Größenordnung der zu messenden Dehnung liegen. Solche Fehlermöglichkeiten sind z. B. größere Temperaturschwankungen bei langen Meßleitungen (Widerstandsänderungen in den einzelnen Leitungsadern nicht immer symmetrisch) oder äußere Störfelder und Erdschleifen.

Da bei der Halbbrückenschaltung die Leitungswiderstände mit den DMS in den Brückenzweigen in Reihe liegen (Bild 8.16), rufen die auf die Meßleitungen wirkenden Störeinflüsse eine Brückenverstimmung hervor. Man kann jedoch die infolge Temperaturänderungen verursachten Änderungen der Kabelwiderstände durch Symme-

Tabelle 8.1: Anordnung von DMS auf Meßobjekten

Beispiel Nr.	Zu messende Größe	Anordnung der DMS	Schaltung der DMS in der Brücke	Übertragungsfaktor der Brücke	Meßgröße unabhängig von
1	F Zug-Druck			$\dfrac{U_M}{U_S} \approx \dfrac{K}{4}\,\varepsilon_1 = \dfrac{K}{4}\,\dfrac{F}{EA}$	Temperatur Torsion
2	F Zug-Druck			$\dfrac{U_M}{U_S} \approx \dfrac{K}{4}\,(1+v)\,\varepsilon_1 = \dfrac{K}{4}\,(1+v)\cdot\dfrac{F}{EA}$	
3	F Zug-Druck			$\dfrac{U_M}{U_S} \approx \dfrac{K}{4}\,2\varepsilon_1 = \dfrac{K}{2}\,\dfrac{F}{EA}$	Temperatur Torsion Biegung
4	F Zug-Druck			$\dfrac{U_M}{U_S} \approx \dfrac{K}{4}\,2(1+v)\,\varepsilon_1 = \dfrac{K}{2}\,(1+v)\,\dfrac{F}{EA}$	
5	M_b Biegung			$\dfrac{U_M}{U_S} = \dfrac{K}{4}\,(\varepsilon_u - \varepsilon_0) = \dfrac{K}{4}\,\dfrac{M_b}{EI}\,(e_u + e_0)$ für $e_u = e_0 = e$ $\dfrac{U_M}{U_S} = \dfrac{K}{4}\,2\varepsilon_1 = \dfrac{K}{2}\,\dfrac{M_b}{EI}\,e$	Temperatur Torsion Zug-Druck

Beispiel Nr.	Zu messende Größe	Anordnung der DMS	Schaltung der DMS in der Brücke	Übertragungsfaktor der Brücke	Meßgröße unabhängig von
6	M_b Biegung	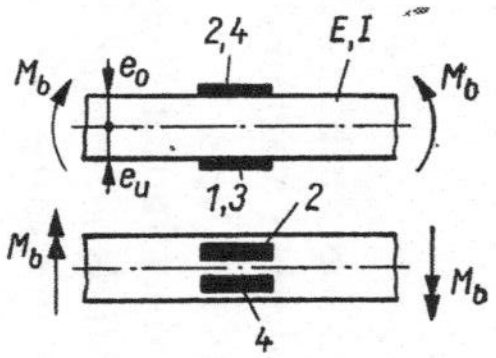	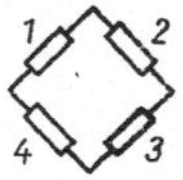	$\dfrac{U_\mathrm{M}}{U_\mathrm{S}} = \dfrac{K}{4}\,2(\varepsilon_\mathrm{u} - \varepsilon_0) = \dfrac{K}{2}\dfrac{M_\mathrm{b}}{EI}(e_\mathrm{u} + e_0)$ für $e_\mathrm{u} = e_0 = e$ $\dfrac{U_\mathrm{M}}{U_\mathrm{S}} = \dfrac{K}{4}\,4\varepsilon_1 = K\,\dfrac{M_\mathrm{b}}{EI}\,e$	Temperatur Torsion Zug-Druck
7	M_t Torsion	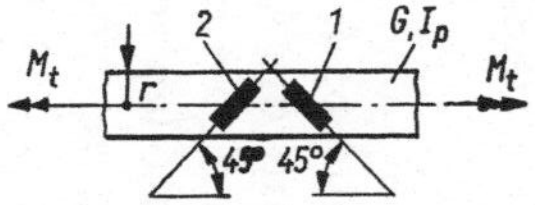	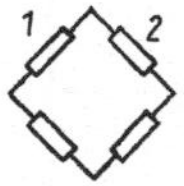	$\dfrac{U_\mathrm{M}}{U_\mathrm{S}} = \dfrac{K}{4}\,2\varepsilon_{45°} = \dfrac{K}{4}\,\gamma_{xy} = \dfrac{K}{4}\dfrac{M_\mathrm{t}}{GI_\mathrm{p}}\,r$	Temperatur Zug-Druck Biegung
8	M_t Torsion	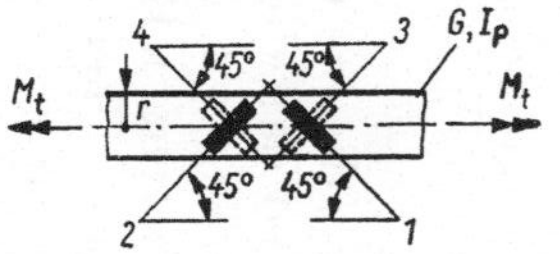	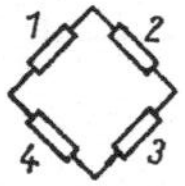	$\dfrac{U_\mathrm{M}}{U_\mathrm{S}} = \dfrac{K}{4}\,4\varepsilon_{45°} = \dfrac{K}{4}\,2\gamma_{xy} = \dfrac{K}{2}\dfrac{M_\mathrm{t}}{GI_\mathrm{p}}\,r$	
9	M_t Torsion	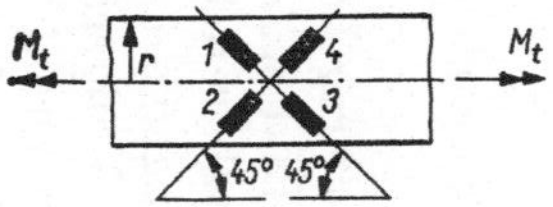			

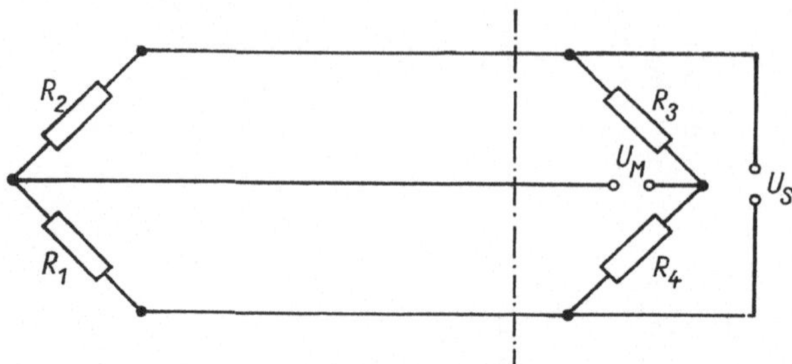

Bild 8.16. Verbindungsleitungen zwischen DMS-Schaltung und Meßgerät bei Halbbrückenschaltung

trie in den beiden benachbarten Brückenzweigen in der gleichen Weise kompensieren, wie wir es beim Temperatureinfluß auf den DMS beschrieben haben. Dabei müssen wir voraussetzen, daß beide Leitungen aus gleichem Material bestehen, gleiche Querschnitte und gleiche Längen haben, sowie den gleichen Temperaturverhältnissen ausgesetzt sind.

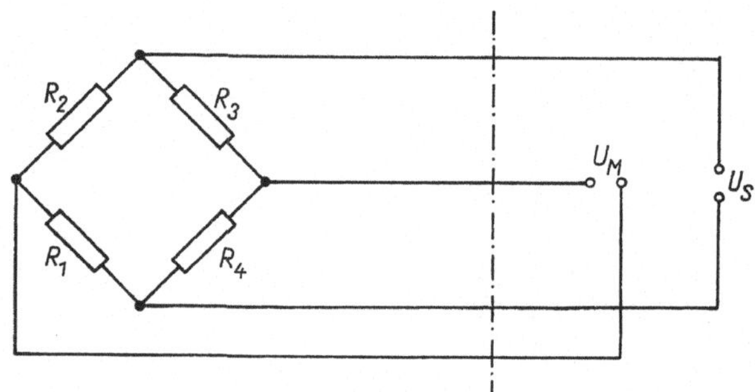

Bild 8.17. Verbindungsleitungen zwischen DMS-Schaltung und Meßgerät bei Vollbrückenschaltung

Bei der Vollbrückenschaltung liegen die ins Gewicht fallenden Meßkabel außerhalb der Brückenschaltung (Bild 8.17), so daß die auf die Meßkabel wirkenden Störeinflüsse einen vernachlässigbaren Einfluß auf das Meßergebnis haben.
Die Messung von Dehnungen an rotierenden Bauteilen erfordert in der Regel zwischen der Meßstelle und dem Meßgerät die Übertragung von Meßspannung und Speisespannung über Meßwert-Drehübertrager, wenn nicht die gesamte Meßeinrichtung am rotierenden Bauteil befestigt wird oder die Meßwertübertragung drahtlos erfolgt [7.1].
Bei der Verwendung von *Schleifringübertragern* ist zu beachten, daß sich der Übergangswiderstand in Abhängigkeit vom Bürstendruck und von der Temperatur ändert.
Bei der Messung in Halbbrückenschaltung (Bild 8.18a) liegen die Meßwertübertrager in Reihe mit den DMS in den Brückenzweigen. Die Änderungen der Übergangswiderstände des Übertragers addieren sich zur Widerstandsänderung des DMS. Dies kann dazu führen, daß die Meßergebnisse unbrauchbar werden, zumindest aber mit größeren Fehlern behaftet sind.
Benutzt man dagegen eine Vollbrückenschaltung (Bild 8.18b), so wirkt sich die Widerstandsänderung des Übertragers nur auf die Übertragung der Speise- und

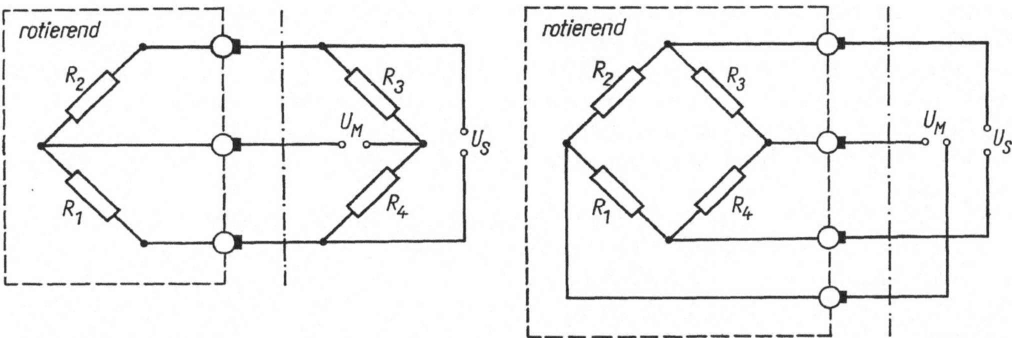

Bild 8.18. Anordnung der Meßwertübertrager bei Dehnungsmessungen an rotierenden Teilen
a) Halbbrückenschaltung
b) Vollbrückenschaltung

Meßspannung aus. Der auftretende Meßfehler ist wesentlich geringer und praktisch ohne Bedeutung. Bei den Messungen an rotierenden Teilen sollte daher stets mit Vollbrückenschaltung gearbeitet werden.

8.6.4. Aufkleben der DMS

Ein Hauptvorteil des Ermittelns von Dehnungen mit Hilfe von DMS besteht darin, daß der DMS auf einfache Weise auf den zu untersuchenden Gegenstand aufgeklebt werden kann. Die DMS lassen sich auf ebene und schwach gewölbte Flächen kleben. Die Zuverlässigkeit der Klebeverbindung ist äußerst wichtig, denn sie überträgt die Dehnung vom Meßobjekt auf den DMS. Deshalb muß der zu verwendende Klebstoff auch gewisse Forderungen erfüllen. Er muß eine genügend hohe Elastizität besitzen, um die Längenänderung des Meßobjektes ohne Genauigkeitsverlust auf den DMS zu übertragen. Eine weitere wichtige Forderung an den Klebstoff ist die Verträglichkeit sowohl mit dem Trägermaterial des DMS als auch mit dem Material des Meßobjektes. Ferner soll der Klebstoff keine Kriecheigenschaften und sehr gute Isolationseigenschaften, die sich auch durch Einwirkung von Feuchtigkeit nicht vermindern, aufweisen. Bei der Anwendung der Klebstoffe ist es besonders wichtig, daß die den Klebstoffen beigelegten Anwendungsvorschriften (z. B. Mischungsverhältnis bei Mehrkomponentenklebern, Trocknungstemperatur usw.) genau eingehalten werden. Auch besondere Lagerungsbedingungen sollten beachtet und eingehalten werden.
Eine außerordentlich wichtige Bedeutung kommt der Vorbereitung der Meßstelle zu. Die Oberfläche muß von Rost, Zunder, Farbe und jeglichem Schmutz gesäubert werden. Ist die Oberfläche sehr rauh, so muß sie mit Schmirgelleinen geglättet werden. Geschliffene oder polierte Oberflächen sind mit feinem Schmirgelleinen aufzurauhen, um ein gutes Haftvermögen des Klebstoffes zu ermöglichen.
Die so behandelte Oberfläche ist nun zu reinigen. Mit einem Wattebausch oder einem sauberen Lappen wird die Klebestelle mit Aceton oder einem anderen organischen Lösungsmittel sorgfältig entfettet. Das Abreiben erfolgt solange, bis am Wattebausch oder Lappen keine Spuren von Verunreinigungen mehr zu erkennen sind. Das Kleben sollte unmittelbar nach dieser Reinigung der Oberfläche vorgenommen

werden, um erneute Verschmutzung oder die Bildung einer Oxidschicht zu vermeiden. Selbstverständlich muß auch der DMS sehr sauber gehalten werden, und so sollte auch das Trägermaterial des DMS unmittelbar vor dem Aufkleben fettfrei gemacht werden. Ein Berühren mit den Fingern muß unbedingt unterbleiben.
Der Meßpunkt und die Meßrichtung sollten vor dem Aufkleben gekennzeichnet werden. Dies kann durch Anreißen geschehen oder durch Verwenden einer Klebeschablone.
Als Klebstoff können handelsübliche Zellulosekleber mit flüchtigem Lösungsmittel, kalt oder warm aushärtende Klebstoffe oder bei Hochtemperaturmessungen ein spezieller Zement verwendet werden. Der Klebstoff ist als dünne Schicht auf die Rückseite des DMS oder auf das Meßobjekt aufzutragen. Dann wird der DMS an die vorgesehene Stelle gelegt und angedrückt. Überflüssiger Klebstoff und Luftblasen müssen sofort unter dem Streifen herausgedrückt werden. Während der Aushärtezeit muß der DMS mit dem für den verwendeten Klebstoff erforderlichen Druck angepreßt werden und die richtige Temperatur herrschen. Die Aushärtezeit beträgt wenige Minuten (Schnellklebstoffe) bis zu mehreren Tagen (spezielle Epoxidharzkleber). Das Aufbringen des erforderlichen Anpreßdruckes erfolgt bei horizontaler Lage durch Gewichtsbelastung, ansonsten durch spezielle Anpreßvorrichtungen über Federn. Die Aushärtetemperaturen reichen von Raumtemperatur bis zu mehreren hundert Grad Celsius.

Nach dem Aushärten und ever … chhärten wird der Durchgangs-
widerstand des DMS und der … genüber dem Meßobjekt über-
prüft. Der Isolationswidersta … inige Megaohm betragen, um
eine zuverlässige Arbeitsweise … n.
Der Anschluß der Meßkabel er … Drahtenden der DMS, sondern
die Verbindung wird über Lö … dem DMS auf das Meßobjekt
aufgeklebt werden, hergestellt … innen Anschlußdrähte oder die
Lötfahnen des DMS durch da … et.

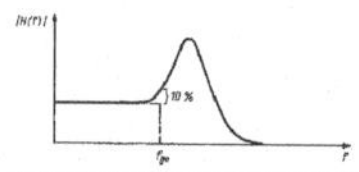

Bild 7.4 Festlegung der Grenzfrequenzen von Meßeinrichtungen anhand des Frequenzgangs

verstanden. Der reale Verlauf des Frequenzgangbetrages wird durch ein Rechteck angenähert, wobei die Grenzen bei 10%iger Abweichung vom Mittelwert im Bereich etwa konstanter Werte von |H(f)| festgelegt werden (Bild 7.4). Teilweise erfolgt die Festlegung der Grenzfrequenzen auch bei einer Abweichung von 1 dB (12 %) oder beim $1/\sqrt{2}$- bzw. $\sqrt{2}$fachen dieses Mittelwertes ([illegible] %). Eine untere Grenzfrequenz größer als Null bedeutet, daß eine Meßeinrichtung für statische Meßgrößen ungeeignet ist.
Nur eine gedachte Idealmeßeinrichtung hat als Frequenzgangkurve eine zur Frequenzachse parallele Gerade.

8.6.5. Schutz der DMS gegen äußere Einwirkungen

Aufgrund seiner Empfindlichkeit gegenüber äußeren Einwirkungen (mechanische Wirkungen, Feuchtigkeit, Luftströmung, Wärmestrahlung) muß der DMS geschützt werden. Die Schutzmaßnahmen variieren von der einfachen Abdeckung mit Bienenwachs, Vaseline oder einer Lackschicht über die Verwendung von speziellen Dichtungskitten bis zur vollständigen Kapselung in Epoxid- oder Phenolverbindungen oder in Metall-, Plastik- und Gummikappen. Für die Wahl der Art des Schutzes ist vor allem auch die Zeitdauer der Schutzforderung entscheidend.

8.7. Auswertung des Spannungszustandes für einen Meßpunkt

Bei den folgenden Betrachtungen gehen wir von den in 1.2. dargestellten Grundlagen der Festigkeitslehre aus. Wir können voraussetzen, daß in der unmittelbaren Umgebung der Meßstelle keine äußere Belastung des Meßobjektes erfolgt. In der Oberflächenschicht des Meßobjektes herrscht somit an der Meßstelle i. allg. ein zweiachsiger, in speziellen Fällen ein einachsiger Spannungszustand.
Legt man ein kartesisches Koordinatensystem so, daß die x,y-Ebene in der Ober-

fläche liegt bzw. diese an der Meßstelle tangiert, so gilt:

$$\sigma_z = \tau_{yz} = \tau_{zy} = \tau_{zx} = \tau_{xz} = 0$$
$$\gamma_{yz} = \gamma_{zy} = \gamma_{zx} = \gamma_{xz} = 0 \tag{8.23}$$

Sind die Hauptdehnungsrichtungen 1 und 2 bekannt, so genügen zwei Dehnungsmessungen in diesen Richtungen zur Erfassung des Spannungszustandes. Im allgemeinen sind diese Richtungen jedoch unbekannt. Dann sind Dehnungsmessungen in 3 verschiedenen Richtungen für einen Meßpunkt notwendig zur vollständigen Bestimmung des ebenen Spannungszustandes. Für jede dieser 3 gemessenen Dehnungen gilt die Gl. (1.26)

$$\varepsilon_u = \frac{\varepsilon_x + \varepsilon_y}{2} + \frac{\varepsilon_x - \varepsilon_y}{2} \cos 2\varphi + \frac{\gamma_{xy}}{2} \sin 2\varphi \tag{8.24}$$

Hieraus ergeben sich die Größen ε_x, ε_y und γ_{xy} bzw. die Hauptdehnungen ε_1 und ε_2 sowie der Richtungswinkel φ_0

$$\varepsilon_1 = \varepsilon_{max} = \frac{\varepsilon_x + \varepsilon_y}{2} + \sqrt{\left(\frac{\varepsilon_x - \varepsilon_y}{2}\right)^2 + \left(\frac{\gamma_{xy}}{2}\right)^2} \tag{8.25}$$

$$\varepsilon_2 = \varepsilon_{min} = \frac{\varepsilon_x + \varepsilon_y}{2} - \sqrt{\left(\frac{\varepsilon_x - \varepsilon_y}{2}\right)^2 + \left(\frac{\gamma_{xy}}{2}\right)^2}$$

$$\tan 2\varphi_0 = \frac{\gamma_{xy}}{\varepsilon_x - \varepsilon_y} \quad \text{bzw.}$$

$$\tan \varphi_0 = \frac{\varepsilon_1 - \varepsilon_x}{\frac{1}{2}\gamma_{xy}}$$

Aus diesen Hauptdehnungen ergeben sich nach dem *Hooke*schen Gesetz die Hauptspannungen:

$$\left.\begin{aligned}
\sigma_1 &= \frac{E}{1 - \nu^2}\left(\varepsilon_1 + \nu\varepsilon_2\right) \\[2ex]
\sigma_2 &= \frac{E}{1 - \nu^2}\left(\varepsilon_2 + \nu\varepsilon_1\right)
\end{aligned}\right\} \tag{8.26}$$

$$|\tau_{max}| = \frac{\sigma_1 - \sigma_2}{2} \quad \text{für} \quad \sigma_1 > 0, \sigma_2 < 0$$

$$|\tau_{max}| = \frac{\sigma_1}{2} \quad \text{für} \quad \sigma_1 > \sigma_2 > 0$$

$$|\tau_{max}| = -\frac{\sigma_2}{2} \quad \text{für} \quad 0 > \sigma_1 > \sigma_2$$

Die Hauptschubspannungen für die beiden Fälle, bei denen die Hauptnormalspannungen gleiches Vorzeichen haben, wirken in zur Meßobjektoberfläche um 45° geneigten Schnittflächen.

Für die schon bekannten Anordnungsvarianten der DMS in den 3 erforderlichen Meßrichtungen erhalten wir für die Auswertung folgende Beziehungen (s. Bild 8.19):

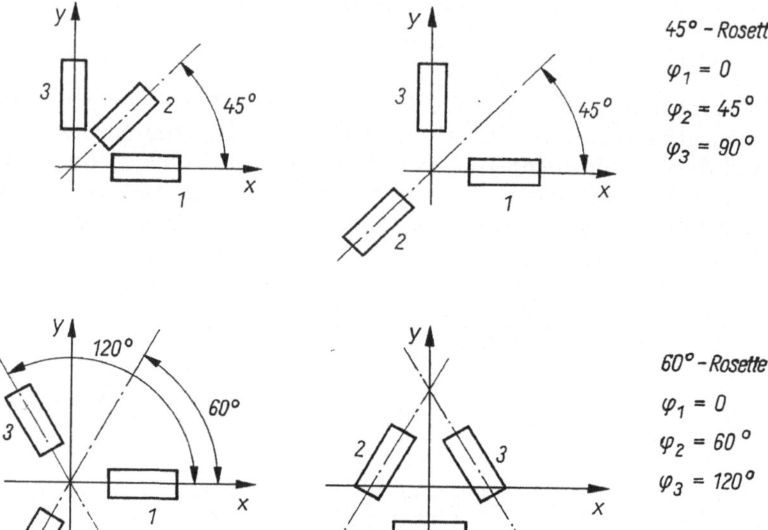

Bild 8.19. DMS-Rosetten für den zweiachsigen Spannungszustand

a) Fächerrosette (45°-Rosette):

$$\varepsilon_{1,2} = \frac{\varepsilon_{\varphi 1} + \varepsilon_{\varphi 3} \pm A}{2}$$

$$\tan \varphi_0 = \frac{-\varepsilon_{\varphi 1} + \varepsilon_{\varphi 3} + A}{2\varepsilon_{\varphi 2} - \varepsilon_{\varphi 1} - \varepsilon_{\varphi 3}}$$

(8.27)

mit

$$A = \sqrt{2}\,\sqrt{(\varepsilon_{\varphi 1} - \varepsilon_{\varphi 2})^2 + (\varepsilon_{\varphi 2} - \varepsilon_{\varphi 3})^2}$$

b) Δ-Rosette (60°-Rosette)

$$\varepsilon_{1,2} = \frac{\varepsilon_{\varphi 1} + \varepsilon_{\varphi 2} + \varepsilon_{\varphi 3} \pm B}{3}$$

$$\tan \varphi_0 = \frac{\sqrt{3}}{3}\,\frac{-2\varepsilon_{\varphi 1} + \varepsilon_{\varphi 2} + \varepsilon_{\varphi 3} + B}{\varepsilon_{\varphi 2} - \varepsilon_{\varphi 3}}$$

(8.28)

mit

$$B = \sqrt{2}\,\sqrt{(\varepsilon_{\varphi 1} - \varepsilon_{\varphi 2})^2 + (\varepsilon_{\varphi 2} - \varepsilon_{\varphi 3})^2 + (\varepsilon_{\varphi 3} - \varepsilon_{\varphi 1})^2}$$

Dabei bedeuten

$\varepsilon_{\varphi 1}, \varepsilon_{\varphi 2}, \varepsilon_{\varphi 3}$ die in den 3 Richtungen gemessenen Dehnungen,
$\varepsilon_1, \varepsilon_2$ Hauptdehnungen,
φ_0 Winkel zwischen der positiven x-Achse und der Richtung der Hauptdehnung ε_1.

Mit den so bestimmten Hauptdehnungen können nun nach Gln. (8.26) die Hauptspannungen berechnet und mit zulässigen Grenzwerten verglichen werden.

8.8.   Zusammenhang zwischen Belastungs- und Dehnungsgrößen bei prismatischen Bauteilen

Häufig werden prismatische Bauteile oder Bauteile mit ähnlicher Gestalt, bei denen die Längenabmessungen sehr viel größer sind als die Querschnittsabmessungen (Stab, Balken, Träger, Hebel, Achse, Welle), zur Bestimmung von Kräften oder Momenten als Maß für die Belastung von mechanischen Systemen eingesetzt. Für solche einfach gestalteten Körper ist der Zusammenhang zwischen der Dehnung an der Bauteiloberfläche und der Belastungsgröße aus der elementaren Festigkeitslehre bekannt. Durch bewußte Wahl der *Anordnung der DMS* auf dem Meßobjekt und in der Brückenschaltung können einzelne Belastungsgrößen selektiv gemessen werden. Damit können Nebeneinflüsse, die z. B. durch unsymmetrische Lagerung oder Krafteinleitung entstehen, eliminiert werden. In vielen Fällen erreichen wir auch eine Erhöhung des Übertragungsfaktors der Meßbrücke.

Im folgenden wollen wir für die Grundbeanspruchungsarten Zug-Druck, Biegung und Torsion diese Zusammenhänge erläutern. Dabei verwenden wir die in 8.4. angegebenen Zusammenhänge zwischen Widerstandsänderung der DMS und Brückenverstimmung.

8.8.1.   Zug-Druck-Beanspruchung

Bei einem durch eine Längskraft beanspruchten Stab erhalten wir eine über die Querschnittsfläche konstant verteilte Normalspannung (Bild 8.20):

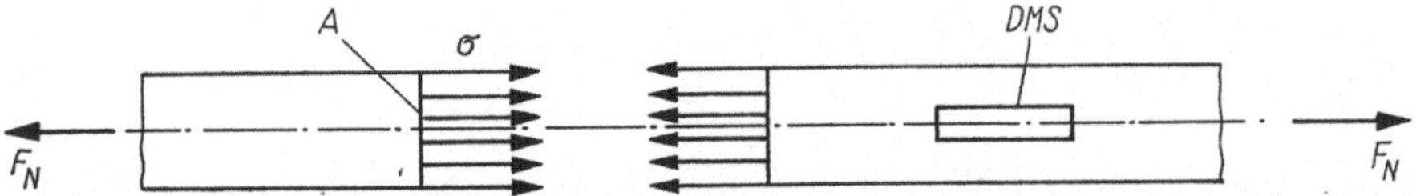

Bild 8.20. Spannungsverteilung und Anordnung des DMS bei Zug-Druck-Beanspruchung

$$\sigma = \frac{F_\mathrm{N}}{A} \qquad\qquad (8.29)$$

Ordnen wir nun einen DMS auf dem Stab so an, daß seine Meßrichtung parallel zur Stablängsachse verläuft, so messen wir die der Normalspannung nach dem *Hooke*schen Gesetz proportionale Dehnung

$$\varepsilon = \frac{\sigma}{E} \qquad\qquad (8.30)$$

Mit einem quer zur Stablängsrichtung angeordneten DMS würden wir die Querdehnung

$$\varepsilon_\mathrm{q} = -\nu\varepsilon = -\nu\,\frac{\sigma}{E} \qquad\qquad (8.31)$$

messen. Die sich damit ergebenden Anordnungsmöglichkeiten der DMS auf einem Zug-Druck-Stab, die dazugehörige Brückenschaltung und der Brückenübertragungsfaktor sind in Tabelle 8.1 zusammengestellt (Beispiele 1. bis 4.).

8.8.2.   Biegebeanspruchung

Wir beschränken uns hier auf die gerade Biegung, d. h., die Biegeachse ist identisch mit einer Hauptträgheitsachse der Querschnittsfläche. Im Fall der schiefen Biegung wird der Momentenvektor in zwei Komponenten in Richtung der beiden Hauptträgheitsachsen zerlegt, und die so entstandenen zwei Belastungsfälle der geraden Biegung werden einander überlagert.

Für die Dehnung einer zur Biegeachse parallelen Faser mit dem Abstand e von der Hauptträgheitsachse gilt:

$$\varepsilon = \frac{M_{\mathrm{b}}}{EI}\, e \qquad\qquad (8.32)$$

mit I als axialem oder äquatorialem Flächenträgheitsmoment der Querschnittsfläche bezüglich der Hauptträgheitsachse. Die größte Dehnung tritt in der Randfaser auf, die den größten Abstand $|e_{\max}|$ von der dehnungsfreien (neutralen) Faser (entspricht der Hauptträgheitsachse) hat. Oberhalb und unterhalb der neutralen Faser haben die Dehnungen entgegengesetzte Vorzeichen. Diese Tatsache nutzen wir bei der Anordnung der Meßstellen und der DMS in der Brückenschaltung aus.

Kleben wir auf den Biegestab, der zusätzlich einer Temperaturänderung ausgesetzt sein soll, einen DMS in Längsrichtung, so gilt zwischen der relativen Widerstandsänderung des DMS und dem Biegemoment folgender Zusammenhang:

$$
\begin{aligned}
\frac{\Delta R_1}{R_1} &= K\varepsilon_{\mathrm{u}} + \left(\frac{\Delta R}{R}\right)_{\mathrm{therm}} \qquad \text{bzw.}\\[2ex]
\frac{\Delta R_1}{R_1} &= K\,\frac{M_{\mathrm{b}}e_{\mathrm{u}}}{EI} + \left(\frac{\Delta R}{R}\right)_{\mathrm{therm}}
\end{aligned}
\qquad (8.33)
$$

Wir kleben nun einen zweiten DMS mit gleichen Eigenschaften auf die andere Seite (diametral) des Biegestabes und setzen voraus, daß er den gleichen Temperatureinwirkungen unterliegt. Wir erhalten für dessen relative Widerstandsänderung

$$\frac{\Delta R_2}{R_2} = -K\,\frac{M_{\mathrm{b}}e_0}{EI} + \left(\frac{\Delta R}{R}\right)_{\mathrm{therm}} \qquad (8.34)$$

Werden diese beiden DMS in einer Halbbrückenschaltung verwendet, so ergibt sich eine vollständige Temperaturkompensation. Außerdem verdoppelt sich der Brückenübertragungsfaktor (Tabelle 8.1, Beispiel 5.). Beispiel 6. in Tabelle 8.1 gibt eine weitere Variante der Anordnung der DMS bei Verwendung einer Vollbrückenschaltung an.

8.8.3.   Torsionsbeanspruchung

Wir beschränken uns auf die Torsionsbeanspruchung von Stäben mit Kreis- oder Kreisringquerschnitt, da nur für diese die Zusammenhänge zwischen Torsionsmoment und Formänderung elementar darstellbar sind. Dies stellt aber für die Praxis keine entscheidende Einschränkung dar, da die meisten auf Torsion beanspruchten Stäbe Kreisquerschnitt haben.

Der Verdrehwinkel ψ zwischen zwei Querschnitten mit dem Abstand l ergibt sich bei Torsion eines Stabes durch ein Torsionsmoment M_t zu

$$\psi = \frac{M_t l}{G I_t} \tag{8.35}$$

mit G Gleitmodul des Werkstoffes, I_t Torsionsflächenträgheitsmoment (entspricht für Kreis- und Kreisringquerschnitt dem polaren Flächenträgheitsmoment I_p).

Die maximale Schubspannung tritt in der Außenfaser (Oberfläche) auf und beträgt

$$\tau_{max.} = \gamma G = \frac{M_t}{I_p} r \tag{8.36}$$

mit γ Gleitwinkel.

Mit DMS können wir nur Dehnungen und keine Gleitungen ermitteln. Nach Gl. (8.24) treten bei Torsionsbeanspruchung zylindrischer Bauteile, wenn die x-Achse parallel zur Bauteillängsachse liegt, wegen $\varepsilon_x = \varepsilon_y = 0$ und $\gamma_{xy} \neq 0$ die betragsmäßig größten Dehnungen unter den Winkeln $\varphi_1 = 45°$ bzw. $\varphi_2 = 135°$ auf:

$$\varepsilon_{\varphi 1} = \frac{1}{2} \gamma_{xy}$$
$$\tag{8.37}$$
$$\varepsilon_{\varphi 2} = -\frac{1}{2} \gamma_{xy}$$

Mit (8.36) erhalten wir also

$$\varepsilon_{\varphi 1} = \frac{\tau_{max}}{2G} = \frac{M_t r}{2 G I_p}$$
$$\tag{8.38}$$
$$\varepsilon_{\varphi 2} = -\frac{\tau_{max}}{2G} = -\frac{M_t r}{2 G I_p}$$

Damit ergeben sich die in Tabelle 8.1 als Beispiele 7., 8., und 9. angegebenen Möglichkeiten der DMS-Anordnung und Schaltung in Halb- und Vollbrücken.

8.9. Weiterführende Literatur

[8.1] Dehnungsmeßverfahren / *Thamm, F.; Ludwig, Gy.; Huszár, I.* [u. a.] — Budapest, 1971. — 328 S.

[8.2] Elektrisches Messen nichtelektrischer Größen mit Halbleiterwiderständen / *Erler, W.; Walter, L.* — Berlin, 1973. — 260 S.

[8.3] Elektrische Kraftmeßtechnik / *Bachmann, E.* — Berlin, 1976. — 340 S.

[8.4] Handbuch der Spannungs- und Dehnungsmessung / *Fink, K.; Rohrbach, C.* — Düsseldorf, 1958. — 515 S.

9. Auswertung dynamischer Messungen

9.1. Zielstellung bei der Auswertung dynamischer Messungen

In Abschn. 7. und 8. ging es um die Messung zeitabhängiger Größen. In diesem Abschnitt wollen wir uns damit befassen, wie diese Meßgrößen ausgewertet werden können mit der Zielstellung, Aussagen über die in dem untersuchten mechanischen System ablaufenden Vorgänge zu machen. Eine Analyse des Systems selbst wird Gegenstand des Abschn. 10. sein.

Wir wollen davon ausgehen, daß die interessierenden Meßsignale als elektrische Signale entweder direkt oder als Aufzeichnung auf einem Meßmagnetband zur Verfügung stehen. Diese Signale seien bereits kalibriert. Die Aufgabe der Meßwertauswertung besteht nun darin, die zunächst als Funktionen der Zeit vorliegenden Informationen so aufzubereiten, daß daraus die für den Ingenieur als Konstrukteur oder Betreiber der Maschine, die unser mechanisches System verkörpert, notwendigen Schlußfolgerungen gezogen werden können.

In 7.1.5. hatten wir die Meßsignale unter anderem in determinierte und stochastische eingeteilt. Die Unterscheidung zwischen determinierten und stochastischen Signalen ist anhand der gemessenen Zeitfunktion oftmals nicht ohne weiteres möglich.

Da die im folgenden dargestellten experimentellen Methoden zur Signalanalyse aber stets auf endliche (und meist sehr kurze) Zeitabschnitte zurückgreifen, ist die Unterscheidung für diesen Zweck oft gar nicht erforderlich. Determinierte Signale können in diesem Sinne als Spezialfall stochastischer aufgefaßt werden.

Für die experimentelle Untersuchung besteht der wesentliche Unterschied darin, daß bei stochastischem Zeitverlauf aus mehreren Messungen ein Erwartungswert abgeschätzt werden muß. Bei stationären Signalen, auf die wir uns zunächst beschränken, geschieht dies durch Bilden von Mittelwerten aus Meß- bzw. Auswertergebnissen zeitlich nacheinander liegender Signalabschnitte. Instationäre, insbesondere transiente Signale bedürfen einer gesonderten Betrachtung (s. 9.4.8.2.).

Die Aufgabe der experimentellen Signalanalyse besteht darin, in einer möglichst kurzen Zeit soviele Informationen wie erforderlich zu gewinnen und auf die weiteren Informationen im Signal zu verzichten, ohne dabei unzulässige Fehler zu begehen.

Das Ergebnis jeder Signalanalyse kann aber immer nur so gut sein wie die zur Verfügung stehenden Meßsignale. Es muß daher vorher gesichert werden, daß die verwendeten Meßgeräte hinreichend genau arbeiten.

Die Signalanalyse kann unter sehr unterschiedlichen Gesichtspunkten erfolgen, z. B. aus der Sicht der Betriebsfestigkeit, des dynamischen Verhaltens eines Systems oder der Bestimmung von Berechnungsmodellen. Dabei benutzt man Kennfunktionen, die das Verhalten von Signalen oder Systemen beschreiben. Wenn Schwingungsvorgänge unter dem Aspekt der Sicherheit von Maschinen und Anlagen, an denen die Schwingungen auftreten, betrachtet werden sollen, verdichtet man die gesamte Information des Meßsignals meist zu einem einzigen Zahlenwert, über dessen Zulässigkeit dann anhand von Erfahrungswerten (Beurteilungsmaßstäbe, s. 9.6.) entschieden wird.

Wir wollen nun anfangs vorwiegend Fragen der Frequenzanalyse als dem wichtigsten Hilfsmittel der Signalanalyse behandeln. Dabei werden digitale Verfahren wegen ihrer schnell wachsenden Bedeutung im Vordergrund stehen.

In den folgenden Abschnitten sollen zunächst einige Grundlagen der Signal- und Systemanalyse unter dem Gesichtspunkt der experimentellen Arbeit dargestellt werden. Zum Schluß wird dann auf Probleme der Bewertung von Meßergebnissen eingegangen.

9.2.   Die Fouriertransformation und weitere Funktionaloperationen

9.2.1.   Bedeutung der Fourieranalyse. Zeit- und Frequenzbereich

Die Fouriertransformation hat sich zu einem der wichtigsten Mittel der digitalen experimentellen Signalanalyse entwickelt. Deshalb soll dieses Instrument hier möglichst anschaulich dargestellt werden. Wegen der Beweise und der exakten mathematischen Zusammenhänge verweisen wir auf die Literatur [7.5, 7.9, 9.1, 9.2, 9.3]. Meßsignale dynamischer Messungen stellen reelle Funktionen der Zeit dar, wobei das elektrische Signal entsprechend dem benutzten Wandlereffekt einer bestimmten physikalischen Größe entspricht (Abschn. 7.). Eine solche Beschreibung nennt man eine Darstellung im Zeitbereich, weil die Zeit t die unabhängige Variable ist.

In dem Bestreben, eine komplizierte Funktion durch einfachere darzustellen, wird eine Funktion der Zeit $x(t)$ als Summe harmonischer Funktionen dargestellt. Dies geschieht für periodische Funktionen in Form der bekannten *Fourier*reihe. Eine reelle periodische Funktion

$$x(t) = x(t + nT) \qquad n = 1, 2, \dots$$

mit der Periode T läßt sich darstellen als endliche oder unendliche Summe harmonischer Funktionen, deren Frequenzen ganze Vielfache $f_k = k f_1$, $k = 1, 2, \dots$ der durch T festgelegten Grundfrequenz $f_1 = 1/T$ sind:

$$x(t) = \sum_{k=0}^{\infty} x_k(t) = \frac{1}{2} A_0 + \sum_{k=1}^{\infty} A_k \cos(2\pi f_k t + \varphi_k) \tag{9.1}$$

Dabei sind $1/2\, A_0$ das absolute Glied (Frequenz Null), A_k die Amplitude und φ_k der Phasenwinkel der k-ten Harmonischen $x_k(t)$. Der Ausdruck Gl. (9.1) heißt *reelle Fourierreihe* von $x(t)$. Die Koeffizienten $A_0, A_1, \dots$ haben, wenn $x(t)$ z. B. eine elektrische Spannung ist, die physikalische Einheit Volt. In den Kurven des Bildes 9.1 ist eine solche Zerlegung für fünf Harmonische vorgenommen worden.

Da der Zeitverlauf der harmonischen Funktionen bekannt ist, können wir auf die Darstellung des Zeitablaufs der Teilschwingungen verzichten und anstelle ihrer Zeitabhängigkeit die Frequenzen, mit denen zeitliche Änderungen erfolgen, als wesentliches Merkmal der Teilschwingungen ansehen.

Wir verwenden daher die Frequenz als Abszisse und die Amplituden A_k bei den Frequenzen $f_k = k \cdot f_1$, $k = 1, 2, \dots$ als Ordinaten unserer Darstellung (Bild 9.1). Zur Frequenz $f = 0$ gehört die Amplitude $A_0/2$. Dies ist eine Darstellung im *Frequenzbereich*, weil jetzt die Frequenz als unabhängige Variable fungiert. Allerdings enthält die Darstellung im Frequenzbereich des Bildes 9.1 keine Aussage über die Phasenwinkel φ_k der Teilschwingungen.

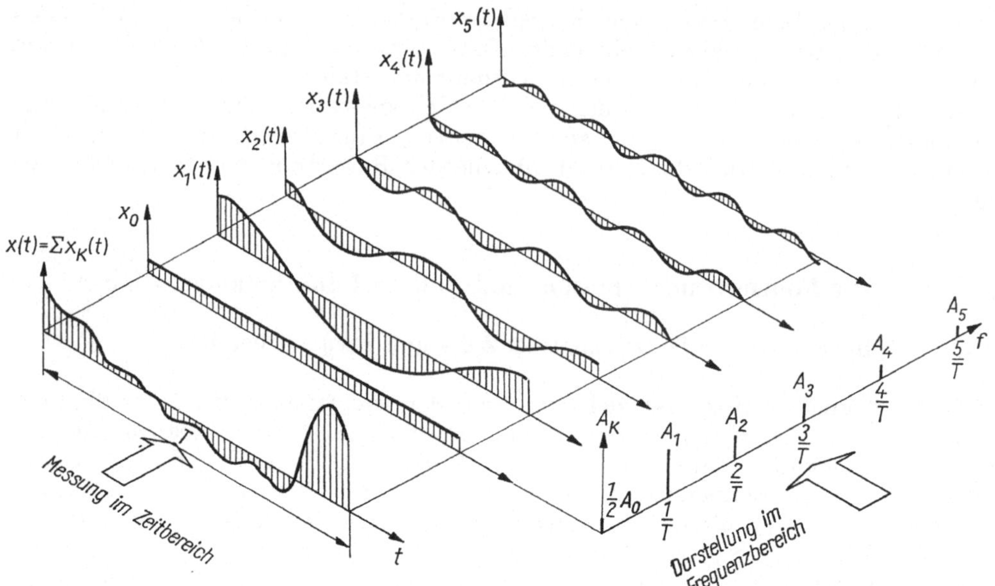

Bild 9.1. Darstellung einer periodischen Funktion $x(t)$ im Zeit- und Frequenzbereich

Diese anschauliche Überlegung wollen wir jetzt durch eine Darstellung im Komplexen formelmäßig behandeln. Dabei werden auch die Phasenwinkel der Teilschwingungen erfaßt.

9.2.2.   Komplexe Fourierreihe

Mit Hilfe der *Euler*schen Beziehung

$$\cos \alpha = \frac{1}{2} \exp(j\alpha) + \frac{1}{2} \exp(-j\alpha)$$

ergibt sich aus Gl. (9.1) die für viele Zwecke und für eine anschauliche Interpretation günstigere komplexe Darstellung

$$x(t) = \frac{1}{2} A_0 + \frac{1}{2} \sum_{k=1}^{\infty} A_k \left[\exp(j2\pi f_k t + j\varphi_k) + \exp(-j2\pi f_k t - j\varphi_k) \right]$$

$$= \sum_{k=-\infty}^{\infty} \frac{1}{2} A_k \exp\left[j(2\pi f_k t + \varphi_k) \right]$$

$$= \sum_{k=-\infty}^{\infty} \frac{1}{2} A_k \exp(j\varphi_k) \cdot \exp(j2\pi f_k t)$$

$$= \sum_{k=-\infty}^{\infty} X_k \exp(j2\pi f_k t) \tag{9.2}$$

Der Ausdruck (9.2) heißt *komplexe Fourierreihe*. Hier ist X_k ein komplexer Entwicklungskoeffizient, der die Amplitude $A_k/2$ der k-ten Harmonischen $x_k(t)$ und den zugehörigen Phasenwinkel φ_k aus Gl. (9.1) in einer komplexen Zahl zusammenfaßt mit $|X_k| = \dfrac{1}{2}\,A_k$ und arg $X_k = \varphi_k$. Es ist ferner $X_0 = \dfrac{1}{2}\,A_0$.

Wegen der Summation von $-\infty$ bis $+\infty$ treten in der Reihe (9.2) nur konjugiert komplexe Summanden auf; $X_k^* = X_k$. Daher heben sich bei der Summation alle Imaginärteile auf. Dies unterstreicht nochmals, daß $x(t)$ eine reelle Funktion ist. $x(t)$ und die X_k, $k = 0$, ± 1, $\pm 2 \ldots$ haben dieselbe physikalische Dimension.
Wir wollen eine anschauliche Darstellung der komplexen *Fourier*reihe finden.
Gemäß Gl. (9.2) gehört zu jeder Frequenz f_k ($k = 0$, ± 1, ± 2, $\ldots$) eine konstante komplexe Amplitude X_k. Diese Amplitude läßt sich wie jede komplexe Zahl als Zeiger in der komplexen Ebene darstellen. Dagegen läßt sich der Faktor exp $(\mathrm{j}2\pi f_k t)$ wegen des stetigen Anwachsens von t als ein mit der Frequenz f_k entgegen dem Uhrzeigersinn rotierender Zeiger der Länge Eins interpretieren. Der Faktor exp $(-\mathrm{j}2\pi f_k t)$ stellt einen im Uhrzeigersinn rotierenden Zeiger dar. Dies kann auch als Rotation mit einer negativen Frequenz aufgefaßt werden. In Bild 9.2a, b sind die beiden konjugiert komplexen Reihenglieder mit dem Index k und $-k$ und ihre stets reelle geometrische Summe in der komplexen Zahlenebene dargestellt. Für die Zeitpunkte $t = 0$, $t = T$, $t = 2T \ldots$ nehmen die Exponentialfunktionen exp $(\pm \mathrm{j}2\pi f_k t)$ den reellen Wert $+1$ an. Der Wert $x(0)$ ist daher die (reelle) Summe der Entwicklungskoeffizienten X_k:

$$x(0) = \sum_{k=-\infty}^{\infty} X_k$$

Die beschriebene Darstellung ist besonders geeignet, die komplexe *Fourier*reihe und die Spektralanalyse periodischer Signale zu veranschaulichen (z. B. Bilder 9.3, 9.4, 9.14).
Für bestimmte Anwendungsfälle (Abschn. 10) ist es üblich und zweckmäßig, eine komplexe Darstellung nach Bild 9.2c zu verwenden. Hier wird die k-te Harmonische aus Gl. (9.1), die reelle Funktion $x_k(t) = A_k \cos (2\pi f_k t + \varphi_k)$ als Realteil einer komplexen Zeitfunktion

$$z_k(t) = A_k \exp (\mathrm{j}2\pi f_k t + \mathrm{j}\varphi_k)$$
$$= A_k \cos (2\pi f_k t + \varphi_k) + \mathrm{j}A_k \sin (2\pi f_k t + \varphi_k)$$

aufgefaßt.
Wegen $z_k(t) = A_k \exp (\mathrm{j}\varphi_k) \cdot \exp (\mathrm{j}2\pi f_k t)$ schreibt man $z_k(t) = Z_k \exp (\mathrm{j}\,2\pi f_k t)$ und bezeichnet die Größe Z_k als *komplexe Amplitude* der harmonischen Schwingung [7.11].
Zwischen den in Bild 9.2 dargestellten Größen A_k, X_k und Z_k besteht der Zusammenhang $A_k = |Z_k| = 2|X_k|$. Weiterhin gilt gemäß Bild 9.2b und 9.2c

$$x_k(t) = \frac{1}{2}\,z_k(t) + \frac{1}{2}\,z_k^*(t) = Re\,\{z_k(t)\}$$

$z_k^*(t)$ ist dabei die zu $z_k(t)$ konjugiert-komplexe Größe.

9.2.2.1. Amplitudenspektrum

Die Gesamtheit der X_k ($k = -\infty \ldots +\infty$) nennt man das zweiseitige *komplexe Amplitudenspektrum* $X(f)$ der periodischen Zeitfunktion $x(t)$. Als Funktion der Frequenz ist es nur an den Stellen $f = f_k$ definiert: $X(f_k) = X_k$. Es handelt sich um ein diskretes Spektrum.

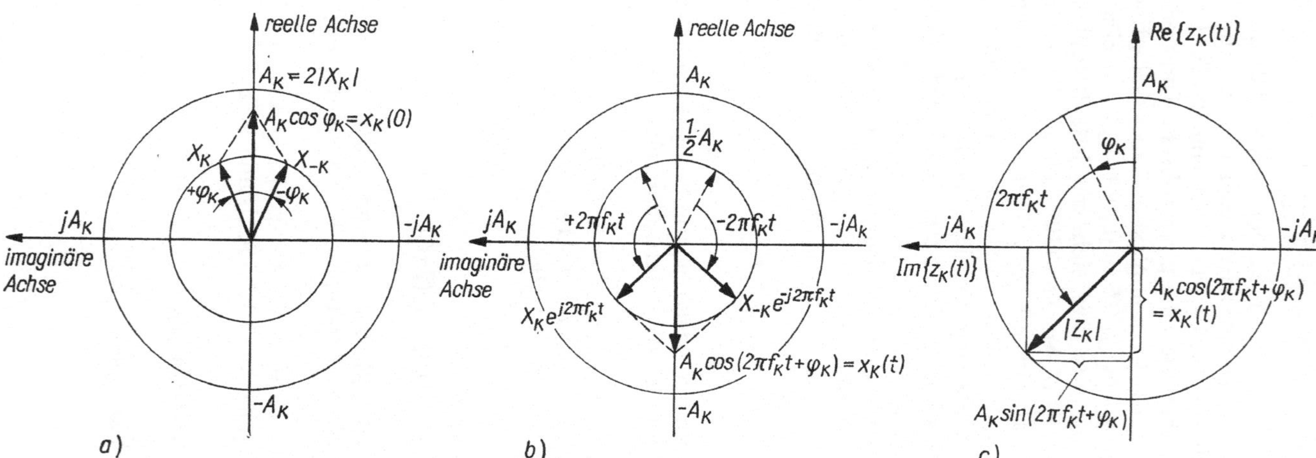

Bild 9.2. Darstellung der reellen Momentanwerte der k-ten Harmonischen $x_k(t)$ durch komplexe Zeiger in der komplexen Zahlenebene

a) als Summe von zwei **konjugiert-komplexen** Zeigern für $t = 0$
b) als Summe von zwei **konjugiert-komplexen** Zeigern für beliebiges t
c) als Realteil eines komplexen Zeigers für beliebiges t

In Bild 9.3 sind diese Zusammenhänge am Beispiel der reellen periodischen Funktion aus Bild 9.1 dargestellt. Die Zeitfunktion lautet mit $A_0 = A/3$, $A_k = A/k$:

$$x(t) = \frac{1}{3}\,A + \sum_{k=1}^{5} \frac{A}{k}\,\cos\left[2\pi k f_1 t + (k-1)\,\pi/4\right]$$

$$= \frac{1}{3}\,A + A\,\cos 2\pi f_1 t + \frac{1}{2}\,A\,\cos\left(4\pi f_1 t + \pi/4\right)$$

$$+ \frac{1}{3}\,A\,\cos\left(6\pi f_1 t + \pi/2\right) + \frac{1}{4}\,A\,\cos\left(8\pi f_1 t + 3\pi/4\right)$$

$$+ \frac{1}{3}\,A\cdot\cos\left(10\pi f_1 t + \pi\right)$$

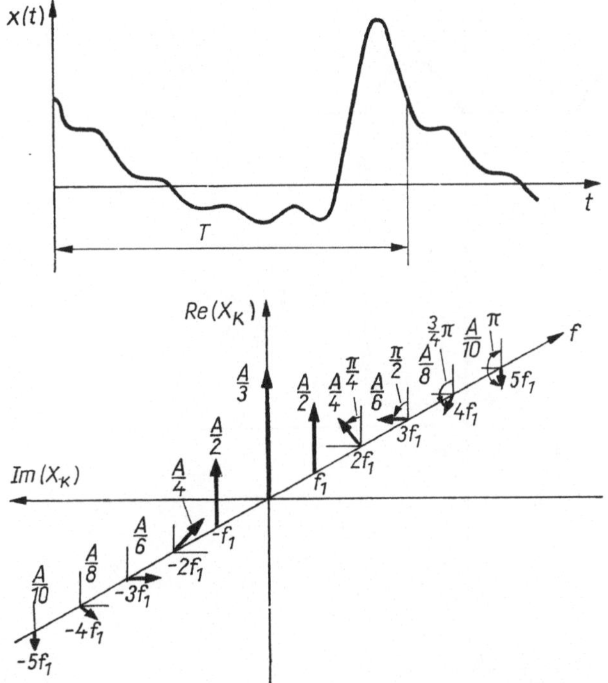

Bild 9.3. Zeitfunktion und komplexes Amplitudenspektrum des periodischen Signals $x(t) = A/3 + A\cos 2\pi f_1 t + \dots$ aus Bild 9.1

Die Darstellung im unteren Teil des Bildes 9.3 entspricht also einer Momentaufnahme der rotierenden Zeiger zum Zeitpunkt $t = 0$, $t = T$, $t = 2T$, $\dots$ Zu jedem anderen Zeitpunkt nehmen die Zeiger andere Lagen ein, und zwar so, daß sich als geometrische Summe aller Zeiger stets der reelle Wert $x(t)$ ergibt. Die beiden Darstellungen in Bild 9.3 sind also völlig gleichwertig.

Für die Belange der Signalanalyse beschränkt man sich nun auf die Darstellung solcher „Momentaufnahmen" und betrachtet nur noch die komplexen Größen X_k. Der komplexe Entwicklungskoeffizient X_k wird bekanntlich durch eine Integralformel bestimmt [7.3]:

$$X_k = \frac{1}{2} A_k \exp(j\varphi_k) = \frac{1}{T} \int\limits_{-T/2}^{+T/2} x(t) \exp(-j2\pi f_k t)\, dt \tag{9.3}$$

Die Gl. (9.3) ordnet der periodischen reellen Zeitfunktion $x(t)$ umkehrbar eindeutig eine diskrete nur an den Stellen $f = f_k$, $(k = 0, \pm 1, \pm 2, \ldots)$ definierte komplexe Funktion $X(f)$, das zweiseitige komplexe Amplitudenspektrum, zu.

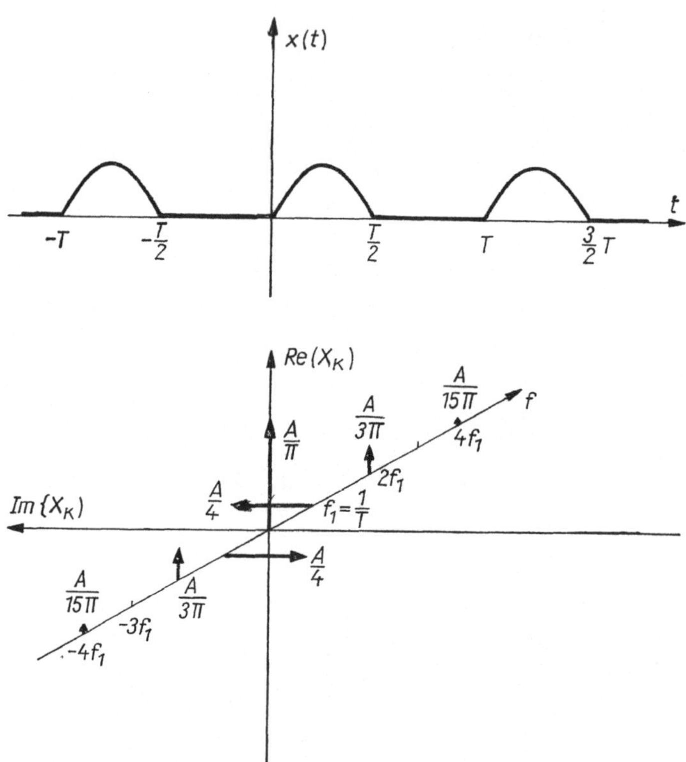

Bild 9.4. Zeitfunktion und komplexes zweiseitiges Amplitudenspektrum eines gleichgerichteten Sinussignals

In Bild 9.4 ist das hier dargelegte Vorgehen am Beispiel eines gleichgerichteten Wechselstroms in Einweggleichrichtung dargestellt.
Für die Zeitfunktion gilt:

$$x(t) = \begin{cases} A \sin 2\pi f_1 t & \text{für} \quad kT \leqq t \leqq \dfrac{2k+1}{2}\, T \\[2ex] 0 & \text{für} \quad \dfrac{2k-1}{2}\, T \leqq t \leqq kt \end{cases}$$

Das Anwenden der Gl. (9.2) ergibt die komplexe *Fourier*reihe

$$x(t) = j \frac{A}{4} \left[\exp\ (j2\pi f_1 t) - \exp\ (-j2\pi f_1 t)\right] - \frac{A}{\pi} \sum_{k=-\infty}^{\infty} 1/(4k^2 - 1) \exp\ (j4\pi k f_1 t)$$

In reeller Darstellung lautet die Reihe

$$x(t) = \frac{a}{\pi} + \frac{a}{2} \sin 2\pi f_1 t - \frac{2a}{\pi} \left[\frac{1}{3} \cos 4\pi f_1 t + \frac{1}{15} \cos 8\pi f_1 t + \frac{1}{35} \cdots \right]$$

9.2.2.2.   Leistungsspektrum

Aus Gl. (9.2) erhält man für die mittlere Leistung eines periodischen Signals (7.1.2.)

$$P = \frac{1}{T} \int_{-T/2}^{+T/2} x^2(t)\ \mathrm{d}t = \sum_{k=-\infty}^{\infty} |X_k|^2 = \sum_{k=-\infty}^{\infty} X_k{}^* X_k = \sum_{k=-\infty}^{\infty} A_k{}^2/4$$

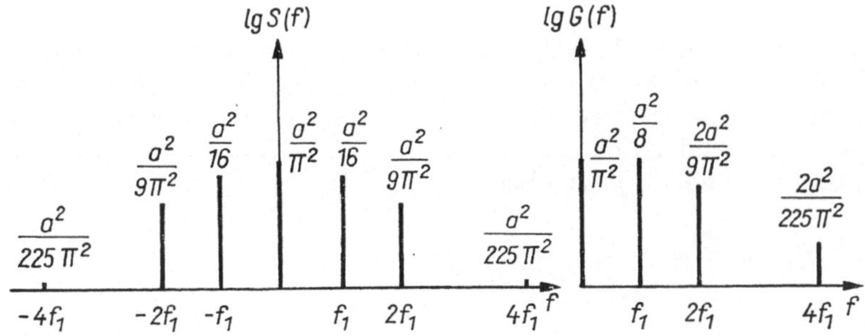

Bild 9.5. Zweiseitiges und einseitiges Leistungsspektrum des Signals aus Bild 9.4 ($a^2 = A^2$)

Mit $X_k{}^*$ ist die zu X_k konjugiert komplexe Größe bezeichnet. Die Kenntnis der Koeffizienten X_k erlaubt eine Aussage über die Verteilung der Signalleistung auf die einzelnen Frequenzen f_k. Die Gesamtheit aller $|X_k|^2$ nennt man das *zweiseitige Leistungsspektrum* der Funktion $x(t)$. Man bezeichnet es mit $S(f)$. Die Werte des Leistungsspektrums sind stets reell. $S(f_k)$ ist wie $X(f_k)$ nur für die Werte $f = f_k$ definiert. Wegen $|X_k| = |X_{-k}|$ betrachtet man meist nur das *einseitige Leistungsspektrum* $G(f) = 2S(f)$ mit

$$G(f_k) = 2S(f_k) = A_k{}^2/2 \qquad k = 1, 2, \ldots$$
$$G(0) = A_0{}^2/4 = X^2(0) = X_0{}^2$$

Die physikalische Einheit der Leistungsspektren elektrischer Signale ist V^2. In Bild 9.5 sind Beispiele angegeben.

9.2.3.   Fouriertransformation

Die *Fourier*transformation läßt sich anschaulich leicht erklären durch die Übertragung der *Fourier*reihenentwicklung auf eine nichtperiodische Funktion. Die Periodendauer wird jetzt unendlich lang ($T \to \infty$, $f_1 \to 0$), und die Werte $kf_1 = k/T$ liegen demzufolge unendlich dicht auf der Frequenzachse. Deshalb schreiben wir für $kf_1 \to f$ als kontinuierlich veränderliche Frequenz und ersetzen $1/T$ durch $\mathrm{d}f$. Vollziehen wir diese Grenzübergänge an der Gl. (9.3), dann werden die Werte X_k des Amplitudenspektrums $X(f)$ differentiell klein, weil jetzt die Signalleistung auf unendlich viele Frequenzlinien aufgeteilt werden muß.

9.2.3.1.   Amplitudendichtespektrum

Um trotzdem endliche Werte zu erhalten, dividieren wir diese komplexen Amplituden $X(f)$ durch das differentiell kleine Frequenzintervall $\mathrm{d}f$ und nennen die Funktion

$$\hat{X}(f) = \frac{X(f)}{\mathrm{d}f}$$

das *Fourierspektrum* der Funktion $x(t)$ oder das zweiseitige *komplexe Amplitudendichtespektrum*. Außerdem ist die Bezeichnung *Amplitudenspektraldichte* üblich. Die physikalische Einheit ist V/Hz oder V · s, wenn $x(t)$ eine elektrische Spannung darstellt. Das Amplitudendichtespektrum ist eine Signalkennfunktion [9.3]. Die Gln. (9.3) und (9.2) gehen jetzt über in

$$\hat{X}(f) = \int\limits_{-\infty}^{\infty} x(t) \exp\left(-\mathrm{j}2\pi f t\right) \mathrm{d}t \tag{9.4}$$

$$x(t) = \int\limits_{-\infty}^{\infty} X(f) \exp\left(\mathrm{j}2\pi f t\right) \mathrm{d}f \tag{9.5}$$

$\hat{X}(f)$ ist eine auf der gesamten Frequenzachse ($-\infty < f < \infty$) definierte komplexe Funktion.
Es gilt wieder

$$\hat{X}(f) = \hat{X}^*(-f)$$

Die Gl. (9.4) heißt *Fouriertransformation*. Die Gl. (9.5) ist die zugehörige Rücktransformation. Abkürzend schreibt man auch

$$\hat{X}(f) = \mathfrak{F}\{x(t)\}$$
$$x(t) = \mathfrak{F}^{-1}\{\hat{X}(f)\}$$

Mathematisch stellt die *Fourier*transformation eine Integraltransformation mit dem Kern $K(f, t) = \exp\left(-\mathrm{j}2\pi f t\right)$ dar.
Hinreichende Bedingung für die Anwendbarkeit der *Fourier*transformation auf eine Funktion $x(t)$ ist die Existenz des Integrals $\int\limits_{-\infty}^{\infty} |x(t)|\,\mathrm{d}t$.

Diese Voraussetzung ist bei der Auswertung realer Vorgänge immer erfüllt, da hier wegen der stets nur endlich langen Meßzeit die Integrationsgrenzen endlich sind.

Die *Fourier*transformierte eines auf das Intervall $[-T/2,\ T/2]$ begrenzten Teilsignals $x_T(t)$ einer auf der gesamten Zeitachse definierten Funktion $x(t)$ bezeichnen wir mit $X_T(f)$:

$$X_T(f) = \int\limits_{-T/2}^{+T/2} x_T(t)\,\exp\,(-\mathrm{j}2\pi ft)\,\mathrm{d}t$$

Einer reellen Funktion der Zeit wird durch die *Fourier*transformation eine auf der Frequenzachse definierte komplexe Funktion zugeordnet und umgekehrt. Die *Fourier*transformation vermittelt daher den Übergang vom Zeit- zum Frequenzbereich.

Gerade Funktionen [das heißt $x(t) = x(-t)$] haben wegen $\hat{X}^*(-f) = \hat{X}(f)$ ein rein reelles, ungerade [d. h. $x(t) = -x(-t)$] ein rein imaginäres Amplitudendichtespektrum.

Beispiel 1

Für einen Rechteckimpuls von $-\dfrac{T}{2}$ bis $+\dfrac{T}{2}$ mit der Amplitude A ist

$$\begin{aligned}
\hat{X}(f) &= \int\limits_{-\infty}^{\infty} x(t)\,\exp\,(-2\pi ft)\,\mathrm{d}t \\[2mm]
&= \int\limits_{-T/2}^{T/2} A(\cos 2\pi ft - \mathrm{j}\sin 2\pi ft)\,\mathrm{d}t \\[2mm]
&= A/\pi f \cdot \sin \pi fT
\end{aligned}$$

rein reell. In Bild 9.6 ist links die Zeitfunktion, rechts das Amplitudendichtespektrum dargestellt.

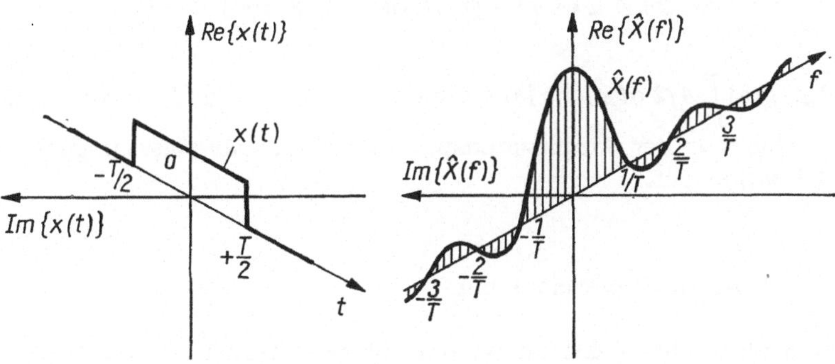

Bild 9.6. Zeitfunktion und Amplitudendichtespektrum eines Rechteckimpulses

Beispiel 2

Das Amplitudendichtespektrum des Rechtecksprungs $x(t) = \int A$ aus Bild 9.7 ist komplex, wie sich aus folgender Betrachtung ergibt.

Es gilt

$$x(t)\begin{cases} = 0 & \text{für}\quad t < 0 \\ = A & \text{für}\quad t \geq 0 \end{cases}$$

Wir zerlegen $\int A$ folgendermaßen:

$$A = \left(\int A - A/2\right) + A/2$$

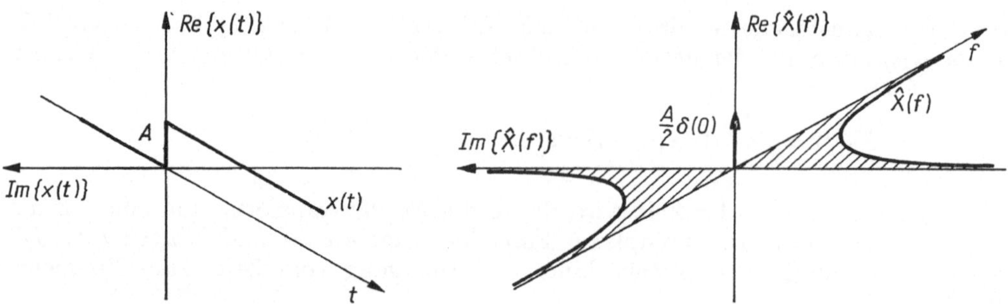

Bild 9.7. Zeitfunktion und Amplitudendichtespektrum eines Rechtecksprungs

Der erste Summand ist eine ungerade Funktion, hat also ein rein imaginäres Amplitudendichtespektrum. Für den konstanten Summanden $A/2$ ergibt sich im Frequenzbereich der Wert $A/2\,\delta(0)$ bei der Frequenz Null.
Wegen

$$\sqcap A - A/2 = \begin{cases} -A/2 & \text{für} \quad t < 0 \\ +A/2 & \text{für} \quad t \geq 0 \end{cases}$$

erhalten wir für das imaginäre Dichtespektrum

$$\hat{X}(f) = \int\limits_{-\infty}^{\infty} (\sqcap A - A/2)\,\exp{(-\mathrm{j}2\pi ft)}\,\mathrm{d}t$$

$$= 2\int\limits_{0}^{\infty} A/2\,\exp{(-\mathrm{j}2\pi ft)}\,\mathrm{d}t = A/2\,\pi\mathrm{j}f^{1})$$

Da das Integral $\int\limits_{0}^{\infty} A/2\,\mathrm{d}t$ nicht konvergiert, ergibt sich für $f \to 0$ ein unendlich großer Wert des Realteils der Amplitudenspektraldichte. Das Gesamtspektrum ist rechts in Bild 9.7 dargestellt.

9.2.3.2. Leistungsdichtespektrum

Das Amplitudendichtespektrum ist nur für determinierte Funktionen erklärt. Für stochastische Zeitverläufe wäre aus mehreren Realisierungen ein Erwartungswert abzuschätzen. Bei der Mittelung der Phasenwinkel ergeben sich aber keine sinnvollen Werte.

---

[1]) Dieser Wert ergibt sich durch folgende Betrachtung: Es ist

$$\lim_{\varepsilon \to 0}\int\limits_{0}^{\infty} \exp{(-\mathrm{j}2\pi ft - \varepsilon t)}\,\mathrm{d}t = \lim_{\varepsilon \to 0}\int\limits_{0}^{\infty} \exp{(-\varepsilon t)}\exp{(-2\mathrm{j}\pi ft)}\,\mathrm{d}t$$

$$= \lim_{\varepsilon \to 0}\left|\frac{\exp{(-\varepsilon t - \mathrm{j}2\pi ft)}}{-\varepsilon - \mathrm{j}2\pi f}\right|_{0}^{\infty} = \frac{1}{\mathrm{j}2\pi f}$$

Deshalb betrachtet man anstatt der (komplexen) Amplitude $X(f)$ die (reelle) Leistung $S(f)$ und nennt

$$\hat{S}(f) = \frac{S(f)}{\mathrm{d}f}$$

das zweiseitige *Leistungsdichtespektrum*, die *spektrale Leistungsdichte, Leistungsspektraldichte* oder auch nur *Spektraldichte*. Zwischen dem Leistungsdichtespektrum und dem Amplitudendichtespektrum besteht der Zusammenhang [7.5, 7.9].

$$\hat{S}(f) = \hat{S}_{xx}(f) = \lim_{T \to \infty} \frac{|\hat{X}_T(f)|^2}{T} = \lim_{T \to \infty} \frac{\hat{X}_T{}^*(f)\,\hat{X}_T(f)}{T} \tag{9.6}$$

Dabei ist T die Dauer eines herausgegriffenen Signalabschnitts. Die Indizes xx bringen zum Ausdruck, daß die „Leistung" $\hat{S}(f)$ aus der Zeitfunktion $x(t)$ gebildet wird. Für stationäre stochastische Zeitfunktionen $x(t)$ ist außerdem die Mittelwertbildung zur Abschätzung des Erwartungswertes vorzunehmen. Die physikalische Einheit von $\hat{S}$ ist V^2/Hz oder $V^2 \cdot s$, wenn von einer elektrischen Spannung $x(t)$ ausgegangen wurde. Wegen $\hat{X}(f) = \hat{X}^*(-f)$ ist $\hat{S}_{xx}(f)$ eine gerade Funktion von f: $\hat{S}_{xx}(f) = \hat{S}_{xx}(-f)$. Es genügt, $\hat{S}_{xx}(f)$ für $f \geqq 0$ zu kennen. Daher gibt man oft nur das *einseitige* Leistungsdichtespektrum

$$\hat{G}_{xx}(f) = 2\hat{S}_{xx}(f) \qquad f > 0 \tag{9.7}$$

an. Für $f = 0$ gilt $\hat{G}_{xx} = \hat{S}_{xx}(0)$.
Wenn Verwechslungen ausgeschlossen sind, lassen wir die Indizes xx weg.
Die reellen Funktionen $\hat{S}_{xx}(f)$ und $\hat{G}_{xx}(f)$ enthalten keine Phaseninformation mehr.
An dieser Stelle soll bereits darauf hingewiesen werden, daß die Rücktransformation von $\hat{S}_{xx}(f)$ in den Zeitbereich die reelle Autokorrelationsfunktion $K_{xx}(\tau)$ der Funktion $x(t)$ liefert (Gl. (9.9)).

9.2.4. Laplacetransformation

Eng verwandt mit der *Fourier*transformation ist die *Laplace*transformation [7.3, 9.1, 9.3].
Sie unterscheidet sich von der *Fourier*transformation durch ein einseitig begrenztes Integrationsintervall und durch den Integrationskern. Sie lautet

$$L\{x(t)\} = \int_0^\infty x(t)\,\exp\,(-pt)\,\mathrm{d}t$$

mit $p = \delta + \mathrm{j}2\pi f$ als *komplexe Frequenz*. Sie ist ebenso auch interpretierbar als *Fourier*transformation einer Funktion $x(t)$, die für $t < 0$ den Wert Null hat und die zur Sicherung der Konvergenz mit $e^{-\delta t}$ multipliziert wurde. δ entspricht dabei der Abklingkonstanten der Schwingungslehre.
Die *Laplace*transformation bildet aber eine reelle Funktion nicht nur auf die (imaginäre) Frequenzachse $\mathrm{j}2\pi f$ ab, sondern auf die gesamte komplexe Frequenzebene, wobei jedem Punkt der komplexen Frequenzebene ein komplexer Wert von $L\{x(t)\}$

zugeordnet wird. Eine anschauliche Darstellung ist daher nur noch möglich, wenn man sich auf die Darstellung des Betrages von $L\{x(t)\}$ beschränkt. In Bild 9.13 ist ein Beispiel angegeben.

9.2.5.   Faltung zweier Funktionen

Die *Faltung* $f(t)$ zweier Funktionen $x(t)$ und $y(t)$ im Zeitbereich ist folgendermaßen definiert [9.1, 9.2, 9.3]:

$$f(t) = x(t) * y(t) = \int\limits_{-\infty}^{\infty} x(\tau)\, y(t - \tau)\, \mathrm{d}\tau \tag{9.8}$$

Das Zeichen $*$ symbolisiert dabei die Faltung, man sagt: „$x(t)$ gefaltet mit $y(t)$".
Die Faltungsfunktion entsteht also dadurch, daß über das Produkt von zwei Funktionen integriert wird, wobei eine der beiden Funktionen auf der Zeitachse verschoben ist.
Für den Sonderfall, daß $y(t)$ gleich einem *Dirac*-Impuls an der Abszisse $t = t_0$ ist,

$$y(t) = \delta(t - t_0),$$

wird das Ergebnis der Faltung

$$f(t) = x(t) * \delta(t - t_0) = \int\limits_{-\infty}^{\infty} x(\tau)\, \delta(t - t_0 - \tau)\, \mathrm{d}\tau = x(t - t_0)$$

Die Funktion $x(t)$ wird also nur um t_0 nach rechts auf der Zeitachse verschoben.
Als weiteres einfaches Beispiel erwähnen wir noch, daß gilt

$$x(t) * 1 = \int\limits_{-\infty}^{\infty} x(\tau)\, \mathrm{d}\tau$$

Eine Funktion mit 1 gefaltet ergibt also die Fläche zwischen der Funktion und der Zeitachse.
Ebenso läßt sich die Faltung von Funktionen komplexer Variablen (z. B. von Spektren) erklären, allerdings geht dabei die Anschaulichkeit verloren.
Für unsere weiteren Betrachtungen benötigen wir die *Fourier*transformierte einer Faltungsfunktion. Es gilt der *Faltungssatz* [9.1]

$$\mathfrak{F}\{x(t) * y(t)\} = \mathfrak{F}\{x(t)\}\, \mathfrak{F}\{y(t)\} \tag{9.9}$$

$$\mathfrak{F}\{x(t) \cdot y(t)\} = \mathfrak{F}\{x(t)\} * \mathfrak{F}\{y(t)\} \tag{9.10}$$

Eine Faltung zweier Zeitfunktionen geht also bei der *Fourier*transformation in das Produkt der Amplitudendichtespektren über, und die *Fourier*transformierte des Produkts zweier Zeitfunktionen ergibt die Faltung der beiden Spektren. Dabei ist die Faltung von Spektren ebenso erklärt wie in Gl. (9.8), wenn t durch f ersetzt wird.

9.3.   Weitere Kennfunktionen von Signalen und Systemen

Zur Beschreibung von Signalen und Systemen werden außer den bisher erläuterten Spektren (Amplitudendichtespektrum, Leistungsdichtespektrum) noch eine Reihe weiterer Kennfunktionen benutzt, die hier kurz zusammengestellt werden sollen. Ausführliche Darstellungen befinden sich in der Literatur [9.1, 9.3, 9.4].

Unter einer *Kennfunktion* verstehen wir eine aus einer oder mehreren Zeitfunktionen abgeleitete Funktion zum Charakterisieren von Signalen oder Systemen.

Bei der Bildung von Kennfunktionen kann ein Teil der im Signal enthaltenen Information verlorengehen.

Die experimentelle Bestimmung dieser Funktionen auf der Basis von Meßwerten dient dazu, Aussagen über einen durch das Signal beschriebenen Prozeß oder ein System zu machen bzw. eine übersichtlichere Darstellung zu erhalten. Bei komplizierten (stochastischen) Signalen und bei Systemen ist eine Beschreibung oftmals nur mit Hilfe solcher Kennfunktionen möglich.

9.3.1. Verteilungsfunktion $F(x)$, Verteilungsdichtefunktion $p(x)$

Die *Verteilungsfunktion* $F(x)$ macht eine Aussage darüber, mit welcher Wahrscheinlichkeit eine Zeitfunktion, die wir hier mit $\xi(t)$ bezeichnen wollen, zu einem beliebigen Zeitpunkt einen vorgegebenen Wert x nicht überschreitet [7.12].

Diese Wahrscheinlichkeit ist um so größer, je größer x gewählt wird. Sie wird Eins, wenn x größer ist als das absolute Maximum von $\xi(t)$.

Man schreibt:

$$F(x) = P[\xi(t) \leqq x]$$

Ist F differenzierbar (das wollen wir voraussetzen), dann nennen wir die erste Ableitung

$$\frac{\mathrm{d}F}{\mathrm{d}x} = p(x)$$

die *Verteilungsdichtefunktion*.

$p(x)$ stellt die relative Verweildauer im Intervall $[x; x + \mathrm{d}x]$ bezogen auf die Intervallbreite $\mathrm{d}x$ dar. In Bild 9.8 ist dies anschaulich dargestellt.

$p(x)$ hängt mit dem linearen Mittelwert μ der Funktion $x(t)$ nach Gl. (7.1) zusammen:

$$\mu = \overline{x(t)} = \int\limits_{-\infty}^{\infty} xp(x)\,\mathrm{d}x$$

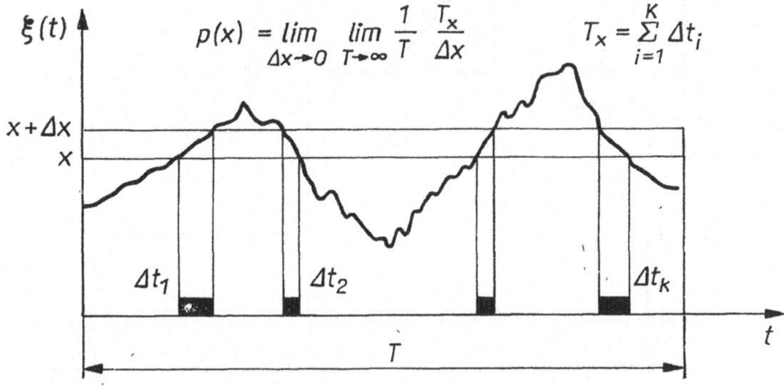

Bild 9.8. Zur Definition der Verteilungsdichtefunktion

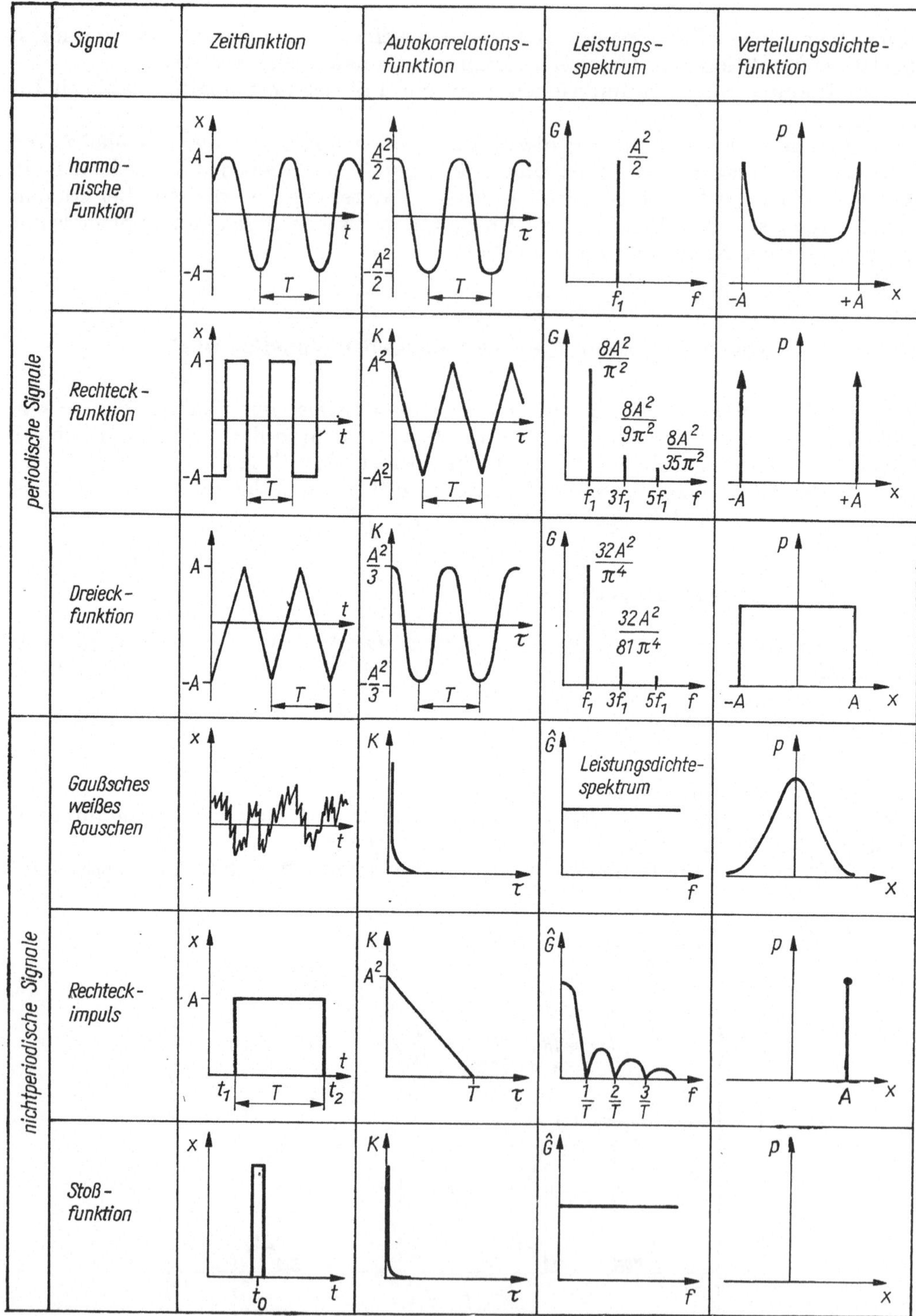

Bild 9.9. Signalkennfunktionen einiger bekannter Zeitfunktionen

Ebenso gilt für den quadratischen Mittelwert nach Gl. (7.3):

$$\overline{x^2(t)} = \int_{\infty}^{\infty} x^2 p(t)\,\mathrm{d}x$$

In Bild 9.9 sind in der vierten Spalte für einige bekannte Funktionen $x(t)$ die Verteilungsdichtefunktionen $p(x)$ dargestellt.
Die wichtigste Verteilungsdichtefunktion ist die *Gaußsche Normalverteilung*. Sie ist durch den Mittelwert μ und die Standardabweichung s nach Gl. (7.5) wie folgt definiert:

$$p(x) = \exp\left[-(x-\mu)^2/2s\right]/\sqrt{2\pi s}$$

Viele technische Vorgänge erfüllen dieses Verteilungsgesetz. In Bild 9.10 sind für $\mu = 0$ und verschiedene s solche Funktionen dargestellt.

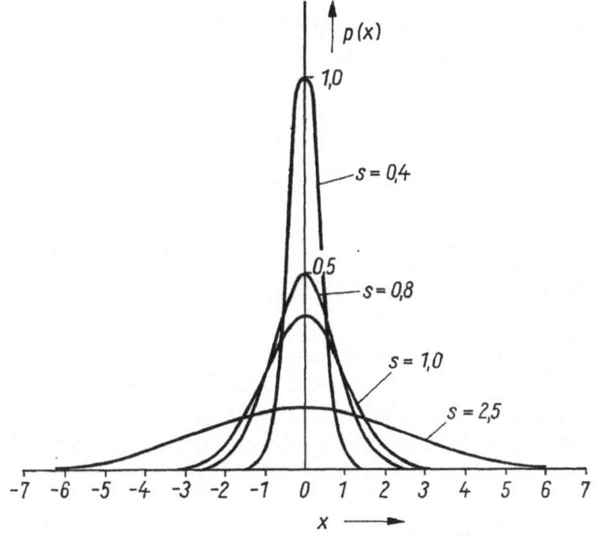

Bild 9.10. *Gauß*sche Normalverteilungen für verschiedene Werte von s für den Fall $\mu = 0$

In der Verteilungsdichtefunktion taucht wegen der vorausgesetzten Stationärität der Parameter Zeit nicht mehr auf. Eine Aussage über den zeitlichen Verlauf bzw. die im Signal auftretenden Frequenzen ist anhand der Verteilungsdichtefunktion nicht mehr möglich.

9.3.2. Autokorrelationsfunktion (AKF)

Die *Autokorrelationsfunktion AKF* stellt eine Verallgemeinerung des quadratischen Mittelwertes dar und ist definiert durch die Gl.

$$K_{xx}(\tau) = \overline{x(t)\,x(t+\tau)} = \lim_{T\to\infty} \frac{1}{T} \int_{-T/2}^{+T/2} x(t)\,x(t+\tau)\,\mathrm{d}t \tag{9.11}$$

Der Unterschied zum quadratischen Mittelwert besteht darin, daß die Funktion $x(t)$ nicht mit sich selbst, sondern mit der auf der Zeitachse um das (kleine) Stück τ verschobenen Funktion $x(t + \tau)$ multipliziert und erst dann der Mittelwert gebildet wird. Dieser Mittelwert hängt jetzt von τ ab.

Ist $x(t)$ eine stochastische Funktion, dann ist in Gl. (9.11) anstelle der Mittelwert- die Erwartungswertbildung vorzunehmen.

Offenbar gilt:

$$K_{xx}(0) = \overline{x^2(t)} = \tilde{x}^2 \qquad \text{und}$$

$$K_{xx}(\tau) = K_{xx}(-\tau)$$

Die AKF ist also eine gerade Funktion. Für $\tau \to \infty$ ergibt sich bei nichtperiodischen Funktionen (Bild 9.13):

$$K_{xx}(\infty) = [\overline{x(t)}]^2$$

Die physikalische Einheit der AKF ist eine Leistung (V^2).
Bild 9.9 enthält in der dritten Spalte Beispiele für AKF.

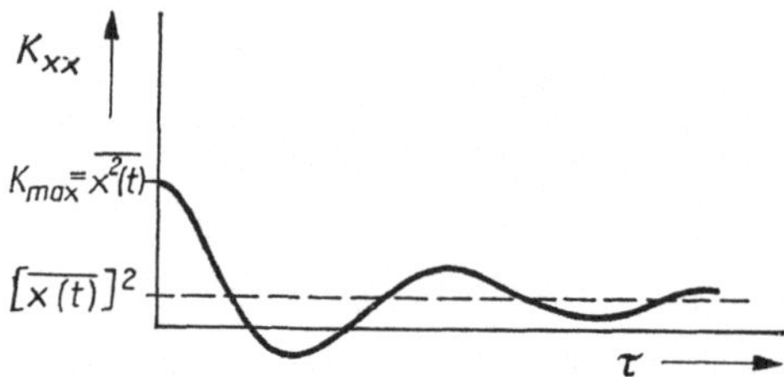

Bild 9.11. Verhalten der Autokorrelationsfunktion für $\tau = 0$ und $\tau \to \infty$

Periodische Anteile der Funktion $x(t)$ kehren in der AKF wieder. Nichtperiodische Anteile klingen rasch ab. Die AKF filtert also die periodischen Anteile dieses Signals heraus. Dies wird bei der Analyse von Signalen benutzt, die durch starke Störpegel verrauscht sind. Die Phaseninformation geht verloren. Zwischen der AKF und dem zweiseitigen Leistungsdichtespektrum $S(f)$ einer Zeitfunktion $x(t)$ besteht der Zusammenhang [7.3, 7.9]

$$\hat{S}_{xx}(f) = \mathfrak{F}\{K_{xx}(\tau)\} = \int\limits_{-\infty}^{\infty} K_{xx}(\tau) \exp\left(-j2\pi f\tau\right) \, \mathrm{d}\tau \tag{9.12}$$

bzw.

$$K_{xx}(\tau) = \mathfrak{F}^{-1}\{\hat{S}_{xx}(f)\} = \int\limits_{-\infty}^{\infty} \hat{S}_{xx}(f) \exp\left(j2\pi f\tau\right) \, \mathrm{d}f \tag{9.13}$$

Die Gln. (9.12) und (9.13) sind als Satz von *Wiener-Chintschin* bekannt. $\hat{S}_{xx}(f)$ und $K_{xx}(\tau)$ sind beide reelle gerade Funktionen. Vielfach [7.12], [9.1] wird die Beziehung Gl. (9.12) direkt zur Definition des Leistungsdichtespektrums benutzt. Zu beachten sind die unterschiedlichen physikalischen Einheiten von $\hat{S}$ und K.

9.3.3. Cepstrum

Eine Modifikation der AKF, das Cepstrum, hat bei der Frequenzanalyse Bedeutung erlangt [9.3]. Wie in 7.1.6. behandelt, bedient man sich oft einer logarithmischen Darstellung von Funktionswerten, um auch kleine Ordinaten noch sichtbar zu machen. Dies geschieht auch bei Spektren (z. B. Bild 9.5).

Die Rücktransformation des logarithmischen Leistungsdichtespektrums in den Zeitbereich bezeichnet man als *Cepstrum* $C(\tau)$:

$$C(\tau) = \mathfrak{F}^{-1}\{\lg \hat{S}_{xx}(f)\} = \int\limits_{-\infty}^{\infty} \lg \hat{S}_{xx}(f) \exp\,(\mathrm{j}2\pi f\tau)\,\mathrm{d}f$$

Der Name „Cepstrum" stellt eine „Transformation" des Wortes Spektrum dar. Der Zeitparameter τ wird dementsprechend „Quefrenz" (von Frequenz) genannt.
Ein wesentlicher Vorteil des Logarithmierens des Leistungsdichtespektrums besteht in folgendem: Bei Messungen an Maschinen wird ein Leistungsdichtespektrum $\hat{S}_{yy}(f)$ des Ausgangssignals $y(t)$ erhalten, was den (unbekannten) Frequenzgang des Meßobjektes enthält. Dabei ist das Leistungsdichtespektrum $\hat{S}_{xx}(f)$ des Eingangssignals $x(t)$ mit dem Quadrat des Betrages des Frequenzganges $H(f)$ multipliziert Gl. (9.17)

$$\hat{S}_{yy}(f) = \hat{S}_{xx}(f)\,|H(f)|^2$$

Die Rücktransformation in den Zeitbereich würde auf ein Faltungsintegral führen, das schwer auswertbar ist. Durch die Logarithmierung entsteht eine Summe:

$$\lg \hat{S}_{yy}(f) = \lg \hat{S}_{xx}(f) + 2\lg|H(f)|$$

die bei der Transformation wieder in eine Summe übergeht und oftmals eine Trennung dieser Anteile zuläßt.
Auf Anwendungen der Cepstrum-Analyse, die im Maschinenbau vor allem auf dem Gebiet der Schwingungsanalyse von Zahnradgetrieben liegen, und auf Einzelheiten kann im Rahmen dieses Buches nicht eingegangen werden [9.23].

9.3.4.   Kreuzkorrelationsfunktion (KKF)

Bisher haben wir nur ein Signal $x(t)$ untersucht. Durch Betrachtung zweier Signale läßt sich der Begriff der Korrelationsfunktion weiter verallgemeinern. Untersucht man nicht den Zusammenhang zwischen $x(t)$ und $x(t+\tau)$, sondern zwischen $x(t)$ und einer zweiten Funktion $y(t+\tau)$, so erhält man die *Kreuzkorrelationsfunktion* (KKF):

$$K_{xy}(\tau) = \overline{x(t)\,y(t+\tau)}$$

Die KKF macht eine Aussage über die Abhängigkeit der Werte der einen Funktion zur Zeit t von denen der anderen zu einem um τ verschobenen Zeitpunkt. Das Maximum dieser Funktion liegt i. allg. bei $\tau \neq 0$.
Die KKF hat, bedingt durch das Aufkommen leistungsfähigerer Methoden im Frequenzbereich an Bedeutung verloren. Nach wie vor angewendet wird das Grundprinzip des „multiplikativen Vergleichs" in der Auswuchttechnik, wo es darum geht, aus einem gestörten Meßsignal den Anteil mit einer bestimmten Frequenz abzutrennen.

9.3.5.   Kreuzleistungsdichtespektrum

Analog der Kreuzkorrelationsfunktion bilden wir aus zwei Zeitfunktionen $x(t)$ und $y(t)$ ein *Kreuzleistungsdichtespektrum* (*Kreuzleistungsspektraldichte*, *Kreuzspektrum*), indem wir bei der Multiplikation des Amplitudendichtespektrums $\hat{X}(f)$

mit $\hat{X}*(f)$ eines dieser Spektren durch das Amplitudendichtespektrum eines zweiten Vorgangs $y(t)$ ersetzen. Dann ist:

$$\hat{S}_{xy}(f) = \lim_{T \to \infty} \frac{\hat{X}*(f)\,\hat{Y}(f)}{T}$$

die Kreuzleistungsspektraldichte der Signale $x(t)$ und $y(t)$.

$S_{xy}(f)$ ist eine komplexe Funktion, weil die Imaginärteile der beiden zu multiplizierenden Amplitudenspektraldichten nicht mehr gleichgroß bei entgegengesetzten Vorzeichen sind. Die Kreuzleistungsspektraldichte ist von großer Bedeutung bei der Systemanalyse. Ohne Beweis geben wir noch eine einleuchtende Beziehung an.
Es gilt:

$$|\hat{S}_{xy}(f)|^2 \leq \hat{S}_{xx}(f) \cdot \hat{S}_{yy}(f)$$

Für $x(t) = a \cdot y(t)$ mit einer Konstanten a gilt das Gleichheitszeichen.

9.3.6.   Gewichtsfunktion

Die Gewichtsfunktion $h(t)$ war in 7.1.3. als das Ausgangssignal eines Systems erklärt, welches mit einer idealen Einheitsstoßfunktion zur Zeit $t = 0$ erregt wird (Bild 7.3c). Für beliebige Erregungen $x(t)$ ergibt sich die Systemantwort $y(t)$ als ein Faltungsintegral

$$y(t) = h(t) * x(t)$$
$$= \int_{-\infty}^{\infty} h(\tau)\, x(t - \tau)\, \mathrm{d}\tau \tag{9.14}$$

was für $x(t) = \delta(t)$ in $y(t) = h(t)$ übergeht.

9.3.7.   Übergangsfunktion

Die *Übergangsfunktion* $s(t)$ ist die Antwort des Systems auf einen Einheitssprung (Bild 7.3b).
Es gilt mit der Gewichtsfunktion $h(t)$:

$$s(t) = \int_{0}^{t} h(\tau)\, \mathrm{d}\tau$$

$s(t)$ ist experimentell annähernd realisierbar, indem z. B. ein System statisch ausgelenkt wird, und die auslenkende Kraft plötzlich Null wird (Brechtopf, Zerreißen eines Drahtes).

9.3.8.   Komplexer Frequenzgang

In 7.1.3. hatten wir den Betrag des Frequenzgangs eines mechanischen Systems $|H(f)| = \hat{y}/\hat{x}$ als Quotienten der Amplituden $\hat{y}$ und $\hat{x}$ harmonischer Ausgangs- und Eingangssignale kennengelernt. Bei beliebiger determinierter Erregung müssen wir statt der reellen Amplituden $\hat{x}$ und $\hat{y}$ die komplexen Amplitudendichtespektren $\hat{X}(f)$

und $\hat{Y}(f)$ betrachten. Dividiert man die komplexen Amplitudendichtespektren, dann ergibt sich der *komplexe Frequenzgang* eines Systems zu

$$H(f) = \hat{Y}(f)/\hat{X}(f) \tag{9.15}$$

$H(f)$ ist also Proportionalitätsfaktor zwischen Eingangs- und Ausgangsspektrum. Durch Multiplikation von Gl. (9.15) mit $\hat{X}^*(f)$ im Zähler und Nenner ergibt sich

$$H(f) = \hat{S}_{yx}(f)/\hat{S}_{xx}(f) \tag{9.16}$$

Diese günstigere Darstellung, bei der die im Nenner stehende Funktion $\hat{S}_{ee}(f)$ reelle Werte hat, ist die Basis einer experimentellen Bestimmung des komplexen Frequenzganges in Abschn. 10.
Interessiert nur der Betrag von $H(f)$, dann findet man aus Gl. (9.15)

$$|H(f)|^2 = \hat{S}_{yy}(f)/\hat{S}_{xx}(f) \tag{9.17}$$

$H(f)$ erscheint hier als Quotient der reellen Leistungsdichtespektren von Ausgang und Eingang des Systems. Durch *Fourier*transformation von Gl. (9.14) ergibt sich ferner, daß

$$H(f) = \mathfrak{F}\{h(t)\} = \int_0^\infty h(\tau) \exp(-\mathrm{j}2\pi f\tau)\,\mathrm{d}\tau \tag{9.18}$$

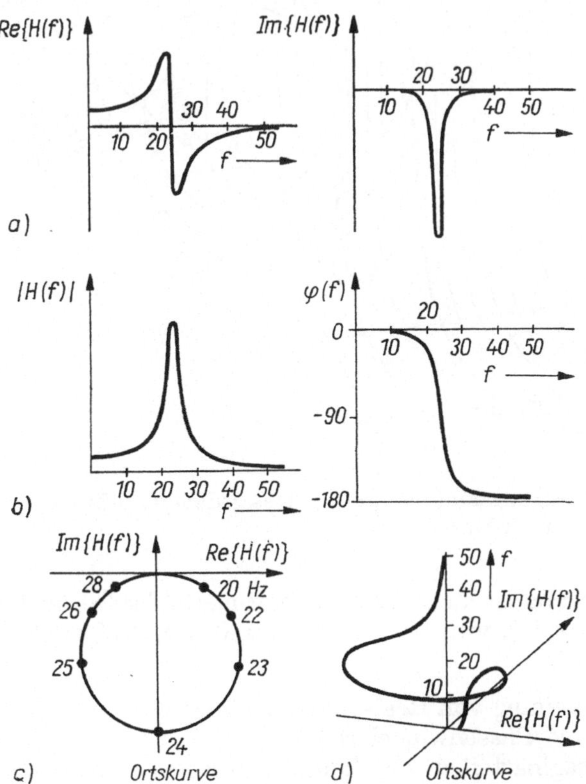

Bild 9.12. Darstellung des komplexen Frequenzgangs eines Einmassenschwingers

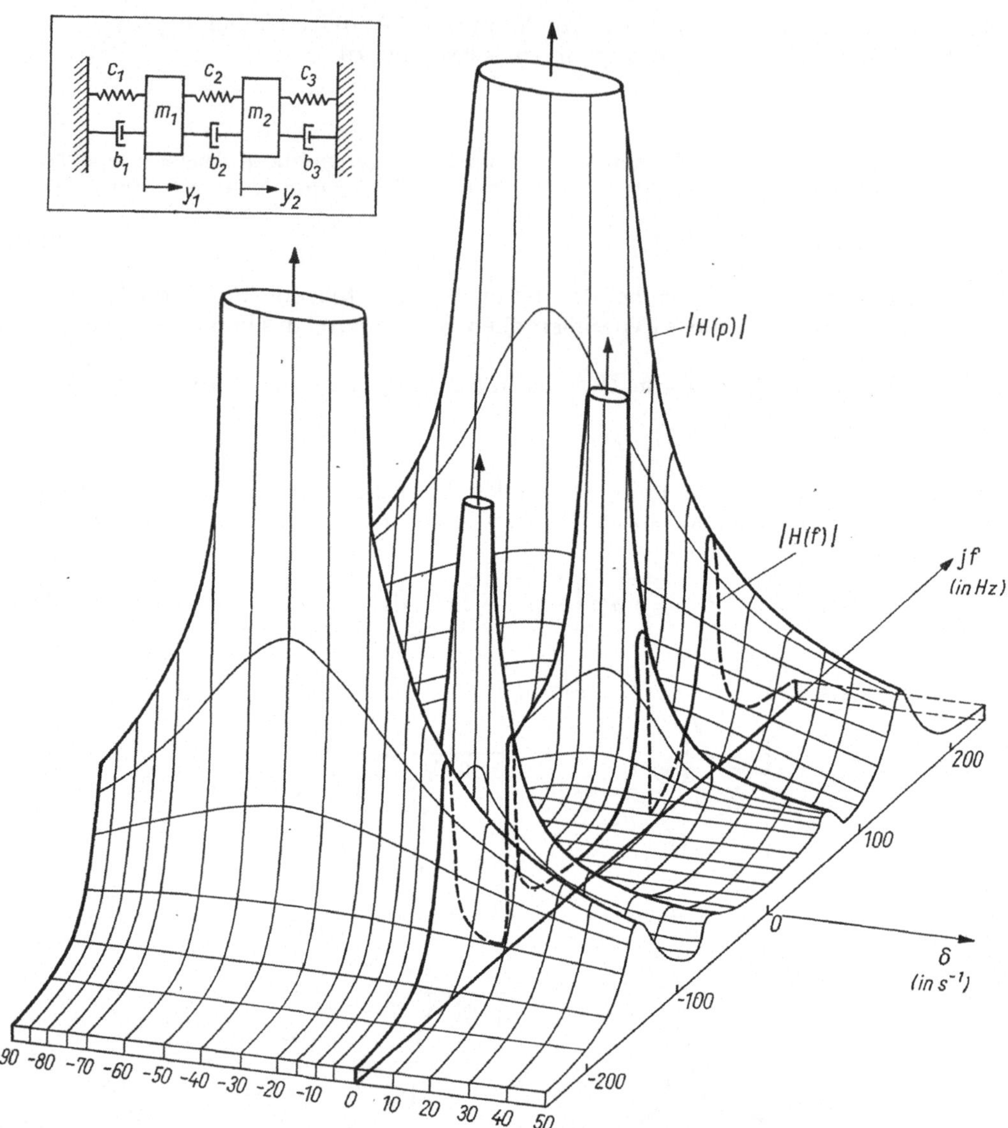

Bild 9.13. Betrag der Übertragungsfunktion $|H(p)|$ eines gedämpften Zweimassenschwingers bei Erregung und Messung an der Masse m_1

Der komplexe Frequenzgang ist die *Fourier*transformierte der Gewichtsfunktion. Die Integration beginnt bei 0, weil $h(t) = 0$ für $t < 0$. Für $H(f)$ sind folgende Darstellungen möglich:

a) durch getrennte Darstellung von Real- und Imaginärteil,
b) durch Betrag $|H(f)|$ und Phasenwinkel $\varphi(f)$,
c) durch Real- und Imaginärteil in der komplexen Ebene (ebene Ortskurvendarstellung) und
d) räumliche Ortskurvendarstellung.

In Bild 9.12 sind für einen einfachen schwach gedämpften Schwinger mit einer Eigenfrequenz von 24 Hz alle Darstellungen angegeben.

Die Darstellung b) war lange Zeit die Basis für eine experimentelle Bestimmung von Frequenzgängen. In dieser Form sind nämlich die beiden Kurven punktweise meßbar, wenn man als Erregung eine Sinusschwingung mit variabler Frequenz verwendet. Die Ortskurve in c) kann in Resonanznähe sehr gut durch einen Kreis angenähert werden. Eine detaillierte Behandlung des komplexen Frequenzganges erfolgt in 10.1.

9.3.9.　Übertragungsfunktion $H(p)$

Die *Übertragungsfunktion* $H(p)$ ist die *Laplace*transformierte (s. 9.2.4.) der Gewichtsfunktion. Daher gilt in Analogie zu Gl. (9.18)

$$H(p) = \int\limits_0^\infty h(\tau) \exp(-p\tau)\, \mathrm{d}\tau$$

Die komplexe Funktion $H(p)$ ist auf der gesamten komplexen Ebene definiert. Eine Darstellung des Betrages $|H(p)|$ befindet sich in Bild 9.13. $H(p)$ geht für $\delta = 0$ in den komplexen Frequenzgang $H(f)$ über.

9.3.10.　Zur Rolle der Phaseninformation

Bei der Frequenzanalyse von Signalen spielt die Phaseninformation eine untergeordnete Rolle. Ihre Bedeutung liegt in der Systemanalyse und bei Laufzeitmessungen. Andererseits hängen die Mittel- und Spitzenwerte bis auf den Effektivwert von der gegenseitigen Phasenlage ab.

Dies soll an zwei Beispielen erläutert werden:

Beispiel 1: Harmonische Funktionen

Die Cosinus- und Sinus-Funktion unterscheiden sich nur durch den Phasenwinkel:

$$A \cos 2\pi f_1 t = A \sin (2\pi f_1 t + \pi/2)$$

Die Amplitudenspektren der beiden Funktionen unterscheiden sich durch die Lage der Zeiger bei den Frequenzen f_1 und $-f_1$ (Bild 9.14). Die Leistungsspektren sind identisch.

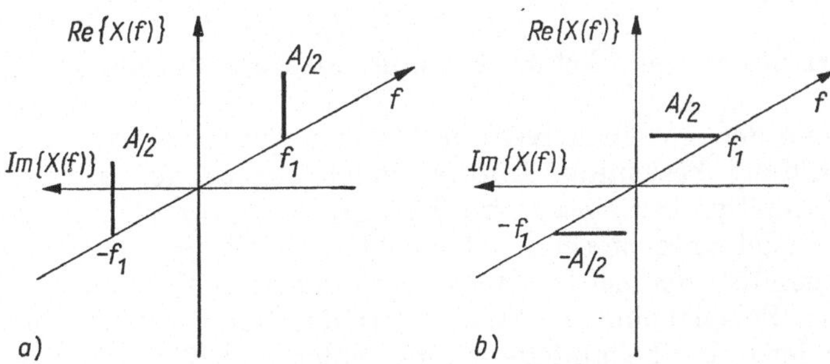

Bild 9.14. Amplitudenspektrum von a) $A \cos 2\pi f_1 t$ und b) $A \sin 2\pi f_1 t$

Beispiel 2

In der Verteilungsdichtefunktion ist die Phaseninformation enthalten. Die Spitzenwerte, die bei der Überlagerung harmonischer Schwingungen entstehen, hängen in starkem Maße von der gegenseitigen Phasenlage ab.
Die beiden Funktionen

$$x_1(t) = A \sin 2\pi f_1 t + \frac{A}{2} \sin 6\pi f_1 t \qquad \text{und}$$

$$x_2(t) = A \sin 2\pi f_1 t + \frac{A}{2} \sin (6\pi f_1 t + \pi)$$

unterscheiden sich nur durch die Phase des zweiten Gliedes. Die Spitzenwerte unterscheiden sich jedoch erheblich, es ist nämlich

$$\hat{x}_1 = 1{,}076 A \quad \text{und} \quad \hat{x}_2 = 1{,}5 A$$

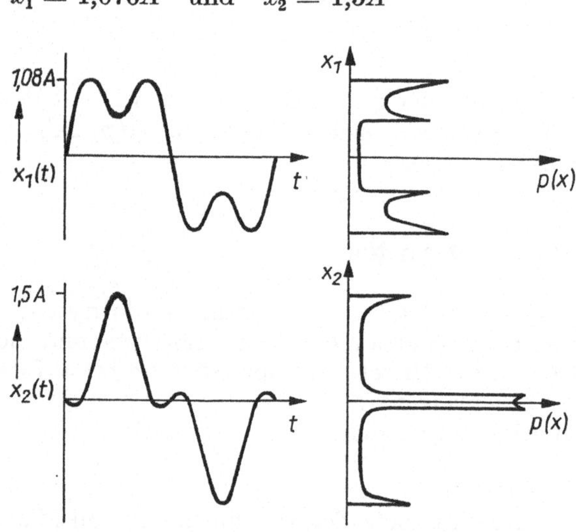

Bild 9.15. Einfluß der Phasenwinkel auf die Verteilungsdichtefunktion

Ebenso unterscheiden sich die Verteilungsdichtefunktionen. In Bild 9.15 sind die Zeitverläufe der beiden Funktionen und ihre Verteilungsdichtefunktionen dargestellt. Die auftretenden Unterschiede rühren ausschließlich aus dem entgegengesetzten Phasenwinkel der 3. Harmonischen her.

9.3.11.   Informationsaspekt bei der Bildung von Kennfunktionen

Bei der Darstellung der einzelnen Kennfunktionen wurde bereits darauf verwiesen, daß bei ihrer Bildung bestimmte Informationen verlorengehen bzw. bewußt auf einen Teil der Information verzichtet wird. Dies geschieht vor allem bei stochastischen Signalen mit dem Ziel einer besseren Übersichtlichkeit und Interpretierbarkeit der Kennfunktion gegenüber der Zeitfunktion oder dem Amplitudendichtespektrum.
In Bild 9.16 ist am Beispiel eines einfachen periodischen Vorganges der Zusammenhang einer Reihe der bisher behandelten Kenngrößen und Kennfunktionen nochmals dargestellt.

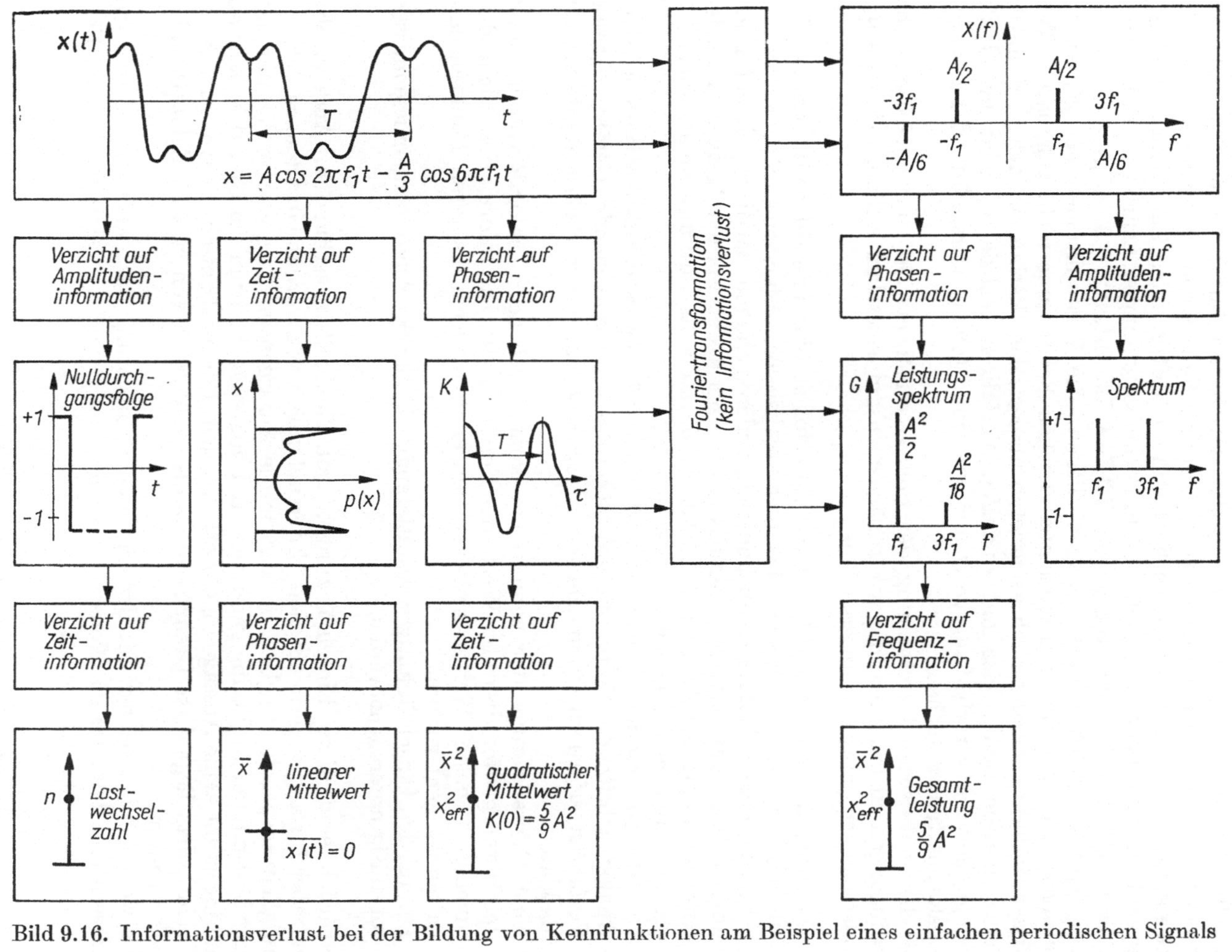

Bild 9.16. Informationsverlust bei der Bildung von Kennfunktionen am Beispiel eines einfachen periodischen Signals

9.4.   Experimentelle Frequenzanalyse

Die Gln. (9.4) und (9.5) stellen die mathematische Formulierung der *Fourier*transformation dar. Ihre Anwendung setzt voraus, daß die Funktion $x(t)$ wenigstens stückweise als analytischer Ausdruck vorliegt und die auftretenden Funktionen integrierbar sind. Entsprechende Beispiele sind in Formelsammlungen, Lehrbüchern, Taschenbüchern und Monographien angegeben [7.3, 7.4, 7.5, 9.1, 9.2, 9.3, 9.5].
Bei experimentellen Untersuchungen liegen die Zeitfunktionen als gemessene Kurvenverläufe vor und sind einer analytischen Behandlung nicht zugänglich. Wir müssen deshalb entweder nach geeigneten numerischen Verfahren suchen, d. h. die Transformation punktweise mit digitalen Verfahren realisieren, oder mit Hilfe analoger Meßwertverarbeitungsverfahren eine unmittelbare Darstellung der *Fourier*transformierten versuchen.
Bei der praktischen Handhabung der *Fourier*transformation sind eine Reihe von Bedingungen zu beachten, die wir zunächst zusammenstellen wollen, um dann die Konsequenzen daraus zu untersuchen.

1. Die Integrationen in Gln. (9.4) und (9.5) erfolgen über unendliche Intervalle. Unendlich lange Meßzeiten sind aber nicht realisierbar. Einerseits möchte man mit möglichst kurzen Meßzeiten auskommen, andererseits müssen diese jedoch für den untersuchten Vorgang repräsentativ sein. Angestrebt werden Meßzeiten in der Größenordnung von Sekunden, höchstens Minuten. Es wird also nicht immer die gesamte Information des Meßvorgangs erfaßt.
2. Die Realisierung der *Fourier*transformation soll möglichst automatisiert werden. Analog arbeitende Verfahren erfordern daher entsprechende Geräte, digitale Verfahren erfordern entsprechende Algorithmen zum Verarbeiten digitalisierter Meßdaten.
3. Eine Digitalisierung der gemessenen kontinuierlichen Analogsignale bedeutet das Herausgreifen diskreter Werte der Funktion $x(t)$. Die Information, die in den (unendlich vielen) Werten zwischen den endlich vielen diskreten Punkten enthalten ist, geht verloren.
4. Die aus den Einschränkungen resultierenden Fehler der Analyseergebnisse müssen sorgfältig untersucht werden.

Natürlich sind diese Einschränkungen mit Nachteilen verbunden. Andererseits sind aber für alle experimentellen Untersuchungen von vornherein Grenzen der Genauigkeitsansprüche gegeben. So werden die Aussagen im Frequenzbereich nur mit einer bestimmten Auflösung gefordert, und von einer bestimmten Grenzfrequenz an sind meist gar keine Aussagen mehr erforderlich. Für mechanische Schwingungen im Maschinenbau liegt diese Grenzfrequenz oft im Bereich von einigen Kilohertz oder noch darunter.
Wir wollen uns zunächst mit der digitalen Realisierung der *Fourier*transformation befassen und dann auf die Konsequenzen der hier genannten Bedingungen und Einschränkungen zurückkommen.

9.4.1.   Diskrete Fouriertransformation (DFT)

Wir wollen das Vorgehen an einem anschaulichen Beispiel mit einer Meßzeit von $T = 16$ s und einem Diskretisierungsschritt von $\Delta t = 1$ s in Bild 9.17 erläutern. Digitale Meßverfahren stellen Meßdaten nur in Form endlich vieler Werte zu bestimmten diskreten Zeitpunkten bereit. Nehmen wir mit Hilfe eines ADU (s. 7.6.2.1.) eine Diskretisierung des Zeitsignals $x(t)$ in äquidistanten Zeitpunkten Δt vor, dann stehen uns bei Zugrundelegung einer Meßzeit T (Bild 9.17a) nur $N = \dfrac{T}{\Delta t} = T f_s$ Meßwerte zur Verfügung. Die Folge dieser N Werte ist eine *Zeitreihe*; sie heißt *Sampling-Funktion* $x_s(t)$. $f_s = \dfrac{1}{\Delta t}$ heißt *Tastfrequenz* oder *Abtastfrequenz* oder *Sampling-Frequenz*. Über die Zeitfunktion $x(t)$ machen wir zunächst keine Voraussetzungen.

Die so diskretisierte Funktion ist in analoger Form durch eine Treppenfunktion wie in Bild 9.17b darstellbar. Außerhalb des Intervalls $[0, T]$ ist die diskretisierte Funktion zunächst Null. Nach der Diskretisierung wird die gesamte Funktion $x(t)$ nur noch durch N Werte der *Sampling*-Funktion $x_s(t)$ repräsentiert. Würden wir eine solche Funktion der *Fourier*transformation gemäß Gl. (9.4) unterwerfen, dann entstünde eine kontinuierliche Funktion $X(f)$, die auf der gesamten Frequenzachse definiert ist. Bei einer digitalen Meßdatenverarbeitung erwarten wir aber auch ein Ergebnis in diskreter Form, d. h. in Form von N diskreten Spektralwerten

$$X(k\,\Delta f) = X(k) \qquad k = 0, 1, \ldots, N - 1$$

Wir wissen von der *Fourier*reihe' (9.2.2.), daß nur eine periodische Funktion ein diskretes Spektrum liefert. Wenn wir also das Ergebnis in diskreter Form darstellen wollen und das Intervall $[0, T]$ nicht zufällig eine Periode der Funktion $x(t)$ ist, dann müssen wir die im Intervall $[0, T]$ gemessene Funktion periodisch machen, ehe wir die Transformation vornehmen. Dies erreichen wir durch periodische Fortsetzung der Funktion (Bild 9.17c). Das bedeutet allerdings einen erheblichen Eingriff in die Signalstruktur. Jedoch bringt ein solches Vorgehen den großen Vorteil mit sich, daß dann die Gln. (9.2) und (9.3) der *Fourier*reihenentwicklung verwendet werden können. Beschränkt man noch den auszuwertenden Frequenzbereich nach oben (das wird sich ohnehin als notwendig erweisen), dann bleiben nur endliche Integrationsintervalle bzw. endliche Summen, und man kann einen einfachen Algorithmus erwarten, der für die Programmierung auf Digitalrechnern gut geeignet ist.

Nun sind Hin- und Rücktransformation bis auf das Vorzeichen im Exponenten des Transformationskernes symmetrisch, und daher gilt auch der umgekehrte Gedankengang:

Diskrete Werte der Zeitfunktion (Bild 9.17c) liefern ein periodisches Spektrum, das wegen der erzwungenen Periodizität der Zeitfunktion zugleich ein diskretes Spektrum ist (Bild 9.17d). Dabei muß natürlich geprüft werden, ob ein solches periodisches Spektrum der Frequenzinformation des gegebenen Zeitsignals entspricht.

Bei der *Fourier*transformation gemäß Gl. (9.2) entsteht ein zweiseitiges Linienspektrum mit der Grundfrequenz $f_1 = \Delta f = \dfrac{1}{T}$. f_1 ist die kleinste Frequenz im Spektrum und zugleich der Abstand der Linien im Spektrum, die „Auflösung" in Frequenzbereiche. Da das Spektrum aus diskreten Linien besteht, ist Δf zugleich die Unsicherheit der Frequenzangabe im Spektrum. f_1 nennen wir die Frequenzbandbreite oder kurz *Bandbreite*. Die Bandbreite ist zunächst unabhängig von der Tastfrequenz f_s.

Wir wollen den formelmäßigen Zusammenhang zwischen den N diskreten Werten $x(n\,\Delta t) = x(n)$, $n = 0, 1, \ldots, N - 1$ der Zeitfunktion $x_s(t)$ und den N Werten des Spektrums $X(k\,\Delta f) = X(k)$, $k = 0, 1, \ldots, N - 1$ angeben.

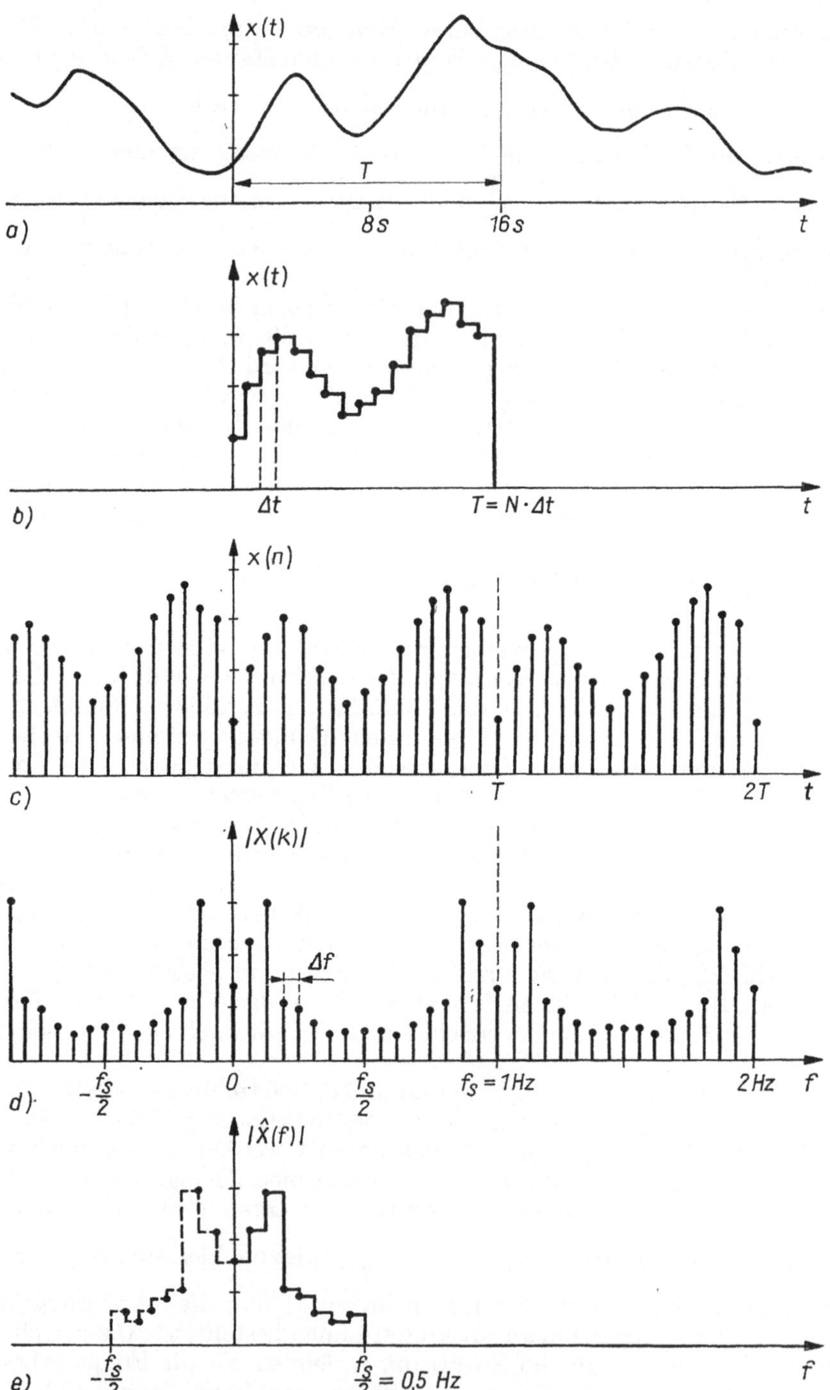

Bild 9.17. Erläuterung der diskreten *Fourier*transformation

Dazu wenden wir die Gl. (9.3) auf die diskrete periodische Funktion an (Bild 9.17c). Jeder diskrete Wert $x(n)$ repräsentiert entsprechend der verwendeten Diskretisierungsschrittweite $\Delta t = 1/f_s$ einen *Dirac*-Stoß der Größe $x(n)\,\Delta t$, d. h., wir können schreiben

$$x_s(t) = x(n)\,\Delta t \delta(t - n\,\Delta t), \qquad n = 0, 1, \ldots, N - 1$$

Deshalb erhalten wir mit $1/T = \Delta f$ und $f_k = k\,\Delta f$ aus Gl. (9.3) für den k-ten Spektralwert

$$X(k) = \Delta f \int\limits_{-T/2}^{T/2} x(n)\,\Delta t \delta(t - n\,\Delta t) \exp\left(-\mathrm{j}2\pi k\,\Delta f t\right)\,\mathrm{d}t$$

$$= \Delta f \sum_{n=0}^{N-1} x(n)\,\Delta t \exp\left(-\mathrm{j}2\pi k\,\Delta f n\,\Delta t\right)$$

Wegen $\Delta f = \dfrac{1}{T}$ und $\Delta t = \dfrac{T}{N}$ erhalten wir daraus

$$X(k) = \frac{1}{N} \sum_{n=0}^{N-1} x(n) \exp\left(-\mathrm{j}2\pi kn/N\right) \qquad k = 0, 1, \ldots, N - 1 \qquad (9.19)$$

Ebenso wird aus der Gl. (9.2):

$$x(n) = \sum_{k=0}^{N-1} X(k) \exp\left(\mathrm{j}2\pi kn/N\right) \qquad n = 0, 1, \ldots, N - 1 \qquad (9.20)$$

Gln. (9.19) und (9.20) sind die Formeln der diskreten *Fourier*transformation [9.1, 9.3, 9.5]. Sie stellen eine umkehrbare eindeutige Zuordnung zwischen den jeweils N diskreten Werten $x(n)$ und $X(k)$, k, $n = 0, 1, 2, \ldots, N - 1$ her. Der diskrete Wert $X(k)$ stellt jetzt eine Amplitude (Volt) dar. Er ist zu unterscheiden vom Wert $\hat{X}(k\,\Delta f)$ der Amplitudendichte, der als Amplitude je Frequenzintervall (V/Hz) erklärt war. Die Werte $x(n)$ und $X(k)$ haben die gleiche physikalische Dimension, wobei die $X(k)$ i. allg. komplexe Werte haben mit $X(k) = X^*(-k)$ (Bild 9.17d). Diese Symmetrie ergibt sich aus der Tatsache, daß die diskreten Werte $x(n)$ reell sind und sich die komplexen Zahlen $\exp(\mathrm{j}\alpha)$ und $\exp(-\mathrm{j}\alpha)$ nur durch das Vorzeichen des Imaginärteils unterscheiden. Der Wert $x(0)$ ist als Summe reeller Zahlen stets reell.

In Bild 9.17d sind die Beträge $|X(k)|$ und $|X(-k)|$ der diskreten Funktion $X(k)$ dargestellt. $X(k)$ ist außerdem periodisch mit der Periode $f_s = N\,\Delta f$. Wegen $X(k)$

Legende zu Bild 9.17.

a) reelle Zeitfunktion, Herausgreifen einer endlichen Meßzeit

b) Annäherung durch eine Funktion mit N diskreten Werten durch Abtastung mit $f_s = 1/\Delta t$

c) Repräsentation durch eine Zeitreihe $x(0)$, $x(1)$, \ldots, $x(N - 1)$ und periodische Fortsetzung über die gesamte Zeitachse

d) *Fourier*transformation in ein zweiseitiges periodisches Linienspektrum $X(k)$

e) Annäherung der Amplitudenspektraldichte der Zeitfunktion $x(t)$ im Frequenzbereich $0 \leq f \leq f_s/2$ durch $N - 1$ diskrete Spektralwerte $X(-N/2 + 1)$, $X(-N/2 + 2)$, \ldots, $X(-1)$, $X(0)$, $X(1)$, \ldots, $X(N/2 - 1)$ mit $X(k) = X^*(-k)$

$= X^*(-k)$ wird das gesamte Spektrum durch die $N/2 + 1$ Werte $X(0), X(1), ..., X\left(\dfrac{N}{2}\right)$ repräsentiert.

Da wir von einer nichtperiodischen Zeitfunktion (Bild 9.17b) ausgegangen waren, stellen wir das zugehörige kontinuierliche Amplitudendichtespektrum näherungsweise wieder durch eine Treppenfunktion $\hat{X}(f)$ im Bereich zwischen 0 und $\dfrac{1}{2}f_\mathrm{s} = \dfrac{N}{2}\Delta f$ dar (Bild 9.17e). Wie in 9.4.3. gezeigt wird, ist dies gerade der Frequenzbereich, in dem sich eine sinnvolle Aussage ergibt. Die Frequenz $f_\mathrm{s}/2$ heißt *Nyquistfrequenz*.

Die dem Bild 9.17 zugrunde gelegten 16 Meßwerte im Abstand von je 1 Sekunde liefern also im Frequenzbereich zwischen 0 und 0,5 Hz gerade 8 Spektralwerte im Abstand von 0,0625 Hz. Nehmen wir, um Anwendungsbeispielen des Maschinenbaus näher zu kommen, eine Meßdauer $T = 10$ s und tasten mit $f_\mathrm{s} = 100$ Hz ab, dann erhalten wir eine Zeitreihe mit $N = 1000$ Meßwerten, aus der im Frequenzbereich zwischen 0 und 50 Hz ein Spektrum aus 500 Linien, d. h. mit einer Bandbreite von 0,1 Hz entsteht. Eine Verdopplung der Meßzeit auf 20 s würde $N = 2000$ Werte ergeben, aus denen 1000 auswertbare Spektrallinien zwischen 0 und 50 Hz mit einer Bandbreite von $1/T = 0,05$ Hz entstehen. Man erhielte also eine doppelt so hohe Auflösung.

Verdoppelt man dagegen bei gleicher Meßzeit von $T = 10$ s die Tastfrequenz auf $f_\mathrm{t} = 200$ Hz, so ergeben sich wiederum $N = 2000$ Werte, aus denen auch 1000 Spektrallinien entstehen. Diese liegen aber jetzt zwischen 0 und der *Nyquist*frequenz von 100 Hz. Die Bandbreite bleibt jetzt unverändert, aber es verdoppelt sich der auswertbare Frequenzbereich. Die Meßzeit bestimmt also die Bandbreite, die Tastfrequenz legt die höchste auswertbare Frequenz im Spektrum fest.

Schließlich wollen wir noch die Faktoren $\exp(\pm \mathrm{j}2\pi kn/N)$ in den Gln. (9.6) und (9.7) interpretieren und die DFT in Form einer Matrizenmultiplikation darstellen.

Der Faktor $\exp(\pm \mathrm{j}2\pi kn/N) = \cos 2\pi kn/n \pm \mathrm{j}\sin 2\pi kn/N$ stellt eine komplexe Zahl vom Betrag Eins dar, wobei die Winkellage der Zeigerdarstellung durch den Winkel $2\pi kn/N$ repräsentiert wird. Zur Bildung eines Spektralwertes $X(k)$ müssen die N reellen Werte der Zeitfunktion $x(n)$, $n = 0, 1, ..., N - 1$ mit diesen komplexen Zahlen multipliziert und aufsummiert werden. Insgesamt sind also N^2 Multiplikationen auszuführen.

Wir wollen den Zusammenhang für $N = 8$ näher erläutern. Hier gibt es 8 reelle Werte $x(0)$, $x(1)$, ..., $x(7)$ der Zeitfunktion, die mit den Faktoren $\exp(-\mathrm{j}2\pi kn/8)$, $k, n = 0, 1, ..., 7$ zu multiplizieren sind.

Nun ist für $k = 0$ oder $n = 0$ $\exp(-0) = 1$, so daß gilt

$$X(0) = x(1) + x(2) + \cdots + x(7)$$

für $k = 1$ ist

$$\exp(-\mathrm{j}2\pi/8) = \cos \pi/4 - \mathrm{j}\sin \pi/4 = (1 - \mathrm{j})/\sqrt{2} \qquad \text{für} \quad n = 1$$

$$\exp(-\mathrm{j}2\pi 2/8) = \cos \pi/2 - \mathrm{j}\sin \pi/2 = -\mathrm{j} \qquad \text{für} \quad n = 2$$

$$\exp(-\mathrm{j}2\pi 3/8) = \cos 3\pi/4 - \mathrm{j}\sin 3\pi/2 = -(1 + \mathrm{j})/\sqrt{2} \qquad \text{für} \quad n = 3$$

$$\exp(-\mathrm{j}2\pi 4/8) = \cos \pi - \mathrm{j}\sin \pi = -1 \qquad \text{für} \quad n = 4$$

usw.

Bestimmt man ebenso die Faktoren für $k = 2, 3, \ldots, 7$, so kann man die 8 Spektralwerte (0), …, (7) aus folgender Matrizenmultiplikation gewinnen:

$$
\begin{bmatrix} X(0) \\ X(1) \\ X(2) \\ X(3) \\ X(4) \\ X(5) \\ X(6) \\ X(7) \end{bmatrix} = \frac{1}{8}
\begin{bmatrix}
1 & 1 & 1 & 1 & 1 & 1 & 1 & 1 \\
1 & (1-\mathrm{j})/\sqrt{2} & -\mathrm{j} & -(1+\mathrm{j})/\sqrt{2} & -1 & -(1-\mathrm{j})/\sqrt{2} & +\mathrm{j} & (1+\mathrm{j})/\sqrt{2} \\
1 & -\mathrm{j} & -1 & \mathrm{j} & 1 & -\mathrm{j} & -1 & \mathrm{j} \\
1 & -(1+\mathrm{j})/\sqrt{2} & \mathrm{j} & (1-\mathrm{j})/\sqrt{2} & -1 & (1+\mathrm{j})/\sqrt{2} & -\mathrm{j} & -(1-\mathrm{j})/\sqrt{2} \\
1 & -1 & 1 & -1 & 1 & -1 & 1 & -1 \\
1 & -(1-\mathrm{j})/\sqrt{2} & -\mathrm{j} & (1+\mathrm{j})/\sqrt{2} & -1 & (1-\mathrm{j})/\sqrt{2} & +\mathrm{j} & -(1+\mathrm{j})/\sqrt{2} \\
1 & +\mathrm{j} & -1 & -\mathrm{j} & 1 & \mathrm{j} & -1 & -\mathrm{j} \\
1 & (1+\mathrm{j})/\sqrt{2} & \mathrm{j} & -(1-\mathrm{j})/\sqrt{2} & -1 & -(1+\mathrm{j})/\sqrt{2} & -\mathrm{j} & (1-\mathrm{j})/\sqrt{2}
\end{bmatrix}
\begin{bmatrix} x(0) \\ x(1) \\ x(2) \\ x(3) \\ x(4) \\ x(5) \\ x(6) \\ x(7) \end{bmatrix}
$$

Durch die Verwendung der Zeigerdarstellung für die komplexen Zahlen der Matrix mit den Koordinaten wie in Bild 9.2 wird diese Beziehung übersichtlicher. Alle Zeiger haben die Länge Eins, und als Winkellagen treten nur ganze Vielfache von $2\pi/8 = \pi/4 \triangleq 45°$ auf:

$$
\begin{bmatrix} X(0) \\ X(1) \\ X(2) \\ X(3) \\ X(4) \\ X(5) \\ X(6) \\ X(7) \end{bmatrix} = \frac{1}{8}
\begin{bmatrix}
\uparrow & \uparrow & \uparrow & \uparrow & \uparrow & \uparrow & \uparrow & \uparrow \\
\uparrow & \nearrow & \rightarrow & \searrow & \downarrow & \swarrow & \leftarrow & \nwarrow \\
\uparrow & \rightarrow & \downarrow & \leftarrow & \uparrow & \rightarrow & \downarrow & \leftarrow \\
\uparrow & \searrow & \leftarrow & \nearrow & \downarrow & \nwarrow & \rightarrow & \swarrow \\
\uparrow & \downarrow & \uparrow & \downarrow & \uparrow & \downarrow & \uparrow & \downarrow \\
\uparrow & \swarrow & \rightarrow & \nwarrow & \downarrow & \nearrow & \leftarrow & \searrow \\
\uparrow & \leftarrow & \downarrow & \rightarrow & \uparrow & \leftarrow & \downarrow & \rightarrow \\
\uparrow & \nwarrow & \leftarrow & \swarrow & \downarrow & \searrow & \rightarrow & \nearrow
\end{bmatrix}
\begin{bmatrix} x(0) \\ x(1) \\ x(2) \\ x(3) \\ x(4) \\ x(5) \\ x(6) \\ x(7) \end{bmatrix}
$$

Bezeichnet man die quadratische Matrix der komplexen Zahlen $\exp(-\mathrm{j}2\pi kn/N)$ mit $\boldsymbol{F}$, dann kann man schreiben

$$\boldsymbol{X} = \boldsymbol{F} \cdot \boldsymbol{x} \tag{9.21}$$

$\boldsymbol{X}$ ist der Spaltenvektor der 8 Spektrallinien, $\boldsymbol{x}$ der Spaltenvektor der 8 Abtastwerte der Zeitfunktion.

Eine zeitsparende Variante dieser Matrizenmultiplikation ist die sogenannte Schnelle *Fourier*transformation, die in 9.4.2. behandelt wird.

9.4.2. Schnelle Fouriertransformation (FFT)

Die Matrizenmultiplikation Gl. (9.21) erfordert bei der numerischen Realisierung der Ausführung von N^2 komplexen Multiplikationen. Bei den meist zugrunde liegenden $N = 1024 = 2^{10}$ Abtastwerten sind das 2^{20} Multiplikationen. Der dafür erforderliche Zeitaufwand ist selbst bei schnellen Digitalrechnern unvertretbar groß.

Eine Verringerung der Anzahl der Multiplikationen von N^2 auf $\log_2 N \cdot N$ läßt sich durch eine geeignete Zerlegung der Matrix $\boldsymbol{F}$ erreichen. Der daraus resultierende Algorithmus heißt *Schnelle Fouriertransformation* (Fast Fourier-Transformation), abgekürzt FFT [9.1, 9.3, 9.5].
Die Zerlegung erfolgt in zwei Schritten.
Dabei ist der erste Schritt lediglich eine Umordnung der Matrix $\boldsymbol{F}$ und des Zeilenvektors $\boldsymbol{x}$. Wir setzen voraus, daß N eine Potenz von 2 ist, und stellen die Zahlen von 0 bis $N-1$ als Dualzahlen dar. Dazu benötigt man $\log_2 N$ duale Stellen, die entweder mit Null oder Eins besetzt sind. Die Darstellung einer Zahl als Dualzahl bezeichnet man auch als Bit-Muster. Die Umordnung der Matrix $\boldsymbol{F}$ und des Spaltenvektors $\boldsymbol{x}$

Tabelle 9.1: Bit-Reversion der Zahlen 0 bis 7

n	n		n	n
(dezimal)	(dual)		(dual)	(dezimal)
0	000	Bit-	000	0
1	001	Reversion	100	4
2	010		010	2
3	011	$\Leftrightarrow$	110	6
4	100		001	1
5	101		101	5
6	110		011	3
7	111		111	7

erfolgt nun durch die sogenannte Bit-Reversion, d. h. durch Spiegelung des Bit-Musters an seiner Mittellinie. Für $N = 8$ ist das in der Tabelle 9.1 veranschaulicht. Vertauscht man in der Matrix $\boldsymbol{F}$ die Spalten und im Spaltenvektor $\boldsymbol{x}$ die Zeilen nach diesem Schema, dann ändert sich das Ergebnis $\boldsymbol{X}$ der Multiplikation überhaupt nicht. Voraussetzung ist lediglich ein Umspeichern der N Meßwerte im Rechner entsprechend dem Schema der Bit-Reversion.
Aus der Gl. (9.17) erhält man

$$
\begin{bmatrix} X(0) \\ X(1) \\ X(2) \\ X(3) \\ X(4) \\ X(5) \\ X(6) \\ X(7) \end{bmatrix}
= \frac{1}{8}
\begin{bmatrix}
\uparrow & \uparrow & \uparrow & \uparrow & \uparrow & \uparrow & \uparrow & \uparrow \\
\uparrow & \downarrow & \rightarrow & \leftarrow & \nearrow & \swarrow & \searrow & \nwarrow \\
\uparrow & \uparrow & \downarrow & \downarrow & \rightarrow & \rightarrow & \leftarrow & \leftarrow \\
\uparrow & \downarrow & \leftarrow & \rightarrow & \searrow & \nwarrow & \nearrow & \swarrow \\
\uparrow & \uparrow & \uparrow & \uparrow & \downarrow & \downarrow & \downarrow & \downarrow \\
\uparrow & \downarrow & \rightarrow & \leftarrow & \swarrow & \nearrow & \nwarrow & \searrow \\
\uparrow & \uparrow & \downarrow & \downarrow & \leftarrow & \leftarrow & \rightarrow & \rightarrow \\
\uparrow & \downarrow & \leftarrow & \rightarrow & \nwarrow & \searrow & \swarrow & \nearrow
\end{bmatrix}
\begin{bmatrix} x(0) \\ x(4) \\ x(2) \\ x(6) \\ x(1) \\ x(5) \\ x(3) \\ x(7) \end{bmatrix}
= \boldsymbol{A}\boldsymbol{x}
$$

Die so gefundene Matrix $\boldsymbol{A}$ wird nun im zweiten Schritt in das Produkt von drei einfachen Matrizen $\boldsymbol{A}_1 \cdot \boldsymbol{A}_2 \cdot \boldsymbol{A}_3$ zerlegt. Ohne Beweis (den man durch Ausmultiplizieren selbst führen kann) geben wir folgende Zerlegung an (für $N = 8$)

$$
\begin{bmatrix}
\uparrow & 0 & 0 & 0 & \uparrow & 0 & 0 & 0 \\
0 & \uparrow & 0 & 0 & 0 & \nearrow & 0 & 0 \\
0 & 0 & \uparrow & 0 & 0 & 0 & \rightarrow & 0 \\
0 & 0 & 0 & \uparrow & 0 & 0 & 0 & \searrow \\
\uparrow & 0 & 0 & 0 & \downarrow & 0 & 0 & 0 \\
0 & \uparrow & 0 & 0 & 0 & \swarrow & 0 & 0 \\
0 & 0 & \uparrow & 0 & 0 & 0 & \leftarrow & 0 \\
0 & 0 & 0 & \uparrow & 0 & 0 & 0 & \nwarrow
\end{bmatrix}
\begin{bmatrix}
\uparrow & 0 & \uparrow & 0 & 0 & 0 & 0 & 0 \\
0 & \uparrow & 0 & \rightarrow & 0 & 0 & 0 & 0 \\
\uparrow & 0 & \downarrow & 0 & 0 & 0 & 0 & 0 \\
0 & \uparrow & 0 & \leftarrow & 0 & 0 & 0 & 0 \\
0 & 0 & 0 & 0 & \uparrow & 0 & \uparrow & 0 \\
0 & 0 & 0 & 0 & 0 & \uparrow & 0 & \rightarrow \\
0 & 0 & 0 & 0 & \uparrow & 0 & \downarrow & 0 \\
0 & 0 & 0 & 0 & 0 & \uparrow & 0 & \leftarrow
\end{bmatrix}
\begin{bmatrix}
\uparrow & \uparrow & 0 & 0 & 0 & 0 & 0 & 0 \\
\uparrow & \downarrow & 0 & 0 & 0 & 0 & 0 & 0 \\
0 & 0 & \uparrow & \uparrow & 0 & 0 & 0 & 0 \\
0 & 0 & \uparrow & \downarrow & 0 & 0 & 0 & 0 \\
0 & 0 & 0 & 0 & \uparrow & \uparrow & 0 & 0 \\
0 & 0 & 0 & 0 & \uparrow & \downarrow & 0 & 0 \\
0 & 0 & 0 & 0 & 0 & 0 & \uparrow & \uparrow \\
0 & 0 & 0 & 0 & 0 & 0 & \uparrow & \downarrow
\end{bmatrix}
$$

Die Bildung des Produkts $X = A_1 A_2 A_3 x$ verläuft jetzt in 3 Etappen. In der ersten Etappe wird $A_3 x$ bestimmt.

Da jede Zeile nur 2 Elemente enthält, sind $2N$ Multiplikationen erforderlich, von denen aber mindestens N nicht ausgeführt werden müssen, weil der Faktor aus der Matrix A_3 gleich Eins ist ($\uparrow$ entspricht $e^0 = 1$).

Das gleiche gilt für die beiden anderen Multiplikationsschritte, so daß insgesamt nur höchstens $3N$ Multiplikationen anfallen. Alle anderen Rechenoperationen sind Additionen, die geringere Rechenzeiten in Anspruch nehmen.

Für $N > 8$ ist, wenn N eine Potenz von 2 ist, stets eine gleichartige Zerlegung möglich, so daß sich die Anzahl der Multiplikationen auf höchstens $N \log_2 N$ verringert, weil von den $2N$ von Null verschiedenen Elementen der Matrizen A_i stets mindestens N Elemente gleich 1 sind.

Durch diesen schon auf *Runge* (1912) zurückgehenden Algorithmus, der 1965 von *Cooley* und *Tukey* [7.9] wieder entdeckt wurde, verringert sich die Rechenzeit für die erforderlichen Multiplikationen z. B. für den in der Praxis üblichen Fall $N = 1\,024 = 2^{10}$ auf $\log_2 N/N = 0{,}0098$, also auf weniger als 1%.

Erst die Einführung dieses Algorithmus hat der digitalen Frequenzanalyse zum Durchbruch verholfen. Überall dort, wo eine Transformation digitalisierter Werte vom Zeit- in den Frequenzbereich (oder umgekehrt) erforderlich ist, ist der FFT-Algorithmus nicht mehr wegzudenken.

Wenn es sich um die Transformation reeller Abtastwerte eines Zeitsignals handelt, ist eine weitere Zeitersparnis dadurch möglich, daß in diesem Fall die Imaginärteile der Abtastwerte alle Null sind.

Bei der Rücktransformation eines komplexen Spektrums in den Zeitbereich entfällt aber dieser Vorteil.

Tabelle 9.2. Rechenzeitverringerung für erforderliche Multiplikationen durch FFT-Algorithmus im Vergleich zur DFT

N	$2^3 = 8$	$2^4 = 16$	$2^5 = 32$	$2^6 = 64$	$2^7 = 128$	$2^8 = 256$	$2^9 = 512$	$2^{10} = 1\,024$	$2^{11} = 2\,048$
$\log_2 N/N$	0,375	0,25	0,156	0,094	0,055	0,031	0,0176	0,0098	0,0054

Die Rechenzeiten für die Durchführung der FFT auf frei programmierbaren Rechnern liegen in der Größenordnung von einigen Sekunden für 1024 Werte. Mit FFT-Prozessoren, die die FFT hardwareseitig realisieren, erreicht man Zeiten im Millisekundenbereich.

Die Tabelle 9.2 enthält die Faktoren der Aufwandsreduzierung in Abhängigkeit von N.

9.4.3. Konsequenzen der DFT

Die Vorgehensweise beim Anwenden der DFT machte bis auf die Abtastbarkeit mit der Frequenz f_s keine Voraussetzungen über die zu transformierende Funktion $x(t)$.

Die Rechenvorschrift benötigt lediglich N reelle Werte einer Zeitreihe. Ob die Funktion in Wirklichkeit periodisch, transient oder stochastisch ist, spielte bisher keine Rolle.

Die Behandlung einer beliebigen Zeitfunktion als diskontinuierliche diskrete periodische Funktion hat natürlich Konsequenzen für das erwartete Ergebnis, und es muß daher geprüft werden, inwiefern die Spektren den im Meßsignal enthaltenen Informationen entsprechen bzw. welche Einschränkungen gemacht werden müssen. Dies soll in den folgenden Abschnitten geschehen.

9.4.3.1. Auswertbarer Frequenzbereich

In 9.4.1. hatten wir erkannt, daß das entstehende Spektrum aus N Linien besteht, die bezüglich der Frequenz Null in dem Sinne symmetrisch sind, daß $X(k) = X^*(-k)$. Da das Spektrum außerdem periodisch ist mit der Periode f_s gilt auch

$$X(k) = X(k + N) \tag{9.22}$$

Daraus folgen 2 Eigenschaften des Spektrums.

1. Der Wert $X(N/2)$ an der Stelle der *Nyquist*frequenz $f_s/2$ ist stets reell.
   Dies folgt aus Gl. (9.22) für $k = -N/2$:

$$X(-N/2) = X(N/2) = X(-N/2 + N) = X(N/2)$$

Eine Zahl, die ihrem konjugiert komplexen Wert gleich ist, muß aber reell sein.
2. Das Spektrum ist auch bezüglich der *Nyquist*frequenz symmetrisch, d. h.

$$X(N/2 + r) = X^*(N/2 - r) \qquad r = 1, 2, \ldots \tag{9.23}$$

Dies ergibt sich aus der Symmetriebedingung bezüglich Null in Verbindung mit der Periodizität:

$$X(N/2 + r) = X^*(-N/2 - r) = X^*(-N/2 - r + N) = X^*(N/2 - r)$$

Die $N/2 + 1$ Werte $X(0), X(1), \ldots, X(N/2)$ bestimmen also das Spektrum, wie in Bild 9.17e dargestellt, vollständig.

Als einfaches Beispiel betrachten wir die harmonische Funktion

$$x(t) = \cos\left(2\pi f t + \pi/4\right)$$

Sie ist periodisch und wird im Spektralbereich als *Fourier*reihe dargestellt durch zwei Spektrallinien bei den Frequenzen f und $-f$ mit den Werten $X_f = \left(1/2\,\sqrt{2} + \mathrm{j}/2\,\sqrt{2}\right)$ und $X_{-f} = X_f^* = \left(1/2\,\sqrt{2} - \mathrm{j}/2\,\sqrt{2}\right)$. Abtastung mit $f_s = 8f$ ergibt mit dem Formelapparat der diskreten *Fourier*transformation das in Bild 9.18 dargestellte periodische Amplitudenspektrum.

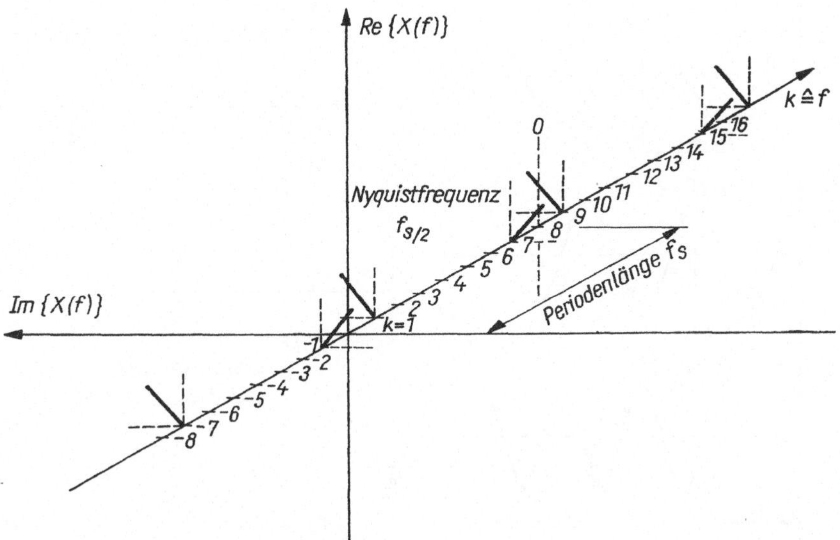

Bild 9.18. Vollständiges komplexes Amplitudenspektrum einer Kosinusfunktion als Ergebnis der DFT

Wegen der Periodizität des Spektrums dürfen also bei der Auswertung nur die $N/2$ Linien zwischen 0 und $N/2$, das heißt zwischen der Frequenz Null und der *Nyquist*frequenz herangezogen werden. Der auswertbare Frequenzbereich wird also durch die Tastfrequenz bestimmt. Er reicht von Null bis höchstens zur *Nyquist*frequenz $f_s/2$.

9.4.3.2.   Aliasing

Unter *Aliasing* verstehen wir das Vortäuschen von Frequenzkomponenten im auswertbaren Frequenzbereich durch die Spiegelung höherer Frequenzen an der *Nyquist*frequenz.

Wir hatten erkannt, daß ein digital berechnetes Spektrum bezüglich der *Nyquist*frequenz symmetrisch ist

$$X(N/2 + r) = X^*(N/2 - r) \qquad r = 1, 2, \ldots$$

Frequenzen des Zeitsignals oberhalb der *Nyquist*frequenz, d. h. hohe Frequenzen, erscheinen durch die Symmetrieeigenschaften des Spektrums dort, wo gar keine Frequenzkomponenten im auszuwertenden Signal vorhanden sind.

Die Erscheinung des Aliasing wird in Bild 9.19 erläutert. Hier werden Kosinussignale

$$x(t) = A \cos 2\pi f t$$

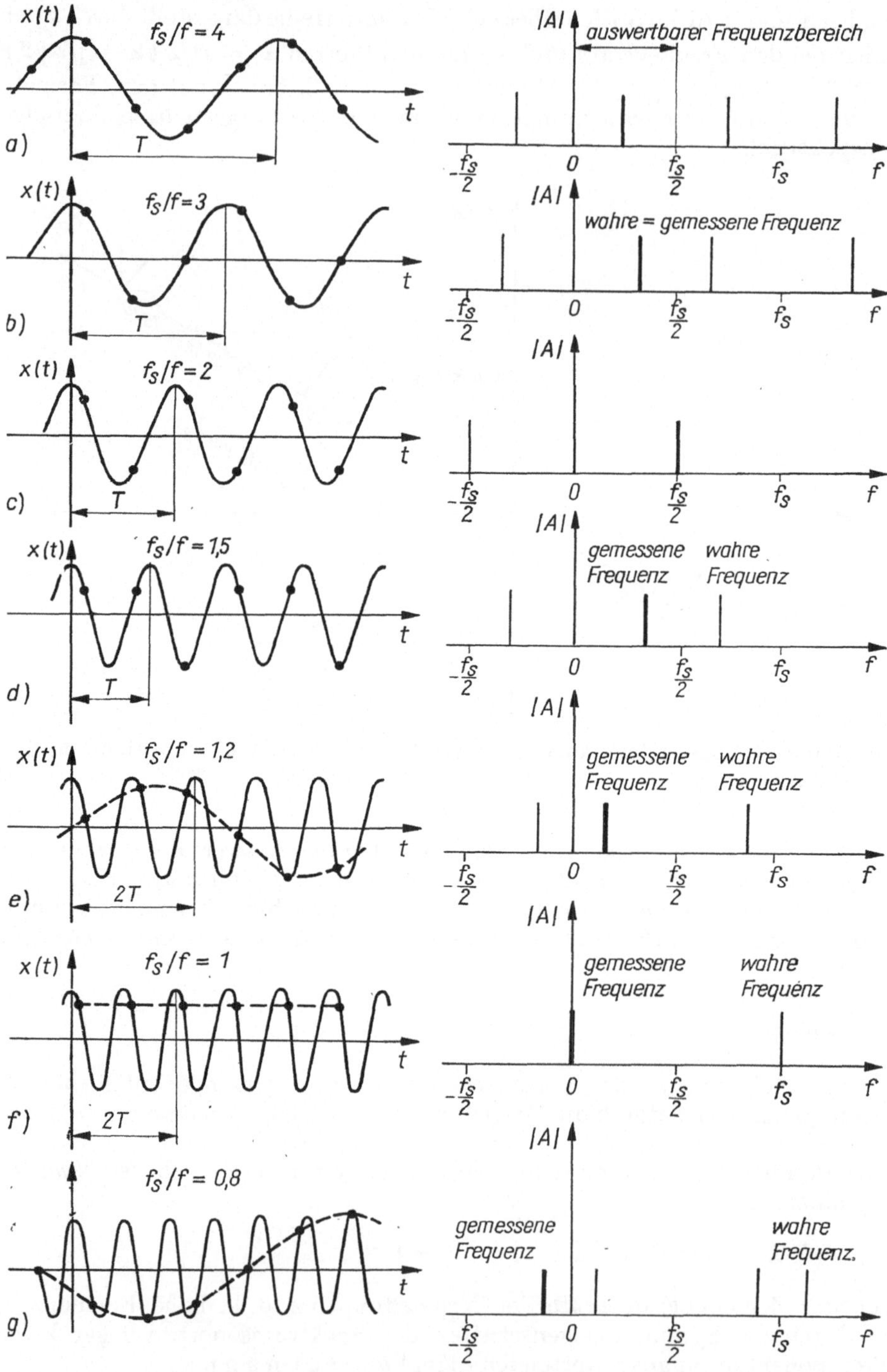

Bild 9.19. Einfluß der Signalfrequenz auf das Ergebnis der DFT bei fester Tastfrequenz f_s

bei einer Meßdauer $T_0 \gg T = 1/f$ mit einer festen Tastfrequenz f_s analysiert. Wir erhalten nach den bisherigen Überlegungen, solange $f_s > 2f$, ein reelles Amplitudenspektrum mit einer einzigen Linie (dick ausgezogen) zwischen 0 und $f_s/2$. Diese Linie tritt bei höheren Frequenzen infolge der Symmetrie und der Periodizität des Spektrums erneut auf bei $f_s - f$, $f_s + f$; $2f_s - f$, $2f_s + f$, usw.

Solange wir uns bei der Auswertung auf den Frequenzbereich $0 \leqq f \leqq f_s/2$ beschränken, ist das ohne Belang (Bild 9.19 a, b, c). In den Bildern 9.19 b bis g wird nur die Signalfrequenz f jeweils erhöht mit dem Ergebnis, daß die wahre Frequenzlinie des Meßsignals in Bild 9.19 d schließlich außerhalb des Bereichs $0 \leqq f \leqq f_s/2$ liegt, dabei aber die niedrige Frequenz $f_s - f$ vorgetäuscht wird, die gar nicht vorhanden ist. Diese Frequenz ist aber die einzige, die im Ergebnis der Auswertung gefunden wird.

Diese vorgetäuschte Frequenz ist für $f \sim f_s$ sehr niedrig (Bild 9.21 e, g) und im Fall $f = f_s$ Null (Bild 9.19 f).

Diese Erscheinung, daß durch Abtastung mit einer zu geringen Tastfrequenz niedrige, nicht vorhandene Frequenzen vorgetäuscht werden, trifft man oft bei Filmaufnahmen an. Wird z. B. die Bewegung eines Rades, die an Reifenprofilen oder Speichen erkennbar ist, mit der Filmaufnahmefrequenz 24 Hz „abgetastet", dann kann dadurch ein sehr langsames Drehen oder bei Spiegelung in den Bereich negativer Frequenzen ein Rückwärtsdrehen (Bild 9.19 g) vorgetäuscht werden. Ein weiteres Beispiel ist die Betrachtung rotierender Teile mit einer Stroboskoplampe. Hier erfolgt die Abtastung durch den Lichtblitz mit $f_s \sim f$ (Drehfrequenz), und es wird eine langsame Rotation oder für $f = f_s$ die Frequenz Null, d. h. ein nichtrotierendes Teil vorgetäuscht.

Bei den mit Hilfe der DFT auszuwertenden Meßvorgängen würden also Frequenzen im Zeitsignal oberhalb $f_s/2$ tiefe, gar nicht vorhandene Frequenzen vortäuschen und damit das Ergebnis verfälschen.

Es ist daher erforderlich, das Meßsignal vor der Durchführung der DFT zu filtern und alle Frequenzen oberhalb der *Nyquist*frequenz zu unterdrücken. Diese aus dem unerwünschten Effekt des Aliasing sich ergebende Forderung ist der Inhalt des *Shannonschen Abtasttheorems*. Es besagt, daß ein abzutastendes Signal keine Komponenten mit Frequenzen oberhalb der *Nyquist*frequenz enthalten darf, wenn das Spektrum zwischen Null und dieser Frequenz richtig wiedergegeben werden soll. Die notwendige Filterung kann analog durch Bandpaßfilter (9.4.5.1.) vor der Digitalisierung oder digital nach der Digitalisierung erfolgen. Man nennt diese Filter *Anti-Aliasing-Filter*.

Durch die Unterdrückung dieser Frequenzkomponenten wird der auswertbare Frequenzbereich ebenfalls auf den Bereich zwischen Null und der halben Tastfrequenz eingeengt.

Liegt ein konkretes Signal vor, so ist meist auch der Frequenzbereich vorgegeben, der ausgewertet werden soll. Dadurch liegt die Mindesttastfrequenz fest.

9.4.3.3.   Abbruchfehler

Abbruchfehler entstehen infolge des Herausgreifens eines willkürlichen endlichen Zeitabschnittes aus einem Signal.

Wir wollen die Konsequenzen dieses Vorgehens untersuchen. Dazu benutzen wir den Begriff der Faltung. Liegt ein auf der ganzen t-Achse oder einem sehr langen Teil davon definiertes Signal $x(t)$ vor, dann ist das Herausgreifen eines endlichen Abschnitts der Länge T gleichbedeutend mit der Multiplikation der Funktion $x(t)$ mit einer Rechteckfunktion $r(t)$, die bis auf den Abschnitt der Länge T überall Null ist und in diesem Abschnitt gleich eins (Bild 9.20).

Legen wir noch den Nullpunkt der Zeitachse in die Mitte dieses Abschnittes, dann ist

$$
r(t) = \begin{cases} 1 & \text{für } \quad -\dfrac{T}{2} \leq t \leq +\dfrac{T}{2} \\[2ex] 0 & \text{sonst} \end{cases}
$$

Zur anschaulichen Erläuterung wählen wir für $x(t)$ eine Kosinusfunktion $A\cos 2\pi f_1$, deren Amplitudenspektrum reell ist und aus zwei Linien bei $-f_1$ und $+f_1$ besteht. Die Pfeile $\uparrow$ repräsentieren die δ-Funktion. Die *Fourier*transformierte des Produkts $x(t)\,r(t)$ ist gemäß Gl. (9.10) gleich der Faltung der beiden Spektren. In Bild 9.20 ist das Vorgehen für dieses auch analytisch lösbare Beispiel dargestellt. Dabei ist zunächst die Integralformel Gl. (9.4) zugrunde gelegt.

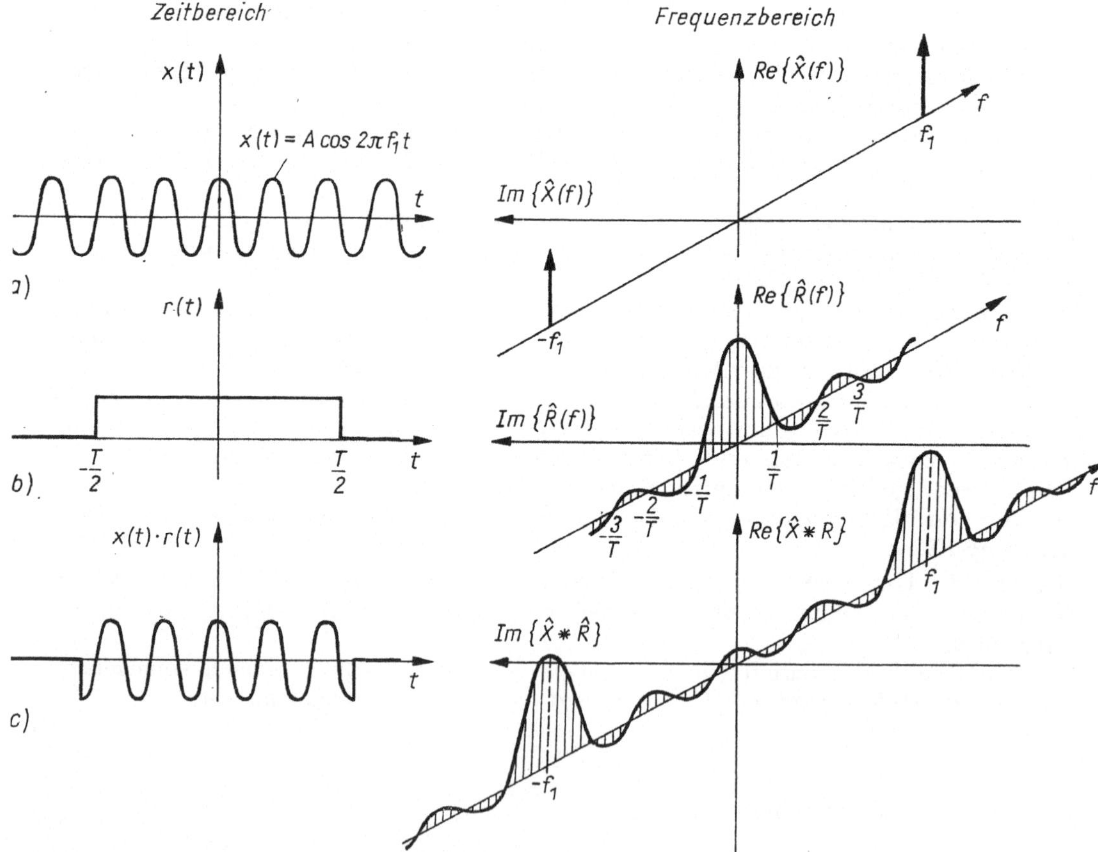

Bild 9.20. Herausgreifen eines endlichen Signalabschnitts und Darstellung im Zeit- und Frequenzbereich

a) unendliches Cosinus-Signal b) Rechteckfenster
c) Produkt der Signale und Faltung der Spektren

Hier treten also kontinuierliche Spektren auf, die herrührend vom Spektrum des Rechteckimpulses (Bild 9.6) Seitenbänder aufweisen. Der Abstand dieser Seitenbänder beträgt $1/T$.

Bei der diskreten *Fourier*transformation erhalten wir ein Linienspektrum (Bild 9.21).

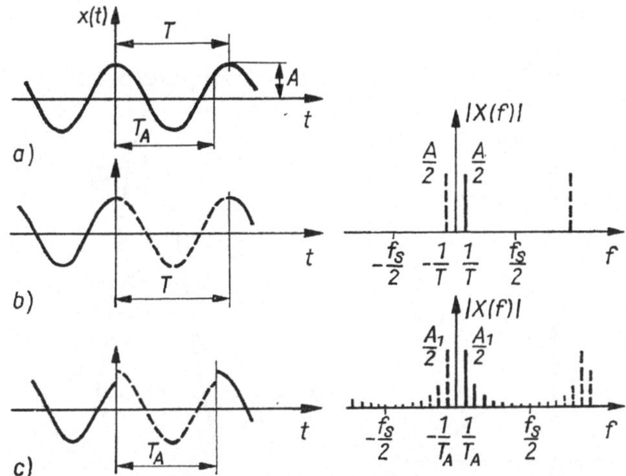

Bild 9.21. Auswirkung des Abbruchfehlers bei der DFT

a) kontinuierliches Cosinussignal mit der Periodendauer T
b) diskretisiertes Cosinussignal, Meßzeit T und zugehöriges Linienspektrum
c) diskretisiertes Cosinussignal, Meßzeit $T_A = 0{,}9T$ und zugehöriges Linienspektrum

Es sind zwei Fälle möglich:

1. Die Länge des Rechtecks entspricht genau einer (oder mehreren) Perioden. Es entstehen dann genau zwei Linien bei $f_1 = 1/T$ und $-f_1$, mit den Amplituden $X(1) = A/2$, die sich bei $\pm 2f_1$, $\pm 3f_1$, ... periodisch wiederholen. Das Amplitudenspektrum entspricht exakt dem wahren Wert (Bild 9.21 b).
2. Die Länge des Rechtecks fällt nicht mit der Periodendauer zusammen, z. B. $T_A = 0{,}9T$.
Dies ist bei Messungen an realen Objekten, deren Schwingungen periodische Anteile aufweisen, der Normalfall. Jetzt entsteht ein diskretes Spektrum, dessen Frequenzen bei $\pm kf_A = k/T_A$ ($k = 0, 1, 2, ...$) liegen.
Da die diskreten Werte $x(n)$, $n = 0, 1, 2, ..., N - 1$ nicht genau eine ganze Periode repräsentieren, werden die Werte $X(0)$, $X(2)$, $X(3)$, ... nicht mehr Null, sondern nehmen endliche Werte an. Das Linienspektrum erhält das im Bild 9.21 c dargestellte Aussehen. Natürlich ist auch dieses Spektrum periodisch.

Wir stellen noch eine Betrachtung zur Frequenz und zur Amplitude der gefundenen Spektrallinie bei $1/T_A$ an.

Der mögliche Frequenzfehler ist gleich der bei der Analyse zugrunde gelegten Frequenzbandbreite. Sie beträgt für das Beispiel $\Delta f = f_A = 1/T_A$, d. h., wegen der Zugrundelegung von nur einer Periode ist die so ermittelte Frequenz um $\pm f_A$ unsicher. Die zugehörige Amplitude A_1 ist zu klein, weil sich die Gesamtleistung $A^2/2$ des Signals

jetzt auf mehrere Linien verteilt. Die Leistungsanteile der Seitenbänder müßten
also der Leistung des Hauptbandes zugeschlagen werden. In diesem Lehrbeispiel
ist das möglich, bei realen Signalen mit zahlreichen unbekannten Frequenzkomponenten jedoch nicht.

Abbruchfehler lassen sich nicht vermeiden, ihre Auswirkungen können jedoch durch
Fensterfunktionen gemindert werden.

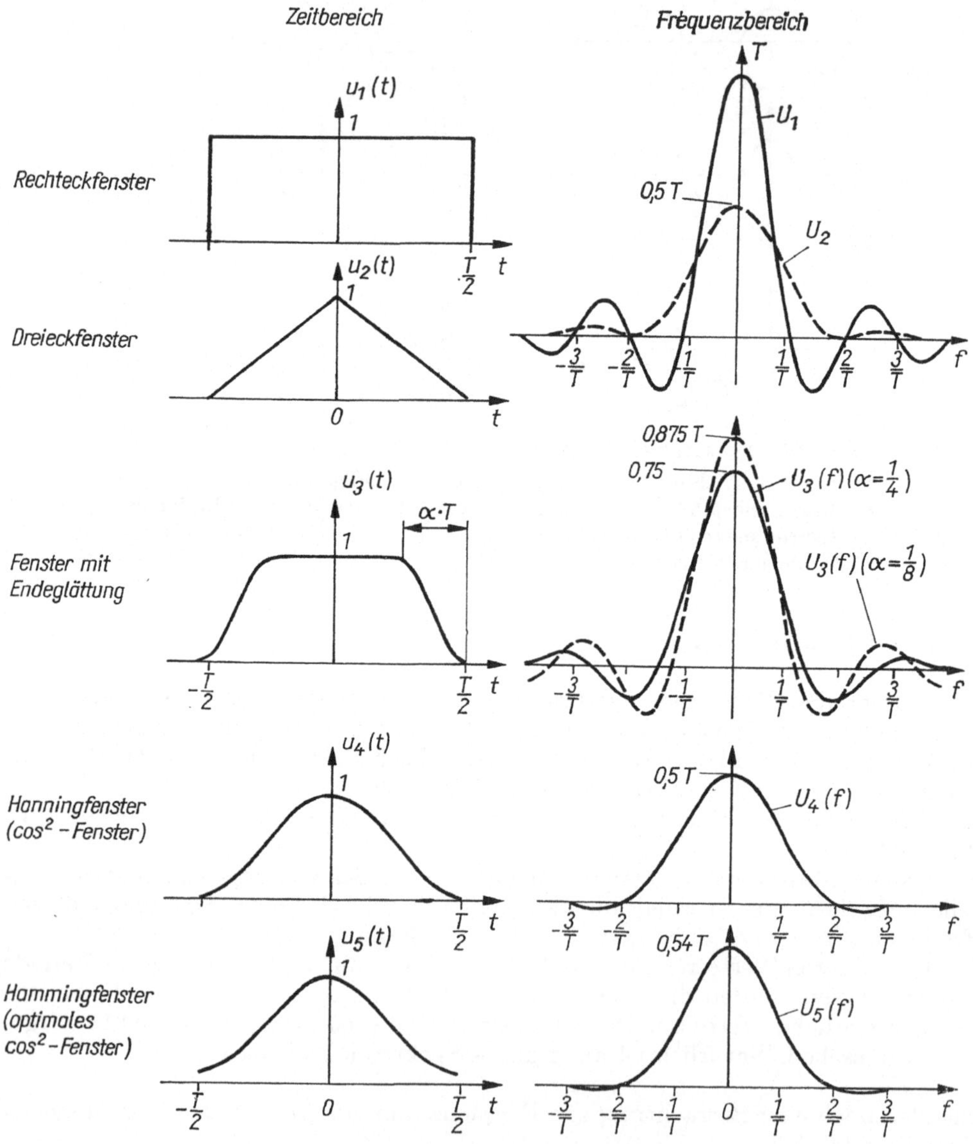

Bild 9.22. Fensterfunktionen und ihre *Fourier*transformierten

9.4.3.4. Fensterfunktionen

Bei der Diskussion der Abbruchfehler hatten wir gesehen, daß bei der *Fourier*transformation eines willkürlichen Signalausschnitts einer Kosinusfunktion im Spektrum Frequenzen auftreten, die im Signal gar nicht vorhanden sind. Solange es sich um ein harmonisches Signal handelte, konnte dieser Umstand noch hingenommen werden. Die Leistungsanteile der auftretenden Seitenbänder müssen der Leistung des Hauptbandes zugeschlagen werden. Dadurch ist dann eine brauchbare Aussage über Leistung bzw. Amplitude des Zeitsignals aus dem Spektrum möglich.
Bei einem stochastischen Signal mit einem kontinuierlichen Spektrum ist das nicht mehr möglich, weil die aus den Abbrucheffekten herrührenden Seitenbänder von dem eigentlichen Spektrum nicht mehr zu trennen sind.
Man stellt deshalb folgende Überlegung an.
Die Seitenbänder rühren daher, daß die Zeitfunktion wie in Bild 9.20 b mit einem „Rechteckfenster" multipliziert wird. Bei der *Fourier*transformation eines Rechteckfensters treten aber besonders ausgeprägte Seitenbänder auf (Bild 9.6). Deshalb stellen wir uns die Frage, ob es nicht geeignetere Fensterfunktionen gibt, mit denen wir den Signalabschnitt aus dem unendlichen Signalverlauf erzeugen, bei denen keine oder nur unbedeutende Seitenbänder auftreten. Solche Funktionen können dann die Auswirkungen von Abbruchfehlern verringern. Ohne auf die Herleitung näher einzugehen, wollen wir zunächst die *Fourier*transformierten einiger Fensterfunktionen unter dem Aspekt des Auftretens von Seitenbändern vergleichen (Bild 9.22). Der Vergleich der *Fourier*transformierten $U_1(f), \ldots U_5(f)$ der Zeitfenster zeigt, daß beim Spektrum des Rechteckfensters die Seitenbänder am stärksten ausgeprägt sind.
Dagegen sind z. B. die Seitenbänder des *Hanning*-Fensters kaum noch ausgeprägt. Beim *Hanning*-Fenster (cos²-Funktion auf einem kleinen Rechteck) tritt praktisch kein Seitenband mehr auf.
Der Effekt von Fensterfunktionen bei der Analyse eines harmonischen Signals mit der Frequenz f ist in Bild 9.23 dargestellt. In diesem Bild ist zur Hervorhebung der Seitenbänder ein logarithmischer Maßstab gewählt. Man erkennt sehr deutlich, wie durch die Multiplikation des Signals im Zeitbereich mit dem *Hanning*-Fenster die Seitenbänder im Frequenzbereich unterdrückt werden.
Die größere Breite des Hauptbandes bei Anwendung des *Hanning*-Fensters resultiert aus dem in Bild 9.22 dargestellten Spektrum dieses Fensters (Nulldurchgang bei $2/T$).
Die Multiplikation des Signals im Zeitbereich mit einer Fensterfunktion führt stets zu einer Amplitudenabschwächung an den beiden Intervallenden des Zeitsignals der Länge T. Im Frequenzbereich tritt eine Verfälschung der Spektralwerte ein, die in Abhängigkeit von der verwendeten Fensterfunktion mit Hilfe eines Maßstabsfaktors korrigiert werden muß [7.9].
Im praktischen Einsatz haben sich Fensterfunktionen vielfach bewährt.
Es hat sich gezeigt, daß bei der Analyse von Signalen mit starken periodischen Anteilen, d. h. Einzellinien im Spektrum, der Einsatz von speziellen Fensterfunktionen nicht zweckmäßig ist. Bei der Analyse stochastischer Signale ist ein *Hanning*-Fenster günstig, bei transienten Signalen kommt oftmals ein *Gauß*-Fenster zum Einsatz. Das *Gauß*-Fenster ist im Zeit- und im Frequenzbereich durch eine e-Funktion charakterisiert. Funktionen des Typs $\exp(-at^2)$ gehen bei der *Fourier*transformation in eine Funktion gleichen Typs über. Speziell gilt $\mathfrak{F}\{\exp - \pi t^2\} = \exp(-\pi f^2)$. Die Multiplikation der Zeitfunktion mit der Fensterfunktion erfolgt unmittelbar nach deren Digitalisierung.

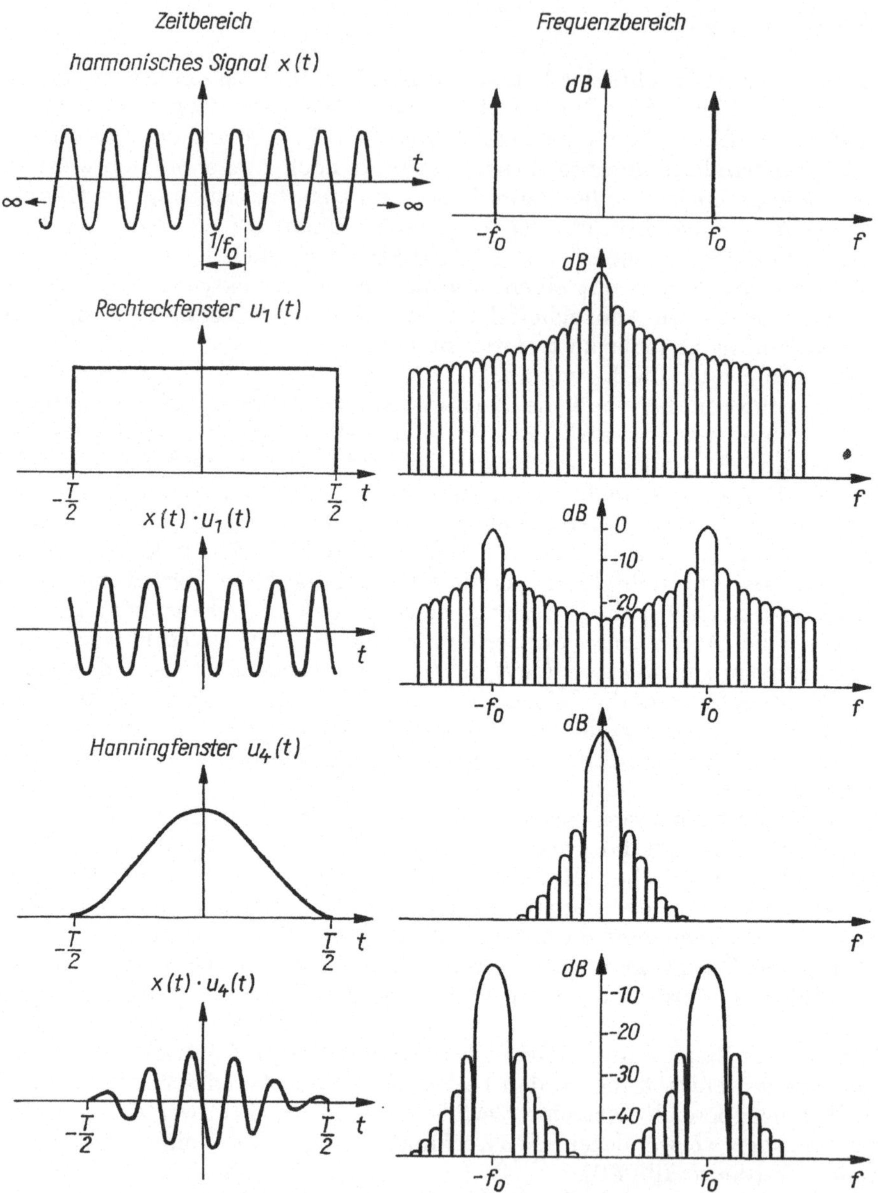

Bild 9.23. Vergleich der Wirkungen eines Rechteck- und eines Hanning-Fensters auf die Seitenbänder bei DFT eines harmonischen Signals

9.4.4. Anwendung auf stochastische Signale. Mittelungen von Spektren

Bei der Frequenzanalyse stochastischer Signale werden nur Leistungsspektren bestimmt (9.2.3.2.). Dabei steht nur jeweils eine Realisierung zur Verfügung. Das Ergebnis der DFT stellt auch unter Beachtung aller Bedingungen nur einen Schätzwert für den Erwartungswert des Leistungsspektrums dar.

Die Unsicherheit des Schätzwertes, die auch durch Verlängerung des zugrunde gelegten Signalabschnitts nicht kleiner wird, kann wegen der vorausgesetzten Ergodizität durch Mittelung von Schätzwerten aus verschiedenen unabhängigen Zeitreihen einer Realisierung verringert werden. Bei Zugrundelegung von Mittelungen verringert sich der Fehler aus dem stochastischen Charakter der Meßsignale auf $1/\sqrt{n}$ [7.9, 9.3].

Die Mittelung der Leistungsspektren S_{xx} bzw. S_{xy} erfolgt stets im Frequenzbereich nach Ausführung der DFT.

In den Bildern 9.24 und 9.25 sind Beispiele für die Wirkung von Mittelungen angegeben. Zu den verschiedenen Mittelungs- und Schätzverfahren wird auf [7.9] verwiesen.

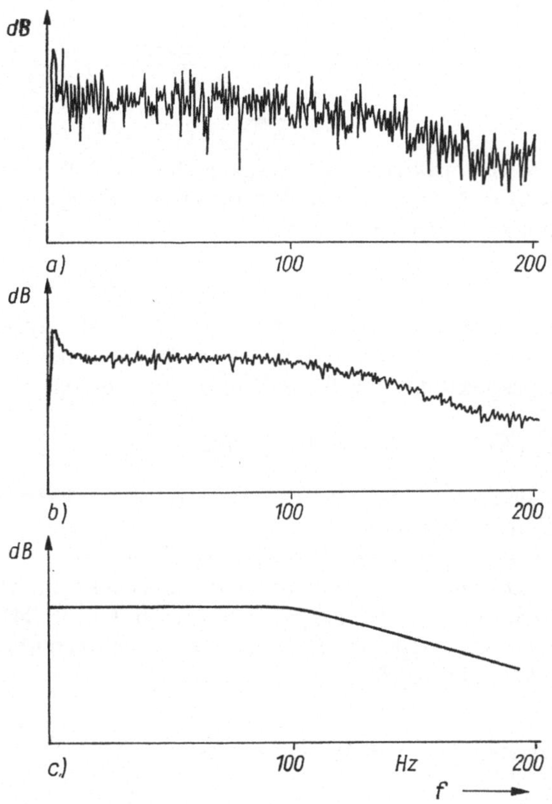

Bild 9.24. Einfluß von Mittelungen auf das Leistungsdichtespektrum des Ausgangssignals eines Rauschgenerators mit Tiefpaßfilter $f_{g0} = 100\,\text{Hz}$

a) 5 Mittelungen b) 100 Mittelungen c) Erwartungswert

9.4.5. Handhabung der digitalen Verfahren zur Bestimmung von Kennfunktionen

9.4.5.1. Leistungsspektrum und Autokorrelationsfunktion

Die digitale Berechnung des Leistungsspektrums wird mit Hilfe des FFT-Algorithmus durchgeführt. Dazu wird ein Datensatz von N Meßwerten $x(n)$, $n = 0, \ldots, (N - 1)$ einer Zeitreihe (üblich ist $N = 1024$) in den Frequenzbereich transformiert. Man

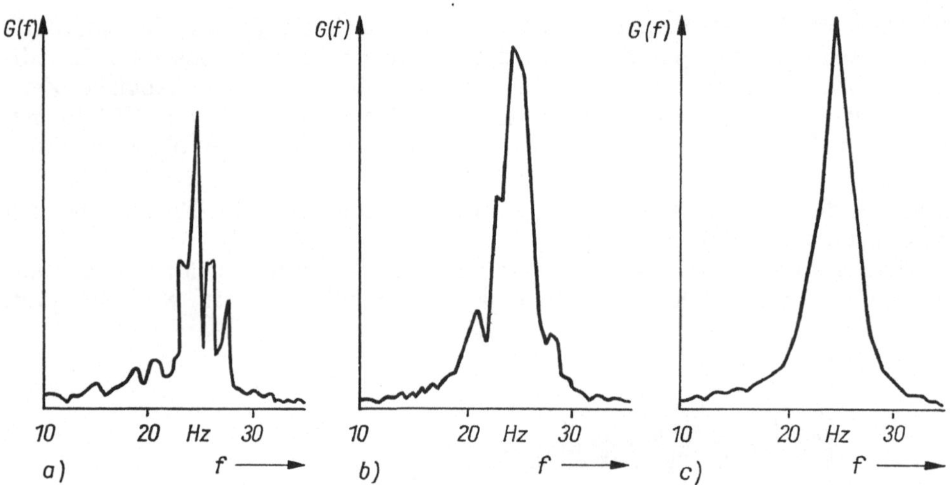

Bild 9.25. Betrag des Leistungsdichtespektrums am Ausgang eines einfachen Schwingers bei Erregung mit Rauschgenerator in Abhängigkeit von der Anzahl der Mittelungen

a) 4 Mittelungen b) 32 Mittelungen c) 192 Mittelungen

erhält nach Gl. (9.19) N diskrete Werte $X(k)$, $k = 0, 1, \ldots, (N - 1)$, wobei $N/2$ Werte wegen Gl. (9.23) konjugiert — komplex bezüglich der *Nyquist*komponente $X(k = N/2)$ sind. Das einseitige Leistungsspektrum ergibt sich dann in Analogie zu Gln. (9.6) und (9.7)

$$G_{xx}(k) = 2X^*(k)\,(Xk); \qquad k = 0, 1, \ldots, N/2 \tag{9.24}$$

Die Werte $G_{xx}(k)$ haben die Einheit V^2 und repräsentieren die im Frequenzintervall $k\,\Delta f \le f \le (k + 1)\,\Delta f$ anfallende Leistung.

Bei der Analyse stationärer stochastischer Prozesse wird der gesamte (auf einer Datenplatte abgespeicherte) Datensatz der Zeitreihe in M Blöcke zu je N Werten zerlegt und von jedem Block das Leistungsspektrum nach Gl. (9.24) berechnet. Durch Aufsummieren der einzelnen Spektralkomponenten erhält man dann einen Schätzwert des Leistungsspektrums $\overline{G}_{xx}(k)$

$$\overline{G}_{xx}(k) = \frac{1}{M} \sum_M G_{xx}(k); \qquad k = 0, 1, \ldots, N/2 \tag{9.25}$$

Die Rücktransformation von Gl. (9.25) liefert eine Schätzung der AKF. Um jedoch Faltungen durch die Periodisierung der Zeitreihe zu vermeiden, geht man wie folgt vor:

Zu den N Werten jedes Blockes der Zeitreihe werden N Nullen hinzugefügt und anschließend N Werte des gemittelten Leistungsspektrums berechnet.

Die Rücktransformation in den Zeitbereich (FFT) liefert dann Werte der AKF, die zusätzlich mit dem linear veränderlichen Faktor

$$N/(N - k) \qquad k = 0, 1, \ldots, (N - 1)$$

korrigiert werden. Da die Zuverlässigkeit der AKF mit wachsender Zeitverschiebung abnimmt, verwendet man wieder nur die ersten $N/2$ Werte der AKF.

Der hier dargestellte Weg zur Bestimmung der AKF durch zweimalige FFT ist rechentechnisch günstiger als eine unmittelbare Bestimmung der AKF aus den Werten der Zeitreihe gemäß Gl. (9.11). Das gleiche gilt für die Kreuzkorrelationsfunktion.

9.4.5.2.   Kreuzleistungsspektrum und Kreuzkorrelationsfunktion

Aus zwei Zeitreihen $x(n)$ und $y(n)$, $n = 0, 1, ..., N - 1$ bildet man völlig analog das diskrete Kreuzleistungsspektrum

$$G_{xy}(k) = 2X^*(k)\ Y(k) \qquad k = 0, 1, ..., N/2 \qquad (9.26)$$

wobei die $X(k)$ und $Y(k)$ die mittels FFT errechneten Spektralwerte der Zeitreihen bedeuten. Die Berechnung der KKF aus dem gemittelten Kreuzleistungsspektrum $\bar{G}_{xy}(k)$ erfolgt in der bereits beschriebenen Weise.
Aus dem gemittelten Kreuzleistungsspektrum erhält man, ausgehend von Gl. (9.16), die Formel zur diskreten Bestimmung des komplexen Frequenzgangs aus Eingangs- und Ausgangssignal eines Systems

$$H(f_k) = \bar{G}_{xy}(k)/\bar{G}_{xx}(k) \qquad k = 0, 1, \cdots, N/2 \qquad (9.27)$$

die die Grundlage für das in Abschn. 10. beschriebene Verfahren der experimentellen Bestimmung des Frequenzgangs darstellt.

9.4.5.3.   Rechentechnische Realisierung

Formeln der Art Gln. (9.24) bis (9.27) bilden die Grundlage für die Programmierung der zur Frequenzanalyse eingesetzten Digitalrechner. Auch für alle anderen Signalkennfunktionen lassen sich auf der Grundlage der theoretischen Zusammenhänge entsprechende Formeln und Algorithmen angeben. Für die rechentechnische Realisierung gibt es zwei Wege.

1. Einsatz eines festprogrammierten Gerätesystems (meist als 2-Kanal-FFT-Analysator angeboten), wobei ein bestimmter Umfang von Kennfunktionen vorgegeben ist, und der Meßingenieur die Ergebnisse entsprechend seiner Aufgabenstellung kalibriert abrufen kann. Die Form der Ergebnisausgabe richtet sich ebenfalls nach den Anforderungen. Die Ausgabe ist möglich über Sichtgerät, XY-Schreiber oder digital als Druckliste. DAU für Analogsignale am Geräteeingang, ADU sowie Programmbibliothek sind in die Geräte integriert. Die Bedienung ist relativ einfach.
2. Einsatz von freiprogrammierbaren Digitalrechnern und entsprechender Peripherie. Dieser Weg erfordert die rechnerspezifische Bereitstellung von Software, die allerdings nach Belieben erweiterungsfähig ist. Die Arbeit mit solchen Programmsystemen bietet je nach Rechnertyp und Peripherie den gleichen Komfort wie ein FFT-Analysator. In Bild 9.26 ist der prinzipielle Aufbau solcher Systeme dargestellt.

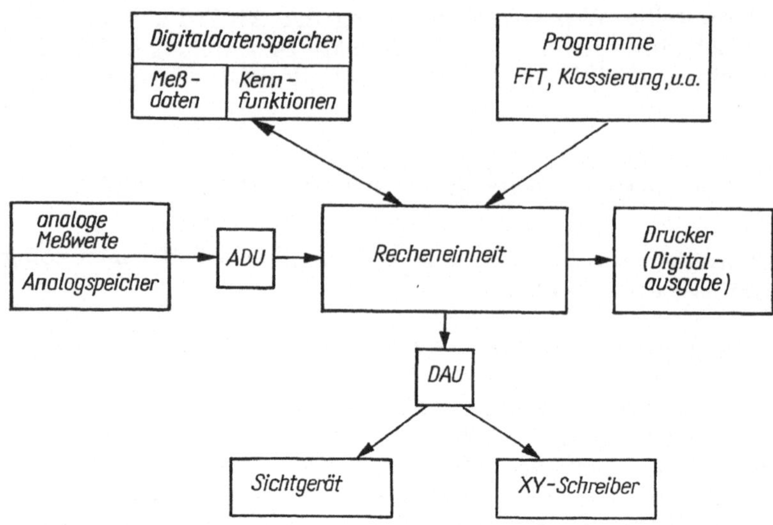

Bild 9.26. Blockschaltbild zur digitalen Signalanalyse

9.4.5.4.   Beispiele

Beispiel 1: Auswertung einer Schwingungsmessung an einer Rohrleitung

Wesentliche Teile von Anlagen sind die Rohrleitungssysteme, die durch pulsierenden Druck dynamisch beansprucht werden. Im hier aufgezeigten Beispiel wird eine Rohrleitung, die mit einer 3-Zylinder-Kolbenpumpe mit der Drehzahl 200 1/min gespeist wird, untersucht.

Als Meßsignal diente die Schwingbeschleunigung. Nicht interessierende hohe Frequenzen wurden durch einen Bandpaß unterdrückt. Das Meßsignal wurde mit Hilfe eines Meßmagnetbandgerätes aufgezeichnet.

Zur Auswertung wurde das Meßsignal mit einer Tastfrequenz 1024 Hz digitalisiert. Die kleinstmögliche Frequenzbandbreite ergibt sich bei der maximal möglichen Stützstellenanzahl von 1024 zu 1 Hz. Die Anzahl der zu mittelnden Spektren wurde mit 30 vorgegeben. Das entspricht einem statistischen Fehler von 18%. Mit diesen Parametern sind etwa 40 s Bandaufzeichnungen notwendig.

In Bild 9.27 ist ein Teil des Meßsignals, die AKF, die Verteilungsdichtefunktion sowie das Leistungsspektrum (logarithmisch) dargestellt.

In Bild 9.27 erkennt man deutlich 2 dominierende Anteile im Spektrum bei 10 und 20 Hz. Sie resultieren aus der Kolbenfrequenz f_n, die das 3fache der Drehfrequenz beträgt (entsprechend der Kolbenanzahl), sowie deren erster Oberwelle. Es handelt sich um einen nahezu periodischen Vorgang, der durch ein niedrigfrequentes Rauschen überlagert ist (kontinuierliches Spektrum unterhalb 20 Hz). Durch das Hervortreten der beiden Frequenzen 10 und 20 Hz tritt keine Normalverteilung auf.

Beispiel 2: Auswertung von Schwingungsmessungen an einer Papiertrockenanlage

Bild 9.28 zeigt den Zeitverlauf und die Kennfunktion von Schwingungssignalen, die an einer Trockenanlage einer Papiermaschine gemessen wurden. Derartige Trockenanlagen bestehen aus einer Vielzahl von Trockenzylindern und Filzleitwalzen, die stirnseitig in Stuhlungen gelagert sind. Dabei finden sowohl Gleit- als auch Wälzlager

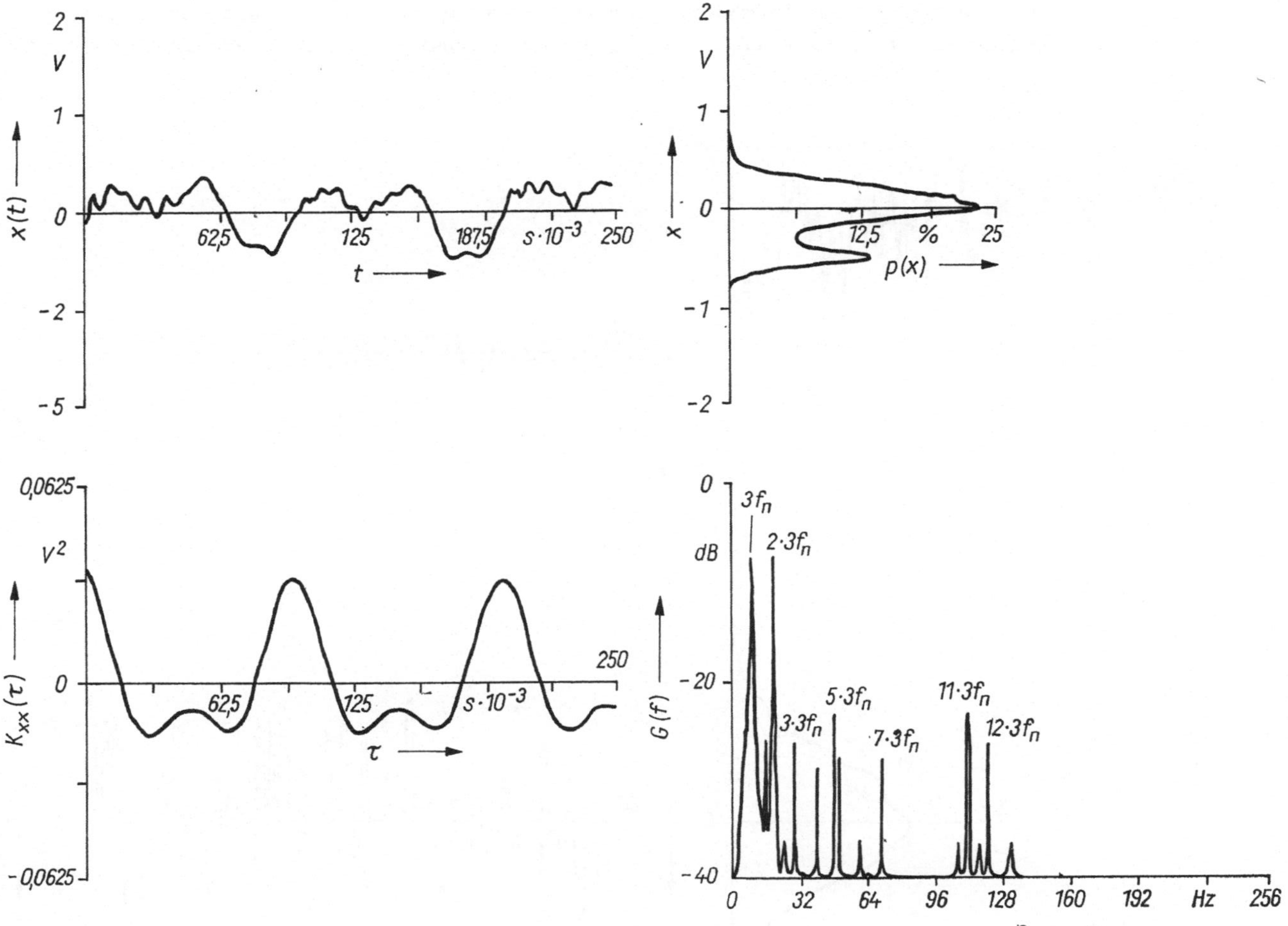

Bild 9.27. Auswertung von Schwingungsmessungen an einer Rohrleitung
a) Zeitverlauf b) Verteilungsdichte c) Autokorrelation d) Leistungsspektrum

23*

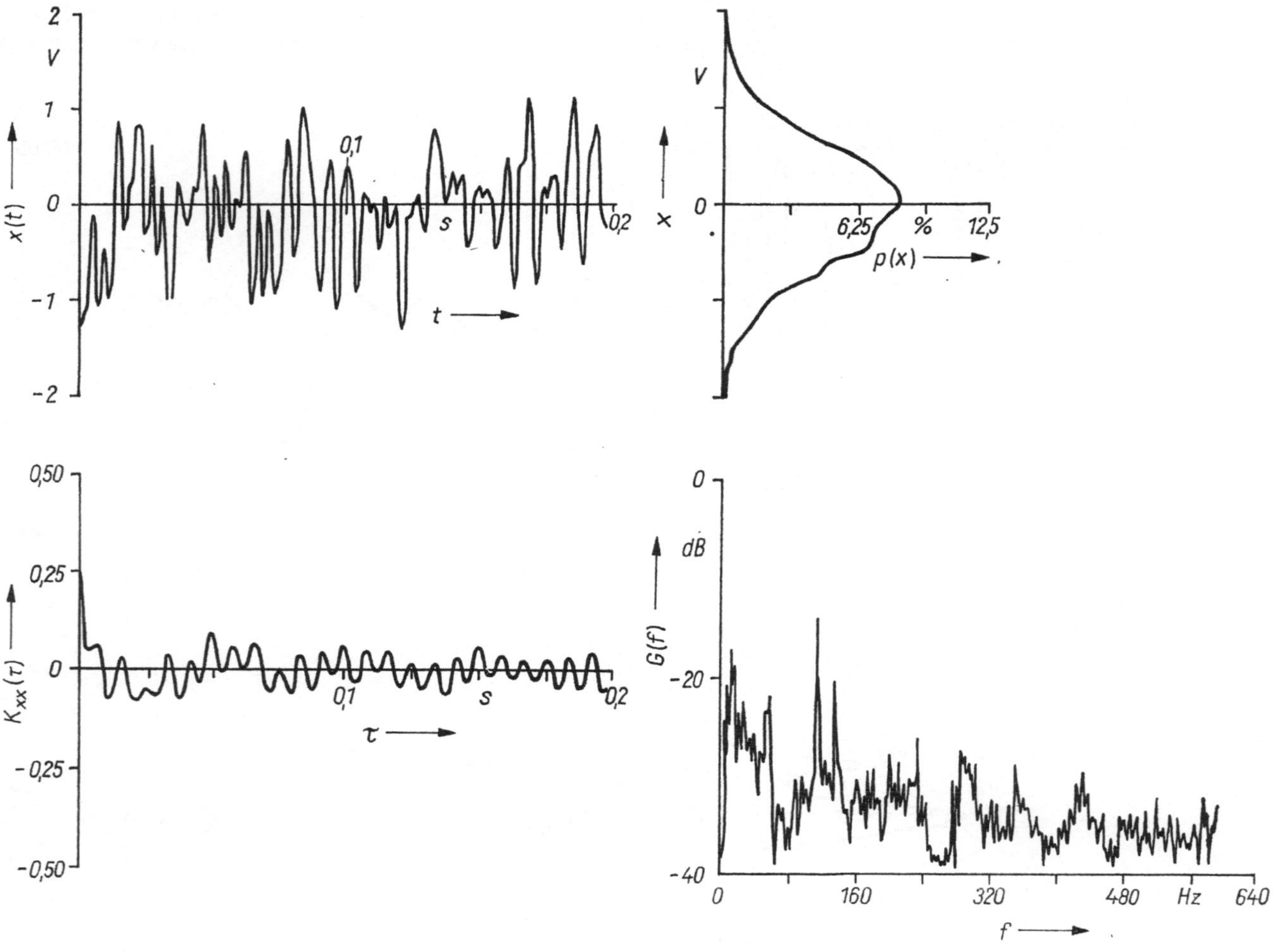

Bild 9.28. Auswertung von Schwingungsmessungen an den Lagern von Trockenzylindern einer Papiermaschine
a) Zeitverlauf b) Verteilungsdichte c) Autokorrelation d) Leistungsspektrum (20 Mittelungen)

Verwendung. Über mehrere Trockenzylinder und Filzleitwalzen ist jeweils ein endloser Trockenfilz gespannt, der der Feuchtigkeitsaufnahme und dem Papiertransport dient.

Das Leistungsspektrum weist einen breitbandigen Prozeß aus. Die Ursache dafür ist in der Schwingungsanregung durch die endlosen Trockfilze zu suchen. Diese Anregung durch die endlosen über die Trockenzylinder und Filzleitwalzen laufenden Trockenfilze ist zu vergleichen mit der Schwingungsanregung von Kraftfahrzeugen durch Straßenunebenheiten. Dies kommt auch in den Verteilungsdichtefunktionen zum Ausdruck, die annähernd eine Normalverteilung ausweisen.

Das Leistungsspektrum zeigt zwei dominierende Frequenzen bei etwa 10 Hz und bei etwa 120 Hz. Beide Frequenzen kann man auch der AKF entnehmen. Dies bedeutet, daß es sich um periodische Anteile handelt, die nicht aus der Anregung durch den Filz resultieren. Die Anregungsursache der Schwingungsanteile mit diesen beiden Frequenzen ist im Antriebsaggregat zu finden.

9.4.6.   Realisierung der Frequenzanalyse mit analogen Verfahren

9.4.6.1.   Filteranalyse

Analoge Verfahren zur *Fourier*analyse führen die erforderlichen Operationen an den in elektrischer Form vorliegenden Zeitsignalen mit Hilfe analoger elektrischer Schaltungen aus. Solche Schaltungen sind Filterschaltungen aller Art, wie Filter für Hoch- und Tiefpässe, Bandfilter [7.1, 9.2].

Filter werden charakterisiert durch ihren komplexen Frequenzgang $H(f)$. Die Abhängigkeit des Betrages $|H(f)|$ von der Frequenz gibt dem Filter den Namen, ein Hoch- bzw. Tiefpaß läßt nur hohe bzw. tiefe Frequenzen hindurch, ein Bandpaß (Schmal- oder Breitband) nur ein bestimmtes Frequenzband. Eine Beschreibung im Zeitbereich ist durch die Gewichtsfunktion $h(t)$ möglich.

In Bild 9.29 sind die Beträge verschiedener Frequenzgänge dargestellt.

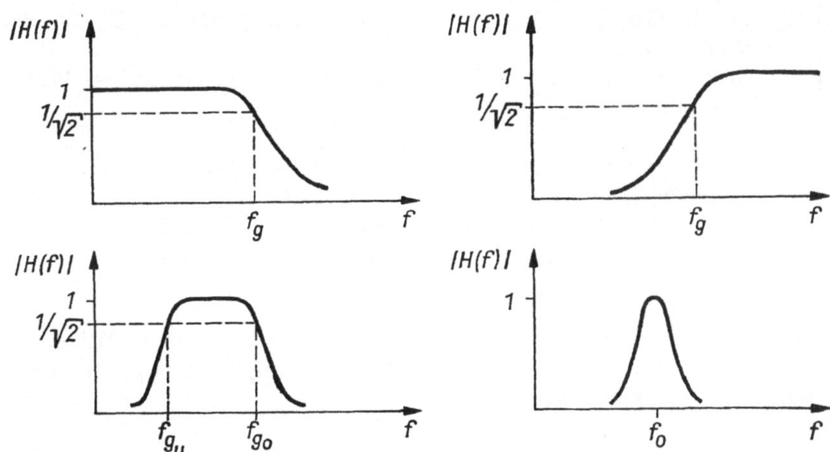

Bild 9.29. Frequenzgänge verschiedener Filter
a) Tiefpaß b) Hochpaß c) Bandpaß d) Filter für die Frequenz f_0

Die Grundzusammenhänge wollen wir an einem Filter für eine zunächst feste Frequenz f_0 klären.

Wird ein Filter, das durch $|H(f)|$ bzw. $h(t)$ charakterisiert wird, mit einem unbekannten Eingangssignal $x(t)$ beaufschlagt, dann entsteht an seinem Ausgang das Signal

$$y(t) = x(t) * h(t)$$

Im Frequenzbereich gilt wegen Gl. (9.15) für das komplexe Amplitudendichtespektrum des Ausgangs $\hat{Y}(f) = \hat{X}(f) \cdot H(f)$.

Dabei sei das Filter so beschaffen, daß $|H(f_0)| = 1$ ist, Bild 9.30. Der Wert $|\hat{Y}(f_0)|$ ist dann der Betrag des Spektrums $|\hat{X}(f)|$ an der Stelle $f = f_0$.

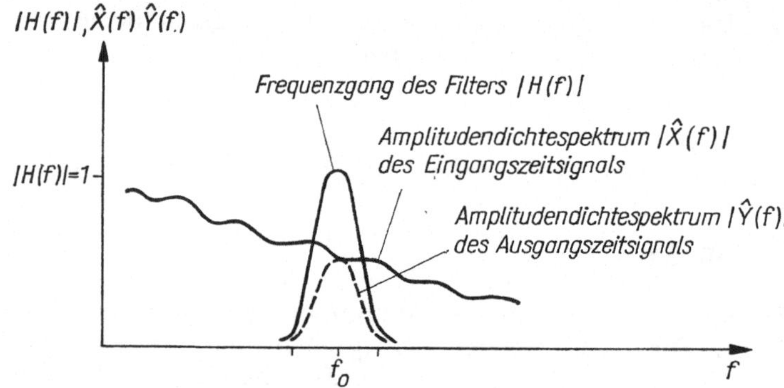

Bild 9.30. Übertragungseigenschaft eines Filters

Macht man die Filterdurchlaßfrequenz variabel (z. B. durch einen Drehkondensator), dann kann man nacheinander alle Werte von $|\hat{X}(f)|$ messen.

Letzten Endes tritt am Filterausgang aber ein elektrisches Signal in Form einer Wechselspannung auf, die zum Zwecke einer Anzeige oder Registrierung des Amplitudendichtespektrums $|\hat{X}(f)|$ gleichgerichtet werden muß. Dabei ist es gleichzeitig möglich, durch Quadrieren das Leistungsdichtespektrum $\hat{G}_{xx}(f)$ des Eingangssignals darzustellen.

Die grundsätzliche Anordnung eines Filters zur Frequenzanalyse läßt sich also wie in Bild 9.31 darstellen.

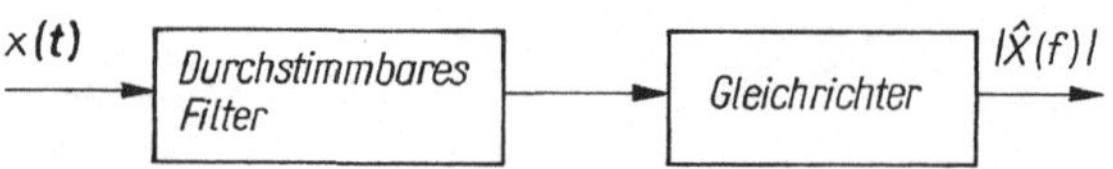

Bild 9.31. Blockschaltbild einer Filteranalyse

Bei Bandfiltern entspricht das Ergebnis der Filterung dem Mittelwert oder quadratischen Mittelwert des Amplituden- oder Leistungsdichtespektrums in dem durchgelassenen Frequenzintervall.

Kenngrößen von Filtern

Filter werden durch ihre Bandbreite B und ihre Dämpfung oder Selektivität charakterisiert.

Die *Bandbreite* charakterisiert den Durchlaßbereich des Filters (Bild 9.32). Es ist $B = f_2 - f_1$, wobei die obere (f_2)- und untere (f_1)-Grenzfrequenz durch die Punkte auf der Frequenzachse festgelegt sind, für die die durchgelassene Leistung um 3 dB (d. h. auf die Hälfte) gegenüber dem Maximalwert abgesunken ist. Diese Festlegung ist erforderlich, weil es keine idealen Filtercharakteristiken mit unendlich steilen Flanken gibt. Dies ist bedingt durch die ohmschen Widerstände in der Filterschaltung.

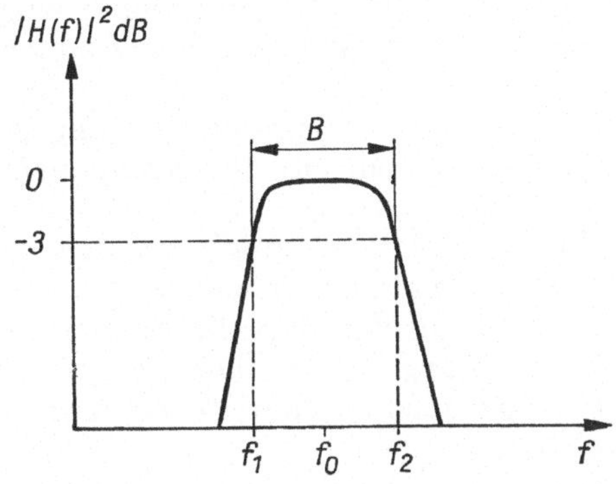

Bild 9.32. Bandbreite eines Filters

Man unterscheidet die *Absolutbandbreite* $B = f_2 - f_1$ von der *relativen Bandbreite* $b = (f_2 - f_1)/f_0$, wobei f_0 die Mittenfrequenz ist.

Im praktischen Einsatz findet man sowohl Filter mit konstanter absoluter als auch konstanter relativer Bandbreite.

Beide Filterarten haben ihre speziellen Vor- und Nachteile. Die Filterung mit konstanter Absolutbandbreite ist nur sinnvoll, wenn eine lineare Frequenzachse benutzt wird. Bei der *Fourier*analyse eines periodischen Vorgangs mit dem Ziel der Bestimmung der Amplituden einzelner Komponenten ist der Einsatz eines durchstimmbaren Schmalbandfilters vorteilhaft, weil auch die höheren Harmonischen mit der gleichen Genauigkeit aufgelöst werden wie die tiefsten.

Der Nachteil besteht darin, daß nur ein kleiner Frequenzbereich untersucht werden kann, wobei maximal 6 Oktaven (Frequenzverhältnis 64:1) analysiert werden können. Das entspricht einer Auflösung bis höchstens zur 100. Harmonischen, Bild 9.33.

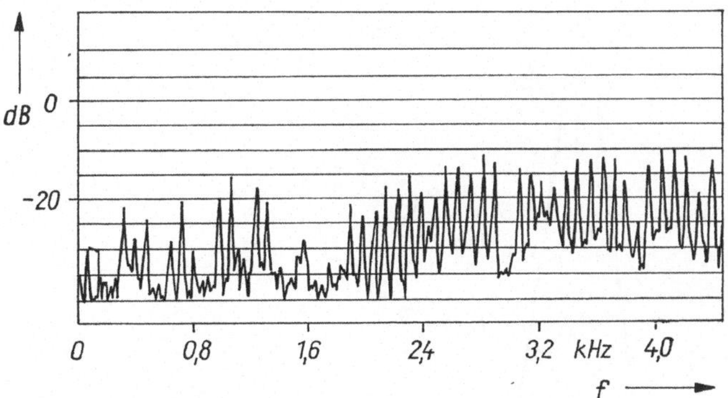

Bild 9.33. Analyse eines Schwingungsvorgangs mit vielen Harmonischen bei konstanter Absolutbandbreite

Bei konstanter Relativbreite ist der analysierte Frequenzbereich größer, aber die Auflösung bei höheren Frequenzen schlechter. Hier verwendet man eine logarithmisch-geteilte Frequenzachse.

Aus den Geräuschmessungen sind die Oktavfilter bekannt, die mit 10 Oktavbändern den gesamten Hörfrequenzbereich überdecken.

Für Oktavfilter mit konstanter Relativbandbreite ist $f_2 = 2f_1$ und $f_0 = \sqrt{f_1 \cdot f_2}$. Ihre Relativbandbreite beträgt daher $b = (f_2 - f_1)/f_0 = f_1/f_1\sqrt{2} = 70{,}7\%$.

Für feinere Auflösungen sind Terzfilter (1/3 Oktave) international eingeführt. Sie haben eine Relativbandbreite von 23,1%. Filter für eine Einzelfrequenz erreichen relative Bandbreiten bis zu $b = 0{,}25\%$.

Die Bandbreite ist also ein Maß für die mögliche Trennung sehr eng benachbarter Frequenzen im Signal. Dabei wird gleiche Amplitude der Komponenten vorausgesetzt.

Die Dämpfung gibt an, welches Amplituden- oder Leistungsverhältnis bei weit auseinanderliegenden Frequenzen im Eingangssignal noch gemessen werden kann.

Die *Dämpfung eines Filters* ist der Quotient aus den Signalleistungen im Durchlaßbereich und im Sperrbereich. Sie wird in dB angegeben. Eine Dämpfung von 40 dB bedeutet z. B. für das Verhältnis der Amplituden $\hat{x}_D$ eines harmonischen Signals im Durchlaßbereich und $\hat{x}_S$ im Sperrbereich

$$\lg (\hat{x}_D/\hat{x}_S)^2 = 4 \quad \text{oder} \quad \hat{x}_D = 100\hat{x}_S$$

Für das Beispiel wird eine Spannung von 1 V im Sperrbereich noch mit 10 mV ($= 1\%$) durchgelassen, d. h., eine Frequenzkomponente mit einer kleineren Spannung kann mit diesem Filter nicht identifiziert werden. Eine gleichwertige Filterkenngröße ist der *Formfaktor*. Er ist für eine Einzelfrequenz definiert als das Verhältnis der Bandbreite des Filterfrequenzganges, die zu einer Dämpfung von 60 dB gehört, zur Bandbreite, die einer Dämpfung von 3 dB entspricht (Bild 9.34)

$$F_{60} = B_{60}/B_3 .$$

Ebenso kann man den Formfaktor F_{40} definieren.

Filter mit konstanter Relativbandbreite werden oft durch die *Oktavselektivität* charakterisiert. Sie gibt die Dämpfung in dB für eine Frequenz im Abstand einer Oktave ($f_0/2$ bzw. $2f_0$) an.

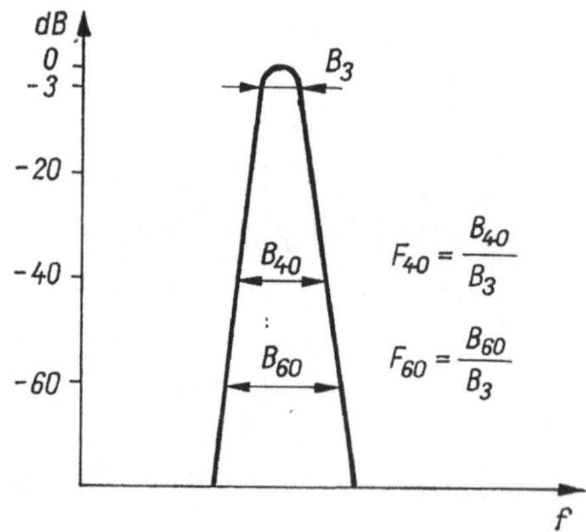

Bild 9.34. Formfaktor eines Filters

In 9.4.1. hatten wir den Begriff Bandbreite als den reziproken Wert der Meßdauer
eines auszuwertenden Signals erklärt. Mit den Begriffen dieses Abschnittes liegt
dem Bandbreitenbegriff der DFT ein ideales Filter endlicher Bandbreite mit unendlich
steilen Flanken zugrunde. Die Verbindung zu den realen Filtern wird durch den Begriff
der „effektiven Rauschbandbreite" hergestellt. Ausgehend von einem idealen
Rauschprozeß (mit konstantem Leistungsdichtespektrum) denkt man sich die durchgelassene Gesamtleistung ermittelt, wie es im Bild **9.35** durch die schraffierte Fläche
dargestellt ist. Die Breite der zugehörigen Rechteckfläche eines idealen Filters ist
dann die effektive Rauschbandbreite. Sie stimmt für Filter mit nicht zu kleiner
Dämpfung mit der „3-dB-Bandbreite" praktisch überein.

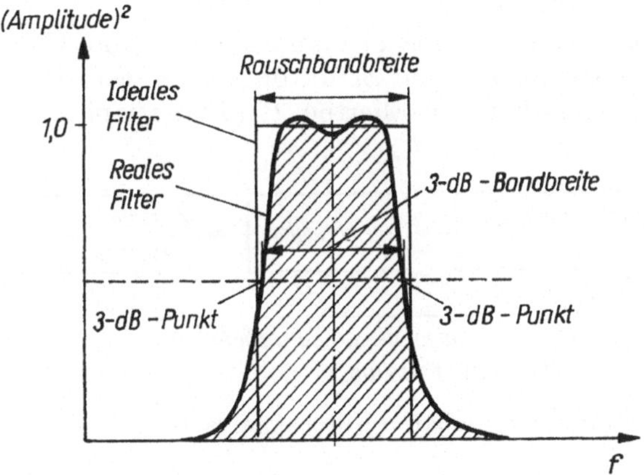

Bild **9.35.** Effektive Rauschbandbreite eines Filters

Die hier dargestellten Eigenschaften der Filter begrenzen deren Möglichkeiten ebenso,
wie die digitalen Verfahren durch die Tastfrequenz und das Herausgreifen eines
kurzen Abschnitts des Meßsignals eingeschränkt werden. Bei der Arbeit mit Filtern
sind ferner die verfälschenden Einflüsse auf die Phasenlage des Ausgangssignals zu
beachten.
Eine Bestimmung des Phasenwinkels der harmonischen Komponenten ist i. allg.
nicht möglich. Die Möglichkeit der Mittelung von Spektren stochastischer Signale
entfällt ebenfalls.
Filter benötigen eine gewisse Zeit, bis sie nach dem Anlegen eines Eingangssignals
eingeschwungen sind. Diese Einschwingzeit t_E beträgt etwa $1/B$, wobei B die absolute
Bandbreite ist. Beispielsweise ergibt sich für ein Filter mit der Relativbandbreite
von $b = 1\%$ eine Einschwingzeit von

$$t_E = 1/B = 1/f_0 \cdot b = 100/f_0 = 100T_0 \tag{9.28}$$

wenn T_0 die Periodendauer der Filtermittenfrequenz ist.
Für $f_0 = 5$ Hz beträgt die Einschwingzeit also bereits 20 s. Bei durchstimmbaren
Filtern muß also bei niedrigen Frequenzen ein hoher Zeitaufwand in Kauf genommen
werden.

Filter-Analysatoren

Auf der Basis elektrischer Filter sind eine Reihe von Geräten zur Frequenzanalyse entwickelt worden, die sich folgendermaßen klassifizieren lassen:

1. Durchstimmbare Filter-Analysatoren
2. Umschaltbare Festfrequenzbandfilter
3. Parallel betriebene Festfrequenzbandfilter (Echtzeitanalyse).

In jedem Fall wird davon ausgegangen, daß ein stationäres elektrisches Analogsignal entweder direkt oder als Magnetbandaufzeichnung zur Verfügung steht.
Die Erläuterung dieser 3 Verfahren erfolgt anhand von Blockschaltbildern.

Durchstimmbare Analysatoren (Bild 9.36)

Die Veränderung der Filtermittenfrequenz erfolgt entweder von Hand oder, falls das Gerät eine Registriereinrichtung besitzt, automatisch, wobei die Frequenzverstimmung durch den Vorschub des skalierten Registrierpapiers vorgenommen

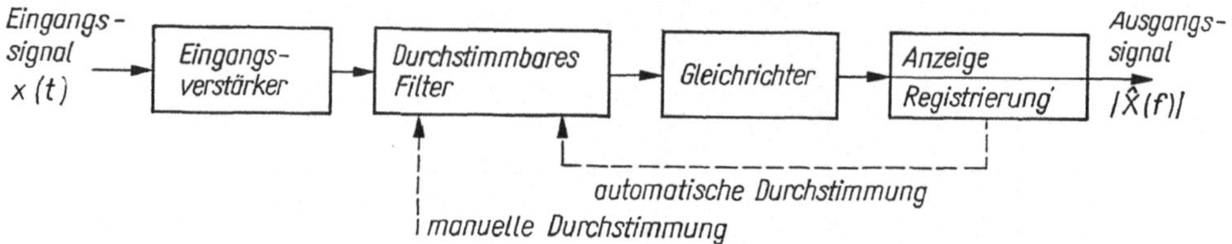

Bild 9.36. Blockschaltbild eines durchstimmbaren Filter-Analysators

wird. Im Ergebnis erhält man den Betrag des Amplitudendichtespektrums des analysierten Signals. Die Auflösung im Spektrum wird durch die (meist einstellbare) Bandbreite des durchstimmbaren Filters bestimmt. Der für eine Analyse erforderliche Zeitaufwand wächst mit abnehmender Bandbreite.

Umschaltbare Festfrequenzfilter

Hier wird das vorverstärkte Eingangssignal N parallelen Bandfiltern zugeführt, deren Mittenfrequenzen so festgelegt sind, daß der interessierende Frequenzbereich lückenlos, aber ohne Überschneidungen überdeckt wird (Bild 9.37).
Die Bandbreite dieser Filter liegt bei ausgeführten Geräten zwischen $b = 23{,}1\%$ (1/3-Oktav Filter) und $b = 70{,}7\%$ (Oktavfilter). Schmalere Frequenzbänder verbieten sich wegen des sonst zu hohen Aufwandes.

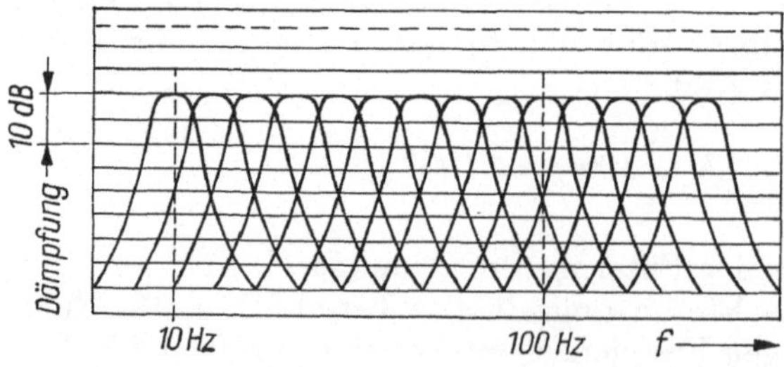

Bild 9.37. Überdeckung des Frequenzbereichs durch Terzfilter

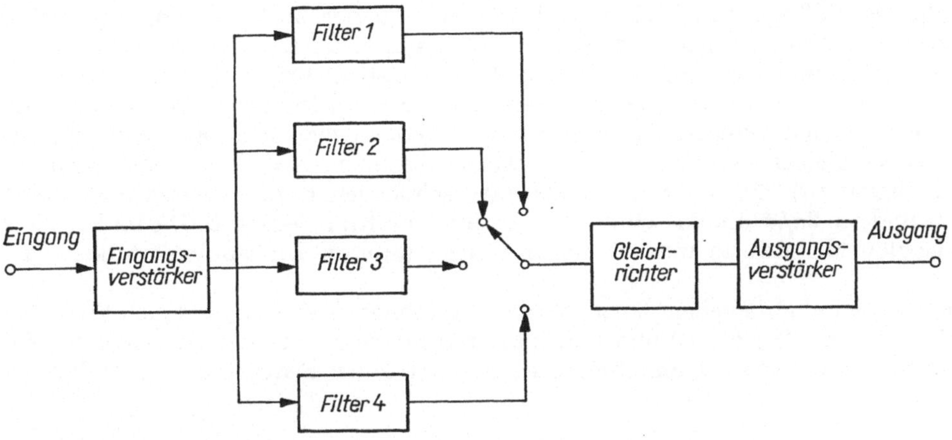

Bild 9.38. Blockschaltbild eines Analysators mit umschaltbaren Festfrequenzfiltern

Ein Umschalter (Bild 9.38) verbindet über einen Gleichrichter die einzelnen Filter nacheinander mit dem Geräteausgang. Da das Meßsignal ständig an den Filtern anliegt, spielt deren Einschwingzeit keine Rolle.

Echtzeit-Filter-Analysatoren

Echtzeit-Filter-Analysatoren unterscheiden sich von den umschaltbaren Festfrequenzfiltern dadurch, daß die Signale der einzelnen Filterausgänge gleichzeitig dargestellt werden können (Bild 9.39). Üblich sind 32 bis 64 Filter konstanter Relativbreite. Bei einer Bandbreite von 1/3-Oktave und einer unteren Grenzfrequenz von 10 Hz und 32 Bändern wird damit der Frequenzbereich von 10 Hz bis 16 kHz überdeckt.

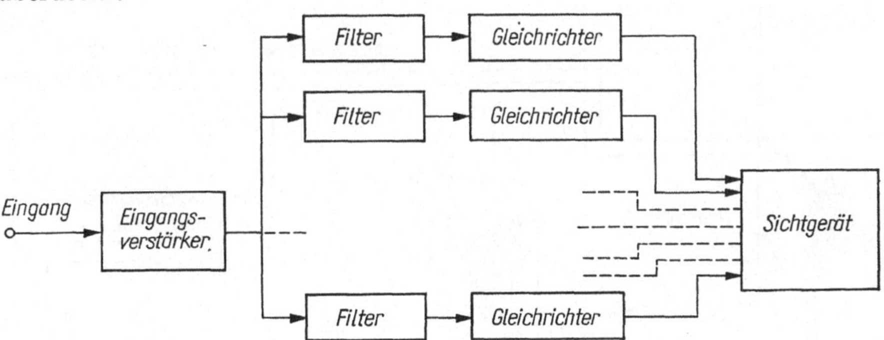

Bild 9.39. Blockschaltbild eines Echt-zeit-Analysators

9.4.6.2. Multiplikative Vergleichsverfahren zur Frequenzanalyse — Wattmeterverfahren

Für periodische Meßsignale, deren Komponenten sehr dicht zusammenliegen, läßt sich bei hohen Frequenzen eine Filteranalyse kaum noch realisieren. Dies ist beispielsweise bei der Schwingungsuntersuchung von Asynchronmotoren der Fall, wenn die im Meßsignal auftretenden Komponenten der Motorschwingung infolge einer mechanischen Unwucht und infolge von Unsymmetrien des elektrischen Feldes voneinander getrennt werden sollen. Die Frequenzen dieser Anteile unterscheiden sich nur durch die vor allem im Leerlauf sehr kleine Schlupffrequenz. Zur Bestimmung derart dicht benachbarter harmonischer Anteile bedient man sich sogenannter multiplikativer Vergleichsverfahren. Diese Verfahren beruhen darauf, daß das zu analysierende Signal $x(t)$ mit zwei um $\pi/2$ phasenverschobenen Bezugswechselspannungen $\sin 2\pi f_0 t$ und $\cos 2\pi f_0 t$ mit einstellbarer Frequenz f_0 multipliziert wird. Die im Ergebnis entstehenden Mittelwerte werden mit tief abgestimmten Drehspulmeßwerken dargestellt.

Wir betrachten eine beliebige harmonische Komponente von $x(t)$ mit der Frequenz $f_1 : x_1(t) = \hat{x}_1 \cdot \sin (2\pi f_1 t + \varphi)$ und multiplizieren mit den beiden Bezugsspannungen, deren Amplitude wir als 1 annehmen. Dann wird unter Beachtung der Additionstheoreme

$$\sin \alpha \cos \beta = \frac{1}{2} [\sin (\alpha - \beta) + \sin (\alpha + \beta)]$$

$$\sin \alpha \sin \beta = \frac{1}{2} [\cos (\alpha - \beta) - \cos (\alpha + \beta)]$$

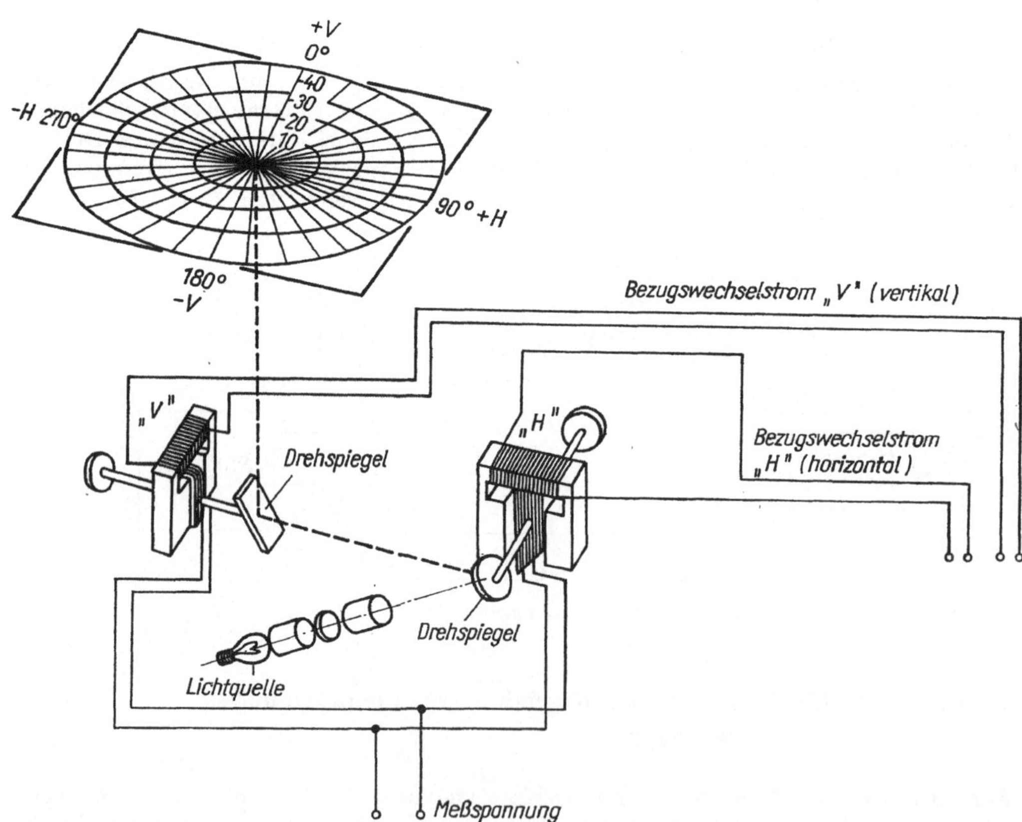

Bild 9.40. Aufbau eines wattmetrischen Lichtpunkt-Vektormessers

für die Produkte aus Meß- und Vergleichssignalen

$$\hat{x}_1 \sin(2\pi f_1 t + \varphi) \sin 2\pi f_0 t$$

$$= \frac{1}{2}\,\hat{x}_1\{\cos[2\pi(f_1 - f_0)\,t + \varphi] - \cos[2\pi(f_1 + f_0)\,t + \varphi]\}$$

$$\hat{x}_1 \sin(2\pi f_1 t + \varphi) \cos 2\pi f_0 t$$

$$= \frac{1}{2}\,\hat{x}_1\{\sin[2\pi(f_1 - f_0)\,t + \varphi] + \sin[2\pi(f_1 + f_0)\,t + \varphi]\}$$

Diese Produkte enthalten zwei Anteile unterschiedlicher Frequenz. Wird die höhere Frequenz unterdrückt, z. B. durch ein tiefabgestimmtes Anzeigeinstrument, dann werden für den Fall $f_1 = f_0$ als Mittelwerte nur die beiden konstanten von Null verschiedenen Werte $\hat{x}_1 \cos\varphi$ und $\hat{x}_1 \sin\varphi$ angezeigt. Durch vektorielle Addition erhält man Amplitude und Phase der Frequenzkomponente $x_1(t)$. Auf diese Weise lassen sich durch Veränderung von f_0 alle harmonischen Komponenten getrennt ermitteln. Ist $f_1 - f_0$ sehr klein, aber nicht Null, schwankt die Anzeige periodisch mit der Differenzfrequenz. Durch Auszählen der Schwankungsfrequenz lassen sich daraus beide Frequenzen f_0 und f_1 ermitteln.
Diese Methode versagt, wenn $x(t)$ ein echtes kontinuierliches Spektrum besitzt.
Die technische Realisierung der Multiplikation und die Ergebnisdarstellung erfolgten mit Hilfe von 2 Wattmetern, wobei durch Kombination mit einem Lichtpunktvektormesser eine unmittelbare vektorielle Darstellung, jedoch keine Weiterverarbeitung möglich ist [9.6] (Bild 9.40). Die Tiefabstimmung wird durch Eigenfrequenzen der Anzeigeinstrumente unter 0,5 Hz erreicht. Es handelt sich also um ein

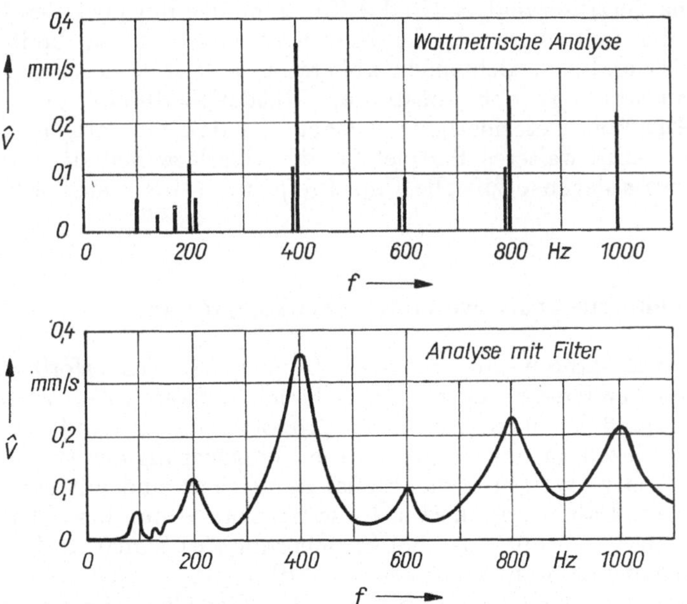

Bild 9.41. Vergleich der Analyseergebnisse mittels Wattmeters und Filters am Beispiel eines Asynchronantriebes mit 200 Hz Antriebsfrequenz, 197,7 Hz Drehfrequenz

Verfahren mit extrem kleiner Absolutbandbreite. In modernen Geräten wird die Multiplikation elektronisch ausgeführt, wobei auch andere als sinusförmige Vergleichsspannungen (Rechtecksignal, periodische Impulse) verwendet werden können. Hier ist außer einer Weiterverarbeitung auch eine digitale Anzeige möglich. Ein breites Anwendungsfeld der multiplikativen Vergleichsverfahren liegt außer in der Schwingungsanalyse auf dem Gebiet der Auswuchttechnik, wo es darum geht, aus den Meßsignalen an den Lagern einer rotierenden Welle die Amplitude der Komponente mit der Rotordrehfrequenz herauszufinden und gleichzeitig eine Phasenmessung bezüglich einer auf dem Rotor angebrachten Marke durchzuführen. Ein Anwendungsbeispiel zur Schwingungsanalyse im Vergleich zu einer Filteranalyse zeigt Bild 9.41.

9.4.6.3.   Vergleich digitaler und analoger Verfahren zur Frequenzanalyse

In den einzelnen Abschnitten wurden bereits mehrfach Vergleiche der Leistungsfähigkeit der verschiedenen Verfahren angestellt.

Solange es sich um Signale handelt, die nicht allzu viele diskrete Frequenzen enthalten, bieten die digitalen Verfahren außer ihrer Schnelligkeit keine entscheidenden Vorteile. Besitzt aber das Signal ein kontinuierliches Spektrum mit einzelnen diskreten Linien (Bild 9.42 b), wie es für verrauschte Signale charakteristisch ist, dann versagen die analogen Verfahren. Im Bild 9.42 sind die Analyseergebnisse eines durch Rauschen überlagerten Signals mit 3 Einzelfrequenzen gegenübergestellt.

Das Zeitsignal (Bild 9.42 a) läßt nur den Rauschanteil erkennen. Die digitale Analyse (Bild 9.42 b) zeigt deutlich die 3 Einzelfrequenzen, die sich mit unterschiedlichen Pegeln aus dem Rauschen abheben. Sowohl eine Analyse mit durchstimmbaren Filtern als auch eine Terzfilteranalyse (Bild 9.42 c, d) stellen nur noch den Rauschanteil dar, weil der kleine Leistungsanteil der Einzelfrequenzen auf ein breites Frequenzband verteilt wird und sich nicht mehr abhebt. Der Anstieg der Pegel bei höheren Frequenzen resultiert aus der konstanten Relativbandbreite der verwendeten Analysatoren. Die Wattmetermethode versagt aus den im vorigen Abschnitt genannten Gründen. Ein weiteres Beispiel für die Überlegenheit digitaler Verfahren zeigt Bild 9.28, wo anlagenspezifische Einzelfrequenzen durch starke Rauschanteile überlagert sind.

9.4.7.   Kombinierte Analyseverfahren (Zeitkompression)

Echtzeit-Filter-Analysatoren mit schmalen Frequenzbändern erfordern wegen der großen Anzahl notwendiger Filter einen sehr hohen Aufwand. Außerdem wächst die Einschwingzeit gemäß Gl. (9.28) umgekehrt proportional der Bandbreite. Eine Verkürzung der Analysezeit ist nur möglich durch Vergrößerung der Bandbreite. Daher wird bei diesen Analyseverfahren das Signal gespeichert und mit einem Faktor K schneller abgespielt. Dabei vergrößert sich die Bandbreite um diesen Faktor, und die Analysezeit reduziert sich auf $1/K$. Bei Speicherung des Signals auf einer Magnetbandschleife erreicht man nur Werte von $K \approx 10$.

Um den Faktor entschieden zu erhöhen, werden digitale Zwischenspeicher eingesetzt. Das Signal wird mittels eines AD-Umsetzers digitalisiert, die Daten werden mit einem entsprechend großen K abgerufen und über einen DA-Umsetzer den Filtern zugeführt. Auf diese Weise ist eine schmalbandige Echtzeitanalyse möglich.

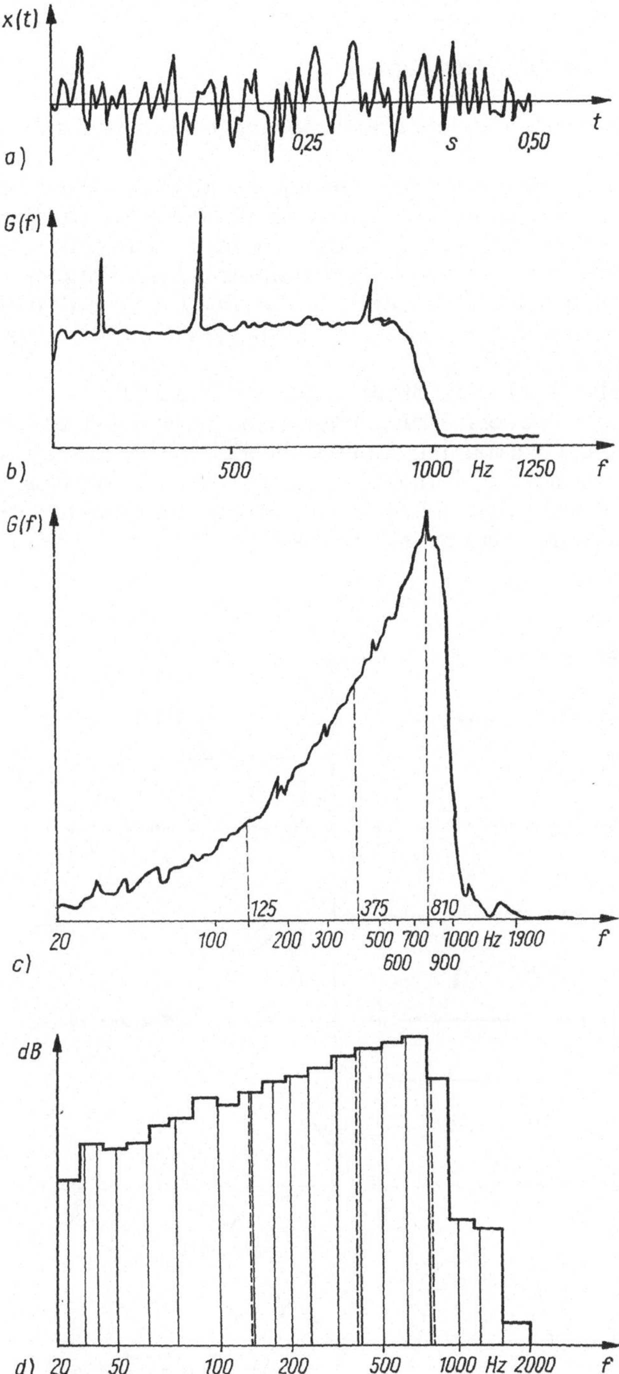

Bild 9.42. Überlegenheit der digitalen Verfahren gegenüber der Filteranalyse bei verrauschten Signalen
a) Ausschnitt des Zeitsignals b) Digitale Analyse mit 2,5 Hz Absolutbandbreite (60 Mittelungen) c) Analyse mit durchstimmbarem Analogfilter, relative Bandbreite 3% d) Analyse mit Terzfilteranalysator

9.4.8.   Frequenzanalyse instationärer Signale

Die bisher behandelten Verfahren zur Frequenzanalyse gingen von einem stationären elektrischen Signal aus.

Grundlage dieser Verfahren ist das Herausgreifen eines endlichen Zeitabschnitts. Liegt ein instationäres Signal vor, dann liefern diese Verfahren zwar ein Ergebnis, indem sie die Meßwerte nach dem vorgegebenen Algorithmus verarbeiten, i. allg. ist dieses Ergebnis aber nicht mehr repräsentativ für den untersuchten Vorgang.

Zu den instationären Signalen gehören die *transienten* Signale, die nur während einer kurzen endlichen Zeitdauer überhaupt von Null verschieden sind, und die instationären stochastischen Signale (Wind, Seegang).

Unter den transienten Signalen spielen die Stöße eine besondere Rolle.

Unter einem *Stoß* verstehen wir eine solche kurzzeitige Beanspruchung eines schwingfähigen Systems, bei der eine Übertragung kinetischer Energie in das System in einer Zeit erfolgt, die kürzer ist als die Grundschwingungsdauer des Systems.

Transiente Signale können sowohl determiniert sein (Stöße mit reproduzierbarem Zeitverlauf, z. B. ein Hammerwerk) als auch stochastisch (seismische Vorgänge).

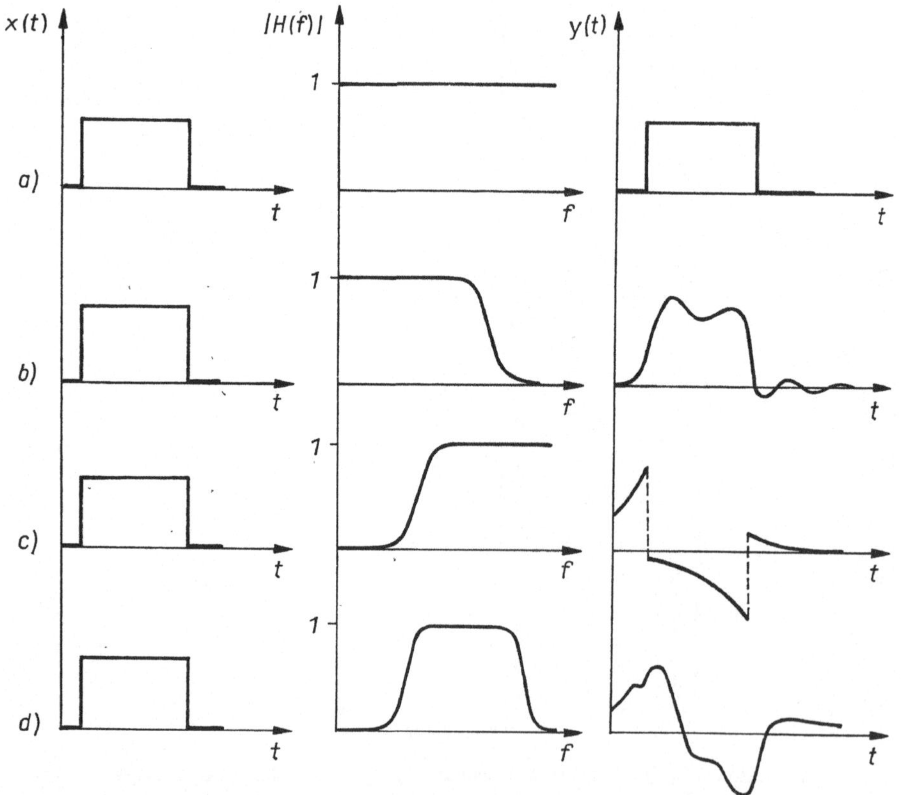

Bild 9.43. Wiedergabe eines Rechteckstoßes durch Meßeinrichtungen mit unterschiedlichem Frequenzgang

a) ideales Übertragungsverhalten b) Tiefpaß c) Hochpaß d) Bandpaß

9.4.8.1. Stoßanalyse

Die Analyse von Stoßvorgängen ist ein relativ kompliziertes Gebiet [7.1]. Sie setzt große Erfahrungen voraus, weil die Einhaltung einer Reihe von Randbedingungen für ein brauchbares Analyseergebnis gesichert werden muß. Im Rahmen dieses Buches kann nur auf die prinzipielle Vorgehensweise eingegangen werden. Betriebsanleitungen entsprechender Geräte und Firmenschriften [9.7] enthalten eingehende Hinweise zu speziellen Fragen der Messung.

Für die Messung und experimentelle Analyse von Stoßvorgängen ist zunächst die genaue Erfassung des Zeitverlaufs der Meßgröße, z. B. eine Beschleunigung oder eine Auslenkung, von Bedeutung. Stöße enthalten stets Anteile hoher Frequenzen. Bei Stoßmessungen werden daher hohe Ansprüche an den Frequenzgang der Meßeinrichtung gestellt. In Bild 9.43 ist die Wiedergabe eines Rechteckstoßes in Abhängigkeit vom Frequenzgang der Meßeinrichtung dargestellt. Ein Stoß als einmaliger Vorgang hat zunächst entsprechend Gl. (9.4) rein theoretisch ein kontinuierliches Amplitudendichtespektrum $\hat{X}(f)$. Die experimentelle Bestimmung dieser Spektren mit den leistungsfähigen Methoden für die stationären Signale erfordert jedoch ein periodisches Signal. Daraus resultiert die wichtigste Methode zur Stoßanalyse, die Analyse als periodisches Signal. Durch ständige Wiederholung, z. B. mittels Meßmagnetbands oder Aneinanderreihung digitalisierter Meßwerte, verschafft man sich ein periodisches Signal, das mit den Methoden von 9.4. analysiert werden kann. Voraussetzung dabei ist natürlich, daß die Wiederholzeit größer als die Stoßdauer ist. Das entstehende Amplitudenspektrum beschreibt den Stoßverlauf eindeutig. Der Abstand der Spektrallinien wird durch die Wiederholzeit bestimmt. Die Analyse als periodisches Signal macht eine Aussage über den Stoßvorgang selbst.

Sind die für eine Analyse als periodisches Signal erforderlichen Bedingungen nicht erfüllbar, dann geht man folgenden Weg: Man beaufschlagt mit dem Zeitsignal weitgehend ungedämpfte Filter, deren Mittenfrequenzen den interessierenden Frequenzbereich überdecken, und mißt den Spitzenwert der Antwort der Filter auf das Stoßsignal. Trägt man diese Werte über der Frequenzachse auf, entsteht ebenfalls ein Spektrum, das *Stoßspektrum*.

Dabei werden zwei Typen unterschieden (Bild 9.44). Als *Initialstoßspektrum I(f)* bezeichnet man die von der Filterfrequenz abhängenden Maximalwerte während der Stoßdauer (Filter mit hoher Mittenfrequenz erreichen den maximalen Wert der Stoßantwort immer während der Stoßdauer). Betrachtet man die nach Beendigung des Stoßes auftretenden Maximalwerte, dann spricht man von *Residualstoßspektrum R(f)*. Diese Spektren haben ihre Bedeutung darin, daß unmittelbar die Reaktion von Schwingungssystemen, die sich durch Einmassenschwinger idealisieren lassen, unter der Wirkung eines Stoßes abgelesen werden können.

Zwischen dem Amplitudendichtespektrum $\hat{X}(f)$ dieses Stoßes und dem Residualstoßspektrum besteht der Zusammenhang [7.1] $R(f) = 2\pi f \, |\hat{X}(f)|$.

In Bild 9.44 sind für 3 charakteristische Stoßformen jeweils 3 Spektren gegenübergestellt; das *Fourier-* oder Amplitudendichtespektrum $|\hat{X}(f)|$, das Initialstoßspektrum $I(f)$ und das Residualspektrum $R(f)$.

Für einen Rechteckstoß hatten wir in 9.2.3. gefunden $\hat{X}(f) = \dfrac{A}{\pi f} \cdot \sin fT$, daher wird $R(f) = 2A \, |\sin fT|$.

Der Vorteil der Stoßspektren besteht darin, daß zum Gewinnen von Aussagen in begrenzten Frequenzbereichen nur diese Frequenzbereiche ausgewertet werden müssen.

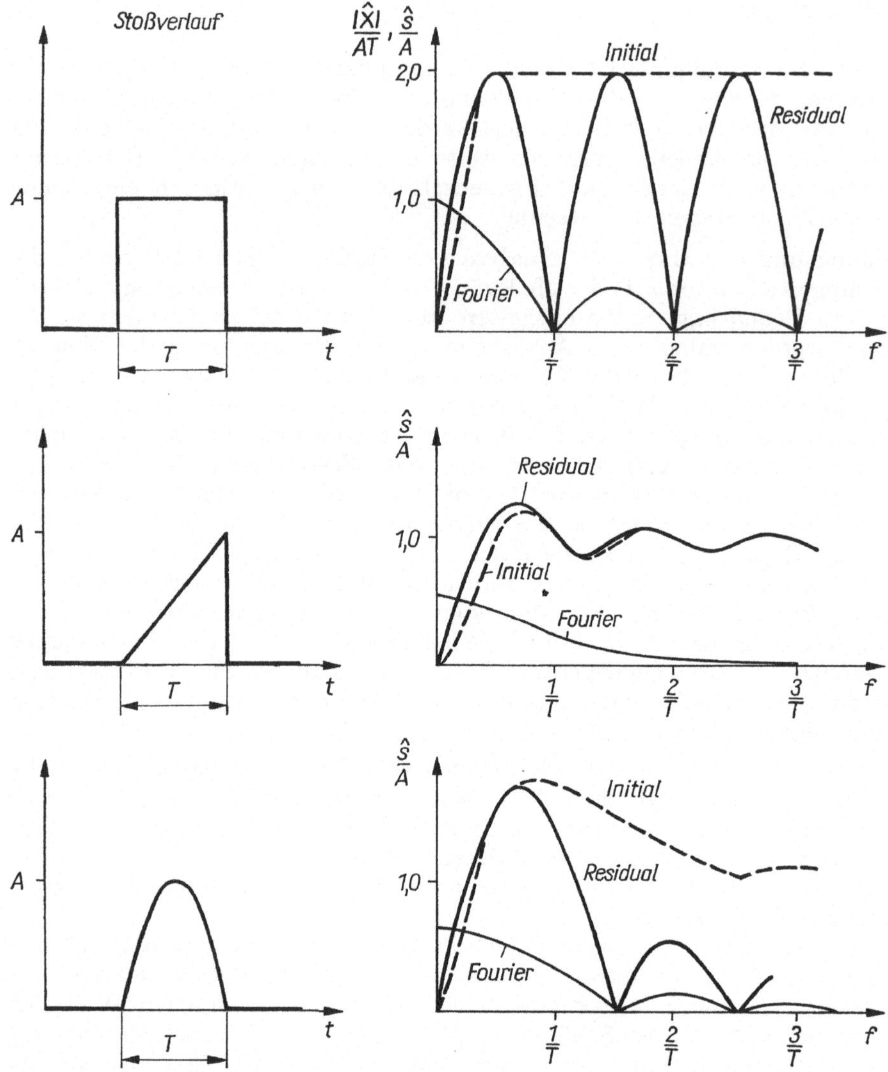

Bild 9.44. Verschiedene Spektraldarstellungen von Stößen

Die Entscheidung für ein bestimmtes Analyseverfahren bei Stoßmessungen hängt mehr als bei anderen Aufgabenstellungen von der Zielstellung und den Möglichkeiten der Gerätetechnik ab.

9.4.8.2.   Transiente Vorgänge

Transiente Vorgänge allgemeiner Art sind dadurch charakterisiert, daß ihre Dauer größer ist als die Grundschwingungsperiode des Systems, auf das sie einwirken. Ihre Auswertung erfolgt vorwiegend durch periodische Wiederholung und Behandlung mit den dafür entwickelten Methoden.

Begrenzt wird die Anwendbarkeit dieses Verfahrens durch zu große Wiederholzeiten, die zu einer Einschränkung des Frequenzbereiches führen, und durch große Crest-Faktoren des künstlich periodisch gemachten Signals, die Fehler der Spektralamplituden zur Folge haben. Als günstiger Kompromiß hat sich ein Verhältnis von Wiederholzeit zur effektiven Signaldauer von 3 bis 5 bewährt.

Darüber hinaus werden Auswerteverfahren mittels Antwortspektren analog der Stoßanalyse verwendet [9.7].

9.4.8.3. Nichtstationäre stochastische Signale

Nichtstationäre stochastische Zeitsignale lassen sich experimentell nur mit Hilfe der für stationäre Signale entwickelten Methoden auswerten. Die Instationarität läßt sich durch zeitliche Änderungen der statistischen Parameter und der Spektren beschreiben. Derartige Untersuchungen erfordern einen relativ hohen Aufwand und spezielle Kenntnisse und Erfahrungen bei der Interpretation der Ergebnisse.

In der abschnittsweisen Signalauswertung liegt ein wichtiges Anwendungsfeld der in 9.4.3. behandelten Fensterfunktionen.

9.5. Klassierung (Auswertung im Zeitbereich)

9.5.1. Begriffsbestimmung und Einsatzbereich

In 9.3.1. hatten wir die Verteilungsdichtefunktion $p(x)$ erklärt als die auf die Intervallbreite dx bezogene Wahrscheinlichkeit dafür, daß eine Funktion $x(t)$ einen Wert im Intervall $[x, x + dx]$ annimmt. Wird der Wertebereich der Funktion $x(t)$ in endlich viele (m Stück) Klassen eingeteilt (Bild 9.45) und werden die interessierenden Werte der Funktion $x(t)$ diesen m Klassen zugeordnet, dann spricht man von einer *Klassierung* der Meßwerte. Die Klassennummern bezeichnen wir mit j ($j = 1, 2, \ldots, m$). Dabei verwendet man Klassenanzahlen zwischen $m = 8$ und $m = 64$. Die praktische Realisierung von Klassierverfahren stützt sich entweder (wie in Bild 9.45) auf diskrete Momentanwerte $[x(t_i); i = 1, 2, \ldots, N]$ der Zeitfunktion, die durch Digitalisierung von $x(t)$ gewonnen werden, oder auf andere aus der Funktion $x(t)$ abgeleitete Werte, wie Anzahl der Extremwerte, der Niveauüberschreitungen, der Nulldurchgänge

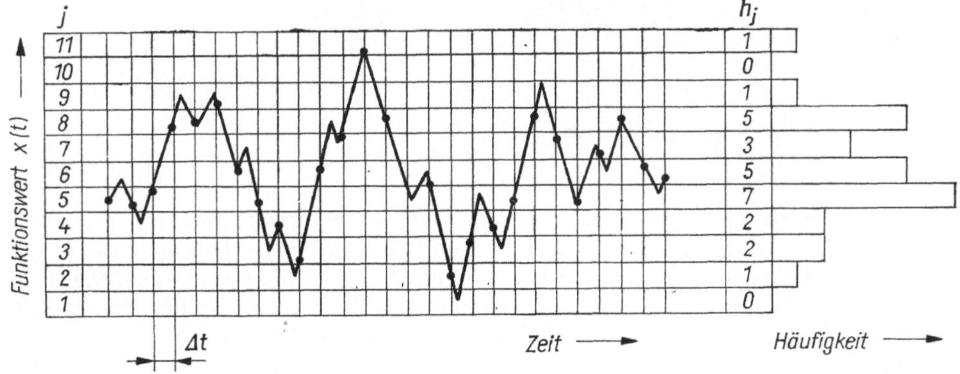

Bild 9.45. Momentanwertklassierung

und weitere für die zahlreichen Anwendungsfälle erforderlichen Größen [9.8, 9.9, 9.10]. Das Ergebnis ist als Häufigkeitsverteilung h_j darstellbar.
Hauptanwendungsbereich der Klassierverfahren sind stochastische Beanspruchungs- und Belastungsverläufe an Maschinenelementen in Form von mechanischen Spannungen, Dehnungen, Kräften oder Momenten. Reale Beanspruchungsverläufe sind meist ein Gemisch statischer und dynamischer, determinierter und stochastischer Anteile und tragen daher insgesamt stochastischen Charakter. Es besteht das Ziel,

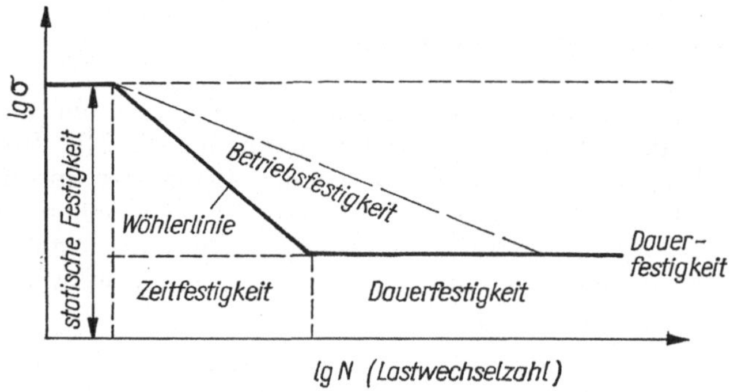

Bild 9.46. Zur Einordnung der Betriebsfestigkeitsuntersuchungen

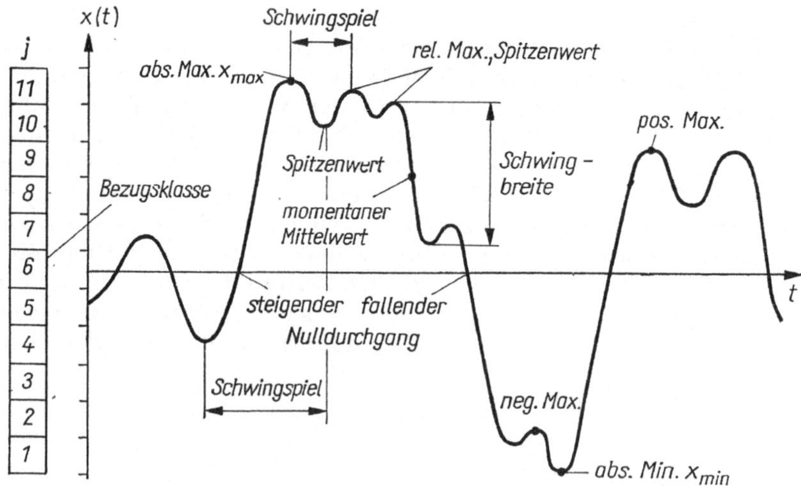

Bild 9.47. Begriffe der Klassiertechnik

die Schädigungswirkung der an Bauteilen auftretenden stochastischen Beanspruchungen durch die Ergebnisse der Klassierung auszudrücken. Die so gefundenen Werte für die Beanspruchbarkeit liegen oberhalb der *Wöhler*linie (Bild 9.46) im Bereich der Betriebsfestigkeit. Die Betriebsfestigkeit hängt von vielen Parametern der Beanspruchungsfunktion ab. Solche Parameter sind (Bild 9.47)

die Anzahl der Schwingspiele,
die Schwingspieldauer,

die Schwingspielfrequenz (gekennzeichnet durch zwei der 4 Werte Maximum, Minimum, Breite oder momentaner Mittelwert),
die Schwingspielform,
die Reihenfolge der Schwingspiele und
die Beanspruchungspausen.

Die während eines Betrachtungszeitraumes durch Klassieren ermittelten Größen und Häufigkeiten von Kennwerten der Beanspruchungsfunktion werden *Beanspruchungskollektive* genannt. Die ein Kollektiv kennzeichnenden Parameter (z. B. Mittelwert, Streuung, absolute Extremwerte, Umfang, Form, Crest-Faktor, Regellosigkeitskoeffizient und Korrelationskoeffizient) heißen die *Parameter des Kollektivs* [9.4].
Man geht davon aus, daß Beanspruchungszeitverläufe mit gleichen Kollektivparametern die gleiche Schädigung verursachen.

9.5.2.　　　Einteilung der Klassierverfahren

Man unterscheidet eindimensionale und zweidimensionale Verfahren. Bei eindimensionalen Verfahren wird nur eine Meßgröße klassiert. Bei zweidimensionalen Verfahren wird die zeitliche Zuordnung von zwei Meßgrößen $x(t)$ und $y(t)$ zueinander statistisch analysiert. $x(t)$ und $y(t)$ können dabei Meßgrößen unterschiedlicher physikalischer Dimension sein.
Bei der eindimensionalen Meßwertklassierung können die Häufigkeitsverteilungen unterschiedlicher Parameter analysiert werden.
Legt man dabei einen Parameter, z. B. die Häufigkeit der Momentanwerte oder die der Spitzen- bzw. Extremwerte (Maxima und Minima), zugrunde, dann spricht man von *einparametrischer Klassierung*. Interessiert man sich zusätzlich für einen zweiten Parameter, z. B. für die Häufigkeit der Schwingbreiten der auf die Maxima folgenden Schwingspiele, dann spricht man von *zweiparametrischer Klassierung*. Das Ergebnis ist in Form einer Matrix darstellbar.

9.5.3.　　　Einparametrische Klassierverfahren

Momentanwertklassierung
Bei dieser Klassierung werden die Funktionswerte in äquidistanten Abständen bestimmt und den entsprechenden Klassen zugeordnet. Das Klassierergebnis ist von der Größe des Abtastintervalls Δt abhängig. Die Schwingspielanzahl wird dabei nicht erfaßt (Bild 9.45).

Extremwertklassierung
Dieses Klassierverfahren erfaßt die *regulären Spitzenwerte* x_{sp}, d. h. die Maxima über und die Minima unter dem linearen Mittelwert der Beanspruchungs-Zeit-Funktion. Die Klasse, in der der Mittelwert liegt, ist dabei die Bezugsklasse. Extremwerte, die innerhalb der Bezugsklasse liegen, werden nicht gezählt (Bild 9.48). Die Häufigkeiten der regulären Spitzenwerte sind mit $h_{j,\mathrm{sp}}$ bezeichnet.

Getrennte Zählung aller Maxima und Minima
Im Ergebnis der Klassierung liegen hier zwei Häufigkeitsverteilungen vor. Dieses Verfahren liefert von den einparametrischen Verfahren die umfassendsten Informationen über die Funktion.

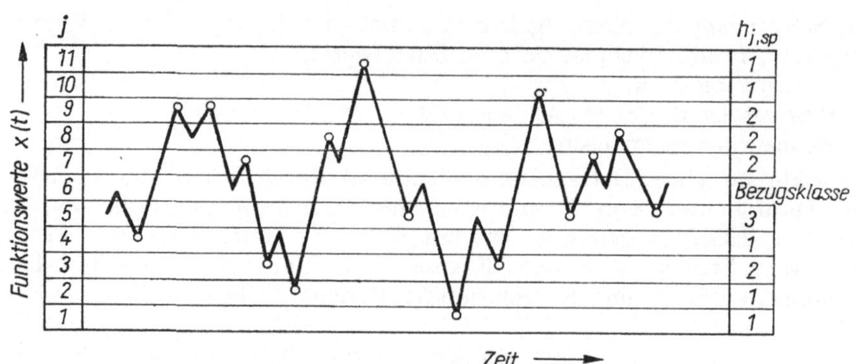

Bild 9.48. Klassierung der regulären Spitzenwerte

Tabelle 9.3: Korrelationstabelle für zweiparametrische Klassierung

j Klasse des Maximums	h_{jmax} Häufigkeit der Max.	1	2	3	4	5	6	7	8	9	10
2											
3											
4	1		o	+							
5	1			+ / o							
6	2	o			+ / o	+					
7	2			o			+ + / o				
8	2					+ / o		+ / o			
9	2		+				o		+ / o		
10	1				+	o					
11	1	+				o					
Klasse des folgenden Minimums		1	2	3	4	5	6	7	8	9	10
Häufigkeit der Minima		1	1	2	1	3	2	1	1		

Schwingbreite	Häufigkeit der Schwingbreite	Häufigkeit von vollen Zyklen
1	3	6
2	3	2
3	2	1
4	1	
5	2	
6	1	
7	1	
8		
9		
10	1	

9.5.4.   Zweiparametrische Klassierverfahren

Zweiparametrische Spitzenwertklassierung
Zur Kennzeichnung der Größe und Lage eines Schwingspieles sind von den Größen
Maximum, Minimum, Schwingbreite und momentaner Mittelwert zwei Größen zu
bestimmen. Am verbreitetsten ist die Erfassung der Maxima und der folgenden
Minima. Ein derart beschriebenes Schwingspiel wird in eine Korrelationsmatrix
(Tabelle 9.3) eingeordnet. Der Platz eines Schwingspiels in der Matrix wird bestimmt
durch die Klasse des Maximums und die Klasse des folgenden Minimums. Das
Klassierergebnis für das Beispiel aus Bild 9.45 ist durch Kreise dargestellt.

9.5.4.1.   Klassierung nach Verformungszyklen (Rain-Flow-Verfahren)

Dem Verfahren liegt der Gedanke zugrunde, die Maxima und Minima des Zeitverlaufes der Beanspruchung so zu Schwingspielen zusammenzufassen, daß daraus
vollständige Verformungszyklen entstehen, vergleichbar mit Hystereseschleifen aus
Spannungs- und Dehnungsverläufen [9.11, 9.12].
Während die zweiparametrische Spitzenwertklassierung einem Maximum immer das
nachfolgende Minimum zuordnet, erfolgt die Zuordnung hier so, daß geschlossene

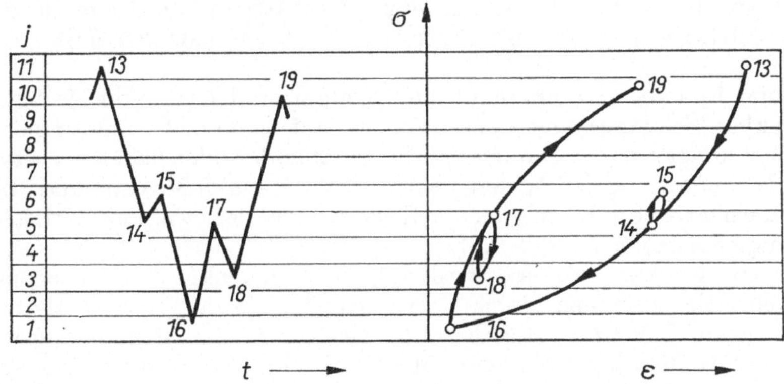

Bild 9.49. Bildung von Zyklen aus dem Zeitverlauf einer Funktion

Spannungs-Dehnungs-Schleifen entstehen. Maximum und Minimum können dabei
unmittelbar hintereinander oder innerhalb des zu betrachtenden Prozesses beliebig
weit auseinander liegen. In Bild 9.49 ist dies anschaulich für einen Ausschnitt des als
Beispiel herangezogenen Zeitverlaufs aus Bild 9.50 dargestellt, wenn dieser eine
mechanische Spannung repräsentiert.
Die Realisierung einer derartigen Klassierung erfolgt ausschließlich mit Hilfe von
Digitalrechnern, wobei die rechentechnische Abarbeitung nicht so erfolgt, daß
jeweils „volle" Zyklen abgewartet werden, sondern mit Hilfe des sogenannten *Rainflow-Verfahrens*. Um sich den Algorithmus vorzustellen, geht man von folgender
anschaulichen Interpretation aus (Bild 9.50).
Man legt die Zeitachse senkrecht nach unten und denkt sich die aus den Spitzen des
Funktionsverlaufes entstandenen „Dächer" beregnet. Es kommt dann zum Ablaufen
des Regens über diese Dächer („Rain-flow").

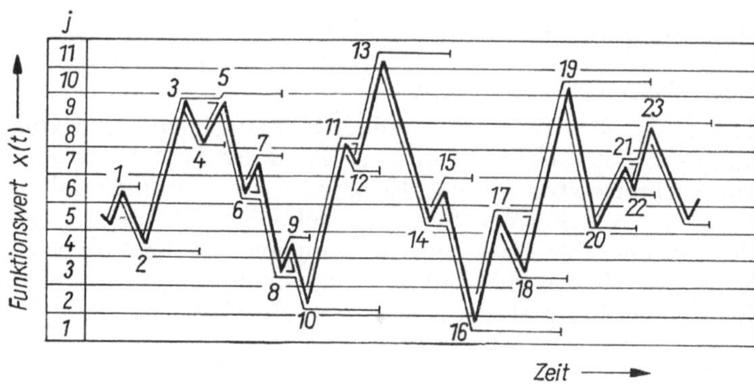

Bild 9.50. Klassierverfahren Rain-Flow

Es gelten folgende Zählvorschriften:

— der Regenablauf beginnt auf der Innenseite jeder Spitze;
— der Regenablauf endet, wenn ausgehend von einem Minimum ein betragsmäßig größeres Minimum bevorsteht (entsprechend beim Maximum). In Bild 9.50 sind das die Punkte 1, 5, 7, 9, 13 usw. (bzw. 2, 4, 10, 12 usw.);
— der Regenablauf endet ebenfalls, wenn er auf Regen von einem darüberliegenden Dach trifft. Das ist vor den Spitzen 5, 8, 10, 13, 16 usw. der Fall.

Beginn und Ende des Regenablaufs sind Anfang und Ende von Halbzyklen, die zu vollen Zyklen (Schwingspielen) zusammengesetzt werden. Die zusammengehörenden Halbzyklen können dabei unmittelbar hintereinander oder beliebig weit auseinander liegen. Die Einordnung der Zyklen, gekennzeichnet durch Maxima und Minima, in die Korrelationsmatrix erfolgt in gleicher Weise wie bei der zweiparametrischen Spitzenklassierung (Kreuze in Tabelle 9.3).
Für die meisten realen Prozesse werden dadurch mehr kleine Schwingspiele gezählt, aber gleichzeitig entstehen einige Schwingspiele, die größer sind als bei der zweiparametrischen Spitzenwertklassierung. Bezüglich der Schädigungswirkung des Kollektivs tritt für diese Fälle eine Milderung ein. Die Häufigkeiten der Schwingbreiten für beide Verfahren sind in Tabelle 9.3 gegenübergestellt.

9.5.5. Weitere Verfahren

Aus der Fachliteratur sind eine Vielzahl weiterer Verfahren bekannt. Einige sind durch die Entwicklung von Verfahren und Geräten der letzten Jahre überholt, andere sind von praktisch untergeordneter Bedeutung oder lassen sich aus den dargestellten Verfahren ableiten.
Aus dieser Sicht wird noch auf zwei Verfahren hingewiesen.

Überschreitungshäufigkeit
Da hierbei Klassengrenzüberschreitungen gezählt werden, entspricht es im Prinzip der Zählung der absoluten Summenhäufigkeit.
Mit diesem Verfahren wurden in der Vergangenheit sehr viele experimentelle Untersuchungen durchgeführt.

Volle Zyklen

Dieses Verfahren erbringt die gleichen Ergebnisse wie Rain-flow. Der Vorteil von Rain-flow besteht in einer besseren Technologie der Meßdatenverarbeitung.

9.5.6. Darstellung und Auswertung von Klassierergebnissen

Im Ergebnis einer einparametrischen Klassierung erhält man für jede der m Klassen j ($j = 1, 2, \ldots, m$) eine bestimmte Anzahl h_j von Werten (Bild 9.45). Diese Anzahl heißt die *absolute Klassenhäufigkeit* h_j. Die Gesamtzahl aller in den Klassen 1 bis j liegenden Werte $H_j = \sum\limits_{k=1}^{j} h_k$ heißt absolute Summenhäufigkeit $j = 1, 2, \ldots, m$. Die Häufigkeit H_m ist zugleich die Gesamtzahl N der für die Klassierung zugrunde gelegten Meßwerte. Die Größe $f_j = h_j/H_m$ ($j = 1, \ldots, m$) heißt *relative Klassenhäufigkeit*.

Die relativen Klassenhäufigkeiten sind Schätzwerte der Verteilungsdichtefunktion im Intervall zwischen zwei benachbarten Klassengrenzen.

Die Werte $F_j = H_j/H_m$ heißen *relative Summenhäufigkeit*. Sie stellen Schätzwerte für die Verteilungsfunktion dar.

Aus den Klassierergebnissen ergeben sich Schätzwerte für Mittelwert und Standardabweichung der untersuchten Beanspruchungsfunktion

$$\bar{x} = \sum_{j=1}^{m} x_j h_j/H_j \qquad s = \sqrt{\sum_{j=1}^{m} (x_j - \bar{x})^2/(H_j - 1)}$$

Aus den Kollektiven der Maxima und Minima eines Prozesses erhält man den Regellosigkeitskoeffizienten i (s. 7.1.2.).

Ist n_1 die Anzahl aller relativen Maxima (die mit der Anzahl der relativen Minima übereinstimmt) und n_{sp} die Anzahl aller „regulären" Extremwerte, d. h., der positiven Maxima und der negativen Minima, dann ist der Regellosigkeitskoeffizient (s. 7.1.2.)

$$i = (n_{sp} - n_1)/n_1 = (n_0/2)/(n/2) \qquad 0 \leqq i \leqq 1$$

Alle Betriebsfestigkeitsrechnungen basieren seitens der Lastannahmen bisher nur auf einparametrischen Kollektiven. Die Darstellung von einparametrischen Klassierergebnissen erfolgt vorzugsweise in einem Wahrscheinlichkeitsnetz. Bild 9.51 zeigt dazu ein Beispiel. An den Klassengrenzen ist die relative Summenhäufigkeit F_j der Minima, der Maxima und der regulären Extremwerte $F_{j,sp}$ aufgetragen. Wenn die Punkte auf einer Geraden liegen, sind die der Klassierung zugrunde gelegten Werte normalverteilt (s. 9.3.1.). Die zu einer Normalverteilung gehörenden Geraden sind in Bild 9.51 dünn eingezeichnet. Voraussetzung für eine derartige Aussage ist natürlich ein gewisser Mindestumfang der Kollektive.

Bei vorliegender Normalverteilung lassen sich aus der grafischen Darstellung die Kollektivparameter $\bar{x}$ und s ablesen. Ein großer Teil der realen Beanspruchungsverläufe läßt sich mit hinreichender Genauigkeit als stationär und normalverteilt ansehen.

Normalverteilte Prozesse haben einen weiteren Vorteil. Für sie lassen sich nämlich aus den Momenten der Leistungsspektraldichten die Kollektivparameter mit wenig Aufwand bestimmen und damit die für Bemessung auf Betriebsfestigkeit erforderlichen Größen errechnen [9.13].

Eine Klassierung kann dann bei Kenntnis der Spektren entfallen.

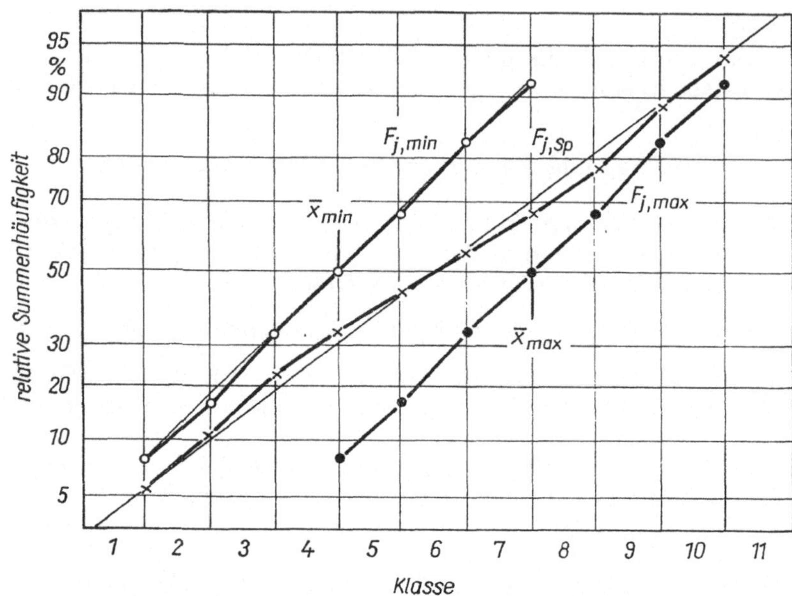

Bild 9.51. Kollektivdarstellung im Wahrscheinlichkeitsnetz

9.5.7.   Praktische Anwendung der Klassierverfahren

Die praktische Durchführung von Meßwertklassierungen erfolgt sowohl mit speziellen Klassiergeräten [7.1] als auch mit Hilfe von Rechnern.

Die Meßwerte können sowohl on-line als· auch off-line (meist nach Magnetbandspeicherung) verarbeitet werden.

Der Einsatz von Klein- und Mikrorechnern für die Meßwertklassierung setzt sich immer mehr durch. Ebenso wie bei der Frequenzanalyse von Meßsignalen ist auch hier eine Vorbehandlung der Meßdaten erforderlich. Mußten dort höhere Frequenzen als die Nyquistfrequenz herausgefiltert werden, so sind hier kleine Schwingbreiten zu unterdrücken.

Schwingbreiten unter einer bestimmten Größe haben keinen oder nur einen vernachlässigbaren Einfluß auf die Schädigung. Je nach ihrer Lage im Gesamtwertebereich der Beanspruchungs-Zeit-Funktion verfälschen sie die Klassierergebnisse.

Um derartige Beeinträchtigungen zu vermeiden, wird in [9.9] ein Herausfiltern von Schwingbreiten bis zur Größe 1/32 bis 1/16 des Gesamtbereichs der Funktion empfohlen. Dies kann jedoch nur unter Berücksichtigung der Klassenbreite ·und des Funktionsverlaufs erfolgen. Über den Einfluß der Filterfrequenz auf das Klassierergebnis wird in [9.4] berichtet. Zur Vermeidung von unzulässigen Zählungen infolge kleiner Schwingbreiten um die Klassengrenzen verfügen Klassiergeräte über einstellbare Hysteresegrenzen. Der Funktionsverlauf muß dadurch nicht nur die Klassengrenzen überschreiten, sondern muß mindestens einen Änderungsbetrag von der Größe der Hysteresebreite gegenüber der Klassengrenze aufweisen, um als Merkmalsänderung gezählt zu werden. Praktisch haben sich Hysteresebreiten von 20 bis 80% der Klassenbreite bewährt.

Die geeignetste Verfahrensweise zur Vernachlässigung kleiner Schwingbreiten ist das Eliminieren aus dem Klassierergebnis. Dies ist selbstverständlich nur bei Verfahren möglich, die Größe und Häufigkeit der Schwingbreiten erfassen.

9.6.   Beurteilung von Meßergebnissen

Beim Messen mechanischer Größen fallen im wesentlichen die Zeitverläufe (Momentanwerte) von Kraft- oder Bewegungsgrößen an.

Diese Meßergebnisse lassen sich unter den zahlreichen bisher erläuterten Gesichtspunkten auswerten. Im Ergebnis dessen erhalten wir bestimmte Kenngrößen und Kennfunktionen, die entweder zur weiteren Auswertung im Sinne einer Systemanalyse dienen (Abschn. 10.) oder zur Ableitung von Schlußfolgerungen und Entscheidungen hinsichtlich der Zulässigkeit der an einer Maschine oder einem Bauwerk auftretenden Meßgrößen. Für letztere Aufgabe benötigt man bestimmte Maßstäbe.

Die experimentelle Bestimmung der an Bauteilen auftretenden Belastungen oder Belastungskollektive erfordert die Messung mechanischer Kraftgrößen an den gefährdeten Stellen, nach Möglichkeit in Form mechanischer Spannungen.

Die gemessenen Spannungen werden dann je nach der auftretenden Zeitabhängigkeit beurteilt. Bei statischer Belastung anhand der Fließ- oder Bruchspannung, bei sinusförmiger Belastung anhand der *Wöhler*linie. Bei stochastischem Zeitverlauf erfolgt nach dem Aufbereiten der Meßwerte durch ein geeignetes Klassierverfahren (s. 9.5.) eine Beurteilung auf Betriebsfestigkeit.

Ebenso können und müssen natürlich auch theoretisch ermittelte Spannungen mit diesen Maßstäben verglichen werden. Ist das Messen (oder Berechnen) von Kraftgrößen nicht möglich oder nicht sinnvoll, dann muß sich eine Beurteilung auf die Messung von Bewegungsgrößen stützen, die mit den in einem Bauteil auftretenden Beanspruchungen oder anderen die Funktionstüchtigkeit begrenzenden Größen möglichst im Zusammenhang stehen, wie Lagerspiele oder Verformungen.

Für die Beurteilung gemessener Bewegungsgrößen lassen sich die Grenzwerte nicht wie die Bruchspannung eines gegebenen Materials aus entsprechenden Laborversuchen exakt ermitteln, sondern diese müssen aus einer Vielzahl von (schlechten) Erfahrungen und Schadensfällen gewonnen werden.

Eine Messung kann aus dieser Sicht erst dann als vollständig abgeschlossen gelten, wenn das Meßergebnis soweit ausgewertet wurde, daß durch Vergleich mit einem Beurteilungsmaßstab Aussagen über die Zulässigkeit der Meßwerte möglich sind.

Der Stand der Technik ist derzeit so weit entwickelt, daß auf einigen wichtigen Gebieten solche Maßstäbe vorhanden sind [9.15, 9.16, 9.17], auf anderen Gebieten jedoch noch nicht. In solchen Fällen obliegt die Verantwortung für die zu treffende Entscheidung dem Ingenieur, der die Auswertung der Messungen vornimmt.

In 9.3.10. hatten wir die untergeordnete Rolle der Phasenlage diskutiert. Sie wird durch die Bildung des Effektivwertes der Meßgröße eliminiert. *Beurteilungsmaßstäbe* müssen also die Amplituden- und Frequenzinformationen in geeigneter einfacher Weise zusammenfassen und bewerten.

Im einfachsten Fall geschieht das durch Zugrundelegung von $\tilde{v}$ oder $\tilde{a}$ als *Beurteilungsgrößen*. Wo diese Größen als Maßstab nicht ausreichen, müssen die Maßstäbe differenziert werden. Dies kann z. B. durch Bewertungsfilter geschehen, die bestimmte Frequenzanteile des Signals höher oder niedriger bewerten. Man strebt an, mit einem Beurteilungsmaßstab jeweils eine möglichst große Klasse von Maschinen oder Bauwerken zu erfassen.

9.6.1.   Beurteilung von stationären Maschinenschwingungen

Beurteilungsgröße ist hier der Effektivwert der Schwinggeschwindigkeit $\tilde{v}$, der sich mit handelsüblichen Meßgeräten leicht ermitteln läßt.

Die Wahl der Schwinggeschwindigkeit als Beurteilungsgröße hat zur Folge, daß bei niedrigen Frequenzen die zugehörigen Schwingwege sehr groß werden. Daher wurde für Frequenzen unterhalb 10 Hz der frequenzunabhängige Spitzenwert $\hat{s}$ des Schwingweges als Beurteilungsmaßstab festgelegt, und zwar so, daß $\hat{s} = \hat{s}_{10} = \tilde{v}_{10}\sqrt{2}$ gilt (harmonisches Vergleichssignal).

Alle Maschinen werden in nur 6 Klassen eingeteilt [9.15]:

Klasse I

Einzelne Triebwerksteile von Kraft- und Arbeitsmaschinen, die im Betriebszustand mit der gesamten Maschine fest verbunden sind. Typisches Beispiel für diese Gruppe sind Elektromotoren bis etwa 15 kW.

Klasse II

Mittlere Maschinen (Elektromotoren von 15 bis 75 kW) ohne besondere Fundamente; außerdem fest aufgestellte Triebwerksteile und Maschinen (bis etwa 300 kW) mit nur umlaufenden Teilen auf besonderen Fundamenten.

Klasse III

Größere Kraft- und Arbeitsmaschinen mit nur umlaufenden Massen auf starren und schweren Fundamenten, die in der Richtung der Schwingungsmessung relativ steif (hochabgestimmt) sind.

Klasse IV

Größere Kraft- und Arbeitsmaschinen mit nur umlaufenden Massen auf Fundamenten, die in Richtung der Schwingungsmessung relativ weich (tiefabgestimmt) sind (z. B. Turbosätze, insbesondere solche mit Leichtbau-Fundamenten).

Klasse V

Maschinen und Antriebssysteme mit nichtausgleichbaren Trägheitswirkungen auf in Meßrichtung relativ steifen (hochabgestimmten) Fundamenten.

Klasse VI

Maschinen und Antriebssysteme mit nicht ausgleichbaren Trägheitswirkungen auf in Meßrichtung relativ weichen (tiefabgestimmten) Fundamenten; Maschinen mit rotierenden lose befestigten Massen, wie Schlägerwellen von Mühlen; Maschinen, z. B. Zentrifugen, mit veränderlichen Unwuchten, die ohne Anschlußteile freistehend arbeiten können; Schwingsiebe, dynamische Materialprüfmaschinen und Schwingmaschinen der Verfahrenstechnik.

Für 4 Klassen werden Beurteilungsmaßstäbe für die Effektivwerte der Schwinggeschwindigkeit in Form von Richtwerten angegeben, die in Tabelle 9.4 zusammengestellt sind. Der Stufenfaktor zur jeweils nächsten Gütestufe innerhalb jeder Klasse beträgt 2,5 oder 8 dB.

Wegen der Vielfalt der in jede Klasse eingeordneten Maschinen und nicht vermeidbaren Willkür beim Festlegen der Stufengrenzen können diese Werte nur empfehlenden Charakter tragen. Für bestimmte, eng abgrenzbare Klassen ist der Verbindlichkeitsgrad aber wesentlich höher, z. B. für Turbomaschinen und Elektromotoren.

Tabelle 9.4: Schwingstärkestufen und Beurteilungsbeispiele für Kleinmaschinen (Klasse I), Großmaschinen (Klasse III), mittlere Maschinen (Klasse II) und Turbomaschinen (Klasse IV)

Schwingstärkestufen		Beurteilungsstufen für die Maschinenklassen I bis IV			
$f < 10$ Hz	$f \geqq 10$ Hz				
$\hat{s}$ in mm	$\hat{v}$ in mm/s				
an den Stufengrenzen		I	II	III	IV
0,016	0,71	gut	gut	gut	gut
0,025	1,12	brauchbar			
0,04	1,8		brauchbar		
0,063	2,8	noch zulässig		brauchbar	brauchbar
0,1	4,5		noch zulässig		
0,16	7,1	unzulässig		noch zulässig	
0,25	11,2		unzulässig		noch zulässig
0,4	18			unzulässig	
> 0,4	> 18				unzulässig

Tabelle 9.5: Zulässige Fundamentschwingungen in den Stützpunkten der Maschine nach [9.18]

	n in 1/min	$\hat{s}$ in mm
Maschinen mit Rotoren		
Motoren	500···1000	0,1
Energieerzeuger		
Webereimaschinen	100···150	0,3
Spinnereimaschinen	200···500	0,1···0,12
Saugzüge,	750···1000	0,1
Ventilatoren		
Fräsen, Bohrmaschinen	750···1000	0,03
sonstige Maschinen	< 1000	0,1
	> 1000	0,04
Maschinen mit	< 1000	0,25
Kurbel-Pleuel-	1200	0,18
Mechanismen	1400	0,14
	1600	0,11
	1800	0,08
	2000	0,07
Schmiedehämmer		5,0

9.6.2.   Schwingungen von Maschinenfundamenten

Hier muß unterschieden werden zwischen Fundamenten, auf denen schwingungserregende Maschinen aufgestellt werden, und solchen, auf denen schwingungsge-
fährdete Maschinen oder Geräte stehen. Im ersten Fall dient das Fundament dem
Schutz der Umgebung (Baugrund, Gebäude, Menschen) vor den schädlichen Wirkungen der Schwingungen, im zweiten steht der Schutz der auf dem Fundament
stehenden Anlage im Vordergrund (elektronische Geräte, Präzisionsmeßgeräte).
Als Beurteilungsmaßstab für Fundamente, auf denen schwingungserregende Maschinen aufgestellt sind, dient im Grunde die Schwinggeschwindigkeit.
Die in der DDR gültige TGL [9.18] gibt für bestimmte Bereiche der Maschinendreh-
zahl Grenzwerte für den Schwingweg an (Tabelle 9.5).
Für Fundamente, auf denen schwingungsempfindliche Maschinen stehen, gibt es
bisher keine verbindlichen Festlegungen [9.19]. Maßstab sind hier die von Geräte-
herstellern vorgegebenen Werte für die zulässige Schwingstärke des Aufstellungsortes.

9.6.3.   Bauwerksschwingungen

Für die Beurteilung stationärer Bauwerksschwingungen gibt es eine Vielzahl von
Vorschlägen, die dort ansetzen, wo eine direkte Messung der mechanischen Spannungen nicht mehr möglich oder zu aufwendig ist.
Eine zusammenfassende Diskussion befindet sich in [7.1]. Als für ein breites Anwendungsgebiet brauchbar hat sich die Skala der Schwingstärkemaße bewährt.
Diese Skala verwendet als Beurteilungsgröße $\varkappa$ das Produkt aus Schwinggeschwindigkeit und Schwingbeschleunigung harmonischer Komponenten

$$\varkappa = \hat{a} \cdot \hat{v}$$

und benutzt als Maß für die Schwingstärke das logarithmische Pegelmaß

$$S = 10 \lg (\varkappa/\varkappa_0) \text{ vibrar}$$

mit $\varkappa_0 = 0{,}1 \text{ cm}^2 \text{ s}^{-3}$ als Bezugsgröße.
Enthält die gemessene Schwingung mehrere harmonische Komponenten, sind die
entsprechenden $\varkappa$-Werte zu addieren.
Das Schwingstärkemaß S wird nicht in dB, sondern in *vibrar* angegeben. Um einen
Vergleich mit anderen Beurteilungsmaßstäben zu ermöglichen, ist in Bild 9.52 für
harmonische Schwingungen ein Nomogramm zur Umrechnung von S in $\hat{a}$, $\hat{v}$ und $\hat{s}$
angegeben. Die Beurteilungskriterien sind in Tabelle 9.6 zusammengefaßt.

Tabelle 9.6: Beurteilungskriterien nach der Vibrarskala

vibrar	Kennzeichen
10···20	leichte Erschütterungen, noch keine Gebäudeschäden
20···30	starke Erschütterungen, leichte Gebäudeschäden (Risse in leichten Mauern, Verputzrisse)
40···50	schwere Erschütterungen, schwere Gebäudeschäden (Risse in tragenden Wänden)
50···60	sehr schwere Erschütterungen, Gebäudezerstörung

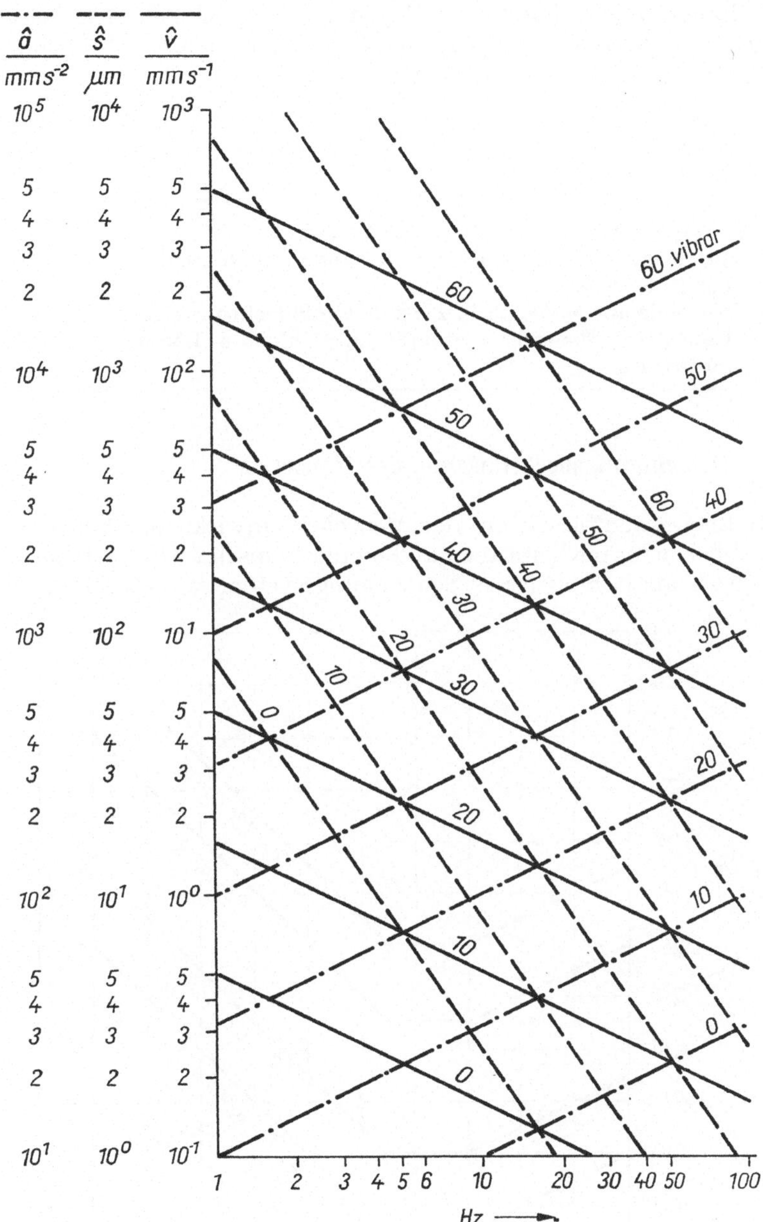

Bild 9.52. Nomogramm zur Umrechnung von S in Spitzenwerte von $\hat{a}$, $\hat{v}$, $\hat{s}$ bei harmonischen Schwingungen

Stoßartige Belastungen von Gebäuden werden anhand des Maximalwertes der auftretenden Schwinggeschwindigkeit beurteilt. Diese Werte sind beispielsweise bei der Durchführung von Sprengungen oder beim Betrieb von Schmiedehämmern zu beachten. In Tabelle 9.7 sind die Grenzwerte angegeben.

Die Beurteilung erfolgt anhand eines Registrierschriebs. Läßt sich dem auftretenden Spitzenwert eine Frequenz größer als 30 Hz zuordnen, sind höhere Grenzwerte zulässig [9.20].

Tabelle 9.7: Grenzwerte für stoßartige Bauwerksschwingungen nach [9.20]

Bauwerkstyp	$\hat{v}_{zul}$ in mm/s
unter Denkmalschutz stehende Gebäude	2
Fachwerkgebäude, schadhafte Gebäude (mit Rissen) aus Mauerwerk	4
Gebäude aus Mauerwerk, Platten, Großblockbauweise	8
Gebäude in Skelettbauweise (Stahl, Stahlbeton, Beton), Holzbauten	30

9.6.4.   Schwingungsbeeinflussung des Menschen

Die Beurteilungsgröße für die auf den Menschen einwirkenden Schwingungen wurde aufgrund eingehender medizinischer und biomechanischer Untersuchungen festgelegt. Der Mensch ist als kompliziertes Schwingungssystem zu betrachten, dessen tiefste

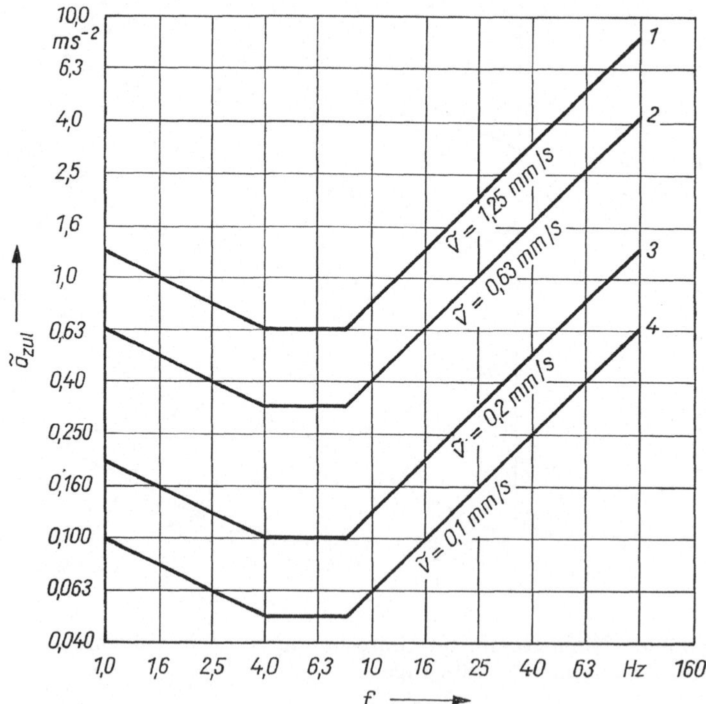

Bild 9.53. Zulässige Schwingbeschleunigungen für sinusförmige Ganzkörperschwingungen des Menschen in vertikaler Richtung

1 Erträglichkeitsgrenze, *2* Grenze der verminderten Leistung (Ermüdungsgrenze), *3* Grenze der verminderten Behaglichkeit, *4* Grenze für geistig-schöpferische Arbeit

Eigenfrequenzen bei etwa 2 Hz horizontaler und etwa 5 Hz in vertikaler Richtung liegen.

Oberhalb 8 Hz müßte ebenso wie bei Maschinenschwingungen die einwirkende Schwinggeschwindigkeit beurteilt werden, da die Reizschwelle bei etwa $\tilde{v} = 0,11$ mm/s festgestellt wurde [9.21, 9.22]. Zwischen 4 und 8 Hz liegt diese Schwelle bei etwa $\bar{a} = 0,05$ m/s². Bei noch tieferen Frequenzen ist eine höhere als die zweite Ableitung des Schwingweges maßgebend. Wegen dieser starken Frequenzabhängigkeit der Empfindlichkeit des Menschen wird als Beurteilungsgröße der Effektivwert der Schwingbeschleunigung zugrunde gelegt.

Mit einer derartigen Festlegung wird der Bereich der größten Empfindlichkeit des Menschen zwischen 4 und 8 Hz gut erfaßt. Die geringe Empfindlichkeit bezogen auf die Schwingbeschleunigung bei niedrigen und höheren Frequenzen muß durch entsprechende Bewertungsfaktoren kleiner als 1 berücksichtigt werden.

In Bild 9.53 sind Grenzkurven für die zulässige Schwingungseinwirkung bei 8stündiger Einwirkungszeit für Ganzkörperschwingungen in vertikaler Richtung angegeben [9.23]. Ähnliche Maßstäbe sind für Teilkörperschwingungen (z. B. Hand-Arm-System) vorgeschrieben [9.24]. Für kurzzeitige Einwirkungsdauern in der Größenordnung von wenigen Minuten sind die zulässigen Werte fast 10mal so groß (20 dB) wie bei einer Einwirkungsdauer von 8 h (Bild 9.54).

Bei einem Vergleich mit den zulässigen Maschinenschwingungen schneidet der Mensch relativ schlecht ab. Beispielsweise stellt der für eine Maschine der Klasse I (kleiner Elektromotor im Dauerbetrieb) gerade noch zulässige Wert von $\tilde{v} = 4,5$ mm/s für einen Menschen bereits bei 15minütiger Einwirkung die Erträglichkeitsgrenze dar.

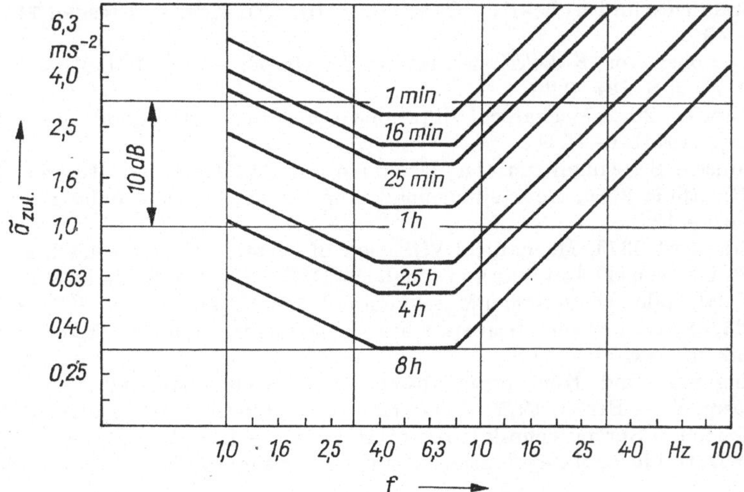

Bild 9.54. Zulässige Schwingbeschleunigungen für sinusförmige Ganzkörperschwingungen des Menschen in vertikaler Richtung an der Ermüdungsgrenze für verschiedene Einwirkungsdauern (nach [9.21])

9.7. Weiterführende Literatur

[9.1] Systemtheorie. Eine Darstellung für Ingenieure / *Unbehauen, R.* — Berlin, 1980. — 381 S.

[9.2] Applikation of B & K Equipment to Frequency Analysis / *Randall, R. B.* — Naerum, Dänemark: Firmenschrift Brüel & Kjaer, 1977. — 239 S.
Anwendung von B & K-Geräten zur Frequenzanalyse

[9.3] Einführung in Theorie und Praxis der Zeitreihen- und Modalanalyse / *Natke, H. G.* — Braunschweig; Wiesbaden, 1983. — 522 S.

[9.4] Schwingfestigkeit / *Günther, W.* [u. a.] Leipzig, 1973. — 408 S.

[9.5] Analyse von Zeitreihen / *Chatfield, C.* — Leipzig, 1982. — 239 S.

[9.6] Auswuchttechnik / *Federn, K.* — Berlin; Heidelberg; New York, 1977. — 449 S.

[9.7] Applikation of B & K Equipment to Mechanical Vibration and Shock Measurements / *Broch, J. T.* — Naerum, Dänemark: 1976, Firmenschrift Brüel & Kjaer. — 192 S.
Übersetzung des Sachtitels: Anwendung von B & K-Geräten für die Messung mechanischer Schwingungen und Stöße

[9.8] TGL 19330 Schwingfestigkeit, Begriffe und Zeichen. — 1978. — 24 S.

[9.9] TGL 33787/01 Regellose Beanspruchungsfunktionen, statistische Auswertung im Amplitudenbereich. — 1978. — 17 S.

[9.10] DIN 45667 Klassierverfahren für das Erfassen regelloser Schwingungen. — 10 S.

[9.11] Statistische Verfahren zur Auswertung von Betriebsbeanspruchungen auf der Basis der Bewertung geschlossener Hystereseschleifen („Rain-Flow") / *Lange, F.; Pfeifer, F.* — In: IFL-Mitt. — Dresden 21 (1982) 1, S. 1 bis 8

[9.12] Auswertung regelloser Zeitfunktionen nach geschlossenen Hystereseschleifen („Rain-Flow") mittels Prozeßrechnern / *Böhme, K.-H.* — In: IFL-Mitt. — Dresden 21 (1982), S. 9 bis 14

[9.13] Spektraldichte und Kollektiv / *Hänel, B.* — In: IFL-Mitt. — Dresden 14 (1975) H. 1/2, S. 42—49.

[9.14] Einflußgrößen von Kollektivparametern / *Puls, E.* — In: IFL-Mitt. — Dresden 17 (1978), H. 6, S. 224—226

[9.15] ISO-Standard 2372, Mechanical vibrations of machines with operating speeds from 10 to 400 rev/s (1974). — 12 S.
Mechanische Schwingungen von Maschinen mit Drehzahlen von 10—400 Umdr./s

[9.16] VDI-Richtlinie 2056, Beurteilungsmaßstäbe für mechanische Schwingungen von Maschinen. — 12 S.

[9.17] ISO-Standard 2373, Mechanical Vibration of certain electrical machinery with shaft heights between 80 and 400 mm (zugleich DIN ISO 2373 Mechanische Schwingungen von umlaufenden elektrischen Maschinen mit Achshöhen von 80—400 mm). — 8 S.

[9.18] TGL 25731 Dynamisch beanspruchte Fundamente und Stützkonstruktionen für Maschinen. — 1973. — 9 S.

[9.19] Schwingungs- und Körperschallabwehr bei Maschinenaufstellungen / *Meltzer, G.; Kirchberg, S.* — Berlin, 1977. — 175 S. — Schriftenreihe Arbeitsschutz, Heft 45.

[9.20] Handbuch der Sprengtechnik / *Heinze, H.* [u. a.] — Leipzig, 1980. — 545 S.

[9.21] ISO 2631, Guide for the evaluation of human exposure to whole-body vibration (1974). — 10 S.
Empfehlung für die Bewertung von Ganzkörperschwingungen des Menschen

[9.22] VDI-Richtlinie 2057, Beurteilung der Einwirkung mechanischer Schwingungen auf den Menschen. — 10 S.

[9.23] Gearbox Fault Diagnosis using Cepstrum-Analysis. — / *Randall, R. B.* — Ber. d. IV IFTOMM-Weltkongresses, Bd. 1, S. 169—174. — London: Inst. Mech. Eng. 1975. — 6 S.
Diagnose von Getriebeschäden mittels Cepstrumanalyse

10. Messung und Analyse mechanischer Frequenzgänge

10.1. Grundlagen

10.1.1. Einführung

In diesem Abschnitt werden wir Methoden zur experimentellen Bestimmung mechanischer Frequenzgänge kennenlernen und untersuchen, wie man aus gemessenen Frequenzgängen Informationen über die dynamischen Eigenschaften des Systems gewinnen kann. Dieses Problem wird in der Maschinendynamik in die Grundaufgabe der experimentellen Modellfindung eingeordnet [10.1].

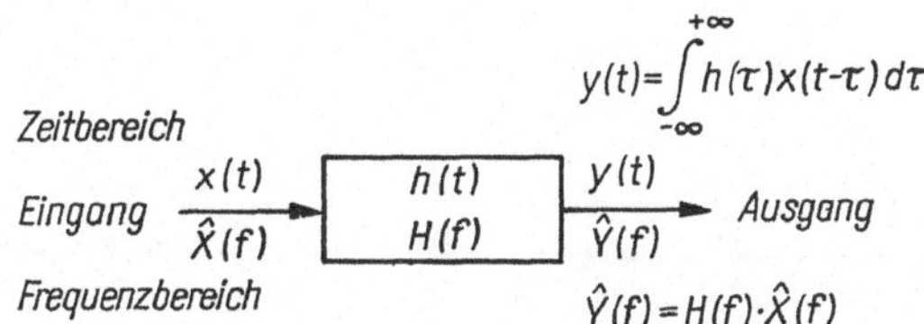

Bild 10.1. Eingangs-Ausgangs-Beziehungen eines linearen Systems

Wir wollen das prinzipielle Vorgehen anhand des Bildes 10.1 erläutern. Die dynamischen Eigenschaften des Systems werden durch die Gewichtsfunktion $h(t)$ bzw. durch den Frequenzgang $H(f)$ beschrieben. Unser Ziel ist es, diese Kennfunktionen experimentell zu ermitteln, um daraus Aussagen über die Parameter des Systems zu gewinnen. Dabei reicht die Kenntnis einer dieser Funktionen aus, da beide die gleichen Informationen enthalten und über die *Fourier*transformation miteinander verknüpft sind (9.3.8.). Aus gerätetechnischen und rechentechnischen Gründen ist es einfacher, den Frequenzgang $H(f)$ zu ermitteln; seine Berechnung erfordert lediglich die Division der beiden komplexen Größen $\hat{Y}(f)$ und $\hat{X}(f)$. Der Übergang von den im Zeitbereich gemessenen Größen $x(t)$ und $y(t)$ zu den Größen $\hat{X}(f)$ und $\hat{Y}(f)$ wird dabei rechentechnisch mit Hilfe des Algorithmus der Schnellen *Fourier*transformation (FFT) realisiert. In diesem Abschnitt wollen wir uns deshalb ausschließlich auf Verfahren zur experimentellen Bestimmung des Frequenzgangs $H(f)$ beschränken.

Von den üblichen experimentellen Verfahren werden wir das klassische Analogverfahren auf der Basis harmonischer Erregersignale ausführlicher beschreiben, weil es die anschauliche Grundlage zum Verständnis der modernen, auf der FFT beruhenden digitalen Verfahren liefert.

Zur Ermittlung der Parameter eines Systems aus gemessenen Frequenzgängen stehen dem Ingenieur heute moderne Verfahren der experimentellen Modalanalyse zur Verfügung [10.2]. Der effektive Einsatz dieser Verfahren setzt beim Bearbeiter einen soliden Einblick in die theoretischen Grundlagen voraus, die wir in diesem Rahmen nicht vermitteln können. Um jedoch den Zugang zu diesen Verfahren zu erleichtern, werden wir die grafischen Methoden der Parameterbestimmung, die gleichzeitig die Grundlage der rechnerischen Modalanalyse darstellen, besonders betonen.

Die Untersuchungen im vorliegenden Abschnitt beschränken sich auf lineare zeitinvariante Schwingungssysteme mit geschwindigkeitsproportionaler Dämpfung. Außerdem wird vorausgesetzt, daß sich die Bewegungsgleichungen dieser Systeme durch Differentialgleichungssysteme mit symmetrischen (bzw. mit symmetrisierbaren) Matrizen beschreiben lassen.

10.1.2.   Analytische Beschreibung mechanischer Frequenzgänge

In 9.3.8. hatten wir den komplexen Frequenzgang als Quotienten der *Fourier*transformierten von Aus- und Eingangssignal erklärt. Jetzt wollen wir den Frequenzgang analytisch aus der Schwingungsgleichung des Systems herleiten. Wir gehen von dem im Bild 10.2 dargestellten Modell aus. Die Eingangsgröße des Systems ist in diesem

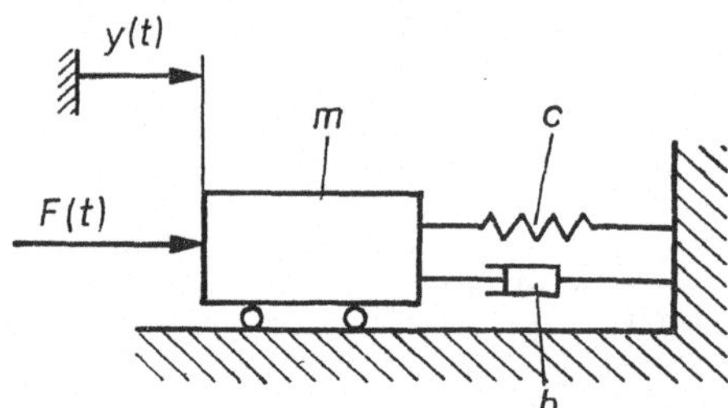

Bild 10.2. Einmassenschwinger

Fall die Kraft $F(t)$, die Ausgangsgröße ist die Verschiebung $y(t)$. Die Beziehung zwischen beiden Größen wird durch die Dgl.

$$m\ddot{y}(t) + b\dot{y}(t) + cy(t) = F(t) \tag{10.1}$$

beschrieben.

Es bedeuten: m Masse, b Dämpfungskonstante, c Federkonstante.

Die Herleitung des Frequenzgangs aus der Gl. (10.1) wird besonders einfach und anschaulich, wenn wir zu der in 9.2.2. eingeführten komplexen Schreibweise übergehen. Wir fassen entsprechend Bild 9.2c die Größen $y(t)$ und $F(t)$ als Realteile komplexer Zeitfunktionen auf und interpretieren die Gl. (10.1) als reellen Teil einer komplexen Differentialgleichung.

Für die stationäre Lösung bei harmonischer Erregung (Kreisfrequenz Ω) gilt dann

$$F(t) = F \exp(\mathrm{j}\Omega t)$$
$$y(t) = Y \exp(\mathrm{j}\Omega t) \tag{10.2}$$

F und Y sind die komplexen Amplituden von Kraft und Schwingung. Setzen wir die Beziehungen Gln. (10.2) in die Gl. (10.1) ein, so erhalten wir

$$(-m\Omega^2 + \mathrm{j}b\Omega + c)\, Y = F \tag{10.3}$$

und daraus die Lösung für Y:

$$Y = \frac{1}{-m\Omega^2 + \mathrm{j}b\Omega + c} \cdot F \tag{10.4}$$

Wir ersetzen noch die Kreisfrequenz Ω durch die Erregerfrequenz f und erhalten Gl. (10.4) in der Form

$$Y = H(f) \cdot X \qquad (10.5)$$

mit dem komplexen *Frequenzgang* des Modells

$$H(f) = \frac{1}{c} \cdot \frac{1}{[1 - (f/f_0)^2 + \mathrm{j}2\beta(f/f_0)]} \qquad (10.6)$$

Es bedeuten:

$$f_0 = \frac{1}{2\pi} \omega_0 \quad \textit{Kennfrequenz,}$$

$$\omega_0 = \sqrt{c/m} \quad \textit{Kennkreisfrequenz,}$$

$$\vartheta = \delta/\omega_0 \quad \textit{Dämpfungsgrad,}$$

$$\delta = b/2m \quad \textit{Abklingkonstante.}$$

Für die Analyse gemessener Frequenzgänge ist noch eine andere Form der Darstellung wichtig. Der Frequenzgang läßt sich durch Partialbruchzerlegung in zwei Anteile aufspalten:

$$\frac{1}{-m\Omega^2 + \mathrm{j}b\Omega + c}$$
$$= \frac{1}{-m(\Omega - p_1)(\Omega - p_2)} = \frac{1}{-m(p_1 - p_2)}\left[\frac{1}{\Omega - p_1} - \frac{1}{\Omega - p_2}\right] \qquad (10.7)$$

Hier sind p_1 und p_2 die komplexen Wurzeln der quadratischen Gleichung

$$-m\Omega^2 + \mathrm{j}b\Omega + c = 0$$

die sich ergeben zu

$$p_{1,2} = \mathrm{j}b/2m \pm \sqrt{c/m - (b/2m)^2}$$

bzw.

$$p_{1,2} = \mathrm{j}\delta \pm \omega_{\mathrm{d}}$$

$$(10.8)$$

mit der *Eigenkreisfrequenz* des gedämpften Schwingers

$$\omega_{\mathrm{d}} = \sqrt{\omega_0{}^2 - \delta^2}$$

Mit Gl. (10.8) erhalten wir aus Gl. (10.7)

$$\frac{1}{-m\Omega^2 + \mathrm{j}b\Omega + c}$$
$$= \frac{1}{m\omega_{\mathrm{d}}{}^2}\left\{\frac{1}{2[(1 - \Omega/\omega_{\mathrm{d}}) + \mathrm{j}\delta/\omega_{\mathrm{d}}]} + \frac{1}{2[(1 + \Omega/\omega_{\mathrm{d}}) - \mathrm{j}\delta/\omega_{\mathrm{d}}]}\right\} \qquad (10.9)$$

Wir führen wieder die Frequenz f ein (bei experimentellen Untersuchungen werden stets Frequenzen gemessen) und betrachten im weiteren nur den Fall schwacher Dämpfung. Dann erhalten wir mit $m\omega_{\mathrm{d}}{}^2 \approx c$ den Frequenzgang $H(f)$ in der Form

$$H(f) = \frac{1}{c}\left\{\frac{1}{2[(1 - f/f_{\mathrm{d}}) + \mathrm{j}\delta/2\pi f_{\mathrm{d}}]} + \frac{1}{2[(1 + f/f_{\mathrm{d}}) - \mathrm{j}\delta/2\pi f_{\mathrm{d}}]}\right\} \qquad (10.10)$$

Wir bezeichnen $f_{\mathrm{d}} = \omega_{\mathrm{d}}/2\pi$ als *Eigenfrequenz* des gedämpften Schwingers.

Mit den Gln. (10.6) und (10.10) haben wir analytische Ausdrücke für den Frequenzgang unseres Modells hergeleitet, die die Grundlage für die weiteren Betrachtungen
bilden. Die Anwendung der Gl. (10.10) bietet trotz ihres gegenüber Gl. (10.6) komplizierteren Aufbaus wesentliche Vorteile bei der Analyse gemessener Frequenzgänge.
Beide Anteile der Gl. (10.10) beschreiben nämlich in der komplexen Ebene Kreise
(der erste Ausdruck für positive Frequenzen, der zweite für negative Frequenzen).
Dadurch ist es uns möglich, gemessene Frequenzgänge durch Kreise (sog. Resonanzkreise) zu approximieren, aus denen wir die Parameter des Systems ermitteln
können. Außerdem werden wir in 10.4. sehen, daß man bei Systemen mit mehreren
Freiheitsgraden die Frequenzgänge in eine Summe von Frequenzgängen zerlegen
kann, die einen ähnlichen Aufbau haben wie die Gl. (10.10).

10.1.3.   Anschauliche Interpretation von Frequenzgängen

Die komplexe Größe $H(f)$ beschreibt das Verhältnis zwischen der harmonischen
Eingangsgröße „Kraft" und der harmonischen Ausgangsgröße „Schwingweg". Wir
können uns diesen Zusammenhang anhand eines Bildes in der komplexen Ebene
veranschaulichen. Eine auf das System einwirkende harmonische Kraft der Ampli-
tude $|F|$ ruft eine harmonische Schwingung der Amplitude $|Y|$ hervor. Beide Schwin-
gungen erfolgen mit gleicher Frequenz, sie sind jedoch zeitlich gegeneinander verschoben (siehe Bild 10.3). In der komplexen Ebene können wir die Eingangsgröße F
und die Ausgangsgröße Y als komplexe Zeiger darstellen, die mit konstanter Winkelgeschwindigkeit $\Omega = 2\pi f$ rotieren, wobei wir nur die Realteilkomponenten als physikalische Größen interpretieren. Beide Zeiger schließen den *Phasenwinkel* φ ein, den
wir so definieren wollen, daß er von der Eingangsgröße (Kraft) in mathematisch
positiver Drehrichtung zur Ausgangsgröße (Schwingweg) gezählt wird.
Bilden wir den Quotienten beider Zeiger, so fällt die zeitliche Abhängigkeit heraus,
und wir erhalten:

$$H(f) = \frac{Y}{F} = \frac{|Y| \exp \left[j(2\pi f t + \varphi) \right]}{|F| \exp \left[j2\pi f t) \right]} = \frac{|Y| \exp \left(j\varphi \right)}{|F|} = |H(f)| \exp \left(j\varphi \right)$$

$$(10.11)$$

Diese Beziehung ist in Bild 10.4 dargestellt.
Das Bild läßt eine für das physikalische Verständnis wichtige anschauliche Interpretation des Frequenzgangs zu:
Durch Vergleich der beiden Zeigerdarstellungen sehen wir, daß der komplexe Frequenzgang die Antwort eines Systems auf eine harmonische Eingangsgröße der
Amplitude „Eins" darstellt. Den rechten Teil des Bildes können wir als zwei
rotierende Zeiger deuten, die immer dann betrachtet werden, wenn die Eingangs-
größe $|F| = 1$ in der reellen Achse liegt.
Auf diese Weise können wir beliebige Frequenzgänge, die als Ortskurven in der
komplexen Ebene dargestellt sind, anschaulich interpretieren. Die Eingangsgröße
vom Betrag „Eins" liegt in der reellen Achse. Jeder Punkt eines in der komplexen
Ebene dargestellten Frequenzgangs ergibt den Zeiger der Antwort des Systems
(Betrag und Phasenwinkel). Stellen wir uns weiterhin vor, daß beide Zeiger mit der
Winkelgeschwindigkeit $\Omega = 2\pi f$ rotieren, so erhalten wir den zeitlichen Verlauf
der Ein- und Ausgangsgrößen, indem wir nur die reellen Komponenten der Zeiger
berücksichtigen.

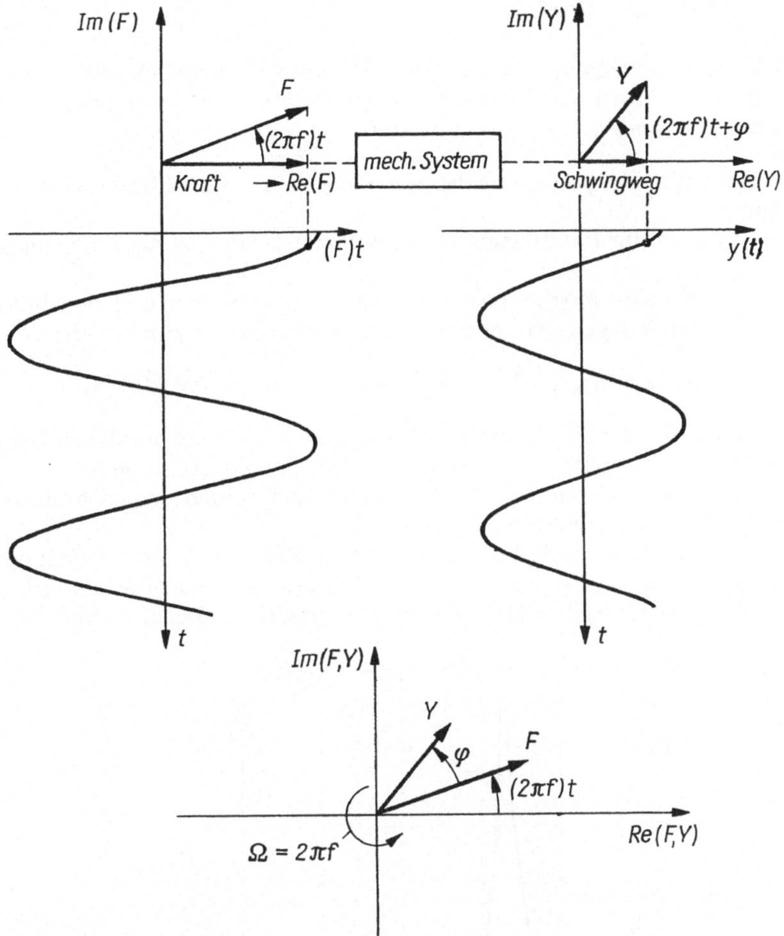

Bild 10.3. Komplexe Darstellung von Ein- und Ausgangsgröße

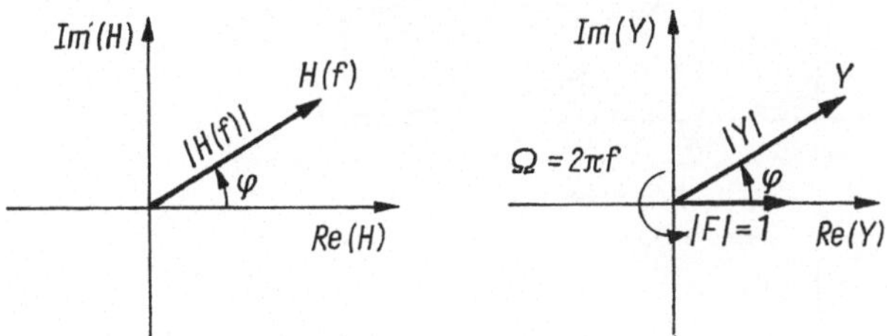

Bild 10.4. Anschauliche Interpretation des Frequenzgangs $H(f)$

10.1.4. Grafische Darstellungen

Komplexe Frequenzgänge lassen sich in verschiedener Weise darstellen (siehe Bild 9.12). Für praktische Untersuchungen haben sich zwei Darstellungsarten als besonders zweckmäßig erwiesen. Das sind

a) Auftragen des Frequenzgang-Betrags $|H(f)|$ und des Phasenwinkels φ über der Frequenz;

b) Darstellung in der komplexen Ebene mit der Frequenz als Parameter.

Wir wollen auf beide Möglichkeiten etwas näher eingehen und den Schwinger nach Bild 10.2 zugrunde legen, wobei wir folgende Parameter annehmen:

$$m = 2{,}5 \text{ kg}, \qquad b = 85 \text{ N} \cdot \text{s/m}, \qquad c = 1{,}14 \cdot 10^5 \text{ N/m}$$

Trägt man den Betrag $|H(f)|$ und den Phasenwinkel φ der komplexen Größe Gl. (10.6) über der Erregerfrequenz f auf, so erhält man die Darstellungsform nach Bild 10.5. Aus verschiedenen Gründen ist es zweckmäßig, einen logarithmischen Maßstab gemäß Bild 10.6 zu verwenden.
Für den dB-Maßstab wurde hier eine Bezugsgröße von 1 m/N zugrunde gelegt.
Aus dem Vergleich der Bilder 10.5 und 10.6 erkennt man die höhere Aussagekraft der doppeltlogarithmischen Darstellung; die niedrigen Pegel werden angehoben, die

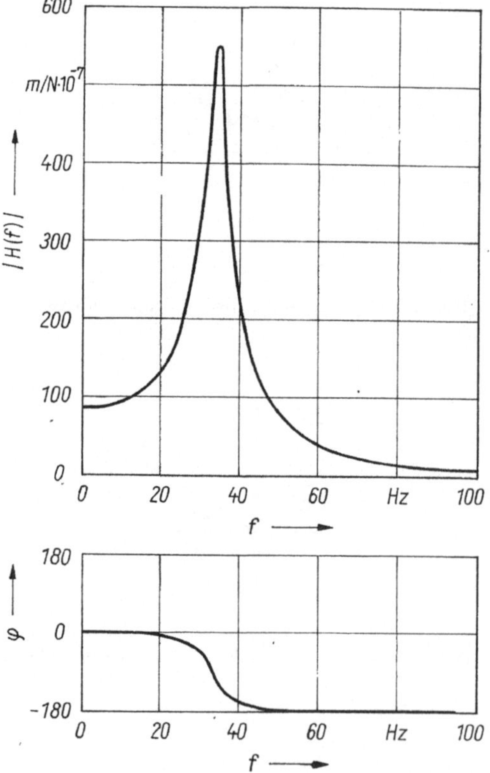

Bild 10.5. Betrag und Phasenwinkel des Frequenzgangs

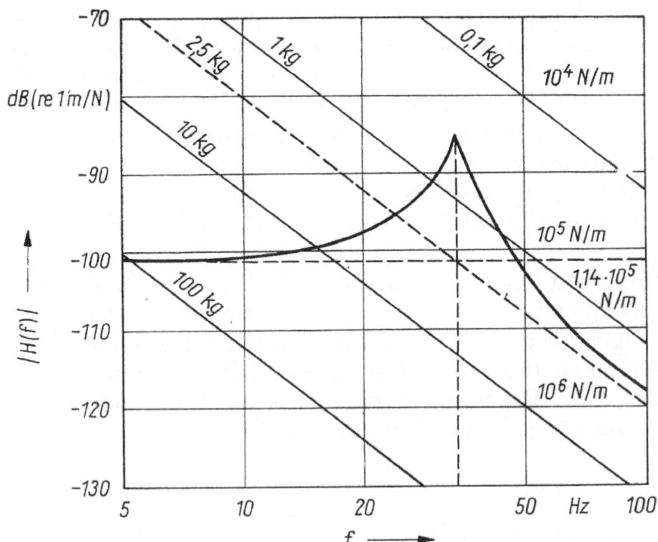

Bild 10.6. Logarithmische Darstellung des Frequenzgangs

scharfe Resonanzspitze (Bild 10.5) wird heruntergedrückt. Der Wertebereich der gesamten Darstellung wird wesentlich erhöht.

Ein weiterer Grund, warum man vorwiegend logarithmische Darstellungen entsprechend Bild 10.6 verwendet, liegt darin, daß man wichtige Steifigkeits- bzw. Trägheitseigenschaften eines unbekannten Systems erkennen kann. Wir wollen uns das am Frequenzgang eines einfachen Schwingers klarmachen.

Nehmen wir an, die Erregerfrequenz f sei wesentlich größer als die Kennfrequenz f_0, so wird unter Vernachlässigung der Dämpfung aus Gl. (10.6)

$$H(f) = -\frac{1}{c}\left(\frac{f_0}{f}\right)^2 = -\frac{1}{m(2\pi f)^2} \tag{10.12}$$

d. h., Gl. (10.6) geht über in den Frequenzgang einer reinen Masse. Trägt man den Betrag von Gl. (10.12) für verschiedene Massen im dB-Maßstab auf, so erhält man wegen

$$20\lg|H(f)| = -20\lg m - 40\lg(2\pi f)$$

die in Bild 10.6 eingezeichneten Geraden, die einen Abfall von 40 dB je Dekade der Frequenz aufweisen.

Für tiefe Frequenzen geht Gl. (10.6) mit $f \ll f_0$ über in

$$H(f) = 1/c \tag{10.13}$$

Man erhält die Nachgiebigkeit der Feder des Systems.

Die Frequenzgänge einer reinen Feder erscheinen als Geraden parallel zur Abszisse, deren Ordinatenwerte sich ergeben zu

$$20\lg|H(f)| = -20\lg c \tag{10.14}$$

Wir erkennen, daß der Frequenzgang des Schwingungssystems in der gewählten
logarithmischen Darstellung außerhalb der Resonanz in Geraden übergeht, unterhalb der Resonanz in den Frequenzgang einer reinen Feder, oberhalb der Resonanz
in den Frequenzgang einer reinen Masse. Diese Erkenntnisse sind wichtig für die
physikalische Interpretation gemessener Frequenzgänge und für die Abschätzung der
Parameter (Masse, Federzahl).

Für spezielle Untersuchungen, besonders zur Abschätzung der Dämpfung und zur
genauen Bestimmung von Eigenfrequenzen ist eine andere Form der grafischen
Darstellung wichtig:

Man trägt in der komplexen Ebene den Betrag $|H(f)|$ unter dem Phasenwinkel φ ab.
Dabei erscheint die Frequenz als Parameter der sogenannten *Ortskurve*. In Bild 10.7
ist die Ortskurve des zugrunde gelegten Modellschwingers aufgezeichnet. Wir erkennen,
daß der Resonanzbereich bei dieser Darstellung besonders aufgeweitet wird, während
die Bereiche außerhalb der Resonanz wenig brauchbare Informationen liefern (im
Gegensatz zur logarithmischen Darstellung in Bild 10.6).

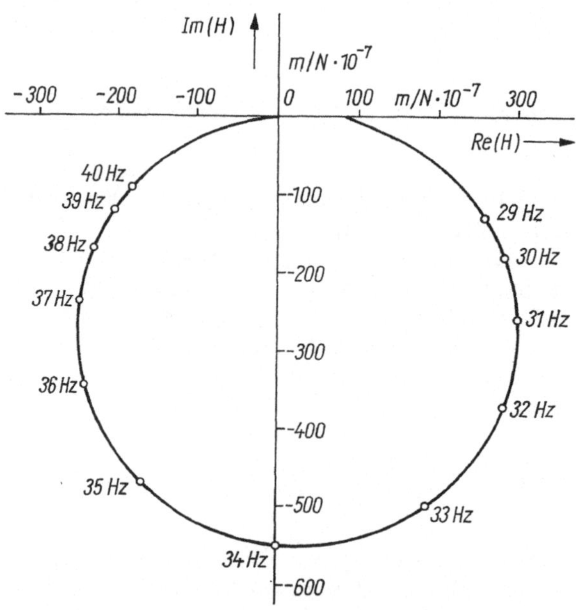

Bild 10.7. Ortskurve des Frequenzgangs

10.1.5.   Weitere Möglichkeiten der Definition mechanischer Frequenzgänge

Bisher wurde unter dem Begriff des Frequenzgangs das komplexe Verhältnis von
Schwingweg (Ausgangsgröße) zur Erregerkraft (Eingangsgröße) verstanden. (Der
Grund liegt darin, daß bei analytischen Untersuchungen häufig der Schwingweg
als Lösung von Differentialgleichungen verwendet wird.) Vom meßtechnischen Standpunkt ist es oft einfacher, die Schwinggeschwindigkeit bzw. -beschleunigung zu ermitteln, so daß bei experimentellen Untersuchungen auch andere Ausgangsgrößen
verwendet werden. Für verschiedene Untersuchungen sind auch die reziproken
Verhältnisse, d. h. Eingangsgröße bezogen auf die Ausgangsgröße, von Bedeutung.

Tabelle 10.1: Mechanische Frequenzgänge

1.	$\dfrac{\text{Schwingweg}}{\text{Kraft}}$	— dynamische Nachgiebigkeit
2.	$\dfrac{\text{Schwinggeschwindigkeit}}{\text{Kraft}}$	— mechanische Admittanz
3.	$\dfrac{\text{Schwingbeschleunigung}}{\text{Kraft}}$	— mechanische Inertanz
4.	$\dfrac{\text{Kraft}}{\text{Schwingweg}}$	— dynamische Steifigkeit
5.	$\dfrac{\text{Kraft}}{\text{Schwinggeschwindigkeit}}$	— mechanische Impedanz
6.	$\dfrac{\text{Kraft}}{\text{Schwingbeschleunigung}}$	— dynamische Masse

In der Tabelle 10.1 werden die 6 Möglichkeiten mechanischer Frequenzgänge angegeben. (Die Bezeichnungen werden in der Literatur nicht einheitlich verwendet, am häufigsten findet man die hier angegebenen.)
Die verschiedenen Frequenzgänge enthalten alle die gleichen Informationen; sie lassen sich auf einfache Weise ineinander überführen, da bei harmonischen Schwingungen folgende Beziehungen zwischen den komplexen Amplituden von Weg, Geschwindigkeit und Beschleunigung bestehen:

$$V = \mathrm{j}(2\pi f)\, Y \qquad\qquad |Y| - \text{Wegamplitude,}$$
$$A = \mathrm{j}(2\pi f)\, V = -(2\pi f)^2\, Y \qquad |V| - \text{Geschwindigkeitsamplitude,}$$
$$|A| - \text{Beschleunigungsamplitude}$$

Wir können z. B. aus einer gemessenen mechanischen Admittanz die dynamische Nachgiebigkeit bestimmen, indem wir punktweise jeden (komplexen) Wert der Admittanz durch $\mathrm{j}2\pi f$ dividieren. Wir müssen also den Betrag der Admittanz durch $2\pi f$ dividieren und den gemessenen Phasenwinkel um $-\pi/2$ (im Uhrzeigersinn) drehen.
Die in der Tabelle aufgeführten Frequenzgänge werden in unterschiedlicher Weise genutzt. Für analytische Untersuchungen wird vorwiegend die dynamische Nachgiebigkeit verwendet. Bei vielen mechanischen Systemen, wie Balken, Platten, Schalen und ähnlichen Strukturen, fällt diese Funktion bei höheren Frequenzen jedoch stark ab. Das bedeutet, daß bei der Messung ein großer Dynamikbereich erfaßt werden muß.
Deshalb wird bei experimentellen Untersuchungen häufig die Inertanz (die bei hohen Frequenzen ansteigt) oder die Admittanz gemessen, die über einen großen Frequenzbereich im gleichen Dynamikbereich zu erfassen ist. In Bild 10.8 erkennt man die Eigenschaften der verschiedenen Frequenzgänge deutlich.
Es sind die 6 möglichen Frequenzgänge einer mit Scheiben besetzten Welle dargestellt. Die Welle wurde zu Biegeschwingungen angeregt, wobei die Inertanz an der Erregerstelle gemessen wurde. Die anderen Frequenzgänge wurden aus der Inertanz berechnet.

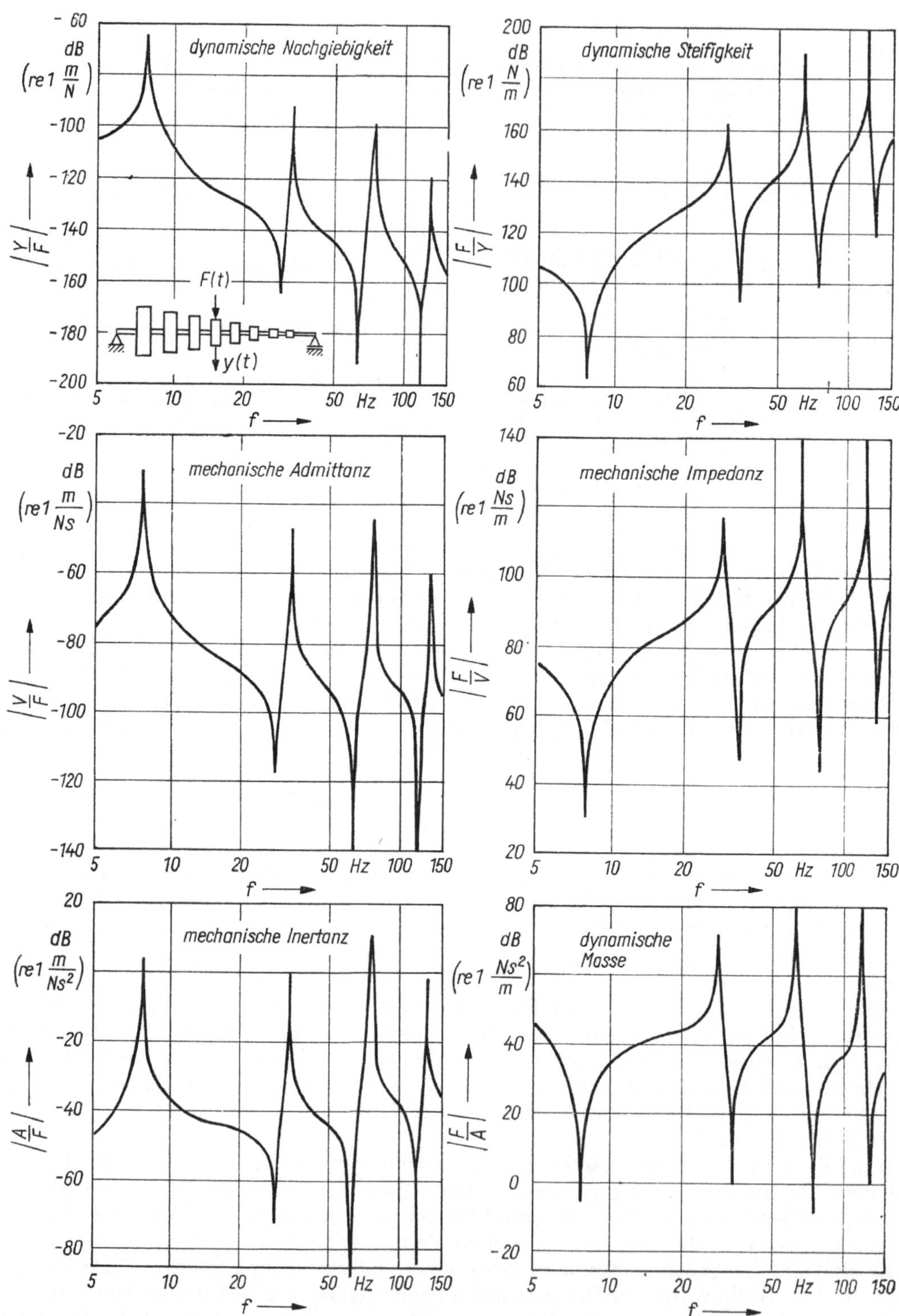

Bild 10.8. Möglichkeiten der Darstellung von Frequenzgängen

10.2.   Experimentelle Bestimmung von Frequenzgängen

10.2.1.   Grundaufbau der Meßeinrichtung

Zur Messung mechanischer Frequenzgänge sind eine Reihe von Methoden entwickelt worden. Das einfachste Verfahren besteht darin, das System mit einer harmonisch veränderlichen Kraft zu erregen und die Antwort des Systems zu messen. Zur Bestimmung des Frequenzgangs ist diese Messung für verschiedene Frequenzen innerhalb des gewünschten Bereiches zu wiederholen. Der grundlegende Aufbau der Meßkette ist in Bild 10.9 dargestellt. Ein Oszillator mit hoher Frequenzstabilität erzeugt ein harmonisches Signal mit gewünschter Frequenz. Dieses Signal wird über

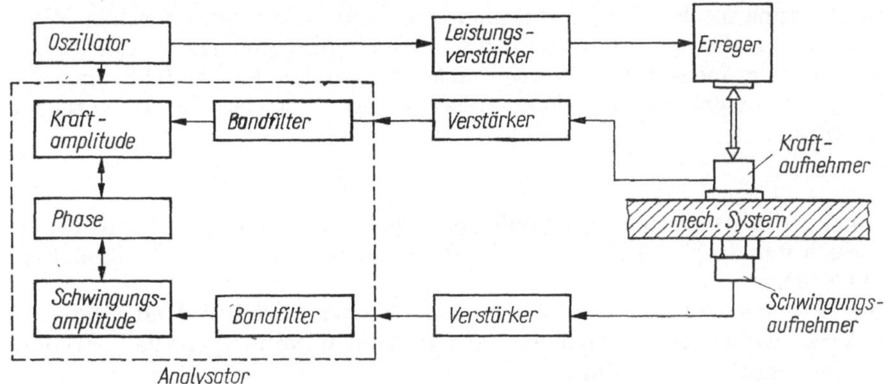

Bild 10.9. Grundaufbau einer Meßkette, zur experimentellen Bestimmung mechanischer Frequenzgänge

einen Leistungsverstärker einem Schwingungserreger zugeführt, der das System mit einer harmonisch veränderlichen Kraft zu Schwingungen anregt. Mit Hilfe geeigneter Aufnehmer werden die Erregerkraft und die Systemantwort gemessen. Über Verstärker werden die Meßsignale einem Analysator zugeführt, der die Amplituden beider Signale und den Phasenwinkel zwischen ihnen ermittelt. Vorher werden über Bandfilter Rauschanteile und höhere Harmonische, die durch Signalverzerrungen innerhalb der Meßkette entstehen können, herausgefiltert. Die für die Frequenzgangbestimmung erforderlichen Quotienten zwischen beiden angezeigten Amplituden können auf elektronischem Wege oder durch direkte Berechnung ermittelt werden.

10.2.2.   Schwingungserreger

Zur Schwingungsanregung elastomechanischer Konstruktionen können verschiedene Erregertypen eingesetzt werden:

— Unwuchterreger,
— elektrodynamische Erreger,
— elektrohydraulische Erreger.

Unwuchterreger

Eine gerichtete Erregerkraft wird durch gegenläufige Unwuchten erzeugt, die über Getriebe angetrieben und synchronisiert werden. Der Einsatzbereich liegt bei etwa 10 Hz bis 100 Hz, wobei Kräfte zwischen 400 N und 2000 N erzeugt werden.

Der Vorteil dieser Erreger ist ihr einfacher, robuster Aufbau, der geringe Kosten erfordert. Der entscheidende Nachteil für Frequenzgangsmessungen liegt aber darin, daß nur harmonische Erregerkräfte erzeugt werden können und daß die für genaue Messungen erforderliche Frequenzstabilität besonders in den Resonanzbereichen der untersuchten Systeme nicht gewährleistet ist. Aus diesem Grund werden Unwuchterreger für Frequenzgangmessungen nur in Ausnahmefällen eingesetzt.

Elektrodynamische Erreger

Elektrodynamische Erreger beruhen auf dem elektrodynamischen Wandlerprinzip. Eine Spule, die von einem externen Schwingungsgenerator über einen Leistungsverstärker gespeist wird, bewegt sich im radialen Magnetfeld eines Elektro- oder Permanentmagneten. Bei harmonischer Erregung ist die hervorgerufene Kraftamplitude

$$F = \Gamma \cdot I$$

wobei I die Amplitude des Spulenstromes und Γ eine Konstante bedeuten, die im Bereich von 10 bis 20 N/A liegt (in Ausnahmefällen bei sehr kleinen Erregern bis zu 100 N/A).

Der Frequenzbereich der elektrodynamischen Erreger liegt zwischen 5 Hz bis 20 kHz, wobei der eigentliche Arbeitsbereich vom speziellen Frequenzgang des verwendeten Typs abhängt.

Kleinere Erreger (bis etwa 500 N Erregerkraft) sind mit Permanentmagneten ausgerüstet und erfordern keine besondere Kühleinrichtung.

Mittlere Erreger (bis 10000 N) werden mit Gebläsekühlung betrieben, während große Erreger (> 10000 N) Wasser- oder Ölkühlung erfordern. Die maximal erreichbare Kraft liegt bei etwa 30000 N. Die maximal mögliche Amplitude beträgt ± 12 mm (im niedrigen Frequenzbereich).

Der Vorteil dieses Erregertyps liegt in seiner einfachen Betriebsweise und in seinem breiten Frequenzbereich, der es ermöglicht, Breitbandsignale für die Erregung einzusetzen. Nachteile sind die untere Frequenzgrenze und die große Erregermasse.

Elektrohydraulische Erreger

Das Arbeitsprinzip dieses Erregertyps besteht darin, die Energie eines unter hohem Druck stehenden Flüssigkeitsstromes in die Schwingbewegung eines Servokolbens umzusetzen. Dabei wird die Bewegung von einem Servoventil, das Spannungsschwankungen in Öldruckschwankungen umsetzt, gesteuert.

Der übliche Frequenzbereich reicht von 0 bis 150 Hz, bei speziellen Erregern mit kleinen Amplituden bis 500 Hz. Die erzeugten Kräfte sind groß und liegen im Bereich von 2000 N bis 450000 N. Die übliche Amplitude beträgt ± 50 mm, es lassen sich jedoch bei niedrigen Frequenzen leicht Amplituden von ± 150 mm realisieren.

Die Vorteile dieses Erregertyps sind seine Eignung für sehr niedrige Frequenzen, der große Kraftbereich und seine im Vergleich zu den entwickelten Kräften geringe Masse (ausgenommen die nach dem Trägheitsprinzip arbeitenden Erreger, bei denen die Kräfte durch eine schwingende Masse erzeugt werden).

Nachteile sind die relativ niedrige obere Grenzfrequenz und eine untere Amplituden-
begrenzung, unter der auf Grund der inneren Reibung und der durch die Hydraulik
einfließenden Störungen ein Betrieb nicht möglich ist. Elektrohydraulische Erreger
sind außerdem wegen der erforderlichen aufwendigen Hydraulikanlage kostspieliger
als vergleichbare elektrodynamische Erreger.

10.2.3. Kalibrierung der Meßkette

Die Kalibrierung der Meßkette kann nach den in 7.7.2. beschriebenen Verfahren
durchgeführt werden.
Wir wollen hier noch eine Methode erläutern, die besonders für Frequenzgang-
messungen geeignet ist. Sie liefert die höchste Genauigkeit und erfaßt sämtliche
Einflüsse der Meßeinrichtung (Amplituden- und Phasengang) auf einfache Weise.
Zur Erläuterung wollen wir die im Bild 10.9 gezeigte Meßkette vereinfacht im
Frequenzbereich darstellen (siehe Bild 10.10).

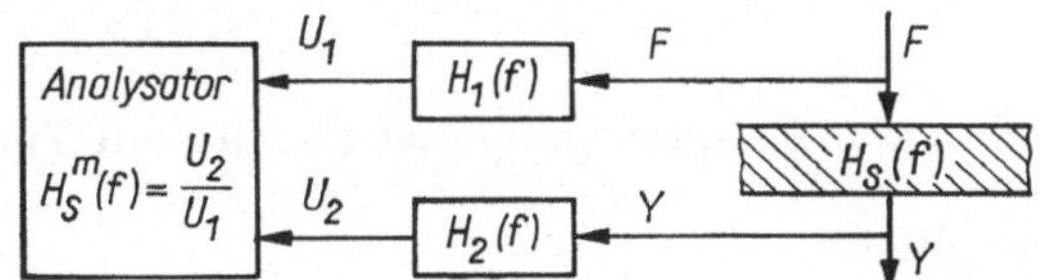

Bild 10.10. Vereinfachte Darstellung der Meßkette

Die Frequenzgänge $H_1(f)$ und $H_2(f)$ charakterisieren die Meßketten der Kraft- bzw.
Wegmessung. Gemessen wird der durch die Meßketten verfälschte Frequenzgang des
mechanischen Systems

$$H_S^m(f) = \frac{U_2{}^{1)}}{U_1} \tag{10.15}$$

Das Ziel ist es aber, den tatsächlichen Frequenzgang

$$H_S(f) = \frac{Y}{F} \tag{10.16}$$

zu bestimmen. Es gilt (siehe Bild 10.10)

$$U_1 = H_1(f) \cdot F$$
$$U_2 = H_2(f) \cdot Y$$

Woraus folgt

$$\frac{U_2}{U_1} = \frac{H_2(f)}{H_1(f)} \cdot \frac{Y}{F} = \frac{H_2(f)}{H_1(f)} \cdot H_S(f) \tag{10.17}$$

---

[1]) Ein hochgestellter Index „m" bedeutet gemessene Größe

Mit der Gl. (10.15) erhält man daraus den gesuchten Frequenzgang

$$H_S(f) = \frac{H_1(f)}{H_2(f)} \cdot H_S^m(f) \tag{10.18}$$

Der Quotient der beiden noch unbekannten Frequenzgänge $H_1(f)$ und $H_2(f)$ wird experimentell bestimmt, indem man an die Stelle des unbekannten Systems $H_S(f)$ ein System mit bekanntem Frequenzgang $H_K(f)$ (Kalibriersystem) setzt. Bleibt die gesamte Meßeinrichtung unverändert, so gilt jetzt an Stelle von Gl. (10.18)

$$H_K(f) = \frac{H_1(f)}{H_2(f)} \cdot H_K^m(f) \tag{10.19}$$

Aus den Gln. (10.18) und (10.19) lassen sich die unbekannten Frequenzgänge eliminieren, und man erhält

$$\frac{H_S(f)}{H_K(f)} = \frac{H_S^m(f)}{H_K^m(f)} \tag{10.20}$$

d. h., das Verhältnis der tatsächlichen Frequenzgänge ist gleich dem Verhältnis der gemessenen Frequenzgänge.
Aus Gl. (10.20) erhält man schließlich

$$H_S(f) = H_S^m(f) \cdot \frac{H_K(f)}{H_K^m(f)} \tag{10.21}$$

Stellen wir die komplexen Frequenzgänge durch ihre Beträge und Phasenwinkel dar (wie sie auch gemessen werden), so erhalten wir mit

$$H_S(f) \; = |H_S| \exp(j\varphi_S)$$
$$H_S^m(f) = |H_S^m| \exp(j\varphi_S^m)$$
$$H_K(f) \; = |H_K| \exp(j\varphi_K)$$
$$H_K^m(f) = |H_K^m| \exp(j\varphi_K^m)$$

für den Betrag des gesuchten Frequenzgangs aus Gl. (10.21)

$$|H_S| = |H_S^m| \cdot \frac{|H_K|}{|H_K^m|} \tag{10.22}$$

und für den Phasenverlauf (Definition des positiven Phasenwinkels s. 10.1.3.)

$$\varphi_S = (\varphi_S^m - \varphi_K^m + \varphi_K) \tag{10.23}$$

Da bei diesem Verfahren nach Gl. (10.21) nur Verhältnisse von komplexen Größen gebildet werden, braucht die Meßkette nicht gesondert kalibriert zu werden. Wichtig ist lediglich, daß die Messungen am unbekannten System und am Kalibriersystem mit unveränderter Meßeinrichtung erfolgen.
Wir wollen das Verfahren an einem praktischen Beispiel erläutern.

Beispiel:

Von einem Einmassenschwinger wurde der Frequenzgang $H_S{}^m(f)$ gemessen und als Ortskurve im Bild 10.11 dargestellt. In der Tabelle 10.2 sind für einige Frequenzen die gemessenen Beträge und Phasenwinkel aufgeführt.

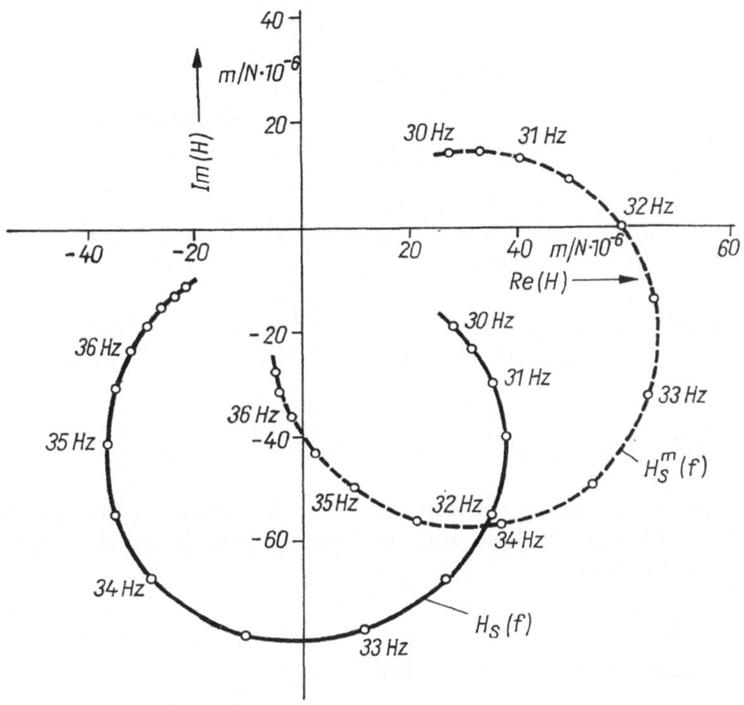

Bild 10.11. Gemessene Ortskurve $H_S{}^m(f)$ und korrigierte Ortskurve $H_S(f)$

Als Kalibriersystem $H_K{}^m(f)$ wurde ein Pendel (Bild 10.12) mit bekannter Masse m_K verwendet, das mit der gleichen Meßkette untersucht wurde (Meßergebnisse siehe Tabelle 10.2).

Tabelle 10.2: Korrektur der Ortskurve mit Kalibriersystem

f in Hz	$\|H_s{}^m\|$ in 10^{-6} m/N	$\varphi_s{}^m$ in grd	$\|H_k{}^m\|$ in 10^{-6} m/N	$\varphi_k{}^m$ in grd	$\|H_k\|$ in 10^{-6} m/N	φ_k in grd	$\|H_s\|$ in 10^{-6} m/N	φ_s in grd
30	30,7	27	9,01	−119	9,79	180	33,4	−34
31	42,1	19	8,43	−121	9,17	180	45,8	−40
32	59,5	0	7,92	−122	8,60	180	64,6	−58
33	71,2	−27	7,44	−125	8,09	180	77,4	−82
34	67,2	−58	7,01	−125	7,62	180	73,0	−113
35	50,7	−80	6,61	−128	7,19	180	55,1	−132
36	36,5	−94	6,27	−129	6,80	180	39,6	−145

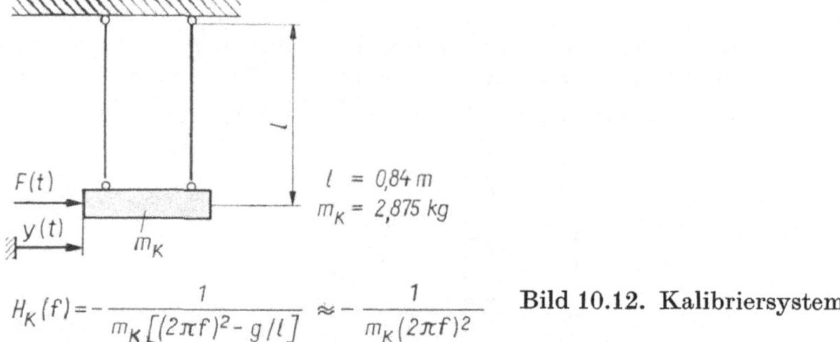

Bild 10.12. Kalibriersystem

Aus der Differentialgleichung des mathematischen Pendels läßt sich $H_K(f)$ bestimmen (kleine Ausschläge vorausgesetzt):

$$H_K(f) = \frac{1}{-m_K[(2\pi f)^2 - g/l]} \approx \frac{1}{-m_K(2\pi f)^2} \overset{\cdot}{=} \frac{1}{m_K(2\pi f)^2}\, \exp\,(j\pi)$$

Daraus folgt:

$$|H_K(f)| = \frac{1}{m_K(2\pi f)^2};\qquad \varphi_K = 180°$$

Das Ergebnis der Kalibrierung entsprechend den Gln. (10.22) und (10.23) ist ebenfalls in der Tabelle 10.2 für einige Frequenzwerte angegeben, die korrigierte Ortskurve ist im Bild 10.11 aufgezeichnet.

10.2.4. Einsatz von Klein- und Mikrorechnern

Die Bestimmung von mechanischen Frequenzgängen mit harmonischen Erregersignalen ist sehr zeitaufwendig, da nach jedem neu eingestellten Frequenzwert der Einschwingvorgang des Systems abgewartet werden muß. Dadurch ist es nicht möglich, den Oszillator mit beliebig hoher Geschwindigkeit durchzustimmen. Das führt besonders bei tieffrequenten Systemen mit schwacher Dämpfung zu langen Meß-

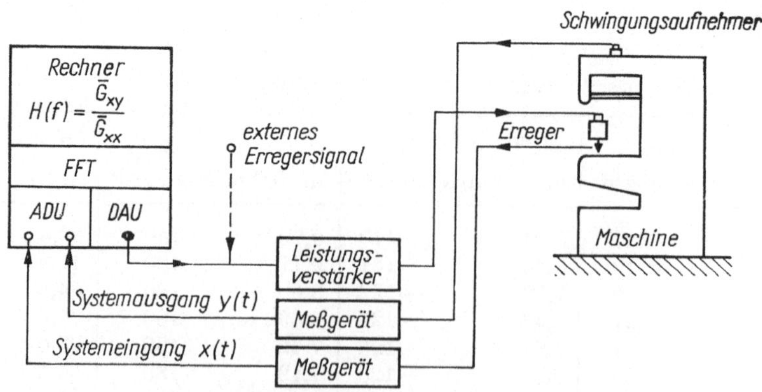

Bild 10.13. Frequenzgangbestimmung mit Kleinrechnern

zeiten. Der Einsatz von Digitalrechnern (Klein- und Mikrorechnern) in Verbindung mit der Schnellen *Fourier*transformation (s. 9.4.2.) ermöglicht es, Erregersignale mit breitbandigem Spektrum zu verwenden, so daß ein breiter Frequenzbereich gleichzeitig erregt und analysiert werden kann. Der damit erreichbare Zeitbeginn bei der experimentellen Bestimmung mechanischer Frequenzgänge ist beträchtlich. Als Erregersignale haben sich besonders Impuls-, Sprung- und Zufallssignale bewährt.
Das Grundprinzip einer rechnergestützten Bestimmung von Frequenzgängen ist in Bild 10.13 dargestellt. Der Unterschied zu der in Bild 10.9 gezeigten Analogtechnik besteht darin, daß die Funktion des Analysators und z. T. auch die Funktion des Schwingungsgenerators vom Rechner übernommen werden. Die Kopplung mit der analogen Meß- und Erregertechnik wird über ADU bzw. DAU realisiert.
Die Frequenzgänge werden nach folgendem Prinzip bestimmt:

1. Erregung des Systems mit beliebigen externen Signalquellen oder mit Signalen, die im Rechner erzeugt und über DAU ausgegeben werden;
2. Parallele Erfassung der Ein- und Ausgangssignale $x(t)$ und $y(t)$ über ADU; Ergebnis: 2 Datensätze zu je N Werten $x(k)$, $y(k)$,

$$k = 0, 1, ..., (N - 1)$$
$$(\text{üblich ist } N = 1\,024);$$

3. *Fourier*transformation (FFT) der Datensätze; Ergebnis: 2 komplexe Datensätze $X(k)$, $Y(k)$,

$$k = 0, 1, ..., N/2;$$

4. Berechnung der Leistungsspektren (s. 9.4.5.);

$$G_{xx}(k), G_{yy}(k), G_{xy}(k), k = 0, 1, ..., N/2;$$

5. Wiederholung der Schnitte 1. bis 4. und Bestimmung der gemittelten Leistungsspektren

$$\overline{G}_{xx}(k), \overline{G}_{yy}(k), \overline{G}_{xy}(k);$$

6. Beendigung des Erfassungszyklus nach ausreichender Anzahl der Mittelungen, Berechnung des komplexen Frequenzgangs und der Kohärenzfunktion (s. 10.2.5.) aus den gemittelten Leistungsspektren;
7. Abspeichern bzw. Weiterverarbeitung oder Ausgabe der Ergebnisse.

Wir wollen kurz die verschiedenen Erregertechniken beschreiben, die bei diesem Verfahren eingesetzt werden (eine ausführliche Beschreibung findet man in [10.2]). Die Entscheidung, welche der möglichen Erregungen für die Durchführung eines Experimentes optimal ist, hängt von mehreren Faktoren ab, wie

— verfügbare Meß- und Rechentechnik,
— Anzahl der erforderlichen Messungen,
— lineares oder nichtlineares Systemverhalten,
— verfügbare Zeit zur Durchführung des Experiments,
— Größe der Dämpfung u. a. m.

Natürliche Rauschsignale
Als Signalquelle wird ein Rauschgenerator verwendet, der natürliches Breitbandrauschen erzeugt. Das Signal wird über einen Bandpaß (um die Energie auf ein begrenztes Frequenzband zu konzentrieren) und über einen Leistungsverstärker einem

elektrodynamischen oder elektrohydraulischen Erreger zugeführt. Der größte Vorteil dieses Erregersignals besteht darin, daß die vom Rechner erfaßten Datensätze statistisch voneinander unabhängig sind, so daß durch das Mitteln der Leistungsspektren unerwünschte Störungen elimir:ert werden (nichtlineare Effekte, Übersteuerungen der Meßeinrichtung, Störungen durch lose Verbindungen oder Fugen zwischen Maschinenteilen).

Nachteilig wirken sich die bei der *Fourier*transformation auftretenden Abbruchfehler aus (s. 9.4.3.3.).

Pseudozufallssignale

Pseudozufallssignale werden nach folgendem Prinzip erzeugt: Im Rechner wird ein komplexes Amplitudenspektrum bereitgestellt, indem man die Beträge der Amplituden vorgibt (z. B. als Konstante für alle Spektralkomponenten) und jedem Betrag einen zufälligen Phasenwinkel zuordnet. Anschließend wird die Rücktransformation in den Zeitbereich vorgenommen (FFT-Algorithmus). Das Signal wird dann über DAU als Analogsignal ausgegeben. Es unterscheidet sich äußerlich nicht von natürlichen Rauschsignalen.

Mit dieser Methode vermeidet man die Abbruchfehler bei der Signalanalyse und behält gleichzeitig die positiven Eigenschaften natürlicher Rauschsignale. Zur Eliminierung von Störeffekten wird nach jedem Meßvorgang ein neues, statistisch unabhängiges Signal erzeugt und ausgegeben.

Zur Untersuchung mechanischer Systeme haben sich Pseudozufallssignale als äußerst leistungsfähig erwiesen. Sie liefern bei geringem Zeitaufwand die genauesten Ergebnisse bei Frequenzgangmessungen.

Impulserregung

In das mechanische System werden Kraftimpulse über Hammerschläge eingeleitet, wodurch das System breitbandig erregt wird. Die eingeleitete Kraft wird entweder direkt mit einem im Hammer eingebauten kalibrierten Kraftaufnehmer oder indirekt mit einem Beschleunigungsaufnehmer gemessen. Bei jedem Hammerschlag werden das Kraft- und das Antwortsignal des Systems über ADU erfaßt und vom Rechner wie beschrieben ausgewertet. Die Impulshöhe kann in gewissen Grenzen durch Zusatzmassen am Hammer verändert werden.

Zur Mittelung werden mehrere Hammerschläge ausgeführt. Um reproduzierbare Impulse zu erzeugen, werden die Schläge auch durch entsprechende Vorrichtungen ausgeführt (z. B. Fallgewicht).

Sprungerregung

Diese Erregungsart wird besonders bei sehr kleinen oder sehr großen, schweren Systemen eingesetzt. Auf das System wird eine statische Vorlast aufgebracht. Beim Erreichen eines vorgegebenen Sollwertes wird das System plötzlich entlastet, was technisch mit Reißgliedern oder Brechtöpfen realisiert wird.

Diese Methode ist besonders für Untersuchungen im unteren Frequenzbereich geeignet, weil die Erregerleistung auf diesem Bereich konzentriert ist (vgl. Bild 9.7).

10.2.5.   Die Kohärenzfunktion

Unter realen Bedingungen sind den gemessenen Signalen am Systemein- und -ausgang stets Störsignale überlagert, die zu einer merklichen Verschlechterung des Signal-Rausch-Verhältnisses führen können. Störungen machen sich besonders

bemerkbar bei geringen Pegeln des Nutzsignals, bei nichtlinearem Systemverhalten (lose Teile oder Fugen in Bauteilen), bei Übersteuerungen der Meßgeräte oder beim Betrieb von Maschinen in der Nähe des Prüfobjekts (Einstreuen unbekannter Vibrationen).
Es ist oft nicht möglich, diese Störungen durch eine visuelle Beobachtung der Signale (Oszilloskop) zu erkennen, da bei breitbandiger Erregung der Meßvorgang sehr schnell abläuft und die gemessenen Signale einen hohen Informationsgehalt übertragen. Auch die Einschätzung der berechneten Frequenzgänge läßt oft keine Schlüsse über die Güte eines durchgeführten Experimentes zu. Mechanische Systeme und deren Umgebungsbedingungen sind meist so kompliziert und unübersichtlich, daß Störeinflüsse anhand der Frequenzgänge nicht identifiziert werden können. Die Kohärenzfunktion bietet oft die einzige Möglichkeit, die Brauchbarkeit experimentell bestimmter Frequenzgänge zu beurteilen. Die Bedeutung dieser Funktion für Frequenzgangmessungen wollen wir anschaulich erläutern.

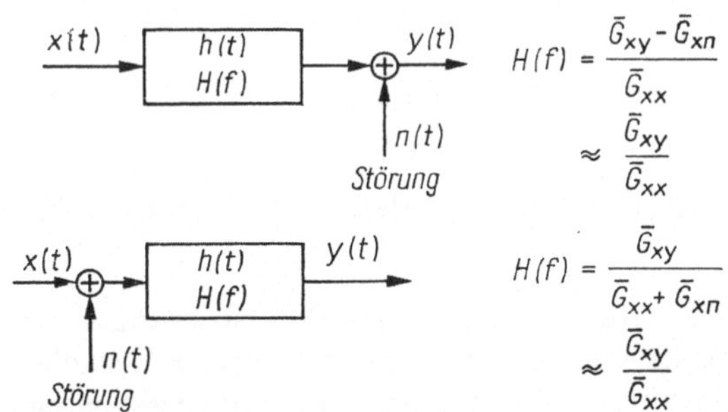

Bild 10.14. Systeme mit Aus- und Eingangsstörungen

Wenn wir Störgrößen in unsere Betrachtungen einbeziehen, so müssen wir das ideale Modell (Bild 10.1) entsprechend Bild 10.14 erweitern. Unter Berücksichtigung der Störungen erhält man für den Frequenzgang die in Bild 10.14 angegebenen Beziehungen. Wir setzen voraus, daß das Störsignal $n(t)$ unabhängig vom eingeleiteten Testsignal $x(t)$ sei (zum Testsignal nichtkorreliert). Dann verschwindet mit zunehmender Anzahl der Mittelungen das Kreuzleistungsspektrum $\overline{G}_{nx}$, und wir erhalten für $H(f)$ auch für die gestörten Systeme wieder die Beziehungen des idealen Modells. Damit bleiben aber die Fragen nach der Güte der erhaltenen Ergebnisse und nach der Anzahl der erforderlichen Mittelungen offen. Die Antwort liefert die *Kohärenzfunktion* [10.3]

$$\gamma^2(f) = \frac{|\overline{G}_{xy}(f)|^2}{\overline{G}_{xx}(f) \cdot \overline{G}_{yy}(f)}, \qquad 0 \leq \gamma^2 \leq 1 \tag{10.24}$$

die ein Maß für den kausalen Zusammenhang zwischen Test- und Antwortsignal darstellt.
Für die in Bild 10.14 angegebenen Modelle läßt sich die Kohärenzfunktion auch anschaulich deuten als

$$\gamma^2(f) = \frac{|H|^2 \, \overline{G}_{xx}(f) \ \text{(Ausgangsleistung infolge des Eingangssignals)}}{\overline{G}_{yy}(f) \ \text{(gemessene Gesamtleistung am Ausgang)}}$$

Daraus lassen sich folgende Schlüsse ziehen:

$$\gamma^2(f) = 1$$

Es besteht ein vollständiger Kausalzus&nmenhang zwischen dem Testsignal $x(t)$ und dem gemessenen Ausgangssignal $y(t)$ (nicht gestörtes System).

$$\gamma^2(f) < 1$$

Die gemessene Ausgangsleistung ist größer als die Ausgangsleistung infolge des Testsignals $x(t)$, da durch Störungen zusätzliche Leistungsanteile am Ausgang hinzukommen.
Bei nichtlinearem Systemverhalten wird die bei einer bestimmten Frequenz eingeleitete Leistung des Testsignals auch auf andere Frequenzen verteilt, wodurch es bei diesen Frequenzen ebenfalls zu einer Verringerung der Kohärenz kommt.

$$\gamma^2(f) = 0$$

Es besteht kein Zusammenhang zwischen der gemessenen Ausgangsleistung und dem eingeleiteten Testsignal.

Die Kenntnis der Kohärenzfunktion ist besonders zur Klärung folgender Fragen wichtig:

1. Sind in den gemessenen Test- bzw. Antwortsignalen Störsignale enthalten? Bei welchen Frequenzen treten Störungen auf? (Ermittlung der Ursachen.)
2. Wie viele Mittelungen sind erforderlich, um eine bestimmte statistische Sicherheit der Ergebnisse zu gewährleisten? (Näheres hierzu findet man in [7.19].)

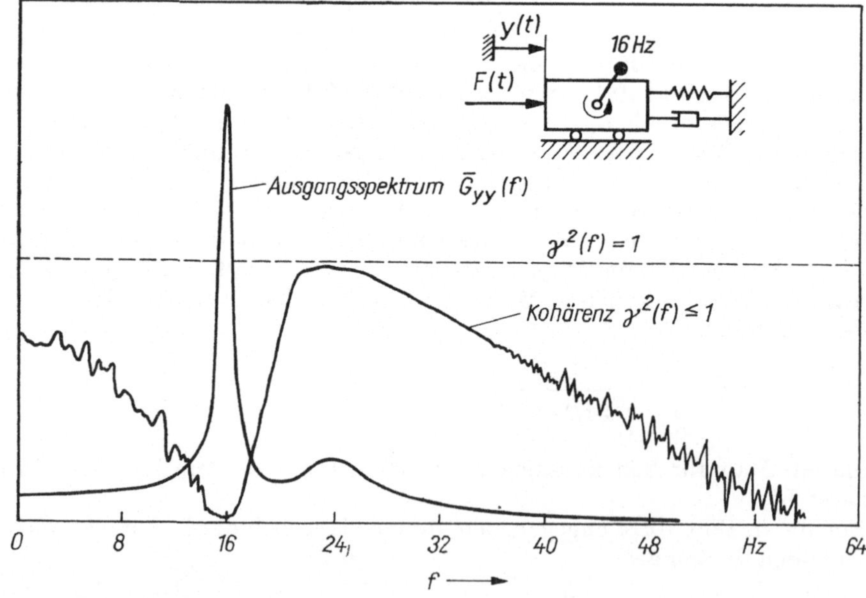

Bild 10.15, Ausgangsspektrum $\bar{G}_{yy}(f)$ und Kohärenzfunktion eines unwuchterregten Schwingers

Ein anschauliches Beispiel zur Kohärenzfunktion ist in Bild 10.15 dargestellt. Es zeigt das Leistungsspektrum des gemessenen Ausgangssignals nach 20 Mittelungen und die zugehörige Kohärenzfunktion eines unwuchterregten Schwingers, der mit Pseudozufallssignalen analysiert wurde Die Unwuchtkräfte wirken hier als Eingangsstörung gemäß Bild 10.14. Der Abfall der Kohärenz bei 16 Hz weist auf eine starke Störung hin (in diesem Fall die mit 16 Hz umlaufende Unwucht). Die zugehörige Spitze im Ausgangsspektrum ist also keine systemeigene Größe. Die zweite Spitze im Ausgangsspektrum bei 24 Hz kann wegen $\gamma^2 \approx 1$ als Resonanz des Schwingers identifiziert werden. Der Abfall der Kohärenz bei höheren Frequenzen folgt aus dem kleiner werdenden Anteil des Testsignals an der Gesamtleistung des Ausgangs (Verschlechterung des Signal-Rausch-Verhältnisses).

10.3.   Parameterbestimmung bei Systemen mit einem Freiheitsgrad

10.3.1.   Allgemeines

In diesem Abschnitt wollen wir uns mit der Frage beschäftigen, wie man aus gemessenen Frequenzgängen die Parameter des untersuchten Systems (Eigenfrequenz, Masse, Steifigkeit, Dämpfung) abschätzen kann. Dabei beginnen wir mit dem einfachen System eines linearen Schwingers mit einem Freiheitsgrad, um uns dann in 10.4. mit den komplizierteren Systemen mit mehreren Freiheitsgraden zu befassen.
Wir legen allen Betrachtungen den Nachgiebigkeits-Frequenzgang zugrunde. Werden andere Frequenzgänge gemessen, so können sie entsprechend 10.1.5. umgerechnet werden.

10.3.2.   Abschätzung der Parameter aus dem Betrag des Frequenzganges

Zur Ermittlung der Eigenfrequenz f_d und der Größe der Dämpfung bietet sich die lineare Darstellung (Bild 10.16) an. Für schwache Dämpfungen ($\vartheta < 0{,}1$) ergibt sich die Eigenfrequenz aus dem Maximum des Frequenzgangs. Zu beachten ist, daß nicht das Maximum des Antwortspektrums zugrunde gelegt wird, sondern der tatsächliche Frequenzgang. Anderenfalls kann es zu Fehlinterpretationen kommen.
Bei der Abschätzung der Dämpfung geht man von der *Halbwertsbreite* aus, die man aus den beiden Frequenzen f_1 und f_2 bestimmt, bei denen der Betrag des Frequenzgangs 70% des Maximalwertes annimmt (exakt $\sqrt{2}/2 \cdot$ Maximalwert).
In Bild 10.16 sehen wir, wie die Halbwertsbreite Δ aus dem Betrag des Frequenzgangs bestimmt werden kann.
Der Dämpfungsgrad ϑ ergibt sich zu

$$2\vartheta = \frac{f_2 - f_1}{f_\mathrm{d}} \tag{10.25}$$

Zur Abschätzung der Masse und der Federzahl ist es zweckmäßig, von der logarithmischen Darstellung auszugehen. Wir konstruieren die rechts in Bild 10.16 aufgezeichnete Skelettlinie und verschieben sie so, daß sie möglichst genau in die gemessene Kurve des Frequenzgangs hineinpaßt. Aus dem Schnittpunkt der Skelettlinie mit der

Ordinate erhalten wir dann die Federkonstante nach der Beziehung Gl. (10.13) und mit

$$m = c/(2\pi f_\mathrm{d})^2$$

die Masse des Systems.

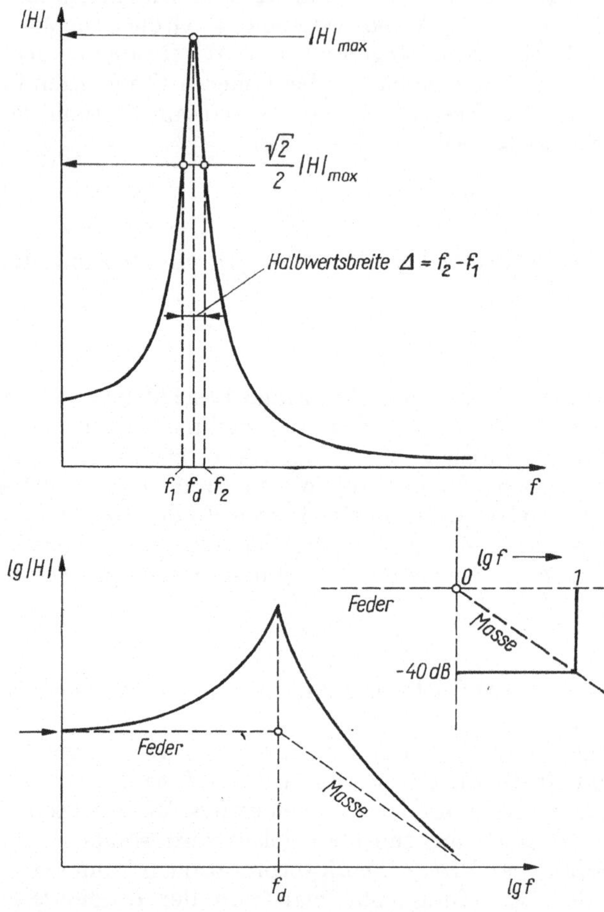

Bild 10.16. Parameterbestimmung aus dem Betrag des Frequenzgangs

10.3.3.   Abschätzung der Parameter aus der Ortskurve

Das in 10.3.2. beschriebene Verfahren eignet sich für Systeme mit einem Freiheitsgrad bzw. für Systeme mit weit auseinander liegenden Resonanzen. Bei realen Systemen sind jedoch doch oft dem zu untersuchenden Resonanzbereich noch Anteile von anderen Freiheitsgraden überlagert. In diesen Fällen reicht die Auswertung des Frequenzgang-Betrages allein nicht aus; man muß auch die Phaseninformation mit einbeziehen. Dafür ist die Darstellung des Frequenzgangs in der komplexen Ebene (Ortskurve) besonders geeignet.

Da die Analyse von Ortskurven für die in 10.4. beschriebene Modalanalyse von grundlegender Bedeutung ist, wollen wir uns etwas eingehender mit den Eigenschaften der Ortskurve eines einfachen Schwingers befassen.

Die Grundlage unserer Betrachtungen bildet der analytische Ausdruck des komplexen Frequenzgangs Gl. (10.10). Die Anteile dieser Gl. lassen sich in der komplexen Ebene durch Kreise darstellen, der erste für positive Frequenzen, der zweite für negative Frequenzen. Im positiven Frequenzbereich wird in der Resonanz der Frequenzgang wesentlich vom ersten Anteil bestimmt, während der übrige Anteil nahezu konstant bleibt. Deshalb ist es möglich, im Resonanzbereich die gemessene Ortskurve durch einen Kreis zu approximieren, aus dem wir die gesuchten Parameter des Schwingers ableiten können. Im Resonanzbereich gilt also

$$H(f) \approx \underbrace{\frac{1/c}{2[(1 - f/f_\mathrm{d}) + \mathrm{j}\delta/2\pi f_\mathrm{d}]}}_{\text{Resonanzkreis}} + \underbrace{\vphantom{\frac{1/c}{2}} R}_{\text{komplexe Konstante}} \tag{10.26}$$

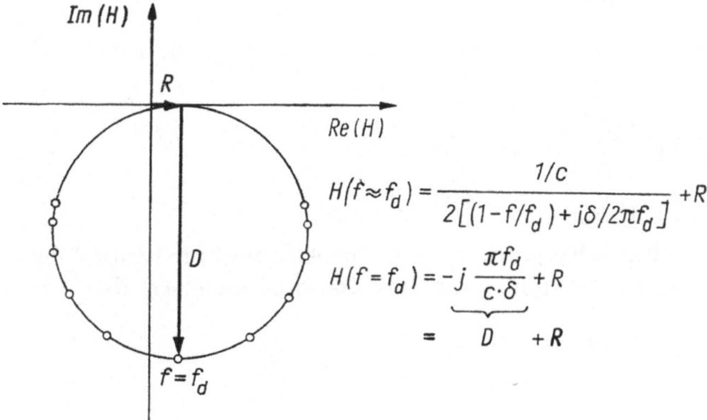

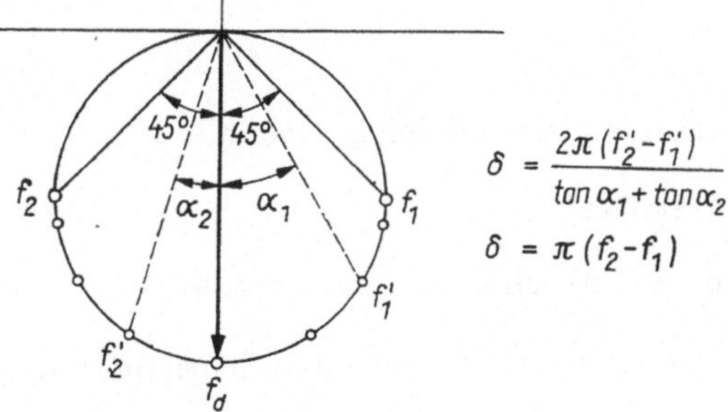

Bild 10.17. Parameterbestimmung aus dem Resonanzkreis

In Bild 10.17 ist ein Resonanzkreis dargestellt. Die Parameter des Schwingers können wir daraus auf folgende Weise bestimmen:

a) *Eigenfrequenz*

Der Resonanzkreis hat die Eigenschaft, daß bei konstanten Frequenzintervallen die Bogenlänge in der Resonanz ein relatives Maximum annimmt. Bei der praktischen Bestimmung der Eigenfrequenz wird man so vorgehen, daß man sich zunächst einen Überblick über den Frequenzbereich der Resonanz verschafft, um dann mit verfeinerten, konstanten Frequenzintervallen diesen Bereich zu untersuchen. Der Frequenzwert, bei dem die Bogenlänge ein Maximum annimmt, entspricht der gesuchten Eigenfrequenz f_d.

b) *Dämpfung*

Man greift zwei beliebige Frequenzpunkte $f_1' < f_\mathrm{d}$ und $f_2' > f_\mathrm{d}$ des Resonanzkreises heraus und bestimmt die zugehörigen Winkel α_1 und α_2 (Bild 10.17). Die Abklingkonstante δ ergibt sich dann zu

$$\delta = \frac{2\pi(f_2' - f_1')}{\tan \alpha_1 + \tan \alpha_2} \tag{10.27}$$

Für $\alpha_1 = \alpha_2 = \pi/4$ erhalten wir daraus

$$\delta = \pi(f_2 - f_1) \tag{10.28}$$

und für schwach gedämpfte Systeme wegen $f_0 \approx f_\mathrm{d}$ den Dämpfungsgrad [vgl. Gl. (10.25)]

$$2\vartheta = \frac{f_2 - f_1}{f_\mathrm{d}} \tag{10.29}$$

c) *Federkonstante und Masse*

Nachdem wir die Eigenfrequenz f_d und die Abklingkonstante δ bestimmt haben, können wir aus dem Durchmesser des Resonanzkreises die Federkonstante c abschätzen.
Wir erhalten (siehe Bild 10.17) mit

$$D = -\mathrm{j}\, \frac{\pi f_\mathrm{d}}{c\delta} \tag{10.30}$$

für die Nachgiebigkeit $\dfrac{1}{c} = \dfrac{\delta}{\pi f_\mathrm{d}}\, |D|$

Für schwach gedämpfte Systeme gilt schließlich wieder

$$m = c/(2\pi f_\mathrm{d})^2 = 1/4\pi\delta f_\mathrm{d}\, |D| \tag{10.31}$$

Damit sind alle Beziehungen zur Abschätzung der Parameter des Schwingungssystems angegeben.
Bei der Analyse von Ortskurven gehen wir in folgenden Schritten vor:

— Ermittlung der Eigenfrequenz f_d aus dem relativen Maximum der Bogenlänge bei konstanten Frequenzintervallen,
— Approximation der Ortskurve im Resonanzbereich durch einen Kreis,
— Abschätzung der Dämpfungsparameter nach den Gln. (10.27) bis (10.29),
— Ermittlung der Federzahl bzw. der Nachgiebigkeit aus dem Durchmesser des Resonanzkreises.

Wir werden im folgenden Abschnitt sehen, daß wir diese Methode mit einigen Erweiterungen auch auf Systeme mit mehreren Freiheitsgraden übertragen können.

10.4.　Experimentelle Modalanalyse

10.4.1.　Erläuterung der Problemstellung

Wir wollen die in 10.3. entwickelten Methoden der Parameterbestimmung auf Systeme mit mehreren Freiheitsgraden übertragen.
Wir setzen voraus, daß für das zu untersuchende elastomechanische Schwingungssystem ein mathematisches Modell mit Struktur vorliegt, dessen dynamisches Verhalten sich durch ein lineares zeitinvariantes Differentialgleichungssystem der Art

$$M\ddot{y}(t) + B\dot{y}(t) + Cy(t) = F(t) \tag{10.32}$$

beschreiben läßt.
Es bedeuten: M Massematrix, B Dämpfungsmatrix, C Steifigkeitsmatrix, $y(t)$ Spaltenvektor der Koordinaten, $F(t)$ Spaltenvektor der Erregerkräfte.
Die Matrizen M, B, C seien symmetrisch.
Den analytischen Ausdruck des Frequenzgangs eines solchen Systems erhält man, indem man das in 10.1.2. beschriebene Verfahren sinngemäß erweitert. Mit

$$y(t) = Y \exp (\mathrm{j}\Omega t) \quad \text{und} \quad F(t) = F \exp (\mathrm{j}\Omega t) \tag{10.33}$$

wird aus Gl. (10.32) (die Größen Y und F sind jetzt komplexe Spaltenvektoren):

$$(-\Omega^2 M + \mathrm{j}\Omega B + C)\,Y = F \tag{10.34}$$

bzw. analog zu Gl. (10.4)

$$Y = H(f) \cdot F \tag{10.35}$$

Hierbei ist $H(f)$ die *Frequenzgangmatrix*, die sich formal aus Gl. (10.34) mit $\Omega = 2\pi f$ ergibt zu

$$H(f) = [(-2\pi f)^2\,M + \mathrm{j}(2\pi f)\,B + C]^{-1} \tag{10.36}$$

Gl. (10.35) ausgeschrieben lautet:

$$\begin{bmatrix} Y_1 \\ Y_2 \\ \vdots \\ Y_n \end{bmatrix} = \begin{bmatrix} H_{11} & H_{12} & \cdots & H_{1n} \\ H_{21} & H_{22} & \cdots & H_{2n} \\ \vdots & \vdots & & \vdots \\ H_{n1} & H_{n2} & & H_{nn} \end{bmatrix} \begin{bmatrix} F_1 \\ F_2 \\ \vdots \\ F_n \end{bmatrix} \tag{10.37}$$

Alle Informationen über das System sind in der Matrix $H(f)$ enthalten. Unsere Aufgabe besteht darin, diese Matrix experimentell zu bestimmen und daraus die Parameter des Systems abzuschätzen.
Bei der Lösung dieser Problemstellung ergeben sich somit zwei Fragen:

1. Wie kann die Matrix $H(f)$ experimentell bestimmt werden?
2. Wie lassen sich aus den gemessenen Informationen die Parameter des Systems abschätzen?

Die Antworten liefert die *Modaltransformation*, die es ermöglicht, die Bewegungsgleichungen (10.32) zu entkoppeln und auf Systeme mit einem Freiheitsgrad zurückzuführen, deren Parameterabschätzung bereits in 10.3. erläutert wurde. Wir werden also nicht die Matrizen M, B und C des Systems (10.32) mit ihren direkten Parametern aus experimentell bestimmten Frequenzgängen ermitteln, sondern die indirekten modalen Parameter der entkoppelten Systeme. Die Verbindung zwischen den modalen und den direkten Parametern wird über die Modaltransformation hergestellt.

10.4.2. Analytische Beschreibung der Frequenzgangmatrix

Wir gehen davon aus, daß das zu untersuchende Schwingungssystem mit n Freiheitsgraden auch genau n (i. allg. komplexe) Eigenschwingungsformen (im weiteren *Modalvektoren* genannt) besitzt.

Zu jedem Modalvektor $X_r = (x_{r1}, x_{r2}, \ldots x_{rn})^\mathrm{T}$ gehören eine Eigenfrequenz $f_{\mathrm{d}r}$ sowie die modale Steifigkeit $\bar{c}_r$ und modale Abklingkonstante δ_r.

Mit Hilfe der modalen Größen kann man die Elemente $H_{kl}(f)$ der Frequenzgangmatrix $H(f)$ als Summe der Frequenzgänge von (modalen) Systemen mit einem Freiheitsgrad darstellen (Modaltransformation). Das Ergebnis wollen wir hier ohne Ableitung angeben (die theoretischen Grundlagen findet man z. B. in [10.4]). Für ein schwach gedämpftes System mit n Freiheitsgraden erhält man:

$$H_{kl}(f) = \sum_{r=1}^{n} \left\{ \frac{(1/\bar{c}_r)\, x_{rk} x_{rl}}{2[(1 - f/f_{\mathrm{d}r}) + \mathrm{j}\delta_r/2\pi f_{\mathrm{d}r}]} + \frac{(1/\bar{c}_r^*)\, x_{rk}^* x_{rl}^*}{2[(1 + f/f_{\mathrm{d}r}) - \mathrm{j}\delta_r/2\pi f_{\mathrm{d}r})]} \right\}$$

$$(10.38)$$

Wir sehen, daß die analytischen Ausdrücke der modalen Frequenzgänge einen ähnlichen Aufbau haben wie Gl. (10.10) des Einmassenschwingers. Der Unterschied besteht darin, daß die Steifigkeiten $\bar{c}_r$ komplex sind und daß zusätzlich noch die einzelnen Summanden mit den komplexen Werten der Modalvektoren an den Stellen „k" und „l" gewichtet werden. Die Beziehung Gl. (10.38) bildet die Grundlage der experimentellen Modalanalyse.

10.4.3. Messung der Frequenzgangmatrix

Mit den bereitgestellten Gln. (10.37) und (10.38) können wir uns nun der Beantwortung der in 10.4.1. gestellten Probleme zuwenden. Dabei wollen wir zum besseren Verständnis von einem einfachen Beispiel ausgehen. Die hier gewonnenen Erkenntnisse lassen sich dann sinngemäß auf kompliziertere Systeme übertragen.

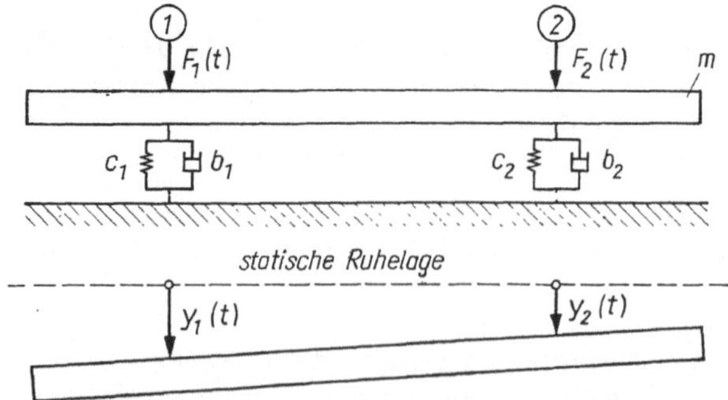

Bild 10.18. Schwingungssystem mit 2 Freiheitsgraden

Wir betrachten einen durch 2 Federn abgestützten homogenen starren Balken, der vertikale Schwingungen um die statische Gleichgewichtslage ausführen kann (Bild 10.18).

Da das System 2 Freiheitsgrade hat, wählen wir 2 geeignete Punkte, die für eine Schwingungsmessung und für die Einleitung von Erregerkräften zugänglich sind. Die Verschiebungen dieser beiden Meßpunkte beschreiben wir durch die Koordinaten $y_1(t)$ und $y_2(t)$. Die Beziehung zwischen den Amplituden der Verschiebungen und den in ① und ② eingeleiteten Erregerkräften $F_1(t)$ und $F_2(t)$ liefert Gl. (10.37), die für dieses Beispiel lautet

$$\begin{bmatrix} Y_1 \\ Y_2 \end{bmatrix} = \begin{bmatrix} H_{11} & H_{12} \\ H_{21} & H_{22} \end{bmatrix} \cdot \begin{bmatrix} F_1 \\ F_2 \end{bmatrix} \tag{10.39}$$

Aus dieser Gleichung erkennen wir, wie die Elemente der Frequenzgangmatrix gemessen werden können:

Wir erregen das System an der Stelle ① und messen die komplexen Amplituden Y_1 und Y_2. Man erhält aus Gl. (10.39) wegen $F_2 = 0$

$$Y_1 = H_{11}F_1 \quad \text{bzw.} \quad H_{11} = Y_1/F_1$$
$$Y_2 = H_{21}F_1 \qquad\qquad H_{21} = Y_2/F_1$$

Danach bringen wir den Erreger an der Stelle ② an und führen erneut eine Frequenzgangmessung durch. Wir erhalten jetzt wegen $F_1 = 0$ aus Gl. (10.39).

$$Y_1 = H_{12}F_2 \quad \text{bzw.} \quad H_{12} = Y_1/F_2$$
$$Y_2 = H_{22}F_2 \qquad\qquad H_{22} = Y_2/F_2$$

Wir können die Ergebnisse verallgemeinern:

$$H_{kl} = \frac{Y_k}{F_l} \qquad \begin{array}{l} \text{Index } k - \text{Verschiebungsmessung an der Stelle } k \\ \text{Index } l - \text{Erregung an der Stelle } l \end{array}$$

Damit ist das Prinzip der experimentellen Ermittlung der Frequenzgangmatrix geklärt. Aufgrund der vorausgesetzten Symmetrie der Matrizen M, B und C benötigen wir jedoch nicht die gesamte Matrix $H(f)$, um vollständige Informationen über das System zu erhalten. Schreiben wir nämlich die Frequenzganggleichung (10.39) unter Berücksichtigung von Gl. (10.38) auf, so erkennen wir, daß alle Informationen über das System

$$(x_{11},\ x_{12},\ x_{21},\ x_{22},\ f_{d1},\ f_{d2},\ \delta_1,\ \delta_2,\ \bar{c}_1,\ \bar{c}_2)$$

in einer beliebigen Zeile oder Spalte der Matrix enthalten sind.

Es genügt also, lediglich eine Zeile oder eine Spalte der Matrix $H(f)$ zu messen. Somit ergeben sich folgende Möglichkeiten bei einem System mit n Freiheitsgraden.

1. Erregung des Systems an der Stelle l,
   Messung der Verschiebungen an den Punkten k, $k = 1, 2, ..., n$
   (Messung einer Spalte der Frequenzgangmatrix $H(f)$).
2. Messung der Verschiebungen an einer Stelle k,
   Erregung des Systems an verschiedenen Punkten l, $l = 1, 2, ..., n$
   (Messung einer Zeile der Frequenzgangmatrix $H(f)$).

Welches Verfahren angewendet wird, hängt von der Art der Erregung und von der eingesetzten Meßtechnik ab.

10.4.4. Modalanalyse gemessener Frequenzgänge

Wir wollen nun erläutern, welche Informationen aus den gemessenen Frequenzgängen H_{kl} gewonnen werden können. Dazu betrachten wir die Beziehung (10.38). Jedes Element der Matrix ergibt sich als Summe modaler Frequenzgänge. Wenn wir annehmen, daß die Eigenfrequenzen des Systems nicht sehr dicht beieinander liegen, so dominiert für $f \approx f_{\mathrm{d}r}$ der zur Eigenfrequenz $f_{\mathrm{d}r}$ gehörige modale Frequenzgang. Alle anderen Anteile können im Resonanzbereich als nahezu konstant angesehen werden.

Das bedeutet, daß wir im Resonanzbereich die gemessene Ortskurve durch einen Kreis, dessen analytischer Ausdruck uns bekannt ist, approximieren.

Anstelle der Funktionen $H_{kl}(f)$ nach Gl. (10.38) verwenden wir also im Bereich $f \approx f_{\mathrm{d}r}$ die Ausdrücke

$$H(f) \approx \underbrace{\frac{(1/\bar{c}_r)\, x_{rk}x_{rl}}{2[(1 - f/f_{\mathrm{d}r}) + \mathrm{j}\delta_r/2\pi f_{\mathrm{d}r}]}}_{\text{Resonanzkreis}} + \underbrace{R_{kl}(f = f_{\mathrm{d}r})}_{\text{komplexe Konstante}} \qquad (10.40)$$

Hier ist R_{kl} eine komplexe Konstante, die alle Restglieder zusammenfaßt, während der erste Summand einen modalen Resonanzkreis bestimmt, aus dem wir mit den in 10.3. beschriebenen Methoden die modalen Parameter des Systems abschätzen

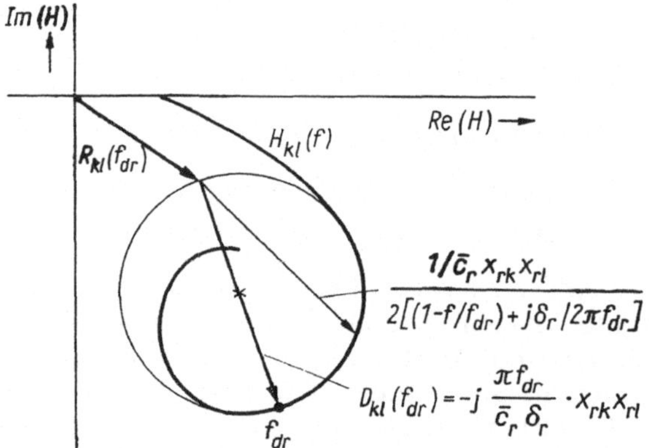

Bild 10.19. Grafische Approximation gemessener Ortskurven

können. In Bild 10.19 ist das Prinzip der Approximation dargestellt. Der Unterschied zum System mit einem Freiheitsgrad besteht darin, daß jetzt zusätzlich die (i. allg. komplexen) Modalvektoren bestimmt werden müssen. Diese ergeben sich aus den Verhältnissen der komplexen Zeiger D_{kl} aller Frequenzgänge H_{kl}. Für den Resonanzpunkt $f = f_{\mathrm{d}r}$ erhält man nämlich aus Gl. (10.38)

$$H_{kl}(f = f_{\mathrm{d}r}) = D_{kl}(f_{\mathrm{d}r}) + R_{kl}(f_{\mathrm{d}r}) \qquad (10.41)$$

mit

$$D_{kl}(f_{\mathrm{d}r}) = -\mathrm{j}\frac{\pi f_{\mathrm{d}r}}{\bar{c}_r \delta_r}\, x_{rk}x_{rl} \qquad (10.42)$$

woraus man erkennt, daß die Größen $D_{kl}(f_{\mathrm{d}r})$ bis auf einen beliebigen Normierungsfaktor die Elemente des zu $f_{\mathrm{d}r}$ gehörenden Modalvektors darstellen.

Bei Systemen mit mehreren Freiheitsgraden analysieren wir die gemessenen Frequenzgänge in folgenden Schritten:

1. Ermittlung der Eigenfrequenzen f_d mit Hilfe des in 10.3.3. beschriebenen Ortskurvenkriteriums (maximale Bogenlänge bei konstanten Frequenzintervallen);
2. Approximation der Ortskurven in den Resonanzbereichen durch modale Kreise;
3. Bestimmung der Modalvektoren $\boldsymbol{X}_r = (x_{r1}, x_{r2}, \ldots x_{rn})^\mathrm{T}$ als komplexe Verhältnisse der aus den Resonanzkreisen entnommenen Zeiger D_{kl}.
   Dabei ist es zweckmäßig, die Modalvektoren so zu normieren, daß die Elemente $x_{r1} = 1$ gesetzt werden.
4. Bestimmung der modalen Kenngrößen nach den in 10.3. beschriebenen Methoden für den Einmassenschwinger.

Wir wollen das Vorgehen an einem Beispiel erläutern.

Beispiel:

Es sollen die modalen Parameter des in Bild 10.18 dargestellten Systems bestimmt werden. Dazu erregen wir das System an der Stelle ① und messen die Verschiebungen an den Punkten ① und ② (Messungen einer Spalte der Frequenzgangmatrix).
In den Bildern 10.20 und 10.21 sind die Verläufe der Frequenzgänge $H_{11}(f)$ und $H_{21}(f)$ dargestellt. Als Parameter wurde die Erregerfrequenz f angetragen.

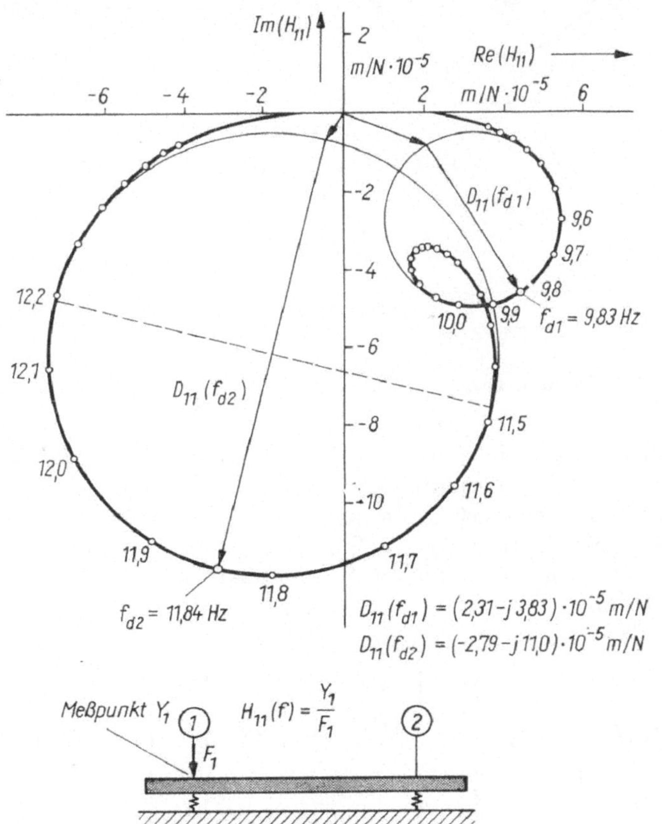

Bild 10.20. Frequenzgang $H_{11}(f)$

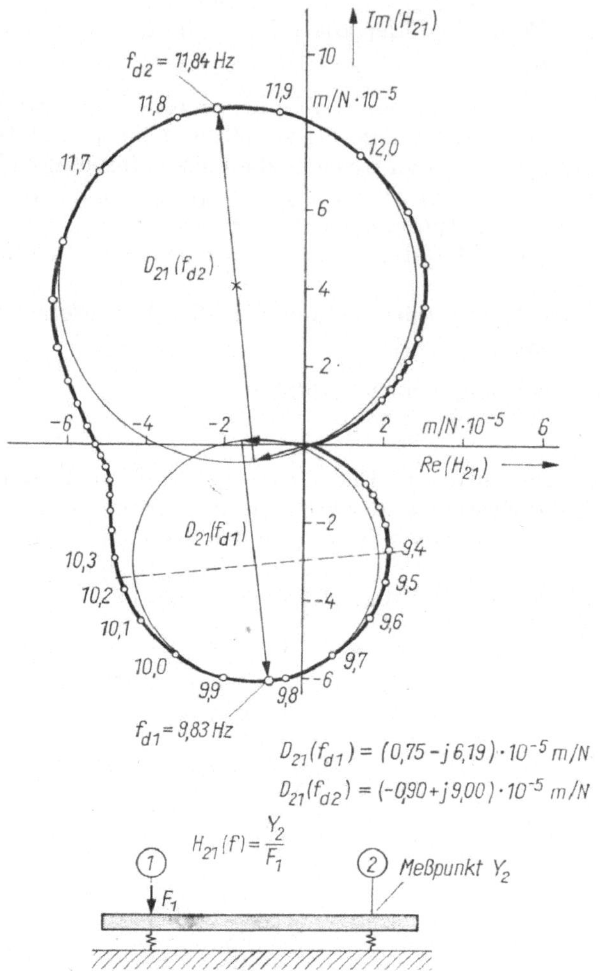

Bild 10.21. Frequenzgang $H_{21}(f)$

Wir erkennen 2 Resonanzkreise, aus denen wir zunächst die Eigenfrequenzen f_{d1} und f_{d2} bestimmen können (in den Bildern wurden die zur genauen Ermittlung der Resonanzen benötigten verfeinerten Frequenzintervalle nicht eingetragen). Wir erhalten für die Eigenfrequenzen: $f_{d1} = 9{,}83$ Hz, $f_{d2} = 11{,}84$ Hz. Die gestrichelt dargestellten Kreise stellen die modalen Resonanzkreise dar, aus denen wir die Modalvektoren bestimmen:

$$\boldsymbol{X}_1 = \begin{bmatrix} x_{11} \\ x_{12} \end{bmatrix} = \begin{bmatrix} 1 \\ D_{21}(f_{d1})/D_{11}(f_{d1}) \end{bmatrix} = \begin{bmatrix} 1 \\ \dfrac{0{,}75 - \mathrm{j}6{,}19}{2{,}31 - \mathrm{j}3{,}83} \end{bmatrix} = \begin{bmatrix} 1 \\ 1{,}27 - \mathrm{j}0{,}57 \end{bmatrix}$$

$$\boldsymbol{X}_2 = \begin{bmatrix} x_{21} \\ x_{22} \end{bmatrix} = \begin{bmatrix} 1 \\ D_{21}(f_{d2})/D_{11}(f_{d2}) \end{bmatrix} = \begin{bmatrix} 1 \\ \dfrac{-0{,}90 + \mathrm{j}9{,}00}{-2{,}79 - \mathrm{j}11{,}0} \end{bmatrix} = \begin{bmatrix} 1 \\ -0{,}75 - \mathrm{j}0{,}27 \end{bmatrix}$$

Zur Ermittlung der modalen Dämpfungsparameter wählen wir einen beliebigen, zur r-ten Resonanz gehörenden Kreis und bestimmen δ_r nach der in 10.3.3. angegebenen Methode.

Wir erhalten z. B. aus H_{21} (Bild 10.21)

$$\delta_1 = \pi(10{,}25 - 9{,}40)\ \text{s}^{-1} = 2{,}70\ \text{s}^{-1}$$

und aus H_{11}:

$$\delta_2 = \pi(12{,}19 - 11{,}475)\ \text{s}^{-1} = 2{,}25\ \text{s}^{-1}$$

Die modalen Nachgiebigkeiten schätzen wir mit Hilfe der aus den grafischen Darstellungen entnommenen (i. allg. komplexen) Größen D_{kl} ab (siehe Bild 10.19):

$$\frac{1}{\bar{c}_r} = \frac{\delta_r}{\pi f_{\mathrm{d}r}} \cdot \mathrm{j}\, \frac{D_{kl}(f_{\mathrm{d}r})}{x_{rk} x_{rl}}$$

Aus dem Frequenzgang H_{11} erhalten wir

$$\frac{1}{\bar{c}_1} = \frac{\delta_1}{\pi f_{\mathrm{d}1}} \cdot \mathrm{j}\, \frac{D_{11}(f_{\mathrm{d}1})}{x_{11} \cdot x_{11}}$$

$$= \frac{2{,}70}{\pi \cdot 9{,}83}\, \mathrm{j}(2{,}31 - \mathrm{j}3{,}83) = (0{,}335 + \mathrm{j}0{,}202) \cdot 10^{-5}\ \text{m/N}$$

$$\frac{1}{\bar{c}_2} = \frac{\delta_2}{\pi f_{\mathrm{d}2}} \cdot \mathrm{j}\, \frac{D_{11}(f_{\mathrm{d}2})}{x_{21} \cdot x_{21}}$$

$$= \frac{2{,}25}{\pi \cdot 11{,}84}\, \mathrm{j}(-2{,}79 - \mathrm{j}11{,}0) = (0{,}665 - \mathrm{j}0{,}169) \cdot 10^{-5}\ \text{m/N}$$

Damit sind die modalen Parameter des Schwingungssystems bestimmt. Über eine Rücktransformation lassen sich noch aus diesen Parametern die Matrizen der Ausgangsgleichung (10.32) und damit die Parameter des Modells bestimmen. In diesem Rahmen ist es jedoch nicht möglich, auf diese Problemstellung einzugehen.

Aus den Ergebnissen des Beispiels ist ersichtlich, daß bei einem System mit mehreren Freiheitsgraden die Ortskurven der modalen Frequenzgänge gegenüber der Ortskurve des Einmassenschwingers (Bild 10.7) verdreht sind, wodurch man komplexe modale Nachgiebigkeiten und Modalvektoren erhält. Die Ursache liegt im Dämpfungsmechanismus des Systems, der dazu führt, daß sich in den Resonanzen an den einzelnen Koordinaten unterschiedliche Phasenwinkel einstellen. Bei weit auseinanderliegenden Eigenfrequenzen (wie in Bild 10.8) ist dieser Effekt praktisch vernachlässigbar, so daß hier mit guter Näherung reelle Nachgiebigkeiten und Modalvektoren angenommen werden können. Reelle Größen ergeben sich auch in dem theoretischen Fall sogenannter „proportionaler Dämpfung", bei der die Dämpfungsmatrix proportional zur Massen- oder Steifigkeitsmatrix ist (siehe [7.11]).

Wir wollen zum Abschluß des Beispiels noch auf ein bisher nicht berührtes Problem hinweisen. Wenn wir ein reales System untersuchen, so wissen wir zunächst nicht, wie groß die Anzahl n der zu wählenden Freiheitsgrade (bzw. Koordinaten) ist. Deshalb approximieren wir das unbekannte System durch $m > n$ Strukturpunkte, an denen wir die Messungen durchführen (Bild 10.22). Dabei wird die Erregerkraft so eingeleitet, daß möglichst alle Eigenschwingungsformen erregt werden. Wenn wir die Frequenzgänge aller Meßpunkte auswerten, so werden wir aus jedem Frequenzgang die gleichen modalen Parameter erhalten (für das betrachtete Beispiel $n = 2$ Eigenfrequenzen f_{dr}, 2 Abklingkonstanten δ_r, 2 Nachgiebigkeiten $1/\bar{c}_r$). Daraus erkennen wir, daß in dem betrachteten Frequenzbereich n Freiheitsgrade dominieren. Es genügen also zur Beschreibung des Systemverhaltens n Strukturpunkte, die wir nach der Güte der einzelnen Frequenzgänge auswählen (Strukturpunkte in Knotennähe liefern auf Grund des hohen Rausch-Signal-Verhältnisses der Meßergebnisse oft unbrauchbare Frequenzgänge). Die Frequenzgänge der restlichen $(m - n)$ Meßpunkte verwenden wir dann lediglich zur genaueren Beschreibung der Eigenschwingungsformen. Dieses Vorgehen ist von besonderer Bedeutung beim Ermitteln der Eigenschwingungsformen komplizierter Baugruppen, bei denen die erforderliche Anzahl der Meßpunkte wesentlich größer ist als die Anzahl der zugrunde gelegten Freiheitsgrade.

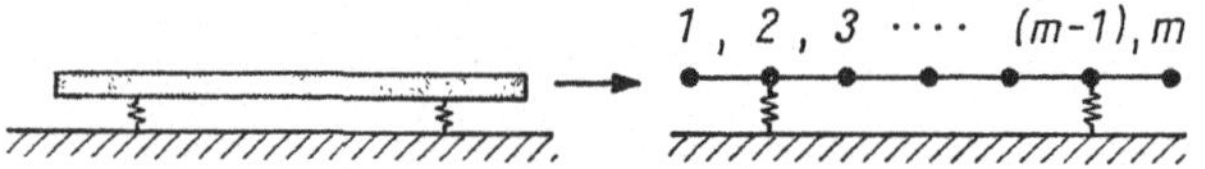

Bild 10.22. Approximation eines realen Systems

10.4.5. Rechnergestützte Modalanalyse

Die grafische Ermittlung der modalen Parameter aus gemessenen Frequenzgängen kann sehr zeitaufwendig werden, besonders wenn man die komplexen Eigenschwingungsformen komplizierter Maschinenstrukturen (z. B. Werkzeugmaschinen) ermitteln will. Bei der Untersuchung der räumlichen Schwingungen einer Maschinenbaugruppe erreicht man sehr schnell eine Größenordnung von 100 Strukturpunkten

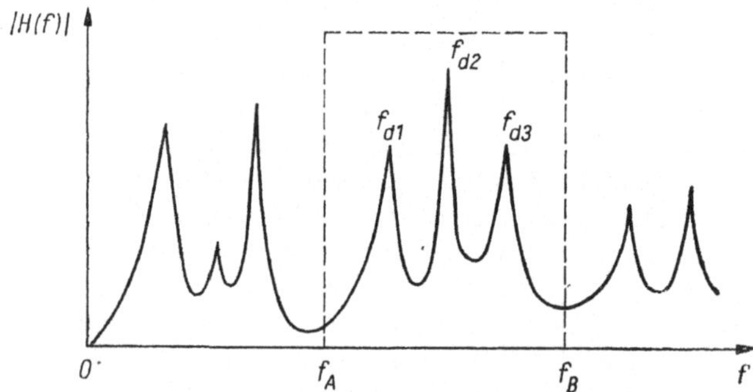

Bild 10.23. Gewählter Frequenzbereich $[f_A, f_B]$

(Meßpunkten), die eine Auswertung von mehreren hundert Frequenzgängen (Messungen in 3 Richtungen) erfordern würde. Derartige Auswertungen sind nur mit Hilfe eines Digitalrechners möglich. Wir wollen das Grundprinzip der rechnerischen Modalanalyse kurz erläutern. Der Ausgangspunkt ist Gl. (10.38), die wir zunächst modifizieren. Da reale Systeme stets unendlich viele Freiheitsgrade haben, wir aber nur einen begrenzten Frequenzbereich $[f_A, f_B]$ (siehe Bild 10.23) untersuchen, zerlegen wir Gl. (10.38) wie folgt:

$$H_{kl}(f) = \sum_{r=1}^{\infty} \{\cdots\} \approx -\frac{1}{M_{kl}(2\pi f)^2} + \sum_{r=1}^{n} \{\cdots\} + R_{kl} \qquad (10.43)$$

Es bedeuten: M_{kl} Masseneinfluß aus dem Frequenzbereich $[0, f_A]$; R_{kl} Nachgiebigkeitseinfluß aus dem Bereich $[f_B, \infty]$; n Anzahl der im Bereich $[f_A, f_B]$ dominierenden Freiheitsgrade.

Mit der Zerlegung nach Gl. (10.43) haben wir angenommen, daß die Eigenfrequenzen im Bereich $[0, f_A]$ weit unterhalb von f_A liegen, so daß der Frequenzgang reine Masseneigenschaften annimmt (vgl. Gl. (10.12)). Oberhalb von f_B nehmen wir reine Federeigenschaften an (Gl. (10.13)).

Mit

$$\delta_r D_{kl}(f_{\mathrm{d}r}) = -\mathrm{j}\,\frac{\pi f_{\mathrm{d}r}}{\bar{c}_r}\,x_{rk}x_{rl} = u_{klr} + \mathrm{j}v_{klr}$$

erhalten wir aus Gl. (10.43) den in der Literatur häufig verwendeten Ausdruck

$$H_{kl}(f) = -\frac{1}{M_{kl}(2\pi f)^2}$$
$$+ \sum_{r=1}^{n}\left\{\frac{u_{klr} + \mathrm{j}v_{klr}}{\delta_r + \mathrm{j}\pi 2(f - f_{\mathrm{d}r})} + \frac{u_{klr} - \mathrm{j}v_{klr}}{\delta_r + \mathrm{j}2\pi(f + f_{\mathrm{d}r})}\right\} + R_{kl} \qquad (10.44)$$

Mit dieser Gleichung ist es möglich, im Frequenzbereich $[f_A, f_B]$ ein System mit unendlich vielen Freiheitsgraden durch wenige Freiheitsgrade näherungsweise zu beschreiben. Darin liegt der entscheidende Vorteil der modalen Betrachtungsweise.

Nehmen wir an, es liegen für N diskrete Frequenzwerte f_i, $i = 1, 2, \ldots, N$ die Werte eines experimentell bestimmten Frequenzgangs $H^e_{kl}(f_i)$ als komplexe Daten im Rechner vor.

Der Grundgedanke der rechnerischen Modalanalyse besteht darin, den analytischen Ausdruck $H_{kl}(f_i)$ [Gl. (10.44)] „möglichst gut" mit den Werten $H^e_{kl}(f_i)$ in Übereinstimmung zu bringen.

Als Kriterium wird dabei gefordert, daß die Summe der quadratischen Abweichungen $[\Delta H(f_i)]^2$ zwischen den Funktionswerten ein Minimum wird (Methode der kleinsten Fehlerquadrate).

Aus der Forderung

$$\varepsilon = \sum_{i=1}^{N}|\Delta H(f_i)|^2 = \sum_{i=1}^{N}|H^e_{kl}(f_i) - H_{kl}(f_i)|^2 = \mathrm{Min} \qquad (10.45)$$

lassen sich dann nichtlineare Gleichungen zur Bestimmung der modalen Parameter ableiten, die iterativ gelöst werden.

Im Ergebnis des Iterationsprozesses liegen dann vor:

n komplexe Größen $(u_{klr} + \mathrm{j}v_{klr})$, die bis auf einen Normierungsfaktor die Modalvektoren beschreiben,

n modale Abklingkonstanten δ_r, n Eigenfrequenzen $f_{\mathrm{d}r}$ sowie die Größen M_{kl} und R_{kl}.

Wir sehen, daß zur Beschreibung eines Schwingungssystems mit n Freiheitsgraden $4n$ Parameter (die sogenannten Moden) und zwei Restgrößen M_{kl} und R_{kl} erforderlich sind. Die experimentelle rechnergestützte Modalanalyse gibt dem Ingenieur ein leistungsfähiges Werkzeug zur Bestimmung dieser Parameter in die Hand.

10.5.   Weiterführende Literatur

[10.1] Lehrbuch der Maschinendynamik / *Holzweißig, F.; Dresig, H.* — Leipzig, 1981. — 416 S.
[10.2] Einführung in die Theorie und Praxis der Zeitreihen- und Modalanalyse / *Natke, H. G.* — Braunschweig; Wiesbaden, 1983. — 522 S.
[10.3] Primenenija korreljazionnogo i spektralnogo analisa / *Bendat, J. S.; Piersol, A. G.* — Moskwa: Mir, 1983. — 312 S.
Anwendung der Korrelations- und Spektralanalyse
[10.4] Dynamics of Structures / *Hurty, W. C.; Rubinstein, M. F.* — Englewood Cliffs, 1974. — 455 S.
Dynamik von Tragwerken

Bildanhang

Bild 1.25. Ausschnitt aus der spannungsoptischen
Untersuchung eines Zahnkranzes

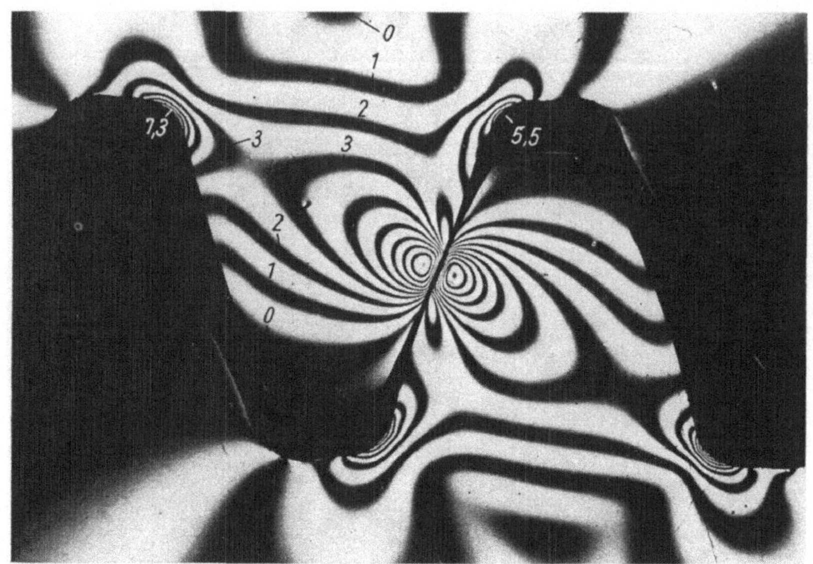

Bild 2.1. Isochromatenbild von belasteten Zähnen zweier Zahnräder

Bild 2.11. Spannungsoptische Apparatur

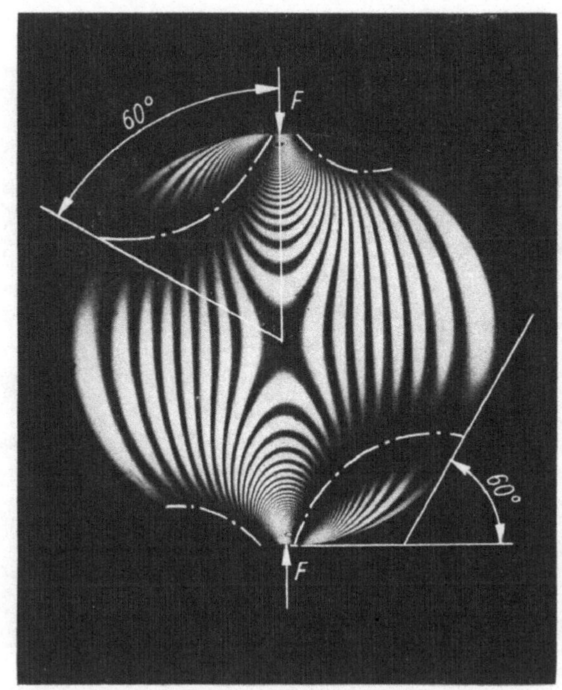

Bild 2.19. Diametral gedrückte Kreisscheibe im
linear polarisierten Natriumlicht unter $\varphi = 60°$

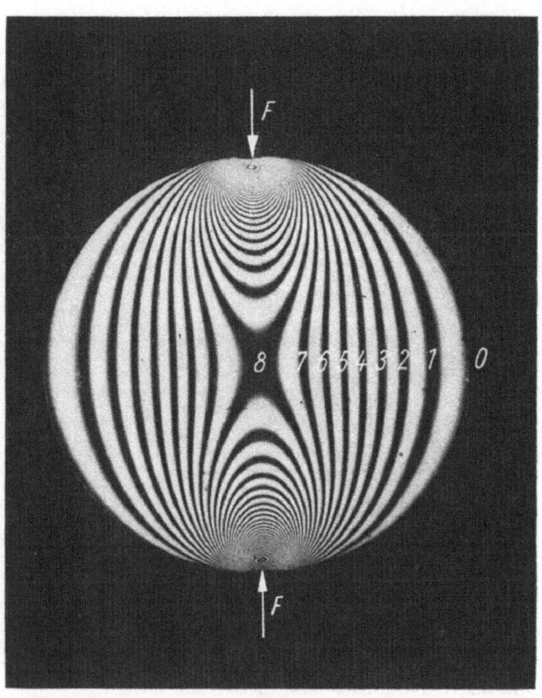

Bild 2.20. Diametral gedrückte Kreisscheibe im
zirkular polarisierten Natriumlicht

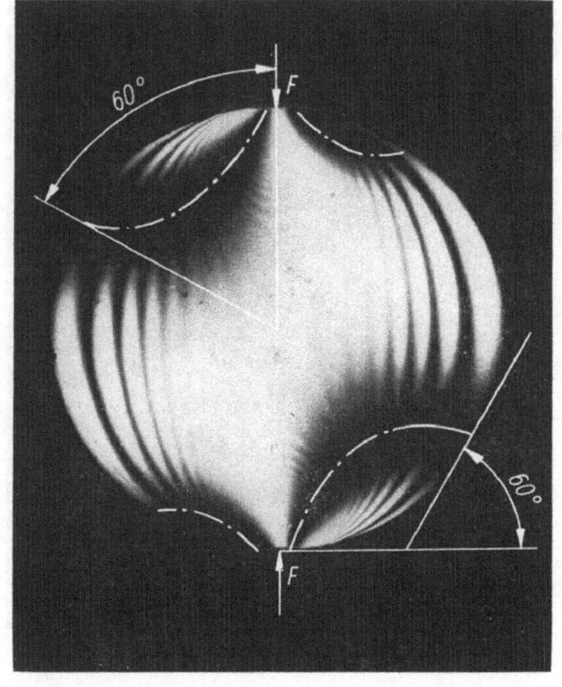

Bild 2.21. Diametral gedrückte Kreisscheibe im
weißen Licht unter $\varphi = 60°$

28*

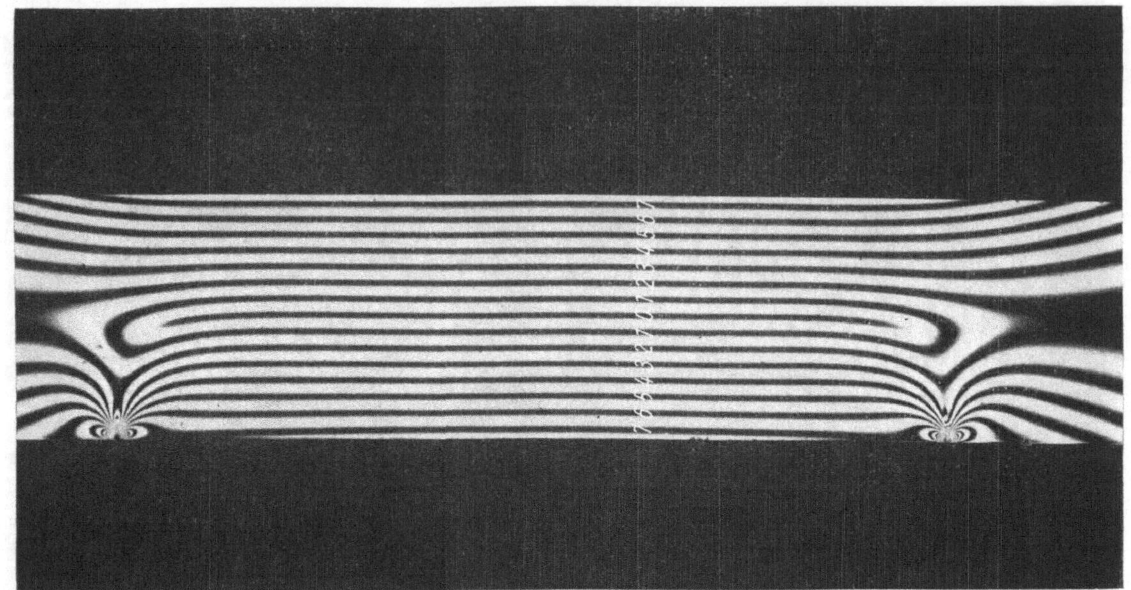

Bild 2.24. Isochromatenbild: reine Biegung

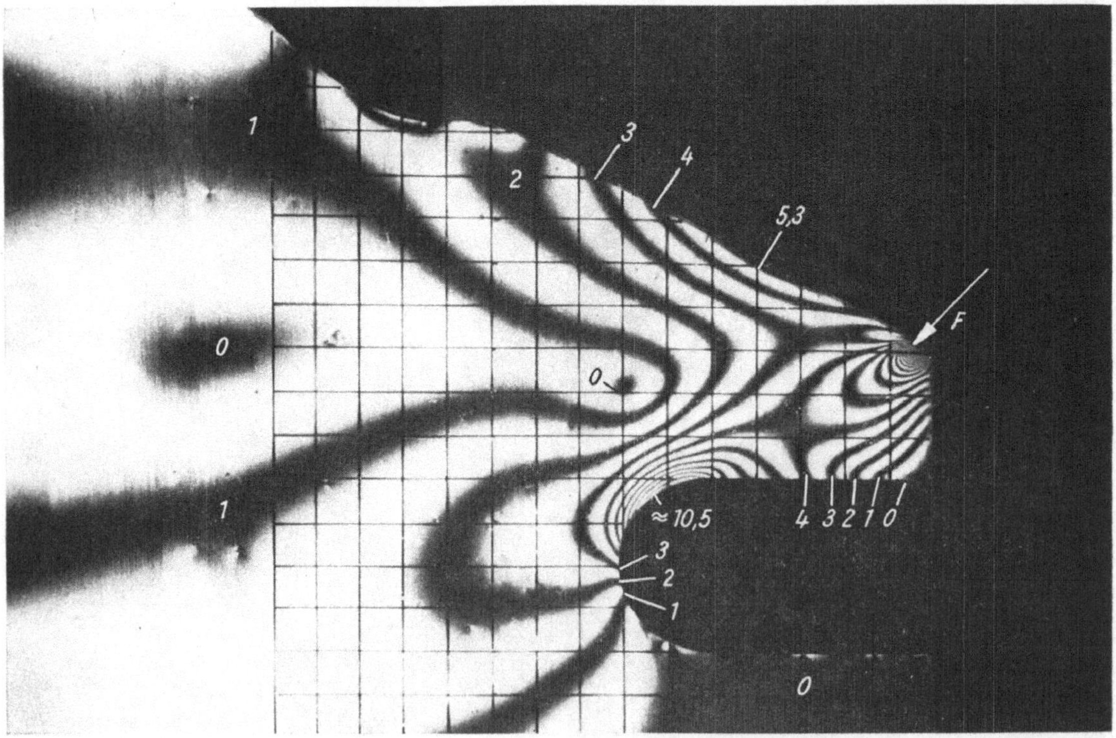

Bild 2.26. Isochromatenbild des ebenen Modells
der Dichtung eines Sauerstoffvorwärmers

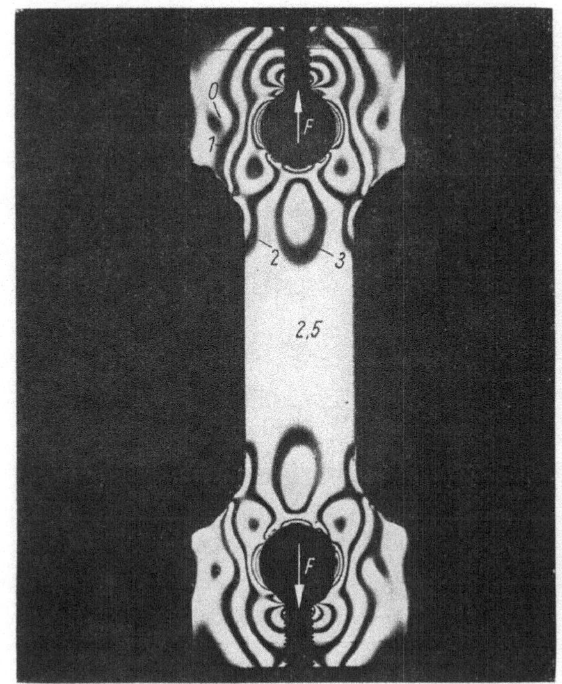

Bild 2.29. Isochromatenbild: reiner Zug bzw. reiner Druck

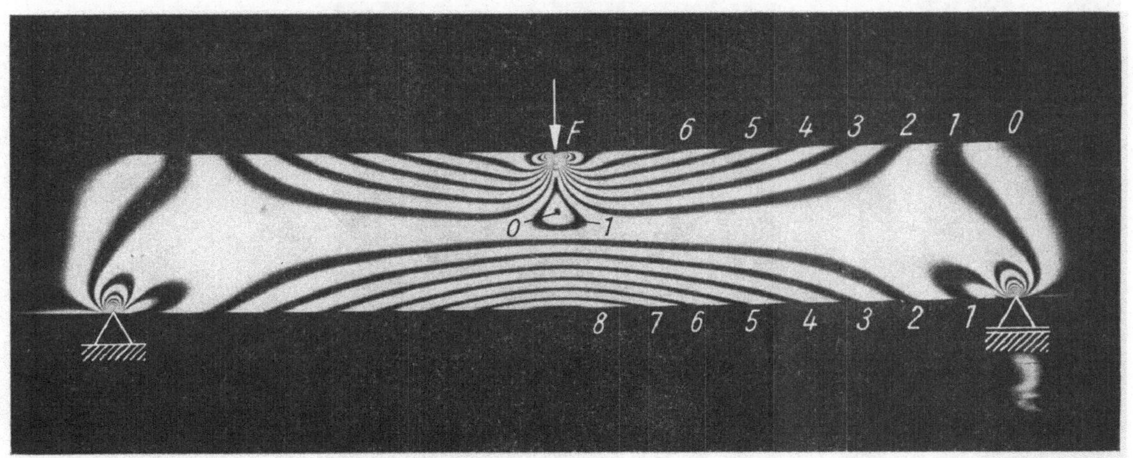

Bild 2.30. Isochromatenbild des Biegestabes mit mittiger Einzellast

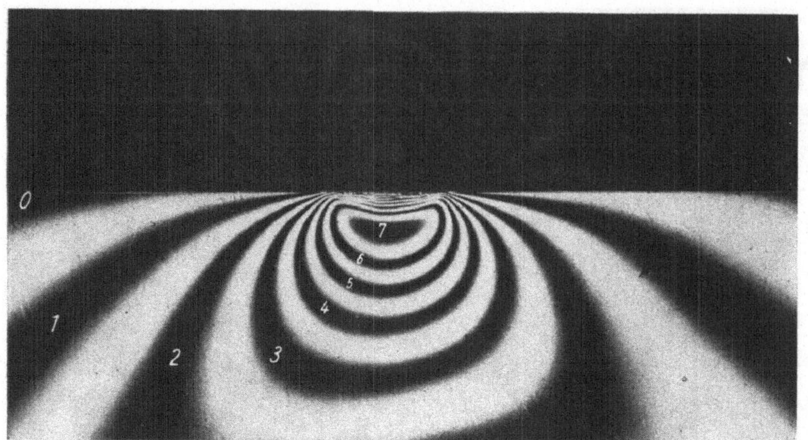

Bild 2.32. Isochromatenbild des Walzendrucks

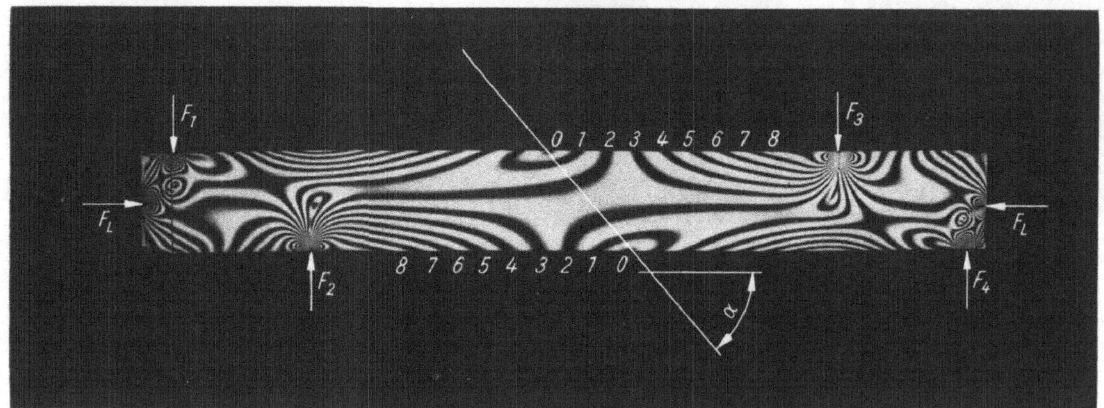

Bild 2.33. Isochromatenbild von Momentennullpunkten

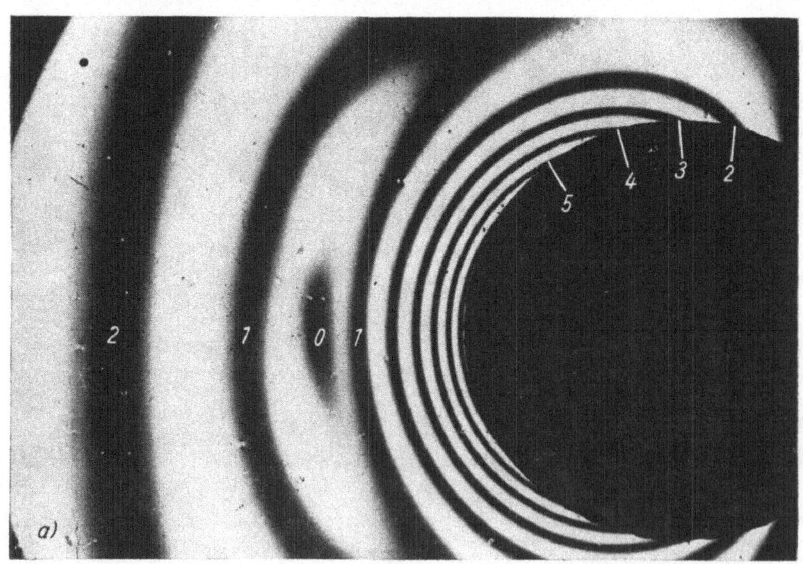

Bild 2.34. Ermittlung der Randordnung durch grafische Extrapolation (in Verbindung mit Tabelle 2.1)
a) Isochromatenbild

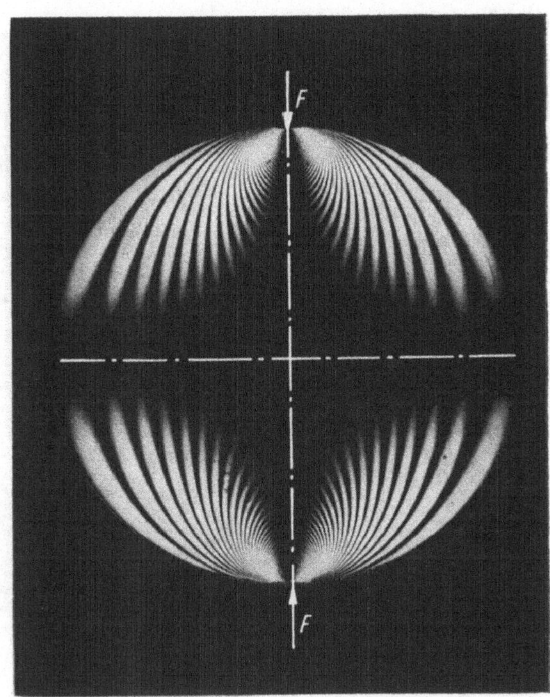

Bild 2.41. 0°-Isokline der diametral gedrückten Kreisscheibe im monochromatischen Licht

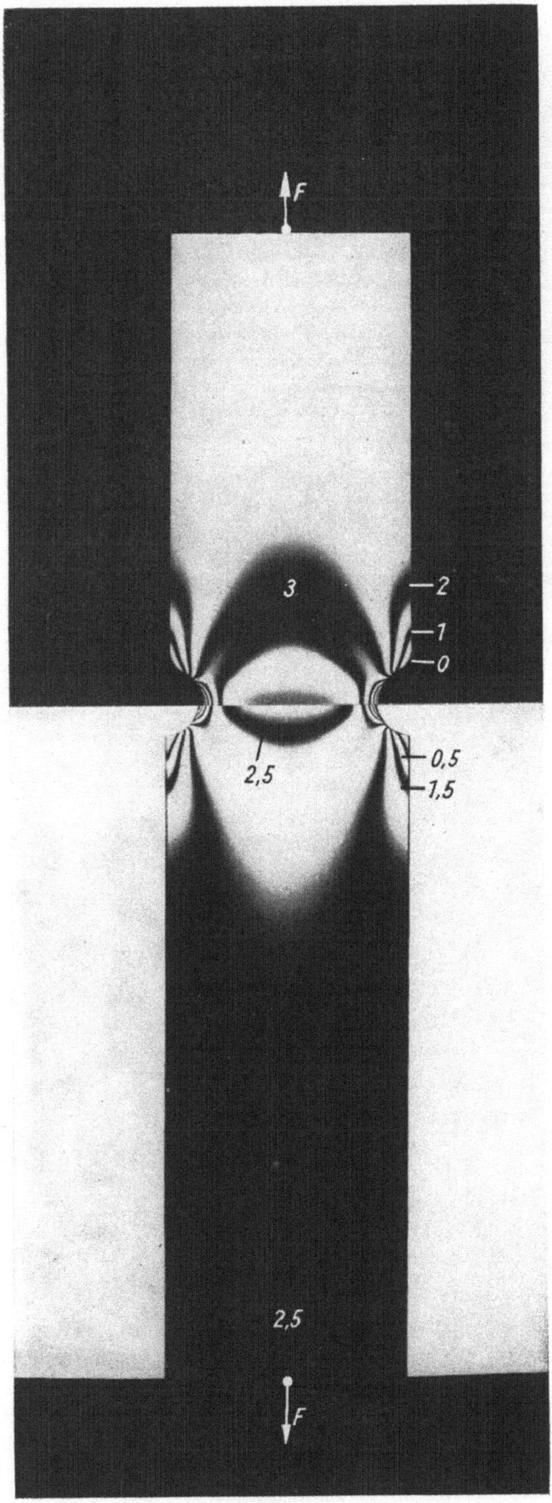

Bild 2.35. Isochromaten im Hell- und Dunkelfeld

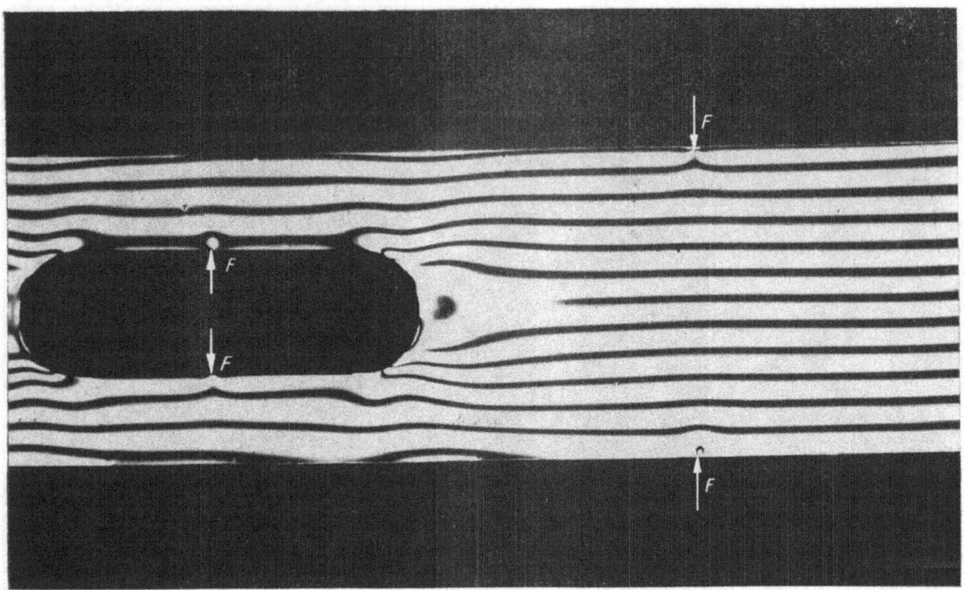

Bild 2.38. Nagelprobe am Außen- und Innenrand
des geschlitzten Stabes

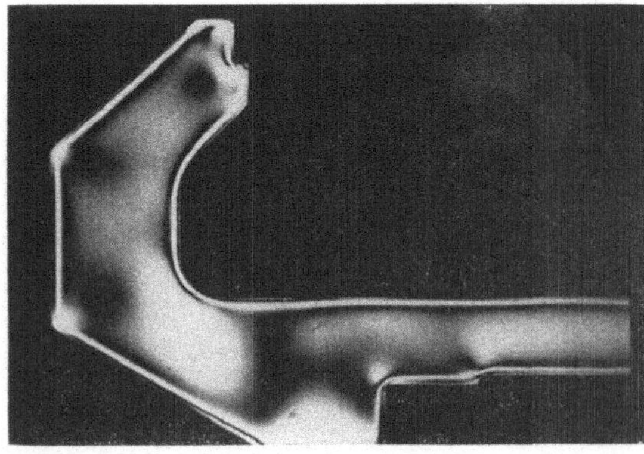

Bild 2.46. Durch Randeffekt gestörtes
Isochromatenbild

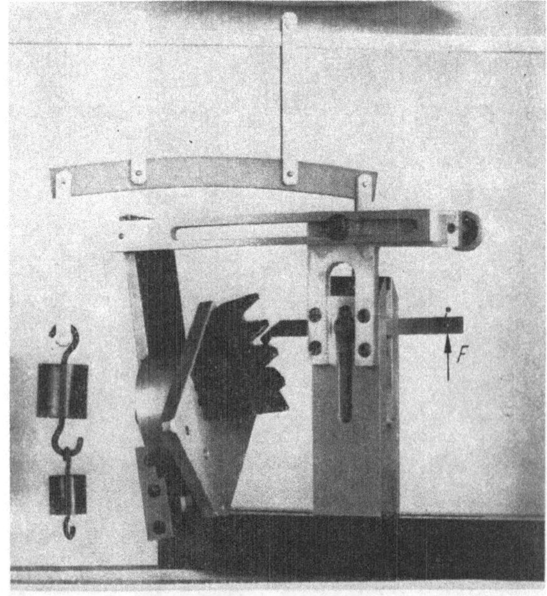

Bild 2.50. Räumliches Modell mit Belastungsvorrichtung im Trockenschrank

Bild 2.51. Herstellung von Schnitten aus dem
Modell eines kreisbogenverzahnten Tellerrades auf
dem Trennschleifgerät

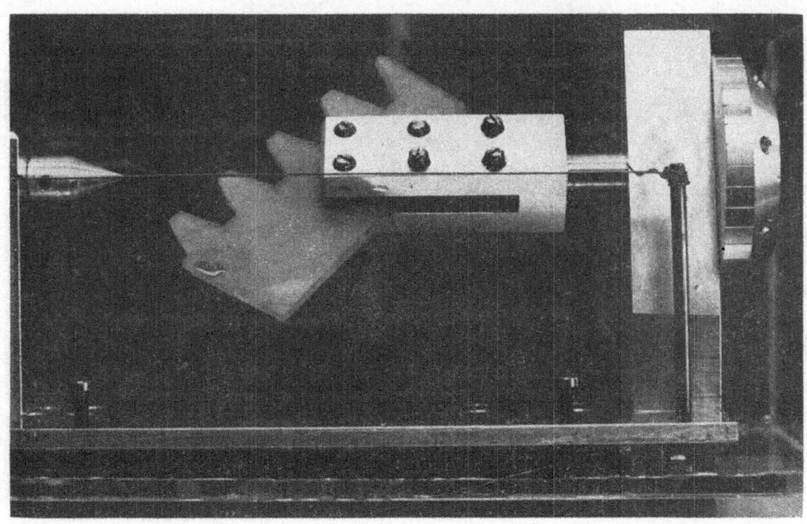

Bild 2.54. Schnitt in der Schwenkvorrichtung

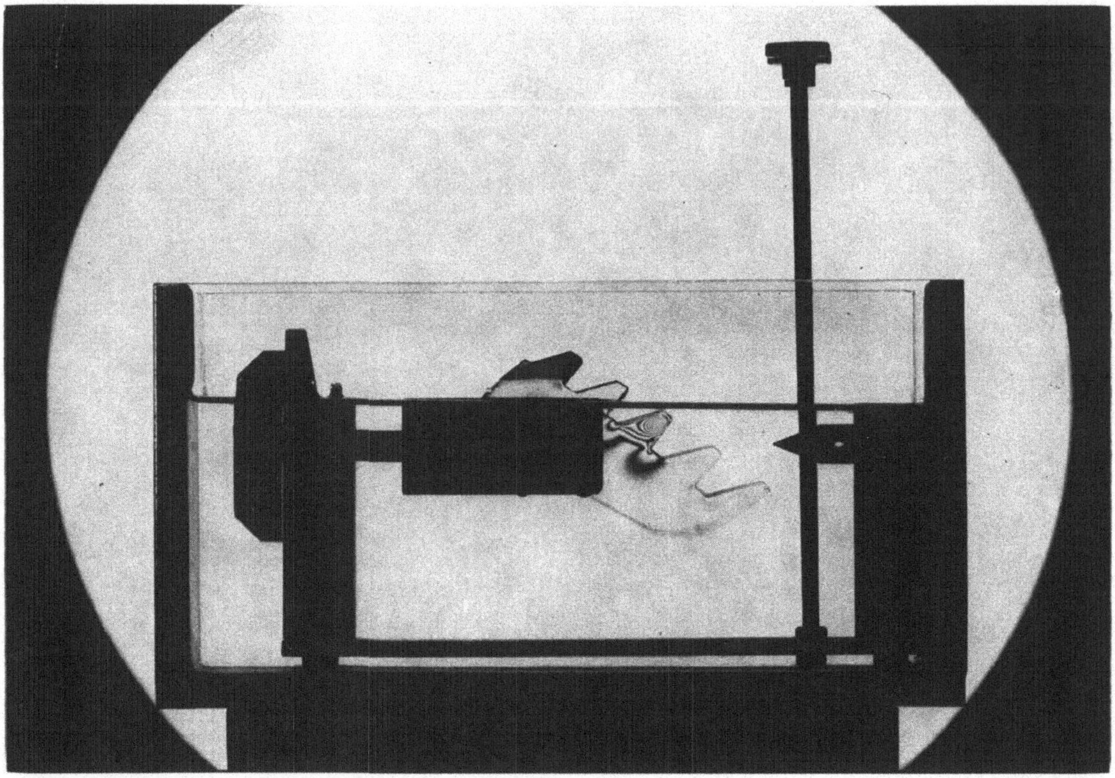

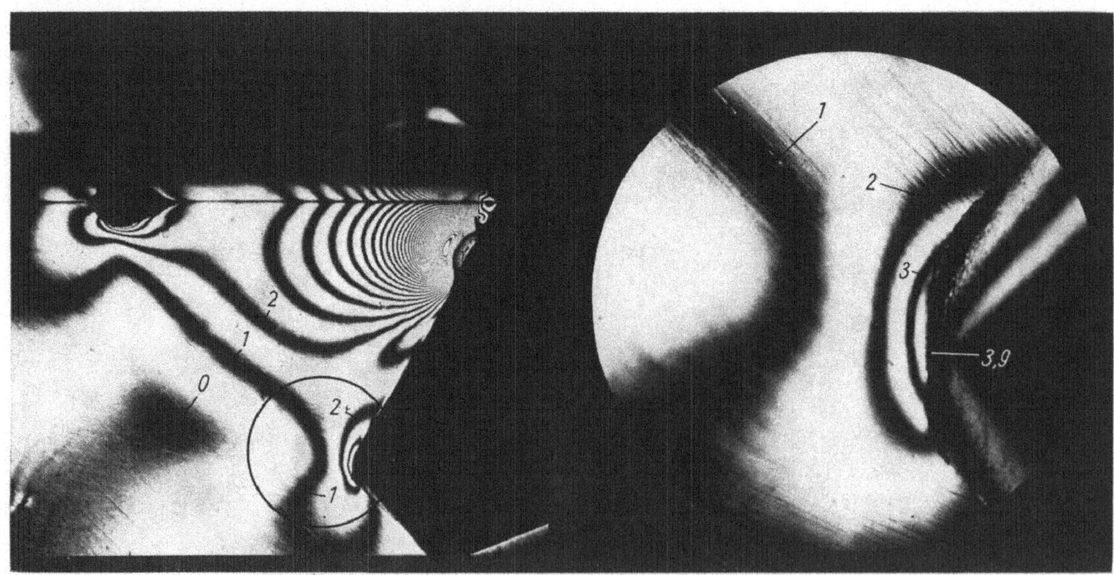

Bild 2.55. Schwenkvorrichtung im Immersionsgefäß

Bild 2.56. Isochromatenaufnahme eines Schnitts aus einem kreisbogenverzahnten Tellerrad bei schiefer Durchstrahlung

Bild 2.58. Einständerpresse mit Oberflächenschicht im Bereich des Übergangs zum Pressenkopf

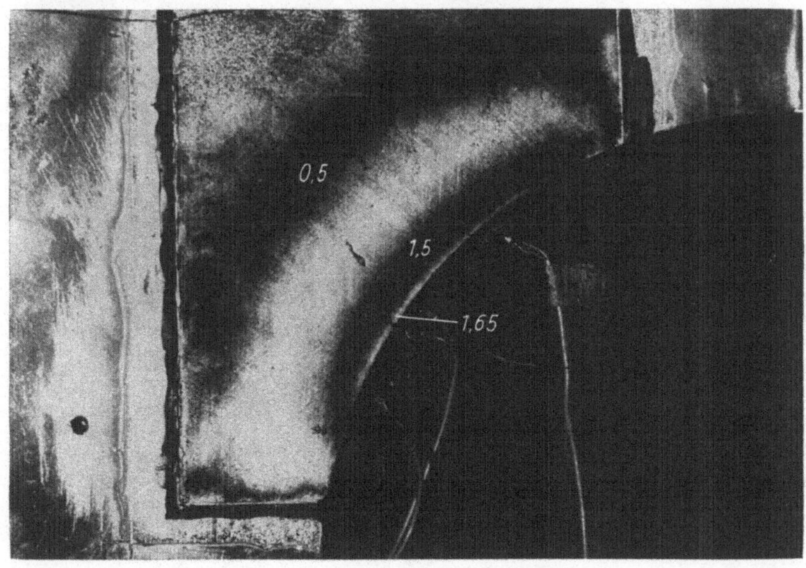

Bild 2.59. Isochromatenbild der Schicht im Hellfeld

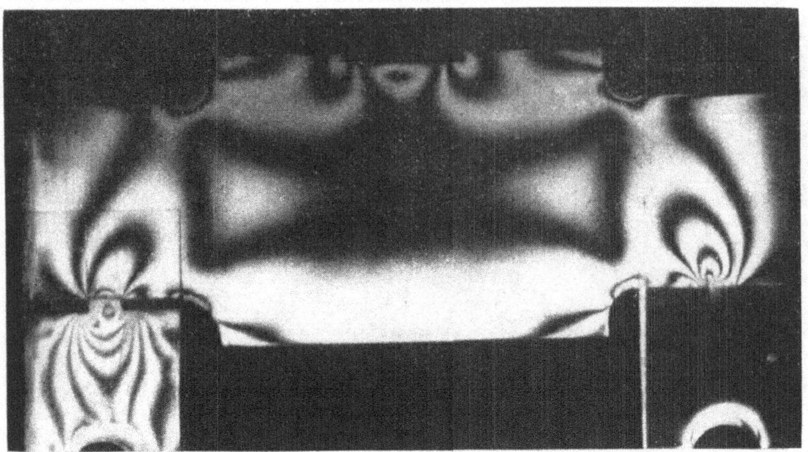

Bild 2.61. Isochromaten der Zwischenschicht
beim räumlichen Modell eines querbelasteten
Zapfens

Bild 2.62. Modell eines Pressenskeletts aus
Epoxidharz mit eingebetteter Reflexionsschicht
(Spiegelschicht)

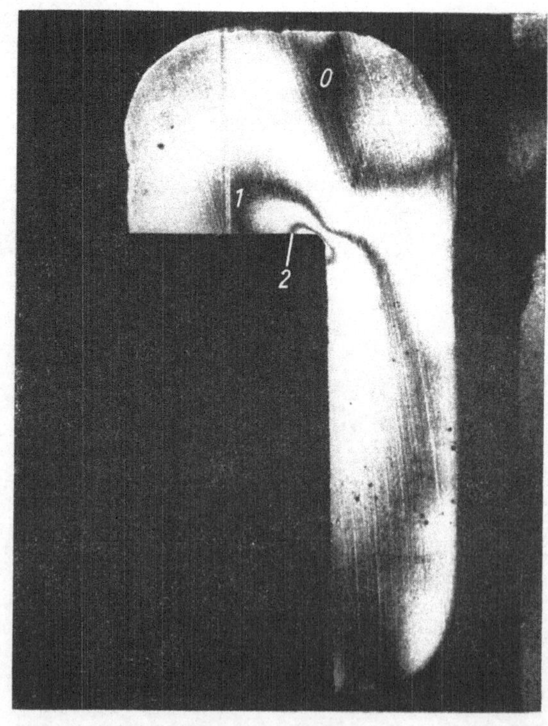

Bild 2.63. Isochromatenbild der Reflexionsschicht

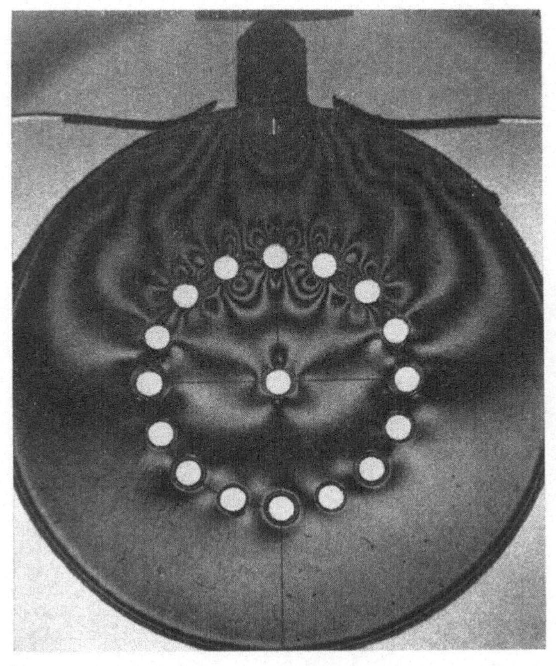

a)

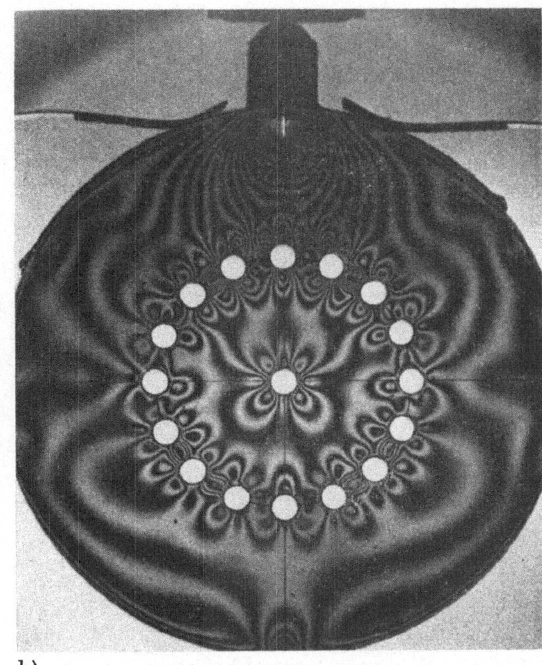

b)

Bild 2.65. Ausbreitung einer Spannungswelle in einer gestoßenen Kreisscheibe nach Stoßbeginn

a) 35 µs
b) 81 µs
c) 150 µs

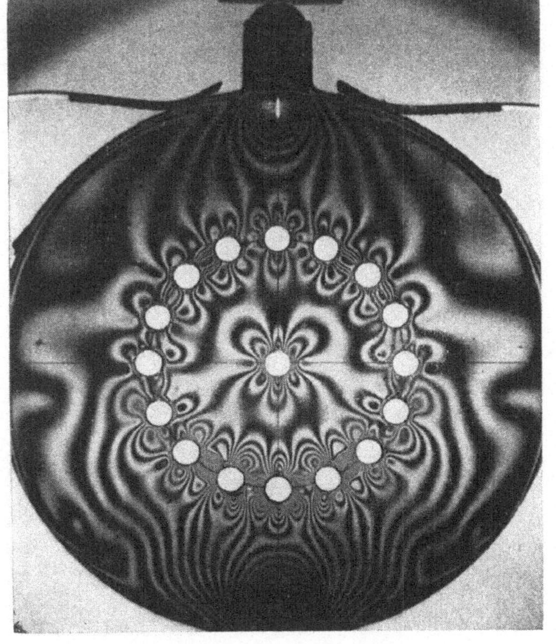

c)

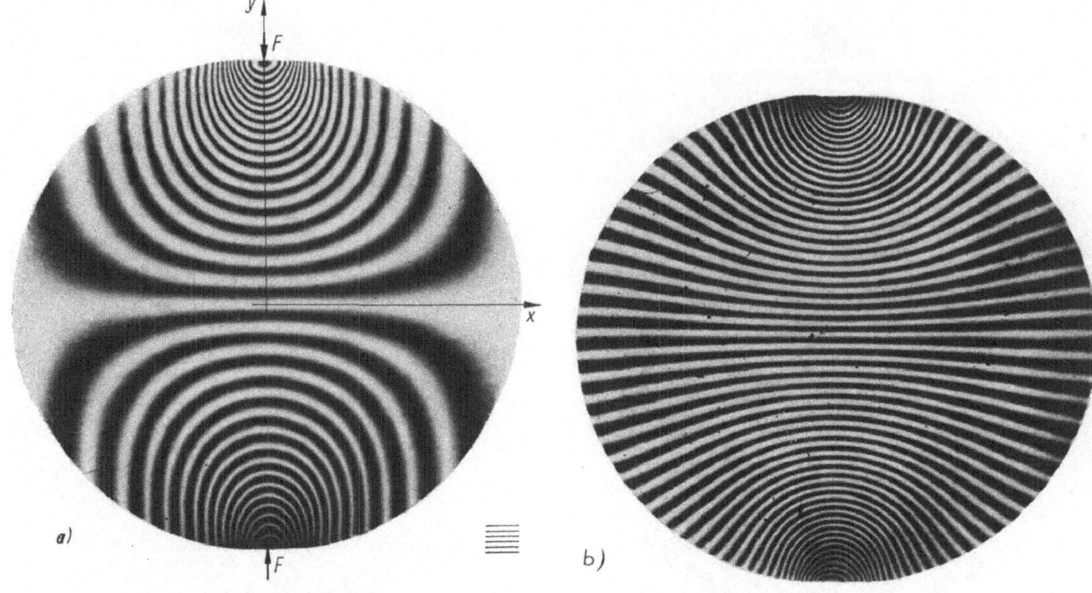

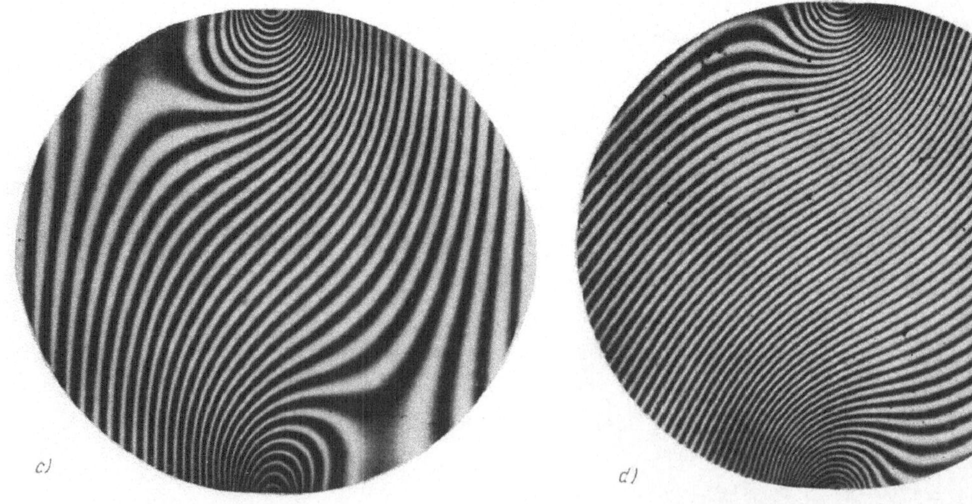

Bild 3.18. Mismatch-Effekte bei einer diametral gedrückten Kreisscheibe (Objektraster: 13,3 Linien/mm)
a) Isothetenfeld

b) Teilungs-Mismatch

c) Verdreh-Mismatch

d) kombinierter Mismatch-Effekt

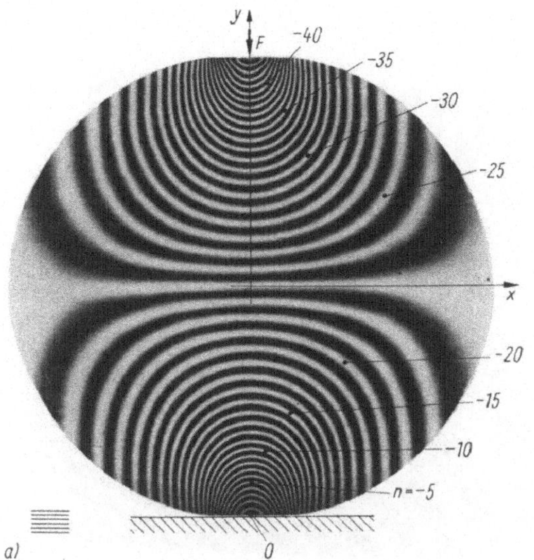

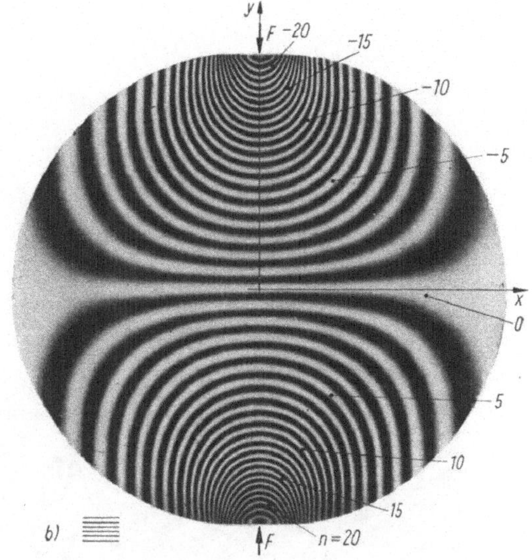

Bild 3.21. Numerieren der Isothetenfelder
einer diametral gedrückten Kreisscheibe
(Objektraster: 13,3 Linien/mm)
a) v_y-Isotheten, Auflagepunkt in Ruhe

b) v_y-Isotheten, Mittelpunkt in Ruhe

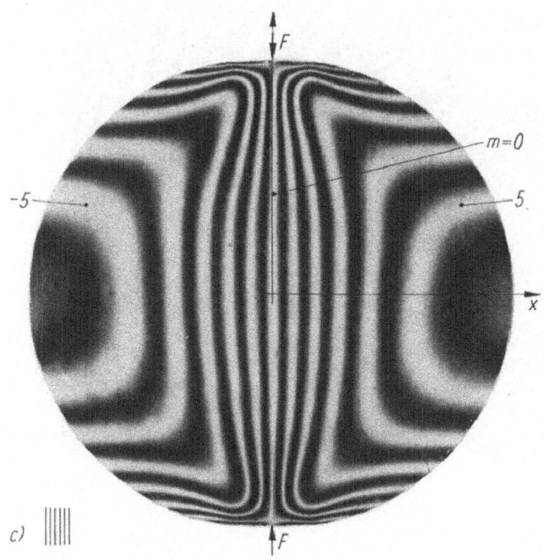

c) v_x-Isotheten

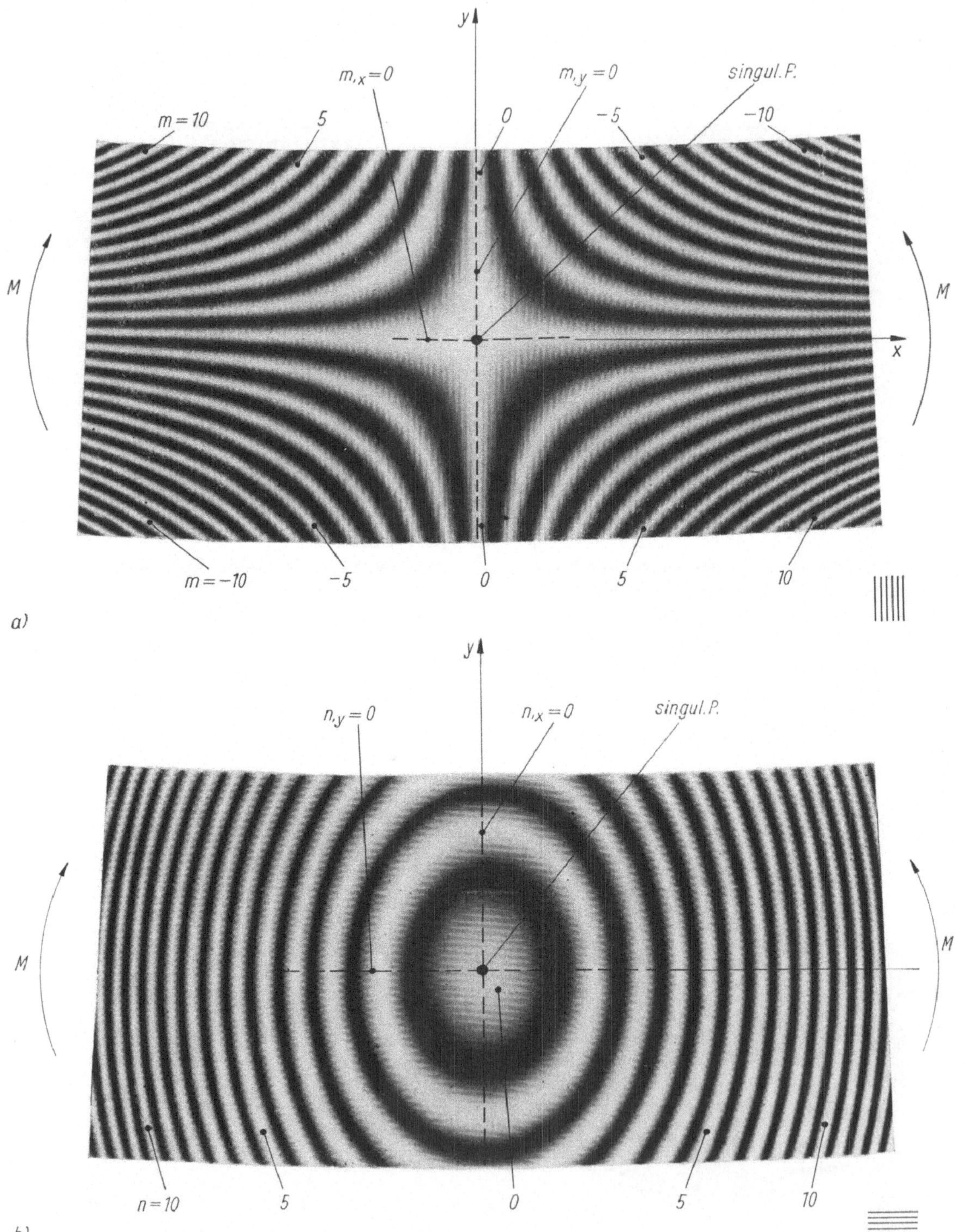

Bild 3.24. Isothetenfelder eines durch reine Biegung belasteten Balkens mit Rechteckquerschnitt (Objektraster: 13,3 Linien/mm) a) v_x-Isotheten b) v_y-Isotheten

Bild 3.30. Aluminium-Originalraster
(100 Linien/mm)

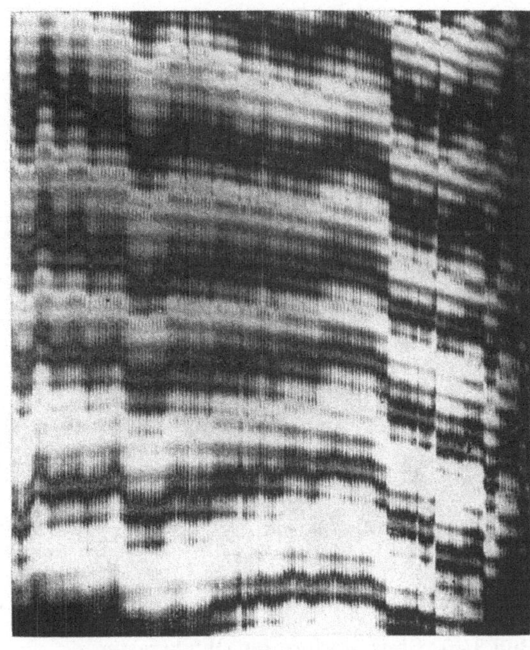

Bild 3.31. Verdrehmoiré fehlerbehafteter Raster
(250 Linien/mm)

Bild 3.37. Chrom-Punktraster (50 Linien/mm)

Bild 3.39. Indium-Punktraster (50 Linien/mm)

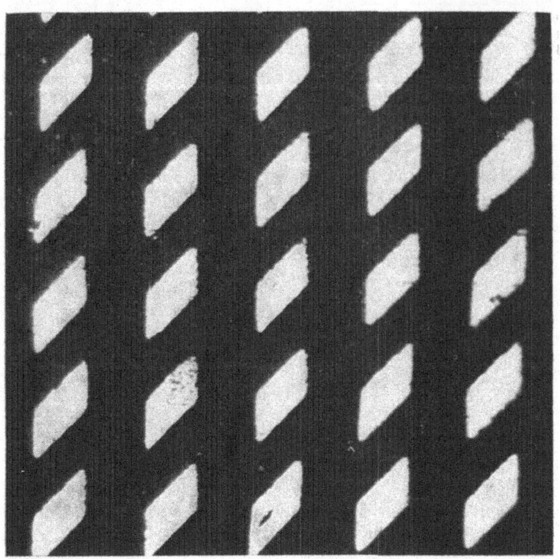

Bild 3.40. Stark verformter Objektraster
(25 Linien/mm)

Bild 3.41. Bezugsraster (50 Linien/mm)

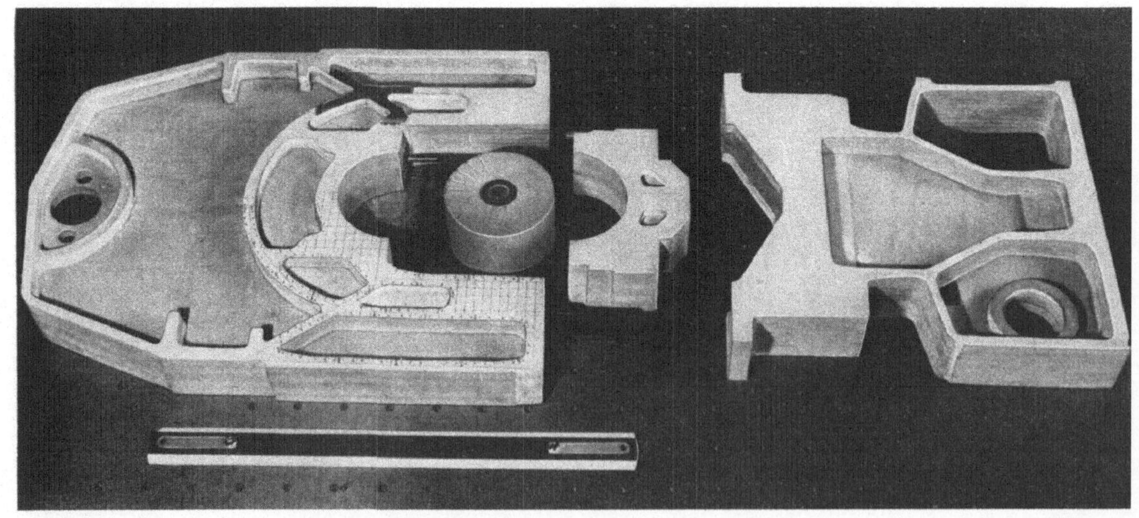

Bild 3.45. Zerlegtes Gummimodell einer Motoren-
grundplatte mit Kurbelwelle, Lagerdeckel,
Zylinderblock

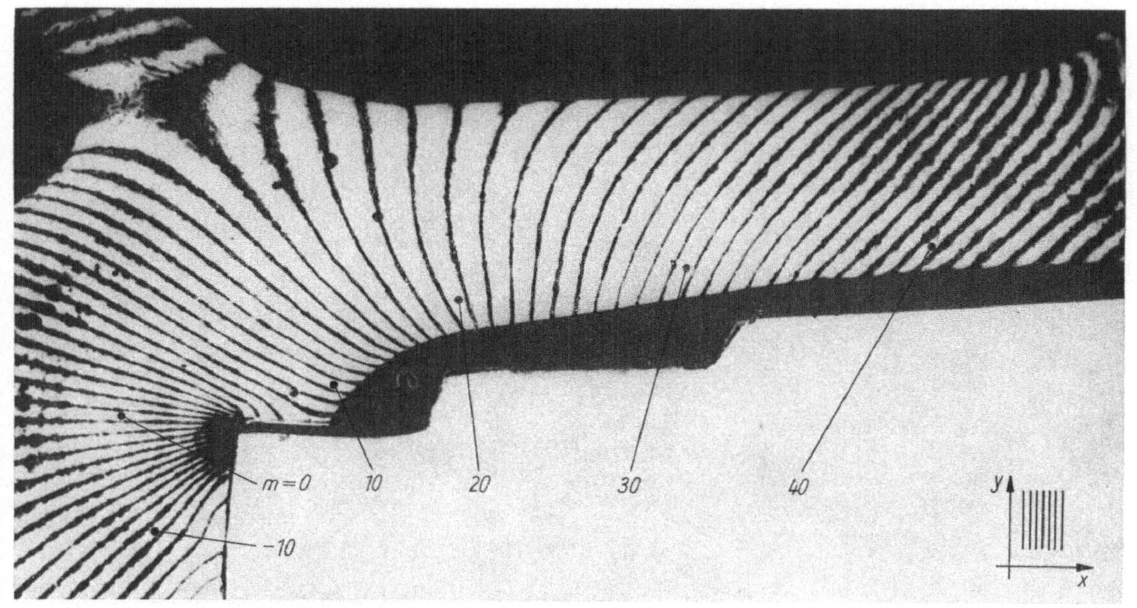

Bild 3.46. Isothetenfeld an der Oberseite einer
Rippe des belasteten Gummimodells von Bild 3.45
(Objektraster: 13,3 Linien/mm)

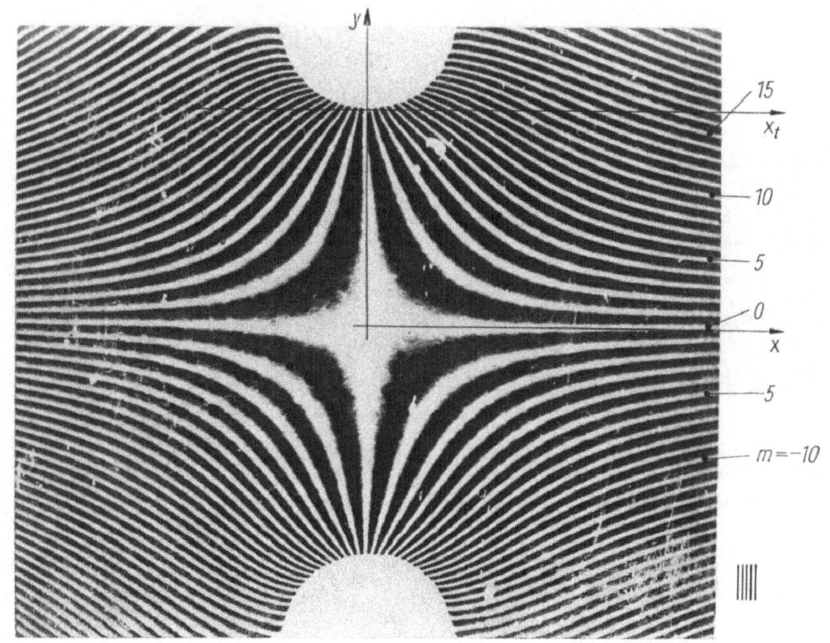

Bild 3.48. v_x-Isotheten
nach dem Tempern des
Schnitts von Bild 3.47
(Objektraster:
50 Linien/mm)

29*

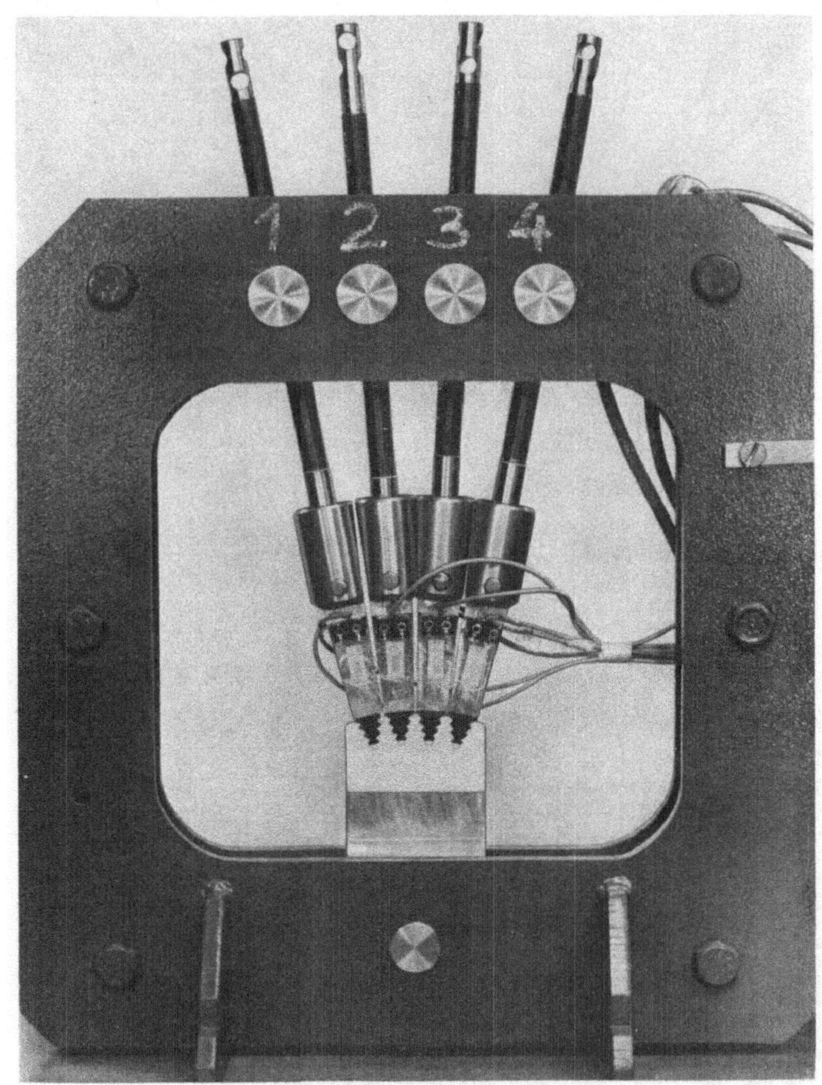

Bild 3.50. Belastung einer Tannenbaum-
verbindung im Modellversuch

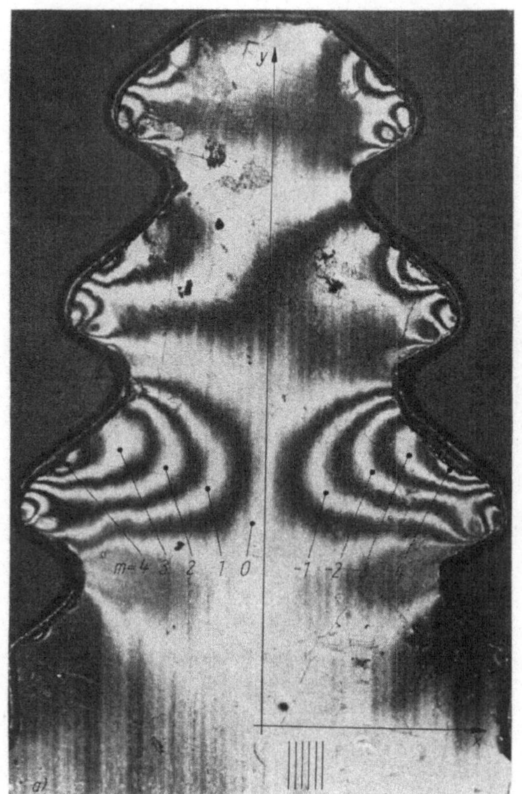
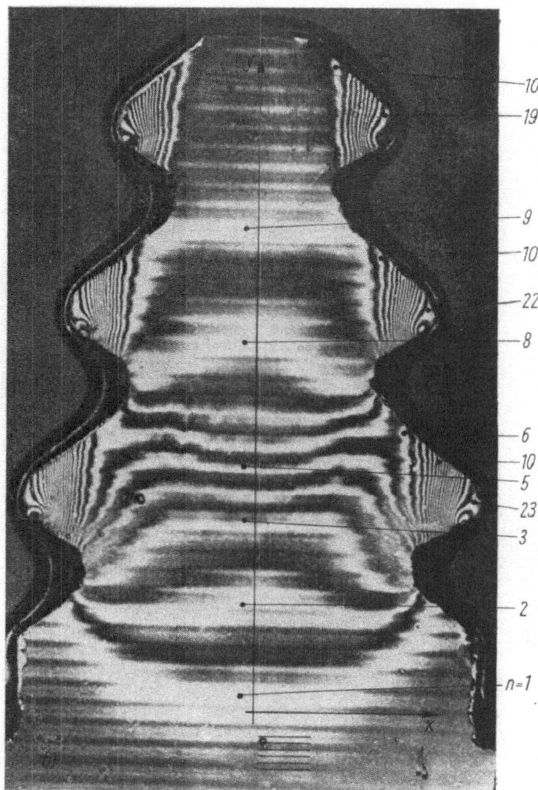

Bild 3.51. Isothetenfelder im Tannenbaumfuß der Turbinenscheibe nach Entlastung (Objektraster: 100 Linien/mm) a) v_x-Isotheten b) v_y-Isotheten

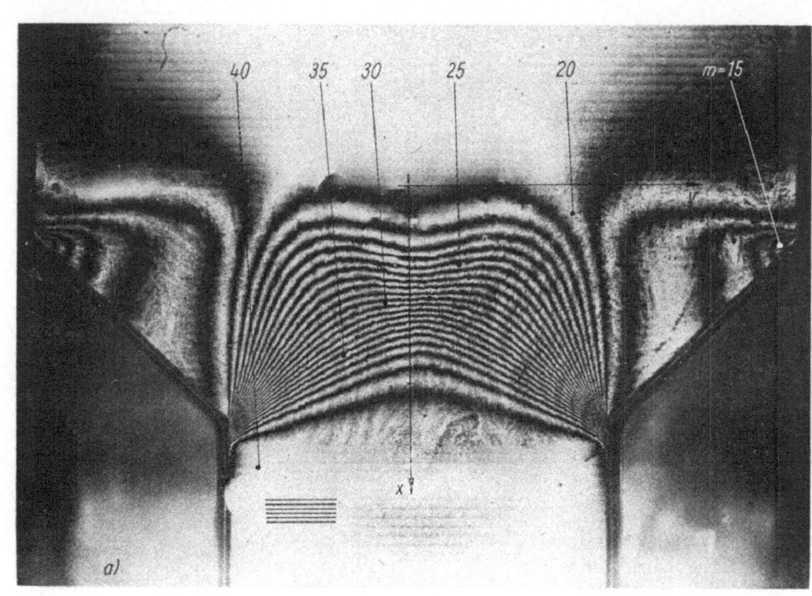

Bild 3.54. Isothetenfelder beim ebenen Strangpresser (Objektraster: 25 Linien/mm) a) v_x-Isotheten

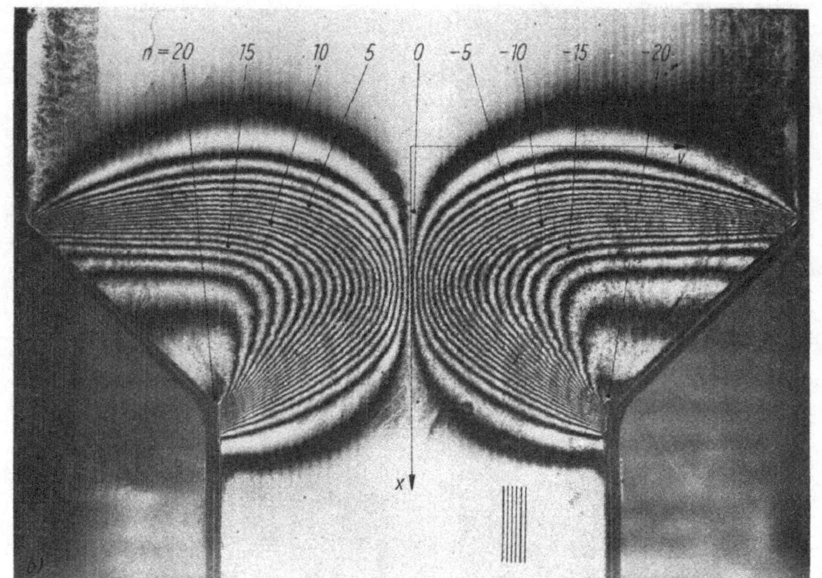

Bild 3.54 b) v_y-Isotheten

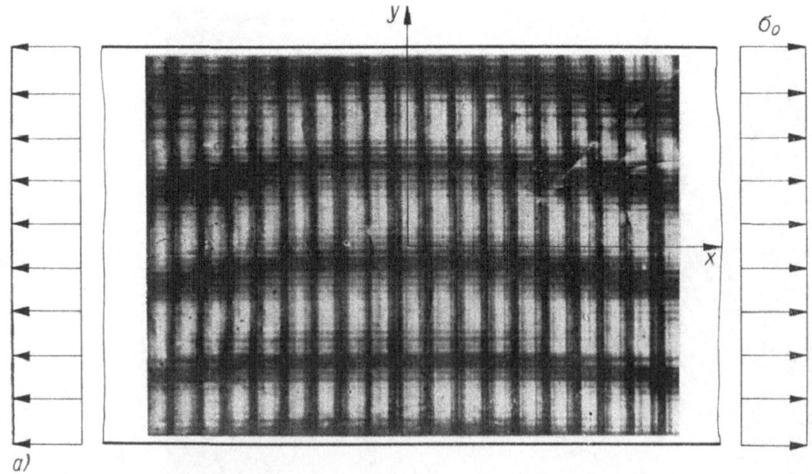

Bild 3.56. Isotheten an einem viskoelastischen
Zugstab (Objektraster: 100 Linien/mm)
a) nach 5 min

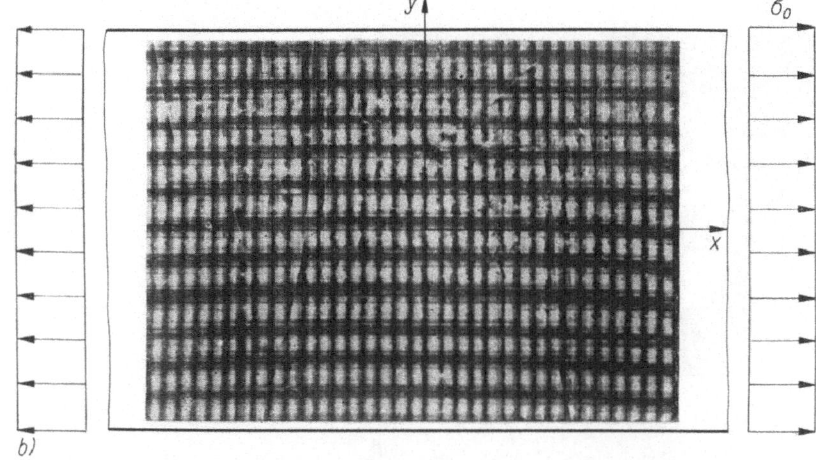

Bild 3.56
b) nach 7 275 min

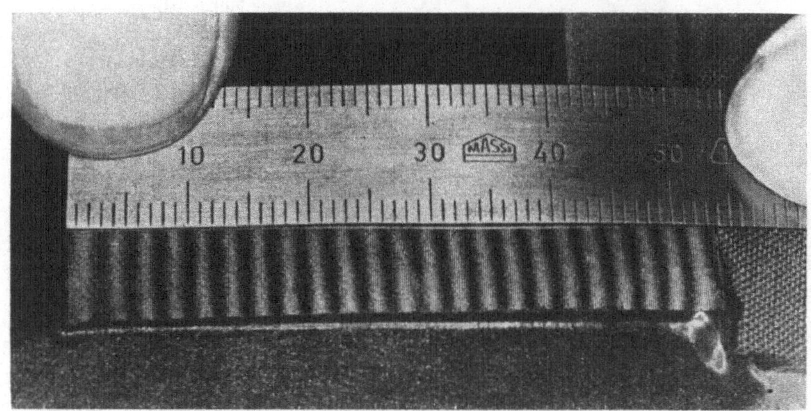

Bild 3.58. Teilungsmoiré
eines Dehnungsgebers
(6 Linien/mm) an einem
Stahlbehälter, Dehnung
etwa 7%

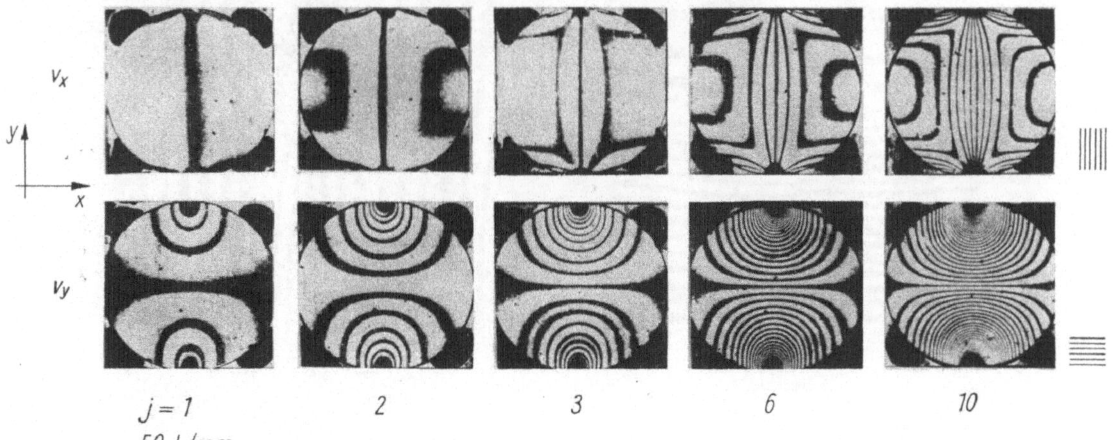

Bild 3.65. Moiréstreifenmultiplikation an einer
diametral belasteten Kreisscheibe

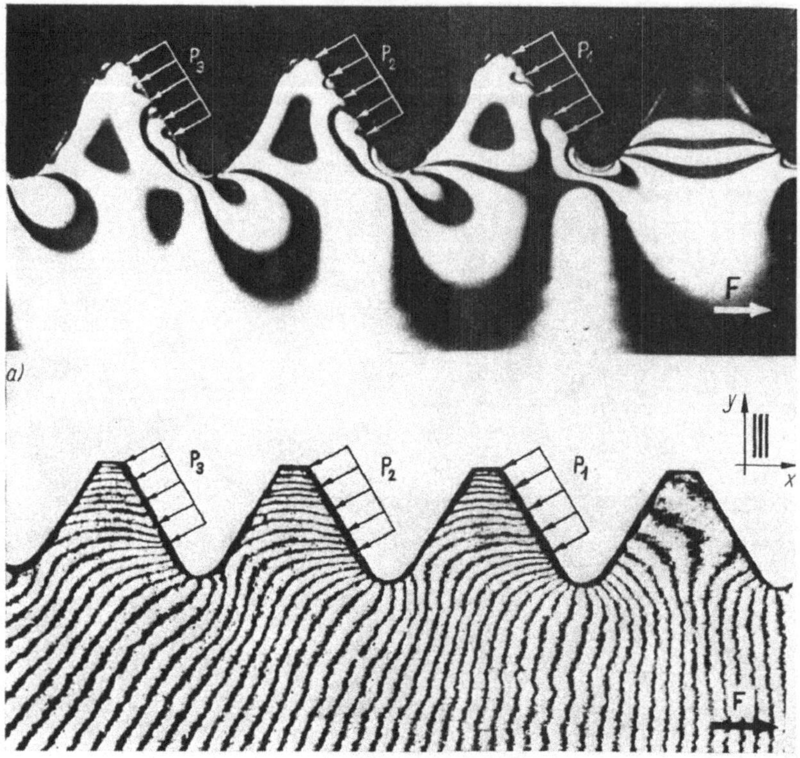

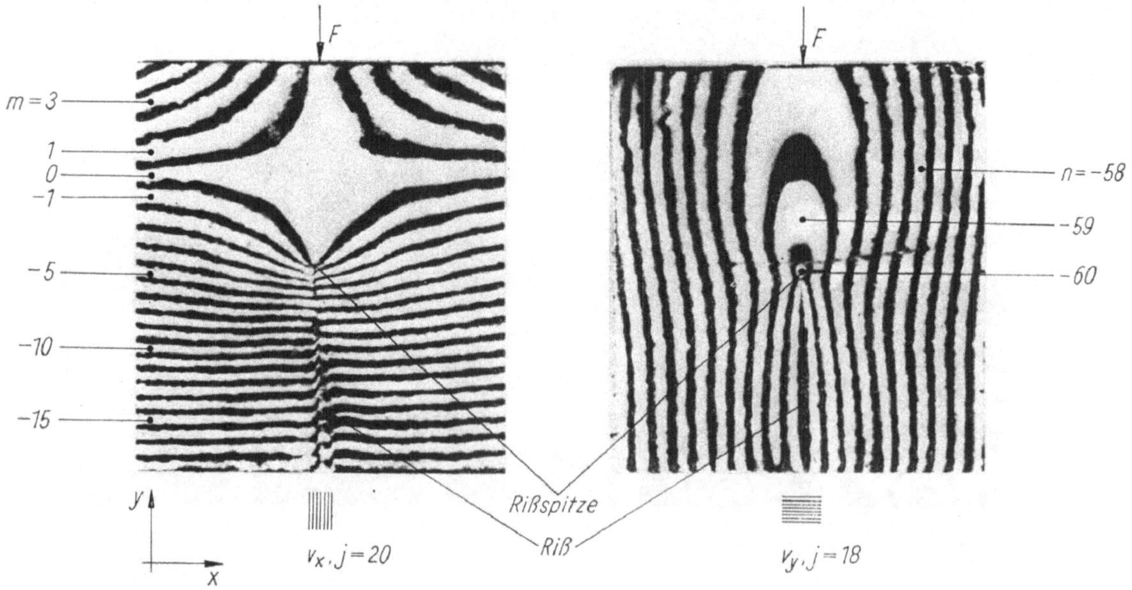

Bild 3.67. Tragverhalten
einer Schrauben-
verbindung
a) spannungsoptische
Untersuchung nach dem
Erstarrungsverfahren
b) Moiréstreifenmulti-
plikation am gleichen
Schnitt (Objektgitter:
50 Linien/mm,
$j = 5 \triangle$ 250 Linien/mm)

Bild 3.68. Isothetenfelder an einer Dreipunkt-
Biegeprobe (Objektgitter: 50 Linien/mm)

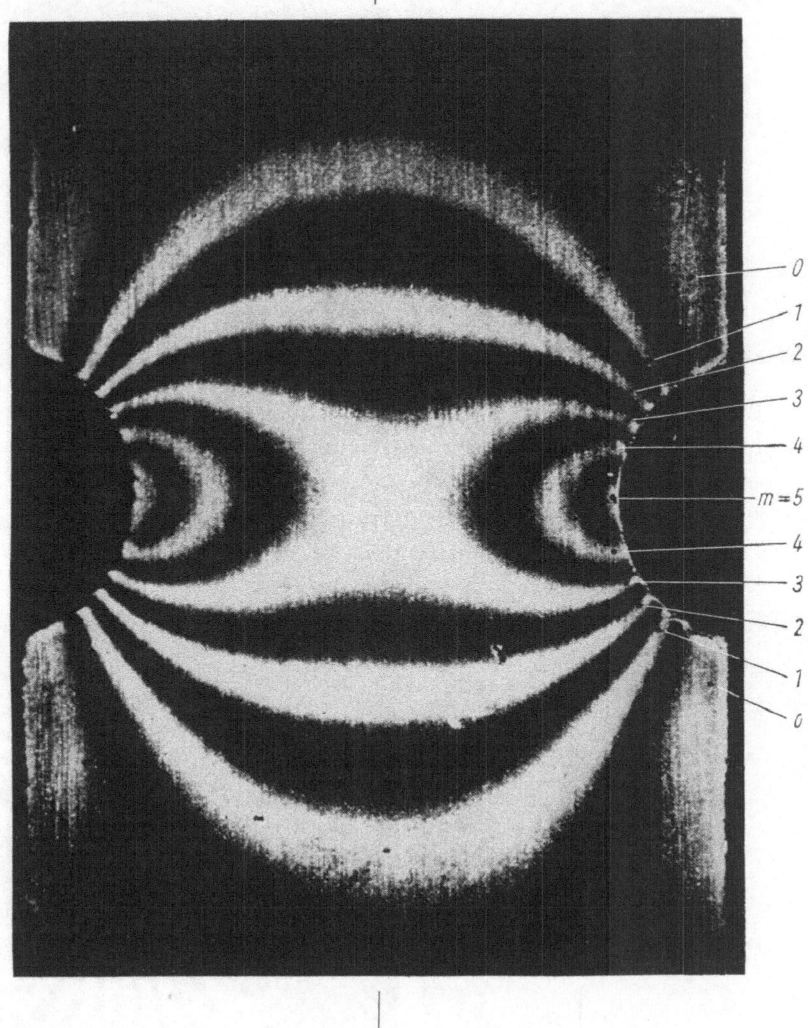

Bild 3.73. Isopachen an einem gekerbten Zugstab
(Bezugsraster: 10 Linien/mm)

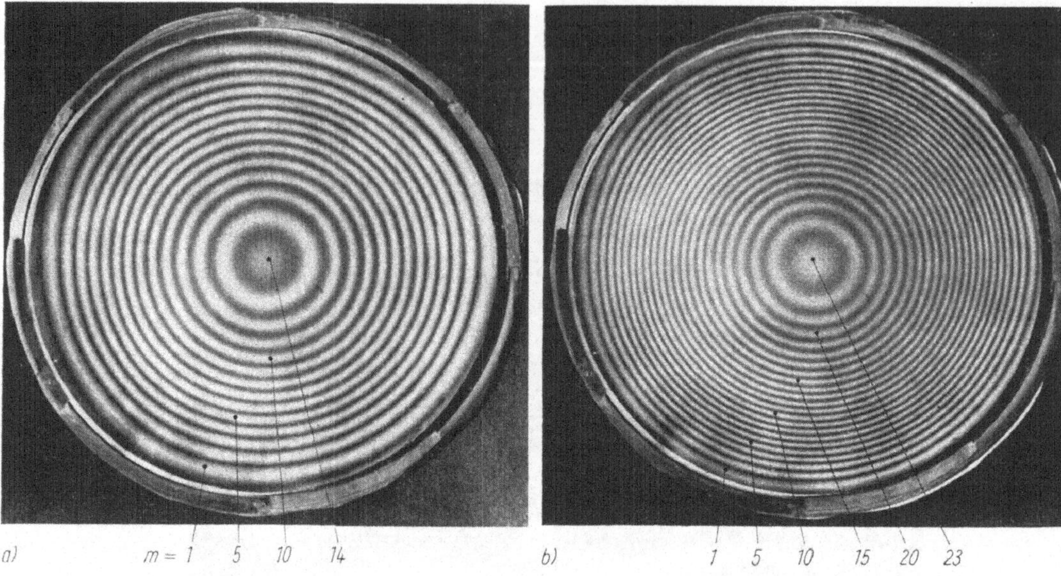

Bild 3.74. Durchbiegung einer fest eingespannten viskoelastischen Kreisplatte unter
einer konstanten Flächenlast (Bezugsraster:
6 Linien/mm)
a) nach 6 s

b) nach 10^4 min

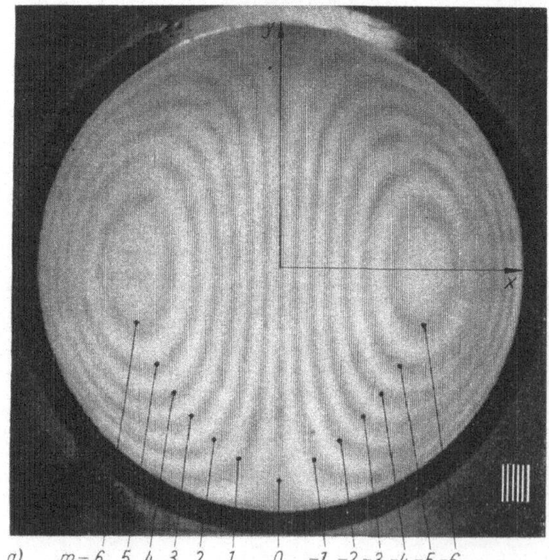

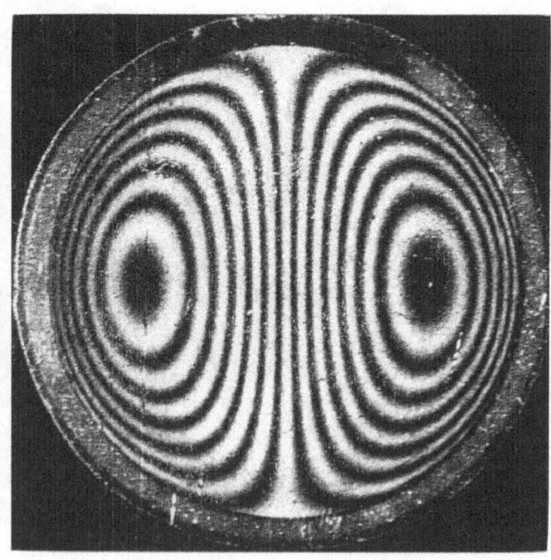

Bild 3.80. Moiréstreifen gleicher Neigung $v_{z,x}$ an
einer Kreisplatte (Bezugsraster: 2 Linien/mm)
a) Doppelbelichtungsaufnahme

b) Kontraststeigerung entsprechend s. 3.6.2.

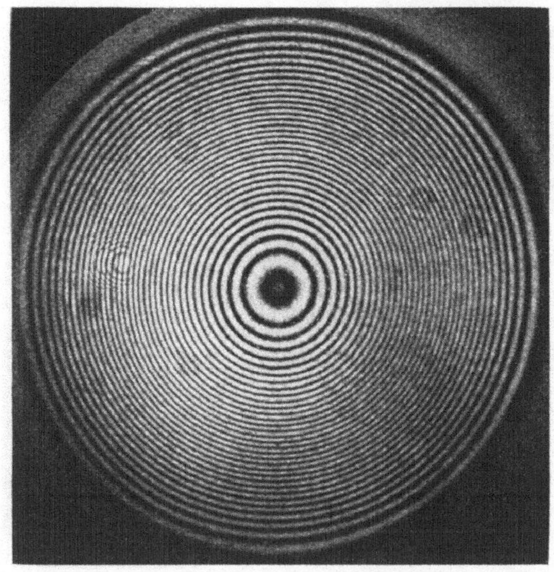

Bild 4.11. Interferogramm einer gleichmäßig belasteten Kreisplatte (Doppelbelichtungsaufnahme)

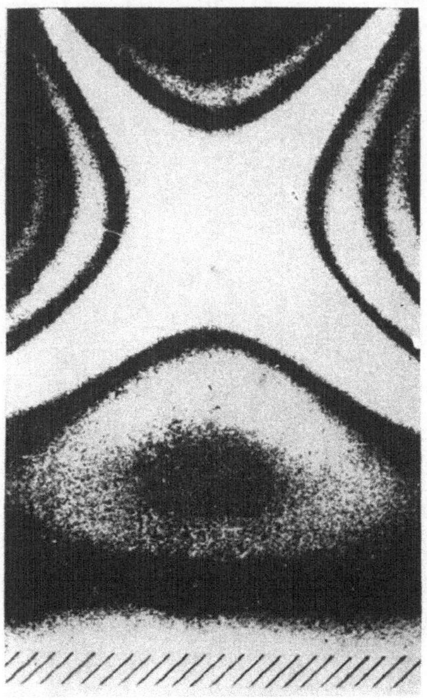

Bild 4.12. Interferogramm einer schwingenden Kragplatte

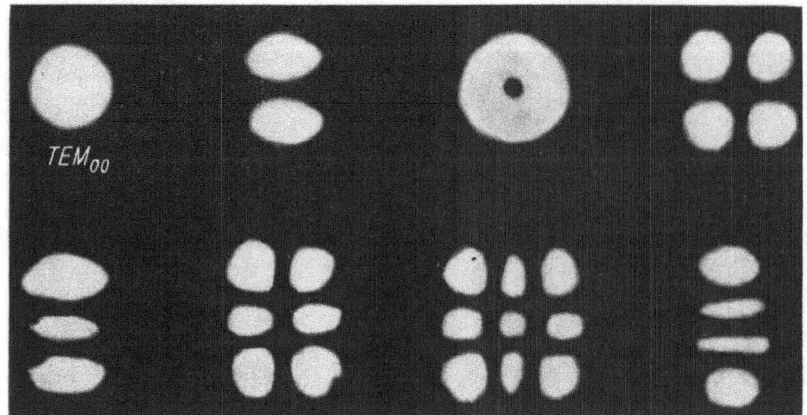

Bild 4.20. Transversale Modenstrukturen eines Lasers

Bild 4.21. Feinmechanische Bauelemente (Beispiele)
a) Magnetfuß (Grundelement)

b) Translationselement für horizontale Verschiebung

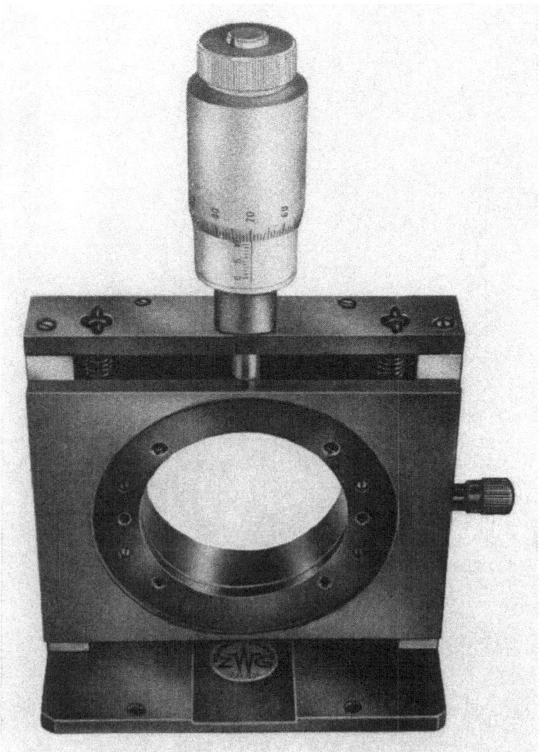

c) Translationselement für vertikale Verschiebung

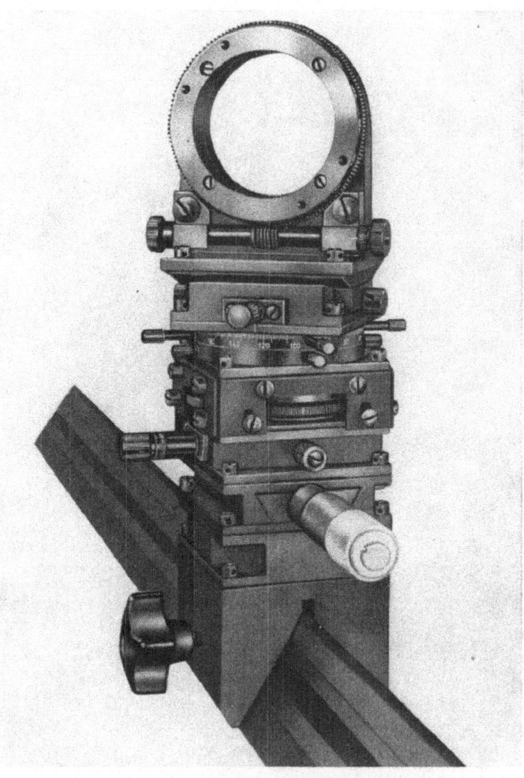

e) Beispiel einer Aufbaukonfiguration auf Zeiss-Schiene (mit Translationselementen für alle drei Koordinaten und Rotationsmöglichkeit um die vertikale und eine horizontale Achse)

d) Rotationselement mit vertikaler Drehachse

Bild 4.21
f) Mikroobjektiv
mit justierbarem Pinhole

Bild 4.22. Verrippter Stahlplattentisch

Bild 4.28. Eigenresonanzen einer Rechteckplatte
mit Walztextur
a) 479 Hz b) 9,572 kHz c) 14,048 kHz
d) 18,430 kHz

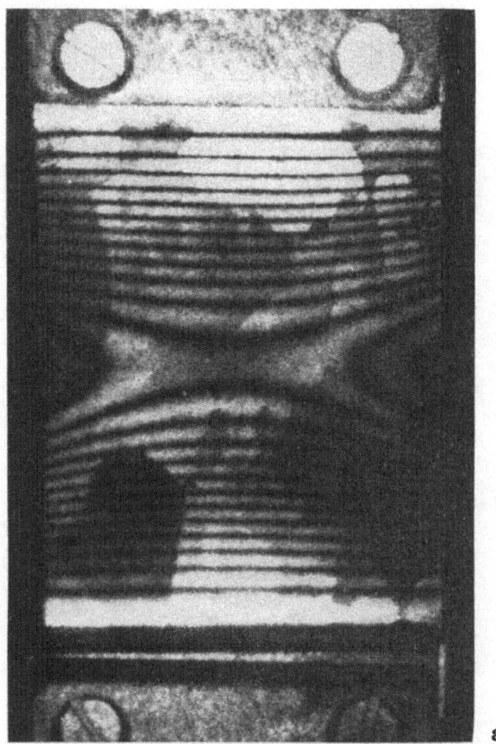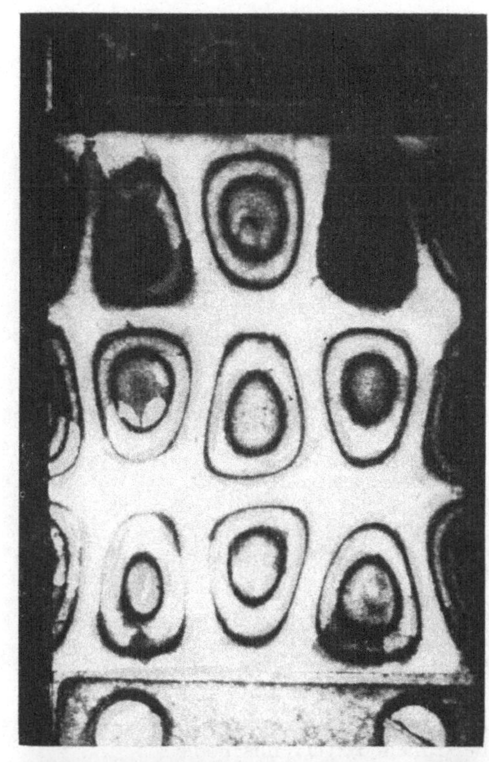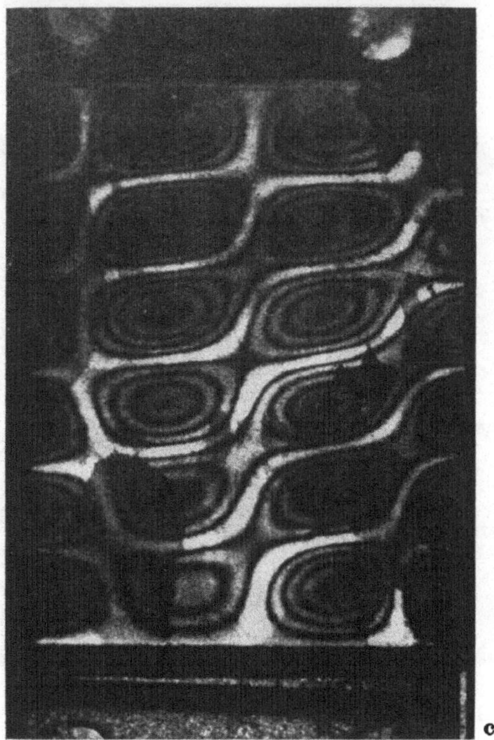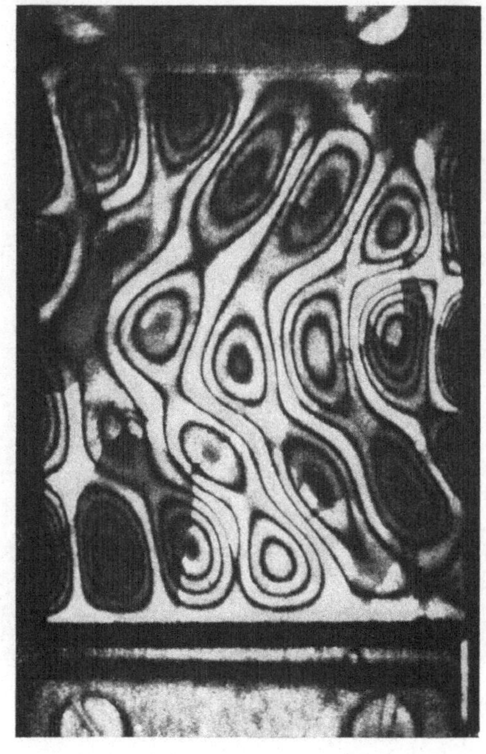

a)
b)
c)
d)

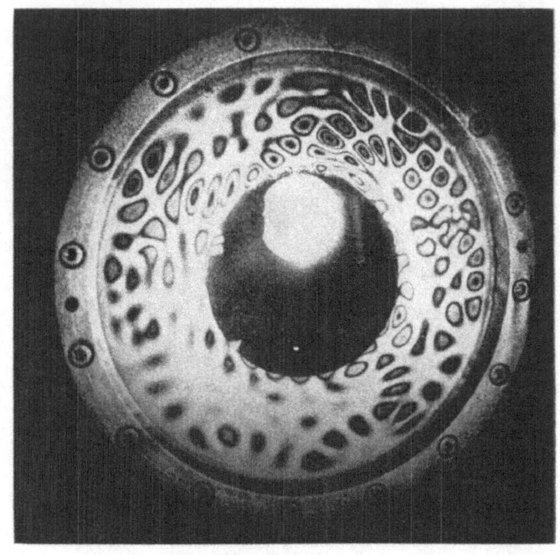

Bild 4.30. Interferogramme der Eigenresonanzen einer Innenboart-Trennscheibe

a)

b)

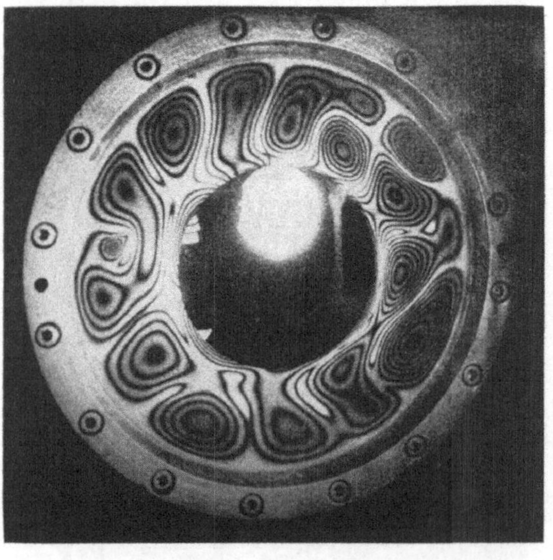

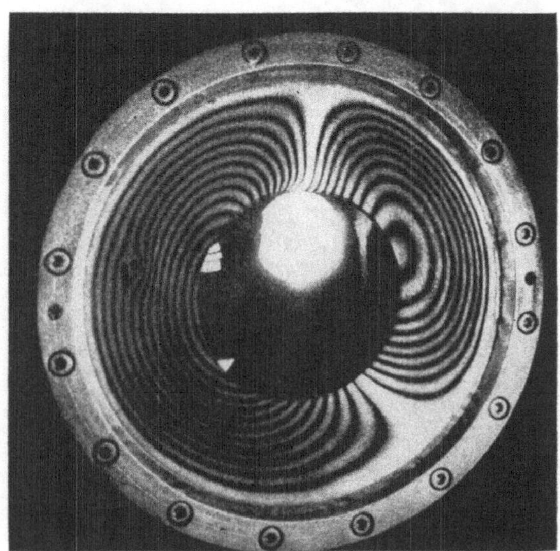

c)

d)

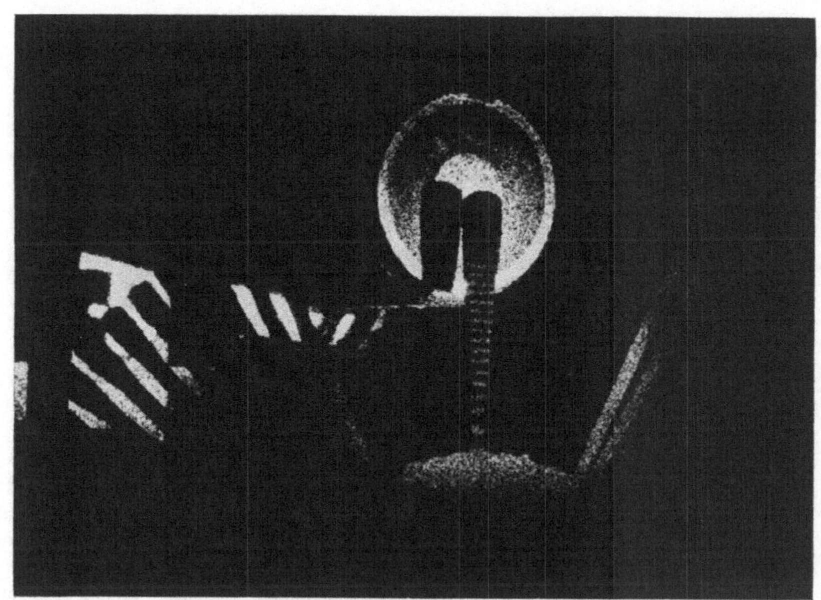

Bild 4.29. Eigenresonanz eines Kragbalkens
veränderlicher Breite (Plastbauteil)

Bild 4.31. Versuchsapparatur zur Aufnahme der
Resonanzfrequenzen eines im Wasser stehenden
Zylinders (1 Laser, 2 Strahlteiler, 3 Hologramm-
halter, 4 Zylinder, 5 Geräte zur Schwingungserregung und Frequenzmessung)

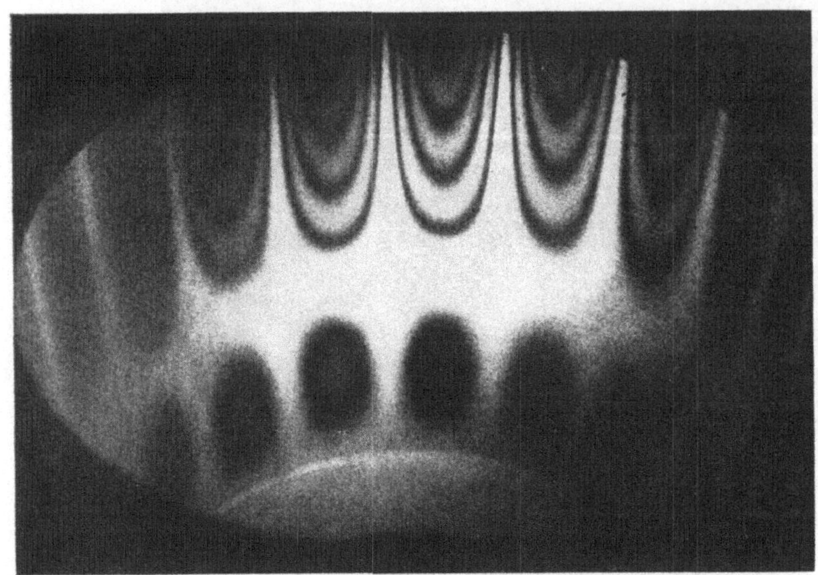

Bild 4.32. Interferogramm einer Resonanzfrequenz mit zwei Knotenringen Wasserhöhe (1/3 Zylinderhöhe)

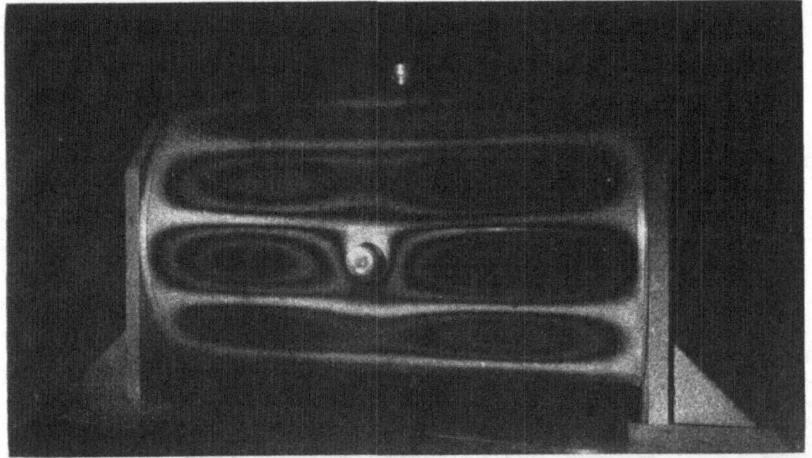

Bild 4.33. Eigenresonanz eines Generatorgehäusemodells mit Zusatzmassen

a)

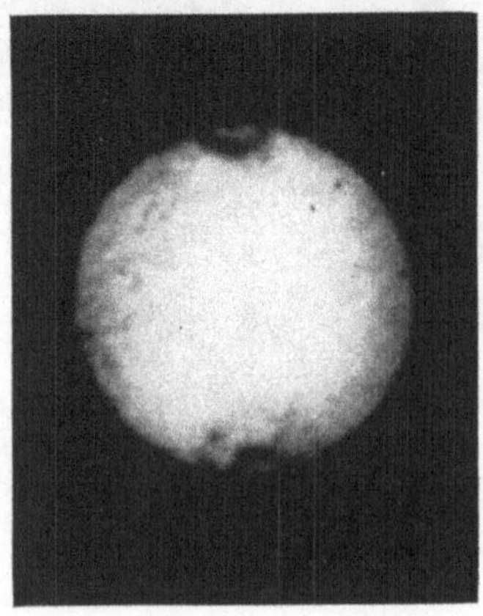

b)

Bild 4.34. Plastische Verformung einer einsatzgehärteten Stahlprobe bei diametraler Druckbelastung: a) unter Last b) nach Entlastung und Kompensation der Starrkörperverschiebung

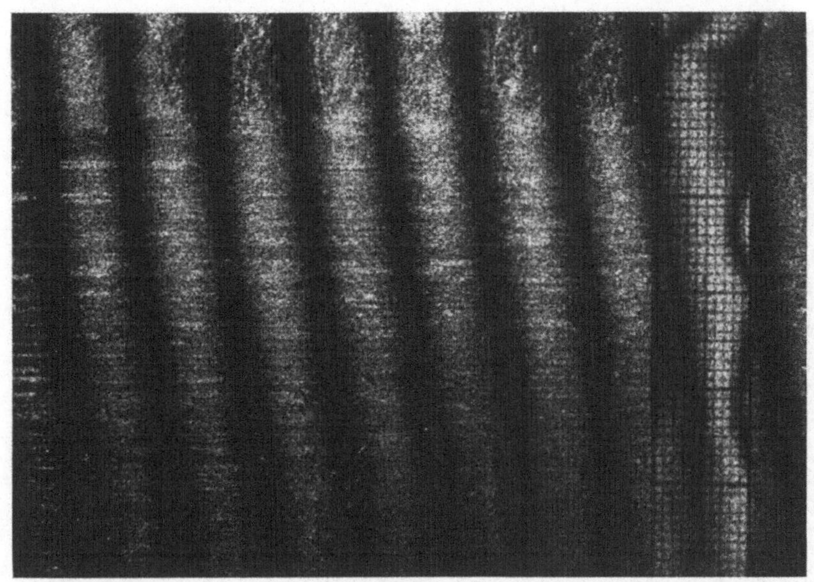

Bild 4.35. Interferogramme von auftragsgeschweißten Stahlproben durch Anwendung der
Mismatch-Technik
a) ungestörtes Mismatch-Raster

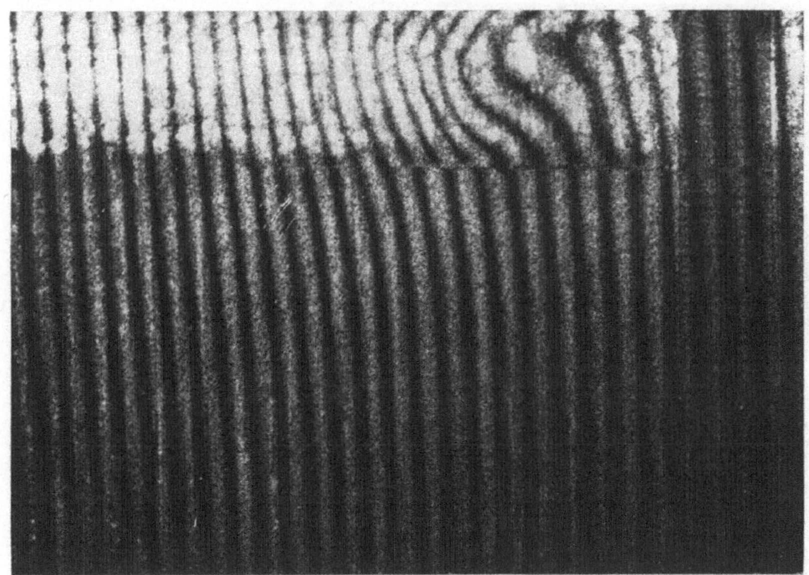

b) Störung nach Eintritt der plastischen
Verformung

30*

Bild 4.37. Rißbildung im auftragsgeschweißten Werkstück

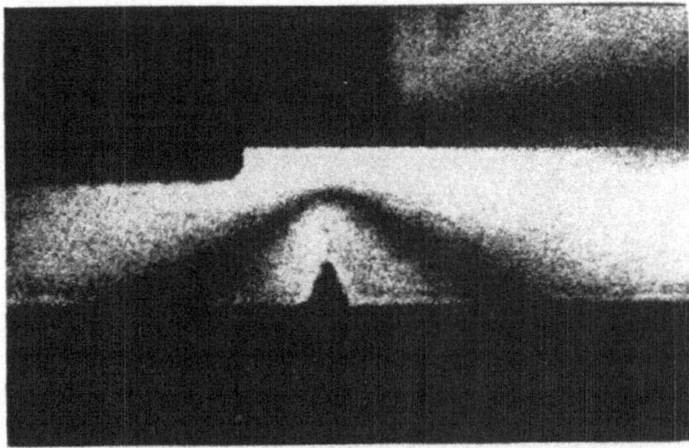

Bild 4.38. Interferogramme einer Dreipunktbiegeprobe
a) vor und

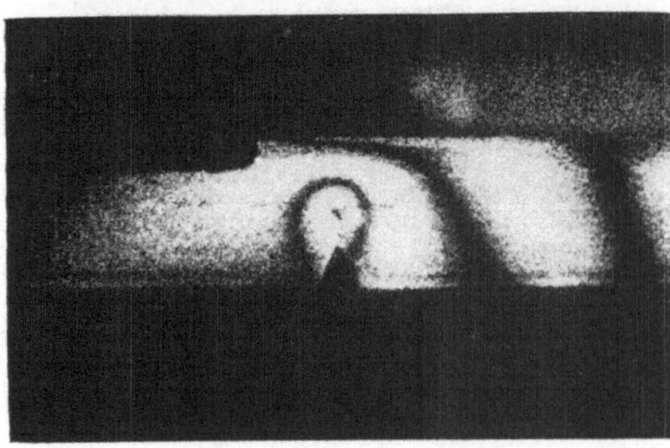

b) zu Beginn des kritischen Rißwachstums

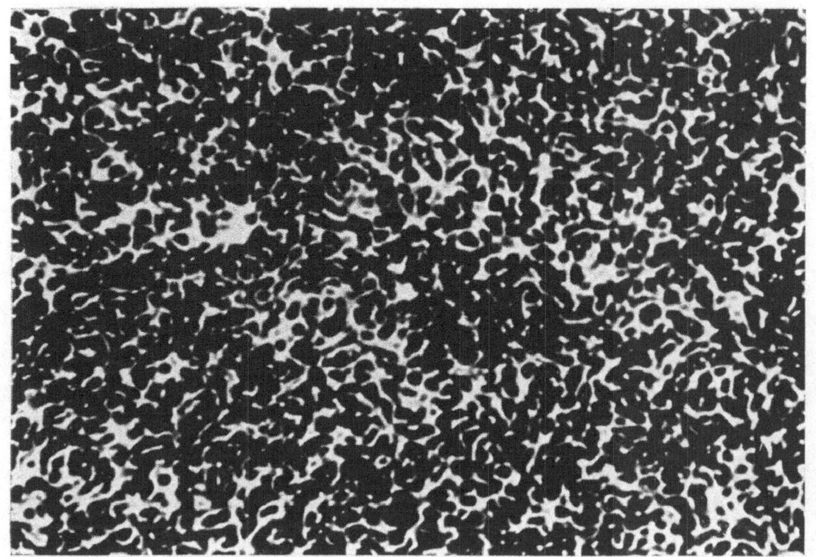

Bild 4.40. Typisches Speckle-Muster (Mikro-
aufnahme)

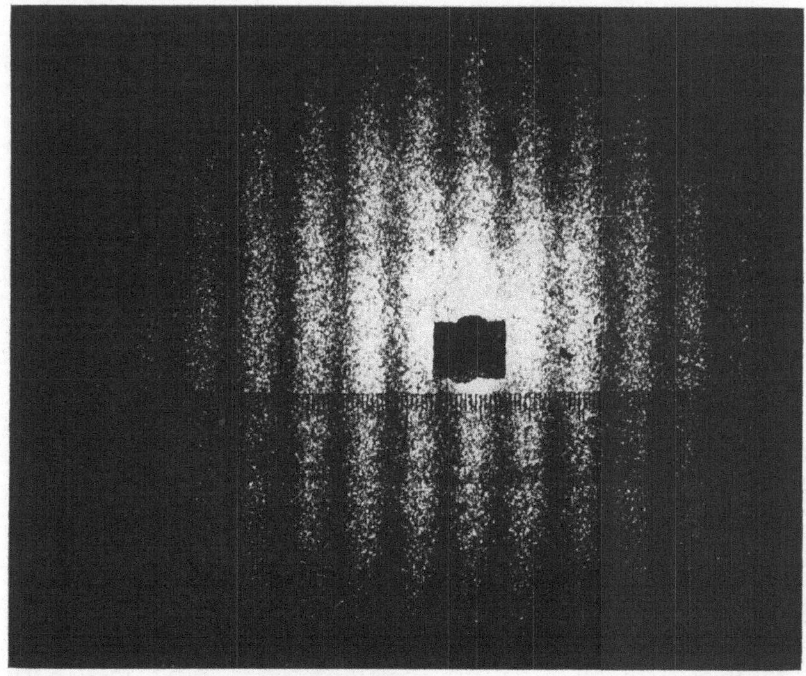

Bild 4.41. *Young*sche Streifen, erzeugt durch
Abtastung eines Specklegramms ($v = 52{,}2\ \mu\mathrm{m}$)

Bild 5.8. Meßplatz mit Gummimodell einer
Grundplatte

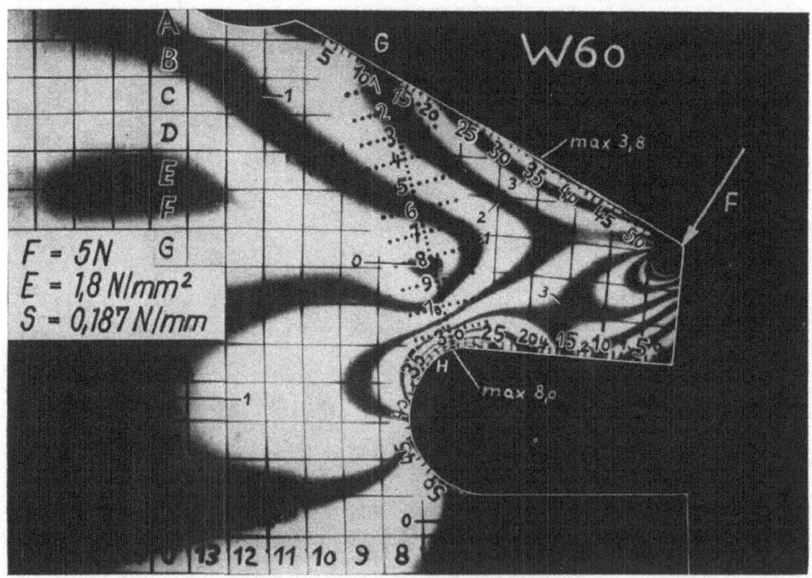

Bild 5.11. Isochromatenbild mit Dehngittern der
belasteten Dichtung

Bild 5.15. Spanmodell im Bereich der
Verformungszone nach [5.4]

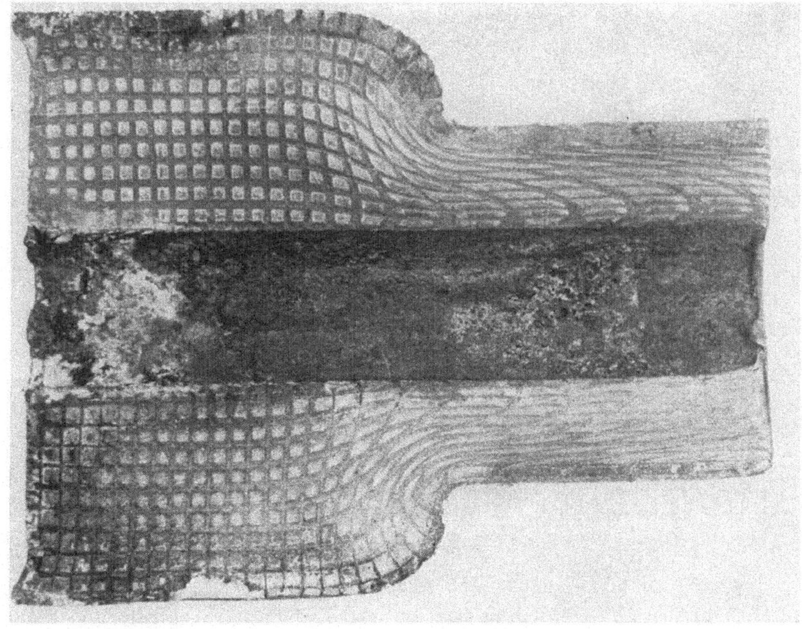

Bild 5.17. Verformtes Gitter in der Teilungsebene
eines stranggepreßten Rohres

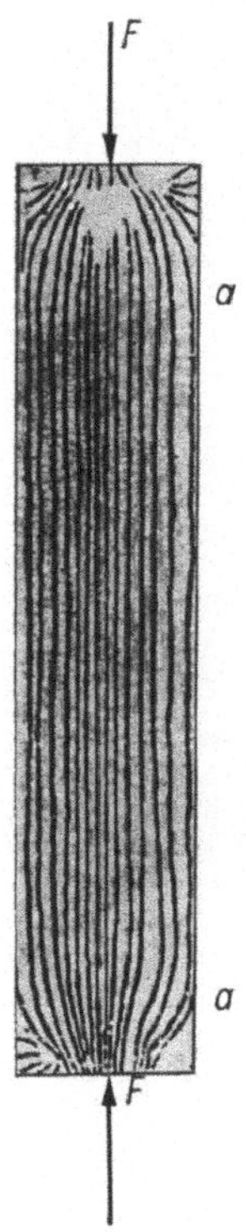

Bild 6.9. Rißverlauf bei
axialem Druck, ab Stelle *a*
liegt homogene Druck-
spannungsverteilung vor

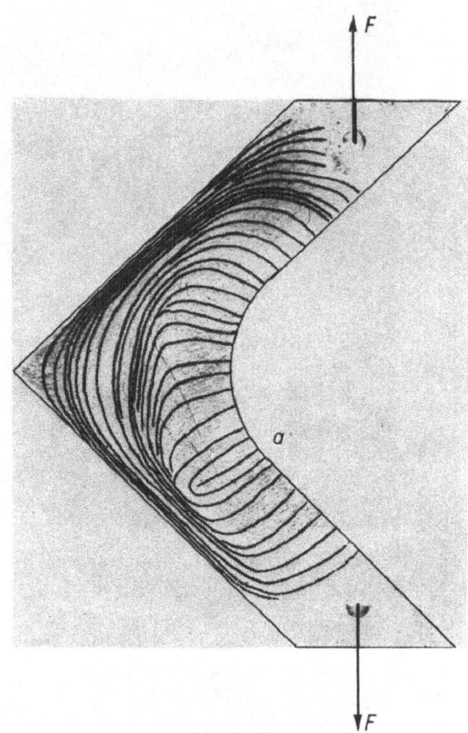

Bild 6.11. Rißverlauf an einer Stabecke, bei Stelle *a* liegt eine zusätzliche
Biegung in z-Richtung vor

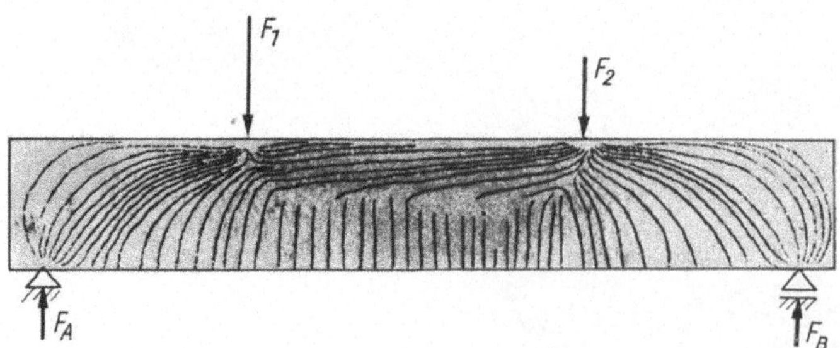

Bild 6.10. Rißverlauf bei Biegung mit unterschiedlicher Querkraft.
Zwischen F_1 und F_2 wirkt infolge $F_1 > F_2$ eine kleine Querkraft

Sachwortverzeichnis